生态文明建设丛书

中国林业科学研究院基本科研业务费专项资金重点项目

"中国林业文化遗产调查和志书编撰"（编号：CAFYBB2019ZC005）资助出版

中國林業遺産

樊宝敏　著

中国林业出版社
ᴵᴵᴵCFᴵᴵPHᴵᴵᴵ China Forestry Publishing House

内 容 提 要

　　中国林业遗产资源极为丰富多彩，加强中国林业遗产研究与保护是践行习近平生态文明思想的重要内容。本书首次全面系统地研究了中国的林业遗产，包含全国重要的林业遗产约 619 处。绪论部分论述林业遗产的背景、概念、类型、标准等基础知识，分析中国林业遗产的地理分布和形成年代，提出保护、传承和利用的建议。主体内容按省份顺序依次编排。林业遗产分生态类、生产类、生活类和记忆类 4 种类型。对于每一处林业遗产，简要记述其地理位置、源流、特征和价值，有些还附 1~2 张精美照片。本书不仅为林业遗产保护传承提供基础性依据，对于林业史、生态文化研究具有重要学术价值，同时也有助于弘扬中华优秀传统生态文化，服务乡村振兴战略，对促进林业和草原高质量发展、建设人与自然和谐共生的现代化美丽中国都具有重要意义。

　　本书可供林业、生态等相关领域的广大科技工作者、管理人员、高等院校师生参考，是广大林业遗产保护工作者的重要工具书。

图书在版编目（CIP）数据

　中国林业遗产 / 樊宝敏著 . -- 北京：中国林业出版社，2022.12
　ISBN 978-7-5219-2001-7

　Ⅰ . ①中… 　Ⅱ . ①樊… 　Ⅲ . ①林业－文化遗产－中国　Ⅳ . ① S7

　中国版本图书馆 CIP 数据核字（2022）第 233931 号

丛书策划：韩学文
策划编辑：何　蕊
责任编辑：何　蕊　许　凯
封面题词：于　乐
封面设计：北京五色空间文化传播有限公司

出版发行　中国林业出版社
　　　　　（100009，北京市西城区刘海胡同 7 号，电话 010-83223120 ）
电子邮箱　cfphzbs@163.com
网　　址　www.forestry.gov.cn/lycb.html
印　　刷　北京博海升彩色印刷有限公司
版　　次　2022 年 12 月第 1 版
印　　次　2022 年 12 月第 1 次印刷
开　　本　787mm×1092mm　1/16
印　　张　29.5
字　　数　700 千字
定　　价　200.00元

序

　　森林是人类文明的摇篮，与人类文明发展息息相关。山林是人类早期自然崇拜的对象、宗教信仰的载体，各类人工林、经济林和园林是人类获得木材和食物的源泉以及生活其中的家园。近代以来，人们认识到森林不仅是多种生物的栖息地，在改善气候、涵养水源等方面发挥着不可替代的作用，还是人类教育、审美、休闲、康养的重要场所。在自然和文化遗产中，林业遗产具有重要的地位，尤其在生态文明时代，林业遗产对于促进人与自然和谐共生的作用将日益突显。

　　我国地域辽阔，历史悠久，不仅存在大量各具特色的自然遗产，而且在漫长的岁月里，中华民族在顺应自然和利用自然的过程中创造了丰富多彩的林业文化遗产，它们是中华文明"天人合一"生存理念的具体呈现。这些珍贵遗产不仅是中华民族的宝贵财富，也是全人类的重要瑰宝。挖掘、保护、传承好这些珍贵遗产，功在当代、利在千秋，是我们这一代人应尽的责任和义务。

　　做好自然与文化遗产的挖掘、保护和传承工作对推进生态文明建设、增强民族文化自信具有重要意义。习近平总书记在党的二十大报告中不仅强调"推进文化自信自强，铸就社会主义文化新辉煌""加大文物和文化遗产保护力度"，还要求"推动绿色发展，促进人与自然和谐共生"。这些重要论述为我国新时代林业遗产保护工作指明了方向、提供了根本遵循。国家林业和草原局是各类自然保护地管理、自然遗产申报和保护等工作的责任部门，行业学会和科研单位要为国家林草局的中心工作做好智力支撑。2019年5月29日，中国林学会成立了自然与文化遗产分会。此举为广大科技工作者、自然与文化遗产管理人员提供了一个崭新而广阔的交流与合作平台，得到了业内专家学者和相关从业人员的高度关注和积极响应。第一届理事会明确提出，在中国林学会的领导和国家林草局自然保护地管理司的指导下，着重抓好四个方面的工作：一是开展学术交流，繁荣自然与文化遗产领域的基础研究；二是开展专题调研，为遗产保护事业的发展建言献策；三是开展科普宣传活动，增强公众保护意识；四是研究制定有关标准，开展遗产地评价评估。在同期举办的学术交流中，专家谈的最多的也是理论准备和体系构建的重要性，凸显了理论研究对林业遗产保护的重要意义。

樊宝敏研究员长期从事林业史和生态文化研究的丰厚积累，为他开展林业遗产保护研究提供了强有力的支撑，他的团队在林业史和林业遗产研究方面已逐步形成了较高的学术影响力。2019 年 1 月，他牵头撰写的《加强林业遗产保护和管理的建议》，得到国家林草局相关领导的批示。2019 年，我主持了一项中国工程院院地合作项目"福建乡村振兴战略研究"，樊宝敏承担其中的第 3 个课题"乡村文化繁荣兴盛战略研究"，使我对他的工作有了更多的了解。在课题执行过程中，由樊宝敏执笔撰写的关于《率先启动福建省林业遗产认定管理的建议》咨询报告，得到福建省多位主要领导的批示。以上提到的这两件事，一定程度上反映出樊宝敏认识到从发展战略层面推动林业文化遗产事业的重要性，也证明他具有领军林业遗产保护团队建设的能力。

樊宝敏团队编写的新作《中国林业遗产》，是对我国林业遗产开展系统性研究的开篇之作。我通过翻阅这本书的书稿，发现书的一大特色是实现了理论与实践的有机结合。在理论方面，作者在绪论部分立足国内外研究背景，阐明了林业遗产的概念内涵，论述了加强林业遗产保护的重大意义。提出了包括生态、生产、生活和记忆遗产 4 个大类 11 个亚类的林业遗产分类体系，构建了林业遗产认定的共性和个性标准。全面分析了林业遗产的地理分布状况，说明了 7 个大区之间、"东南半壁"与"西北半壁"之间存在的不均衡性。尤其可贵的是，作者在书中提出了多项旨在加强我国林业遗产保护传承和科学利用的建议，如启动林业遗产认定工作，强化林业遗产管理，实施林业遗产分类保护，推进林业遗产研究，综合开发林业遗产的文化、生态和经济多重价值等。

同时，本书又是一部内容丰富、全面反映当代中国林业遗产资源种类、分布、保护与利用状况的志书。作者依据从全国各地实际调查得到的第一手资料，结合历史典籍、近期研究成果等文献资料，比较全面、客观、系统、完整地向读者展示了我国 5000 多年文明史所保留的林业遗产概貌，涵盖全国 34 个省（自治区、直辖市、特别行政区）的林业遗产资源现状、特点和价值。资料详实、图文并茂，既有科学性，又富趣味性。我个人认为，该著作具有极其重要的历史、文化和科学价值，是一项基础性、开创性的研究成果，将为我国今后进一步开展林业遗产认定、保护、申报世界遗产打下重要基础，提供有力的科技支撑，还可以作为林学类专业的教学资料，并为社会各界人士了解中国林业遗产打开一扇窗。

在《中国林业遗产》一书即将付梓之际，衷心祝贺樊宝敏研究员及其团队取得的研究成果。同时希望此著作能够引起学界对林业遗产问题的普遍重视和深入研讨，为我国林业遗产保护事业谱写出新的篇章。

张守攻

中国工程院院士

中国林学会自然与文化遗产分会主任

2022 年 10 月 22 日

前　言

保护好包括林业遗产在内的自然和文化遗产，是新时代党推进生态文明建设的新要求，是习近平生态文明思想的重要内容。习近平总书记提出"林草兴则生态兴""生态兴则文明兴""绿水青山就是金山银山""世界文化和自然遗产是人类文明发展和自然演进的重要成果，也是促进不同文明交流互鉴的重要载体""加大文物和文化遗产保护力度"等一系列重要论述，为林业和草原事业高质量发展、文化和自然遗产严格保护指明了行动方向和重要遵循。

中华民族拥有 5000 多年的文明史，中国是世界上唯一的文明没有中断的国家。截至 2021 年 7 月 25 日，我国的世界遗产总数已上升到 56 项，位居世界第一。虽然在世界遗产分类中还没有林业遗产的类型，中国目前还算不上一个林业发达国家，但是这些都不能代表中国没有或者缺少林业遗产。而事实上，只需认真挖掘，便能发现中国的林业遗产是极其丰富多彩的。截至 2021 年底分 6 批认定的 138 项中国重要农业文化遗产中，约一半以上属于林业遗产或者与林业遗产高度相关。另据 2022 年 9 月国家林草局公布的古树普查结果，我国有古树名木共计 502.2 万株，且尚不包括原始森林和自然保护区内的古树。我国林业遗产之多，由此可见。

林业遗产是中国人民在长期的历史实践中与自然和谐共生，保护、培育、利用、记录和研究森林资源及其产品形成的，是具有重要生态、经济、社会和文化等价值的绿色财富和历史遗存，其中凝结着中华民族的辛勤劳动和伟大智慧。林业遗产中，既有物质性自然遗产和文化遗产，也有非物质文化遗产。

加强中国林业遗产的传承和保护，是践行习近平新时代中国特色社会主义思想和习近平生态文明思想的时代要求和重要任务。传承和保护好我国的林业遗产，不仅有利于推进生态文明和美丽中国建设，有利于实施乡村振兴战略，促进乡村文化繁荣、乡村产业发展和美丽乡村建设，有利于促进经济社会的绿色化转型和高质量发展，还有利于坚定文化自信、实现文化自强，推进中华优秀传统生态文化的传承和发展。因此，不断深化对林业遗产的研究，为林业遗产保护传承、申报世界遗产提供基础性依据，对于提升林业史、生态文化研究水平具有重要学术价值，对促进林业和草原高质量发展、建设人与自然和谐共生的现代化美丽中国都具有重要意义。

为较全面地掌握全国林业遗产资源情况，作者从 2018 年开始至 2022 年花了近五年时间，不仅到全国各地林业遗产典型地区进行实地调研，现场考察、访谈、参观展览馆、拍摄照片，详细了解各林业遗产保护现状、发展源流、价值特点和保护措施等，而且广泛收集和整理相关资料和数据信息，包括我国的世界遗产、重要农业文化遗产、最美古树、最美森林等资料信息，以及农业文化遗产名录、古树名木、银杏古树群、地理标志产品等的文献。同时积极参加学术会议，虚心向专家们请教。指导研究生开展林业遗产专题研究。

本书是中国林业科学研究院基本科研业务费专项资金重点项目"中国林业文化遗产调查和志书编撰"（项目编号：CAFYBB2019ZC005）、国家林业和草原局国有林场和种苗管理司委托课题"林业文化遗产保护前期工作"的主要成果，同时得到国家林业软科学项目"中国森林资源核算及林业绿色发展研究"和国家林草局宣传中心课题"生态文化理论研究"的支持。

本书分为绪论和主体内容。在绪论中讨论了林业遗产的背景、概念、类型、认定标准等基础理论问题，分析了中国林业遗产的地理分布和形成年代，提出了关于林业遗产保护传承和利用的建议。主体内容中分别对 34 个省、自治区、直辖市、特别行政区的共 619 处（其中澳门为零）主要林业遗产作了简明介绍。以期较全面系统地研究和展示我国丰富多彩的林业遗产。大致将每个省份的林业遗产划分为生态类、生产类、生活类和记忆类四大类。对于每一处林业遗产，都简要地记述其地理位置、历史演进、现状特征、价值利用和所获荣誉等，近一半还附有 1~3 张精美的照片。在此基础上，还请地图出版社的专家绘制了一幅清晰的《中国主要林业遗产分布图》以方便读者们使用。

从体例上看，本书应算作一部"志"书。编写方志在我国有悠久的传统。依据传统的说法，方志具有"资治、教化、存史"三大功能。当代学者黎锦熙在《方志今议》中写道，方志有"科学资源、地方年鉴、乡土教材、旅行指导"四种作用。中华民族伟大复兴势不可挡，林草强国、美丽中国前景可期。我期望本书能为林业、农业、生态、遗产保护等领域的广大科研工作者、管理人员、高等院校师生和公众，开展研究、教学、管理或旅游，提供有价值的参考资料。同时我也期望能从一个角度展示中华民族道法自然、天人合一的伟大智慧，以及新中国新时代守正创新、绿色发展所取得的辉煌成就，借此助力国家强盛、民族复兴和文明互鉴。本书若能为社会所用，将是我莫大的欣慰。

在课题研究和著作撰写的过程中，得到了课题组成员的积极参与和相关专家的强力支持。中国林科院林业科技信息研究所的张德成副研究员、杨文娟助理研究员、张志永助理研究员、高月助理研究员等参与多个省的实地调研和讨论，刘畅副研究员、李玉敏副编审、谢和生副研究员、付贺龙工程师为项目提供有价值的资料。中国林学会王枫博士、北京林业大学李飞副教授、贵州财经大学宋军卫博士参与学术讨论并提供研究资料。研究生张娇、李大强、马国洲等同学分别开展银杏、竹子和福建省等林业遗产的专题研究，杜娟、樊泰然等同学协助收集整理资料。真诚感谢上述同事、专家和同学为本书付出聪明才智。

同时，衷心感谢中国工程院院士张守攻先生，他不仅指导我们开展福建林业遗产研究，而且在百忙之中为本书撰写序言，给予我们大力支持和鼓励。衷心感谢国家林草局林场种苗司杨连清副司长、陈鑫峰处长，宣传中心王振副主任、杨波副主任、杨玉芳处长、航宇处长，科技司李世东一级巡视员，退耕还林（草）工程管理中心孔忠东处长，中国生态文化协会汪绚副会长，北京林业大学严耕教授、李铁铮教授、陈建成教授、李莉教授、张连伟教授，中国林学会陈幸良副理事长，中国林业出版社邵权熙先生、韩学文先生、刘先银先生，中国林科院陈绍志副院长、王登举研究员、王军辉研究员、叶兵研究员、李奎博士，中国科学院空天信息创新研究院郭华东院士、王心源研究员，中国科学院地理科学与资源研究所闵庆文研究员，北京大学陈耀华教授，国际竹藤中心尹刚强书记、夏恩龙副研究员，中国城市规划设计研究院风景园林分院陈战是副院长，地图出版社祁彩梅主任、曹著先生，华南农业大学倪根金教授，东北林业大学蔡体久教授，北京市园林绿化局王军主任，内蒙古大兴安岭林业管理局王守礼处长、段永清主任，南京林业大学陈相雨教授、韩鹏云教授、杨绍陇教授，福建省林业局谢乐婢先生、黄海先生，福建省林科院丁珌主任、洪志猛所长、罗美娟副主任、高楠博士，浙江省杭州市林水局陈勤娟局长，山东农业大学郭善基教授、鲁法典教授、王华田教授、周成刚教授、臧德奎教授，山东省临沂市城市管理综合服务中心党东雨教授级高工，临沂市园林科学研究院王杰院长，滨州市自然资源局宋永贵主任，滨州学院董林水副教授，邹平市自然资源局康传家站长，沂源县平安村黄明先生，无棣县职业中专王丕琛先生、孙成义先生，郯城县林业局李荣军局长、苏明洲主任，临朐县林业局郎益钦副局长、张新民主任、毕安利场长，曲阜市林业保护与发展服务中心丰伟主任，江苏省邳州市林业局孔祥永、孙广田主任，陕西省林业局薛恩东副局长、杨建兴主任，延安市退耕还林工程管理办公室白应飞总工程师，宝鸡市林业局李让乐先生，江西省林业局郭应荣主任，云南省林业局秦振秋主任，临沧林科院杨建荣院长，宁夏杞鑫种业有限公司武永存，泰安市板栗协会王雅红会长，北京市农林科学院林果所孙浩元研究员等领导和同事们。在课题启动、野外调查、资料收集、学术研讨、地图绘制等项目实施和本书编写过程中，他们给予了宝贵指导、鼎力支持和热情帮助。在本书出版之际，谨向上述领导、专家和同事们深表敬意。此外，除本书所列出的参考文献，本书编写还参考了大量与林业遗产研究相关的著作、网站等资料信息，不少文献未能逐一列出，特此也向涉及的专家和作者们表达感谢。

林业遗产研究是一项富有挑战性的新的工作，本书意在抛砖引玉。虽然在写作过程中作者本着认真务实的精神，但由于受水平所限，书中难免存在疏漏和不足之处，真诚希望对林业遗产充满兴趣的领导、专家学者和广大读者朋友提出批评意见。

樊宝敏

于中国林业科学研究院

2022 年 10 月 23 日

目录

005

绪　论

一、加强林业遗产保护的重大意义

习近平总书记高度重视自然和文化遗产保护工作。2016 年 1 月 26 日，习近平总书记指出"要着力建设国家公园，保护自然生态系统的原真性和完整性，给子孙后代留下一些自然遗产"①。党的十九大报告明确提出"加强文物保护利用和文化遗产保护传承"。2022 年 1 月 27 日，习近平总书记考察调研世界文化遗产平遥古城时指出，"要敬畏历史、敬畏文化、敬畏生态""保护好、传承好历史文化遗产是对历史负责、对人民负责"②。同年 5 月 27 日，习近平总书记在主持中共中央政治局第三十九次集体学习时强调："文物和文化遗产承载着中华民族的基因和血脉，是不可再生、不可替代的中华优秀文明资源。要让更多文物和文化遗产活起来，营造传承中华文明的浓厚社会氛围。要积极推进文物保护利用和文化遗产保护传承，挖掘文物和文化遗产的多重价值，传播更多承载中华文化、中国精神的价值符号和文化产品。"③ 在党的二十大报告中，习近平总书记再次强调"加大文物和文化遗产保护力度""站在人与自然和谐共生的高度谋划发展"。习近平总书记关于自然遗产和文化遗产工作的系列重要论述，为林业遗产保护传承工作指明了方向。

中华五千多年的文明史造就了类型多样、底蕴深厚的林业遗产，具有宝贵的传承和利用价值。但是，长期以来受认识水平、管理体制等因素的制约，我国对林业遗产的挖掘和认定工作尚未全面系统地开展。在经济社会快速发展的大背景下，许多林业遗产正面临被破坏和消失的危险。在中国特色社会主义生态文明新时代，以习近平生态文明思想为引领，加强林业遗产保护和利用，对于增强文化自信、建设美丽中国、推进乡村振兴都具有重要的战略意义。

（一）研究背景

林业遗产的研究主要基于两大背景：一是世界遗产，二是农业遗产。

1. 世界遗产

世界遗产是被联合国教科文组织（UNESCO）和世界遗产委员会确认的人类罕见的、无法替代的财富，是全人类公认的具有突出意义和普遍价值的文物古迹及自然景观。世界遗产包括世界文化遗产（包含文化景观）、世界自然遗产、世界文化与自然双重遗产三类。广义概念上，根据形态和性质，世界遗产分为物质遗产（文化遗产、自然遗产、文化与自然双重遗产）和非物质文化遗产。

---

① 中共中央文献研究室. 习近平关于社会主义生态文明建设论述摘编 [M]. 北京：中央文献出版社，2017：71.
② 史更男. 从"活着的古城"读懂中华传统文化的时代精华 [Z]. 新华网. 2022.
③《习近平在中共中央政治局第三十九次集体学习时强调把中国文明历史研究引向深入推动增强历史自觉坚定文化自信》，2022 年 5 月 28 日。

为了保护世界文化和自然遗产，联合国教科文组织 1972 年 11 月 16 日在巴黎总部举行的第 17 届大会上通过了《世界文化和自然遗产保护公约》。1976 年，隶属于联合国教科文组织的世界遗产委员会在成立时建立《世界遗产名录》。此后各国都积极申报"世界遗产"。截至 2021 年 7 月 25 日，世界遗产总数达 1122 项，分布在世界 167 个国家，世界文化与自然双重遗产 39 项，世界自然遗产 213 项，世界文化遗产 869 项。

中国于 1985 年 12 月 12 日正式加入《世界文化和自然遗产保护公约》；1986 年，中国开始向联合国教科文组织申报世界遗产项目。1999 年 10 月 29 日，中国当选为世界遗产委员会成员。

截至 2021 年底，中国拥有世界遗产总数达到 56 处。其中，世界文化遗产 38 项、世界文化与自然双重遗产 4 项、世界自然遗产 14 项。中国是世界上拥有世界遗产类别最齐全的国家之一，也是世界自然遗产数量最多的国家、世界文化与自然双重遗产数量最多的国家之一。

2. 农业遗产和林业遗产

2002 年，联合国粮农组织启动了 Globally Important Agricultural Heritage Systems（简称"GIAHS"）项目。这一名称被译为"全球重要农业文化遗产"，并为我国社会各界沿用。它被定义为"农村与其所处环境长期协同进化和动态适应下所形成的独特的土地利用系统和农业景观，这些系统与景观具有丰富的生物多样性，而且可以满足当地社会经济与文化发展的需要，有利于促进区域可持续发展。"[①] 与一般的农业遗产相比，农业文化遗产具有复合性、活态性、战略性的特点。可见，国际上的农业遗产概念更强调土地利用系统和农业景观，相当于农业文化遗产地，包含该地域自然与社会的整体。

中国农业部 2012 年发布《关于开展中国重要农业文化遗产发掘工作的通知》，启动中国重要农业文化遗产发掘工作。截至 2021 年底，中国已分 6 批认定了 138 项中国重要农业文化遗产。

此外，日本森林学会（即原日本林学会）从 2013 年开始评选"林业遗产"，到 2020 年为止，累计评选认定了 45 处[②]。日本的林业遗产包括成体系的技术、有特色的工具、文献资料等，以能够展现林业发展历史、与土地关系紧密的事物为主。分为 9 类：①林业景观，用材林、防灾林、薪炭林、特用林产品生产林等与森林利用相关的景观；②林业发源地，具有出名或独特的设施体系的林业发源地；③林业纪念地，纪念植树、旧的争议地等与林业利用相关、具有标志意义的土地；④林业迹地，设施遗址、土场、烧炭场所等遗址；⑤搬运相关的场地，森林轨道、林道、伐木场、木马道等，包括现存的和遗址；⑥建筑物，体现林业发展历史的建筑，包括现存的和遗址；⑦技术体系，林产品加工技术、设施方案等；⑧工具类，具有地方林业发展特色的工具；⑨资料集，整合的林业相关古籍资料、近代资料、照片、影像等。一个林业遗产可能会同时具有多个类别，比如，某个林业

遗产可能既是林业景观，同时也有相关文献资料集。

为推进林业遗产的学术研究，我国成立了相关研究机构。2019 年 5 月，中国林学会自然与文化遗产分会成立。2020 年 5 月，国家林业和草原局林业遗产与森林环境史研究中心（挂靠南京林业大学）成立。上述机构还组织开展了相关的学术会议和学术交流活动。

（二）概念内涵

1. 概念

从 2016 年开始，林学界开始研究林业遗产问题，而且这一研究是在农业文化遗产的框架下进行的。尹伟伦等认为，"中国重要林业文化遗产是指我国人民在与其所处环境长期协同发展中，立足森林、林地、林木资源，创造并传承至今的独特的林业物种、林业生产系统、技术体系和林业景观，其中具有丰富的生物多样性""包括历史发展中传承下来的重要林业物种资源、传统林业技术体系、特种林种植体系以及重要林业文献遗产、民俗文化等内容"[1]。这一概念主要强调林业文化遗产，而对林业自然遗产有所忽视。

2018 年，笔者研究提出一个概念："林业文化遗产是我国勤劳智慧的人民在长期生产生活实践中，与自然和谐共生，保护、培育、创造并传承至今的独特的森林景观、园林景观、古树名木、林业种群、护林碑刻、森林产品、林业生产技术体系、林业传统知识和林业传统习俗等有较高价值的林业传统体系"[2]。这个概念期望将林业自然与文化遗产都包括进来，但在名称上仍然使用了"林业文化遗产"一词。

在 2019 年笔者讨论林业遗产分类和认定标准的论文[3]中，笔者仍然使用这一概念，但同时又明确指出，"林业文化遗产"是一种广义的概念，也可称为"林业遗产"，或者"林业自然与文化遗产"。从 2020 年开始，笔者主要使用"林业遗产"一词。

简言之，林业遗产是中华民族在长期历史实践中与自然和谐共生，保护、培育、利用、记录和研究森林资源及其产品形成的，具有重要生态、经济、社会、文化等诸多价值的绿色财富和历史遗存[4]。

2. 内涵

文化是人类对自然的创造。根据遗产是否属于人类的创造，可以将林业遗产在内涵上分为：（1）林业自然遗产，如天然林、自然保护区、生物化石等。没有人的劳动参与，它仍然存在，它的完整性需要得到人类的保护，同时它对于人类具有重要的科研、教育等文化价值。林业具有相当多的自然遗产，而农业遗产通常全部属于文化遗产。（2）林业文化遗产（狭义），如人工种植的古树名木、古经济林，建造的古园林，以及编写的林业古籍等。这种遗产主要是由人类培育和创造的，所以属于文化遗产。（3）林业自然与文化双重

① 李文华. 中国重要农业文化遗产保护与发展战略研究 [M]. 北京：科学出版社，2016：197.
② 樊宝敏. 积极促进林业文化遗产认定与管理 [J]. 中国国情国力，2018（7）：37–40.
③ 樊宝敏，杨文娟，张德成. 林业文化遗产分类体系和认定标准初探 [J]. 温带林业研究，2019（2）：34–39.
④ 马国洲，樊宝敏. 福建林业遗产特征及成因分析 [J]. 林草政策研究，2021（2）：73–79.

遗产，则是混合有自然和文化两重因素的遗产。如天然和人工形成的风水林，泰山、黄山等包含天然林木和人工林木的名山胜迹。

（三）重大意义

第一，加强林业遗产保护是践行习近平新时代中国特色社会主义思想和习近平生态文明思想的创新举措。习近平总书记高度重视历史文化遗产保护工作，要求"让文物说话、把历史智慧告诉人们，激发我们的民族自豪感和自信心"。强调"让收藏在博物馆里的文物、陈列在广阔大地上的遗产、书写在古籍里的文字都活起来"。提出"保护为主、抢救第一、合理利用、加强管理"的工作方针。2022年2月，中共中央宣传部、文化和旅游部、国家文物局印发《关于学习贯彻习近平总书记重要讲话精神　全面加强历史文化遗产保护的通知》，要求认真学习贯彻习近平总书记重要讲话精神，做好当前和今后一个时期历史文化遗产保护工作。该通知提出"统筹好重要文化和自然遗产、非物质文化遗产系统性保护，加强各民族优秀传统手工艺保护传承""要加强历史文化遗产价值研究，推进中华文明、中华文化和中国精神的研究阐释，深入挖掘历史文化遗产蕴含的丰厚内涵、系统阐释中华文化的时代新义，让文物说话、让历史说话，更好发挥历史文化遗产以史育人、以文化人、培育社会主义核心价值观的优势作用"。保护林业遗产不仅是弘扬中华民族优秀文化的实际行动，也是贯彻党的十九大精神和习近平新时代中国特色社会主义思想的实际行动。

习近平生态文明思想是我国推进绿色发展、实现绿色崛起的重要指导思想。其科学内涵集中体现为"十个坚持"，即坚持党对生态文明建设的全面领导，坚持生态兴则文明兴，坚持人与自然和谐共生，坚持绿水青山就是金山银山，坚持良好生态环境是最普惠的民生福祉，坚持绿色发展是发展观的深刻革命，坚持统筹山水林田湖草沙系统治理，坚持用最严格制度最严密法治保护生态环境，坚持把建设美丽中国转化为全体人民自觉行动，坚持共谋全球生态文明建设之路。其核心要义是"保护绿水青山、坚持和谐共生、促进绿色发展"。林业遗产体现着中华民族人与自然和谐共生的伟大智慧，是美丽中国的珍奇风景和生态文化的重要内容，具有很高的生态、经济、文化、审美价值。加强林业遗产保护和科学利用，符合习近平生态文明思想的根本要求，有利于推进生态文明和美丽中国建设。

第二，加强林业遗产保护是实施乡村振兴战略的有益途径。乡村振兴离不开乡村文化的繁荣兴盛。乡村古树、百年果林等林业文化遗产是乡村传统文化的重要组成部分，保护和利用林业遗产有利于拓展现代林业的社会功能，创新林业发展方式，丰富森林旅游资源，提升文化品位，促进林农就业增收，助力乡村振兴，推进生态文明建设。在乡村振兴战略背景下，林业遗产挖掘、保护利用具有现实必然性。我国林业文化经历了作为物质来源的文化、宗教祭祀的文化、民族品格的文化和生态文明的文化之发展轨迹。林业遗产保护是乡村文化振兴的抓手、乡村产业振兴的支撑和美丽乡村建设的基础。但是面对林业遗产挖掘、保护利用缺乏顶层设计、尚无评价标准、保护经费不足和法律保障缺位等困境，需要综合施策[①]。

① 巩前文，李铁铮，秦国伟. 加强林业文化遗产保护传承助推乡村振兴战略 [J]. 行政管理改革，2018（11）：80–85.

第三，加强林业遗产保护是促进经济社会绿色转型和高质量发展的必然选择。保护传承林业遗产有利于借鉴并汲取传统林业文化精髓，促进其传承与创新的结合，延续生物多样性、深化林业科学研究，增强现代林业发展的全面性、协调性和可持续性；有利于我国林业历史文化的传承，展示劳动人民长久以来顺应自然和利用自然的生产生活智慧，向社会宣传"天人合一"的优秀思想，促进人与自然和谐共生。美学家叶朗曾指出"在青少年阶段，要注意有计划地组织学生更多地接受人类文化遗产的教育。人类文化遗产包括三个方面：人类自然遗产，如黄山、泰山、西湖，等等；人类物质文化遗产，如故宫、长城、颐和园，等等；人类口头的、非物质的文化遗产，如昆曲、京剧、古琴、马头琴、丝竹、剪纸、木版年画、木偶戏、皮影戏，等等。人类文化遗产包括上述三个方面，都是美育的最好的场所，最好的教材。因为它们积累了人类几千年文化的精华（自然遗产也包含有丰富的文化内涵），它们是培育美好、善良、高尚的灵魂的最好的养料。"[1] 我国的林业遗产地及其文化，既是青年学生了解我国五千年林业历史、掌握林业科学技术知识、激发爱国爱林情怀的生动课堂，也是全社会接受生态教育、享受生态文化成果、增进身心健康、饱览祖国美丽风光的广阔新天地。

二、林业遗产的分类体系和认定标准

研究确立林业遗产的分类体系和认定标准，是林业遗产保护传承与有效利用的重要的基础性工作。需要说明的是，本研究所制定的分类体系和认定标准是相对的，有待在今后的应用中逐步加以完善。

（一）分类体系

在学术界，王思明等提出了广义的"农业文化遗产"的分类体系[2]，分为遗址类、物种类、工程类、技术类、工具类、文献类、特产类、景观类、聚落类、民俗类 10 种主要类型（以下简称"名录分类体系"）。尹伟伦等也提出了林业文化遗产的分类体系，主要分为技术类、物种类、景观类 3 种类型（以下简称"战略分类体系"）。在借鉴已有研究成果的基础上，同时充分考虑到林业文化遗产的自身特点和重点保护对象的差异性，本书中研究提出一种新的林业遗产分类体系（表 1）。根据特征和价值的差异，将林业遗产分为生态类、生产类、生活类和记忆类 4 个大类。

表 1　林业遗产的分类体系

大类 A	亚类 B	具体林业遗产 C
生态类 A1	1. 古树群落 / 天然林 / 人工防护林 B1	白皮松遗产，风水林遗产等
	2. 野生动物 / 自然保护地 B2	麋鹿遗产，熊猫遗产，猴遗产等
生产类 A2	3. 经济林 / 用材林 B3	银杏遗产，延平杉木遗产，枣遗产，竹遗产，林药遗产，林菌遗产等
	4. 林业设施 B4	林业机械遗产，林业古道遗产，试验林（站）等
	5. 林业产品 B5	木材产品，漆器，木化石等

① 叶朗.美学原理 [M]. 北京：北京大学出版社，2009：421.
② 王思明，李明.中国农业文化遗产研究 [M]. 北京：中国农业科学技术出版社，2015：5.

大类 A	亚类 B	具体林业遗产 C
生活类 A3	6. 园林 B6	皇家园林，私家园林，寺庙园林等
	7. 花木 B7	梅花遗产，牡丹遗产，综合花木遗产等
	8. 山水名胜 B8	岳镇山遗产，洞天福地遗产，河湖遗产等
记忆类 A4	9. 林业文献 B9	护林碑遗产，林业古籍，林业手稿等
	10. 林业习俗 B10	林业节庆仪式，女儿杉习俗，树葬习俗，古乡规民约，林业谚语等
	11. 林业技术 B11	竹编技艺，生产工艺，明清家具制作技术，木雕技术等

注：历史上的文献作为可移动文物，在 2005 年 12 月国务院下发的《关于加强文化遗产保护的通知》中被作为物质文化遗产。

1. 生态类

生态类林业遗产指自然形成或人类保留下来的典型森林生态系统和珍稀野生动植物栖息地。这类遗产以发挥生态功能为主，具有重要的生物多样性保护价值。

（1）古树群落／天然林／人工防护林遗产。这是林业文化遗产当中数量最多、地位最重要、最具林业特色的一种类型。这种类型的遗产是直接从祖先手里继承下来并生长至今的。因为有些树木可以生长上百年，甚至上千年。其最能够体现"前人栽树，后人乘凉"，从古树身上可以体会到前人对后代的关怀。其具有重要的历史价值、生态价值和生物多样性价值、科研价值和美学价值等。如，江苏邳州港上镇齐村、北西村古银杏群，山东郯城港上镇王桥村、新村乡新一村古银杏群，河南沁阳神农山古白皮松群，福建建瓯房道万木林，陕西黄陵古柏群，山东曲阜孔林。在"名录分类体系"和"战略分类体系"中，本类型林业遗产作为景观类下的林业景观，或者景观类。

（2）野生动物／自然保护地遗产。我国有不少珍稀濒危的野生动物，在古代曾经广泛分布，并且与人类生活有着密切的关联，在很长的历史过程中形成了深厚的文化。它们本身属于森林生态系统物种多样性的重要组成部分，加强这些物种及其文化的系统保护，有利于珍稀濒危动物的长期生存，具有重要的生态和文化价值。如，北京大兴南海子麋鹿苑，四川卧龙熊猫，河南沁阳神农山猕猴等。这一部分与农业文化遗产中的畜牧业遗产有类似之处，其中，畜禽类被列为"物种类"。而关于野生动物物种，现有"名录分类体系"和"战略分类体系"中均没有提及本类型。

2. 生产类

生产类林业遗产指集中体现人与自然和谐共生智慧，对人类经济社会可持续发展具有战略性作用的生产和知识技术体系。主要包括经济林／用材林遗产、林业设施遗产和林业产品遗产。

（3）经济林／用材林遗产。自古传承并沿用至今的经济林栽培体系，是当地居民的主要或次要经济来源，对改善当地居民的生活条件起到了显著的作用，而且形成了具有一定知名度的系列产品。对这类遗产进行保存并合理利用，不仅可以对当地的经济发展起到推动作用，而且可以为其他地区提供发展模式借鉴。如，河南灵宝古枣群，浙江安吉竹栽培体系等。"名录分类体系"中将这类纳入"特产类"（GA 农业产品类特产）；而"战略分类体系"中将其纳入"物种类"。

（4）林业设施遗产。是指古代和近代遗留下来的森林经营或科学研究的遗址、设施、设备、工具等。如，黑龙江汤旺河木材运输小铁道，四川剑阁翠云廊古蜀道古树群，北京海淀中国林科院白皮松林，重庆沙坪坝歌乐山中央林业试验所。"名录分类体系"中有遗址类、工具类，与此相近；"战略分类体系"中没有论及。

（5）林业产品遗产。是指古代或近代传承下来的木质或非木质林产品，以及林业生物地质化石。如，古棺木，古家具，古象牙制品，木化石，森林生物化石，等。"名录分类体系"中有特产类，与此相近；"战略分类体系"中没有论及。

3. 生活类

生活类林业遗产指人类在历史时期为了提升生活品质、满足精神需求而培育林木、花卉，形成的典型的具有先进生态文化内涵的子遗景观或遗址。主要包括园林遗产、花木遗产和山水名胜遗产。

（6）园林遗产。该遗产具有深厚的人文底蕴，体现不同时期中国文人的思想状态、审美喜好以及不同植物品种代表的文化内涵，具有重要的指示意义。如，北京香山公园古树群，北京天坛古树群，北京昌平明十三陵古树群，江苏苏州拙政园，北京门头沟潭柘寺古树群等。这部分内容，"名录分类体系"没有包含在内；"战略分类体系"将其列入景观类。在赵佩霞等主编的农业文化遗产著作中有关于中国古典园林的论述[①]。

（7）花木遗产。这类遗产具有较强的观赏性和时令性，此类遗产的保存对带动当地的旅游资源发展具有重要推动作用，同时对研究当地的乡土树木或花卉品种及其适生性等具有重要的指导意义。如，河南洛阳牡丹，河南鄢陵花木栽培体系，北京门头沟妙峰山涧沟玫瑰，山东平阴玫瑰等。"名录分类体系"仍将这类纳入"特产类"（GA 农业产品类特产）；"战略分类体系"中则没有提及。

（8）山水名胜遗产。我国幅员辽阔，地质地貌类型多样，拥有众多秀美山川，且我国自古便有"知者乐水，仁者乐山"之说，留下了众多关于名山大川的诗词等，而且有的还蕴含着佛教、道教等宗教文化，山水名胜遗产对于研究植物的自然分布属性具有重要意义。如，山东泰山岱庙、柏洞、对松山的古树，山东沂山古树及东镇文化，十大洞天，三十六小洞天，七十二福地中的林业文化遗产等。这种类型，"名录分类体系"中没有提及；"战略分类体系"中其被列为景观类。

4. 记忆类

记忆类林业遗产指蕴含人类技术和工艺的林产品和著作，主要包括传统的林业文献、林业习俗和林业技术。

（9）林业文献遗产。是与林业相关的古籍、碑刻、手稿等文字材料，这些是体现人的林业思想和认识的载体。如，海淀法海寺顺治护林碑，竹谱，桐谱，毛泽东主席植树造林

---

① 赵佩霞，唐志强. 中国农业文化精粹 [M]. 北京：中国农业科学技术出版社，2015：283-308.

题词手稿，陈嵘手稿，凌道扬手稿。"名录分类体系"中有文献类，与此相近；"战略分类体系"中没有论及。

（10）林业习俗遗产。是从古代传承下来的林业习俗、节庆活动、宗教信仰等行为方面的林业文化。如，北京妙峰山香会，贵州岜沙苗寨人树合一习俗，广西京族护林公约。"名录分类体系"中有民俗类、聚落类，与此相近；"战略分类体系"中没有论及。

（11）林业技术遗产。是与林业相关的传统技术、艺术及相关产品、传承人。如，四川射洪青堤龙舟竹编技艺，浙江富阳竹纸制造技艺。"名录分类体系"中有技术类，与此相近；"战略分类体系"中亦设有技术类。

应该说明的是，林业遗产的分类具有相对性。一是林业遗产作为系统，它包含诸多遗产要素。同时，系统与要素的区分具有相对性。在一种语境下作为系统的遗产，在另一种语境下则可能是要素。如作为狭义的土地利用系统和林业景观系统的林业遗产，文献遗产只能作为遗产要素，而不能单独作为林业遗产。二是上述 11 种类型的划分具有相对性。不同的遗产类型之间有重合的内容，如设施遗产与技术遗产的工具部分存在重合；古树遗产与经济林遗产，也存在重合。为此，在实际中可根据林业遗产的主要特点进行归类。

（二）认定标准

有学者研究指出，建立国家重要农业文化遗产（NIAHS）标准及进行保护试点的遴选时，应重点考虑生物与文化多样性、文化与生态及经济的可持续性、区域与类型的代表性、对履行国际公约的贡献、对当地经济社会发展和生态环境保护的作用、可示范性与地方保护的积极性等几个方面[1]。农业部门出台的《中国重要农业文化遗产认定标准》，将历史性、系统性、持续性、濒危性 4 点设定为基本标准，将示范性和保障性列为辅助标准[2]。鉴于林业遗产类型多样性，为保证林业遗产的认定科学规范，将林业遗产的认定标准分为共性标准和个性标准进行设定研究。

1. 共性标准

（1）古老性。从历史发展上看，本林业传统体系历史悠久，重要文化遗产从形成至今应有至少 100 年的历史，并且遗产地是主要森林物种的原产地，也是相关品种和栽培技术的创造地或重大改进地。引进物种须为 1949 年之前引入的；林业设施须为 1978 年之前建设的。从长久的发展过程看，本体系对当地的自然条件具有较好的适应性，对于自然灾害影响有一定的恢复能力。在森林保护、培育、林产品加工和多功能利用、社会习俗等方面积淀了较完善的传统知识与技术体系。

（2）独特性。该体系能提供独具特色和具有显著地理特征的产品和服务。既包含一般意义上的传统林业知识，还拥有参天古树、结构复杂的林业景观，以及珍贵稀少的林业生物资源、丰富的生物多样性、别样的地域风俗文化。它能够随着自然条件变化、社会经济发展进步，进行结构与功能的调整，从多方面满足人类的需要，体现人与自然和谐发展的生动景象。

① 闵庆文 . 全球重要农业文化遗产评选标准解读及其启示 [J]. 资源科学，2010（6）：1022-1025.
② 闵庆文，阎晓军 . 北京市农业文化遗产普查报告 [M]. 北京：中国农业科学技术出版社，2017：318.

（3）人文性。该体系具有文化多样性，在社会组织、精神、宗教信仰、哲学、生活和艺术等方面发挥重要作用，在和谐社会建设方面具有较高价值。其具有景观生态美学特征，在发展森林和乡村旅游方面有较高价值。

（4）有益性。该体系具有林产品生产、就业增收，使生态稳定、观光休闲、文化传承等多种功能，在生物多样性保护、水土保持、气候调节等方面作用明显，对林业发展以及科学研究具有重要价值。对于其他地区有一定的推广应用价值。对于应对经济全球化、保护生态安全、促进乡村全面振兴具有重要战略意义。从现实状态上看，这些体系仍然生长旺盛，且具有较强的生产与生态功能，是林业企业、林农生计和区域经济的重要支撑。

（5）濒危性。这些体系一旦遭受破坏将难以恢复，会产生林业生物多样性减少、传统林业知识丧失以及生态退化等风险。该系统已经受到并正受着多种因素（如气候变化、自然灾害、生物入侵等自然因素和城市化、工业化、林业新技术、外来文化等人文因素）的负面影响。过去50年的变化情况表明，该系统许多要素包括物种、传统技术、景观稳定性及文化丰富度等发展处于下降趋势，有必要采取保护和抢救措施。

2. 个性标准

按照规定，世界遗产申报中提名的遗产必须具有"突出的普世价值"，并至少满足所规定的十项基准之一[①]。这其实是一种个性标准的规定。本书借鉴这种做法，根据上述林业遗产的二级分类，分别对11种类型林业遗产研究制定专门的认定标准。

（1）古树群落遗产认定标准。树龄为100年以上的古树数量达到1000株以上（或者树龄为1000年以上的古树有10株），对记录其生命进化及分布、历史时期林业发展类型具有代表性意义，对当地人居环境的改善起到突出作用的古树群落、各类风水林。

（2）野生动物遗产认定标准。历史时期文化内涵丰富的野生动物，被纳入国家重点保护的动物种群，以及重要的自然或人工形成的生物栖息地。

（3）经济林遗产认定标准。应为该经济林树种的中心产区，1978年前积累的经济林生产经验具有典型意义，达到100公顷以上的林木规模，能持续提供非木质林产品，对于当地居民的食品安全、生计安全、原料供给、人类福祉等方面具有保障能力，其产品独具特色或具有显著地理特征。

（4）花木遗产认定标准。为国家重要的传统观赏花木，承载传统栽培技艺，具有100公顷以上的自然分布或栽培面积，包含出色的自然或人工美景与美学重要性的自然现象或生产区域。

（5）园林遗产认定标准。树龄为100年以上的古树数量达到50株以上，是表现人类创造力的经典园林之作，与重要历史人物和事件相联系，在某个时期对技术、艺术、景观设计之发展有巨大影响，促进人类价值的交流。

（6）山水名胜遗产认定标准。在陆地、淡水、沿海生态系统及动植物群的演化与发展上，代表持续进行的生态学及生物学过程的显著例子，能够反映人类发展历史时期自然崇

拜、生态礼仪、宗教且具有典型意义的山水名胜。

（7）林业设施遗产认定标准。呈现有关现存或者已经消失的林业文化传统、林业生产、林业事件的独特或稀有之证据；1978年之前建造或制作的设施设备，如道路、建筑、工具、遗址等；现代林业中缓慢或已停止改进和发展的林业工具及其文化。

（8）林业产品遗产认定标准。1949年前加工或自然形成并流传下来的具有典型意义和较高文化价值的木质和非木质森林产品。如家具，建材，棺木，漆器，象牙制品等。

（9）林业文献遗产认定标准。1949年前流传下来的各种版本的能展示林业发展成就或历程的重要文献资料，包括图书、期刊、契约、公文、证件、碑刻、手稿、书画等。

（10）林业习俗遗产认定标准。民族或区域在发展过程中所创造和传承的能显示其文化特色的林业生产生活风尚物、事，包括林业相关的食物、药品、节日、民间艺术、乡约、风水择吉、仪式、祭祀、表演、信仰和禁忌等。

（11）林业技术遗产认定标准。历史上长期形成的并在现今仍有传承利用的，对区域发展具有典型意义的林业栽培、森林采运、木材加工、病虫防治、林下种养、手工技艺等技术。

三、中国主要林业遗产的地理分布

为较全面地掌握全国林业遗产资源情况，笔者对相关的资料信息和数据做了较为全面的收集和整理。林业遗产主要来自以下方面：①中国世界遗产中的14项自然遗产、4项自然与文化双重遗产，及38项世界文化遗产中与林业相关的部分[①]；②对农业部认定的138项"中国重要农业文化遗产"[②]进行分析，其中与林业高度相关的部分遗产；③2018年全国绿化委员会办公室和中国林学会评选出的85株"中国最美古树"[③]；2005年《中国国家地理》评选出的"中国最美的十大森林"[④]；④通过查阅《中国农业文化遗产名录》《中国树木奇观》《中国银杏种质资源》等文献[⑤]，并参考原国家质量监督检验检疫总局发布的"地理标志产品"，选择历史悠久且与林业高度相关者；⑤通过其他途径得到的林业遗产信息。

为实地了解林业遗产状况，在2018年1月至2021年9月间，笔者曾先后到北京、山东、河南、山西、河北、福建、内蒙古、辽宁、西藏、新疆、甘肃、宁夏、江苏、广东、江西、云南、陕西、湖北等地，对代表性林业遗产进行实地调研。通过现场考察、访谈、参观展览馆等，详细了解林业遗产的现存状况、历史人文、价值特点、保护措施等内容。若包括笔者之前利用各种机会接触到的林业遗产情况，据粗略统计，对收集到的619处林

① UNESCO.Properties inscribed on the World Heritage List 56[EB/OL].（2021-12-20）. https：//whc.unesco.org/en/statesparties/cn.

② 中华人民共和国农业部. 中国重要农业文化遗产 [M]. 北京：中国农业出版社，2014. 中华人民共和国农业部. 中国重要农业文化遗产：第二册 [M]. 北京：中国农业出版社，2018.

③ 全国绿化委员会办公室，中国林学会. 中国最美古树 [J]. 国土绿化，2018.

④ 中国国家地理杂志社. 中国最美的十大森林 [J]. 中国国家地理，2005：314-341.

⑤ 国家林业局. 中国树木奇观 [M]. 北京：中国林业出版社，2003. 闵庆文，阎晓军. 北京市农业文化遗产普查报告 [M]. 北京：中国农业科学技术出版社，2017. 王思明，李明. 中国农业文化遗产名录 [M]. 北京：中国农业科学技术出版社，2017. 邢世岩. 中国银杏种质资源 [M]. 北京：中国林业出版社，2013. 赵佩霞，唐志强. 中国农业文化精粹 [M]. 北京：中国农业科学技术出版社，2015.

业遗产中的约 200 处做了实地考察，占总数的 30% 以上。

下面，按照我国七大区域的划分，对各区域林业遗产的分布情况做简要论述。

（一）华北地区

华北地区包括北京市、天津市、河北省、山西省和内蒙古自治区。总面积 152.92 平方千米，占全国国土面积的 15.9%。有林业遗产 80 处（表 1），占全国总数的 12.9%，在七大区域中排第三位。其中，河北 24 处，北京、山西均有 20 处。三省（市）林业遗产丰富与历史文化深厚且北京地区长期为国都有关；内蒙古 12 处，带有浓郁的草原文化特色；天津受滨海盐碱地影响，仅 4 处。

表 1　华北地区林业遗产

省份	生态类	生产类	生活类	记忆类	数量
北京	大兴古桑园、古梨园；怀柔槲树；延庆古油松	平谷麻核桃；怀柔板栗、东城区酸枣；平谷北寨红杏；房山磨盘柿；门头沟京白梨	涧沟玫瑰；香山公园、国家植物园；天坛公园；北海公园；戒台寺白皮松；潭柘寺银杏王；明十三陵；妙峰山香会习俗；大兴南海子麋鹿苑	京作家具；紫檀雕刻	20
天津	—	滨海崔庄冬枣；汉沽茶淀葡萄；盘山磨盘柿	盘山游览	—	4
河北	丰宁古油松；平泉市小叶杨；赤城县古榆树；临漳圆柏；涉县古槐；磁县大果榉；小五台山	宣化葡萄；宽城板栗；迁西板栗；兴隆山楂；邢台板栗；遵化板栗；深州蜜桃；赞皇大枣；涉县核桃；赵县雪花梨	遵化禅林寺；避暑山庄；驼梁山；清东陵；清西陵	广宗柳编；武邑木雕	24
山西	泽州县黄栌；原平市古楸；永济市麻栎；和顺县元宝枫；交口县蒙古栎	稷山板枣；太谷壶瓶枣；左权绵核桃；祁县酥梨；临猗苹果	沁水紫丁香；安泽连翘；晋祠；北岳恒山；五台山；中镇霍山；中条山；管涔山	郭璞《葬经》（闻喜）；晋作家具	20
内蒙古	额济纳旗胡杨；浑善达克古榆；红花尔基樟子松；莫尔道嘎原始林	敕勒川草原	克什克腾；阿拉善沙漠；阿尔山；大兴安岭；大青山；狼山	鄂温克驯鹿	12
合计	19	25	29	7	80

华北地区林业遗产中，生态类的主要树种有：桑、槲树、油松、小叶杨、榆树、圆柏、槐、大果榉、黄栌、楸、麻栎、元宝枫、蒙古栎、胡杨、樟子松。生产类的主要树种有：麻核桃、板栗、酸枣、杏、柿、梨、葡萄、山楂、桃、枣、核桃、苹果。生活类的主要树种有：玫瑰、白皮松、银杏、紫丁香、连翘。涉的野生动物有：麋鹿、驯鹿。可见，以乡土落叶阔叶树种、温带果树为主，反映出华北地区森林植被特征。

（二）东北地区

东北地区包括黑龙江、吉林、辽宁三省。面积 78.73 万平方千米，占全国国土面积的 8.2%。有林业遗产 30 处（表 2），占全国总数的 4.8%，区域排名第七位。其中，三省林业遗产数量均为 10 处。这主要是由于本地气候寒冷，大规模历史开发相对较晚。

表 2 东北地区林业遗产

省	生态类	生产类	生活类	记忆类	数量
辽宁	新民蒙古栎；清原县青杨；新宾县赤松；抚顺哈什蟆	鞍山南果梨；丹东板栗；宽甸柱参；桓仁林产	北镇医巫闾山；本溪林场	—	10
吉林	安图长白松；珲春大果榆；汪清东北红豆杉；东丰梅花鹿；双阳梅花鹿；东北虎豹栖息地	延边苹果梨；柳河山葡萄	长白山；拉法山	—	10
黑龙江	漠河樟子松；海林红松；五营丰林	五营木都柿；铁力北五味；汤旺河小铁道；大兴安岭"5·6"火灾	镜泊湖；五大连池	鄂伦春森林狩猎	10
合计	13	10	6	1	30

东北地区的林业遗产中，生态类的主要树种有：蒙古栎、青杨、赤松、长白松、大果榆、东北红豆杉、樟子松、红松。生产类的主要树种和植物有梨、板栗、柱参、苹果梨、山葡萄、木都柿（蓝莓）、北五味。涉及的野生动物有哈什蟆、梅花鹿、虎、豹。生态类遗产比重大，占43.3%，在全国生物多样性保护中居重要地位。

（三）华东地区

华东地区包括上海、江苏、浙江、安徽、福建、江西、山东、台湾8省（直辖市）。总面积83.43万平方千米，占全国国土面积的8.7%。林业遗产195处（表3），占全国总数的31.5%，属于全国林业遗产最多的区域。其中，福建42处（省份排名第一）、浙江35处、山东35处、安徽29处、江西23处、江苏22处、上海6处、台湾3处。因地处暖温带和亚热带，植物种类丰富，历史文化积淀深厚，属于中华文化的中心地带，尤其是生产类和记忆类遗产数量多，占69.2%，在国家林业发展中发挥重大支撑作用，值得特别重视。

表 3 华东地区林业遗产

省	生态类	生产类	生活类	记忆类	数量
上海	—	松江仓桥水晶梨；南汇水蜜桃	—	徐光启《农政全书》；嘉定竹刻；海派紫檀雕刻；黄杨木雕	6
江苏	—	泰兴银杏；无锡阳山水蜜桃；邳州银杏、板栗；沭阳古栗园；新沂古栗园；海安桑蚕茧	海州流苏；苏州拙政园；明孝陵、中山陵；云台山；南京老山；茅山	计成《园冶》（吴江）；碧螺春茶；南京雨花茶；宜兴阳羡雪芽；扬州漆器；扬州精细木作；苏州明式家具；兴化木船制造；无锡留青竹刻；常州留青竹刻	22
浙江	景宁柳杉；松阳红豆杉；临海百日青；茅镬村古树群	会稽山香榧；仙居杨梅；诸暨香榧；安吉竹、茶；长兴银杏；临安竹、常山胡柚；塘栖枇杷；余姚杨梅；黄岩蜜橘；宁波金柑；德清早园笋；庆元香菇；遂昌竹炭	天目山；南镇会稽山；雁荡山	陈淏《花镜》；湖州桑基鱼塘；西湖龙井茶；建德苞茶；松阳茶；开化龙顶茶；庆元、泰顺木拱桥营造；富阳竹纸制作；舟山普陀木船制造；黄岩翻簧竹雕；嵊州竹编；东阳竹编、木雕；乐清黄杨木雕；平阳陈嶤故里	35

省	生态类	生产类	生活类	记忆类	数量
安徽	青阳青檀；宣州扬子鳄	砀山沙梨；金寨木本粮油（银杏、板栗、山核桃、山茶油）；广德竹、栗；繁昌长枣；烈山塔山石榴；宁国山核桃；太和香椿；金寨茯苓；霍山石斛	铜陵凤丹皮；黄山、九华山；天柱山；宣州敬亭山	陈煮《桐谱》（铜陵）；黄山太平猴魁、毛峰茶；舒城竹编（舒席）；皖南木雕、祁门红茶、安茶、六安瓜片茶；泾县涌溪火青、霍山黄芽；宣纸；石台富硒茶；桐城小花；舒城小兰花；东至云尖茶	29
福建	霞浦古榕；泰宁长叶�榧；屏南马尾松；漳平水松；宁化铁杉；永泰油杉；德化樟树；建瓯观光木；永安闽楠；沙县檫木；武夷山森林；太姥山森林；三明格式栲；建瓯万木林；福州榕树；顺昌竹；蕉城杉木；延平杉木	尤溪银杏；尤溪金柑；云霄枇杷；莆田林果；漳州荔枝；建瓯锥栗、竹；长乐青山龙眼；顺昌建西林场遗址	浦城丹桂；将乐南紫薇；福州鼓岭；政和闽楠；沈郎樟	永春篾香；福州茉莉花茶；安溪铁观音茶；武夷岩茶；政和白茶；福鼎白茶；白毫银针；永春佛手茶；将乐竹纸制作；莆田木雕；蔡襄《荔枝谱》（仙游）	42
江西	星子罗汉松；武功山	南丰蜜橘；宜丰竹；崇义竹；奉新猕猴桃；横峰葛；寻乌蜜橘；新干三湖红橘、商州枳壳；金溪黄栀子；南康甜柚；遂川金橘；狗牯脑茶；宜春茶油；赣南脐橙；广丰马家柚	大余金边瑞香；三清山（千年杜鹃）；庐山、井冈山	瑞昌竹编；庐山云雾茶；浮梁仙芝；婺源绿茶	23
山东	夏津古桑树；莒县银杏王；平阴白皮松	枣庄枣林；乐陵枣林；庆云枣林；郯城银杏；临沂板栗、银杏；蒙阴蜜桃；烟台大樱桃；栖霞苹果；平度葡萄；沾化冬枣；青州蜜桃；沂源苹果；阳信鸭梨；无棣小枣、古桑；莱阳梨；肥城桃；昌邑梨园；冠县梨园	平阴玫瑰；平邑金银花；曲阜孔林；泰山（板栗）；东镇沂山；崂山（绿茶）；蒙山	《管子》（临淄）；贾思勰《齐民要术》（寿光）；王象晋《群芳谱》（桓台）；曲阜楷木雕刻；烟台葡萄酒；日照绿茶、竹；昌邑丝绸	35
台湾	—	林田山林场；罗东林场	阿里山（神木）	—	3
合计	29	72	31	63	195

华东地区林业遗产中，生态类的主要树种有：柳杉、红豆杉、百日青、青檀、榕、长叶榧、马尾松、水松、铁杉、油杉、樟树、观光木、闽楠、檫木、格式栲、竹、杉木、罗汉松、桑树、银杏、白皮松。生产类的主要树种和植物有：梨、桃、银杏、板栗、桑、香榧、杨梅、竹、茶、柚、枇杷、橘、金柑、香菇、山核桃、油茶、枣、石榴、香椿、茯苓、石斛、荔枝、锥栗、龙眼、蜜橘、猕猴桃、葛、红橘、枳、黄栀子、金橘、脐橙、樱桃、苹果、葡萄。生活类的主要树种有：流苏、牡丹、丹桂、南紫薇、闽楠、樟、金边瑞香、杜鹃、玫瑰、金银花、红桧。记忆类的主要树种有：竹、紫檀、黄杨、茶、漆、桑、泡桐、青檀、茉莉花、楷木、葡萄。涉及的野生动物有：扬子鳄。动物种类少与人类活动频繁有关，今后尤应加强野生动物保护。

（四）华中地区

华中地区包括河南省、湖北省和湖南省。全区土地面积56万多平方千米，占全国土地总面积的 5.9%。林业遗产 74 处（表 4），占全国总数的 11.95%，居区域第五位。其中，河南 27 处，湖北 24 处，湖南 23 处。

表 4　华中地区林业遗产

省份	生态类	生产类	生活类	记忆类	数量
河南	镇平冬青；虞城皂荚、神农山白皮松、猕猴	灵宝川塬古枣林；新安樱桃；嵩县银杏；西峡山茱萸、猕猴桃；新郑大枣；荥阳河阴石榴；大别山银杏；确山板栗；宁陵酥梨；内黄大枣；桐柏古栗园；淇河竹园；博爱竹园；鄢陵花木；南召辛夷	嵩山；伏牛山；王屋山、黛眉山；云台山；洛阳牡丹	嵇含《南方草木状》（巩义）；朱橚《救荒本草》（开封）；吴其濬《植物名实图考》（固始）；信阳毛尖茶	27
湖北	利川水杉、钟祥湖北梣、竹溪楠木	罗田甜柿、板栗；安陆银杏；巴东银杏；麻城板栗；西陵窑湾蜜橘；郧阳木瓜；武当蜜橘；枝江百里洲砂梨；随州银杏；来凤金丝桐油；黄陂荆蜜	五峰红花玉兰；神农架（枫杨）；黄冈（罗田）大别山	戴凯之《竹谱》（武昌）；陆羽《茶经》（天门）；李时珍《本草纲目》（蕲春）；赤壁羊楼洞砖茶；恩施玉露茶；武汉木雕船模；竹溪龙峰茶	24
湖南	芷江重阳木；安化梓叶槭；桑植亮叶水青冈	桃江竹；洪江黔阳冰糖橙；湘西猕猴桃；洞口雪峰蜜橘；永顺油茶；宁乡香榧	武陵源；张家界；南岳衡山；莽山；南山（金童山）	岳阳君山银针茶；城步青钱柳茶；古丈毛尖；桃源野茶王；安化黑茶；桂东玲珑茶；保靖黄金寨茶；益阳小郁竹艺；邵阳宝庆竹刻	23
合计	9	32	13	20	74

　　华中地区林业遗产中，生态类的主要树种有：冬青、皂荚、白皮松、水杉、湖北梣、楠木、重阳木、梓叶槭、亮叶水青冈、枫杨。生产类的主要树种有：枣、樱桃、银杏、山茱萸、猕猴桃、石榴、板栗、梨、竹、牡丹、辛夷、甜柿、蜜橘、木瓜、油桐、黄荆、橙、油茶、香榧。生活类的主要树种有：红花玉兰。记忆类的主要树种有：茶、竹、青钱柳。涉及的野生动物有：猕猴。此地是我国竹文化、茶文化、中医药文化起源地，林业遗产地位突出。

（五）华南地区

　　华南地区包括广东、广西、海南三省（区）和香港特别行政区、澳门特别行政区。面积 45.29 万平方千米，占全国土地总面积的 4.7%。林业遗产 76 处（表 5），占全国总数的 12.28%，居区域第四位。其中，广东 41 处，排名第二位，广西 22 处，海南 12 处，香港 1 处，澳门 0 处。

表 5　华南地区林业遗产

省	生态类	生产类	生活类	记忆类	数量
广东	鼎湖山；南岭；韶关红豆杉；新会大榕树；潮州金山古松；始兴米椎；四会人面子	从化荔枝王；南雄银杏、枳椇；岭南荔枝、广宁竹；郁南沙糖橘；罗定肉桂；新兴香荔；清新冰糖橘；英德西牛麻竹；龙门年橘；惠来荔枝；普宁青梅、蕉柑；廉江红橙；埔田竹笋；覃头杧果；化橘红；梅州金柚；新会柑；南山荔枝；连平鹰嘴蜜桃；封开油栗；茂名古荔枝园	梅县古梅；罗浮山	潮安凤凰单丛茶；佛山桑基鱼塘；潮州金漆木雕；广式家具；揭阳木雕；连击瑶山茶；新会陈皮；中山纪念堂木棉；潮州韩祠橡木；凌道扬故居	41

省	生态类	生产类	生活类	记忆类	数量
广西	龙州蚬木；猫儿山；大瑶山林场	恭城月柿；田阳杧果；田东香杜；隆安板栗；灵山荔枝；兴安白果；灌阳红枣；融水糯米柚；容县沙田柚；阳朔金橘；平南石硖龙眼；富川脐橙	忻城金银花；横县茉莉花	大新苦丁茶；凌云白毫茶；毛南族花竹帽；平乐石崖茶；横县南山白毛茶	22
海南	昌江红花天料木；白沙陆均松	海口羊山荔枝；琼中绿橙；三亚杧果；琼海琼安胶园	尖峰岭；霸王岭；五指山	兴隆咖啡；白沙绿茶；澄迈花瑰	12
香港	—	植物标本室及郊野公园	—	—	1
合计	12	39	7	18	76

华南地区林业遗产中，生态类的主要树种有：红豆杉、榕树、木棉、马尾松、米椎、人面子、蚬木、红花天料木、陆均松。生产类的主要树种有：荔枝、银杏、枳椇、竹、橘、肉桂、青梅、柑、橙、杧果、柚、蜜桃、柿、板栗、枣、龙眼、橡胶树。生活类的主要树种有：梅、金银花、茉莉花。记忆类的主要树种有：茶、桑、橘、大叶冬青、竹、咖啡。生产类的占 51.3%，在林业产业发展中支撑作用强；生态类和生活类遗产在我国热带生物多样性保护中起着关键作用。

（六）西南地区

西南地区包括重庆市、四川省、贵州省、云南省、西藏自治区。总面积达 234.06 万平方千米，占中国陆地面积的 24.5%。林业遗产 96 处（表 6），占全国总数的 15.5%，居区域第二位。其中，四川 41 处（省际排名第二）、贵州 21 处、云南 17 处、西藏 9 处、重庆 8 处。此地是我国重点林区，地形复杂。巴蜀为中华文明起源地之一，又是多民族聚居区，造就了林业遗产的地域特色和民族特色。

表 6　西南地区林业遗产

省份	生态类	生产类	生活类	记忆类	数量
重庆	巫溪铁坚油杉	石柱黄连；江津花椒；南川方竹笋；奉节脐橙；万州红橘；歌乐山中央林业实验所	—	梁平竹帘	8
四川	荥经桢楠；大邑香果树；北川柏林；雨城雅安红豆杉；剑阁翠云廊；卧龙大熊猫	苍溪雪梨；汉源花椒；广元朝天核桃；郫都林盘；蜀南竹海；邻水脐橙；南江核桃；会理石榴；旺苍杜仲；双流枇杷；都江堰猕猴桃；安岳柠檬；苍溪猕猴桃、雪梨；龙泉驿水蜜桃；青川黑木耳；小金松茸	江油辛夷花；南江金银花；黄龙；九寨沟；峨眉山；光雾山；瓦屋山；青城山	盐亭嫘祖蚕桑；名山蒙顶山茶；夹江竹纸；成都棕编；江安竹簧；青神竹编；邛崃瓷胎竹编；渠县刘氏竹编；射洪青堤龙舟竹编；青川七佛贡茶；峨眉山茶	41
贵州	安顺绿黄葛树；锦屏杉木；荔波喀斯特森林	盘州银杏；赤水竹；沿河沙子空心李；赫章核桃；花溪古茶；长顺银杏王；赤水金钗石斛；大方天麻	印江紫薇；百里杜鹃林；梵净山	锦屏林契文书；台江苗族独木龙舟节；岜沙苗寨人树合一；玉屏箫笛；都匀毛尖茶；余庆苦丁茶；梵净山翠峰茶	21
云南	盈江高山榕；西双版纳雨林；镇沅古茶树群落；轿子山森林	漾濞核桃；腾冲银杏；华坪杧果；洱海梅子；石屏杨梅；保山小粒咖啡	白马雪山杜鹃；大理苍山；丽江玉龙雪山；三江并流	剑川木雕；普洱茶；双江勐库茶	17

省份	生态类	生产类	生活类	记忆类	数量
西藏	拉萨大果圆柏；巴宜巨柏；林芝古桑；波密岗乡林芝云杉林；鲁朗云冷杉林	桑珠孜胡桃；错那沙棘	雅鲁藏布大峡谷森林；巴松湖林区	—	9
合计	19	38	18	22	96

西南地区林业遗产中，生态类的主要树种有：铁坚油杉、桢楠、香果树、柏木、红豆杉、绿黄葛树、杉木、高山榕、茶树、大果圆柏、巨柏、桑、云杉、冷杉。生产类的主要树种和植物有：黄连、花椒、方竹、脐橙、红橘、雪梨、核桃、竹、石榴、杜仲、枇杷、猕猴桃、柠檬、水蜜桃、黑木耳、松茸、银杏、空心李、茶、石斛、天麻、杧果、梅、杨梅、咖啡、沙棘。生活类的主要树种有：辛夷、金银花、紫薇、杜鹃花。记忆类的主要树种有：竹、桑、茶、棕榈、大叶冬青。涉及的野生动物有：大熊猫、亚洲象。云南和西藏地处边疆，其林业遗产保护尤为重要。

（七）西北地区

西北地区包括陕西、甘肃、青海、宁夏和新疆5省（自治区）。本区面积320万平方千米，约占全国面积的30%。林业遗产68处（表7），占全国总数的11.0%，居区域第六位。其中，陕西25处、甘肃17处、新疆17处、宁夏6处、青海3处。因大部属于干旱半干旱地区，故除陕西以外的林业遗产总体偏少。

表7　西北地区林业遗产

省份	生态类	生产类	生活类	记忆类	数量
陕西	岚皋七叶树；秦岭	佳县枣；蓝田杏；合阳文冠果；镇安板栗；延川红枣；临潼火晶柿、石榴；富平柿饼；府谷海红果；黄龙核桃；洛川苹果；韩城花椒；凤县花椒；延安酸枣；周至猕猴桃；鄠邑葡萄；旬阳拐枣	大蟒河玉兰；黄帝陵古柏；西岳华山；西镇吴山	商南茶；汉中仙毫；紫阳富硒茶	25
甘肃	祁连山；小陇山；左公柳；武都黄连木；岷县辽东栎	皋兰梨；麦积花牛苹果；庆阳苹果；临泽小枣；秦安蜜桃；武都油橄榄；平凉金果；两当狼牙蜜	永登苦水玫瑰；崆峒山	迭部扎尕那农林牧；康县龙神茶	17
青海	同德柽柳；祁连山（青）；三江源	—	—	—	3
宁夏	六盘山；贺兰山	灵武长枣；中宁枸杞；中宁圆枣	—	贺兰山东麓葡萄酒	6
新疆	库尔德宁云杉林；可可托海；阿尔泰山墨玉悬铃木；塔里木河–轮台胡杨；天山马鹿；伊吾胡杨	新源野苹果；英吉沙色买提杏；莎车巴旦姆；阿克苏苹果、红枣、核桃；和田大枣；哈密大枣；库尔勒香梨；阿瓦提慕萨莱思	燕儿窝榆树	吐鲁番葡萄沟	17
合计	19	35	7	7	68

西北地区林业遗产中，生态类的主要树种有：七叶树、柳、黄连木、辽东栎、柽柳、悬铃木、胡杨、榆树。生产类的主要树种有：枣、杏、文冠果、板栗、柿、石榴、海红果、核桃、苹果、花椒、酸枣、猕猴桃、葡萄、拐枣、梨、桃、油橄榄、白刺、枸杞、巴旦姆。生活类的主要树种有：玉兰、侧柏、玫瑰。记忆类的主要树种有：茶、葡萄。涉及的野生动物有：藏羚羊、马鹿。可见，有不少林业遗产属于耐干旱的乔灌木树种。

（八）全国总体情况

从全国七个大的区域林业遗产分布情况（表8）来看，林业遗产地区分布从多到少排序为：华东地区195处、西南地区96处、华北地区80处、华南地区76处、华中地区74处、西北地区68处、东北地区30处。林业遗产数量排前五位的省份是福建、广东、四川、浙江和山东，均在35处以上；后五位的省份（不含港澳台）为青海、天津、宁夏、上海、重庆，数目在3~8处之间（表9）。西北半壁六省（区）共计64处，占全国总数的10.3%；东南半壁336处，占89.7%。这表明林业遗产地理分布存在严重不均衡性，这是自然和社会共同作用的结果。

表8　中国各地区主要林业遗产的数量

区域	生态类	生产类	生活类	记忆类	合计
华北地区	19	25	29	7	80
东北地区	13	10	6	1	30
华东地区	29	72	31	63	195
华中地区	9	32	13	20	74
华南地区	12	39	7	18	76
西南地区	19	38	18	22	96
西北地区	19	35	7	7	68
全国	120	251	110	138	619

中国林业遗产涉及众多物种，初步统计主要的植物169种、动物12种。①生态类72种：银杏、红松、樟子松、油松、赤松、马尾松、长白松、白皮松、铁杉、铁坚油杉、油杉、云杉、冷杉、杉木、柳杉、水松、水杉、柏木、圆柏、大果圆柏、巨柏、长叶榧、东北红豆杉、红豆杉、陆均松、罗汉松、胡杨、小叶杨、青杨、柳、桑、榕、高山榕、麻栎、蒙古栎、槲树、辽东栎、格式栲、亮叶水青冈、米椎、槐、黄栌、楸、元宝枫、榆树、大果榆、青檀、大果榉、樟树、桢楠、楠木、闽楠、观光木、檫木、冬青、皂荚、湖北梣、重阳木、梓叶槭、枫杨、木棉、人面子、蚬木、红花天料木、香果树、绿黄葛树、茶树、七叶树、黄连木、柽柳、悬铃木、竹。②生产类73种：银杏、香榧、板栗、锥栗、柿、樱桃、杏、梨、桃、梅、空心李、酸枣、枣、枳椇、苹果、苹果梨、海红果、木瓜、山楂、山葡萄、葡萄、桑、杨梅、茶、枇杷、核桃、麻核桃、山核桃、油茶、石榴、香椿、荔枝、龙眼、柑、橘、金橘、橙、脐橙、枳、柚、柠檬、猕猴桃、葛、黄栀子、山茱萸、牡丹、辛夷、黄荆、肉桂、杜果、橡胶树、油桐、黄连、花椒、杜仲、咖啡、沙棘、

文冠果、油橄榄、白刺、枸杞、巴旦姆、木都柿、北五味、竹、方竹、柱参、天麻、黑木耳、香菇、茯苓、石斛、松茸。③生活类22种：银杏、白皮松、红桧、侧柏、玉兰、红花玉兰、辛夷、闽楠、樟、南紫薇、紫薇、牡丹、梅、玫瑰、紫丁香、连翘、流苏、丹桂、金边瑞香、金银花、茉莉花、杜鹃花。④记忆类16种：竹、紫檀、黄杨、茶、漆、桑、泡桐、青檀、茉莉花、楷木、葡萄、青钱柳、橘、大叶冬青、咖啡、棕榈。⑤野生动物12种：麋鹿、驯鹿、哈什蟆、梅花鹿、虎、豹、扬子鳄、猕猴、大熊猫、藏羚羊、马鹿、亚洲象。可见，其中绝大部分为我国的乡土生物，在生态、经济、文化方面具有独特价值。有些物种兼具多重价值，如银杏、茶、竹、桑、松、樟、楠、梅等。

表9 中国主要林业遗产分布情况

省份	生态类	生产类	生活类	记忆类	总数量
福建	18	8	5	11	42
广东	7	22	2	10	41
四川	6	16	8	11	41
浙江	4	15	3	13	35
山东	3	18	7	7	35
安徽	2	9	5	13	29
河南	3	15	5	4	27
陕西	2	16	4	3	25
河北	7	10	5	2	24
湖北	3	11	3	7	24
江西	2	13	4	4	23
湖南	3	6	5	9	23
江苏	—	6	6	10	22
广西	3	12	2	5	22
贵州	3	8	3	7	21
山西	5	5	8	2	20
北京	3	6	9	2	20
甘肃	5	8	2	2	17
新疆	7	8	1	1	17
云南	3	6	4	3	16
内蒙古	4	1	6	1	12
海南	2	4	3	3	12
辽宁	4	4	2	—	10
吉林	6	2	2	—	10
黑龙江	3	4	2	1	10
西藏	5	2	2	—	9

省份	生态类	生产类	生活类	记忆类	总数量
重庆	1	6	—	1	8
上海	—	2	—	4	6
宁夏	2	3	—	1	6
天津	—	3	1	—	4
青海	3	—	—	—	3
台湾	1	2	—	—	3
香港	—	—	1	—	1
澳门	—	—	—	—	—
总计	120	251	110	138	619

从全国林业遗产涉及的主要物种来看，这些物种具有丰富的多样性，且绝大部分为我国的乡土生物，在生态、经济、文化方面具有独特的价值。有些物种兼具多重价值，如银杏、茶、竹、桑、松、樟、楠、梅等。①生态类的主要树种有：银杏、红松、樟子松、油松、赤松、马尾松、长白松、白皮松、铁杉、铁坚油杉、油杉、云杉、冷杉、杉木、柳杉、水松、水杉、柏木、圆柏、大果圆柏、巨柏、长叶榧、东北红豆杉、红豆杉、陆均松、罗汉松、胡杨、小叶杨、青杨、柳、桑、榕、高山榕、麻栎、蒙古栎、槲树、辽东栎、格式栲、亮叶水青冈、米椎、槐、黄栌、楸、元宝枫、榆树、大果榆、青檀、大果榉、樟树、桢楠、楠木、闽楠、观光木、檫木、冬青、皂荚、湖北梣、重阳木、梓叶槭、枫杨、木棉、人面子、蚬木、红花天料木、香果树、绿黄葛树、茶树、七叶树、黄连木、柽柳、悬铃木、竹。②生产类的主要树种和植物有：银杏、香榧、板栗、锥栗、柿、樱桃、杏、梨、桃、梅、空心李、酸枣、枣、枳椇、苹果、苹果梨、海红果、木瓜、山楂、山葡萄、葡萄、桑、杨梅、茶、枇杷、核桃、麻核桃、山核桃、油茶、石榴、香椿、荔枝、龙眼、柑、橘、金橘、橙、脐橙、枳、柚、柠檬、猕猴桃、葛、黄栀子、山茱萸、牡丹、辛夷、黄荆、肉桂、杧果、橡胶树、油桐、黄连、花椒、杜仲、咖啡、沙棘、文冠果、油橄榄、白刺、枸杞、巴旦姆、木都柿、北五味、竹、方竹、柱参、天麻、黑木耳、香菇、茯苓、石斛、松茸。③生活类的主要树种有：银杏、白皮松、红桧、侧柏、玉兰、红花玉兰、辛夷、闽楠、樟、南紫薇、紫薇、牡丹、梅、玫瑰、紫丁香、连翘、流苏、丹桂、金边瑞香、金银花、茉莉花、杜鹃花。④记忆类的主要树种有：竹、紫檀、黄杨、茶、漆、桑、泡桐、青檀、茉莉花、楷木、葡萄、青钱柳、橘、大叶冬青、咖啡、棕榈。⑤涉及的野生动物有：麋鹿、驯鹿、哈什蟆、梅花鹿、虎、豹、扬子鳄、猕猴、大熊猫、藏羚羊、马鹿。

本书所列的林业遗产还不够全面，只能反映林业遗产的部分情况。深入分析现有的分布情况，发现林业遗产的形成一方面与森林的分布有关，另一方面更与人类的生产和生活有关。福建省林业遗产的数量居全国首位，表明福建森林文化发达、人与自然和谐共生的程度高。福建的发展经验值得认真总结。

四、中国主要林业遗产的形成年代

林业遗产是在不同的历史时期形成的，对于人类史和林业史研究具有重要考古和历史价值，包括历史传承价值、历史反映价值、历史证实价值和历史补全价值[①]。弄清楚林业遗产形成的年代，是林业遗产价值分级的重要依据，可以帮助有针对性地确定林业遗产保护和利用策略。以下从五个历史时期进行介绍。

（一）先秦时期

此时期为公元前221年之前，形成的主要林业遗产127处，占全国总数的20.5%。①远古时代形成的自然遗产47处：塔里木河-轮台胡杨林、阿里山神木、黄龙森林、九寨沟森林、库尔德宁云杉林、丽江玉龙雪山森林、祁连山森林、祁连山（青）森林、秦岭森林、三江源草原、天山马鹿、同德柽柳、卧龙大熊猫、西岳华山森林、巴松湖森林、波密岗乡林芝云杉林、大兴安岭森林、拉法山森林、荔波喀斯特森林、鲁朗云冷杉林、莫尔道嘎原始林、西双版纳雨林、雅鲁藏布大峡谷森林、长白山、嵩山、阿拉善沙漠、霸王岭森林、白马雪山杜鹃、百里杜鹃林、大瑶山森林、伏牛山森林、黄冈（罗田）大别山森林、尖峰岭热带雨林、莽山森林、猫儿山森林、南岭森林、南山-金童山森林、韶关红豆杉、神农山白皮松-猕猴、长顺银杏、桃江竹林、王屋山-黛眉山森林、五指山森林、武陵源森林、伊吾胡杨林、张家界森林、轿子山森林。②黄帝至大禹时期16处：神农架（枫杨）、埔田竹笋、岜沙苗寨人树合一、北岳恒山、管涔山、永济市麻栎、中条山、黄帝陵古柏、崆峒山、灵宝川塬古枣林、内黄大枣、小五台山、新郑大枣、盐亭嫘祖蚕桑、南岳衡山、东镇沂山。③夏代9处：无棣小枣、莒县银杏王、可可托海棕熊野驴、庐山、南镇会稽山、中镇霍山、万州红橘、武功山、延川红枣。④商代11处：巴宜巨柏、昌邑丝绸、巴东银杏、东阳竹编-木雕、光雾山、乐陵枣林、瑞昌竹编、泰山（板栗）、武夷岩茶、漾濞核桃、沾化冬枣。⑤西周时期22处：晋祠及其古树、阿瓦提葡萄酒、峨眉山茶、鄂温克驯鹿、奉新猕猴桃、汉中仙毫、横峰葛、湖州桑基鱼塘、户县葡萄、佳县枣、剑阁翠云廊、蓝田杏、洛川苹果、浦城丹桂、青川七佛贡茶、汪清东北红豆杉、旬阳拐枣、宜丰竹、郧阳木瓜、镇安板栗、镇沅古茶树群落、竹溪龙峰茶。⑥春秋时期11处：曲阜孔林、白沙陆均松、峨眉山、稷山板枣、蒙山、郫都林盘、淇河竹园、西镇吴山、邢台板栗、贺兰山、崂山。⑦战国时期11处：《管子》（临淄）、阿尔山、大青山、狼山、龙州蚬木、曲阜楷木雕刻、嵊州竹编、吐鲁番葡萄沟、驼梁山、西陵窑湾蜜橘、安吉竹-茶。

这一方面说明，仍有部分森林自然遗产历经5000多年乃至更长岁月保留至今；另一方面也说明中华民族在5000多年前就开始有意识地保护、培育和利用森林及其生物资源，并延续至今。这时期的林业遗产是中华文化的源头，承载着中华民族的基因和历史记忆，是无可替代的宝藏。

---

① 何思源，闵庆文，李禾尧，等.重要农业文化遗产价值体系构建及评估：价值体系构建与评价方法研究[J].中国生态农业学报，2020（9）：1314-1329.

（二）汉唐时期

公元前221年—960年，形成的主要林业遗产有204处，占全国总数的32.9%。①秦朝14处：城步青钱柳茶、磁县大果榉、茅山森林文化、涉县古槐、沭阳古栗园、扬州漆器、赵县雪花梨、黄山森林文化、六盘山森林、罗定肉桂、茂名古荔枝园、南山荔枝、天柱山森林文化、武夷山森林。②西汉时期49处：赫章核桃、深州蜜桃、芷江重阳木、遵化板栗、广德竹、阿尔泰山针叶林、阿克苏苹果红枣核桃、苍溪雪梨、安陆银杏、灵山荔枝、宁乡香榧、镇平冬青、赤水金钗石斛、大方天麻、灌阳红枣、广宁竹、海口羊山荔枝、南江核桃、双流枇杷、洱海梅子、奉节脐橙、冠县梨园、哈密大枣、汉源花椒、和田大枣、黄龙核桃、霍山黄芽、建瓯毛竹－锥栗、金溪黄栀子、蒙阴蜜桃、莆田林果、迁西板栗、秦安蜜桃、舒城竹编（舒席）、随州银杏、太谷壶瓶枣、天目山、铁力北五味、瓦屋山、五台山、武都黄连木、西峡山茱萸－猕猴桃、新沂古栗园、荥阳河阴石榴、余姚杨梅、雨城雅安红豆杉、原平市古楸、漳平水松、临潼石榴。③东汉时期12处：青城山、大兴古桑园、古丈毛尖、井冈山、宽城板栗、临漳圆柏、博爱竹园、盘山游览、涉县核桃、桃源野茶王、新安樱桃、河南云台山。④三国时期7处：迭部扎尕那农林牧、凤县花椒、广元朝天核桃、黄岩蜜橘、松阳茶、宜兴阳羡雪芽、钟祥湖北梣。⑤晋朝18处：嵇含《南方草木状》（巩义）、合阳文冠果、桓仁林产、库尔勒香梨、岷县辽东栎、沙县檫木、铜陵凤丹皮、郭璞《葬经》（闻喜）、巫溪铁坚油杉、小陇山（麦积山）、新干三湖红橘－商州枳壳、星子罗汉松、荥经桢楠、宣州敬亭山、英吉沙色买提杏、罗浮山、遵化禅林寺、三清山（千年杜鹃）。⑥南北朝19处：戴凯之《竹谱》（武昌）、安化梓叶槭、敕勒川草原、韩城花椒、贾思勰《齐民要术》（寿光）、将乐南紫薇、景宁柳杉、临泽小枣、南京老山、南康甜柚、邳州银杏－板栗、桑植亮叶水青冈、寻乌蜜橘、延安酸枣、雁荡山、永泰油杉、虞城皂荚、枣庄枣林、盘州银杏。⑦隋朝7处：北镇医巫闾山、洛阳牡丹、庆云唐枣林、会稽山香榧、遂昌竹炭、碧螺春茶、印江紫薇。⑧唐代76处：北川柏木、鄢陵花木、潮州韩祠橡木、赤壁羊楼洞砖茶、大别山银杏、大理苍山、大蟒河玉兰、鼎湖山、陆羽《茶经》（天门）、浮梁仙芝、信阳毛尖茶、德化樟树、德清早园笋、东至云尖茶、都江堰猕猴桃、梵净山、肥城桃、福鼎白茶、西湖龙井茶、贺兰山东麓葡萄酒、黄山太平猴魁－毛峰茶、会理石榴、惠来荔枝、夹江竹纸、蕉城杉木、揭阳木雕、金寨树粮（银杏－板栗－山核桃－山茶油）、扬州精细木作、九华山、开化龙顶茶、灵武长枣、六安瓜片茶、戒台寺白皮松、蒙顶山茶、南丰蜜橘、盘山磨盘柿、平度葡萄、平乐石崖茶、平阴玫瑰、屏南马尾松、莆田木雕、桐柏古栗园、青川黑木耳、渠县刘氏竹编、莎车巴旦姆、石柱黄连、顺昌竹、松阳红豆杉、嵩县银杏、太和香椿、泰兴银杏、郯城银杏、潭柘寺银杏王、塘栖枇杷、武当蜜橘、婺源绿茶、仙居杨梅、香山－植物园、新宾县赤松、新民蒙古栎、宣化葡萄、宣纸、阳信鸭梨、岳阳君山银针茶、江苏云台山、云霄枇杷、赞皇大枣、长乐青山龙眼、政和白茶、中宁枸杞、诸暨香榧、紫阳富硒茶、临安竹、太姥山、林芝古桑、桑珠孜胡桃。⑨五代时期两处：海安桑蚕茧、田阳杧果。

从秦汉到隋唐这段时期，是林业遗产形成的重要时期，总量约占全国总量的 1/3，表明中国传统林业到唐代已趋于成熟。各类林产品日益丰富，与儒、道、佛文化相融合的森林文化蓬勃兴起，出现《竹谱》《齐民要术》《茶经》等典籍，地域间文化交流趋于频繁并结出成果。

（三）宋元时期

此时期为 960—1368 年，形成的主要林业遗产有 72 处，占全国总数的 11.6%。①宋代 57 处：蜀南竹海、遂川金橘、安顺绿黄葛树、白沙绿茶、昌邑梨园、洞口雪峰蜜橘、始兴米楮、陈煮《桐谱》（铜陵）、赤城县古榆树、大邑香果树、大余金边瑞香、澄迈花瑰、忻城金银花、额济纳旗胡杨、佛山桑基鱼塘、福州茉莉花茶、福州榕树、抚顺哈什蚂、府谷海红果、富阳竹纸制作、海林红松、海州流苏、怀柔槲树、浑善达克古榆、建瓯观光木、剑川木雕、将乐竹纸、乐清黄杨木雕、利川水杉、梁平竹帘、烈山塔山石榴、临海百日青、龙门年橘、梅县古梅、墨玉悬铃木、宁化铁杉、青阳青檀、庆元－泰顺本拱桥营造、庆元香菇、确山板栗、田东香杞、无锡阳山水蜜桃、霞浦古榕、新会陈皮、兴化木船制造、尤溪银杏、泽州县黄栌、漳州荔枝、长兴银杏、中宁圆枣、左权绵核桃、兴安白果、潮安凤凰单丛茶、潮州金山古松、罗田甜柿－板栗、蔡襄《荔枝谱》（仙游）、沈郎樟。②辽金时期 4 处：北海公园、丰宁古油松、平泉市小叶杨、东城区酸枣。③元代 12 处：广丰马家柚、怀柔板栗、建瓯万木林、江津花椒、金寨茯苓、宁波金柑、宁陵酥梨、普宁青梅－蕉柑、南召辛夷、松江仓桥水晶梨、夏津古桑树。此时期林业遗产的形成更多集中于江南地区，这大概与北方战乱和朝代更迭有一定关系。

（四）明清时期

此时期为 1368—1840 年，形成的主要林业遗产有 166 处，占全国总数的 26.8%。①明朝 102 处：安化黑茶、安图长白松、滨海崔庄冬枣、昌江红花天料木、常山胡柚、常州留青竹刻、从化荔枝王、横县茉莉花、岭南荔枝、南雄银杏－枳椇、容县沙田柚、四会人面子、朱橚《救荒本草》（开封）、潮州金漆木雕、崇义竹、益阳小郁竹艺、错那沙棘、大新苦丁茶、李时珍《本草纲目》（蕲春）、丹东板栗、都匀毛尖茶、房山磨盘柿、封开油栗、富平柿饼、皋兰梨、恭城月柿、桂东玲珑茶、海派紫檀雕刻、汉沽茶淀葡萄、和顺县元宝枫、红花尔基樟子松、洪江黔阳冰糖橙、花溪古茶、化橘红、黄陂荆蜜、珲春大果榆、嘉定竹刻、江安竹簧、江油辛夷花、交口县辽东栎、锦屏林契文书、锦屏杉木、晋作家具、泾县涌溪火青、镜泊湖、宽甸柱参、拉萨大果圆柏、莱阳梨、岚皋七叶树、连平鹰嘴蜜桃、两当狼牙蜜、邻水脐橙、临沂板栗、龙泉驿水蜜桃、隆安板栗、庐山云雾茶、毛南族花竹帽、茅镬村古树群、门头沟京白梨、涧沟玫瑰、妙峰山香会习俗、明十三陵、明孝陵、武邑木雕、南汇水蜜桃、平谷麻核桃、平阴白皮松、普洱茶、青神竹编、青州蜜桃、梵净山翠峰茶、京作家具、清原县青杨、紫檀雕刻、三明格氏栲、邵阳宝庆竹刻、石台富硒茶、舒城小兰花、双江勐库茶、苏州明式家具、苏州拙政园、腾冲银杏、桐城小花、皖南木雕、王象晋《群芳谱》（桓台）、无锡留青竹刻、计成《园冶》（吴江）、新会大榕树、新会柑、新兴香荔、新源野苹果、兴隆山楂、徐光启《农政全书》、延庆古油松、宜春茶油、盈江高山榕、永春篾香、天坛公园、永顺油茶、玉屏箫笛、政和闽楠、中山纪念堂木棉。②清代前期64处：安溪铁观音茶、鞍山南果梨、保靖黄金茶、避暑山庄、横县南山白毛茶、融水糯米柚、武汉木雕船模、阳朔金橘、竹溪楠木、陈淏《花镜》、成都棕编、赤水竹、大兴南海子麋鹿苑、砀山沙梨、东丰梅花鹿、鄂伦春森林狩猎、恩施玉露茶、繁昌长枣、福州鼓岭、广式家具、广宗柳编技艺、黄岩翻簧竹雕、霍山石斛、建德苞茶、白毫银针、康县龙神茶、克什克腾、来凤金丝桐油、连击瑶山茶、凌云白毫茶、柳河山葡萄、漠河樟子松、南川方竹笋、宁国山核桃、平谷北寨红杏、平邑金银花、栖霞苹果、祁门红茶－安茶、祁县酥梨、沁水紫丁香、清东陵、清西陵、邛崃瓷胎竹编、三亚杜果、石屏杨梅、双阳梅花鹿、台江苗族独木龙舟节、覃头杜果、五大连池、五营木都柿、烟台大樱桃、烟台葡萄酒、延边苹果梨、延平杉木、沿河沙子空心李、沂源苹果、英德西牛麻竹、永安闽楠、永春佛手茶、永登苦水玫瑰、尤溪金柑、余庆苦丁茶、枝江百里洲砂梨、舟山普陀木船制造。

明清时期是我国传统林业大发展时期，经济林果茶等品种进一步开发，木家具制作、园林、花卉等技艺得到发展，本草学和种植技术集成整理，古树和风水林得到保护。

（五）近代以来

从1840年始，形成的主要林业遗产共51处，占全国总数的8.2%。①晚清时期6处：香港植物标本室、燕儿窝古榆树、琼海琼安胶园、梅州金柚、吴其濬《植物名实图考》（固始）、左公柳。②民国时期14处：安岳柠檬、安泽连翘、歌乐山中央林业实验所、黄杨木雕、林田山林场、临猗苹果、凌道扬故居、罗东林场、麦积花牛苹果、南京雨花茶、平凉金果、平南石硖龙眼、庆阳苹果、兴隆咖啡。③中华人民共和国成立以后31处：武都油橄榄、平阳陈嵘故里、琼中绿橙、富川脐橙、保山小粒咖啡、本溪林场、苍溪猕猴桃－雪梨、东北虎豹栖息地、赣南脐橙、华坪杜果、建西林场、廉江红橙、麻城板栗、南江金银花、清新冰糖橘、日照绿茶、三江并流、商南茶、射洪青堤龙舟竹编、泰宁长叶榉、汤旺河小铁道、旺苍杜仲、五峰红花玉兰、五营丰林、湘西猕猴桃、小金松茸、宣州扬子鳄、郁南沙糖橘、周至猕猴桃、大兴安岭"5·6"火灾。可见，受西方科技和文化影响，中国林业逐步现代化，林场、林业科研设施出现，林木引种培育更加广泛，自然保护地得到重视，不断设立。

五、林业遗产的保护传承和利用

中国拥有较丰富的林业遗产，与我国自然地理类型多元、森林分布广泛、文明历史悠久密切相关，是中华民族循道而行和生态智慧形成的结晶。以收集到的仅占全国林业遗产一部分的619处分析，其中，生态遗产120处，生产遗产251处，生活遗产110处，记忆遗产138处，说明中国林业遗产的类型是多样的，能够较好地适应人们的多种需求。林业遗产保护传承有利于推动乡村振兴战略，进一步研究编制林业遗产名录、全面开发其价值、借助数字手段强化其传播[①]，无疑有着重要意义。日本重视林业遗产评选和管理的做法，及我国农业文化遗产管理的经验，值得我国林草部门借鉴。

从林业遗产的地理分布格局分析，全国各地均有分布，但不均衡。主要集中在东南半壁，数量约占全国总数的 89.7%，这与东南半壁人口稠密、文化深厚，又适生森林有密切关系。从省际看，福建省林业遗产数居全国首位，表明福建森林文化发达、人与自然和谐共生的程度高，福建的发展经验值得认真总结和全国借鉴。此外，山东虽然属于农业大省，但其林业遗产传承发展潜力巨大。

从形成年代分析，五千年间各个历史时期均有形成，但以西周、汉、唐、宋、明、清为多。先秦时期 127 处，汉唐时期 204 处，宋元时期 72 处，明清时期 166 处，近代以来 51 处。值得注意的是，当代中国正处于森林文化快速创新积累期。林业遗产形成越古老，其历史文化价值越高，对其保护传承和利用的任务也越艰巨。

中国林业遗产涉及众多物种，初步统计主要的物种有 181 种。其中生态类植物 72 种，生产类植物 73 种，生活类植物 22 种，记忆类植物 16 种，相关野生动物 12 种。绝大部分为我国的乡土生物，在生态、经济、文化方面具有独特价值。有些物种兼具多重价值，如银杏、茶、竹、桑、松、樟、楠、梅等。这些物种在我国经济社会发展中发挥着极其重要的作用，应该加强其保护、研究和利用，全面挖掘其价值，使之为美丽中国建设多做贡献。

林业遗产具有多重价值，必须通过加强管理，运用法律、制度和科技等手段，对其进行严格保护。在有效保护的基础上开展研究、教育、传播、旅游，传承其文化，利用其价值，使之更好地造福人类。

（一）启动林业遗产认定

林业遗产发现和挖掘是林业遗产保护的前提。这项工作应该以县域调查为基础，自下而上地开展。县级林业行政部门对县域内存在的林业文化资源进行调查，考察并记录它们的特征、起源、分布、价值和变化等。在此基础上进行初步筛选，然后上报省级部门，最后由国家林业和草原局权威认定、公布。林业历史文化资源被相关部门认定为林业遗产，应具备相关的标准和条件。

要规范申报条件和程序。建议县级或市（地）级人民政府作为林业遗产的申报主体。对于跨行政区域的林业遗产，可联合申报。申报的林业传统体系，应符合国家林业和草原局发布的认定标准。各林业传统体系所在地的县级或市（地）级人民政府按照申报要求准备申报材料，报送至省级林业行政管理部门。各省级林业部门对本辖区范围内的申报项目进行严格筛选评审后，将申报材料、审核意见上报国家林业和草原局。国家林业和草原局组织专家评审（可分初评、实地考察和终审等环节），形成专家意见；国家林业和草原局根据申报材料、各省级部门的审核意见以及专家意见，认定林业遗产，并按批次向社会公布认定结果。

① 王乐、李铁铮. 我国农林业文化遗产的传播 [J]. 西南林业大学学报（社会科学），2021（2）：12-16.

（二）强化林业遗产管理

建立组织与管理制度。组织建设是林业遗产保护与发展的重要保障，要尽快成立相应的领导与管理机构，明确管理人员及其职责。建议由国家林业和草原局负责林业遗产发掘认定工作，并进行宏观指导；完善规章制度，制定林业遗产管理办法。省级林业行政部门负责本区域林业遗产管理工作。遗产地人民政府应承担遗产保护与管理的主体责任，依照有关规定，制定管理制度，编制保护与发展规划，并纳入当地的国民经济和社会发展规划之中，按规划要求组织落实。建立鼓励社会力量参与林业遗产保护的机制。

完善激励和监督机制。遗产地的林业遗产管理机构应当按国家及当地有关管理制度、规划，进行统一管理。建立档案，并采取有效措施，保护遗产地的生态环境、林业传统文化。实施对林业遗产保护的监测与评估。探索建立政策激励机制，基于评估结果，依据其生态和社会效益的高低，对经营主体进行生态和文化补偿。对因保护和管理不善，致使真实性和完整性受到损害，且按上级要求整改不到位的林业遗产，应由国家林业和草原局撤销遗产认定资格。对造成的损失，依照法律赔偿并追究相关责任。

建议对林业遗产统一使用国家林业主管部门公布的唯一规范标识，并对标识使用、遗产地标志和遗产展示厅设置等作出规定。

（三）实施林业遗产保护

遗产地应当根据林业遗产保护的需要，明确划定核心保护区域范围，设立专门管理机构，将管理工作所需的经费纳入财政预算，进一步拓宽资金渠道和增加利用方式。林业遗产保护应采取分类保护、保护与利用相结合的办法。

1. 生态类：原地保护为主

生态类林业遗产，以保护其古树群落、野生动植物栖息地和生物多样性为主。因此，要借鉴对世界遗产中的自然遗产、国家公园、自然保护区、古树名木等保护的成功做法和经验，实行严格保护。尽可能减少人为活动的干预。建立林业遗产保护区（或保护小区、保护点），明确保护范围，实行原地保护。同时，结合国家植物园体系建设，建立各级各类植物园、动物园等，对于珍贵物种（或个体）进行无性或有性繁育，实施迁地保护。

2. 生产类：活态保护为主

生产类林业遗产，以保护其树种、品种、生产技术、传统知识体系为主。其特点是，当地百姓参与生产，保持传统生产方式，是林业遗产的一部分，也是其重要表现形式。因此，可借鉴对农业文化遗产保护、地理标志产品保护的成功做法和经验，将保护与利用有机结合起来，实行活态化、系统化保护。采取扶持和补助政策，调动当地百姓保护和生产的积极性。建设博物馆，保存传统的生产工具、林产品、知识和习俗。采取"村－馆－园"结合的方式，进行系统保护。

3. 生活类：文物保护为主

生活类林业遗产，以保护其历史遗存、建筑、道路、碑刻、历史文物为主。因此，可借鉴国家森林公园、城市园林、古建、旅游、历史博物馆、文物等部门对不可移动或可移动文物保护的成功做法和经验，将保护与旅游、展示结合起来，实行封存、维修、展示性保护。科学划定保护线路、保护地点、保护对象。

4. 记忆类：传承人保护为主

记忆类林业遗产，属于林业非物质文化遗产，以保护其传统技术、技艺、典籍、习俗为主。因此，可借鉴对非物质文化遗产、图书馆、档案馆、知识产权等保护的成功经验和做法，将传承人培养、知识产权保护结合起来，实行师傅带徒弟、专业教学、保留节日等保护和传承方式。

（四）推进林业遗产研究和利用

林业遗产是极其宝贵的财富，保护和传承的根本目的是利用。国家林业管理部门和林业遗产地人民政府应当积极宣传林业遗产，拓展林业遗产的多种功能，发挥其多重价值。在利用过程中，应根据保护与发展规划的要求设置服务项目，并与自然、历史和文化属性相协调，遵循"公平、公正、公开和公共利益优先"的原则。对遗产的开发利用，应当广泛吸纳林农参与，构建以林农为核心的共建共享机制。

一是支持开展林业遗产的科学研究。林业遗产研究既能发掘林业遗产价值，又是科学开展其他方面研究和利用的基础。研究内容主要包括中国林业遗产名录（分省）、林业遗产保护法、林业工程史、南方地区"风水林"、古树名木、护林碑刻、林业遗产博物馆、林业自然遗产和林业文化遗产保护的理论、实践与成效等。促进林业史与林业遗产两方面研究的相互融合、共同提高。

二是加强林业遗产的文化价值开发利用，丰富人民生活。加强宣传林业遗产概念内涵、传统技术、景观资源、历史文化及民俗风情。组织开展教育参观、休闲旅游等活动。通过多种途径宣传普及林业遗产知识，促进其传承和社会共享，传承传播优秀中华文明。可选择适宜地点建设林业遗产博览园、林业遗产博物馆，构建林业遗产博物馆体系。加强基础设施建设，提高文化展示和传播现代化水平。

三是加强林业遗产的生态价值开发利用，服务生态安全。各类林业遗产都具有直接或间接的生态价值。保护和经营好各类林业遗产，本身即具有一定的生态价值；同时还可以在借鉴的基础上创新性地拓展林业遗产的生态空间，掌握其精髓，在更大区域推广应用其技术模式和发展方式。加强林业遗产中生物多样性、生态－经济－社会复合系统的科学研究，开发物种、系统的新功能，使之为生态文明建设服务。

四是加强林业遗产的经济价值开发利用，促进农民致富。促进林业遗产产业化，推动林业遗产地"三产"融合发展，创立知名品牌，提升产品质量和效益。大力发展林业遗产文化创意产业、生态文化旅游产业。积极将林业遗产地纳入国家公园、国家文化公园、国家（或地方）森林步道、自然保护地网络体系。培育营销网络，发展数字经济，吸纳农民就业，打造专业化人才队伍。

北京市

北京市林业遗产名录

大类	名称	数量
林业生态遗产	01 大兴古桑园、古梨园；02 怀柔槲树；03 延庆松山古油松	3
林业生产遗产	04 门头沟京白梨；05 平谷四座楼麻核桃；06 怀柔板栗；07 东城区酸枣；08 平谷北寨红杏；09 房山磨盘柿	6
林业生活遗产	10 潭柘寺银杏王；11 大兴南海子麋鹿苑；12 门头沟妙峰山涧沟玫瑰；13 香山公园、国家植物园；14 天坛公园；15 北海公园；16 门头沟戒台寺白皮松；17 明十三陵公园；18 妙峰山香会习俗	9
林业记忆遗产	19 紫檀雕刻；20 京作硬木家具制作技艺	2
总计		20

大兴古桑园、古梨园

安定御林古桑园，位于大兴区安定镇前野厂村古河滩沙地，是华北地区最大、北京市独有的千亩古桑园及全国唯一一家古桑森林公园。相传自东汉年间已有种植，至今已有近2000年的历史，曾留下"桑葚窑洼救刘秀，感恩图报树封王"的千古佳话。相传西汉末年，王莽篡位。东宫太子刘秀起兵讨伐王莽，兵败幽州，孤身一人，负伤落魄于今北京大兴北野厂村的桑林中30余天，靠吃桑葚养好了伤，后被其手下大将邓羽接回。刘秀登上皇帝宝座后，曾封救其性命的桑树为王。

大兴古桑（樊宝敏摄）

据《本草纲目》记载，桑葚有补肝益肾、补血明目等功效，历代有"东方神木"和"圣果"之称，自古以来就作为水果和中药材被应用，享有"果皇"之称，"白蜡皮"桑葚在明清时期曾一度作为贡品出现在皇宫院内。

古桑园始建于2002年，属古无定河（今永定河）洪积沙原。沙土洁净，透气性好，适合桑树的生长。园区总面积350亩，园内古树500多株，新植果桑、乔桑、龙桑、垂桑等品种3.5万余株，树形各异，接连成片，景色非常壮观。其中，200年以上树龄的桑树有100多株。"树王"的树龄达500年以上，胸径近1米，树冠直径约25米，年产桑葚400~500千克。每年5月中旬，这里举办桑文化采摘节，是观光采摘、民俗旅游、休闲避暑的理想胜地。此外，在大兴庞各庄梨花村及附近村庄，有树龄100年以上、面积3500亩的古梨园。

大兴古梨园（樊宝敏摄）

怀柔槲树

最美槲树古树，位于怀柔区宝山镇对石村玄云寺院内。距今 1000 年，胸围 377 厘米，平均冠幅 19 米，树高 15.7 米。槲树又名"波罗叶"，是北方荒山造林树种，幼叶可饲养柞蚕。这株古树树冠饱满，秋叶美丽，年年硕果累累，当地人称之为"菜树奶奶"。此树被列为北京市一级保护古树。目前，古槲树在怀柔区园林绿化局和当地政府、村委会的管护下花繁叶茂，生长势较好。

宝山镇对石村怀柔槲树（王枫供图）

延庆松山古油松

松山因天然油松林而得名。天然油松林地处海拔 1150 米处，面积 171 公顷，树龄 80~360 年，一般树高 25 米。这片森林为我国华北地区保存最完好、面积最大的天然油松林。沿山梁而上，有最古老的"松树王"，树干奇特的"盘龙松"，生长在悬崖峭壁上的"探海松"等树姿生长奇特的百年古松。

天然古油松林主要分布在松树梁之后。油松林很密，一般树高在 8~15 米，胸径 40 厘米以上，最大达 70 厘米；树龄一般在六七十年以上，最大古松有 600 多年。松林下较阴暗，地上松针很厚。每有风至，千顷涛声振聋发聩。

　延庆松山（北京园林绿化局供图）　　　　延庆松山森林景观（北京园林绿化局供图）

门头沟京白梨

京白梨（樊宝敏摄）

门头沟京白梨为门头沟区军庄镇的特产。京白梨，又名"北京白梨"，为秋子梨系统中品质最为优良的品种之一，是北京果品中唯一冠以"京"字的地方特色品种。京白梨为蔷薇科植物白梨的果实，呈扁圆形，果汁多，味酸甜，香味浓，含糖量较高，具有生津、润燥、清热、化痰、解酒等作用。2012年，国家质检总局批准对京白梨实施地理标志产品保护。

京白梨起源于门头沟区军庄镇东山村青龙沟一低洼有水之处，最初为一株自然实生树，已有400年左右的历史。东山村庙洼一带仍保存有树龄200年以上的老梨树百余株。由于历史悠久，果肉细腻，酸甜适口，品质好，风味独特，京白梨清朝时曾作为贡品，后逐渐被认同并繁殖推广到各地栽培。

京白梨的各个主产村庄多流传着关于京白梨作为贡品的传说。比如在京白梨起源的东山村，传说当年村中果农经常挑梨到香山一代贩卖，不巧有贪官借机敲诈，致使百姓很长时间再不敢去香山。经常来往于香山一带、曾品尝过京白梨的皇帝发现路边没了卖京白梨的摊贩，很是奇怪，就特意派人寻访，一直到东山村，才知道事情原委，于是下令将京白梨作为贡品供应宫廷。

京白梨果实呈扁圆形，单果平均重110克，大果重可达200克以上；果皮黄绿色，贮藏后变为黄白色，果面平滑有蜡质光泽，果点小而稀；果肉黄白色，肉质中粗而脆，石细胞少，经后熟，果肉变细软多汁，易溶于口，香甜宜人；果实8月下旬成熟，不耐贮藏。京白梨产地范围为门头沟区军庄镇、妙峰山镇、王平镇、潭柘寺镇4个镇所辖行政区域。

平谷四座楼麻核桃

位于平谷区四座楼山。此地出土的核桃被认为是我国起源最早的，现存的十几株树龄300~500年的麻核桃树被专家认定是我国树龄最老的麻核桃古树。平谷的先民采用播种、嫁接等技术使野生麻核桃繁殖，经过千百年的传承、演化与发展，平谷拥有了四座楼、

平谷麻核桃（樊宝敏摄）

老闷尖、三道筋等一系列优秀的文玩核桃品种，果形独特、品质优良。平谷地区形成了灿烂的文玩核桃文化，如收藏、雕刻、民风民俗等；每年定期举办文玩核桃擂台赛，吸引海内外的广大核友聚会交流。文玩核桃生产系统在促进休闲旅游发展的同时，也较好地保护了当地的生态环境。

当前，平谷文玩核桃生产系统正面临现代生产方式的冲击和威胁，对千百年来积淀的麻核桃文化提出严峻挑战，保护工作迫在眉睫。平谷区政府按照农业文化遗产保护工作要求，制定《文玩核桃生产系统保护与发展规划》和《文玩核桃生产系统管理办法》，使之发挥出更好的生态、社会和经济效益。2015 年 10 月，平谷文玩核桃被农业部认定为第三批中国重要农业文化遗产。

怀柔板栗

最美板栗古树，位于怀柔区九渡河镇西水峪村。距今 700 年，胸围 518 厘米，平均冠幅 14 米，树高 9 米。怀柔素有"中国板栗之乡"的美誉，板栗栽培历史悠久。清代《日下旧闻考》中记载"栗子以怀柔产者为佳"。司马迁曾在《史记》中对幽燕地区盛产栗子有过记述，唐代怀柔板栗被定为贡品，辽代曾设立"南京板栗司"管理板栗生产。在明代中期，朝廷投入

怀柔板栗（王枫供图）

巨大的人力物力以广植树木而构筑了另一道"绿色长城"。皇帝敕命，于边外广植榆柳杂树以延塞马突袭之迅速，内边则开果园栗林以济饥寒之戍卒。最美板栗树正是栗林中的一棵，粗大的树干裂为三瓣却又落地支撑后分为三株长成，树干中可同时站上四五人。2018 年，该树入选全国绿委、中国林学会评选的"中国最美古树"。

东城区酸枣

最美酸枣古树，位于北京市东城区花市枣苑（原上堂子胡同 14 号的四合院）。距今 800 年，胸围 230 厘米，平均冠幅 11 米，树高 15 米。北京东城区有一个美丽的地方，名叫"东花市"，花市中有"花市十景之一"，就是这千年枣王。

2001 年 10 月的一次意外发现，证实了专家们的推测。在酸枣树附近，挖出一口古井，井内有 50 个辽金时代百姓常用的打水器皿鸡腿瓶和锥形瓶，表明这里曾经是金中都东郊的一个居民点。酸枣树从金代开始生长，幸存至今。

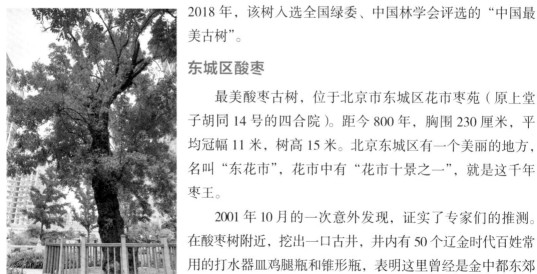

东城酸枣（王枫供图）

平谷北寨红杏

北寨村位于平谷区南独乐河镇，处于燕山山脉东端浅山区的一条狭长的山谷里，地处深山区，海拔 135~151 米，最高山峰海拔 775 米。村域面积 2.3 万亩，山地森林覆盖率达 95%，三面环山。年平均降水量 644 毫米。该地区适合果树生长，有利于红杏糖分的积累。土壤以褐土为主，面积为 240.3 公顷。土地厚度 50 厘米以上。自然因素为北寨红杏的栽植提供了优良的条件，使得红杏果肉中的糖分大量积累，造就了"北寨红杏"特有的品质。北寨村生产的红杏以其形圆果大、黄里透红、酸甜味美、含糖量高和耐储运形成了自己独特的品牌风格。

北寨村有 680 口人，被誉为中国"红杏第一村"，已有百年红杏栽培历史。这里地理位置独特，造就了"北寨红杏"特有的品质。北寨红杏目前已发展到 1 万亩、50 万株，其中 10 万株进入盛果期，年产量可达到 60 万千克。

北寨村有两棵红杏树树龄已达 120 年，其中一棵树最高产量为 170 千克，被人们称为"幸运树"和"百年红杏王"。北寨红杏有八大特点：一是果个适中、果形圆正；二是色泽艳丽、金色透红；三是肉厚多汁、味道甜酸；四是含糖量高，达 16% 左右；五是富含维 C，营养全面；六是鲜食和胃、口齿留香；七是核干核小、杏仁脆甜；八是耐贮耐运，保质期长。1995 年，北寨红杏获得农业部"绿色食品"认证，被中国果品流通协会认定为"中华名果"。

平谷北寨红杏（生态文化协会供图）

房山磨盘柿

磨盘柿为北京市房山区特产，分布以张坊镇较为集中，是业界公认的最优良涩柿品种。其因果实缢痕明显，位于果腰，将果肉分成上、下两部分，形似磨盘而得名。房山磨盘柿个大、色艳、皮薄、汁多，富含人体必需的 7 种氨基酸及大量维生素、胡萝卜素、矿物质和黄酮等。2006 年，国家质检总局批准对其实施地理标志产品保护。

磨盘柿历史悠久，相传，明代洪武年间（1368—1398 年），房山就有柿树栽培。明万历《房山县志》记载"柿为本境出产之大宗，西北河套沟，西南张坊沟，无村不有，售出北京者，房山最居多数，其大如拳，其甘如蜜"。

房山磨盘柿（樊宝敏摄）

房山山前暖区的年均气温为 12.1℃，≥0℃的年积温为 4880℃，年日照时数 2300~2600 小时，无霜期 185~200 天，自然条件适宜柿树生长发育。柿多生长在集流区，背风向阳，年平均降水量 655 毫米，土壤为富含石灰质的深厚褐土层，持水能力强，极其适合磨盘柿生长。一般到 9 月份就可采摘柿子。

其果色艳丽，果色为橘黄色，果味甘甜，自古以来受到人们的赞美，曾有"色胜金依，甘逾玉液"之美誉。诗人张仲殊赞美其"味过华林芳蒂，色谦阳井沈朱，轻匀绛蜡裹团酥，不比人间甘露"。其果味独特，口感甘醇，不仅食之味美，而且还有较高的药用价值。梁代陶弘景《名医别录》曰："柿有清热、润肺、化痰止咳之功效。"《本草纲目》载："柿乃脾肺血分之果也。其味甘而气平，性涩而能收，故有健脾、涩肠、治嗽、止血之功。"柿果具有补脾、健胃、润肠、降血压、润便、止血、解酒毒等功效。柿蒂可治呃逆、夜尿；柿霜可治喉痛、口疮咽干等；柿叶茶可防治动脉硬化，治疗失眠。

潭柘寺银杏王

潭柘寺银杏王，位于门头沟区潭柘寺景区，有"帝王树"之称。树龄 1300 年，胸围 9.29 米，平均冠幅 18 米，树高 24 米。这株古银杏枝繁叶茂，直干探天，气势恢宏。清乾隆皇帝御封此树为"帝王树"，这是历史上皇帝对树木御封的最高封号。北方高僧皆以此树作菩提树，视为佛门圣树。其入选中国林学会评选的"全国十大最美古银杏"。

大兴南海子麋鹿苑

大兴南海子麋鹿苑是我国第一个以散养方式为主的麋鹿自然保护区。1985 年建成，位于清朝皇家猎苑的核心地区。位于大兴区南苑至廊坊公路东侧鹿圈乡三海子地区，距北京城区 14 千米，占地 60 公顷。

麋鹿是典型的湿地动物，俗称"四不像"，即"似鹿非鹿，似驼非驼，似牛非牛，似马非马"，是中国特有的珍稀鹿种，古时称"麈"，仅产于中国东部，已濒临灭绝。麋鹿体长 2 米多，肩高 1 米多；

潭柘寺帝王树（樊宝敏摄）

毛色淡褐，背部较浓，腹部略浅。因其外形稀奇，性情温良，其很早就成为"鹿囿"中的观赏物。

清朝时，南海子曾是麋鹿散养区，配有完整的保护措施。1865 年被法国阿芒大卫神父发现，此后陆续运到欧洲。1900 年八国联军攻进北京，滥杀掠劫，猎苑毁于战乱，麋鹿从此在中国消亡。1900 年前后，英国贝德福特公爵从欧洲一些动物园中收集到 18 头麋鹿，放养于乌邦寺庄园，现麋鹿群的麋鹿已繁殖到 600 头。1985 年英国乌邦寺公园塔维斯托克侯爵将 22 头麋鹿送还给中国，圆了"迷"鹿回家的百年夙愿。1987 年，英国乌邦寺公园又向中国赠 18 头麋鹿，使南海子的麋鹿终于形成群落，不断繁衍。我国在北京专门成立麋鹿生态实验中心，辟出近千亩土地，建成麋鹿苑。

南海子为麋鹿的栖息繁衍创造了良好的环境。8 年时间，麋鹿从 20 头繁育到 200 余头。麋鹿苑还引进了豚鹿、梅花鹿、白唇鹿、马鹿、水鹿、鹿和狍等鹿科动物，使麋鹿苑逐步成为中国鹿科动物的研究地和博物馆。博物馆占地 64 万平方米。其中，沼泽 300 亩，天然草场 320 亩，池塘 60 亩，科研区、生活管理区 60 余亩。博物馆展示内容有"麋鹿沧桑"（包括麋鹿与自然、鹿与文化、麋鹿苑）、世界灭绝动物墓区、东方护生壁画等。主要接待中小学生参观，成为生物多样性与自然科普及教育基地。

门头沟妙峰山涧沟玫瑰

玫瑰原产我国。北京门头沟妙峰山镇涧沟村的玫瑰种植始于明代，已有 500 多年历史。涧沟一带玫瑰生产质量好，人们把妙峰山的涧沟称作"玫瑰谷"。

涧沟玫瑰（樊宝敏摄）

涧沟的玫瑰茎干密生小刺；株高约 2 米，开重瓣花朵，花径 7~10 厘米，多为深红色。每年 5 月下旬至 6 月上旬开花，花味香浓，且能经久。玫瑰既是观赏花木，也是名贵的经济植物。用途广，果实可以吃，根皮可作染料，根可入药，有活血理气、收敛之效。玫瑰花主要用途是提炼玫瑰油。玫瑰油为淡黄色至黄色液体，主要成分为左旋香茅醇、香叶醇、苯乙醇及橙花醇，具有持久而浓郁的香气，主要用于调和高级香精，其价格比黄金还要贵。用玫瑰花酿制的玫瑰露酒也是我国的名酒之一。此外，玫瑰花还可用于熏茶、制作糕点、糖果等。

妙峰山独特的土质、气候最宜玫瑰的生长。为了发挥此优势，北京市把妙峰山定为玫瑰花生产基地。1984 年，妙峰山有玫瑰园 1100 多亩，年产玫瑰花 3.5 万千克以上，涧沟村成为生产玫瑰花的专业村。

香山公园、国家植物园

香山公园位于北京西郊，地势险峻，苍翠连绵，占地 188 公顷，是一座具有山林特色的皇家园林。景区内主峰香炉峰俗称"鬼见愁"，海拔 575 米。

国家（北京）植物园（樊宝敏摄）

香山公园始建于金大定二十六年（1186 年），距今已有 800 多年的历史。早在元、明、清时，皇家就在香山营建离宫别院，每逢夏秋时节皇帝都要到此狩猎纳凉。香山寺曾为京西寺庙之冠，清乾隆十年（1745 年）曾大兴土木建成名噪京城的二十八景，乾隆皇帝赐名"静宜园"。京西著名的"三山五园"中，香山公园就占其中的一山（香山）一园（静宜园）。香山公园于咸丰十年（1860 年）和光绪二十六年（1900 年）先后两次被英法联军、八国联军焚毁，1956 年开辟为人民公园。

香山公园树木繁多，森林覆盖率高达 96%，仅古树名木就有 5800 多株，占北京城区的总数的四分之一，是北京负氧离子浓度最高的地区之一，具有独特的"山川、名泉、古树、红叶"园林景观，是避暑的胜地，天然的氧吧。香山红叶驰名中外，1986 年被评为"新北京十六景"之一，成为有着京城最浓秋色之地。香山红叶主要有 8 个科，涉及 14 个树种，总株数达 14 万株，种植面积约 1400 亩，很是壮观。香山公园有黄栌 10 万余株，是香山公园红叶来源的主体树种。

国家（北京）植物园，包括北园和南园，其北园位于西山卧佛寺附近，1956 年经国务院批准建立，面积 400 公顷，是以收集、展示和保存植物资源为主，集科学研究、科学普及、游览休息、植物种质资源保护和新优植物开发功能为一体的综合植物园。植物园北园由植物展览区、科研区、名胜古迹区和自然保护区组成，园内收集展示各类植物 10000 余种

（含品种）、150 余万株。

植物展览区（约 94 公顷）分为观赏植物区（面积为 42.47 公顷）、树木园（面积为 44.9 公顷）和温室区（面积为 6 公顷）三部分。观赏植物区由专类园组成，主要有月季园、桃花园、牡丹园、芍药园、丁香园、海棠枸子园、木兰园、集秀园（竹园）、宿根花卉园和梅园。这里的月季园是中国规模最大的月季专类园，栽培了近 1000 个月季品种。桃花园是世界上收集桃花品种最多的专类园。每年春季举办的"北京桃花节"吸引数百万游人前来观赏。树木园由银杏松柏区、槭树蔷薇区、椴树杨柳区、木兰小檗区、悬铃木麻栎区和泡桐白蜡区组成。此外还有中草药园、野生果树资源区、环保植物区、水生和藤本植物区、珍稀濒危植物区和热带植物展览温室。

天坛公园

天坛九龙柏（樊宝敏摄）

天坛是明清两代皇帝"祭天""祈谷"的场所，位于正阳门外东侧。坛域北呈圆形，南为方形，寓意"天圆地方"。四周环筑坛墙两道，把全坛分为内坛、外坛两部分，总面积 273 公顷，主要建筑集中于内坛。内坛以墙分为南、北两部。北为"祈谷坛"，用于春季祈祷丰年，中心建筑是祈年殿。南为"圜丘坛"，专门用于冬至日祭天，中心建筑是一巨大的圆形石台，名"圜丘"。两坛之间以一长 360 米、高出地面的甬道——丹陛桥相连，形成一条南北长 1200 米的天坛建筑轴线，两侧为大面积古柏林。

西天门内南侧建有"斋宫"，是祀前皇帝斋戒的居所。西部外坛设有"神乐署"，掌管祭祀乐舞的教习和演奏。坛内主要建筑有祈年殿、皇乾殿、圜丘、皇穹宇、斋宫、无梁殿、长廊、双环万寿亭等，还有回音壁、三音石、七星石等文物古迹。

天坛始建于明永乐十八年（1420 年），又经明嘉靖、清乾隆等时期增建、改建，建筑宏伟壮丽，环境庄严肃穆。新中国成立后，国家对天坛的文物古迹投入大量的资金，进行保护和维修。历尽沧桑的天坛以其深刻的文化内涵、宏伟的建筑风格，成为东方古老文明的代表。天坛集明、清建筑技艺之大成，是中国古建珍品，是世界上最大的祭天建筑群。1961 年，国务院公布天坛为"全国重点文物保护单位"。天坛 1998 年被联合国教科文组织确认为"世界文化遗产"。

北海公园

北海公园位于北京市中心区，被列为北京城中风景最优美的前"三海"之首。北海是我国迄今为止保留下来的历史最悠久、保护最完整的皇家园林，有独特的造园艺术风格，是我国古代园林的精华和最珍贵的人类文化遗产之一。全园以北海为中心，占地 69

北海公园（拍信图片）

公顷（其中水面面积 39 公顷）。辽、金、元曾建离宫，明、清辟为帝王御苑，1925 年开放为公园。1961 年被国务院公布为第一批全国重点文物保护单位。2001 年北海公园被国家旅游局评定为首批国家级旅游区（点）4A 级单位。

北海琼岛团城上有金代所植古白皮松和古油松，分别被乾隆帝封为"白袍将军"和"遮荫侯"。

门头沟戒台寺白皮松

在门头沟区永定镇戒台寺内有一株古老而奇特的白皮松，树龄约 1300 年，主干直径约 2.2 米，高达 18 米，平均冠幅 23 米，遮阴面积 500 多平方米。此株古白皮松位居戒台寺十大名松之首。这株松树奇特之处在于，树的主干直接伸出九枝，宛如九龙腾舞，故得名"九龙松"。有诗赞曰："一根九干亦何奇，郁郁苍苍绝世姿。恰是神龙生子数，太康刻遍石幢经"。2018 年其被中国林学会评为"中国最美古树"。

戒台寺卧龙松（王枫供图）

明十三陵公园

明十三陵位于昌平区天寿山南麓，是明朝十三位皇帝的陵寝建筑群，具有规模宏大、体系完备和保存较为完整的特点。辖区内自然景观幽美，文物古迹荟萃。陵区面积约 120

余平方千米。明成祖朱棣及其以后共计十三位皇帝的陵墓建在这里，构成庄严有序的整体布局，故名"明十三陵"。2003 年其被列为世界文化遗产，为国家级风景名胜区。

长陵，是明成祖朱棣的陵寝，始建于 1409 年，建筑保存完好。尤其是举行祭祀仪式的祾恩殿，木构件全系名贵的金丝楠木加工而成，堪称古建瑰宝。定陵，是朱翊钧和两皇后的合葬墓，是我国按计划进行考古发掘的第一座帝陵。定陵地宫建筑深邃神秘，出土帝后衣冠和金银器皿等珍贵文物多达 3000 件左右。昭陵，是近年按照明朝旧址全面复原的陵园，该陵松柏参天，殿宇辉煌，气势恢宏。

明十三陵（樊宝敏摄）

妙峰山香会习俗

妙峰山庙会（又称香会、花会）每年农历四月初一至十五和七月二十五至八月初一举办春香和秋香庙会各一次，以春香为最盛。活动区域分娘娘庙和香道茶棚两部分，庙会的主要活动在山顶的娘娘庙内举办。

历史上妙峰山香客来自华北各地，妙峰山香会为华北最重要的庙会之一。据记载，庙会始于明朝中后期，清代香火最盛，香客数十万。香会 300 余档，门派不同，会首是香会组织和指挥者，也是主要传承者，仅北京市就有 200 多人。会首传会腕儿（拔旗）于徒，各种规矩、礼仪、技艺均师徒相传。日本侵华期间庙宇损坏严重，庙会逐渐衰落；新中国成立初期，庙会停办。1985 年修复庙宇，1987 年对外开放，1990 年恢复庙会举办。

妙峰山庙会保留了华北地区以民间信仰为特点的传统民间吉祥文化，是研究华北地区民众世界观和生活情况的重要根据，在民俗学研究中具有重要的作用。庙会形成的精神品质和行为规范帮助营造了安定祥和的社会风气，对构建和谐社会和精神文明建设能够起到促进作用。

妙峰山存留的古树很多。一级古树 9 棵，皆为油松。二级古树 232 棵，除一棵国槐外，其余皆为油松。经调查，13 棵古油松树高为 7~16 米，胸径 38~91 厘米。这些古树大多蕴含独特的传说。惠济祠娘娘庙下方有一棵二级古树又被称为"救命松"。1937年 10 月 3 日，由中国共产党领导的国民抗日军奉上级指示，开赴平西山区，开辟抗日根据地。途经妙峰山，进行短暂休息。晌午过后，日军 12 架飞机开始向国民抗日军所在的妙峰山金顶进行轮番轰炸空袭。当时某总队队长纪亭榭马上指挥战士们卧倒，一颗炸弹在他身边爆炸，弹片乱飞。恰好纪亭榭掩身在一颗古松后面，古松为他挡住了数枚弹片，而纪亭榭则安然无恙，是这棵古松救了纪亭榭一命，人们便称此树为"救命松"，又叫"英雄树"。

妙峰山（樊宝敏摄）

妙峰山地区的庙宇建筑群多建于辽金时期，著名的有辽金古刹"西山八大水院"的金水院（金山寺）、圣水院（黄埔寺）和清水院（大觉寺）。此外，还有"宛平八景之一"的滴水岩、瓜打石、骆驼石等奇石，古庞贝遗址等遗迹。

南道上有栖霞寺、滴水岩和檀木林。栖霞寺，又名"仰山寺"，是一座以"五峰八亭"而著称的佛山。五峰是翠微峰、妙高峰、独秀峰、紫薇峰和紫盖峰，五峰相偎相拱，状若莲花。八亭建于五峰之上，即：洗面、具服、列服、招凉、接官、龙王、梨园、回香。滴水岩位于南庄村北部，古时被列为"宛平八景"之一，名曰"灵岩探胜"。滴水岩洞口有一处终年长流的滴水泉。檀木林位于滴水岩洞旁，有200余年历史，是华北树木数量最多、面积最大的檀木林。南道上分布许多摩崖石刻。樱桃沟村的岩壁上有"虔心永在""松柏长寿"等题刻。

中北道上存有响墙茶棚、妙儿洼、瓜打石、玉仙台等几个茶棚的遗址。响墙茶棚得名于茶棚的院墙能够发出响声，现已修复，能够接待往来游人。中北道上存有"古香道三奇石"中的两个，即"骆驼石"和"瓜打石"。骆驼石形似卧姿的大骆驼。瓜打石从山崖突兀而出，挡住山路。巨石中间有裂缝可供香客通过。金山寺是中北道上最著名的人文景观之一，始建于辽金年代。寺北的山崖上有"王冠松""母子松""姊妹松"等名松。在金章宗时期，金山寺被封为"西山八大水院"之一的"金水院"。寺前有号称"京西名泉"的"金山泉"。

老北道上主要有龙泉古刹、石佛古刹、黄埔寺和关帝庙4座遗址。龙泉古刹，位于西山北侧，始建于辽代。寺庙东部于明代重修，故坐南朝北；西部建筑仍是辽代原有建筑，故坐西朝东。石佛古刹位于车耳营村北，古刹内供奉北京最古老的"北魏石佛"。黄埔寺遗址位于车耳营村西北，金章宗时被封为"西山八大水院"之一的"圣水院"。车耳营村的东部有关帝庙，也是始建于辽东。

中道上最著名的人文景观是大觉寺。该寺始建于辽代，坐西朝东，体现了辽金古刹"面东朝日"的典型特色，是西山著名的古寺。金章宗时，大觉寺被封为"西山八大水院"之一的"清水院"。此外，清宣统的外籍帝师庄士敦的别墅和大云寺遗址也在妙峰山境内。

妙峰山金顶建有惠济祠、玉皇庙和回香阁3座庙宇，供奉着儒、道、释以及民间各路神灵。从山下前去进香，依次经过山门、灵官殿、惠济祠、塔院、玉皇庙和回香阁。惠济祠又称"娘娘庙"，供奉道、佛、儒、俗等各路神灵，以道教为主。塔院，位于惠济祠南部且与惠济祠相连。玉皇庙，正殿供奉玉皇大帝、金童玉女和四大天师。回香阁，原是天齐庙，附近建有回香亭。香客们到妙峰山进香，需先拜娘娘庙，再拜玉皇庙，最后要来回香阁再烧一次香，名曰"回香"。回香阁正殿为东岳殿，东配殿是文昌殿，西配殿是武圣殿。

紫檀雕刻

紫檀雕刻申报单位为中国紫檀博物馆。传统的紫檀雕刻技艺主要应用于明清的宫廷家具制作。紫檀雕刻以珍贵的黄花梨、紫檀等硬木为原材料，讲究手工制作。每件作品都要经过木材的烘干、开料、镂锯加工、组装、手工砸膘、雕刻、清地、打磨、打蜡等十几道工序方可完成制作。作品以雕代笔，以刀作画，以山水、花卉、鸟兽、博古为题材，构图繁茂饱满，画面深邃悠远，图案纹样均蕴含吉祥如意的美好愿望，融合使用了线雕（阳刻、阴刻）、浅浮雕、深浮雕、平雕、圆雕、毛雕、透雕等各种技法。紫檀家具一般使用精密巧妙的榫卯结构雕，通体不用一根钉子，完全依靠榫卯契合，天衣无缝。制作一件紫檀作品少则花费一年，多则需要数年时间。紫檀雕刻工艺考究，造型稳重，纹饰精美，寓意深厚，代表了当时中国工艺技术的最高水平。现在，机械制作已渗透到家具制造的每个环节中，传统的紫檀木雕工艺正面临消亡的危险。2011年6月，入选国家非物质文化遗产，陈丽华为非遗传承人。

京作硬木家具制作技艺

京作硬木家具制作技艺申报地区为北京市崇文区（今东城区）。北京地区生产的以宫廷用器为代表的家具，具有造型厚重、体形庞大、雍容大气、绚丽豪华等特点，雕饰细腻美观且注重陈设效果，并适应北方干燥气候。其制作技艺诞生于北京皇城，系在明、清宫廷家具发展过程中，逐渐融合"广式""苏式"家具制作技艺而成。该技艺在清代康熙、乾隆年间达到鼎盛，嘉庆、道光以后逐渐流散于民间。新中国成立后，家具制作技艺得到一定恢复和发展。家具用料和榫卯使用均十分讲究，综合运用木作、雕刻、烫蜡等多种制作技艺。然而，其面临高级技艺人员缺失、从业人员人数锐减的困境。

天津市

天津市林业遗产名录

大类	名称	数量
林业生态遗产	—	—
林业生产遗产	01 滨海崔庄冬枣；02 汉沽茶淀葡萄；03 盘山磨盘柿	3
林业生活遗产	04 盘山	1
林业记忆遗产	—	—
总计		4

滨海崔庄冬枣

　　天津滨海崔庄古冬枣园，位于滨海新区大港太平镇崔庄村，毗邻荣乌高速公路，面积约 3000 亩，其中古冬枣核心区面积为 238 亩，新枣试验区 1300 亩。树龄 600 年以上的枣树有 168 棵，400 年以上的枣树有 3200 棵，是我国成片规模最大及保留最完整的古冬枣林。

　　古冬枣园是全国重点文物保护单位。明史记载，早在 600 多年前，人们就开始在古老的娘娘河北岸种植冬枣树。相传明孝宗曾和皇后在这片冬枣林中采摘，始建"皇家枣园"。新中国成立后，农民对冬枣园管理颇为粗放。1958 年因大炼钢铁，大量古冬枣树被伐薪烧炭，熔炉炼钢。值得庆幸的是，在崔庄有识之士庇护下，少量成片古冬枣树得以保留，终将古冬枣树这一珍贵资源留存至今。

滨海崔庄古冬枣园（闫庆文供图）

近年来，大港地区不断发掘冬枣文化，推出崔庄"冬枣文化节"活动，吸引大量游客。随着冬枣种植规模的扩大，崔庄冬枣通过了"国家地理标志产品""无公害农产品"认证，崔庄也获得了"全国一村一品示范村""全国休闲农业与乡村旅游示范点"等称号。为加强对崔庄古冬枣园的保护管理，滨海新区按照农业文化遗产保护要求，编制了保护管理办法，加强管理和保护。2014年5月，崔庄冬枣被认定为第二批中国重要农业文化遗产。

汉沽茶淀葡萄

茶淀玫瑰香葡萄为天津市汉沽区（今滨海新区）特产、中国国家地理标志产品，因原产于汉沽茶淀镇而得名。栽培遍及汉沽4个镇，而玫瑰香葡萄种植面积占葡萄种植总面积的95%。茶淀玫瑰香葡萄具有色泽美观、果型整齐、珠粒均匀、口感甜美、香气浓郁等特点，既是鲜食佳品，又是酿制干白葡萄酒的上佳原料。汉沽区地处渤海湾淤积平原，年平均气温12℃，年均降水量588.2毫米，加上适合耕作的潮土类土壤，适宜葡萄种植。

茶淀建庄始于明朝初年，坐落于蓟运河畔，土地近3万亩，适合于玫瑰香葡萄生长。茶淀栽培玫瑰香葡萄的历史非常悠久。自东汉，这里就开始种植葡萄，据《宁河县志》记载："葡萄，汉书称蒲桃，折压即生，春月引蔓，作架承之，夏受其阴，秋掇其实。邑人于园亭种之，子熟可啖，清沁心脾"。

玫瑰香葡萄颗粒小。未熟透时呈浅紫色，口感微酸带甜；成熟后紫中带黑，入口有一种玫瑰的沁香，甜而不离，没有一点苦涩之味。肉质坚实，易运输，易贮藏，搬运时不易落珠。每年的中秋是玫瑰香的成熟期。过了中秋，产品很稀少，因而它很稀贵。其含糖量高达22度，香味浓，着色好看，深受消费者喜爱。

在多年的生产实践中，玫瑰香葡萄种植形成了独特的栽培、管理技术模式，葡萄夏季修剪憋冬芽法在全中国得到大面积推广。2010年，汉沽葡萄种植面积达4万亩，年产量达7.8万吨。推行《玫瑰香葡萄育苗技术规范》《玫瑰香葡萄栽培技术规范》《玫瑰香葡萄病害防治规范》等中的种植技术，葡萄种植处于国内先进水平。2010年，汉沽共建葡萄酒加工企业8家，葡萄酒加工能力达两万吨，兴建葡萄保鲜库700座，贮藏能力达1.7万吨。汉沽玫瑰香产地被中国葡萄酒行业认为是中国最佳干白酒用葡萄基地。

盘山磨盘柿

为"磨盘柿之乡"蓟州区官庄镇特产，是国家地理标志产品。柿果个大，皮薄，汤清，甘甜，营养丰富。盘山磨盘柿喜温暖气候，在年平均气温10~15℃的地区生长良好。蓟州区长城沿线及盘山地区，一般年平均气温在11~15℃，冬无冻害，夏无日灼。盘山是磨盘柿最适栽培地区，这和盘山地区的地理位置和环境、气候有关，最关键的还在于盘山的另一种特产——麦饭石。

盘山磨盘柿又名"盖柿"，栽培历史悠久。唐朝就有种植，以硕大、甘甜闻名于世，更是宫廷贡品。"通红柿子分两瓣，底下像个圆磨盘，多汁饱满，吃着似蜜。"《蓟州志》记载：在明嘉靖年间，州内就有君迁子（黑枣树）作砧木嫁接而成的柿树。黑枣吃完的枣核种下，第二年就长成筷子粗细，就可以取柿子树树皮嫁接。

盘山

天津盘山为国家 5A 级景区，位于蓟州区西北 15 千米处，占地面积 106 平方千米，又因雄踞北京之东，故有"京东第一山"之誉。盘山旧名"无终""徐无""四正""盘龙"。相传东汉末年，无终名士田畴不受献帝封赏，隐居于此，因此人称"田盘山"，简称"盘山"。盘山始记于汉，兴于唐，极盛于清，是自然山水与名胜古迹并著、佛家文化与皇家文化共融的旅游休闲胜地。历史上众多帝王将相、文人墨客竞游于此，清乾隆皇帝先后巡幸盘山 32 次，留下歌咏盘山的诗作 1702 首，并发出"早知有盘山，何必下江南"的感叹。

盘山景色四季各异，每当春夏之交，则是山花烂漫，桃杏争妍。夏天雨后，层峦碧染，万壑堆青。秋尽冬初，百果飘香，红叶遍山。严冬腊月，白雪皑皑，苍松点翠。盘山山势雄伟险峻，主峰挂月峰海拔 864.4 米，前拥紫盖峰，后依自来峰，东连九华峰，西傍舞剑峰，五峰攒簇，怪石嶙峋。因怪石、奇松、清泉秀水而天然形成三盘之胜。"上盘松树奇"。盘山松多生长于岩石缝隙之中，"黄山松著名天下，然唯生于悬崖绝壁者乃神奇变化之态，不若盘山之松。""中盘岩石怪"。漫山遍野不可言状之奇石星罗棋布，更以天井石、摇动石、悬空石等八大怪石海内称奇。"下盘流泉冷，十里闻澎湃"。每当夏秋之季，雨水充沛，百泉奔涌，瀑布腾空。流泉响涧，蔚为壮观。

万松寺是盘山最大的庙宇，"庙貌之威赫，佛像之庄严，居然畿东一梵刹也。"寺东有普照禅师塔及普照禅师墓，塔前有二通碑，记载着万松寺的历史环境信息。清康熙四十三年春，康熙皇帝"驾复巡幸，恩赐敕改万松寺"。现今的万松寺古刹钟声阵阵，古塔耸立，像它的寺名那样有着万株松影，万壑松风。

盘山动植物种类繁多，生态环境良好。共有植物 100 多科，200 多属，400 多种。有哺乳类动物 20 多种，鸟类 100 多种，两栖爬行类动物 20 多种，昆虫 300 多种。盘山具有奇峰林立、怪石嵯峨的独特景观。土壤主要为粗骨性褐土，高于 750 米的山地局部土壤为山地棕壤。植被类型为油松针叶林群落，油松、栓皮栎混交林群落。

　盘山（樊宝敏摄）

河北省

河北省林业遗产名录

大类	名称	数量
林业生态遗产	01 丰宁古油松；02 平泉市小叶杨；03 赤城县古榆树；04 临漳圆柏；05 涉县古槐；06 磁县大果榉；07 小五台山	7
林业生产遗产	08 宽城板栗；09 迁西板栗；10 兴隆山楂；11 邢台板栗；12 遵化板栗；13 深州蜜桃；14 赞皇大枣；15 涉县核桃；16 赵县雪花梨；17 宣化葡萄	10
林业生活遗产	18 驼梁山；19 遵化禅林寺；20 清西陵；21 清东陵；22 避暑山庄	5
林业记忆遗产	23 广宗柳编技艺；24 武邑硬木雕刻技术	2
总计		24

丰宁古油松

这株华夏闻名的"九龙松"位于承德丰宁满族自治县五道营乡四道营村。古油松主干高 7.8 米，干围 2.82 米，冠幅 636 平方米，荫地近 1 亩。树龄 980 年，系辽代遗物。主干浑然粗壮，倾斜生长，斑驳似鳞的片片树皮刻画着岁月风霜，充满神秘色彩。树干上生有 9 条枝干，条条像龙，横逸斜出，弯曲生长，盘旋交织，势如蛟龙。枝头如龙首，向庭院四旁腾空而起，仰天长啸。故当地百姓称其为"九龙松"。"九龙松"号称"天下第一奇松"。

"九龙松"有四奇。第一奇，从东西南北观察，景象各异。观看树冠整体，龙尾朝东，龙首向西仰天长啸。如果从北面朝南看，树的轮廓走向同对面的驸马山山脉的轮廓走向一样。此树层次分明，错落有致，分为上下 4 层，与其相对应的驸马山也相应地分为上下 4 层。山和树遥相呼应，自成情趣。第二奇，枝干长势奇特，虽历经千年，不向高长，

丰宁九龙松（樊宝敏摄）

而是向四处延伸，而且所有枝干全部是盘旋、弯曲、翻转着生长。第三奇，此松历经千年岁月，依然年年向外生长，每年结种实。但奇怪的是，松子在未成熟时洁白饱满，但成熟以后，里面只有一层皮，籽粒不知去向。虽多年实验育种，但培育不出松苗。第四奇，悦耳松涛。耳部贴近树干，能听到一种异常的回音。即使是微风掠过，也能响起松涛阵阵的声音。

丰宁县政府和当地村民极为重视"九龙松"的保护，先后用木桩和石柱支撑干枝，2014 年 5 月在古松周围建起汉白玉栏杆，每年浇水施肥，使"九龙松"焕发出青春的活力。1990 年，爱新觉罗·溥杰到丰宁考察，特来看此树，并写下"九龙松"三字，被镌刻在两米高的汉白玉石碑上。

这棵奇松也被丰宁百姓崇拜为图腾，上面系满了写着名字的红丝带，寄托着与树同青的心愿，保佑生活幸福安康。有诗云："翠云十丈一柱擎，老干虬枝腾九龙。千载奇松惊看客，最佳还待雪初停。"夏季"九龙松"葱郁苍翠，色彩浓艳欲滴；冬天雪染虬枝，银装素裹，九条玉龙腾飞，韵惊华夏。

平泉市小叶杨

平泉市小叶杨位于平泉市柳溪镇薛杖子村，被评为2016年河北省"树王"。生于辽代，树高22米，冠幅达26平方米，冠形奇特，9根侧枝使得古树"独木成林"，当地百姓称其为"九龙蟠杨"。据调查，其树龄在800年以上。

据当地文学资料记载，辽代开泰九年（1020年），一年一度的"秋捺钵"（辽国皇帝秋猎于山）开始了，圣宗皇帝耶律隆绪与皇后萧氏到马盂山（今辽河源光秃山）打猎，见一只梅花鹿在一棵杨树上磨角，皇帝张弓搭箭欲射，皇后不忍杀戮这个小生灵，抢先拉弓虚发，小鹿闻风而逃，皇帝心领神会，与皇后相视而笑。此后，这棵杨树皇后箭矢的痕迹处，中央主干一分为三，蜿蜒成九条形态各异的虬龙，"九龙蟠杨"因此得名。

虽经千年，"九龙蟠杨"仍枝繁叶茂；树上枝叶间悬挂着不少红布条和彩色布幡，寄托着人们对幸福生活的祈愿与憧憬。为更好地保护古树，平泉对"九龙蟠杨"实行封闭管理，设立了围栏，并建立"九龙蟠杨"信息管理档案，在多方面进行科学管护。

平泉小叶杨——九龙蟠杨（王枫供图）

赤城县古榆树

在赤城县样田乡上马山村有两株古榆树。据称，榆树种植于北宋年间，当地人称之"兄弟榆"。粗壮的榆树树干需要大约八个人才能抱住，小的也得五六人。据样田乡2003年所立碑文记载，古榆"枝如虬龙，旁逸斜出，历千载沧桑，犹枝繁叶茂，生机盎然。夏季亭亭如盖，冬季瑞雪满山，峥嵘傲岸。"古榆树龄之长，状貌之伟，实属罕见，不仅属地方特色文物，且极具文化旅游价值。传说很久以前，村庄里的两兄弟上山砍柴时，哥哥被雷电劈中变成了榆树，弟弟为了寻找哥哥最后也变成了榆树，所以当地人称这两株榆树为"兄弟榆"。

由于榆树枝繁叶茂，每当下雨的时候，分出的枝干就会不堪负重，自然落下。2011年人工搭建了一只"树干"来保护榆树。当地人将红绳系在树枝上，表达对古树的敬意，以此来祈福保平安。

赤城古白榆（王枫供图）　　　　　　赤城榆树（樊宝敏摄）

临漳圆柏

　　临漳圆柏位于临漳县习文乡靳彭城村东的三教堂内，距县城27千米，距邺城三台7千米，已有1800多年历史。古柏身形伟岸，虬瘤突兀，枝繁叶茂，郁郁葱葱，饱经沧桑而未毁，久历岁月而不衰，在古来战乱频繁的中原地区，实是一个奇迹。2018年，在全国绿化委员会办公室和中国林学会联合主办的"中国最美古树"评选活动中被评为"中国最美圆柏"。

　　传说当时这里是光秃秃的，曹操阅兵时竟无处拴马。次子曹植见状，特意从太行山移来一棵碗口粗的柏树，种在玄武池南。柏树汲取漳南大地的灵气，越发长得挺拔茂盛，

临漳古圆柏（王枫供图）　　045

曹操见状非常高兴，他每次举行籍田、阅兵、训军仪式时，总把马拴在这棵树上，这棵柏树也就有了"曹操拴马桩"的美称。如今，古柏依然静静地屹立在那里，仿佛在向世人诉说着那段久远的故事。历经千年锤炼，这棵古柏依然枝叶繁茂。树的主干上长着一些半球状的骨突，就像紧握着的拳头。老人们说，古柏的奇特之处多着呢，从不同方向观看，还能从枝杈上看出许多神奇的形态。曾有人这样描写："东有男女情悠悠，西有蜗牛树上走；南有喜鹊枝头笑，北有观音双合手；上有双龙绕树飞，下有凸拳暴如雷；曹操古邺南校场，玄武池畔拴马桩。"

涉县古槐

涉县古槐位于涉县固新村，相传"植于秦汉，盛于唐宋"。据中科院古植物保护专家鉴定，其树龄至少在 2000 年以上。树高 20 米，树围 17 米，故有"固新老槐树，九搂一屁股"之说。其也是目前我国已知的树龄最长的槐树，又有"天下第一槐"之美誉。虽经 2000 年风雨，现在古槐仍然年年发芽吐绿，开花结果，令人称奇。树旁立有石碑，刻有"天下第一槐"五个醒目大字。由于所历时间久远，目前其树干、主枝已大部分枯朽，仅东南方向有约占全树五分之一的上部保留的一个主枝及部分侧枝仍继续生长延伸，形成覆盖面积半亩之多的新树冠。

涉县古槐（王枫供图）

当地流传着许多有关这株千年古槐的传说。一是相传在大明正德初年（1506 年）建村时，就有古槐历千年之说；二是在战国时期，秦兵进攻赵国，曾在此树下歇马；三是唐代吕翁在此修道，德高好弈，有"先天古槐、后世小仙"之语；四是古槐枝繁叶茂，延伸四方覆盖数亩，曾有"槐荫福地"盛誉匾额高悬；五是明末灾荒，古槐开仓，以槐为米，槐叶拯救饥民，昼采夜长，茂然不败等。这株古槐与晋祠"周柏"同龄，为槐中之最，授之以"神州第一国槐寿星"是当之无愧的。

磁县大果榉

在磁县第一高峰陶泉乡北王庄村的炉峰山上，屹立着一棵大果榉树（别名青榆），虽历经数百年风霜雨雪、多次自然灾害，仍枝繁叶茂、生长旺盛，覆盖面积 300 平方米，有"华夏第一榆"的美誉。其树干分枝处天然生长出一株油松，和大果榉相依相偎，形成天然的"榆抱松"景观，令人惊叹。在 2018 年全国最美古树遴选活动中，磁县炉峰山大果榉被评为"最美大果榉"。荣获"最美大果榉"称号的老榆树位于磁县陶泉乡北王庄村炉峰山，

磁县古大果榉（王枫供图）

其树龄 800 年，树高 13.5 米，胸围 4.3 米，冠幅 17 米。古榆如擎天大伞，生长在石板上，树冠之大，枝叶之大，令人叫绝。树干上有油松一棵，两树相融，南侧枝干折断，主干东侧有瘤状物，远远望去，看不出丝毫老态，历经多年风雨，这棵老树依然枝繁叶茂。

小五台山

小五台山位于太行山脉北端，有以东、西、南、北、中五座山峰为主体的众多山峰和峡谷。五座山峰海拔均在 2600 米以上，主峰东台海拔 2882 米，为太行山主峰、河北最高峰。西山山脉的灵山、东灵山、西灵山等山峰也在保护区内。小五台山国家级自然保护区，位于河北省张家口市蔚县和涿鹿两县境内，东与北京市门头沟区和保定涞水县接壤。总面积 26700 公顷，东西长约 60 千米，南北宽 28 千米。保护区属森林和野生动物保护类型，主要保护对象是暖温带森林生态系统、天然针阔混交林、亚高山灌丛、草甸，以及褐马鸡等国家重点保护野生动植物。2002 年 7 月由省级自然保护区晋升为国家级自然保护区。

植物资源。小五台山的植被划分为 6 个植被型，即针叶林、阔叶林、灌丛、灌草丛、草甸、沼生植被。针阔叶混交林是小五台山植被的主体，主要有油松、蒙古栎混交林，华北落叶松、白桦混交林，云杉、冷杉、红桦混交林等。植被垂直带谱自山顶至山基为亚高山草甸带、亚高山灌丛带、针叶林带、针阔混交林带、落叶阔叶林带、人工油松林带、次生灌丛带和农田林果带。小五台山为华北植物种类最丰富地区之一。经调查，分布野生高等植物 1637 种，其中，苔藓植物 244 种，蕨类植物 60 种，裸子植物 13 种，被子植物 1320 种。木本植物以桦属、松属、落叶松属、云杉属、栎属、杨属林木为主，构成森林的建群种或优势种。观赏植物 367 种，中草药植物 390 种，牧草饲料植物 593 种。有国家重点保护植物 33 种，其中，一级重点保护野生植物有大花杓兰、杓兰和紫点杓兰；二级重点保护野生植物有野大豆、黄檗、刺五加等；有臭冷杉、小五台银莲花等珍稀极小种群；以小五台命名的植物 5 种，即小五台蚤缀、小五台风毛菊、小五台柴胡、五台山延胡索、小五台银莲花。

动物资源。保护区分布陆栖脊椎动物共计 139 种，隶属于 4 纲、19 目、55 科，包括两栖类 2 种，爬行类 7 种，鸟类 98 种，哺乳类 32 种。有国家重点保护野生动物 22 种：国家一级保护动物 6 种，分别为褐马鸡、金雕、白肩雕、大鸨、黑鹳和豹。褐马鸡是世界珍禽，为中国特有，在国际上被誉为"东方宝石"，和"国宝"大熊猫齐名。金钱豹华北亚种为中国特有亚种。国家二级保护动物有鸢、苍鹰、勺鸡、雕鸮、斑羚等 16 种。保护区内有河北省重点保护野生陆生动物 27 种。此外，保护区分布有昆虫 4 纲、25 目、254 科、1603 属、2776 种。

宽城板栗

河北宽城板栗栽培可追溯至东汉时期，至今已有 3000 多年。据传，康熙四十五年，康熙途经宽城，正值板栗成熟，食后赞曰："天下美味也。"时至今日，全县板栗种植面积达 80 万亩，栗树 2600 万株。其中，百年以上的板栗古树数量达 10 万余株，现存最老的板栗古树树龄逾 700 年，被誉为"中国板栗之王"。

宽城传统板栗栽培采取的是一种可持续的生态农业生产模式。人们依地形修建撩壕、梯田，栽植板栗，并在林下间作农作物，饲养家禽，用剪下的枝条栽培板栗。传统板栗园利用物理和生物方法防治病、虫、草害，形成梯田 – 板栗 – 作物 – 家禽复合生产体系。板栗树与周围其他植被共同构成独特的山地景观，并发挥着水土保持和水源涵养的重要作用。利用传统方法栽培，在光照充足、昼夜温差大、土壤富含铁的自然环境中生长，宽城板栗形成了色泽光亮，口感糯、软、甜、香的独特品质，素有"中国板栗在河北，河北板栗在宽城"的美誉。

板栗栽培自古以来就是宽城农业的主导产业。板栗被誉为"铁杆庄稼""木本粮食"，是当地居民主要的食物来源之一。目前，板栗带来的经济收益占当地农业收入的 80% 以上。当地人将板栗看作是吉祥的象征，在拜师、庆寿、婚嫁等重要时刻，都以栗子相赠，以示祝福。有关板栗的历史传说、民俗礼仪、文学作品不胜枚举，展现出丰富多彩的板栗文化。

宽城板栗王（樊宝敏摄）　　　　　　　宽城传统板栗栽培（闫庆文供图）

近年来，宽城采矿业的发展及农业劳动力的流失使传统板栗栽培系统的保护和传承面临巨大挑战。宽城县政府按照中国重要农业文化遗产保护工作的要求，制定了传统板栗栽培系统保护与发展专项规划和管理办法。通过保护板栗古树、创新经营模式和发展休闲农业，从根本上解决农民增收、农业可持续发展和农业文化遗产保护问题。2014 年 5 月，宽城板栗被认定为第二批中国重要农业文化遗产。

迁西板栗

迁西县滦河北部山区优越的气候与地理条件造就了迁西板栗卓越的品质，形成端正均匀、肉质细腻、甘甜芳香、营养丰富的板栗佳果。迁西板栗曾被宋代诗人晁公溯描述为"风陷栗房开紫玉"，被赞誉为东方"珍珠"和"紫玉"。

迁西板栗（樊宝敏摄）

历史上，板栗就是迁西人的主要食物来源之一，并可入药，被称为"铁杆庄稼"和"木本粮食"，至今已有 2000 多年的历史。至明洪武年间，形成完善的板栗复合栽培系统。到清末时，产品已经在天津口岸出口。现在，常胜峪村还生长着 600 年树龄的古栗树，全县境内百年古树随处可见。

迁西板栗复合栽培系统在空间结构上创造出丰富的生态位，广泛开展间作、林下种养殖等农业生产，充分利用光、热、水、土等自然资源。相比采用板栗单作模式，采用复合栽培系统模式通过提升土壤有机质、微量元素含量和保护系统内丰富的生物多样性，有效改善了局地生态环境。结合传承至今的丰富知识和技术体系，农业系统提供了丰富的生态系统服务，是一种典型的可持续农业发展方式。独特的迁西板栗文化体现在日常饮食、祭祀、礼仪等方面，象征吉祥，喻示吉利、立子、立志和胜利。

然而，矿业发展、劳动力流失和日趋激烈的板栗市场竞争，也威胁着迁西板栗复合栽培系统的发展。迁西县政府正将紧抓生态文明建设的有利契机，逐步推进乡村振兴，使迁西板栗栽培焕发新的光彩。2017 年 6 月，迁西板栗被认定为第四批中国重要农业文化遗产。

兴隆山楂

河北兴隆传统山楂栽培地区，位于燕山山脉东部，覆盖兴隆县全境，总面积 3123 平方千米，种植山楂 21.2 万亩。重点区域位于六道河镇、兴隆镇、北营房镇和雾灵山乡 4 个乡镇。

兴隆县是"九山半水半分田"的石质山区，其气候与土壤条件不适合种植粮食作物，却适宜山楂生长。兴隆人智慧地克服了山区不利机械化作业等劣势，构筑石坝墙梯田进行

兴隆山楂树（樊宝敏摄）

兴隆山楂果（闫庆文供图）

山楂栽培，距今已有 500 余年历史。兴隆野生山楂树遍布全县；境内由根叶萌生的百年以上的山楂大树有 1000 余棵，枝繁叶茂，株产山楂可达 500 千克。兴隆县在山楂栽培面积和产量上均居全国首位，曾被原国家林业局命名为"中国山楂之乡"。

兴隆独特的传统山楂品种——铁山楂，曾是农民增收致富的摇钱树。其营养价值高，药用功能突出。山楂树耐旱、耐瘠薄，对山区保持水土、涵养水源、调节气候等有重大作用。兴隆山楂栽培形成了一套特有的技术和知识体系，根条归圃育苗、修剪方式、传统追肥、石坝修筑、山楂窖藏、山楂加工等技术和知识对其他地方山楂的栽培起到示范作用。与山楂有关的文化丰富多样，涉及饮食、礼仪、信仰等各个方面。

然而，兴隆农业劳动力兼业化与老龄化、生产率低、劳动强度大等突出问题制约了山楂产业持续发展。山楂老树因比较效益低，价格受市场影响波动大，妨碍了农户对山楂栽培的积极性，品种资源也遭受流失的风险，兴隆传统山楂栽培系统亟待得到保护。2017 年6 月，兴隆山楂被认定为第四批中国重要农业文化遗产。

邢台板栗

太行山区栽种板栗有悠久历史，是我国优质板栗的重要产区。邢台县是河北省第二个产栗大县。2004 年 12 月，邢台县被国家林业局命名为"中国板栗之乡"。邢台板栗颗粒饱满，色泽油亮，个大皮薄，果肉粉糯甘甜，富含优质碳水化合物、蛋白质、维生素和多种矿物质，营养价值高。经技术部门鉴定，邢台板栗的碳水化合物含量约占56.3%~72.3%，蛋白质占 5%~10%，脂肪占 2%~7%，含糖量为 18%~23%，维生素 C 的含量也很多，栗子中除富含糖及淀粉、蛋白质、脂肪，尚有胡萝卜素、硫胺素、核黄素、烟酸、抗坏血酸等多种维生素。适合做糖炒板栗（颗粒饱满，炒后易剥皮）、板栗粉、板栗仁，大部分板栗总苞大，椭圆形或扁圆形，坚果头，果种平均 10.65 克（每千克合 90~110 颗）。板栗品种有紫光 910、皮庄 4 号、邢台明栗。外地品种有燕山魁栗和燕山短枝。

在前南峪有一株树龄 2500 年的板栗树，依然焕发勃勃生机，被称作中国的"板栗王"。它长在半山腰上，这棵树高约 21 米，树围最粗处达 5.2 米，冠幅 27 米，树体高大，枝叶参天。"板栗王"每年仍然能结出 100 多千克的板栗。由于唐朝武则天的推崇，前南峪的村民在"板栗王"四周大量种植板栗树。如今,"板栗王"周围还有 300 多棵唐代的板栗树,它们存活了下来,树龄都在 1000 年以上。2017 年,"板栗王"入选河北省"十佳最美古树"。目前,信都区政府已为该树立碑,设置围栏,加以重点保护。

遵化板栗

遵化板栗又称为"京东板栗""河北甘栗"。遵化板栗主产区在河北省兴隆、遵化、迁西、青龙满族自治县一带。其中尤以遵化、迁西一带板栗口感更为突出。遵化板栗栽培有 2000 多年的历史,以坚果玲珑、肉质细腻、涩皮易剥、含糖量高、糯性强、富含多种营养成分著称。每百克果肉含糖 20 克、淀粉 52 克、脂肪 3.05 克、蛋白质 7.8 克,还含多种维生素等其他成分。其风味浓,品质好,被国内誉为"京东板栗"。《史记》中也有"燕有鱼、盐、枣、栗之饶""燕秦千树栗……此其皆与千户侯等"之类的记载,可见此物之珍贵。板栗是喜光的阳性树种,生育期间要求有充足的光照:迁西县的年太阳辐射量为每平方米 5200~5400 兆焦,年日照时数为 2800 小时以上,平均日照 7.4 小时,年日照百分率在 60% 以上。光照比较充足,为栗树生长、栗果发育、栗果内部有机质的转化,栗果糖分、脂肪和各种有机酸含量的提高及果实着色等提供了重要保障。

遵化北部长城沿线已形成面积达 52 万亩的板栗林带,主要集中在:马兰峪镇、侯家寨乡、小厂乡、建明镇、崔家庄乡等北燕山山脉的乡镇。目前全市板栗幼树面积 2000 公顷,结果树面积 16000 公顷,全市板栗产量 12270 吨。2001 年,遵化市已被省林业局评为"优质板栗生产基地",被国家林业局命名为"中国板栗之乡"。其在日本市场享有"东方珍珠"的美誉。遵化每年所产的板栗,80% 远销日本及东南亚许多国家,出口创汇,在国际上颇负盛名。

遵化板栗(樊宝敏)

深州蜜桃

深州蜜桃为河北省深州市特产，是中国国家地理标志产品。深州蜜桃个头硕大，果型秀美，色鲜艳，皮薄肉细，汁甜如蜜。2014年10月8日，国家质检总局正式批准"深州蜜桃"为原产地域保护产品（即地理标志保护产品）。

深州蜜桃有红蜜和白蜜两个品系，又称"魁蜜""冷桃"，果实长圆形，果顶突出有尖，缝合线深，两边对称，柄短，梗洼深，果色鲜艳，向阳面有红霞。果肉乳白色或淡黄色，近核处有紫红色射线，成熟期在八月中旬至九月上旬。深州蜜桃无论红蜜还是白蜜，都具有个头硕大、色泽鲜艳、肉质鲜嫩、口味香甜的特点。因含糖量高，汁浓，用刀切开后果汁凸出果面而不外溢。自古就有深州蜜桃"刀切不流水，口咬顺嘴流"的说法。刚摘下时，桃香四溢，而挑摘后，桃香只能存留3天。深州蜜桃有大桃、小桃之分，平常所说的深州蜜桃系指大桃，小桃称为"桃奴"。"桃奴"单果重50克左右，最大100克左右；含糖量在20%以上，所以口味极甜；其成熟期比大桃晚15天左右。深州蜜桃含糖比例高达13%~18%，果汁中含有葡萄糖、果糖、蛋白质、维生素、胡萝卜素、钙、磷、铁等成分，鲜食、加工者皆为上品。

赞皇大枣

赞皇大枣为赞皇县特产，是中国国家地理标志产品。别名"赞皇长枣""金丝大枣""大蒲红枣"，是中国国内发现的唯一的"自然三倍体"品种。为历代皇家贡枣，果实营养价值丰富，被誉为"百果之首""天然维生素之王"。赞皇县历来有种植大枣和核桃的传统，其收入已成为全县农民增收致富的重要部分。

赞皇大枣果形长圆形，以个大著称，果实大小、形状整齐。果色深红鲜亮，皮薄肉厚，肉质细脆，酸甜可口，是鲜食、制干加工兼用品种。特点：一是个头大。其树茎粗壮，叶大而厚，花果大，平均单果重18.9克，最大果重68克，素有"七个一尺，十个一斤[①]"的说法。鲜枣每千克40~70个，干枣每千克70~110个。二是可孕性低，果实有核无仁。三是新陈代谢旺盛，酶的活性强，碳水化合物、蛋白质、维生素等物质的合成能力强。四是对外界环境条件的适应性强，抗病性、耐旱性、耐寒性多比二倍体的品种强。五是营养丰富，含有人体所需要的蛋白质、氨基酸、磷、钙、铁等微量元素。如维生素C，其每百克含量高达540毫克，是苹果、桃等的百倍左右，被誉为"活维生素丸"。鲜枣含糖比例为20%~36%，干枣高达60%以上，食用价值和药用价值居百果之首。不仅可鲜食，而且可以加工成干红枣、蜜枣，制枣酒等。

据《本草纲目》记载，赞皇大枣能补脾益胃，健运中气。民间流传有"每天吃三枣，终生不见老"和"五谷加大枣，胜似灵芝草"的民谚。2005年，赞皇县枣树种植面积达45万亩，其中，冬枣1400亩、零星品种20亩，其他全为赞皇大枣。枣年产6000万千克，其中，采青加工蜜枣（南蜜、广蜜、软蜜）用枣占99%以上，保留红枣不足1%。全县蜜枣加工企业数量达到580多家，有6个大枣加工专业村，6个青枣交易市场。枣业已

---

① 注：1斤=0.5千克。

发展成为赞皇经济发展和农民增收的支柱产业。

涉县核桃

涉县核桃是河北省邯郸市涉县特产、中国国家地理标志产品。涉县是中国重点核桃产区县之一，全县境内分布的百年以上核桃大树有 10 万株。2004 年，涉县被评为"中国核桃之乡"。2005 年，国家质检总局批准对其实施地理标志产品保护。2007 年，涉县核桃入选"2008 北京奥运会推荐果品"名单。

涉县核桃品种很多，其中以石门和温村产的薄皮核桃品质最佳。其特点是皮薄仁满，色泽金黄，含油量高达 60% 左右，如果两手持核桃一碰，皮破碎，整个核仁自然脱出。放在嘴里越嚼越香，滋津生液。涉县核桃果仁含有丰富的蛋白质、脂肪、钙、磷、铁、钾及多种维生素等。除生食外，可做糕点、糖果的原料，还可用来榨油。核桃仁性甘温，对某些疾病疗效甚佳。据《本草纲目》记载，它可"补血养血，润燥化痰，益命门，利三焦，温肺润肠"。

涉县的核桃栽培历史悠久，相传已近 2000 年。其产量高，品质优，是涉县"三珍"之一。以涉县西部和北部为主产区。千百年来，广大群众在核桃栽培和管理上不断总结经验，现存有大量 500 年以上的大树仍能正常结果。涉县在县级核桃产量排名中，位居河北省之首、中国第四。新中国成立后，涉县核桃栽培成效逐渐明显，到 1990 年代末，产量达到 3500 吨。1998 年以后，涉县核桃进入产业化发展阶段。1998 年，涉县县委、县政府根据干果产业优势提出了"二龙百星"（二龙即核桃、花椒）产业兴农战略，为涉县核桃产业的发展注入了新的生机和活力。2002 年以来，涉县以调整产业结构为主线，进一步明确了核桃产业在涉县的主导产业地位，提出了建设"中国核桃第一乡"的目标。

赵县雪花梨

雪花梨为赵县特产。赵县地处太行山东麓中段的山前冲积平原，地势西北高、东南低，开阔平坦。西部海拔 46.6 米，东部海拔 33.9 米，土壤为褐土，属季风气候区暖温带半湿润地区。赵县雪花梨果形端正，卵圆形或阔圆形，色泽鲜雅而有蜡质，具浅褐色斑点；果肉洁白如玉、似霜如雪，有冰糖味和特殊的怡人香气。贮藏后，果皮渐呈金黄色。储藏入库的雪花梨采收期为 9 月上旬，开花后 145 天左右；做鲜梨销售的采收适期为 9 月上中旬，梨籽呈浅褐色时。2017 年 11 月，国家质检总局批准对其实施地理标志产品保护。

秦汉时期，赵县雪花梨被选作贡品进贡朝廷。明朝，李时珍《本草纲目》记述："雪花梨性甘寒，微酸，清心润肺，利便，止痛消疫，切片贴烫火伤，止痛不烂。"现有三级以上的古梨树 3000 多株，主要分布在范庄镇 11 个村和谢庄乡 17 个村，其中，300~500 年的二级古树有 160 株。范庄镇南庄村共有 2000 多亩上百年的梨树。

2017 年，赵县拥有 25 万亩梨园，其中，雪花梨面积 13.7 万亩，年产优质雪花梨 30 多万吨，收入近 7 亿元。地理标志地域保护范围是：范庄镇、谢庄乡，南柏舍镇的唐家寨村、南李家疃村、北李家疃村、高村乡的南田村、高村、东大里寺村，沙河店镇的丁村、小诰村、东北营村、东诰村、中冯村、东杨村、西杨村现辖行政区域。

宣化葡萄

　　河北宣化传统葡萄园坐落于距首都北京西北150千米的宣化古城，宣化历来有"葡萄城"的美誉。每年中秋前后，满城葡萄飘香，串串晶莹剔透的牛奶葡萄吸引着八方来客。

　　据《宣化葡萄史话》记载，宣化葡萄最早引进栽培时间为唐代，距今已有1300多年的栽培历史。如今，在宣化古城的观后村里有一株近600岁的古葡萄树依然枝繁叶茂、硕果累累，见证着宣化葡萄发展的历程。宣化传统葡萄园至今仍沿用传统的漏斗架栽培方式。漏斗架是一种古老的传统架，因其架式像漏斗而得名，架身向上倾斜30~35°，呈放射状。"内方外圆"优美独特的漏斗架适于观赏和用于乘凉休闲，这种架形的优势是：光能集中，肥源集中，水源集中，具有抗风、抗寒等特点。宣化独特地理和自然条件孕育了宣化牛奶葡萄独特品质。宣化牛奶葡萄属鲜食葡萄品种，皮肉黄绿色，质脆而多汁，酸糖比适中，素有"刀切牛奶不流汁"的美誉。近年来先后获得"中国农产品区域公用品牌价值百强奖""最具影响力中国农产品公用品牌"和"消费者最喜爱的100个中国农产品区域公用品牌"等荣誉。

宣化城市传统葡萄园（闵庆文供图）

　　随着城市化的迅速发展，传统葡萄园的数量急剧下降，葡萄园的消失意味着传统特色景观、生物多样性和文化多样性的丧失。宣化区人民政府按照原农业部中国重要农业文化遗产保护工作要求，先后出台了《关于加快葡萄产业发展的补助办法》《宣化传统葡萄园保护管理办法》等文件，制定了宣化传统葡萄园保护与发展专项规划。通过生物多样性的恢复、传统葡萄栽培技艺的文化传承以及与休闲农业的结合，从根本上解决农民增收、农业可持续发展和文化遗产保护问题。2013年5月，宣化葡萄被认定为第一批中国重要农业文化遗产。

驼梁山

　　驼梁山位于河北、山西两省交界处，因山顶恰似驼峰而得名。北距佛教圣地五台山45千米，南距革命圣地西柏坡42千米，是西柏坡通往五台山的一条黄金通道。是国家4A

级旅游景区、国家重点风景名胜区。面积 165 平方千米，由百瀑峡、三叠泉、太行风情谷和中台山四个景区组成，共计 200 多个景点，以"凉、静、野、幽、翠"等特色而著称。主峰海拔 2281 米，系河北省五大高峰之一。

　　驼梁山茂密的原始森林和连绵不断的瀑布最具特色。在三万多亩原始森林中有 686 种植物和 100 多种野生动物。云项草原为驼梁独有，草碧花香，云雾缥缈。驼梁以凉爽的气候而著称，夏季平均气温 19℃。三叠瀑、白龙瀑、人字瀑、五指瀑等近百处瀑布飘舞，飞珠溅玉；冰泉、龙泉、马趵泉等数十个清泉宛若串串明珠撒落峡中。

遵化禅林寺

　　禅林寺位于遵化市侯家寨乡，是国家 AAA 级景区。它北靠万里长城，南临般若湖，东连鹫峰山，西接清东陵，总面积为 6.6 平方千米。该区群山环抱，古树参天，寺庙庄严，长城巍峨，素以"四古"（五峰山、银杏、禅林寺、长城）著称，闻名遐迩。古寺建年无考。相传在东晋时，由于封建王侯各霸一方、征伐频繁，对于这个虎狼经常出没的地方，僧人们却认为是块"风水宝地"，于是大兴土木，修建（一说重修）了这座寺院，取名"云昌寺"。后来，几经修葺，辽代乾统年间（1101年）复修后更名"禅林寺"。

　　寺庙周围现存 13 棵生长旺盛的古银杏树，约植于汉代，距今 2000 年以上，1 雄 12 雌。它们至今仍枝繁叶茂，果实累累。其中，雄树最为高大，被称为"龙种"。一株雌树生三代细树，称为"四世同堂"。树心已腐朽，又在洞腹中生出一株粗大的银杏，母子合一共擎苍天。寺庙碑文记载："先有禅林后有边，银杏还在禅林前"。清代遵化进士史朴到禅林寺时亦留下诗句：

遵化禅林寺（樊宝敏摄）

"五峰高峙瑞云深，秦寺云昌历宋金。代出名僧存梵塔，名殊常寺号禅林。岩称虎啸驯何迹，石出鸡鸣叩有音。古柏高枝银杏实，几千年物到而今。"

清西陵

　　清西陵位于易县梁各庄西 15 千米处的永宁山下，离北京 98 千米。为清代自雍正时起四位皇帝的陵寝之地，始建于雍正八年（1730 年），完工于民国四年（1915 年），其间共历 185 年。

清西陵（樊宝敏摄）

是现存规模宏大、保存最完整、陵寝建筑类型最齐全的古代皇室陵墓群。共有 14 座陵墓，包括雍正的泰陵、嘉庆的昌陵、道光的慕陵和光绪的崇陵，还有 3 座后陵等。面积 800 余平方千米，建筑面积 5 万余平方米。1961 年，被列为第一批全国重点文物保护单位，2000 年 11 月被列为世界文化遗产，2001 年 1 月被评为国家首批 4A 级景区，2019 年 12 月被评为国家 5A 级旅游景区。

经过清政府近 200 年的经营，乔松巨柏参天蔽日，形成一望无际的松林，向有"翠海"之誉。据记载，道光十三年，在西陵补栽树木 10370 棵。清政府为了皇家陵寝的风水，制定严格的管理制度和严酷的刑法条律。据雍正朝修订的《大清会典》记载："凡栽树旧例，陵寝栽种树株，定限三年。如限内枯干者，监栽官员，铺户补栽。限外枯干者，工部补栽。""陵寝栽种树株，每二丈种树一棵。"为了保护好这些树木，西陵内务府设专人管理。至新中国成立，西陵古松巨柏已显著减少，仅剩 16000 余棵。

为了保护古建筑和古树，党和政府在清西陵成立文物保管所，还成立西陵林场，几十年来共植松树 20 余万棵，古松得到很好的保护。慕陵龙凤门前有两棵"迎客松"；林海深处，有树干挺拔的巨人松；丘壑沟谷之间有菩萨松；崇陵三座门内有宝塔形的罗汉松；宝城与罗锅墙之间有成片的白皮松；泰陵宝顶后有一棵卧龙松。千姿百态，蔚为奇观。

清东陵

清东陵位于遵化市西北 30 千米处，西距北京市区 125 千米，占地 80 平方千米。是中国现存规模最宏大、体系最完整、布局最得体的帝王陵墓建筑群。于顺治十八年（1661 年）开始修建，到光绪三十四年（1908 年）为止，历时 247 年，陆续建成 217 座宫殿牌楼，

组成大小 15 座陵园。陵区南北长 12.5 千米，宽 20 千米，埋葬着 5 位皇帝、15 位皇后、136 位妃嫔、3 位阿哥、2 位公主共 161 人。其 1961 年被列为第一批全国重点文物保护单位，2000 年 11 月被列为《世界遗产名录》，2001 年 1 月被国家旅游局评为全国首批 4A 级旅游景区，2015 年被评为国家 5A 级旅游景区。

清东陵（樊宝敏摄）

清东陵有风景林 2500 公顷，陵区内有古树名木 3400 余株，多是清朝末期遭军阀砍伐后遗留下来的部分仪树、海树，树龄在 90~180 年之间，主要分布在各陵寝院内、外围砂山上及近陵寝的神道两侧，长势中等。在通往孝陵的主干神路及通往各陵的支干神路两侧曾遍植古松苍柏作为仪仗树，孝陵神路两侧植 10 行紫柏，其他帝后陵神道两侧植 9 行苍松，共有 20 万余株参天古树，砂山旷野广植林木称为海树与仪树[①]。可惜历经百年风雨，曾浓荫蔽日的百万株树木森林均毁于军阀盗匪手下。

---

① 王世春.清东陵古油松复壮技术初探 [J]. 河北林业科技，2006（3）：44.

避暑山庄

承德避暑山庄又名"承德离宫"或"热河行宫"，中国四大名园之一。位于承德市中心北部、武烈河西岸一带狭长谷地，是清代皇帝夏天避暑和处理政务的场所。分宫殿区、湖泊区、平原区、山峦区四部分。其 1961 年列为第一批全国重点文物保护单位；1994 年列入《世界遗产名录》。1976—2006 年，国务院先后批准实施三个《避暑山庄外八庙十年整修规划》，以"抢救和整修"为主，开展古建维修、园林和环境综合整治。

避暑山庄始建于 1703 年，营建分两个阶段。第一阶段，从康熙四十二年至康熙五十二年（1703—1713 年），开拓湖区，筑洲岛，修堤岸，随之营建宫殿、亭树和宫墙，使其初具规模。康熙帝选园中佳景以四字为名题写"三十六景"。第二阶段，从乾隆六年至乾隆十九年（1741—1754 年），乾隆帝对其进行大规模扩建，增建宫殿和多处精巧的大型园林建筑。乾隆仿其祖父康熙，又题"三十六景"，合称"避暑山庄七十二景"。

避暑山庄（拍信图片）

避暑山庄和外八庙拥有为数众多的古树。避暑山庄存古树 630 余株，其中，油松 600 株，其他古树仅 30 余株，大多数集中于山区，湖区、平原区仅余古树 100 余株。避暑山庄现存古松的树龄在 200~300 年。古松的分布多在道路沿线与景点周围，大多列植、对植、对称栽植等。避暑山庄古松基本是清中期人工栽植的[1]。普陀宗乘之庙绿地面积约 15.8 公顷，现有古树 40 株，其中，油松 37 株、五角枫 1 株、卫矛 2 株[2]。普陀宗乘之庙中种植最多的树种是油松，此外还栽植有柏树等常绿树种。这些古树生长势趋于衰弱，对其加强保护具有重要的价值。

广宗柳编技艺

广宗县的柳编源于清代，距今有 300 多年历史，世代相传，口传心授，没有形成完

① 赵建国.避暑山庄古树保护与园林古建筑保护、恢复密不可分[M].第十届中日复合材料学术会议论文集.2012：391-393.
② 刘春源.承德普陀宗乘之庙历史风貌环境保护研究[D/OL].河北农业大学，2019 年。

整的文字材料，传承主要有家传和师传两种形式。是用柳条编制成生产生活用具、工艺品等。柳条砍下后趁湿捋去皮，在阴凉处放置几天，具有柔韧性后方能编制各种制品。柳编对湿度要求很严，一般情况下需到地窖中完成制作。柳编使用的工具均为艺人自制，主要有镰刀、锥子（环锥、草锥）、麻绳、线刀。所有制品的大小、宽窄、式样都靠艺人的制作灵感和制作经验来定。其制品有簸箕、篮子、圆簸箩、方簸箩、盒子簸箩、盛面粉用的八斗、结婚时女人用的八角盒子等。

现在广宗有两个村从事此行业的人最多。柳编规模最大的是葫芦乡大辛庄村，柳编技师占到了全村人口的 60%，该村也因柳编而出名，俗称"簸箕辛庄"。村里几乎所有人都会柳编。柳编制品集自然之美和创作之美于一体，充分展现了历史、文化的精髓，有很高的艺术价值和欣赏价值。2008 年 6 月，广宗柳编技艺被列入国家非物质文化遗产保护名录。

武邑硬木雕刻技术

武邑县硬木雕刻工艺，起源于明末清初，兴盛于宫廷家具雕刻时期。它以选材精细、加工考究、雕刻细腻、文静典雅、造型优美等特点博得王公贵族、巨富商贾及文人墨客青睐，具有极高的艺术和收藏价值。宫廷雕刻家具作坊中武邑艺人占八成以上。新中国成立后，一些老艺人在北京市硬木雕刻厂继续从事雕刻家具生产和古典艺术品修复，苗广春、谷奎儒、王少杰、王景站都是技艺领头人。

"文化大革命"开始到 1970 年代末，武邑部分艺人在家加工硬木雕刻工艺产品，输送到北京硬木雕刻厂和北京、天津工艺品进出口公司。由于雕刻工艺精湛，订单大批增加，武邑雕刻工艺从业人员迅速增加。改革开放后，武邑县组建雕刻厂，从业人员数量达几千人，产品从雕刻家具、花台花架、装饰部件、宫灯摆件等几种发展到上千种。随着科技进步，电脑雕刻应运而生，使雕刻产品产量大幅提升。但同时从事手工工艺雕刻艺人数锐减，手工工艺产品越来越少，雕刻工艺的传承遇到难题。

山西省

山西省林业遗产名录

大类	名称	数量
林业生态遗产	01 泽州县黄栌；02 原平市古楸；03 永济市麻栎；04 和顺县元宝枫；05 交口县辽东栎	5
林业生产遗产	06 稷山板枣；07 太谷壶瓶枣；08 左权绵核桃；9 祁县酥梨；10 临猗苹果	5
林业生活遗产	11 沁水紫丁香；12 安泽连翘；13 晋祠；14 北岳恒山；15 五台山；16 中镇霍山；17 中条山；18 管涔山	8
林业记忆遗产	19 闻喜郭璞《葬经》；20 晋作家具制作技艺	2
总计		20

泽州县黄栌

　　最美黄栌古树，位于泽州县柳树口镇麻峪村，距今约 1000 年。树高 10 米多，胸围 410 厘米，冠幅 10 米，树冠覆盖 100 多平方米。该树主干同根，上面分为四主干，每个主干需要三四个成人才能抱住，是村里的"分脉树"。人们经常在此烧香、祈祷，将其视为神树。2018 年 4 月，泽州县黄栌被评为"中国最美古树"。

　　每到秋季来临之时，它茂密的红叶非常壮观。年复一年，树干上产生了巨大的裂缝，数次遭遇雷劈后依然坚韧和雄姿英发，展示着傲风雨、战严寒、不屈不挠与旺盛的生命力。

泽州黄栌（王枫供图）

原平市古楸

最美古楸树，位于原平市大林乡西神头村。为龙凤楸，北边的一株为龙楸，高约 35 米，胸围 13.20 米，平均冠幅 17.25 米；南边的一株为凤楸，高约 35 米，围长 11 米，平均冠幅 18 米。估测树龄在 1500~2000 年。两株老楸呈对称状，相距 50 米。两楸之间还有两棵柏树。这四棵老树身高均在 30 米以上。构成一幅独特的柏枝山扶苏庙汉楸唐柏全景图。龙楸是我国已知楸树中树龄最大、胸径最粗的一株，故称"华夏第一楸"。

古楸树虽然历经数百年的风雨，至今枝叶繁茂，古朴苍劲。沧桑两千年，依然风华正茂。被全国绿委评为"中国最美古楸"。

原平龙凤楸（王枫供图）

永济市麻栎

最美麻栎古树，位于永济市虞乡镇张家窑村山神庙，共有两株，树高分别为 11 米、10.5 米，胸围分别为 470 厘米、450 厘米，冠幅分别为 20 米、18 米，保护等级为国家一级，树龄 4200 年，生长年代久远，相传为舜的弟弟象为了感念舜所栽植，是孝悌文化的生动体现。为了保护好这两株古树，永济市建设古橡树孝悌文化公园，以休闲娱乐、健康养生、文化之旅为主题，塑造美丽乡村新风貌。2018 年，这两株古麻栎被评选为"中国最美古树"。

永济麻栎（王枫供图）

和顺县元宝枫

最美元宝槭古树，位于和顺县青城镇神堂峪村。元宝槭又名"元宝枫"，为著名秋季红叶景观树种。这棵元宝槭树高 22 米，胸围 510 厘米，主干高 2.1 米，2.1 米以上分为两杈。冠幅东西 25 米，南北 23 米，平均冠幅 24 米，树冠遮天蔽日。树龄有 500 年，当地都说"先有五角枫，后有神堂峪村"，足见此树历史悠久。元宝槭所在的青城镇人杰地灵，文化底蕴深厚，自然风光秀美。

交口县辽东栎

交口县地处吕梁山中段，林木资源丰富，林地面积 141.6 万亩，占土地总面积的 74.9%。全县森林覆盖率为 42.4%，林木绿化率达到 65.4%。平均海拔 1400 米，年平均气温 6.7℃。夏季气候温凉，昼夜温差大。

辽东栎树皮暗灰色，喜温且耐寒，多生长在海拔 900 米以上的山脊上。交口县是辽东栎的核心分布区，据地方志记载，交口县分布有丰富的栎类资源，有 6 万多公顷以辽东栎为主的天然次生林。从清康熙时就对其有多种利用，至今还遗存了一些辽东栎古树林，树龄在 200~500 年。种植香菇的菌棒就是以辽东栎树干为主要材料制作而成。交口县发展食用菌产业，目前每年食用菌菌棒需求量为 3000 万棒，计划依靠每年抚育 5 万亩栎类天然次生林所产生的剩余物来满足。

结合森林经营，交口县正不断挖掘栎类文化，基于栎类长久的发展历史和现状林分的多样性，建成全国首个古橡树森林公园，打造全国天然林教学培训基地、栎类古树科研保护国际交流基地、栎类品种保护基地、辽东栎优种培育基地和国家储备林基地，助推全县生态康养、文化旅游产业提速发展。

和顺元宝枫（王枫供图）

交口县辽东栎（樊宝敏摄）

稷山板枣

稷山县历史悠久，4000多年前后稷曾在此教民稼穑。据考证，稷山板枣起源于春秋时期，发展于唐朝，兴盛于明清，至今有3000多年历史，位列中国十大名枣之首。

稷山板枣生产系统覆盖稷山县全境，主要分布在稷峰镇和化峪镇。千年以上古板枣树17500株，500年古板枣树5万株，古枣树数量为全国之最。稷山板枣皮薄、核小、汁甜、肉厚，营养丰富，素有"枣中王""果中宝""鲜维生素丸"之称，评比中多次揽获国家、省市食博会、农业博览会金奖，先后获得"山西十大名枣"和"中国十大名枣之首"等美誉。1984年板枣树确定为稷山的县树，稷山也被命名为中国名特优经济林"红枣之乡"。

稷山人民在干旱的土地上种植板枣树，林下间作小麦、蔬菜等作物，"板枣树 – 林下作物"的复合经营模式，构成了独特的水源涵养、水土保持、防风固沙的旱地利用系统。

稷山板枣（闫庆文供图）

流传至今的板枣树划拨技术，传统的采摘、筛选、风干的农具、设施和技艺仍在使用和流传。与板枣相关的文化、精神根植在稷山人民中，形成适应干旱地区的传统农业文化。然而，受到自然与社会的双重胁迫，稷山板枣生产的传承与保护面临严重威胁。稷山县人民政府按照相关要求，积极推进国家板枣森林公园建设，促进板枣三产融合发展。2017年6月，稷山板枣被认定为第四批中国重要农业文化遗产。

太谷壶瓶枣

壶瓶枣是山西省最好的枣品种之一，主产于"中国枣乡"晋中市太谷区，是中国国家地理标志产品。其枣实个大、皮薄、肉厚，风味甘美，在国内外享有盛誉。

太谷区位于晋中盆地东缘，人工种枣起始很早，品种繁多，相传战国时期就有人种枣，大纵横家苏秦曾对燕文候说："南有碣石雁门之饶，北有枣栗之利，民虽不细作，而足于枣栗矣。"至今已有2000多年。栽培枣树常见于房前屋后，地边地塄，乡土品种主要有壶瓶枣、郎枣、牙枣、壶瓶酸、黑叶子枣、团枣、葫芦枣、蜜枣、丸心蜜枣等，以壶瓶枣品质最好。20世纪50年代初，中央政府以里美庄村"老满红"枣园里的壶瓶枣为礼品为苏联的斯大林祝寿，据说斯大林吃了赞不绝口。从此，太谷里美庄的壶瓶枣名声远扬。

太谷这块黄土地上独特的日照、水肥、温差条件适合壶瓶枣和其他枣树的生长、结实。在里美庄村，八九百年以至上千年的老枣树很常见。虽然主干树洞深裂，树瘤盘龙错节，显得老态臃肿，但树上新生枣头萌生新绿，生机盎然，秋时累累枣果压弯枝头。每逢九月中下旬壶瓶形的枣儿由绿转红时，人见人爱。成熟的枣儿颜色深红，单果平均重20克，大果50克以上，有"八个一尺，十个一斤"之说法。

壶瓶枣得名于它的形状，它下大上小，中腰稍细，形似一只红釉瓶。太谷壶瓶枣皮薄、肉厚、味甜、核小，是生食的良种，制成干枣和酒枣更佳。每百克鲜果肉中维生素C的含量达380~600毫克，居百果之首。壶瓶枣制干后，肉质细腻，久贮不干，制干率达57.2%，干枣含糖量为71.4%。壶瓶枣是滋补佳品，有补中益气、养血安神、生津液、润心肺、补五脏、治虚损及解毒等功效，在产区有"每日三颗壶瓶枣，身体强健不服老"的说法。

左权绵核桃

左权绵核桃为左权县特产，国家地理标志产品。左权县位于太行山北麓，境内山峦起伏，沟壑纵横，地处温带湿润土石山区，气候温和、雨量适中，符合核桃生长的要求。丰富的小气候、充足的温差使左权核桃具有皮薄、仁白、味香、甘醇等优点。集中于桐峪、麻田、泽城、芹泉、粟城、拐儿、下庄、羊角8个乡。麻田镇泽城村有一棵树龄为250多年的核桃树。

据县志记载，核桃传入左权已有1000多年。明、清两代，一些商贩将左权绵核桃运往天津口岸，远销欧美、东南亚等地。抗日战争时期，左权绵核桃随着抗日战士辗转全国，名声远扬。20世纪50年代以来，左权核桃种植面积稳步增加。1992年引入辽核、中林、晋龙等10多个核桃良种，进行高接换优试种。2015年，左权县核桃树种植面积达到36万亩，年产量突破1万吨，为农民提供人均纯收入1500多元。

左权核桃营养价值高，含有17%~27%的蛋白质、60%~70%的脂肪，还含有钙、磷、铁、钾及多种维生素。具有补气养血、润燥化痰、益命门、利三焦、温肺润肠、补脑健脑作用。不仅可以生食，还是制作月饼、元宵、糕点等食品的重要辅料。含油量高，核桃仁可榨高级食用油。

祁县酥梨

祁县酥梨为祁县特产，中国国家地理标志产品。祁县地处黄土高原，四季变化分明，温差较大。得天独厚的地理条件，温差大、日照长的自然环境，培育了祁县酥梨独特的风味，祁县酥梨以其梨面光洁、果肉细腻、口感可口闻名于世。主要分布在祁县东南部海拔800~1200米的丘陵半山区，那里土层深厚、土壤肥沃、雨量适中、昼夜温差大、有效积温高等特定地理条件为优质酥梨生产提供了优越的生态环境。祁县酥梨果形端正、洁白透黄、皮薄肉细、香甜酥脆、果汁多、糖分高、营养丰富、品质上乘，被誉为"果中一绝，梨之上品"。

2016年祁县梨树面积16.65万亩。近年来，祁县出台一系列服务措施，以"基地十农户十标准化"的产业管理模式大力发展酥梨产业。对酥梨的产前、产中、产后实施标准化管理，对施肥浇水、整形修剪、树体调整、虫害防治、果实管理、套袋采收等均要求按规范进行，引导梨农严格按照《酥梨标准化生产技术操作规程》进行管理。

祁县酥梨不仅销往北京、广州、深圳等地，还大量出口到东南亚和欧美等国家和地区。现在祁县酥梨产量达到15万吨，年营销额达到2.5亿元。从事酥梨生产的农户4万余户，全县农民人均水果收入 1000 余元。祁县酥梨已成为祁县的知名特色品牌，祁县酥梨产业成了祁县的富民产业之一，也成为祁县走向世界的一张靓丽名片。

临猗苹果

临猗苹果，临猗县特产，全国地理标志农产品。果实多为圆形，果色鲜艳、果肉白色、口感香脆甜爽、果面光洁细腻、耐储存。2013 年 12 月，农业部批准对其实施国家农产品地理标志登记保护。分布在临猗全县，以北部台垣区为主。栽植面积 75 万亩，年产量 146 万吨。临猗苹果历史悠久，1932 年，大阎乡尉庄村王万年就从山东烟台引进西洋苹果红玉、倭锦国光等 59 株，临猗县是山西引进苹果最早的县。

临猗平均海拔 500~800 米，气候温和，光照充足，昼夜温差大，环境无污染，是苹果种植最适宜区。这里地势平坦，土层深厚，土壤肥沃，水利设施方面实现了黄灌和井灌双配套，灌溉率达 100%，尤其是黄河水富含多种营养物质和矿物质，对改良土壤、提高水果品质非常关键。这些因素共同形成了临猗苹果无可比拟的种植条件。

临猗苹果果型硕大，平均单果重 220~350 克，最大单果重 500 克。果实多为圆形，果形指数 0.8 左右，畅销全国 25 个省市，并出口东南亚、俄罗斯等地。

沁水紫丁香

最美紫丁香古树，位于山西省沁水县中村镇下川村。树龄 300 年，胸围 257 厘米。紫丁香系木樨科丁香属，为二级古树，树高 10 米，为华北最大。紫丁香一般为大灌木或小乔木，花开时节香气浓郁。沁水历山景区就位于下川村一带，下川村是"中国农耕文明发源地"，自然风光十分优美。

沁水紫丁香（王枫供图）

安泽连翘

安泽连翘，安泽县特产，中国国家地理标志产品。安泽县位于山西省南部、太岳山东南麓，沁河纵贯全境，中药材种类多达 700 余种，30 余种晋产道地药材均有分布，素有"天然大药场"的美誉，其中又以野生连翘资源最为丰富，有"全国连翘生产第一县"之称。安泽连翘古称"岳阳连翘"，以个大、饱满、药用价值高而闻名。2014 年 2 月，国家质检总局批准对其实施地理标志产品保护。

安泽连翘浑身是宝，集药用、观赏、历史文化价值于一体。其花、叶、果均有疗效，具清热解毒、降血压、降血脂作用，是一种应用广泛的中药材。连翘采收中，在白露前后采收的果实为青翘，烘干晾晒后方可入药；立冬后采摘的完全干透的叫连翘或老翘。青翘产量远远高于老翘，而且白露后采收的青翘品质最佳。连翘其实是两者的统称。

全县连翘种植总面积达 150 余万亩，包括裸露分布面积 90 万亩和林下分布面积 60 万亩，其中，裸露分布面积包括野生密集面积 54 万亩、人工栽植面积 11 万亩和零散分布面积 25 万亩。全县连翘年产量达 400 万千克，采收量可达 280 万千克，占全国总产量的四分之一。连翘在安泽境内分布甚广，集中在黄花岭、青松岭、三交沟、罗云沟等地。

晋祠

晋祠，原名为"晋王祠"，初名"唐叔虞祠"，是为纪念晋国开国诸侯唐叔虞（后被追封为晋王）及其母后邑姜后而建。位于山西省太原市晋源区晋祠镇，其文化遗产价值独特，是中国现存最早的皇家园林，为晋国宗祠。祠内有几十座古建筑，具有汉文化特色。是集中国古代祭祀建筑、园林、雕塑、壁画、碑刻艺术为一体的唯一而珍贵的历史文化遗产，也是世界建筑、园林、雕刻艺术中心。

晋祠三绝之一的"古柏齐年"说的是周柏，西周所植，位于圣母殿北侧，距今已有3000 多年的历史。树高 18 米，树围 5.6 米，向南倾斜，恰卧于撑天柏之上，形似卧龙，又称"卧龙柏"。宋代欧阳修诗曰："地灵草木得余润，郁郁古柏含苍烟"。"晋源之柏第一章"为明末书法家傅山所书。古柏至今仍然荫浓影疏，枝干苍劲，是晋祠悠久历史的见证。周柏与难老泉、侍女像为晋祠三绝。此外，祠内还有银杏、槐树等大量古树。

晋祠（樊宝敏摄）

晋祠（拍信图片）

北岳恒山

北岳恒山位于浑源县城南4千米处，五岳之一。为重要的道教发祥地，国家地理重要标志。恒山山脉，祖于阴山，发脉于管涔山，东西绵延五百里，一百零八峰，呈东北走向，叠嶂拔峙，横亘塞上，古称"玄武山""嵽山""高是山""玄岳"等。主峰天峰岭海拔2016.1米，层峦叠嶂，气势磅礴，素有"人天北柱""绝塞名山"之美誉。

恒山自然与人文景观兼胜，林海松涛、古庙奇阁、道佛仙踪、怪石幽洞构成了著名的恒山古十八景。恒山景色秀丽，气候宜人。春来，桃花烂漫，姹紫嫣红；夏至，松涛阵阵，云蒸霞蔚；秋到，天高气爽，层林尽染；冬临，银装素裹，分外妖娆。

恒山地区古代的林业繁盛。北魏郦道元《水经注》便描述雁北桑干河一带"林鄣邃险，路才容轨。晓禽暮兽，寒鸣相和"的景象。从辽代起对桑干河上游的森林进行大规模采伐。恒山至明代以前还是森林密布。如《宋会要稿》记述太行山中北段"林木茂密""松林遍布"。《中台》描述五台山在宋代时是"中台岌岌最堪观，四面林峰拥翠峦。万壑松声心地向，数条山色骨毛寒。"明代撰写的《胡、高二公禁伐传》中载"自古相传，五峰内外，七百余里，茂林森耸，飞鸟不渡，国初（指明朝初年）尚然。"此后，森林受到较大破坏。

恒山（樊宝敏摄）

恒山国家森林公园是1992年由林业部批准建立的，总面积28274.4公顷。土壤分为山地草原草甸土、褐土、栗钙土、草甸土、沼泽土五类。维管束植物有63科、233属、407种，其中不乏名贵中药材。野生动物约60多种，如金钱豹、黑鹳、金雕、原麝、秃鹫、猎隼、石貂、豹猫等。森林景观主要特征是针叶林多于阔叶林，多白桦、山桃花，名木古树众多。

五台山（樊宝敏摄）

五台山（拍信图片）

五台山

五台山，位于忻州市，景区规划面积 607 平方千米，行政管辖面积 436 平方千米，为中国佛教四大名山之一。是世界文化遗产，国家 5A 级旅游景区。属太行山系的北端，跨忻州市五台县、繁峙县、代县、原平市、定襄县。由一系列大山和群峰组成，最高海拔 3061 米。五座山峰（东台望海峰、南台锦绣峰、中台翠岩峰、西台挂月峰、北台叶斗峰）环抱整片区域，顶无林木而平坦宽阔，犹如垒土之台，故而得名。又因山上气候多寒，盛夏仍不见炎暑，故又称"清凉山"。位居中国四大佛教名山之首，称为"金五台"，为文殊菩萨的道场。

共有植物 100 科、386 属、661 种。其中，草本植物 501 种，木本植物 160 种。低等植物中，藻类有地皮菜可供食用，绿藻可作饲料；菌类有木耳、蘑菇、马勃、猪苓、茯苓，均可入药，木耳、蘑菇又是山珍佳肴。高等植物中的蕨类有瓦松、卷柏、银粉、背蕨等。其余高等植物为牧草、森林、果木、药材、花卉等。

森林面积 29.43 万亩，覆盖率为 44.83%，其中，天然林占 63%，人工林占 37%。森林群落主要由乔灌木组成。植物群落分布因海拔变化呈一定规律，即亚高山分布着耐寒矮小的高山草甸灌木，中山、低中山分布着高大的针阔叶树种及伴生灌木。草地 384.4 万亩，野生草本植物共 470 多种。陆生脊椎动物 63 科、149 属、205 种。主要有：石貂、金钱豹、狐狸、獾、黄鼠、山羊、野猪等。鸟类有 16 目、36 科、142 种。

中镇霍山

霍山又名"霍太山""太岳山"，是中国五大镇山之中镇。位于今天临汾地区霍州市、洪洞县和古县三市县交界位置，处于整个太岳山脉的南端。北接恒岳，南达中条，南北走向长约 200 千米，峰高而秀毓，气清而势雄。最高峰五龙壑海拔 2540.3 米，超过 2000 米的山峰还有老爷顶、莲花山、摩天岭等。其 1992 年被林业部批准成为国家级森林公园，总面积 700 余平方千米，有 136 种野生动物，800 余种植物。

《尔雅》记载"西方之美者有霍山，多珠玉。"《禹贡》曰："既修太原，至于岳阳。""岳阳"即指今天霍山以南临汾盆地一带。所谓禹分九州，冀州是为首州。霍泰山是冀州的镇山，《周礼》《山海经·中山经》都曾记述过霍山。霍山作为祭祀之山逐渐演变为一座风景名胜之山，大约始自两晋南北朝至隋唐。北宋祥符九年（1016 年），杜衍《霍岳》诗曰："万古神山入盛谈，而今真得对晴岚。禅门邂逅能留客，茶泛磁瓯酒欲酤。"自然景观有伏虎岩、桃花谷、洗心泉、葡萄坪、双门峰、红岩谷、灭马峰、马跑泉、仙人石、天竺峰、欢喜岭、盘龙峰、宝冠峰、笔架峰等。古时霍山山水皆佳，风景秀丽。

中镇霍山（樊宝敏摄）

中条山

中条山位于山西南部，黄河、涑水河间；横跨临汾、运城、晋城三市，居太行山及华山之间，山势狭长。主峰雪花山，海拔 1994 米，是中华文化的发祥地之一，有时间在 23000 年到 16000 年的下川遗址，历史上的尧、舜、禹、汤都曾活跃于此，战略地位重要。

中条山国家森林公园，总面积 47473 公顷。其中，森林面积 2.47 万公顷，覆盖率约 40%。其素有"山西天然植物园"之美称。有木本植物约 478 种，隶属 73 科、164 属。是华北木本植物区系中珍稀濒危植物较为集中的地区，有国家级重点保护植物 15 种。分布有暖温性植被，主要为以栎类为主的落叶阔叶杂木林及油松林等。已发现面积约 800 公顷的原始森林保存完好。主要树种有橡树、桦树、杨树、油松、华山松等，并有珍贵的杜仲、黑椋子、猕猴桃和漆树。药用植物有 100 多种，主要植物有山茱萸、连翘、五味子、黄芩、柴胡等。

管涔山

管涔山，又名"燕京山"，位于吕梁山北端，处于宁武、岢岚、五寨等县的交界处。最高峰荷叶坪海拔 2787 米，为汾河的发源地。山地面积占总面积的 95%，为 1888.3 平方千米。山势险峻，沟壑纵横，海拔在 2000 米以上的山有 49 座。多年平均降水量均在 700 毫米以上。森林资源颇为丰富，树种以云杉和华北落叶松为主，被称为"华北落叶松的故乡"和"云杉之家"。

植物资源丰富，据调查，有乔木 67 种，灌木 89 种，草本 512 种。野生动物有 152 种，其中，兽类 36 种，鸟类 116 种，栖息着褐马鸡、金钱豹、梅花鹿、金雕、黑鹳、大鸨、原麝、林麝等国家一类保护动物。还有种类繁多的苔藓、地衣植物。

山地植被和土壤垂直分布明显。海拔 1300~1600 米的地区为灌木丛及农垦带。灌木以沙棘、黄刺玫、胡枝子、红花锦鸡儿等为主，发育着褐土性土和栗褐土。海拔 1500~1800 米的地区为中山针阔叶混交林带，发育着淋溶褐土，一般是以白桦、山杨、青杆、华北落叶松为主的混交林，在阳坡分布着油松与辽东栎混交林，灌木以卫茅胡枝子、美丽胡枝子、山刺玫为主。海拔 1700~2600 米的地区为高中山针叶林带，发育着棕壤土，以青杆和白桦为主，阳坡、半阳坡有小片的落叶松，灌木有悬钩子、黄刺玫、玫瑰、金露梅。海拔 2400~2787 米的地区为亚高山灌丛草甸。

管涔山国家森林公园，地处管涔山脉南端，占地面积 65.16 万亩。1992 年 9 月经林业部批准为国家级自然保护区。南北长 42 千米，东西宽 22 千米，总面积 4.42 万公顷，森林面积 2.27 万公顷，林木总蓄积量为管涔林区的 40%，约为 208 万立方米，综合覆被率达到 73.7%。最高峰卧羊场海拔 2603 米，为汾河、桑干河源头。

闻喜郭璞《葬经》

郭璞（276—324 年），字景纯，河东郡闻喜县（今山西省闻喜县）人。他是两晋时期著名文学家、训诂学家、风水学者，建平太守郭瑗之子。郭璞为正一道教徒，除学习了家传易学，他还承袭了道教的术数学，是两晋时代最著名的方术士，传说他擅长占卜和诸多奇异的方术。曾为《尔雅》《方言》《山海经》《穆天子传》《葬经》作注，传于世，明人有辑本《郭弘农集》。

郭璞《葬经》提出了著名的"风水"理论，认为"气乘风则散，界水则止。古人聚之使不散，行之使有止，故谓之风水。""风水之法，得水为上，藏风次之。"强调了水、林等生态环境要素与人类生活的密切关系。他主张："土厚水深，郁草茂林，贵若千乘，富如万金。经曰：形止气蓄，化生万物，为上地也。"

晋作家具制作技艺

晋作家具制作技艺申报地区为山西省临汾市。山西历史上文人商贾辈出，富甲一方，对房屋和家具的要求极高，许多晋作明式家具被视为中国古典家具典范。

晋作家具选用当地优质软木制作，其本色家具要经煮、泡、烤、磨、漆、光等工序；大漆家具要经过披麻、披灰、上漆、描金、画彩等工艺流程。此外，家具制作时常在家具不同造型部位雕饰图案，如椅背常雕刻如意云头及飞禽走兽纹，或对整块背板以透雕手法雕刻瓶花纹、缠枝花卉纹等。一些晋作家具制作中的绝活，如"龟裂断纹漆""竹木藤三木结构""五彩与描金""镂空雕刻及镶嵌"等，仅以家庭承袭和秘籍单传方式传承，此为晋作家具制作技艺传承特色之一。

以用途来分，晋作家具可分为椅凳类、柜橱类、桌案类、屏架类四类；以家具主要用料来分，则可分为木制家具和竹制家具两类。木制家具又分为本色家具、大漆家具、五彩及描金家具等；竹制家具为竹、木、藤结合再添加描金或五彩工艺的一类家具。晋作家具注重实用，用料大气且雕饰华丽，并具有明显的崇尚局部木雕装饰的特色。近年来，晋作家具制作融入时代的审美元素，已进入百姓家庭。

内蒙古自治区

内蒙古自治区林业遗产名录

大类	名称	数量
林业生态遗产	01 额济纳旗胡杨；02 浑善达克古榆；03 红花尔基樟子松；04 莫尔道嘎原始林	4
林业生产遗产	05 敕勒川草原	1
林业生活遗产	06 克什克腾；07 阿拉善沙漠；08 阿尔山；09 大兴安岭（蒙）；10 大青山；11 狼山	6
林业记忆遗产	12 鄂温克驯鹿习俗	1
总计		12

额济纳旗胡杨

最美胡杨古树，为额济纳"神树"，位于阿拉善盟额济纳旗达来呼布镇北 28 千米处，树高 27 米，直径约 4 米，胸围 850 厘米，已有 880 年树龄。300 年前，土尔扈特人初来额济纳，胡杨林木密集，其中"神树"巍然挺拔耸立，枝叶繁茂。于是，土尔扈特人怀着崇敬的心情将此树供奉为神树。时至今日，每当牧民途经这里，都要求助神树，希望来年风调雨顺、畜草兴旺。神树为额济纳胡杨林最为典型的景观。

内蒙古额济纳胡杨林国家级自然保护区，位于额济纳旗的中心位置额济纳绿洲，西邻额济纳旗政府驻地达来呼布镇，北临居延海，总面积 26253 公顷。是中国天然胡杨林主要分布地之一。属野生植物类型自然保护区，2003 年 1 月经国务院批准建立。主要保护对象是胡杨林植物群落、珍稀濒危动植物物种、荒漠绿洲森林生态系统及其生物多样性。

额济纳地区历史悠久，人杰地灵。早在新石器时期，人类就在这里生息繁衍，创造了绚丽多彩的远古文明。主要的古人类文化遗址有全国重点文物保护单位汉代"居延遗址"和内蒙古自治区重点文物保护单位"黑城遗址"。

额济纳胡杨（王枫供图）

额济纳胡杨（拍信图片）

浑善达克古榆

苏尼特右旗地处浑善达克沙地腹地，位于苏尼特右旗边境的额仁诺尔苏木，距苏尼特右旗所在地赛汉塔拉镇 120 千米，这里因为生长着好多千年古榆树而远近闻名。

最大的古榆树高 25 米、树围 7 米、覆盖 500 平方米，本地人称它为"千年古榆"。这些古榆树可在 –40℃~45℃ 的环境中存活，是一个坚强的树种，被赞为"生命之树、英雄之树、精神之树"，又被称为"活着的植物化石"，被旗人民政府列为保护植物进行管理。荒漠草原上树木稀少，有的地方方圆几十里才长一棵树。蒙古族的老老少少都认为古榆是神，护佑苍生的神。

红花尔基樟子松

内蒙古红花尔基樟子松国家森林公园，始建于 2000 年 5 月，位于大兴安岭西麓、呼伦贝尔市鄂温克自治旗南端。这里有亚洲最大、我国唯一集中连片的沙地樟子松林带，被誉为"樟子松的故乡"，总面积 59.8 万公顷。樟子松林带长约 120 千米，最宽处 40 千米，是呼伦贝尔草原南部的一道天然绿色屏障。

红花尔基拥有集中连片的天然沙地樟子松，总面积 598372 公顷，其中，林地面积为 18.5 万公顷，森林覆盖率为 31.0%。而天然樟子松林成为公园内最为壮观的景色，园内有天然林 4383 公顷，占森林公园总面积的 65.2%，其中，天然樟子松林 4237 公顷，占公园总面积的 63.0%。树龄 300~500 年、树径多达 20 厘米以上的参天大树散布其间。公园已成为呼伦贝尔热点旅游景区。

莫尔道嘎原始林

莫尔道嘎国家森林公园是 1999 年由国家林业局批准建立的，位于呼伦贝尔市额尔古纳市莫尔道嘎镇境内，地处大兴安岭北部原始森林腹地，占地面积 148324 公顷，森林覆盖率为 94.97%。

莫尔道嘎是蒙古语，是"上马出征"的意思。莫尔道嘎原生态森林旅游区保存着中国最后一片寒温带明亮针叶原始森林，是中国位置最北、观光线路最长、森林生态多样性最完整的国家森林公园，是镶嵌在祖国版图鸡冠之顶的绿宝石。公园内分成龙岩山、翠然园、原始林、激流河、民俗村、界河游六个景区。公园森林风景资源独具北国特色，且南邻呼伦贝尔大草原，北接中俄额尔古纳界河，山峦起伏，古木参天，植被丰富，溪流密布，处处展现暗、野、秀、新的风采。

2009 年其被评选为中国最令人向往的地方之一，2013 年晋升为国家 AAAA 级旅游景区，2014 年荣登"最美中国榜"十佳旅游景区。

敕勒川草原

一首南北朝时期的民歌《敕勒歌》"敕勒川，阴山下。天似穹庐，笼盖四野。天苍苍，野茫茫，风吹草低见牛羊"让敕勒川名扬天下，令人心向往之。

敕勒川，蒙古语，意为"青色的草原"。是敕勒族居住的地方，在现在的山西、内蒙古一带。北魏时期把今河套平原至土默川一带称为敕勒川。如今，以"敕勒川"命名的地区主要有两个：

一是敕勒川草原文化旅游区，位于土默特左旗西部，北依大青山，环抱哈素海，规划面积 100 平方千米，其中，哈素海面积 30 平方千米。土左旗依托"塞外明珠"哈素海地

敕勒川（拍信图片）

区丰富的自然人文资源，坚持开发与保护并重，高起点大手笔规划，开发打造集休闲度假、商务会议、文化体验、观光娱乐、康体养生等为一体的文化繁荣旅游中心平台。

二是敕勒川草原，位于内蒙古呼和浩特市区东北处，是距离呼和浩特最近的草原。这片万亩草场也被当地人称为青城的"后花园"。敕勒川草原在大青山南坡的冲积扇区域。由于草原退化和人为不合理利用，这里曾黄沙漫天。内蒙古人用人工撒播和机械喷播相结合的方法进行牧草播种。经年累月的努力让这片草原重新披上绿装。植物种类从当初不到20种恢复到50多种。动物数量明显增加，可以看到獾子、狐狸、野兔、蛇、喜鹊……草原的自愈使植物种类多样性基本接近于原生状态。

克什克腾

克什克腾大草原，有"草原明珠"之誉，有内蒙古"缩影"之称，著名景点有贡格尔草原、达里诺尔湖、沙地云杉、黄岗梁林海、热水温泉、阿斯哈图石林、黄岗梁国家森林公园、大青山冰臼群、百岔岩画、乌兰布统古战场。由草原、森林、湖泊、河流、高山、沙地、温泉、石林、冰臼、火山群等多种独特而稀有的地质地貌景观组合而成。

乌兰布统，是清朝木兰围场的一部分，因康熙皇帝指挥清军大战噶尔丹而著称于世。这里属丘陵与平原交错地带，森林和草原有机结合，既具有南方优雅秀丽的阴柔，又具有北方粗犷雄浑的阳刚，兼具南秀北雄之美。白音敖包国家级自然保护区，位于赤峰市克什克腾旗西北部，保护区北、东及南部三面被白音敖包林场包围，保护总面积13862公顷。

阿拉善沙漠

阿拉善沙漠是阿拉善盟境内三大沙漠即巴丹吉林沙漠、腾格里沙漠和乌兰布和沙漠的统称，是戈壁大沙漠最南部分，位于中国中北部的银额盆地底部，包括内蒙古的西部和甘肃省的北部。东倚贺兰山，南接祁连山，西达黑河，北部有结构洼地与蒙古国为界。占地约8万平方千米。

其自西北向东南绵亘550千米，西北最宽处约273千米，东南渐狭。阿拉善高原植被以极其稀疏的灌木、半灌木荒漠为主，甚至有大片地区几无寸草。水泊、沼泽和草湖主要分布于腾格里沙漠和乌兰布和沙漠中，通称为"沙漠湖盆"。

曼德拉山岩画位于阿拉善右旗孟根布拉格苏木克德呼都格嘎查境内的曼德拉山中，在18平方千米内分布着数千年前的古代岩画，是世界最古老的艺术珍品之一，堪称"世界第二、亚洲第一"。岩画雕刻精湛，图案逼真，形象生动，古朴粗犷，年限可追溯到原始社会晚期和元、明、清各代，记载了当时的经济、文体、生活情景和自然环境、社会风貌。岩画密集分布在东西3千米、南北5千米的山地上。据不完全统计，现已发现岩画6000余幅，数量这样多的岩画在其他地区极为少见。

据岩画的色泽和水文资料推测，大约在几千年前，曼德拉山四周湖水环绕，是水草丰美的地方。这里先后曾有匈奴、鲜卑、党项、蒙古等许多游牧民族在山周水草间繁衍生息。

阿拉善沙漠（拍信图片）

这满山的艺术图案反映的就是这些民族部落的历史。岩画的内容中占首位的有各类动物图案，如北山羊、盘羊、青羊、石羊、绵羊、黄羊、羚羊、马、驴、骡、驼、牛、鹿、水牛、狗、狼、虎、豹、兔、狐狸、蛇、龟和飞禽等；此外还有场面庞大的狩猎、围猎、放牧、舞蹈、建筑、弓箭搏斗、排列整队、车辆车轮、太阳、月亮、星辰和草木等画面。堪称"中国西北古代艺术画廊"，对研究古代游牧民族的社会发展史、民族史、畜牧史、美术史具有极高的艺术价值。

阿尔山

阿尔山，位于内蒙古自治区东北部，横跨大兴安岭西南山麓，属于森林和草原过渡地带。阿尔山于1996年建市，辖区面积7408.7平方千米，总人口6.8万。阿尔山自然环境优越，森林覆盖率达80%以上，绿色植被率达95%。阿尔山区位优势独特，具有整合周边地区旅游资源、构建内蒙古旅游黄金区域的战略地位。

阿尔山国家森林公园于2000年成立，2017年晋升为国家5A级旅游景区。公园总面积103149公顷。公园地处蒙古高原大陆性气候区，属于寒温带湿润区，年平均气温 –3.2℃，平均降水量451毫米，植物生长期一般为100~120天。公园属于火山熔岩地貌，拥有高位火山口湖、熔岩堰塞湖、功能性矿（温）泉群，以及多种多样的熔岩地貌。

森林公园植被类型属寒温带针阔混交林，森林覆盖率达80%。公园内野生植物资源丰富，植物有109科、522种，兽类共有5个目、12科，近30种，禽鸟类有23科、60余种，鱼类主要为冷水鱼。公园风光秀丽，目前开发的景点有天池、不冻河、三潭峡、地池、石塘林、龟背岩、杜鹃湖、驼峰岭天池、大峡谷等。

大兴安岭（内蒙古）

大兴安岭，位于内蒙古自治区东北部，黑龙江省西北部，东北—西南走向，全长1400多千米，均宽约200千米，海拔1100~1400米，是由中低山组成的山脉。总面积约32万平方千米（其中内蒙古自治区境内约24万平方千米，黑龙江省境内约8万平方千米），为中国重要林业基地。

内蒙古大兴安岭重点国有林管理局，成立于2016年，局址驻牙克石市，下设19个林业局、1个北部原始林区管护局。其生态功能区地跨呼伦贝尔市、兴安盟9个旗（市），南北长约696千米，东西宽约384千米，总面积10.6775万平方千米，占整个大兴安岭的46%；森林面积8.17万平方千米，活立木总蓄积量8.87亿立方米，森林蓄积量7.47亿立方米，均居全国国有林区之首，是我国面积最大的集中连片的国有林区，在维护国家生态安全、淡水安全、木材安全中具有不可替代的重要地位。

根河林业局生态功能区，地处大兴安岭的腹地，生态功能区总面积632424公顷，森林面积为527990公顷，森林总蓄积量4639万立方米，森林覆盖率为83.76%。其中，重点公益林面积为105347公顷，占森林面积的20%；一般公益林面积为241432公顷，占森林面积的46%。

北部原始林区，位于大兴安岭山脉的最北端；东西宽120千米，南北长140千米。植被以兴安落叶松林为主，属于西伯利亚泰加林，具有极强的地理地带性，其森林植被依然保存着原始状态，是中国目前尚未进行生产性采伐且保存最好、集中连片面积最大的

流经大兴安岭的根河（樊宝敏摄）

原始林区。总面积 947702 公顷，其中，森林面积 900343 公顷、偃松灌丛面积 1145 公顷，森林覆盖率为 95.12%。动植物种类繁多，已知有野生动物 188 种，其中国家级重点保护动物 40 种，有野生植物 497 种，其中国家级重点保护植物 3 种。是中国保存最为完好、完全原始状态的寒温带明亮针叶林林区，被誉为"北国璞玉"。

大青山

大青山，属阴山山脉中段，东起呼和浩特大黑河上游谷地，西至包头昆都仑河。东西长约 240 千米，南北宽约 20~60 千米，海拔 1800~2000 米，主峰大青山海拔 2338 米。位于内蒙古自治区中南部的兴和县，地处晋、冀、蒙三省（区）交界处，素有"鸡鸣闻三省"之说，境内大青山属阴山山系北麓，位于兴和县城东 5 千米处，战国时称"梁渠山"，北魏时称"弹汗山"，明清时称"大青山"。该山山泉潺潺，青山茫茫，灌木丛生，鸟语花香。大青山森林覆盖率为 11.5%。阴坡海拔 1100 米左右的地带为干草原；1200 米以上的地带出现灌丛及稀疏杜松林；1300~1500 米的地带有油松、侧柏、杜松混交林；1500~2000 米的地带有油松、山杨、辽东栎混交林和云杉、白桦、山杨混交林及油松和云杉纯林。阳坡 1500 米以下的地带为干草原，1800 米以上的地带为山地草甸草原。土壤为山地栗钙土、山地典型棕褐土、山地淋溶褐土、山地草甸草原土。北麓山间盆地和滩川地的水土条件较好。山前丘陵和洪积扇地带为半农半牧区。

大青山生态区位和生态价值在我国生物多样性保护方面非常重要。国务院 2008 年 1 月批准其晋升为国家级自然保护区。保护区东西长 217 千米，南北平均宽 18 千米。横跨呼和浩特、包头、乌兰察布 3 个市，总面积达 388577 公顷。

大青山林区是典型的生物多样性富集区，山地森林区、灌丛 – 草原区尤为突出。森林覆盖率为 41.65%，植被（林、灌、草）覆盖率达到 80%，现存有较大面积白桦林、山杨林和辽东栎林，以及少量遗留的青海云杉林、杜松林和油松林等，是阴山现存面积最大、保存最好的天然次生林区。该区地质地貌、气候、土壤、植物和动物区系具有典型的阴山代表性，同时是黄河上中游的重要水源地，具有降低洪峰、防止水土流失、保持水土、净化水质等作用，因而成为阴山重要的水源涵养地之一。然而其地处林牧交错带，生物多样性受人为干扰，是生物多样性丧失较快的地段。加强保护区工作十分必要。

狼山

狼山，位于巴彦淖尔市乌拉特后旗，阴山西部，东西横贯乌拉特后旗的南部，最高海拔 2364 米。是阴山山脉的最西段。位于内蒙古自治区西北部，呈弧形环抱于后套平原之北。长 300 多千米，南北宽 5~30 千米，面积 7990 平方千米。平均海拔 1500~2200 米，最高峰呼和巴什格海拔 2364 米，亦为阴山山脉最高峰。太古代各类变质岩坚硬，峰峦重叠，多呈屋脊状或锯齿状，多悬崖峭壁。花岗岩侵入体多呈浑圆的剥蚀残山状。山间盆地海拔 1200~1400 米，在第三系沉积层上覆盖着第四系风沙层。面积较大者有海流图、呼鲁斯太等盆地。狼山南坡陡峻，矗立于平原之北，阻挡了寒潮与风沙，保护了后套平原的农业生产。

狼山北坡平缓，南高北低，通过一带低山丘陵过渡到内蒙古高原。狼山沟谷较多，较大者40多条。横谷两侧壁立，是前山与后山的交通要道。阴山古塞"高阙""鸡鹿塞"即位于狼山的横谷沟口。公元前302年赵武灵王修筑的边墙（赵长城）仍保存于狼山的北部。狼山位于干旱地区，干燥剥蚀作用强烈，山体岩石裸露，植被稀疏，覆盖度仅为0.04%。阴坡高处有白桦、山杨混交林，低处有油松、侧柏、杜松、山榆、山柳等，西北坡则被碎石和沙漠所覆盖。由于缺水，农牧业发展受到限制，仅海流图盆地水源较好，农业生产有一定发展，作物有小麦和杂粮。山地草场上放牧山羊。人口稀少，不到两万人，大部分人口集中于海流图和潮格温都尔两镇。

鄂温克驯鹿习俗

鄂温克驯鹿人，也称"鄂温克猎民"，是鄂温克族的一部分。他们是300多年前从现俄罗斯境内的外贝加尔湖沿岸和列拿河流域迁徙过来的，并世代在大兴安岭过着游牧生活，1965年定居敖鲁古雅（鄂温克语意为"杨树林茂盛的地方"），1973年成立了敖鲁古雅鄂温克族乡。2008年6月，鄂温克驯鹿习俗经国务院批准列入第二批国家级非物质文化遗产名录。

在大兴安岭阿龙山的深山里，常年生活着被称为"使鹿部落"的驯鹿鄂温克猎民。驯鹿鄂温克有3000年的文化历史。"鄂温克"是自称，意为"走下山林的人们"，或者"大山里的人们"。他们现住在内蒙古根河市市郊的新敖鲁古雅乡，在距离此地300多千米的阿龙山老林里放养驯鹿。因为阿龙山有大森林和驯鹿喜爱的苔藓，而且这里是他们祖先最早迁移到中国兴安岭后落脚的故土。

驯鹿鄂温克人自古是以打猎为生的，驯鹿只是他们役使的交通工具。驯鹿古时叫"四不像"，古人称它"善负重百余斤，登山急速。无论道路如何泥泞及山岭崎岖，草木丛杂，均能越过无虞。"它在打猎和载物时奔跑如飞，有"山林之舟"之美称。现在饲养驯鹿主要以鹿茸药用价值和观赏为主，不再役使驮载人和物。

驯鹿鄂温克历史悠久的生活和独特的驯鹿文化很有神秘色彩。他们世代以狩猎和驯鹿生活在古老原始的森林里，保持着原生态的古老生活方式，他们有驯鹿文化、狩猎文化、桦树皮文化、兽皮文化、萨满文化，把北极文化延伸到了中国。他们有古老的通古斯语和俄语相杂形成的独有语言，有着属于原始的父系"部落"习俗，还有民族的古朴、纯真、粗犷豪放的人物形象。他们早年被称为"猎民"，驯鹿点叫"猎民点"。驯鹿猎民生活非常辛苦。阿龙山周围有7个猎民点，都在很远的深山老林里。山路崎岖，冬夏难行。猎民在大山里过着漂泊不定的生活，常年与世隔绝，缺少生活用品和医药与蔬菜。

目前，驯鹿的鄂温克人很少，新敖乡鄂温克族人口统计为234人，能够上山驯鹿的猎民人数只有十几人。2011年驯鹿只有800余只。目前，我国驯鹿的鄂温克人口数量在下降，劳动力减少，驯鹿也在退化，传统的文化和工艺也在减少。人们担忧一个从远古走来、生龙活虎的民族和特有的驯鹿产业及其文化能否延续下去。

辽宁省

辽宁省林业遗产名录

大类	名称	数量
林业生态遗产	01 新民蒙古栎；02 清原县青杨；03 新宾县赤松；04 抚顺哈什蚂	4
林业生产遗产	05 鞍山南果梨；06 丹东板栗；07 宽甸柱参；08 桓仁林产	4
林业生活遗产	09 北镇医巫闾山；10 本溪森林公园	2
林业记忆遗产	—	—
总计		10

新民蒙古栎

最美蒙古栎古树，位于辽宁省沈阳市新民市大喇嘛乡长山子村。距今 1000 年，胸围 400 厘米。它在紧邻辽河新民市巨流段、大喇嘛乡长山子村北山的高地上有棵 11 米多高的古树。一提起这棵千年老树，长山子村无人不知晓。长山子村靠近辽河，远近几十里只有这一座叫"长山"的小山，位于村后面，这棵古树就长在山顶。这棵树相传是北宋真宗景德年间所栽植，如今已历经千年风雨。

新民蒙古栎（王枫供图）

村民不知道它叫蒙古栎，都亲切地称它为大橡子树。村民们都觉得这棵千岁老寿星是棵神树，大树的树干依旧粗壮，树皮扭曲成不少形神并茂的图案，三个人才能合抱过来。据村子里的人说，在古树主干树洞中会有蛇虫出没，这更增加了古树的神秘感，因此其多次得以免于被人砍伐。多年前，有人在树的旁边修建了一座小庙，于是这里终年香火不断。前几年树下的石缝中还流出了清泉，被当地人当作圣水饮用，这眼泉水应该是千年古树得以长势不衰的原因。

清原县青杨

最美青杨古树，位于辽宁省抚顺市清原满族自治县湾甸子镇砍橡沟村浑河源森林公园内。距今 500 年，胸围 636 厘米。"一株挺拔世称王，耸立浑河古道旁。日照晴岚腾紫气，风摇疏影荡池塘。"当年，乾隆皇帝回关东祭祖时，曾御笔盛赞这棵亭亭如盖、耸入云天的小叶青杨。作为同类树种当中的"老祖宗"级古木，如今它以雍容华贵的姿态挺立在浑河源景区，迎接着每年海内外来观光的游人。

浑河源小叶青杨生长在浑河源景区北部。清澈甘甜的浑河源头水滋养着丰腴肥沃的林地土壤。千百年来，这里始终保持着良好的原始森林生态体系。小叶青杨所属的杨柳科平均寿命大约为 30 年，可浑河源景区的这棵树寿命却远超同类植物，从战乱不休的明代后期一直安然存活到现在。走近这棵铁干虬枝、孔武有力的古杨树，立刻感受到它神圣威严的气场，当地群众就像守护自己的眼睛一样守护着它。多年来，作为清原良好生态环境的象征，这棵长寿的古杨树见证了清原为保护生态环境所做出的诸多努力。

清原青杨（王枫供图）

新宾县赤松

最美赤松位于辽宁省抚顺市新宾县木奇镇双龙堡村。距今 1300 年，胸围 370 厘米。该"神树"被列为中华百棵重点人文古树之一。是辽东最高大的松树"赤松王"。这株松树高 20.5 米，立木蓄积量为 12.1 立方米，树冠直径 30 米，冠中向四周辐射出 35 条大枝干，呈馒头状，荫地面积 700 平方米。"赤松王"虽经千年风吹雨打，但枝叶仍然繁茂。全树呈赤黄色，光洁如洗，一年四季绿叶葱葱，堪称"辽东林中奇秀绝景"。

这棵著名的神树确实很雄壮威武，它高大挺拔，枝繁叶茂，树身上还系着红绳，树枝非常匀称地伸展着，形成巨大的圆形华盖。神树位于木奇镇双龙堡村群山环抱的神树沟内，神树沟以 1300 多年树龄的罕见赤松为核心，有乾隆皇帝御笔"启运树"碑，努尔哈赤以水代酒的神井水，以及大面积的原始森林、花海等，因一棵努尔哈赤、乾隆皇帝都曾拜谒的千年赤松而闻名，是新宾满族自治县一处极具历史渊源的风景区。神树风景区内姹紫嫣红的花朵争香斗艳，山谷格外迷人，五颜六色的鸟儿穿梭于丛林之中，谱写着一曲曲悠扬的乐曲。

抚顺哈什蚂

抚顺哈什蚂，辽宁省抚顺市特产，中国国家地理标志产品。哈什蚂（蟆），又叫"田鸡"，即中国林蛙，源于满语，东北民间称它为"油蛤蟆"，主要指雌性。是中国林蛙在抚顺地区特定的地域条件下形成的一个优良品种。

抚顺哈什蚂肉质细嫩、鲜美可口，具有很高的营养价值，是集药用和食用于一身的名贵经济蛙种，享有绿色"软黄金"的美誉。蛙油是名贵的中药材、滋补强身的珍品。蛙皮可入药，有养肺滋阴、治虚痨咳嗽的功能。哈什蚂与飞龙、熊掌、猴头并列为中国四大珍品。现代药理学分析，抚顺哈什蚂油含有人体必需的 4 种激素、9 种维生素、13 种微量元素和 18 种氨基酸。2007 年 11 月，国家质检总局批准对"抚顺哈什蚂"实施地理标志产品保护。

抚顺位于长白山脉向辽河平原的过渡地带，是一座山多林密、林水相依的城市。新宾、清原满族自治县及抚顺县汤图满族乡、上马乡、后安镇、马圈子乡、救兵乡 5 个乡镇地处山区，四周有阔叶林和针阔混交林，空气湿润，土壤潮湿，丰富的水源、"两山夹一沟"的地形使这里形成众多的小流域，为抚顺哈什蚂的繁殖提供了优越的自然条件。

哈什蚂养殖要求蛙场有常年不断的山间清洁溪流或小河，水深为 20~30 厘米；蛙场四周有阔叶林和针阔混交林，林下有灌木、草本和枯枝落叶，以保持空气湿润、土壤潮湿，并能招引、繁衍昆虫。

雌性哈什蚂两年后性成熟，开始长油。大约每 400 只能取出一千克油。这种油在中医学上被认为是养阴药。它的成分主要为蛋白质，以及多种氨基酸、酶类和各种胡萝卜素等物质。味甘、咸，性平，可以起到补肾益精、养阴润肺的作用。主要功能是治疗身体虚弱、产后失调、精神不足、心悸失眠、盗汗不止等。体型较大的哈什蚂后肢展开长度可以达到 20 厘米，一般为 15 厘米左右。哈什蚂为两栖动物，在每年的春、夏、秋三个季节中，5个多月生活在高山树丛中，其余6个多月的时间从产卵、孵化、繁殖直至冬眠，完全在水中度过。哈什蚂的食物主要是蚊子等昆虫，一般在夜间觅食。

抚顺哈什蚂半人工养殖早在20世纪70年代就获得成功经验。2008年，全市近一万户农民进山养哈什蚂，年产哈什蚂1亿只，年均产值达10亿元，这一产业成为抚顺农村经济发展的重要支柱产业。

鞍山南果梨

南果梨是鞍山地区特有的水果产品，又称"鞍果"，原产于鞍山市千山区大孤山镇对桩石村。据《中国果树志》第三卷记载，现南果梨树母株仍生长于此，1986年经中国果树专家鉴定，该树被认定为南果梨祖树，自发现至今已有150多年历史，是仅存的一株自然杂交实生苗南果树。村民依靠该地独特的地理、气候条件和栽培经验，种植的鞍山南果梨皮薄肉厚，果肉细腻多汁，香味浓郁。鞍山南果梨是中国"四大名梨"之一，被誉为"梨中皇后"，曾荣获全国农产品加工贸易博览会金奖，被农业部列为全国名特优品种、国家种苗基地项目，鞍山南果梨产业开发和推广被科技部列入星火计划。

南果梨从起源衍生、人工种植，到现在形成产业链条，每一次的发展和飞跃都与文化内涵相关。其深厚的文化内涵被鞍山地区百姓所认同和传承，南果梨文化以祈福文化、旅游文化、亲情文化以及文学作品等多种形式，已经逐渐渗透到人们的日常生活中。

随着生产的发展，南果梨栽培系统存在无公害生产水平较低、果品质量下降、商品价值低等问题，保护与发展势在必行。千山区政府按照农业部中国重要农业文化遗产保护工作要求，制定了鞍山南果梨栽培系统保护与发展规划，出台了《关于对辽宁鞍山南果梨栽培系统保护工作的意见》，使鞍山南果梨栽培系统这一具有丰富生物多样性和文化多样性、生产与生态功能突出、体现出人与自然和谐发展的重要农业文化遗产焕发新的生机。2013年5月，鞍山南果梨栽培系统被认定为第一批中国重要农业文化遗产。

丹东板栗

丹东板栗是辽宁省丹东市林业的传统、特色、主导产业，板栗总产量占辽宁省总产量的95%，占全国总产量的7.5%，占世界总产量的3.8%。丹东市现有板栗种植面积210多万亩，年产量11万多吨，贮藏量4万吨以上，原栗产值达到8亿元。全市各乡镇都有板栗栽培，其中面积超万亩的乡镇有38个。2006年，丹东板栗获得国家地理标志产品保护。

中国的板栗栽培历史有4000多年，《诗经·鄘风·定之方中》称"树之榛栗，椅桐梓漆，爰伐琴瑟"。现在全世界90%的板栗种植区分布在中国，主要分布在黄河和长江流域，有北方栗、南方栗和丹东栗三大派系。北方栗主要分布在河北、山东一带，南方栗主要分布在长江流域，丹东栗主要分布在丹东市及周边地区。

板栗树是丹东的优势经济林树种，丹东自然条件有利于丹东板栗生产，板栗生产面积和产量均占辽宁省第一，丹东重点引进、培育推广了金华、岳王、丹泽等20多个优良品种。丹东板栗栽培始于明末清初，可生食、糖炒、烘食，还可制罐头，磨粉制糕，调羹烹菜。含有糖、蛋白质、脂肪和多种维生素，营养和经济价值很高。

丹东板栗以品质优良闻名，其果实个大，色泽白，口感好，不裂瓣，易加工，综合价值高，其果肉含水量为 40% 左右，含蛋白质 5.7%~10.7%，脂肪 5%~7.4%，淀粉含量 50% 左右，并含有多种维生素和磷、钾、镁、铁、锌、硼等多种矿物质。

宽甸柱参

辽宁宽甸柱参，亦称"石柱人参""石柱子参"，系以辽宁省宽甸满族自治县振江镇石柱子村为核心的周边固定区域所独产。石柱子村位于辽宁东部山区鸭绿江畔，与朝鲜隔江相望。这里山连绵，水纵横，森林茂密，特产丰富，风景优美，被誉为"鸭绿江边的香格里拉"和"神仙居住的地方"。

柱参源于野山参，栽培历史久远。据《宽甸县地方志》记

宽甸柱参传统栽培体系（闫庆文供图）

载，明万历年间（1610 年前后），山东七翁到此采挖野山参，大参拿走，幼参及参籽就地栽种，并栽榆树、立一条石柱为记。一石奠基业，一榆扬旗帜，柱参就此而得名。400 多年来，经历代参农培育，已形成圆膀圆芦、草芦、线芦、竹节芦四个特有品系，成为人参家族的一个独特种类，被誉为"园参之冠""国之瑰宝"。近年来，林下种植成为首选的方式，让柱参生长回归自然，不仅参林双赢，而且资源得到永续利用。石柱子村林下柱参面积 1.7 万亩，是当地"一村一品"重要产业。柱参传统栽培技艺已列为辽宁省非物质文化遗产，宽甸县亦被中国中药材协会授予"全国石柱人参第一县"称号，振江镇被农业部授予全国柱参产业"一村一品"示范镇称号。至今，每年的农历三月十六这天，参农都要立庙祭拜最早养柱参的祖师爷，为其过生日。

随着生产的发展，传统的柱参栽培技艺有失传和被抛弃的危险，传统的生产方式面临严峻挑战，挖掘、保护和传承传统栽培方式势在必行。目前，宽甸县政府按照农业部有关要求，结合省政府提出的建设辽宁休闲农业与乡村旅游第一县的目标，制定出台了柱参发展规划、中国重要农业文化遗产柱参传统栽培系统保护办法，在重大科研项目、资金、保护措施等方面全力支持。2013 年 5 月，柱参栽培技艺被认定为第一批中国重要农业文化遗产。

桓仁林产

桓仁满族自治县，隶属于辽宁省本溪市，地处辽宁省东部山区。这里"八山一水一分田"，林业是这里县域经济发展的优势。桓仁山参、桓仁红松子、桓仁蛤蟆油、桓仁大果榛子、桓仁山核桃油 5 个涉林产品先后获得国家地理标志认证。

桓仁（樊宝敏摄）

近年来，桓仁县委和政府创新林业发展，建设生态林、经济林，促进生态和产业融合发展，森林覆盖率达78.39%，居辽宁之首。桓仁县加大政策、资金和技术扶持力度，积极引导林农发展经济林产业。形成林药、林果、林菜等林业经济发展模式。2015年，林业产值达102亿元，带动全县6万户农民人均实现林业收入8740元，林业收入占农民人均纯收入的60%以上。已建成红松果材林、速生原料林、林地药材等八大林产业基地。桓仁现有集体林22.68万公顷，2005年实行林权制度改革，98.8%的集体林分配到户到人，使20余万人受益，人均占有林地1.13公顷。

（1）桓仁山参。桓仁地处中国人参主要产区——长白山南麓，境内山多林密，雨量适中，气候温凉潮湿，土壤松软肥沃，具有得天独厚的人参生长的自然条件。民谚称："关东山，三件宝，人参、貂皮、鹿茸角。"其中人参主要指山参。桓仁县山参采挖历史已有百余年。在长期实践中，当地农民逐渐掌握了山参生长习性、分布，形成一套民间传统采挖和种植林下山参的经验和技术。现有山参等林地药材86.26万亩。

（2）桓仁红松子。红松种子粒大，种仁味美，被誉为"长生果""长寿果"，并以较高的营养价值受到人们的青睐。松子仁是松树的果仁，其脂肪含量特别丰富，具有较好的润肤作用。木盂子管委会、八里甸子镇是以红松子产业作为支柱产业的乡镇，每年有超过1000户的农民从事红松子加工，加工量高达6000余吨，实现产值3亿余元。以红松为主的干坚果经济林面积为102.63万亩。

（3）桓仁蛤蟆油。蛤蟆油的作用在许多中药文献中都有记载。李时珍《本草纲目》记载林蛙油"解虚劳发热，利水消肿、补虚损。尤益产妇"。林蛙半人工养殖基地有300万亩。

（4）桓仁大果榛子和板栗。大榛子和板栗等坚果产业在沙尖子镇、向阳乡等近10个乡镇，面积近400公顷，产值6000余万元。坚果配套加工产业对坚果进行深加工，产品远销北京、上海和广州等城市。

（5）桓仁辽五味子。是集食、药、补为一体的绿色珍品。五味子鲜果肉可酿酒，提炼五味子素。

（6）桓仁黑木耳。透光抚育砍伐的枝丫材和加工板材的锯末、刨花、木屑等为黑木耳人工培植提供了充足的资源，造就了黑木耳产业。

北镇医巫闾山

医巫闾山，古称"于微闾""无虑山"，今简称"闾山"，是阴山山脉余脉。屹立于辽宁省北镇市境内。山势走向自东北向西南，纵长45千米，横宽14千米，面积630平方千米，名峰50余座，最高的望海峰海拔886.6米，为国家级自然保护区。

医巫闾山历史悠久，有华夏几千年的文明积淀。相传舜时把全国分为十二州，每州各封一座山作为一州之镇，闾山被封为北方幽州的镇山。周时封闾山为五岳五镇之一。《全辽志》载："山以医巫闾为灵秀之最"，医巫闾山被誉为东北三大名山（医巫闾山、千山、长白山）之首。自隋开始，此山便成为北镇的五大镇山，从而声名鹊起。元、明、清帝王登基时，都照例到山下北镇庙遥祭此山，故其声名日隆，一跃而为东北名山之首。它以悠久、博深的历史文化和秀丽、奇特的自然风光而享誉国内外，成为中国北方著名的旅游胜地。

医巫闾山自然保护区，属森林生态系统和野生动物类自然保护区，建于1981年，总面积11459公顷。素以山势雄伟、峰峦奇异、松柏葱郁、景色秀丽驰名中外。主要有四大

北镇医巫闾山（樊宝敏摄）

景区：医巫闾山国家森林公园、老爷岭（圣清宫）景区、宝林楼、大石湖景区。医巫闾山国家森林公园风景区，地处医巫闾山中麓，其景观是整个医巫闾山自然保护区自然景观、人文景观精华部分，游览面积 888 公顷。这里集山水、峰石、天象、动植物等自然景观和寺院、亭台、摩崖石刻人文景观之大成，以天然油松和天然针阔叶混交林为主体，峰峦叠嶂，松涛绿浪，气象万千。其大朝阳景区内植被繁茂，四季皆景：春雨后踏青，梨花香四溢；夏季花开遍地，俨然花卉园；秋时天高云淡，层林尽染；冬季林海雪原，银装素裹，一派北国风光。

本溪森林公园

辽宁本溪国家森林公园位于本溪满族自治县境内，由铁刹山、关门山和草河沟温泉三部分组成。铁刹山为长白山余脉，方圆 10 多千米，山中多庙宇古刹、摩崖石刻和古迹、岩洞。汤沟温泉地热面积达 20 多亩，水温高达 76℃。水中含碳酸锰、碳酸钠等多种矿物质和有益于人体健康的微量元素，被人们称为"宝泉"。每年春、夏、秋三季为本溪森林公园的黄金游览季节。

关门山景区面积 35.17 平方千米，海拔 310~1234 米，森林覆盖率高达 95%。森林公园内植被保存完好，古树名木众多，是一处集旅游、观光、避暑、度假、休闲于一体的森林旅游景区[1]。关门山山势陡峭，峻美。每年 6 月，珍稀的天女木兰花漫山遍野。关门山的深秋枫树红叶和冬岩苍松也格外壮观。有小黄山、夹砬子、龙门峡、月台子和鸣翠谷五大景区和 130 多处景点。本溪森林公园 2012 年被国家林业局、教育部、共青团中央评为国家生态文明教育基地和全国最具影响力的森林公园。

① 谷晓萍，李岩泉，牛丽君，等 . 本溪关门山国家森林公园游客行为特征 [J]. 生态学报，2015（1）：204–211.

吉林省

林业遗产名录

大类	名称	数量
林业生态遗产	01 安图长白松；02 珲春大果榆；03 汪清东北红豆杉；04 东丰梅花鹿；05 双阳梅花鹿；06 东北虎豹国家公园	6
林业生产遗产	07 延边苹果梨；08 柳河山葡萄	2
林业生活遗产	09 长白山；10 拉法山	2
林业记忆遗产	—	—
总计		10

安图长白松

　　长白松古树，位于吉林省延边朝鲜族自治州安图县二道白河镇红石林场海拔800米处。距今350年，胸径100厘米，树高23米。2018年入选中国最美古树。长白松天然分布区很狭窄，只见于吉林省安图县长白山北坡，海拔700~1600米的二道白河沿岸的狭长地段，尚存小片纯林及散生林木，长白山和平营及红石石峰有纯林或单株散生。

安图长白松——美人松王（王枫供图）

长白松又叫美人松，是欧洲赤松分布最东的一个地理变种，对研究松属植物地理分布、种的变异与演化有一定的意义。美人松是该地区针叶树中较好的造林树种，属长绿乔木，高25~30米，直径25~40厘米。树冠椭圆形或扁卵状三角形、伞形等。树干下部树皮棕褐色，深龟裂，裂片呈不规则长方形；上部棕黄色至红黄色，薄片状剥离，微反曲。其树态美观，又适作城市绿化树。美人松因形若美女而得名，是长白山独有的美丽的自然景观。吉林省白河林业局为保护这一珍贵树种，专门成立了"美人松保护管理处"，并于2006年移交长白山保护开发区管委会，使得这一濒危物种很好地得以保护。长白松现为国家一级重点保护野生植物。

作家鲁丁在《长白山纪行》中这样描述美人松："妖媚的美人松羞花闭月，枝条酷似妙龄少女的香臂，舒展开去，潇洒脱俗。叶冠犹如美人的秀发，光彩照人，文雅迷人。"美人松对生存条件的要求不高，它生活的地方几乎没有别的树木生长，原因是土地贫瘠。美人松的外表虽像闺中少女，可它的内里却潜藏着与一切恶劣环境抗争的顽强毅力。美人松实际上是一种毫不娇气的树木，只要看到它生长的地方，就可以想象出它的耐力和与大自然进行较量的大无畏精神。

珲春大果榆

最美大果榆古树，位于吉林省珲春市新安街道迎春社区。距今约361年，胸径147厘米。这棵大果榆树2018年在全国绿化委员会办公室与中国林学会组织开展的"中国最美古树"遴选活动中，被评为"最美大果榆"。

2007年7月，为加快改善城市旧有小区居住环境，珲春市按照"打造宜居环境，服务人民群众"的原则，投资修建了"古榆游园"，将大果榆列为重点保护树种，拆除了树周的违规建筑，并修建了围栏，为大果榆营造了良好的生长环境。游园占地约3000平方米，位于珲春西街以南100米处。园内绿树成荫、舒适整洁、设施齐全，是珲春市2007年重点精品绿化工程之一。如今，社区居民爱护树木的意识已经形成，大家自觉担任起"护树员"，对破坏树木的行为及时制止并举报。

汪清东北红豆杉

最美东北红豆杉古树，位于吉林省延边朝鲜族自治州汪清林业局荒沟林场。距今3000年，胸围529厘米。表皮呈红褐色，高耸入云，虬枝峥嵘，生机勃勃。高40多米，胸径达1.68米。其生长良好，保存完整，是目前吉林省发现的保存完好的红豆杉中最大最古老的一棵。荒沟林场有一片东北红豆杉古树群落，共有古树30多棵，大小不一。

东北红豆杉又称"紫杉"，也称"赤柏松"，是第四纪冰川遗留下来的古老树种，是世界上公认的濒临灭绝的天然珍稀抗癌植物，有植物界"大熊猫"之称，属于国家一级重点保护野生植物。具有独特的药用价值，在园林绿化、室内盆景方面也有广阔的发展前景。但是它对生境要求十分苛刻，其世界野生存量极其稀少。

汪清林业局典型的温带大陆性湿润山地季风气候、肥沃的棕色森林土以及茂密的森林造就了其适宜生境。辖区内东北红豆杉蕴藏量很高，共有近118万株，主要分布在金沟岭林场和杜荒子林场。为了保护这些珍稀濒危野生资源，2013年成立了汪清国家级自然保护区，主要保护东北红豆杉资源及其赖以生存的针阔混交林生态系统。

东丰梅花鹿

东丰梅花鹿近100多年来在国内外一直享有盛誉，其主要分布在吉林省东丰县，被引种到北京、内蒙古、青海等十几个省份。该鹿体型较小，体躯较短。成年公鹿体高、体长、体重（平均数）分别为98厘米、92厘米、100千克。成年母鹿体高、体长、体重（平均数）分别为80厘米、85厘米、62千克。2004年东丰县被中国特产协会命名为"中国梅花鹿之乡"。2011年8月，吉林省政府出台《关于加快发展家养梅花鹿产业的意见》，确立了长春市双阳区、东丰县为全省梅花鹿产业发展两大核心园区。其中东丰梅花鹿产业园区辐射辽源、四平、通化、白山，形成四大产业基地，构建产业带。

汪清紫杉（王枫供图）

东丰县资源丰富，养鹿历史悠久。在清朝初期被辟为皇家禁垦围场，野生梅花鹿在这里生息繁衍。清光绪初年，东丰县被列为"养鹿官山"，开始人工驯养，至今已有200多年。辽源东丰以其丰厚的文化底蕴和独具魅力的鹿业发展日益吸引着世人的关注。

目前，东丰县梅花鹿存栏已达12万余头，年产鹿茸3万余千克。重点在沙河镇、横道河镇等10个养鹿基地乡镇。全县养鹿户（场）已达2300户，其中梅花鹿数量在30头以上的个体养鹿大户有620户，500头以上的民营鹿场有10家，1000头以上的民营鹿场有5家。三合满族朝鲜族乡琳漉公司梅花鹿存栏4000头，东丰药业鹿场梅花鹿存栏2000头，两家鹿场成为吉林省大型民营鹿业企业。著名品牌"马记鹿茸"成为国家免检商品，享誉海内外。已开发研制出洋参茸血含片、四子填精胶囊、七鞭回春乐胶囊、参茸口服液等32种国药字鹿药系列产品。

双阳梅花鹿

双阳区位于吉林省中部、长春市区东南部，辖区面积1677.42平方千米，人口37.7万人。

1995 年，双阳区被中国首批百家特产之乡大会组委会命名为"中国梅花鹿之乡"。 2011 年双阳区被吉林省政府确定为全省梅花鹿产业发展"双核驱动"的重要核心区之一。同年，被中国野生动物保护协会确定为"中国梅花鹿种源养殖示范区"。多年来，无论是梅花鹿养殖数量，还是鹿茸总产量、单产量以及鹿茸优质品率和创汇额均居全国各养鹿县（区）首位。

2000 年双阳区梨树屯发现长有枝杈犄角的梅花鹿头骨化石。由此推断，在 5000 年前的原始社会。双阳就已经有梅花鹿生存。双阳养鹿历史悠久，距今已有 300 多年，早在公元 1725 年（清朝雍正时期），双阳区鹿乡镇盘古屯就有人捕获野生梅花鹿，围起栅栏，实行人工驯养。（"盘古屯"为满语音，译成汉语即"养鹿的地方"）

双阳梅花鹿产业发展优势明显。一是规模大。2011 年，双阳区梅花鹿存栏数量为 19.5 万只，占全国总量的 30%。梅花鹿养殖户近万户，其中梅花鹿数量在百只以上的养殖户有 400 户，超千只规模养殖户 8 户。二是品种优。20 世纪 60 年代成功人工繁育优良品种——双阳梅花鹿。双阳梅花鹿较其他梅花鹿具有鹿茸优质高产、遗传性稳定、耐粗饲、适应性强、繁殖成活率高等特点。此外，还有产品、人才、市场、发展等诸多优势。

东北虎豹国家公园

东北虎豹国家公园，位于吉林和黑龙江两省交界的老爷岭南部区域，总面积 1.46 万平方千米。此地是我国东北虎、东北豹种群数量最多、活动最频繁的区域以及最重要的定居和繁育区域，也是重要的野生动植物分布区和北半球温带区生物多样性最丰富的地区之一。

在中国东北地区，野生东北虎和东北豹在历史上曾经"众山皆有之"。然而，由于人为活动的增加，森林消失和退化，野生东北虎豹种群和栖息地急速萎缩。随着天然林保护工程实施、自然保护区建立，特别是吉林、黑龙江两省 20 世纪 90 年代中期实施全面禁猎，东北虎豹栖息地生态环境逐步改善，野生种群得到恢复。2012—2014 年间，中国境内的东北虎数量已达到 27 只，东北豹达 42 只。2015 年，习近平总书记对相关建议作出重要批示，推动建立"东北虎豹国家公园"。2016 年 4 月，东北虎豹国家公园体制开展试点。同年 12 月，《东北虎豹国家公园体制试点方案》获中央深改组审议通过。

地处亚洲温带针阔叶混交林生态系统的中心地带，该区域内的自然景观壮丽而秀美。老爷岭群峰竞秀，林海氤氲。高大的红松矗立林海，千年的东北红豆杉藏身林间。四季五彩缤纷。此地保存着极为丰富的温带森林植物物种。据不完全统计，高等植物数量达到数千种，包括大量的药用类、野菜类、野果类、香料类、蜜源类、观赏类、木材类等植物资源。其中不乏一些珍稀濒危、列入国家重点保护名录的物种，比如人参、刺人参、岩高兰、对开蕨、山楂海棠、瓶尔小草、草丛蓉、平贝母、天麻、牛皮杜鹃、杓兰、红松、钻天柳、东北红豆杉、西伯利亚刺柏等。这里保存了东北温带森林最为完整、最为典型的野生动物种群。在国家公园里有中国境内极为罕见的完整食物链，食肉动物群系包括大型的东北虎、东北豹、棕熊、黑熊，中型的猞猁、青鼬、欧亚水獭，小型的豹猫、紫貂、黄鼬、伶鼬等。食草动物群系包括大型的马鹿、梅花鹿，中型的野猪、西伯利亚狍、原麝、

东北虎（拍信图片）

斑羚等。肥沃的森林也为棕黑锦蛇、红点锦蛇、白条锦蛇等爬行动物提供了良好生存环境。发达的水系同样养育了丰富的鱼类，如大麻哈鱼、雅罗鱼、哲罗鱼、花羔红点鲑等。

延边苹果梨

吉林延边苹果梨，是我国高纬度寒冷地区主栽的优良品种，原产于延边朝鲜族自治州龙井市老头沟镇小宾村，已有 100 多年历史。延边地区独特的地理、气候条件使延边苹果梨有着独特的风味，深受广大消费者的青睐，延边苹果梨被誉为"北方梨之秀"。1995年，龙井市被命名为"中国苹果梨之乡"，2002 年延边苹果梨被认定为原产地域保护产品，曾荣获农业部部优产品、吉林省名牌产品称号。延边苹果梨的主产区位于龙井市西郊，苹果梨园万亩连片，这里的苹果梨树龄达 60 多年，连绵 20 余千米。2015 年 10 月，延边苹果梨被认定为第三批中国重要农业文化遗产。

延边苹果梨文化特色与延边朝鲜族民俗文化内涵息息相关，有关苹果梨的历史传说、民俗文化、旅游文化、文学作品不胜枚举。近年来当地不断挖掘苹果梨文化，成功举办中国龙井"延边之春"苹果梨花节，吸引了大量的游客，延边苹果梨已成为对外宣传延边的一张名片。

随着时代的发展，延边苹果梨栽培面临着劳动力不足、发展势头不强等问题，龙井万亩果园的保护与发展势在必行。龙井市政府按照中国重要农业文化遗产保护相关要求，制定了《龙井市苹果梨栽培系统保护与发展规划》和《龙井市苹果梨农业文化遗产保护与发展管理办法》，使延边苹果梨产业得以传承和发展。

柳河山葡萄

吉林柳河山葡萄栽培区域位于吉林省东南部柳河县，土地总面积 3348.3 平方千米，果园面积 1667 公顷。地貌特点为"七山半水二分田，半分道路和庄园"。柳河山葡萄具有抗寒、高酸、低糖和营养丰富等优良品性，其果实为圆形或椭圆形，果穗完整，色泽纯正，香气浓郁，是极佳的葡萄品种和酿酒原料。目前，柳河山葡萄种植面积达到3万余亩，带动农户2300余户，形成了柳河山葡萄种植产业带。

山葡萄满语称为"阿木鲁"，是中国特有的珍稀葡萄品种。1993年，考古工作者在柳河罗通山古城遗址发现了炭化的山葡萄颗粒，是迄今为止关于柳河山葡萄的最早例证。有据可查的历史可以追溯到清末民初。今天，以柳河、驼腰岭、三源浦等乡镇为主的山葡萄种植园区，形成了新的林业景观带。在山葡萄种植中，普遍推行合理密植、配方施肥、节水灌溉、保花保果、无公害生产等配套栽培技术。柳河山葡萄从种植到加工、酿酒，具有浓郁的民俗文化风味，逐渐形成以喜庆团圆、绿色健康、休闲旅游为主题的山葡萄民俗活动。

面对自然与社会变迁，柳河山葡萄产业发展始终坚持民族、特色、差异化发展方向，稳步发展种植基地，扎实推进企业建设，传承提升栽植技术，挖掘推广传统文化，必将保护和发展好这一宝贵的林业遗产。2017年6月，柳河山葡萄栽培系统被认定为第四批中国重要农业文化遗产。

长白山

长白山，周秦以前称"不咸山"（《山海经·大荒北经》），汉朝称"单单大岭"（《后汉书》），魏朝称"盖马大山"（《魏志》），南北朝时期称"从太山"（《北史·勿吉列传》），隋唐时期称"太白山"（《新唐书·黑水靺鞨列传》），辽金始称"长白山"（《金史·世纪》）。长白山的人类活动可追溯到原始社会，历史建制始于西汉时期。元末清初，长白山区是清的崛起地，也因此被作为龙脉加以封禁。

长白山（樊宝敏摄）

长白山红松针阔混交林带秋季景观
（长白鱼鳞云杉、白桦、紫花槭等为优势种）
（周繇供图）

　　吉林长白山国家级自然保护区，位于吉林省东南部，东南与朝鲜相邻。总面积196465公顷。1960年，建立长白山保护区。1980年1月，联合国教科文组织批准其加入国际生物圈保护区网，列为世界自然保留地之一。1986年，晋升为国家级自然保护区。属于自然生态系统类别中森林生态系统类型的自然保护区。2006年1月，被列入首批《中国国家自然遗产预备名录》，被建设部评为中国国家级自然遗产。

　　保护区以典型的火山地貌景观和复杂的森林生态系统为主要保护对象，以保存野生动植物种质资源，保护、拯救和扩繁珍稀濒危生物物种，保持生态系统的自然演替，保障长白山乃至松花江、图们江、鸭绿江三大水系中下游广大地区的生态安全，保护全人类珍贵的自然遗产为根本目的，集资源保护、科研教学、绿色教育和生态旅游四大功能于一体。据2005年资源档案，保护区有林地面积169244公顷，占总面积的86.1%；疏林地8406公顷，占总面积的4.3%；灌木林地4893公顷，占总面积的2.5%。全区森林覆盖率为85.97%。

　　在长白山的原始林中，红松是优势树种，处于森林最上层的还有鱼鳞云杉、红皮云杉、紫杉、风桦、水曲柳等10多个树种；林下是毛榛等20多种灌木，地面上的草本层种类就更为丰富。观赏长白山红松的群落之美、个体之美和原始之美，要去露水河。在露水河林业局作业区，有一棵480多岁的红松王，高35.5米，胸径1.24米，三人才能合抱。据史籍记载，长白山火山口分别于1597年、1668年、1702年喷发，而距天池并不很远的这棵"红松王"经五世三劫而不枯，顽强而坚韧地生存下来。露水河红松母树林是国家1964年划定的最大的红松母树林，面积11764公顷，是一座天然优良基因库。生态学家王战说："红松全身都是宝，更重要的是，其生态价值超过它的本身。特别是红松的蓄水量很大，一棵红松就是一座小水库。红松林里下两个小时大雨，地表上也没有径流，都被红松根部储存起来了。"

长白山（拍信图片）

拉法山

　　拉法山国家森林公园，位于吉林省东部蛟河市境内，地处长白山西麓、松花湖畔。1995年经林业部的批准成立，总面积34396公顷，包括六大景区，是一个以自然、生态、森林、红叶、人文和谐为特色的森林公园，已连续举办十五届红叶旅游节。森林公园以森林景观为主体，苍山奇峰为骨架，瀑布溪水碧潭为脉络，以百里红叶山谷为奇观，构成了一副风格独特、巧然天成的自然山水画卷。

　　森林公园开发了红叶谷、拉法山、庆岭、松花湖、冰湖沟、老爷岭等景点。拉法山景区内有仪态万千的"八十一峰、七十二洞"，凌空飞泻的瀑布及其他错落有致的胜景70多处，集幽、奇、秀、险于一身。拉法山是古代道士修炼之所，曲径通幽。山中古木参天，浓荫蔽日，有几十种鸟类在林中繁衍生息。山中有众多的岩洞、怪石和奇木。红叶谷每到深秋霜降，满山红遍，层林尽染。这里的红叶以其规模最大、树种最多、色彩最迷人、观赏期最佳、文化底蕴最深厚吸引了众多国内外游客。老爷岭拥有吉林地区最高的山峰，海拔1284.7米，森林景观垂直分布明显，自上而下，阔叶林、针阔混交林、针叶林、岳桦林和高山草地完美地结合在一起，地质专家称"来到老爷岭，就到了长白山"。冰湖沟景区有原始森林500公顷。原始森林海拔较高，是消夏避暑的理想之地。

黑龙江省

黑龙江省林业遗产名录

大类	名称	数量
林业生态遗产	01 漠河樟子松；02 海林红松；03 五营丰林自然保护区	3
林业生产遗产	04 五营木都柿；05 铁力北五味子；06 大兴安岭森林（黑）；07 汤旺河林区	4
林业生活遗产	08 镜泊湖；09 五大连池	2
林业记忆遗产	10 鄂伦春森林狩猎	1
总计		10

漠河樟子松

20 世纪 80 年代，漠河曾经历一场灭顶的大火。然而，令人不可思议的是，在被烧毁的土地上，一片樟子林却奇迹般地存活了下来，成为亲身经历这场浩劫的见证者。如今这片樟子松林被冠以"松苑"之名，成为漠河最古老的历史遗迹之一。走进这片松林，劫后余生的一棵棵樟子松树干一律呈现着黑森森的颜色。林中一株百年樟子松扭曲着身躯，顽强地挺立在林中。粗粝斑驳的树干上有如雕刻般纵横着深深的瘢痕，深嵌着当年大火中许多痛苦的信息[1]。

这片原始樟子松林占地 5 公顷。目前林子里的每一棵樟子松都被挂了牌、编了号。林子里最粗的樟子松胸径有 40 厘米以上，树龄达 200 多年。

樟子松为常绿乔木，高 15~25 米，最高达 30 米，树干挺直，3~4 米以下的树皮为黑褐色。为东北地区主要树种。产于黑龙江大兴安岭海拔 400~900 米的山地，及海拉尔以西、以南一带沙丘地区。可作庭园观赏及绿化树种。林木生长较快，材质好，适应性强，寿命长，一般年龄达 150~200 年，有的多达 250 年。

漠河樟子松（拍信图片）

---

[1] 尹汉胤 . 北极樟子松 [EB.OL]. 中国作家网，（2015-12-7）.http：//www.chinawriter.com.cn.

海林红松

最美红松古树，位于黑龙江省海林市长汀镇大海林林业局太平沟林场（属于雪乡国家森林公园）。距今600年，胸围432厘米。这片原始林是东北林区保存最为完好的森林旅游资源。在2018年全国绿化办开展的"中国最美古树"遴选中，这棵红松被评为"最美红松"。

红松养心谷原始林景区，坐落于大海林林业局太平沟林场。景区内红松原始森林面积297公顷，是一片完整的原始森林，平均树龄400余年，最长可达1000年以上。2019年红松原始林荣获"中国最美森林"荣誉称号。进入这片有着百年历史的红松林，绿草如茵，古树参天，松涛阵阵，百鸟齐鸣，宛如走进世外桃源。尘嚣到此戛然而止，愉悦在此欣然涌动。山间层峦叠翠，古木参天，平均树高为30米，这是一片不可多得的原始林。

五营丰林自然保护区

黑龙江丰林国家级自然保护区，位于黑龙江省伊春市境内，始建于1958年。1988年被国务院批准为国家级自然保护区。主要保护对象为以红松为主的北温带针阔叶混交林生态系统和珍稀野生动植物，是森林生态系统类型自然保护区。有我国保存最完整、面积最大、最有代表性的原始红松林，并已有300多年

海林红松（王枫）

的历史。1993年加入中国人与生物圈网络。1997年被联合国教科文组织纳入世界生物圈保护区网络。总面积18165.4公顷。

该区地处小兴安岭南坡，地带性植被为温带针阔叶混交林，主要保护对象为原始红松母树木。主要森林类型有红松林、云冷杉林和落叶松林，其中，红松林所占比例最大，蓄积量占全区总蓄积量的2/3。刚劲挺拔的红松蔽日，并基本保持原始林状态，使保护区成为著名的"红松之乡"，对开展科学研究、教学实习及指导生产实践均有重要价值。

林中树木胸径最大可达140厘米，最高达37米。保护区内耸立着一座40米高的瞭望塔，塔脚下是自然资源标本馆，馆内设有

五营丰林（樊宝敏摄）

展览厅和标本室，展出脊椎动物标本，昆虫标本和植物标本。从这里可以了解丰林自然保护区是珍贵的物种基因宝库。区内古木参天，生长着 170 多种树木和 230 多种珍禽猛兽。主要景点和设施项目有：红松林、鸟语林、天赐湖、观涛塔、森林浴场、杜鹃花园、森林小火车等。尚未开发的原始森林以其自然的风貌吸引着无数猎奇的人们。

五营木都柿

木都柿，学名为笃斯越橘，又称"山都柿"。在大兴安岭叫"笃斯"，在伊春称"蓝莓"，在黑河爱辉叫"都柿"。是生长在小兴安岭沼泽湿地永冻层之上的灌木或小灌木，属杜鹃花科、越橘属，果实为蓝色小浆果，也被称为"中国野生蓝莓"。它富含多种维生素和十几种人体所需的微量元素，具营养保健功能，有"水果皇后""浆果之王"的美誉。素有"兴安小雪莲"之美称，营养价值高，是酿酒、制饮料、做水果糖和果酱等的极佳原料，可生食。果含有大量维生素和多种氨基酸，发酵后自生乙醇量较高。五营属中温带大陆性湿润季风气候，气候冷凉，昼夜温差大，有利于果实干物质的积累。

黑河爱辉是产区中心。爱辉是最早的黑龙江省城，是最早有报道介绍利用都柿的地方。方式济《龙沙纪略》说："杜实，产爱浑（今爱辉）。小而赤，似桑葚，味酸。"宋小濂《北徼纪游》称："都思木本，高尺许，七月熟，黑紫色，形类山葡萄而小，味甘酸。俄人以之酿酒，华人所谓葡萄酒者是也。"由此可推测五营一带木都柿的利用历史。

都柿与其他野生植物成片混生，6 月开花，7 月末 8 月初成熟，采集期一个月左右。果比葡萄略小，肉呈紫红色，晶莹剔透，皮薄，鲜果出汁率达 75%，pH 值为 3~4。味道独特，醇厚，清香，爽口，浓酸稍甜，色泽鲜艳而稳定。它含有多种氨基酸、大量维生素和丰富的柠檬酸以及植物碱等。

都柿的药用价值高，具有利尿解毒之功效。成药可用于治疗肾结石、淋毒性尿道炎、膀胱炎、肠炎、痢疾等病症。都柿中含有天然视紫质、类黄酮和抗癌活性物质，长期服用可以保持人的视力经久不衰、防止脑神经衰老、抗疲劳、强化心脑血管及动脉血管。木都柿果酒酒色清醇，清淡芳香，富含多种维生素和微量元素。

铁力北五味子

铁力北五味子，中药材品种，黑龙江省铁力市特产，国家地理标志保护产品。

五味子，始载于《神农本草经》称"药有酸咸甘苦辛五味"。唐《新修本草》载"五味，皮肉甘酸，核中辛苦，都有咸味"，故名"五味子"。铁力北五味子，木兰科多年生落叶木质藤本植物。单叶互生；花单性，雌雄同株，花黄白色；果实成熟时呈穗状，球形浆果，熟时深红色，干后表面呈褶皱状。茎皮与果实具有同等有效成分，具有多种用途。鲜果汁是加工天然保健饮品的原料。干果黑紫红色，有绉皱，是传统的中药材，对人体的中枢神经系统、呼吸系统有兴奋作用，对心脏、肝脏、血压有调节作用，对人的视力、听力有强化功能；促进胆汁分泌，提高抗菌能力。

铁力市是北五味子最佳适生区域，境内的高寒山区黑壤土地，阴山阳坡、河沟低洼之处都可觅见其踪影。铁力北五味子品质好，有效成分含量高，在中药材市场上享有良好声誉。铁力北五味子市场潜力大，价值高。林区、山区利用林间空地、林缘河流两岸栽培很有前途，可卖鲜果，可晾干贮存，可发展深加工，对于山区经济发展有积极意义。

大兴安岭森林（黑）

大兴安岭森林，以兴安落叶松为主，是环北极针叶林的组成部分。林中伴生有独特的北极物种，如雪兔、驼鹿、雪鸽以及杜香、越橘、岩高兰等动植物。以兴安盟境内兆儿河为界，大兴安岭分为南北两段。北段长约 770 千米，地势由北向南逐渐升高，是以兴安落叶松占优势的针叶林地区。它季相变化明显，尤以春夏最美。春天新枝嫩叶在兴安杜鹃紫色花朵的映衬下分外妖娆；夏季，林中云雾飘浮，百木争荣，苍翠欲滴。2005 年，其被《中国国家地理》评为中国最美的十大森林之一。在漫长的历史长河中，这里还是许多民族的肇兴之所。在大兴安岭的深处，至今还生活着鄂温克、鄂伦春等古老的森林狩猎民族。

大兴安岭"5·6"火灾纪念馆，位于漠河县西林吉镇内，始建于 1988 年 10 月，每年接待游客数万人。2006 年重新改扩建的"5·6"火灾纪念馆占地面积 2900 平方米，展厅面积 2260 平方米，设有"烈火熔城""决战兴安岭"等 12 个展厅和 1 个结合声、光、电等高科技手段于一身的环幕影厅。采用图片、场景、雕塑、沙盘、环幕电影等多种展示手段，运用电子投影、幻影成像、模型互动等多种国内、国际先进技术，生动、系统、翔实地展示了"5·6"大火从起火、成灾、扑火、救灾到重建家园以及生态建设的全过程。1999 年被团省委、文管会、民政厅命名为"省级青少年教育基地"。

据了解，发生在 1987 年的"5·6"特大森林火灾烧毁森林资源 101 万公顷，给森林资源的恢复带来了极大的困难。纪念馆的重新开放对于人们深入了解"5·6"火灾真实场景、吸取历史教训、时刻不忘"森林防火是林区头等大事"起到了积极的警示作用，从而达到强化公众森林防火意识、珍惜现有森林资源、保护生态环境的作用。

汤旺河林区

汤旺河国家森林公园，坐落于黑龙江省伊春市汤旺河区。公园具有得天独厚的森林和冰雪资源优势，拥有近千种动植物，建有多处保护区。公园境内河流 20 余条，汤旺河为最大河流，全长 509 千米，是中国林都伊春的母亲河。公园以稀有的花岗岩石林地貌景观和完善的原始生态为特色，植被繁茂，山色葱翠。2008 年 10 月 14 日，环境保护部和国家旅游局联合批准我国第一个"国家公园"在黑龙江汤旺河正式挂牌成立。

核心景区石林地质公园独特的花岗岩石林，是目前国内发现的唯一一处类型最齐全、发育最典型、造型最丰富的印支期花岗岩地质遗迹。树在石上，石在林中。林海奇石为地球一绝，拟态奇石千姿百态，惟妙惟肖，具有很高的科研和美学价值。另外两个景区——风灾遗址和火烧基地中的风灾遗址上原本有一片珍贵的红松母树林，2008 年 8 月 5 日，一场大风把这里所有的红松都拦腰截断，无一幸免，其中最粗的一棵红松有好几百年的历史。这个现场被围了起来，使它的原始状态保留下来。

汤旺河林业局，始建于 1958 年，曾是伊春林区主要的木材生产基地之一。地域广阔，森林覆盖率为 84.3%，林业施业区总面积 2153.51 平方千米，现森林总蓄积量为 1400 万立方米。20 世纪 70 年代木材产量在 40 万立方米以上，90 年代后逐步减产，截至 2006 年末，汤旺河累计为国家提供商品材 1600 余万立方米，实现利税 6.5 亿元。全局总人口 3.7 万人，职工 11000 人。拥有丰富的山特产品资源，发展种植和养殖多种经营。

汤林线铁路建设缘于开发小兴安岭森林资源。该林区是有名的"红松故乡"。1931 年，"九·一八"事变日本侵占中国东北后，开始掠夺小兴安岭西坡林业资源，继之修建了绥佳线铁路，掠夺小兴安岭南坡林业资源。

镜泊湖

镜泊湖是中国最大的典型熔岩堰塞湖。南北长近 50 千米，最宽处 9 千米，湖面面积 89.7 平方千米，平均水深 40 米，最深达 62 米。湖面平均海拔 350 米。湖中大小岛屿星罗棋布。湖水出口处有一石崖，面临深潭，形成飞瀑。湖形曲折，群山环抱。湖中"内八景"分别为吊水楼瀑布、白石砬子、大孤山、小孤山、城墙砬子、珍珠门、道士山、老鸹砬子。镜泊湖历史上曾有"忽汗海""毕尔腾湖"等称谓，至明代起称为"镜泊湖"。沿湖两岸还有"外八景"等众多景点。1982 年，镜泊湖成为首批国家级重点风景名胜区。

在大干泡附近有 6 座火山堆所组成的火山群。火山口地下森林位于镜泊湖西北约 50 千米处，坐落在张广才岭海拔 1000 米的深山区里。它是一座天然的绿色宝库，为国家级自然保护区。火山口原始森林面积达 6.7 万公顷，生长着红松、紫椴、黄菠萝、黄鳞松、落叶松等珍贵树种，以及马鹿、青羊等珍贵动物。有的树龄高达 600 年以上，平均树龄在 300 年左右。平均树高 25 米，最高 30 米，郁闭度为 90%。其中，三号火山口最为典型，呈不规则的椭圆形，直径约 300 米，深 100 米。在 3 号与 4 号火山口之间有熔岩隧道相通。这座绿色的天然宝库为中外地质、地理、历史、生物等学者提供宝贵的科研资料。

地下森林上下的落差在百米左右，林中的景色令人目不暇接。特别是从谷底登上林中的极顶，那难得一见的被云雾缭绕包围的群山之间的景色十分壮丽。1992 年火山口原始森林开发为火山口森林公园。

五大连池

五大连池，位于黑龙江省黑河市，地处小兴安岭山地向松嫩平原的转换地带。这里火山林立，熔岩浩瀚，湖泊珠连，矿泉星布。被科学家比喻为"天然火山博物馆"和"打开的火山教科书"。景区面积为 1060 平方千米，其中林地 32.1 万亩、草原 5.73 万亩、湿地 15 万亩。1719—1721 年间，火山喷发，熔岩阻塞白河河道，形成五个相互连接的湖泊，因而得名五大连池。现为国家 5A 级旅游景区、世界地质公园、世界人与生物圈保护区、国家重点风景名胜区、国家级自然保护区、国家森林公园、国家自然遗产。

五大连池风景区由莲花湖、燕山湖、白龙湖、鹤鸣湖、如意湖组成的串珠状的湖群，以及周边火山群地质景观、相关人文景观、植被、水景等组成。植物 618 种，野生动物 397 种。

五大连池（拍信图片）

五大连池火山区生态系统类型完整，分布集中多样，保护区内植物有143科、428属、1044种，野生动物61科、144种，国家珍稀和濒危动植物几十种。植物演化的各个阶段都很清晰，从低等地衣类到高等乔木类，都形成了完整的植物群落，使人目睹了大自然百万年来精彩演绎的结果。五大连池是各种生物的乐园，生境多样性和生物多样性表现之充分，在我国北方乃至北温带同纬度地区也是稀有的。它体现了火山地区生命由低等到高等演变的全部过程，是一部内容丰富的天然史书。

五大连池堪称研究物种适应和生物群落演化的绝佳地区，生物多样性十分明显。高山矮曲林是形态变化的突出范例，包括：香杨、山杨、白桦和黄檗等。这些新期熔岩台地上的树木由于生长受阻，形成了奇形怪状的分枝。五大连池作为未来的天然实验室，是世界上研究生态群落演进和演化的最重要的地点之一。

鄂伦春森林狩猎

鄂伦春族是全国人口最少的少数民族之一，总人口只有8196人。黑龙江省黑河市爱辉区新生乡、逊克县新鄂乡、新兴乡是鄂伦春人聚居地。此外，内蒙古鄂伦春自治旗是全国最大的鄂伦春人聚居地和唯一的自治政府，有鄂伦春族人1950人，其中，猎民830人。

鄂伦春的称谓形成于清朝康熙年间，其含义是"住在山岭上的人民"和"使用驯鹿的人们"。20世纪40年代，他们还带着氏族公社特征，保存着共同消费和平均分配的习惯。

鄂伦春族有独特的狩猎文化。鄂伦春族人世代从事狩猎生产，这是他们最重要的生产活动，狩猎得到的动物是其生活资料的主要来源。鄂伦春族人熟悉各种野兽的习性，并能根据其特点和活动规律采取不同的捕猎方式，狩猎工具有枪、马、狗，以及弓箭、扎

鄂伦春族人养的驯鹿（拍信图片）

枪等。游猎生活有固定的范围和一定的规律。他们一般以氏族为中心，在一条或几条河的流域范围内活动。他们冬季的住地比较固定，春、夏、秋季随着主要狩猎对象栖息地的变化而迁徙。

鄂温克驯鹿场——呼中飞虎山驯鹿园（谢和生供图）

鄂伦春桦树皮小屋（樊宝敏摄）

　　鄂伦春族人的服饰别具特色。狍皮衣，鄂伦春语叫"苏恩"，用狍筋搓成细线缝制，形式多半为右偏襟长袍，身上装饰"弓箭形""鹿角形""云卷形"等图案，既美观又结实。狍头帽，戴上去很像一个狍子头，非常精巧别致。还可将白桦树皮压平浸泡在温水中一天一夜，树皮软化后用狍筋做线，兽骨做针，一针一线地缝制桦皮盒子。桦皮制品是鄂伦春人游猎生活的历史见证。鄂伦春人食肉、衣皮，过去的住所"仙人柱"形同半张开的雨伞，由30多根树干搭成，外面夏季覆盖桦皮，冬季覆盖兽皮，可很快搭成，可随时拆卸。要体验鄂伦春民族的历史文化、生活习俗，可以到鄂伦春博物馆、风情园、猎民村及民俗村。

上海市

上海市林业遗产名录

大类	名称	数量
林业生态遗产	—	—
林业生产遗产	01 松江仓桥水晶梨；02 南汇水蜜桃	2
林业生活遗产	—	—
林业记忆遗产	03 徐光启《农政全书》；04 嘉定竹刻；05 海派紫檀雕刻；06 黄杨木雕	4
总计		6

松江仓桥水晶梨

仓桥地区位于上海西南部，地处黄浦江上游。仓桥水晶梨作为松江传统的特色农产品，自清嘉庆时期已具有相当的知名度。黄浦江两侧干净水质确保水晶梨有优良品质，该地处在太湖流域碟形洼地带的底部，土壤是由湖河沉积而成的青紫泥，有机质养分丰富。这里日照充足，年日照量在 1987 小时，年均降水量 1000 毫米以上，适合水晶梨生长结果，造就了仓桥水晶梨"酥、甜、鲜、靓"的品质。

该地种梨历史悠久，凭借良好自然条件和生产技术，"仓桥水晶梨"品质得到大家的认可和喜爱。据清嘉庆《松江府志》载，元代词人张之翰在至元末年（1340 年）自翰林侍讲学士调任松江知府，曾写有《婆罗门引·赋赵相宅红梨花》一词赞美梨花："冰姿玉骨，东风著意换天真。软红妆束全新。好在调脂纤手，满脸试轻匀。为洗妆来晚，便带微嗔。香肌麝薰。直羞煞海棠春。不殢数卮芳酒，谁慰黄昏。只愁睡醒，悄不见惜花贤主人。枝上雨，都是啼痕。"在清嘉庆《松江府志》中也有梨树种植的记载。民国年间，华亭县（后改松江区）的仓桥等地区零星种植梨树面积有 300 余亩。20 世纪 50 年代初，仓桥地区农民利用屋前宅后零星土地种植梨树，品种以水晶梨为主，多为自食或馈赠亲友。

科技人员经过努力，在仓桥水晶梨在传承传统产品特色的基础上，使品种得到改良。新中国成立后，仓桥水晶梨种植产业逐步走上规模化种植、产业化经营道路。梨树面积从 20 世纪 50 年代末的 500 余亩扩大到如今的 5000 亩，年产优质水晶梨 1 万吨以上。品种结构不断更新优化，经济效益逐年提高。松江区委、区政府对仓桥水晶梨产业发展非常重视，明确提出"以水晶梨兴农，以水晶梨富民"的发展思路，并把水晶梨产业作为松江区重点发展的农产品支柱产业。

南汇水蜜桃

南汇水蜜桃，上海市南汇区特产，是上海水蜜桃最知名的品种，南汇水蜜桃素来以皮薄肉厚、汁多味甜而闻名上海乃至全国。果形圆整，个体大，色泽美观，皮薄肉厚，果肉致密，纤维少，香味浓，汁多味甜。炎夏酷暑，咬一口南汇水蜜桃，沁人心脾，润入肺腑。

水蜜桃最早的文献记载见于王象晋的《群芳谱》（1621 年）："水蜜桃独上海有之，而顾尚宝西园所出尤佳"。此后的多种古籍都称水蜜桃出自顾尚宝西园。此后的多种古籍和上海县志都称水蜜桃出自露香园。据考证，顾尚宝系顾名世之弟，露香园得名于顾名世扩建万竹山居之后。"顾氏归筑露香园，觅异种水蜜桃，种之成林"，估计是在明嘉靖（1522—1566）末或隆庆（1567—1572）年间。原上海城北的露香园在清康熙初年荒废。至乾隆（1736—1795）后期，水蜜桃盛产区已转移到了城西南的黄泥墙。黄泥墙一带的水蜜桃种植只兴盛了 100 年左右。到了同治（1862—1874）年间，水蜜桃盛产区又转移至龙华一带。直到 20 世纪初，龙华一带所产的水蜜桃仍"遐迩闻名"。

据说上海最早栽培水蜜桃的人是天文学家徐光启的儿子徐龙兴。新中国成立后，市郊各县的桃园都得到了恢复和发展，其中南汇县成为重点果区。品种除了玉露水蜜桃、陈圃蟠桃，还有早熟的"早生""雨化露"和中熟的"白风""凤露"以及晚熟的"白花"等。上海水蜜桃以皮薄、汁多、香浓、味甜赢得海内外喜爱。英国、美国、日本都先后引种过上海水蜜桃。

徐光启《农政全书》

徐光启（1562—1633），字子先，号玄扈，上海人，生于明嘉靖四十一年（1562 年），卒于崇祯六年（1633 年），是明末杰出的科学家。徐光启的科学成就是多方面的。他曾同耶稣会传教士利玛窦等人共同翻译了许多科学著作，如《几何原本》《泰西水法》等，成为介绍西方近代科学的先驱；同时他也写了不少关于历算、测量方面的著作，如《测量异同》《勾股义》。他还会通当时的中西历法，主持了 130 多卷《崇祯历书》的编写工作。此外，他还亲自练兵，负责制造火器，并成功地击退了后金的进攻。著有《徐氏庖言》《兵事或问》等军事著作。但徐光启一生用力最勤、收集最广、影响最深远的还要数农业与水利方面的研究。

徐光启出生的松江府是个农业发达之区。早年他曾从事过农业生产，取得功名以后，虽忙于各种政事，但一刻也没有忘怀农本。眼见明朝统治江河日下，他屡次陈说根本之计在于农。他自号"玄扈先生"，以明重农之志。玄扈原指一种与农时季节有关的候鸟，古时曾将管理农业生产的官称为"九扈"。

《农政全书》是徐光启创作的农书，成书于明朝万历年间，基本上囊括了中国明代农业生产和人民生活的各个方面，其中贯穿着治国治民的"农政"思想。按内容大致分为农政措施和农业技术两部分，前者是全书的纲，后者是实现纲领的技术措施。开垦、水利、荒政等内容占了将近一半的篇幅，这是其他的大型农书所鲜见的。"荒政"作为一目，有 18 卷之多，为全书 12 目之冠。目中对历代备荒的议论、政策作了综述，对水旱虫灾作了统计，对救灾措施及其利弊作了分析，最后附草木野菜可资充饥的 414 种植物的知识。

书中包含许多与林业相关的内容。在《树艺》目含"果部"二卷，记载枣、桃、李、梅、杏、梨、栗、榛、奈、林檎、柿、椑柿、君迁子、安石榴、荔枝、龙眼、龙荔、橄榄、余甘、樱桃、山樱桃、杨梅、葡萄、野葡萄、银杏、枇杷、橘、柑、柚、佛手柑、金橘、金豆、橙、桑葚、木瓜、楂子、槟楂、榅桲、山楂等树种栽培方法。在《蚕桑》目下有"栽桑法"一卷。在《蚕桑广类》目下有木棉一卷。在《种植》目"木部"记载榆、楸、梓、檿、松、杉、柏、桧、椿、梧桐、椒、榖、槐、杨柳、白杨、女贞、冬青、水槿、楮、乌桕、漆、皂荚、棕榈、柞、楝、棠梨、海红、椰、栀子、楂等树种。"杂种"记载竹、茶、枸杞、茱萸等树种。在《荒政》目下"救荒本草·木部"部分记载了叶可食、实可食、花可食、笋可食的树种；"果部"记载实可食、叶可食、根可食的植物种类。

嘉定竹刻

竹刻又称"竹雕"，指用竹根、竹材雕刻成的工艺品，或在竹材、竹制器物上雕刻的文字、图画等，主要流行于中国南方各地。竹刻是中国竹文化的一部分。因为竹材不易保存，在考古发掘中很少发现竹刻。根据史料记载可知，在唐宋时，竹刻工艺已有相当高的水平。艺术发展到一定阶段就形成流派，竹雕艺术于明末清初成熟后，众多流派也逐渐形成并被展示出来。

嘉定竹刻工艺流传于上海市嘉定地区，该地区盛产竹子。嘉定竹刻技艺为明代正德、嘉靖年间朱鹤所创，距今已有400多年的历史。朱鹤擅长诗文书画，他开创了以透雕、深雕为标志的深刻技法，使竹刻成为一门独立的观赏艺术。朱鹤和儿子朱缨、孙子朱稚征祖孙三代潜心研究竹刻艺术，奠定了嘉定竹刻艺术的基本品格。"三朱"之后，嘉定竹刻不断发展，流派纷呈。晚清时，嘉定城内竹刻作坊林立，店铺繁多。

嘉定竹刻艺人以刀代笔，以书法刻竹，将书、画、诗、文、印诸种艺术融为一体，赋予竹刻作品书卷之气和金石品味，其形制多适合文人口味，审美价值超过实用价值。嘉定竹刻品种有笔筒、香筒（熏）、臂搁、插屏、抱对等，也有以竹根刻成的人物、山水、草木、走兽等制品。

嘉定竹刻系纯手工操作，难以形成规模化生产。现在的画家无人操刀刻竹，竹刻艺人又缺少文化素养，致使嘉定竹刻的文化内涵逐渐丧失。当地政府部门正采取措施抢救嘉定竹刻技艺。

海派紫檀雕刻

海派紫檀雕刻是上海市传统红木雕刻艺术的一种。据史料记载，海派紫檀雕刻工艺始于明代，创始人为屠诗雨。晚清时，其传人屠文卿在清宫造办处设计制作紫檀家具，是苏式紫檀雕刻名家。近代以来，屠氏后人把西方雕塑技法融入紫檀雕刻工艺之中，逐渐形成了海派紫檀雕刻中西融合的特色，并针对紫檀材质坚硬的特点对雕刻工具进行了改革，提高了工艺水准。海派紫檀雕刻尤其擅长制作大件的作品，例如《万世师表》《世纪龙舟》《道德天尊》等。

黄杨木雕

海派黄杨木雕流行于上海市徐汇区，是 20 世纪 30 年代上海开埠时期产生的一种雕刻艺术，其创始人徐宝庆曾在外国人开办的孤儿工艺院学习。经过 70 多年的锤炼，徐宝庆创立发展了有特色的海派黄杨木雕艺术体系。其特点是中西融合，他将西方写实雕塑技巧与中国传统雕刻技法结合起来，生动地表现中华传统历史典故、民间故事及神话传说、传统道德人物及故事、文学作品和人物、传统民间游戏、民间技艺、农村题材和动物题材等，善于捕捉生活中的瞬间，作品生动传神。

木雕艺术有极高的文化、艺术、审美和社会价值，不仅需要雕刻者有相当的文化修养，还需要时间磨砺。徐宝庆生前收过上百个徒弟，但现在几乎没人专门从事黄杨木雕工作，迫切需要采取措施，以免木雕技艺失传。

江苏省林业遗产名录

大类	名称	数量
林业生态遗产	—	—
林业生产遗产	01 泰兴银杏；02 无锡阳山水蜜桃；03 邳州银杏、板栗；04 沭阳古栗园；05 新沂古栗园；06 海安桑蚕茧	6
林业生活遗产	07 海州流苏；08 苏州拙政园；09 明孝陵、中山陵；10 云台山；11 南京老山；12 茅山	6
林业记忆遗产	13 吴江计成《园冶》；14 碧螺春茶；15 南京雨花茶；16 宜兴阳羡雪芽；17 扬州漆器；18 扬州精细木作；19 苏州明式家具制作；20 兴化木船制造；21 无锡留青竹刻；22 常州留青竹刻	10
总计		22

泰兴银杏

泰兴市位于江苏省中部、长江下游北岸，银杏种植遍布全市境内，面积达 22 万多亩。其中，银杏围庄林面积 20.2 万亩，并拥有 20 多个百亩以上古银杏群落。

泰兴银杏种植有着悠久的历史。据《泰兴县志》记载，泰兴银杏栽培历史已有 1400 多年，通过一代又一代人的选育、驯化、研发，逐步形成了银杏嫁接、人工辅助授粉、科学施肥、病虫害防治等一整套完善的银杏种植技术体系，泰兴于 2002 年被国家标准化管理委员会授予"全国银杏标准化示范区"称号。

泰兴银杏栽培（闵庆文供图）

"泰兴白果"果大，出仁率高，浆水足，糯性强，耐贮藏，品质为全国之冠。先后获得"原产地域保护产品""AA级绿色食品""有机食品"等多项国家级荣誉称号。全市定植银杏树300万株，其中50年以上树龄的有9.4万余株，100年以上的有6180多株，500年以上的有34株，千年以上古银杏12株。常年白果产量1万吨，约占全国总产量的1/3。泰兴市委、市政府将成片银杏林保护列入全市整体建设规划，专题出台规定，禁止乱砍滥伐。先后两次颁发林权证依法保护，对一级古银杏树编号挂牌，加装构架，复壮维护。

泰兴市以国家级古银杏公园为重点，开发集休闲、观光、度假、科普服务为一体的银杏生态休闲观光旅游项目，坚持把中国重要文化遗产银杏种植系统保护与发展作为全市经济社会发展重点工作，制定出台了一系列政策措施，加快推进银杏种植系统保护与发展、文化传承和产业开发融合发展。2015年10月，泰兴银杏栽培系统被认定为第三批中国重要农业文化遗产。

无锡阳山水蜜桃

无锡阳山水蜜桃栽培系统，在无锡市惠山区阳山、钱桥、洛社等乡镇，水蜜桃栽培面积3.2万亩。

无锡水蜜桃种植历史悠久，最早可追溯到宋代。明万历《无锡县志·土产》已有"沿山隙地，多辟桃园"的记载。阳山水蜜桃有20多个品种，传统代表品种有雨花露、银花露、白凤、阳山蜜露、白花等。鲜桃充分成熟时，香气浓郁，桃肉柔软多汁，皮易剥离，糖度高，酸度低，风味鲜美。近年来，"阳山"牌水蜜桃先后获得了"江苏省名牌产品""江苏省著名商标""中国名牌农产品""北京奥运会推荐果品"等一系列殊荣。阳山境内的安阳山山峰突兀，有断岩峭壁，曾被明太祖赞为"八面威风"。三月间，6000亩桃花漫山遍野，竞相怒放，争奇斗艳，绚丽多姿，把古老的阳山点缀成一个真正的"桃花源"。阳山已连续20年举办"中国·无锡阳山（国际）桃花节"，桃花文化已深深融入当地民俗文化。每年桃花盛开之际，阳山百姓会邀请亲朋好友一起吃蟠桃宴，赏桃花庵。

要充分发挥阳山水蜜桃栽培系统生产和生态功能，保护和利用好这一珍贵的林业遗产。2017年6月，阳山水蜜桃栽培系统被认定为第四批中国重要农业文化遗产。

邳州银杏、板栗

邳州港上国家银杏博览园位于素有"中华银杏第一乡"之称的江苏省邳州市港上镇。邳州大面积种植银杏始于北魏正光年间，距今已有1400多年的历史。博览园以港上镇为中心，辐射周围镇村，银杏种植面积达35万亩，其中，核心区面积3万亩。园内有百年以上的杏树1.5万多棵，千年以上的银杏树10多棵。姊妹园作为国家银杏博览园的园中园，占地500亩，因园内有两棵高大茂密的姊妹树而得名。这里保存着全国罕见的古银杏群落，有树龄500年以上的古银杏树20多株。每到秋天，"躁叶和风舞，累籽压枝弯"的金碧辉煌景象吸引着大批游人前来观赏，更是摄影家流连忘返的天堂。

邳州港上国家银杏博览园是世界上最大的银杏成片园和全国唯一的单树种国家级森林

公园，也是继河南鄢陵花卉苗木博览园、洛阳牡丹博览园之后的全国第三个国家级植物博览园。2004 年被批准为国家级银杏博览园，2005 年被确定为国家级农业旅游示范点，2006 年被评为国家 AAA 级旅游景区。

邳州古栗园，位于邳州市炮车、陈楼两镇交界处。整座栗园全部根植于沙中，沙细如雪，如履地毯。核心区面积 1600 余亩，树龄 300 年以上的古栗树 3000 余棵，200 年以上的 3600 余棵，30 年以上的万余棵，森林覆盖率达 80% 以上，是全省乃至全国极其罕见的实生栗子园，至今仍保持原生态。

经考证，该园老栗树植于清乾隆年间，迄今已有 200 多年的历史。据传，一次乾隆下江南，途经此处，御鞋踩在软软的白沙上，甚是欢喜，但看到庄稼枯黄，百姓疾苦，又非常痛心。于是召集身边的随臣商议，分管农业的大臣就献上一策，说此沙土地只适宜栽植果树，唯有广植果树才可解民之疾苦，尤以栗子、沙梨最佳。乾隆于是就下了道谕旨，令速从北方调拨上万株栗子苗和梨树苗，分发给各家各户，他们各自植于白沙地之上，由此造就了"炮车果园"这一地名。近 300 年来，由于老梨树皆已伐光，现在的果园已变成纯正的栗子园。

邳州古栗园风光旖旎，环境优雅。园内绿荫蔽日，古树仪态万千；果实品质优良，色泽亮紫，含有多种微量元素，系有名的紫金板栗。2010 年，邳州古栗园被江苏省旅游局评为省级森林公园。

邳州银杏（樊宝敏摄）

邳州古栗园（樊宝敏摄）

沭阳古栗园

沭阳古栗林位于宿迁沭阳县西部，主要沿虞姬沟一线呈带状分布，以新河和颜集两镇最为集中。

自秦汉时期，沭阳始栽植板栗。据《沭阳乡土地理》和文史资料记载，从颜集的虞姬沟到新沂河一带数十里皆生长成片的板栗和银杏，祖祖辈辈栽植板栗，已成传统，并因其个大，肉甜，香脆，且外壳鲜红光亮，被命名为"大红袍"，成为地方有名的"贡果"。大片的古栗树均按易经八卦布局，虽经百年风雨，依旧生机盎然，错落有致，巍巍壮观，是省内一处保存完好的原生态文化自然景观，在全国亦属罕见。

新河镇周圈村的古栗林占地120亩，有百年以上的古栗树566棵、古银杏172棵；颜集镇花曼村的古栗林约有80多亩，其中一半以上为清代一鲍姓地主所栽，分布在东西宽200米、南北长1000米的条形地块中，每棵间距约10米，共有板栗树约千余棵。颜集镇堰下村也有占地50~60亩的古栗林，据说其中树龄最大的板栗树栽种于明末清初，至今已有三四百年的历史。

为保护这片古栗林，沭阳县政府专门下发《关于公布沭阳县古栗林保护范围和建设控制地带的通知》。花乡农民由传统的农业生产向旅游服务转变，实现农业增效和农民增收。

新沂古栗园

新沂古栗园，位于素有"中国板栗第一镇"之称的江苏省新沂市邵店镇。板栗园总面积达两万亩，居沭河两岸，横跨沭河、东鲍、联合、悦集等村。不论宅前院后或路边沟旁，板栗树树相连，片片相接，高低起伏；举目四望，漫无崖际的绿海中枝影横斜地掩映着一座座红墙碧瓦，美不胜收。镇内沐河村有树龄300年以上的板栗树1万余株，古树之多，树龄之长，全国罕见。

邵店种植板栗的历史已有2000多年，向以粒大、色艳、淀粉足、营养高而驰名中外。板栗树在每年农历五月开花，此时也正是雷雨冰粒频发的季节。据《邵店镇志》载："民国以来，有十多次风雨冰粒为害板栗之事。"因此，人们在板栗园中建虞姬庙，视虞姬为雹神（又称"冷神"），烧香祈祷，以求丰收。今邵店民间仍有"冷子不打板栗园"之语。

海安桑蚕茧

海安桑蚕茧，江苏省海安县特产，中国国家地理标志产品。海安桑蚕茧茧形匀整，茧层厚实，茧色洁白，茧衣蓬松，外观无污物。2015年12月，国家质检总局批准对"海安桑蚕茧"实施地理标志产品保护。

海安县是全国著名的茧丝绸大县，历史悠久。南唐时期，海安县就有载桑养蚕的文字记载。1981年，全县年养蚕14.71万张，蚕茧总产4114吨，蚕茧总产首次获得全省第一，茧丝绸逐渐成为海安县的支柱性产业。1981年后，海安县委、县政府通过对棉、桑进行经济效益对比分析，从部分地区宜桑不宜棉的实际出发考虑，果断地提出了"缩棉扩桑"的号召。1990年，桑园面积达到12.49万亩，比1979年的4.61万亩增加了1.7倍。1995年养蚕突破40万张，总产茧量超过10000吨。

截至2017年底，海安县拥有桑田面积8.5万亩，年产蚕茧1.5万吨，亩产桑蚕茧收入超6000元，茧丝绸深加工企业数量达52家，形成了蚕种繁育、栽桑养蚕、蚕茧收烘、缫丝、绢纺、丝绸、制衣、家纺以及护肤化妆品、营养保健品、文化艺术品等生产加工和国际国内贸易的全产业链格局。海安县茧丝绸产业年销售收入超百亿元，促进了海安县8万户农村家庭增收和3万多名产业工人就业。

海州流苏

最美流苏古树，位于江苏省连云港市海州区胸阳街道胸阳村龙洞庵庙宇院内大门东侧。种植于南宋时期，距今830年。为雄性，胸围296厘米，地径98厘米，分叉胸径为30厘米和45厘米，树高10米，冠幅11.5米。在2018年入选中国最美古树。流苏树，在当地称为"糯米花树"或"糯米条"，属木樨科流苏树属，是落叶灌木或小乔木，树形优美，枝叶茂盛。流苏属于国家二级保护植物，其花瓣可制茶饮用。

目前，这棵流苏树生长状况良好，被确定为国家一级古树名木。同时，龙洞庵也采取保护措施，设置保护栅栏，严禁登爬，杜绝人为破坏和采摘树叶、花朵。这棵树每年4月中旬初夏时节开出满树白花，花期只有10天左右。酷似糯米的

海州流苏（王枫供图）

白色花朵团团簇簇，洁白如云，又似大雪覆盖，因此被称为"四月雪"。这龙洞庵的古树为古刹增添了神秘又传奇的色彩。龙洞庵位于国家4A级景区孔望山风景区内，传说孔子曾登此山而望东海，故取名"孔望山"，它是道家第七十一福地，但道佛并存。龙洞庵位于山东侧半山腰上，距今已有1400余年历史，清幽的小院却因一株800多岁的古树而闻名天下。

苏州拙政园

拙政园，位于苏州古城东北隅，占地70余亩，是江南占地最大、景色最开阔疏朗、艺术价值和文物价值最高的一座名园，与北京颐和园、承德避暑山庄、苏州留园并称"中国四大名园"，1961年被列为全国第一批重点文物保护单位，1997年被联合国教科文组织列入《世界遗产名录》。

苏州拙政园廊桥小飞虹（樊宝敏摄）

拙政园始建于明代正德四年（1509年），至今已有500余年历史。它的第一个主人是御史致仕的王献臣。王献臣世籍苏州，弱冠登进士，博学能文，为人刚直不阿，不得帝王欢心，干脆辞官回乡。"拙政"二字取自晋代文学家潘岳的《闲居赋》。

拙政园是中国古代私家园林中的典范，清代学者俞樾誉之为"名园拙政冠三吴"。500余年来，拙政园几经名人行家居住和陶冶，不仅园景构筑臻于精美，而且文化内涵也日益深化。20世纪50年代将拙政园原已

荒废的东部加以修复扩建。东部原为明代崇祯年间侍郎王心一的"归田园居"，建有"兰雪堂""芙蓉榭""术香馆"等小筑，配有大片草地、一湾曲水，显得开朗疏淡。

明孝陵、中山陵

钟山风景区位于南京市玄武区紫金山南麓，分为明孝陵景区、中山陵景区、灵谷景区、头陀岭景区和其他景点五大部分。钟山因山顶常有紫云缭绕，又得名"紫金山"。诸葛亮有"钟山龙蟠，石城虎踞，此帝王之宅也"的盛赞。钟山囊六朝文化、明朝文化、民国文化、山水城林文化、生态休闲文化、佛教文化于一山，为"中华城中人文第一山"。

明孝陵，是明太祖朱元璋与其皇后的合葬陵寝。因皇后马氏谥号"孝慈高皇后"，又因奉行孝治天下，故名"孝陵"。占地面积达170余万平方米，是中国规模最大的帝王陵寝之一。明孝陵始建于明洪武十四年（1381年），至明永乐三年（1405年）建成，先后调用军工10万人，历时达25年。承唐宋帝陵"依山为陵"旧制，又创改方坟为圜丘新制。使人文与自然和谐统一，达到天人合一的完美高度，成为中国传统建筑艺术文化与环境美学相结合的优秀典范。明孝陵有"明清皇家第一陵"的美誉。2003年7月，明孝陵及明功臣墓被列为世界文化遗产；2006年12月，明孝陵被列为首批国家5A级旅游景区。

中山陵，是中国近代伟大的民主革命先行者孙中山先生的陵寝及其附属纪念建筑群，陵寝面积8万余平方米，于1926年春动工，至1929年夏建成。中山陵整个建筑群依山势而建，由南往北沿中轴线逐渐升高，主要建筑有博爱坊、墓道、陵门、石阶、碑亭、祭堂和墓室等，排列在一条中轴线上，体现了中国传统建筑的风格。建筑融汇中国古代与西方建筑精华，庄严简朴，别创新格，被誉为"中国近代建筑史上第一陵"。2007年，中山陵被列为首批国家5A级旅游景区；2016年，入选首批"中国20世纪建筑遗产"名录。

中山陵（樊宝敏摄）

云台山

　　云台山位于江苏省连云港市东北，古称"郁州山"，唐宋时称"苍梧山"。唐李白诗云："明日不归沉碧海，白云愁色满苍梧。"宋苏轼诗云："郁郁苍梧海上山，蓬莱方丈有无间"，写的都是云台山。此山原来只是黄海中的一列岛屿，18世纪方与大陆相连，遂形成峻峰深涧，奇岩坦坡，山光水色，独具神姿，被誉为"海内四大名灵"之一。明嘉靖年间道教兴盛，道士云集达两万之众，该山又被誉为"七十一福地"。

　　今天的云台山景区面积约180平方千米，以山水岩洞为特色，包括海滨、宿城、孔望山、花果山四景区。分为前、中、后三部分，山多而峰奇，石坚而洞幽，谷秀而果香。其中，前云台山范围最大，地势最高，山中有166座高峰，景区内就有大小秀丽的山头134座，主峰玉女峰海拔625米，为江苏省最高的山峰。

南京老山

　　老山国家森林公园，位于南京市浦口区中部，南临长江，北枕滁河，规划面积5063公顷。其管理主体老山林场于1916年建立，建场时间在全国仅存的八大百年国有林场中位列第五。作为江苏省境内最大的国家级森林公园，森林覆盖率达90%，素有"南京绿肺、江北明珠"之美誉，是江苏省科普教育基地和环境教育基地。自古以来，游览老山的社会名流、文人雅士络绎不绝，宋武帝刘裕，南朝梁武帝萧衍及其长子昭明太子，宋代名儒王安石、苏轼、秦观，明太祖朱元璋，清末李鸿章、张勋等，都曾亲临老山一览风光，即兴吟诗作赋，留下许多名篇佳句。

　　近几年，公园以户外有氧运动为主要发展方向，重点开发登山、骑行、徒步等有氧健身体育项目，社会美誉度大幅提升。2014年顺利承办青奥文化教育活动和山地自行车、公路自行车赛；南京老山有氧三项名人挑战赛，"奔泰体育杯"南京老山100公里国际越野挑战赛，首届南京老山有氧三项国际精英挑战赛等品牌赛事活动也相继在此地举行，老山正发展成为一个高水平体育赛事集聚地。目前公园分为七佛寺、狮子岭、平坦三大景区，群山之中遍布林泉石洞。现对外开放的是七佛寺景区。

茅山

　　茅山，原名"句曲山"，为中国道教圣山，被称为"秦汉神仙府，梁唐宰相家"。位于常州金坛区与镇江句容市交界处，南北走向，面积50多平方千米。茅山是道教上清派的发源地，被道家称为"上清宗坛"。东晋葛洪、南朝陶弘景等都曾在茅山修道。有"第一福地，第八洞天"之美誉。

　　主峰大茅峰，似绿色苍龙之首，也是茅山的最高峰，海拔372.5米。虽不算高，但"山不在高，有仙则灵"。它既是道教圣地，又是抗日根据地，其自然、人文、森林、革命历史等景观融为一体，胜似仙境。九霄万福宫雄居其上，二茅峰、三茅峰蜿蜒而下，与主峰高低起伏，相映生辉。山上景点多，有九峰、十九泉、二十六洞、二十八池之景。1986年被省政府列为省级森林公园，批准为省甲级风景名胜区。2013年10月，茅山晋升为国家5A级旅游景区。

吴江计成《园冶》

计成（1582—？），明末松陵（即今江苏吴江）人，字无否，号否道人。崇祯四年（1631），计成在为汪士衡造寤园（在今江苏仪征）的间隙，总结自己十多年的造园经验，整理造园用的建筑结构图式和装修图案，写出了《园冶》，崇祯七年（1634）由安庆阮大铖出资刻板印刷。

《园冶》是中国历史上第一部全面系统地总结和阐述造园法则与技艺的著作。《园冶》共分三卷，约一万四千字，并附有各类插图共 235 张。卷一包括三个序言和六章，分别是《冶叙》（阮大铖序言）、《题词》（郑元勋序言）、《自序》（计成自序）、《兴造论》、《园说》、《相地》、《立基》、《屋宇》和《装折》，并配有屋宇梁架、地图、木门扇和风窗图样共 73 幅。卷二《栏杆》中总结了栏杆图案的设计经验，并附有栏杆图式共 100 张，卷三包括《门窗》《墙垣》《铺地》《掇山》《选石》和《借景》六章，绘有门窗洞、漏砖墙和铺地图样共 62 张。在《园冶》中，计成不仅提出了园林的设计原则和规律，整理出古代木建筑的结构与装修图案、总结了叠山理水的种类和技术原则，更满怀激情地描绘出 17 世纪江南文人园林的理想景境、生活功能和审美情趣，展现了他深厚的文化修养和园林艺术造诣。与其他古人对造园问题的只言片语或散篇论述相比，唯有《园冶》全面而且系统地阐述了造园理念与技法。该书从选址、规划与设计建筑物、叠山理水、铺装地面、选择石材和借景等方面对中国古代造园的各环节都作了深入具体的总结和阐述，集中地体现了中国古人的造园智慧和艺术追求。

碧螺春茶

洞庭碧螺春茶，主产于苏州市吴中区境内太湖洞庭山一带。为地理标志产品，其保护产地范围为吴中区东山、西山。百岁老茶碧螺春也叫"碧萝春"，亦有俗名"佛动心"。

吴中碧螺春茶果复合系统（闵庆文供图）

太湖东、西洞庭山相传是吴王夫差和西施的避暑胜地，其茶文化源远流长，内容丰富。2007年，洞庭（山）碧螺春茶成为国家原产地标记产品。2010年，苏州市吴中区碧螺春制作技艺入选第三批国家级非物质文化遗产名录。

碧螺春最早在民间被称作"洞庭茶"，属于炒青绿茶，是中国十大名茶之一。早在隋唐时期即负盛名，距今已有1000多年历史。相传有一尼姑上山游春，顺手摘了几片茶叶，泡茶后奇香扑鼻，脱口而道"香得吓煞人"（俗称"佛动心"）。清代康熙皇帝视察并品尝了这种汤色碧绿、卷曲如螺的名茶，倍加赞赏，题名"碧螺春"。从此其成为年年进贡的贡茶。《太湖备考》记载："茶出东西两山，东山者胜。有一种名碧螺春，俗呼吓煞人香，味殊绝，人赞贵之，然所产无多，市者多伪。"碧螺春原产地的茶树与桃、梅、杨梅、板栗、橘、李等花果树间种，故正品碧螺春有一种独特的花果香，且形似"蜜蜂腿""铜丝条"，身披白毫。

碧螺春以形美、色艳、香浓、味醇"四绝"闻名中外。品质特点是条索纤细、卷曲成螺、满身披毫、银白隐翠、清香淡。茶制作要求很高，早春时期，茶芽初发，芽尖部分，即"一旗一枪"不超过两厘米时采摘下来，经过杀青、烘炒、揉搓等一系列加工程序炒制而成。

目前，吴中区茶园面积达29500亩，2009年全区茶叶总产达312吨，其中，碧螺春产量为154吨；茶叶总产值达1.8亿元，其中，碧螺春产值为1.35亿元。该区有1.7万多户农民从事碧螺春茶种植，从业户均收入1万余元。产品畅销国内各大城市，远销美国、德国、比利时、新加坡等国家。

南京雨花茶

南京雨花茶，属绿茶类，南京著名特产，因产于南京中华门外的雨花台而得名。20世纪50年代末引种，为创制的茶中珍品，曾获中国食品博览会银奖。为优质细嫩针状春茶，当茶芽萌生至一芽三叶时，于清明前约十天开采直至清明。只选一芽一叶芽叶，采下长度为2~3厘米的茶芽，杀青、揉捻，整形干燥，涂乌桕油手炒，每锅只可炒250克茶。2020年1月，南京绿茶制作技艺（雨花茶制作技艺）被国家文化和旅游部列入国家级非物质文化遗产代表性项目名录推荐名单。

该茶色、香、味、形俱佳，外形圆绿，条索紧直，峰苗挺秀，带有白毫，犹如松针，象征着革命先烈坚贞不屈、万古长青的英雄形象。冲泡后的雨花茶香气浓郁高雅，滋味鲜醇，汤色绿而清澈，叶底嫩匀明亮。其研制至今已有60多年历史，现已形成雨花茶产业。

南京在唐代就已种茶，不仅在陆羽的《茶经》中有记载，更有陆羽栖霞寺（南京）采茶的传说，今天的栖霞寺后山仍有试茶亭旧迹。至清代，南京种茶范围已扩大到长江南北。中山陵园茶厂前身为总理陵园种植厂，1931年宋美龄为了点缀中山陵园的周边环境和发展茶叶生产，在灵谷寺、梅花山、美龄宫一带种植了300余亩茶树，仿制杭州龙井，后茶园在抗战期间被毁坏，新中国成立后中山陵园茶园面积恢复到百余亩。1959年春，雨花茶在位于紫金山的中山陵园管理局研制成功，从此南京的茶叶有了自己的独特品质和内涵。中山陵茶园空气宜人，环境优美，"茶梅共生"，是理想的雨花茶原料基地。

宜兴阳羡雪芽

宜兴古称"阳羡",是我国重要的茶叶产区和茶文化发祥地之一。宜兴市东濒太湖,南接天目,气候湿润,雨水充沛,山清水秀,终日云雾缭绕,孕育了芳香独特的阳羡茶。

阳羡制茶源远流长。阳羡茶始于东汉,盛于唐朝,早在三国孙吴时代,所产"国山茶"便名传江南;李唐时茶圣陆羽采茶南山,常州刺史李栖筠鼎力举荐,成就了"阳羡贡茶",诗人卢仝感慨万千,留下了"天子未尝阳羡茶,百草不敢先开花"的千古佳句。自此至清中期,阳羡茶一直被历代皇室视作山中珍品,年年进贡。"阳羡雪芽"外形紧直锋好,色泽翠绿显毫,内质香气清雅,滋味鲜醇,汤色清澈,叶底细嫩,风格特征明显。彻泡后,青香淡雅,沁人肺腑。

宜兴市是江苏省最大的商品茶生产基地、全国重点产茶县市之一。目前茶园面积 7.5 万亩,其中投产茶园 5.6 万亩,有生产企业 250 家,拥有"阳羡雪芽""荆溪云片""善卷春月""竹海金茗""盛道寿眉"等一系列茶叶品牌 20 多个,年产茶叶 6300 多吨。产品畅销日本、美国、英国、韩国等国家。2010 年,阳羡贡茶成为国家原产地标记产品。保护范围为张清、西诸、太华、新街、丁蜀、湖父、徐舍、宜城、环科园 9 个镇(街道、园)。

茶文化与陶瓷文化相得益彰,提高了文化品位。多次到宜兴并打算"买田阳羡,种橘养老"的苏轼,留下了"雪芽为我求阳羡,乳水君应饷惠泉"的咏茶名句。清代文学家李渔也说过:"茗注莫妙于砂,壶之精者,又莫过于阳羡。"用宜兴水质上乘的金沙矿泉水泡阳羡茶,盛于宜兴特有的紫砂壶中,被誉为"江南饮茶三绝"。到现在,宜兴还保留着茶局巷、茶亭等茶文化古迹,并且形成"和、静、怡、真"的茶文化精神。

扬州漆器

扬州漆器,扬州市特产,国家地理标志产品。中国特色传统工艺品种之一。扬州漆器有着 2400 多年的历史。起源于战国,兴旺于汉唐,鼎盛于明清。其工艺齐全、技艺精湛、风格独特、驰名中外。秦汉时期,扬州彩绘和镶嵌漆器制作工艺就有很高的水平,扬州北郊天山汉墓,北京老山汉墓,长沙马王堆汉墓出土的文物中都有扬州漆器的早期作品;唐代扬州漆艺还被鉴真大师传播至日本;到明清时代,扬州成为全国的漆器制作中心,盛极一时。扬州周翥百宝嵌、卢葵生八宝灰和江千里螺钿等漆器,清末民初扬州梁福盛漆器,名声远扬。扬州漆器曾于 1910 年、1915 年、2001 年三次参加国际博览会,均获得金奖。

中国天然大漆是扬州漆器主要原料,扬州地理环境气候适应中国大漆涂刷干燥条件,在正常的温湿度条件下特别是梅雨季节更适合中国大漆的涂刷和干燥;扬州漆器底腻的主要填充材料均使用扬州市邗江区北郊 30 平方千米内特有的黄色黏土进行搅拌、煅烧,保证了扬州漆器产品表面细腻平整、耐冲击、不易裂、附着力强的质量要求。制作技艺主要有十大门类:点螺工艺、雕漆工艺、雕漆嵌玉工艺、刻漆工艺、平磨螺钿工艺、彩绘(雕填)工艺、骨石镶嵌工艺、百宝嵌、楠木雕漆砂砚工艺、磨漆画制作工艺。扬州漆器产品主要有"漆花"牌漆艺家具、室内装饰品、旅游纪念品、礼品、酒店用品、珍品、精品和高档收藏品等，共 3000 多个品种。2004 年 9 月，国家质检总局批准对"扬州漆器"实施原产地域产品保护。

扬州精细木作

精细木作技艺，是一种细木工小件的加工制作技艺。在唐代，扬州木工技术已得到较快发展。至宋代时，扬州木工制作的床榻家具等产品则行销江南。清代为扬州精细木作发展的鼎盛时期，后逐渐走向衰败。木制家具上的精致雕花、妇女梳妆盒上的纹样均为精细木作手艺。该传统技艺主要分布于扬州南郊和三义阁、永胜街等地。

精细木作主要以红木和楠木为材料，将其加工制作成床、桌、椅、几、架、箱等日常生活用品和工艺观赏用品。扬州制作的盒匣、插屏、床榻等器物曾作为珍品供历代帝王、权贵、文人收藏和赏玩。该技艺继承了燕尾榫卯结构、明榫暗榫混合结构等各种精湛技法，全面传承了古代木作工艺精华。精细木作技艺技术含量高，文化底蕴深厚，其成品精致华美，实用和欣赏价值兼备。以精细木作为代表的"扬州八匠"是扬州古老的民俗文化的典型，也是扬州城市文化的见证。2019 年 11 月，《国家级非物质文化遗产代表性项目保护单位名单》公布，江苏工美红木文化艺术研究所获得"精细木作技艺"项目保护单位资格。

苏州明式家具制作

苏州明式家具是明代中叶以来以苏州为中心的江南地区能工巧匠用紫檀木、酸枝木、杞梓木、花梨木等木材制作的硬木家具。其制作技艺产生于明初，成熟时期为明中期至清早期，时间跨度 200 余年。同时，花梨、紫檀等珍贵外来木材的大量进口为明式家具制作提供了原材料。

苏州明式家具制作技艺包括选材、设计、木工制作、雕刻、漆工等主要工序。其中，在选材上，明式家具制作多以花梨、紫檀、鸡翅木铁梨等硬木为材料，也采用楠木、樟木、胡桃木、榆木及其他硬杂木，其中以花梨中的黄花梨效果最好；设计内容包括造型、家具结构、雕花纹样等；木工制作，即生坯制作，其基本流程包括画线、理线、装配、打磨等；雕刻，指按设计图样铲底、理顺边线、拉花、雕刻纹样等；漆工，包括打生坯、刮面漆、磨砂皮、做颜色、上头胶漆、推砂叶面漆、推砂叶、揩漆等 10 多道工序。

明式家具种类有凳椅、几案、橱柜、床榻、台架、围屏、插屏、落地屏风等。明式家具以榫卯技艺结合各部件，能适应冷热干湿变化；装饰以素面为主，线条流利。家具各部分比例权衡也有讲究，具有突出的实用性和装饰性。由于其制作所需花梨、紫檀等珍贵木材依赖进口且较难获得，此项技艺的发展受到限制。

兴化木船制造

江苏省兴化市竹泓镇是典型的水乡泽国，群众生产生活离不开船，出现了制作木船的手工作坊，形成独特的木船制造技艺。兴化传统木船以老龄杉木为主要原料，辅以铁钉、麻丝、石灰、桐油等。木船制造需经选料备料、断料、配料、破板、分板、拼板、投船（组装）、舱缝、打麻油船、下水等 10 多道工序；使用大锯、大料锯、狭条锯、角尺、墨斗、镰凿、码口、斜刹等 40 余种工具。兴化传统木船有鸭船、秧船、渡船、龙船、披风船、捣网船、拉网船、脚划子、海溜子、旅游船等种类，具有船体轻盈、小巧、灵活、美观等特点，可用于农业、渔业、观光旅游等。兴化传统木船制造技艺主要分布在江淮地区。以口传心授、父子相传、师徒相授等为主要传承方式，历经了宋代的萌芽期、明代的成熟期、清代的兴盛期，延续至今，现为"第二批国家级非物质文化遗产代表性项目名录"中的传统技艺类项目。

无锡留青竹刻

留青竹刻，是留用竹子表面层竹青来雕刻图案，然后铲去图纹以外的竹青，露出竹肌作底。竹青色浅，呈微黄，质地细润，竹肌色较深，两者色质的差异使留青竹刻呈现鲜明的层次感。无锡留青竹刻历史久远，技法多样。早在明代，无锡籍竹刻家张希黄即创立留青浅刻山水技法。1915 年，无锡籍竹刻家、金石家张瑞芝开设双契轩艺坊，其留青竹刻技艺以家族传承的方式保留至今，历代传人均工书善画，精通诗文。早期以摹刻金石文字为主，其次是名家书画。主要技法有阴文浅刻、毛、雕、留青浅刻、薄地阳文、浅浮雕、高浮雕、透雕和圆雕等。其设计和制作理念是以画法刻竹。挂屏、臂搁可看作中国书画中的立轴；扇骨、镇纸可看作屏条；而笔筒图样展开来则可看作手卷或通景屏一类。无锡留青竹刻与无锡的文学、书画艺术有着水乳交融的关系，具有重要的人文价值。无锡市民间艺术博物馆自筹资金保留了两名竹刻艺人，使其免于流散。

常州留青竹刻

常州留青竹刻是江苏常州地区传统的民间工艺。常州留青竹刻产品有台屏、挂屏、笔筒和臂搁等多种类型，其制作过程主要有整形、描图、切边和铲底四个步骤。整形是按照需要，将竹材制成各种物件的形状并打磨光滑；描图是将书画稿描印或自画在竹面上；切边是以不同角度切割竹材边缘；铲底是铲刮竹底，绘画作品必须根据笔墨的浓淡、深浅、虚实决定竹青是全留、多留、少留还是不留，完成一件作品需费数月之功。成品具有很高的观赏性和珍藏价值，为人们所喜爱、珍藏。常州留青竹刻现有以徐素白、白士风为代表的两大流派。

浙江省

浙江省林业遗产名录

大类	名称	数量
林业生态遗产	01 景宁柳杉；02 松阳红豆杉；03 临海百日青；04 茅镶村古树群	4
林业生产遗产	05 绍兴会稽山香榧；06 仙居杨梅；07 诸暨香榧；08 安吉竹、茶；09 长兴银杏；10 临安竹；11 常山胡柚；12 塘栖枇杷；13 余姚杨梅；14 黄岩蜜橘；15 宁波金柑；16 德清早园笋；17 平阳陈嵊故里；18 庆元香菇；19 遂昌竹炭	15
林业生活遗产	20 天目山；21 南镇会稽山；22 雁荡山	3
林业记忆遗产	23 陈淏子《花镜》；24 湖州桑基鱼塘；25 杭州西湖龙井茶；26 建德苞茶；27 松阳茶；28 开化龙顶茶；29 庆元、泰顺木拱桥营造；30 富阳竹纸制作；31 舟山普陀木船制造；32 黄岩翻簧竹雕；33 嵊州竹编；34 东阳竹编、木雕；35 乐清黄杨木雕	13
总计		35

景宁柳杉

最美柳杉古树，位于浙江省丽水市景宁县大漈乡西二村时思寺，树龄达 1500 多年，胸围 13.4 米，原树高达 47 米，现树高 29 米，平均冠幅 16 米，主干苍老雄劲。奇特的是，柳杉王根部有一个形似门户的洞，一个人可自由进出。进到树洞中，抬头可见日光，如同坐井观天。树洞空间奇大，可摆一张大桌，供 10 余人围桌共餐。2001 年秋，时任浙江省林业局局长程渭山经过多方比较，认为该柳杉是世界上最大、最古老的柳杉树，并为之题名"柳杉王"。

景宁柳杉（王枫供图）

松阳红豆杉

最美南方红豆杉古树，位于浙江省丽水市松阳县玉岩镇大树后村。距今1200年，树高30米，胸围891厘米，平均冠幅21米。树干要6个成年人手牵手才能环抱一圈，巨大的树冠投下的树荫足有一个篮球场那么大。一个藏于深山、鲜为人知的偏远山村坐拥三棵树龄在1000年以上的南方红豆杉，靠的是历代大树村村民的爱树护树传统。

由于古树高龄，主干芯材已腐朽，形成了空洞和部分树干缺口，其树干基部空洞两米有余，能放下一张八仙桌，同时能供8人围坐休憩赏景，这成为该古树独一无二的特征。古树也是大树村民心中的"家乡树"，特别是外出的游子，回到老家抬头看见高大的南方红豆杉，就像见到了亲人。

松阳红豆杉（王枫供图）

2013年夏天，受台风影响，大树村连降大雨。由于雨水长时间冲刷地基，其中一棵南方红豆杉轰然倒地。由于其余两棵古树也有倒下的风险，为了保护古树，村民们扛来许多大石块，在大树周围垒砌了两堵6米多高的石坎，以古树为中心，从村头至村尾自下而上修建了一条石阶，并在倒掉的古树原位重新种上了一株3米多高的小红豆杉作为纪念。

临海百日青

最美百日青古树，位于浙江省台州市临海市小芝镇中岙村。距今880年，树高15米，胸围610厘米，要由4名成年男子手拉手才能抱得过来，树冠直径约有30多米。因其树龄古老，且体态优美，宛如一簇巨大的绿珊瑚，一直被当地村民奉为"镇村之宝"。

这株近千年的百日青位于中岙村的村西头。站到树前，天然就有一股雄浑苍劲的气势，整个树身好似几棵树合体盘旋长成，树干上一个个大小不一的树节显示出岁月的痕迹。树叶却是四季碧绿繁茂，自有一番闲看云天之姿。古树旁有一座蔡氏祖墓，古树树龄的确定跟这座祖墓大有关系。中岙村和周边村庄以蔡姓为主，在他们的宗谱里就有对这座古墓和这棵古树的记载，加上祖墓上刻记的碑文，可以断定百日青种于北宋末年南宋初年。

临海百日青（王登摄）

中峁村坐落在牛头山水库源头，东南临凤凰山，西北倚横岩山，环境清幽，全村共188户、563人。由宋朝至今，百日青在中峁村世代村民的呵护下长成了现在的参天大树。在台州，百日青并不罕见，但这么高寿、粗壮的百日青，即便在全国，都非常珍贵。最美百日青在当地有较大影响力，深受百姓喜爱。有诗赞曰："宋树葳巍震五洲，霜风雪雨刻千虬。遮天百米神飘逸，罗汉蹦跌度众修。"

茅镬村古树群

茅镬村古树群，位于浙江省宁波市鄞州区章水镇茅镬村，毗邻周公宅水库，是宁波最大的古树群。

茅镬作为一个藏于四明山深处的小村落，距今已有400余年历史，有"浙东第一古树村"和"古树王国"的美誉，是著名的"章水十景"之一，近年来逐渐成为人们旅游的热点。由于400年来有严禁砍伐古树的族规，古村留世古木众多。现拥有树龄800年以上的国家一级重点保护植物银杏3棵、树龄500年以上的国家二级重点保护植物榧树79棵、金钱松15棵及树龄300年以上的其他保护树种30余棵。它们株株主干笔直，枝繁叶茂，虽说树龄最大的已近千年，但依旧枝繁叶茂、保存完好，树高均达四五十米，多数需三四名成年人才能抱拢，堪称见证岁月变迁的"活文物"。其中最著名的一棵被称为"万木之冠"的金钱松树高51米，树围4.2米，树龄500年，其树围和立木蓄积量为全国之最，被誉为"中华第一松"，是宁波市"十大古树名木"之一。另一棵被称为"银杏保宅"的银杏树生长于村后山坡上，树高40米，胸径1.31米，树冠南北覆盖20米，东西遮阳24米，面积之大为浙江省同类树种中少见。

茅镬古树群的价值不仅在于它如画的风景和深厚的自然、历史积淀，更在于它诠释着一种人类不可或缺的地理生态学意义。在土地沙化日益严重、自然灾害频仍的今天，高山上的茅镬村却林木青翠，一棵棵伟岸挺拔的千年古树更显示出其别具一格的魅力。

据清道光年间（1849年）石碑碑文记载，400多年前，严姓人来到荒凉的茅镬村居住，当时村子附近就有许多上百年的古树。至乾隆十五年（1750年），村里有一位名叫严子良的族人由于家庭变故一贫如洗，他想将村旁属于自家的大树砍掉卖钱，这时村里另外一名族人意识到保护树木的重要性，就出钱向严子良买下这些古树的所有权。这样，古树平安地生存了99年。后来又有人想砍树换钱，再次有两位好心的族人花钱买下了古树并在村旁立了一块禁砍古树的牌子（即"禁伐碑"），以此告诫后人。

绍兴会稽山香榧

绍兴会稽山古香榧群位于绍兴市域中南部的会稽山脉，面积约400平方千米，有结实香榧大树10.5万株，其中树龄百年以上的古香榧有7.2万余株，千年以上的有数千株。2000多年前，绍兴先民从野生榧树中人工选择和嫁接培育出了香榧这一优良品种。因经过人工嫁接培育，现存古香榧树基部多有显著的"牛腿"状嫁接疤痕。位于绍兴市占乔村的千年榧树王，树龄长达1430余年，树高18米，犹如遮天巨伞。古香榧树历经千年仍硕果累累，堪称古代良种选育和嫁接技术的"活标本"。

绍兴先民利用陡坡山地，构筑梯田（鱼鳞坑），种植香榧树，香榧林下间作茶叶、杂粮、蔬菜等作物，"香榧树－梯田－林下作物"的复合经营体系构成了独特的能保持水土和高效产出的陡坡山地利用系统。香榧四季常绿，形态优美，一棵棵古

绍兴香榧王（王枫供图）

绍兴会稽山古香榧群（闵庆文供图）　　　　　　　　　　绍兴会稽山古香榧群（闵庆文供图）

香榧树与古村落、小溪、山岚等构成了一幅幅令人赏心悦目的画图。自古至今，赞美香榧的散文、诗歌、美术作品层出不穷，有关祭祀、节庆等活动丰富多彩。

历经千百年的风雨，古香榧树自然衰老，加之病虫害、自然灾害的侵害，城市化进程的加快，农业劳动力资源不足等原因，会稽山古香榧群的传承与保护面临着严重的威胁。对于古香榧群的保护，绍兴摸索出了一套"以保护满足利用，以利用促进保护"的传承之道。按照农业部中国重要农业文化遗产保护工作的要求，绍兴市人民政府制定了《绍兴会稽山古香榧群保护管理办法》，依法保护、管理古香榧群生态系统，促进本地区经济社会可持续发展。2013 年 5 月，会稽山古香榧群被认定为第一批中国重要农业文化遗产。

仙居杨梅

仙居县地处浙江省东南、台州市西部，是国家级生态县，山水秀美，杨梅生产环境得天独厚，素有"闽广荔枝，西凉葡萄，未若吴越杨梅"的说法。

仙居杨梅种植源于唐宋，兴于明清，盛于当代，明朝古杨梅种植历经一百年，今日依然生机勃勃。全国人大常委会原副委员长、著名科学家严济慈品尝仙居杨梅后赞不绝口，欣然题写了"仙梅"二字。杨梅种植产业作为农村经济最重要的主导产业，仙居相继实施了"万亩杨梅上高山""杨梅梯度栽培""百里杨梅长廊""杨梅品牌工程"等重点工程，种植面积 13.8 万亩，投产面积 11 万亩，年产量达 7.5 万吨，成为全国杨梅种植第一大县，拥有国内最大的杨梅专业加工企业，建有两条国内首创的万吨杨梅深加工生产线，年加工转化杨梅近 4 万吨，开发了杨梅干红、杨梅原汁、杨梅浸泡酒、杨梅发酵酒、杨梅浓缩汁、杨梅醋饮、杨梅蜜饯等 30 多个系列产品。

以梅为媒，仙居县每年举办杨梅节，推动当地农业与二、三产业的联动发展，总产值超过 10 亿元，构建和产生了地方独特的杨梅农耕文化和杨梅经济现象。仙居杨梅先后荣获国家地理标志产品称号、原产地保护标记注册证书及中国驰名商标，成功创建全国绿色食品原料（杨梅）标准化生产基地，仙居杨梅观光带被评为"中国美丽田园"。2015 年10 月，仙居杨梅栽培系统被认定为第三批中国重要农业文化遗产。

仙居杨梅（闵庆文供图）

诸暨香榧

最美香榧古树，位于浙江省绍兴市诸暨市赵家镇榧王村，距今 1360 年，胸围 926 厘米，平均冠幅 26 米，树高 18 米，两米左右处分为 12 条粗壮的树枝，覆盖面积近 1 亩。现尚处于旺盛的生长期，年产鲜蒲（带假种皮的种子）600 千克。2007 年，它以"个体最奇特"入选浙江农业吉尼斯纪录，被称为"中国香榧王"。

诸暨仙坪山古榧林（浙江省林业厅供图）

嫁接树能成为古树的树种并不多，而香榧是榧树经人工嫁接培育的唯一品种。毫无疑问，香榧也是现存古树中嫁接树数量最多的，仅诸暨就有 4 万多株。通过嫁接提高果实与种子品质的技术，早在上千年前就已被我国劳动人民掌握利用，有会稽山脉的千年古香榧树为证。因为有了这株古树，在 2006 年行政村调整中，这个由钟家岭和西坑合并而成的新村才有了"榧王村"的名称。

安吉竹、茶

安吉是中国著名竹乡，有"世界竹子看中国，中国竹子看安吉"之说。中国野生竹种 500 多种，安吉县已拥有 360 多种，成为世界上竹子种类最多的地方。千百年来，安吉人与竹子结下了不解之缘，其独特的竹资源、竹环境和竹利用形成了丰富多彩的安吉竹文化。安吉的竹的价值不仅在物质产品的售卖，更是饮食文化、民俗文化及竹景观等第三产业的输出，如：极具竹乡色彩的"大竹竿""花毛竹"文化、上舍村"化龙灯""捏釉文化""撑筏文化""育竹文化"等，以及安吉天荒坪镇、山川乡等竹海景观、递铺鹤鹿溪村的竹林溪流景观等。1996 年，安吉被林业部评为十大"中国竹子之乡"。2020 年 1 月 19 日，浙江安吉竹文化系统入选第五批中国重要农业文化遗产。

安吉县位于浙江省西北部，属亚热带海洋性季风气候。年降水量在 1100~1900 毫米。

地形起伏高差大，有"七山一水二分田"之说。龙王山海拔 1587 米，是黄浦江的源头。这里气候、地形、土壤等自然条件优越，适宜竹子尤其是毛竹等散生竹的生长。竹子种类资源较为丰富，乡土竹种共有 7 属、42 种（包括变种、变型）。

我国东南地区的竹类资源极为丰富。《尔雅》"东南之美者，有会稽之竹箭焉"描写了浙江的竹资源。安吉竹子生产历史悠久，远在宋代便已有文字记载。北宋赞宁在《笋谱》中记载了 94 种笋。安吉县从明代开始就已形成竹子的商品化生产。至清代，对竹林培育技术措施的记载已很详细，诸如大年护笋养竹、砍伐老竹、钩梢、捏油，小年挖笋、劈山等。藉竹为生的历史传统使安吉人民积累了丰富的培育竹子的技术经验，与竹子结下了深厚情谊，形成了浓重的竹文化。

1974 年，浙江安吉竹种园正式成立，经过近 40 多年的发展，现已成为集科研、科普、教学、生产、旅游等功能于一体的综合性竹类植物园。它占地 60 公顷，收集了国内外 396 个竹子品种，是我国最大、品种最齐全的竹种园。2002 年改称"安吉竹子博览园"。另建有中国竹子博物馆。经过多年的积累，该博物馆从国内、国际竹藤组织 21 个成员国、竹子专家学者等处收集了 2000 多件竹文物、竹工艺品、日用品等。其中，部分展品在科研、首创和史料方面有着极高价值。

安吉竹海（张培新摄）

安吉白茶，安吉县特产，国家地理标志产品。安吉白茶外形挺直略扁，形如兰蕙；色泽翠绿，白毫显露；叶芽如金镶碧鞘，内裹银箭，十分可人。冲泡后，清香高扬且持久。滋味鲜爽，饮毕，唇齿留香，回味甘而生津。叶底嫩绿明亮，芽叶朵朵可辨。2004 年

4月，国家质检总局正式批准"安吉白茶"为原产地域保护产品（即地理标志保护产品）。2019年11月，安吉白茶入选中国农业品牌目录。

安吉白茶有近千年的历史，早在宋代徽宗年间赵佶所著《大观茶论》中就有关于安吉白茶的记载。现在的安吉白茶是失传数百年后，于20世纪80年代被科技工作者发现，在安吉天荒坪800多米的高山上有单株千年白茶祖，经挖掘、推广、发展而来。

安吉白茶是由特殊的茶树品种——白叶一号加工而成，该品种早春幼嫩芽叶叶绿素缺失，呈玉白色。后期随气温升高，光照增强，春茶叶色逐渐转为花白相间，夏秋茶为绿色，故生产时间只在春季。属绿茶类，按绿茶加工原理并根据自身的品质特性加工。外形似凤羽，色泽翠绿间黄，光亮油润，香气清鲜持久，滋味鲜醇，汤色清澈明亮，叶底芽叶细嫩成朵，叶白脉翠，富含人体所需氨基酸，且氨基酸含量高于普通绿茶的3~4倍，滋味特别鲜爽，是不可多得的茶中珍品。

长兴银杏

在长兴县小浦镇八都岕，有蔚为壮观的古银杏长廊，长约12.5千米，宽在0.5~5千米，长廊中散落着3万株原生野银杏，其中百年以上的老树2700多株。八都岕除遍生银杏之外，其文化也特别悠长，据传汉代刘秀曾八躲追兵至此，八都岕由此得名。长兴八都岕为天目山余脉，留存少量的天然银杏，长兴也成了世界的"银杏之乡"。现在，长兴的古银杏为全国最多，现存百年以上的古银杏5924株，其中，在小浦镇的八都岕有2370株。

长兴银杏（王兴秀摄）

长兴县登记在册的古树名木有 3395 棵，树龄在 500 年以上的有 42 株。在小浦镇方一村古银杏公园内有一株树龄 1300 余年的雄性银杏树，被称为"古银杏王"；在许家村还有一株 1400 余年的雌性银杏树，被称为"古银杏后"。在水口乡寿圣寺内，雌雄银杏树堪称五世同堂，约是北宋年间所栽，距今已有 1010 多年。一棵为雄，伟岸挺拔，生机勃勃；一棵为雌，是由大大小小簇拥在一起的 10 棵银杏树组成，树高 30 米，胸围 340 厘米，平均冠幅 16 米。

银杏是植物"活化石"。专家在考察"长兴灰岩"时，将两亿多年前的"银杏化石"拿来同现在的长兴银杏比较，发现其竟毫无变异。长兴古银杏文化源远流长。传说汉光武帝刘秀逃难时，曾在位于长兴县小浦镇的八都岕内烤食银杏充饥。宋代杨万里诗赞曰："深灰浅火略相遭，小苦微甘韵最高。未必鸡头如鸭脚，不妨银杏伴金桃"。长兴人陈霸先当了皇帝后，在帝乡下箬寺亲手植一株银杏，并到八都岕丝沉潭钓龙鱼。

临安竹

临安人自古便有种竹、食竹、赏竹习俗，竹业历史悠久。临安之美，离不开竹。在临安，可谓"有山皆有竹，无竹不成山"。临安自古盛产竹子，1983 年西天目山朱陀岭挖掘出的大熊猫化石距今有两万余年，可见在远古年代，天目山就盛产竹子，不然熊猫就无法生存。临安竹业的发展历程在当地各类与竹有关的地名上也得到了证实。在临安，开门是竹，铺山盖岭，绿满沟壑。

临安区是全国十大竹乡，竹资源十分丰富。至 2013 年，全市拥有竹林总面积 6 万公顷，竹产业发展以竹笋生产及加工为主，涉及 15 万农民，竹产业的健康发展对新农村建设具有更为直接的作用。该年全市竹业总产值达 31 亿元，农民人均纯收入 7190 元，竹业成为临安农村经济第一大产业。在临安农民心中，随风摇曳的竹子不仅是美丽家园的象征，更是富裕生活的来源。"退耕还竹"以来，人们"放下斧头，拿着山锄"，不再乱垦乱伐，而是掏钱买荒山植树种竹，大量引进优良品种培植推广。正由于此，才有了这一方土地上的气势磅礴之绿，赏心悦目之翠。近几年来，临安的竹建材、竹制工艺品、竹造纸、竹生活用品和竹笋加工产品更是以品种之多、质量之好而深受国内外消费者青睐。"江南最大的菜竹园"这颗明珠必将在未来大放异彩。

常山胡柚

常山胡柚，起源于常山县青石乡胡家村，又称"仙柚""孝子柚""长寿柚"，是优良的柚子与其他柑橘自然杂交品种。因其具有耐瘠、耐寒、耐贮存等优良性，被誉为"中华第一杂柑"。其性凉、风味独特，并且含有丰富的柚皮苷等活性成分，其营养价值高而受到消费者的青睐。

常山胡柚是我国珍贵的柑橘种质资源，距今已有 600 多年的栽种历史。当前，常山胡柚产业是常山县农业的主导产业，是当地农民收入的主要来源。全产业链已经基本成型，是乡村振兴的重要抓手，正发展成为新兴的健康产业、时尚的芳香产业和持久的富民产业。

常山胡柚外形美观，色泽金黄，果形适中，柚香袭人。果实风味独特，肉质脆嫩，汁多味鲜，甜酸适口，甘中微苦，具有很高的经济和药用价值。据测定，果汁富含维生素 C、维生素 B、维生素 B$_2$、类胡萝卜素、游离氨基酸。据《本草纲目》记载："柚（气味）酸、寒、无毒，有消食、解酒毒，治饮酒口气，去肠胃恶气，疗妊不思食、口淡之功能"。药学界研究证明，常山胡柚果汁中的柚皮苷、柠碱（苦味物质）对治疗微细血管扩张、抑制血糖增加有一定的功能，是糖尿病人不可多得的保健水果。

塘栖枇杷

塘栖枇杷是浙江省余杭区传统特色果品，在全国享有盛名。其果形美观，色泽金黄，果大肉圆，汁多味甜，甜酸适口，风味较佳，营养丰富，为初夏水果中的珍品，深受消费者喜爱。其古称"无忧扇"，又名"金丸"，别名"卢橘"，因状如民族乐器中的琵琶而得名。

杭州塘栖是典型的平原水网地区，河湖池塘星罗棋布，土壤深厚肥沃，气候条件适宜，特别适合于枇杷的生长发育，孕育出了品质超群、风味特佳、古今闻名的塘栖枇杷。分布范围集中在塘栖镇、仁和镇、崇贤镇，主要产区在塘栖的塘南、东塘、沾驾桥等乡。余杭区的塘栖、江苏吴中区的洞庭山和福建莆田的宝坑为中国三大枇杷产地，其中以塘栖枇杷产量最多，品种也最好。

塘栖枇杷初冬开花，花极清香，5月果熟。其品种有白砂、红种、草种 3 个大类计 18 个品种，主栽品种有软条白沙、大红袍、夹脚、杨墩、宝珠 5 个，尤以软条白沙为最优。

我国枇杷栽培历史悠久。据史书记载，塘栖枇杷始种于隋，繁盛于唐，极盛于明末清初，已有近 1400 年的历史。枇杷自唐代起被列为贡品，并且有一定的栽培、贮运技术，唐代人民视枇杷为"珍果之物"。《唐书·地理志》中有"余杭郡岁贡枇杷"的记载。塘栖枇杷在塘栖镇形成独特的枇杷经济、枇杷文化和枇杷生态。苏东坡在杭州任刺史，有"客来茶罢空无有，卢橘微黄尚带酸"之句，张嘉雨问："卢橘是何物也？"答曰："枇杷是矣"。明代李时珍《本草纲目》记载："塘栖枇杷胜于他乡，白为上，黄次之。"清光绪《塘栖志》记载："四五月时，金弹累累，各村皆是，筠筐千百，远返苏沪，岭南荔枝无以过之。"

塘栖四乡自古有枇杷花制茶的历史，每年枇杷花大面积开放，就有农民把枇杷花和叶采摘加工做茶。塘栖枇杷花以著名的浙江老字号"百年汇昌"最有名。

余姚杨梅

余姚杨梅果形奇异，肉质细软，风味独特，酸中带甜，甜中带酸，上市期短而不耐贮运，品种可分为白种、红种、粉红种、乌种四类。其中白杨梅颗粒大，色泽晶莹，回味清香，采摘较迟，较易运输和储藏。乌种中的荸荠种肉细软，核粒小，味香甜，液汁多，为杨梅最佳品种。余姚杨梅颗大、色艳、汁多、味重，自古名噪海内外，其种植历史至少已有 2000 年，而且据境内河姆渡遗址的考古发现，7000 年前就有野杨梅存在。由此赢得"余姚杨梅冠天下"的盛誉。余姚 1995 年被农业部命名为"中国杨梅之乡"，2004 年被评为"杨梅原产地"。现有栽培面积 8.2 万亩，常年产量 2.5 万吨左右，是全国荸荠种杨梅主产区。在每年的 6 月中旬至 7 月初，余姚市举办一年一度的杨梅节，在该市的河姆渡镇、三七市镇、丈亭镇、牟山县马诸镇都会联合举办"杨梅之乡欢乐游"和杨梅山灯谜会、西山白杨梅品尝等活动。

在《越那志》中载有："会稽杨梅为天下之奇，颗大核细其色紫"。其中的会稽杨梅即为现余姚慈溪一带的杨梅，"颗大核细其色紫"七个字是对吴越杨梅的真实写照。时至汉、晋代，当地的先民已经基本掌握了杨梅栽培技术，当地先民除了鲜食杨梅外，对其形态和贮藏加工已颇有研究。由于吴越杨梅在品质上为上乘，于是到了汉代，就已经跻身贡品之列。晋时嵇含在《南方草木状》中细致地描述了杨梅的形态和习性："杨梅其子发弹丸，正赤，五月中熟，熟时似梅，其味酸甜"，大抵可以找到与现在余姚慈溪两地杨梅一脉相承的铁证。在汉东方朔《林邑记》中这样记载道："林邑山杨梅，其大如杯碗，青时极酸，既红，味如崖蜜，以酿酒，号梅香酎，非贵人重客不得饮之。"现在的许多人对杨梅酒并不陌生，或者有着特殊的偏好，不过，很少有人了解杨梅酸酒的起源。北宋苏东坡在吃了吴越杨梅后说："闽广荔枝，何物可对者，可对者西凉葡萄，我以为未若吴越杨梅，"认为吴越的杨梅可以与闽广荔枝和西凉葡萄平分秋色，这是对吴越杨梅很高的赞誉。宋代诗人平可正则直接就杨梅味和色赞道："五月杨梅已满林，初疑一颗值千金。味胜河溯葡萄重，色比泸南荔枝深。"到明清，人们的杨梅情结更加浓厚。清人杨芳灿在《迈陵墙·杨梅》中描写："闹消暑，露井水亭清坐，不须料理茶磨。夜深一口红霞嚼，凉沁华池香唾，谁饷我？况消渴，年来最忆吾家果。"长年在外漂泊的游子，一到杨梅成熟时节，便会顿生一种思乡之情。

黄岩蜜橘

黄岩蜜橘，台州市黄岩区特产。黄岩是柑橘生产基地，栽橘历史悠久。宽皮柑橘品种温州蜜柑的先祖——本地广橘，就在黄岩。黄岩蜜橘为宽皮橘类，果皮橙黄色，肾形，中心柱空，果肉柔软化渣，甜酸适口。2003 年，国家质监总局正式批准"黄岩蜜橘"为原产地域保护产品。

黄岩柑橘栽培有史可据的可以上溯到三国时代。三国吴沈莹撰的《临海异物志》载："鸡橘，子如指头大，味甘，永宁界中有之。"（鸡橘即金橘，系金柑之类，黄岩属临海郡，有永宁地名）《新唐书·地理志》记载："台州临海郡……土贡金漆、乳柑、干姜、申香、蛟革、飞生鸟。"由此证明，黄岩在公元 3 世纪已有金柑类栽培，公元 7 世纪已有乳柑作贡品。宋元代的柑橘品种，据载以乳柑最佳。宋《嘉定赤城志》说："乳橘，出黄岩断江者佳。"乳柑可能系早橘之类。清光绪《黄岩县志》按语说："乳柑即蜜橘、早橘，出江田者最佳。"至晚清，商业、交通日渐发达，柑橘业也日渐兴盛。因交通方便，早熟的早橘开始运销上海，人称"黄岩蜜橘"，青果称"绿橘"。民国初，又把本地早橘运到上海，商品名叫"天

黄岩蜜橘

台山蜜橘"。从此黄岩蜜橘声名大增，农民积极扩充柑橘栽培。至清末，柑橘种植规模约达1万亩左右。民国以来，柑橘商品生产进一步发展。在20世纪二三十年代，柑橘发展较快，并逐步形成了今日的澄江老橘区。

1952年，根据中央"果树上山，不与粮争地"的号召，人们在头陀建立山地柑橘试验站。1954年，在宁溪进行柑橘上山试点。1955年多点示范，树立了山地种橘的样板，解除了"种橘不过山头舟"的习惯束缚。1957年，在金清机械农场进行海涂种橘试验，获得成功。从此柑橘种植向山区、沿海发展，栽培面积成倍扩大。1972年突破5万吨大关，1985年突破6万吨，居于全国首位。现在，黄岩区真正成了名副其实的橘乡。

宁波金柑

宁波金柑，宁波市北仑区特产。金柑为芸香科金柑属，具有很高的食用价值和药用价值，是金柑属中最重要的栽培种类。2006年10月，国家质检总局批准对"宁波金柑"实施地理标志产品保护。

金柑有文字记载的栽培历史就有1600多年，封建社会曾作为贡品，诗人墨客常以此为吟咏的题材。据沈莹《临海水土异物志》（公元3世纪）载："鸡橘子，大如指，永宁界（今浙江台州）中有之"。此外，在西汉刘向《列仙传》、西晋郭义恭《广志》等书中多有记述。唐宋时代，金柑已广为栽培。

宁波金柑栽培历史较长。元代有"金柑出慈溪，饱霜者甘"的记载。明嘉靖《浙江通志》称"宁波金豆橘形似豆，味甘香胜于大橘。"清陈扶摇撰《花镜》（1688年）载："金柑，一名金橘，多产于江南太仓与浙之宁波"。宁波成为金柑的主产地，在明末清初时栽培兴盛，并运销至上海、杭州、苏州等地，至新中国成立初尚有金柑120多公顷，现仅宁波市北仑区金柑面积就有700多公顷，常年产量5000~7000吨。

《本草纲目》中说，食用金橘"同补药则补，同泻药则泻，同升药则升，同降药则降。"中医认为，金橘有理气、补中、解郁、消食、散寒、化痰、醒酒等作用，可用于治疗胸闷郁结、酒醉口渴、消化不良、食欲不振、咳嗽哮喘等症。

德清早园笋

德清早园笋是浙江省湖州市德清县郭肇村的特产，又名"园笋""早笋"，素有"蔬菜之王"的美称。德清早园笋为笋中珍品，以其矮、壮、粗、嫩，颜色呈黄紫且带油光，笋肉厚实，白嫩鲜美，清香爽口而享有盛名。具有香、甜、松、脆之特色。德清早园笋为地理标志保护产品。

浙江德清县因早园笋而闻名，约始于唐朝，已有1300余年历史，古时称之为"猪蹄红"。德清早园笋主要产于德清县二都、上柏、城关、雷甸、武康、三合、秋山等乡镇，尤以二都早园笋最佳。

德清早园笋味道鲜美，营养丰富，含有蛋白质、脂肪、碳水化合物、水分、矿物质和维生素等，是一种高蛋白、低脂肪食物。早园笋蛋白质的蛋氨酸含量是各种竹笋中最高的，为鸡蛋含量的40%。早园竹笋味鲜嫩，清脆可口，是我国人民最喜爱的传统佳肴。可炒，可焖，可炖，可煮，可拼冷盘，可做汤料，或与他菜烹调，其味更鲜美，素有"无笋不成席"之雅称。

郭肇村推广早园笋覆盖技术已有数十年历史，摸索出了一套分期覆盖、覆盖物厚度适中、控制好竹园地表温湿、以农家畜禽肥为主的科学施肥方法，使早园笋上市时间分散和拉长。科技人员培育出优质"山伢儿"早园笋。全县早园笋面积为 7.76 万亩，已投产 5.5 万亩。早园笋年产量 4.08 万吨，总收入达 1.72 亿元。

平阳陈嵘故里

陈嵘（1888—1971），原名"正嵘"，字汝峥，学名嵘，号宗一，籍贯浙江省平阳县南雁镇坎头村，生于浙江省安吉县晓墅镇三社村（现名石龙村）。中国著名林学家、林业教育家、树木分类学家，中国近代林业的开拓者之一。2015 年 2 月，平阳县南雁镇坎头村"陈嵘纪念馆"落成，占地 3000 平方米，馆内有其生平事迹展览等。另外，在安吉县梅溪镇石龙村保存有陈嵘故里。

因家庭生活困难，其父年轻时到湖州安吉垦荒，陈嵘便出生在那里。1904 年他十七岁时，回平阳北港坎头村，进入致用学堂，学习经史、舆地、格致等课程。校长陈黎青先生为他取名陈嵘。一年后转入平阳县高等学堂（相当于现在的高小和初中）继续学习，后留学日本。陈嵘毕生从事林业教学、林业科学研究和营林实践工作，培养了大批林业人才；早年创办多处林场，并亲自参加植树造林活动，为中国林业教学实践和造林绿化事业作出重大贡献。他对树木分类学、造林学的研究有突出成就，被公认为中国树木分类学的奠基人。他一生著述甚丰，其中《中国树木分类学》《造林学本论》《造林学各论》和《造林学特论》等著作学术性、实用性都很高，受到国内外林学界的高度肯定与赞赏。他还是 3 月 12 日植树节的倡议者。

庆元香菇

庆元香菇种植始于南宋时期，已有 800 多年历史。据传由香菇始祖吴三公（1130—1208）在庆元龙岩村发明剁花法生产而成。自此，庆元菇民依托良好的生态环境和丰富的森林资源，从事香菇生产延续至今，面积达 1898 平方千米，相关内容包括森林可持续经营、林下产业发展、香菇栽培和加工利用技术、香菇文化和地方民俗。

庆元香菇在历史发展中生产技术不断革新。800 多年前，吴三公发明剁花法；1967 年，庆元利用香菇菌种栽培段木香菇成功；1979 年，成立庆元县食用菌科研中心，开展代料香菇栽培技术研究和推广。吴三公发明剁花法的重大价值在于它使深山老林中的"朽木"得到充分合理的利用，开创了森林菌类产品利用之先河。吴三公的发明也使庆元成

庆元香菇（闵庆文供图）

为世界香菇之源，为中国摘取了一项世界农业的桂冠。

南宋以来，香菇产业一直是庆元人民赖以生存的传统产业，菇民足迹遍布全国 11 个省、200 多个市县，庆元香菇以"历史最早，产量最高，市场最大，质量最好"闻名于世。与此同时，庆元菇民世代在深山老林中劳作，创造形成了包括菇山语言"山寮白"、地方剧"二都戏"、香菇武功等在内的绚丽多姿的香菇文化。

由于传统农业生产生活条件恶劣，加上现代农业技术的不断冲击，庆元传统香菇栽培技术与文化面临严重威胁。随着国内外对农业文化遗产价值及保护重要性认识水平的不断提高，庆元高度重视与香菇相关的农业文化遗产的挖掘与保护工作。2014 年 5 月，庆元香菇文化系统被认定为第二批中国重要农业文化遗产。

遂昌竹炭

遂昌竹炭，浙江省遂昌县特产，国家地理标志产品。遂昌竹炭是以竹子为原材料，高温烧制而成的炭。遂昌竹炭因其特定区域原材料、独特加工工艺、特殊的地理气候及深厚的文化积淀，具有优良品质。2002 年，遂昌县被经济林协会命名为"中国竹炭之乡""中国竹炭产业基地"。2006 年 12 月，国家质检总局批准对"遂昌竹炭"实施地理标志产品保护。

竹炭表面细密多孔，表面积是木炭的两倍，具有超强的吸附能力，加上竹炭的负离子作用，具有阻隔电磁波辐射功能，可广泛用于净化水质、空气，保鲜消臭，吸附湿气、汗水，改良土壤、屏蔽电磁波等。在竹炭制备过程中得到的竹醋液含有醋酸、丙酸、丁酸、苯甲酸以及酚类、酮类、醛类等物质，可广泛用于农药、医药、日常保健方面。

在 2000 多年前，中国在炭材料的使用上就创造了世界奇迹。马王堆木炭的应用就是中国古代使用木炭的杰作之一。其时先民们就已经知道炭的防腐作用。遂昌县烧炭的历史源远流长，北宋、辽时期，遂昌就有了筑窑伐薪烧炭的习俗。《遂昌县志》记载，"隋至北宋、辽时期（581—1127 年），遂昌人开辟县中部和南部的盆地的原始林地，在这生产过程中，出现了伐薪烧炭业和竹、木、薪、炭的市贸活动。"20 世纪 80 年代开始，根据国际市场的需求，遂昌在国内率先烧制白炭（乌冈栎木炭）出口日本，烧制的白炭以其质地密、比重大、燃烧时间长的特点而风靡日本，年出口额达 300 万美元。

遂昌竹炭业在 20 世纪 90 年代中期开始起步，到 90 年代末期形成一定的规模。2003 年，遂昌成为全国最大的竹炭生产基地。目前，该县研制开发出竹炭和竹醋液两大系列产品 200 余种，拥有竹炭生产专利 22 个。开发出原炭系列、日用保健系列、调湿除臭系列、洗涤用品系列、工艺首饰系列、竹炭纤维系列、竹醋液系列 7 个品系。

天目山

天目山地处中国东部中亚热带北缘，临安区天目山镇境内。素有"大树华盖闻九州"之誉，主峰仙人顶海拔 1506 米。古名"浮玉山"。"天目"之名始于汉，有东西两峰，顶上各有一池，长年不枯，故名。1956 年划为林业部森林禁伐区，1986 年成为国家级自然保护区，核心区面积 617.4 公顷。

天目山全景（浙江省林业局供图）

区内有高等植物 246 科、974 属、2160 种，以天目命名的植物有 37 种，植物模式标本 87 种。区内动物 66 目、512 科、500 余种，其中昆虫有 4 纲、33 目、380 科、2411 属、4467 种。天目山有模式标本产地之称，有昆虫类模式标本 702 种，以天目命名的动物有 137 种，呈现出浓郁的"天目山"特色。天目山地区动物中保护动物共有 91 种，其中被列为国家级重点保护野生动物的有 55 种。

天目山金钱松（王枫供图）

天目山峰峦叠翠，古木葱茏，有奇岩怪石之险，有流泉飞瀑之胜，素负"大树王国""清凉世界"盛名，是远近闻名的生态旅游胜地，为 4A 景区。天目山的森林以古、稀、高、大、美为特色，古——首推野银杏，据《中国植物志》考证，其系中生代孑遗植物，地球上唯一的分布点就在西天目山，人称"活化石"；稀——指的是珍稀树种，如天目铁木、天目木姜子、天目紫茎等，都是国家重点保护野生植物；高——指有国内最高的金钱松，人称"冲天树"，单株高 56 米，相当于 15 层楼高，40 米以上的金钱松比比皆是；大——指有世界罕见的大柳杉群落，胸径 1 米以上的有 398 株，2 米以上的有 14 株，最大的一株胸径 233 厘米，材积 75.42 立方米；美——指的是千树万枝，重峦叠嶂，四季

如画。银杏、柳杉、金钱松为西天目山古老森林的"三绝"。此外还有以稀为贵的天目铁树，乾隆皇帝亲封的"大树王"。

天目山是集儒、释、道于一体的文化名山，特别是佛教文化源远流长，自东晋兴起，延续至今已近 1700 年。天目山被尊为韦驮菩萨的道场，历代高僧辈出，有五大佛教名山之誉。现在境内拥有禅源寺、普照寺和千佛寺三大佛教寺院。在抗日战争期间，浙西行署曾经驻扎在天目山，使之一度成为浙西的抗战救亡中心。文化、生物的多样性使天目山成为联合国教科文组织生物圈保护区保护成员。

最美金钱松古树，位于天目山保护区。距今 660 年，胸围 322 厘米。

南镇会稽山

会稽山原名"茅山"，是中国历代帝王加封祭祀的著名镇山之一，是我国五镇名山中的南镇，地处浙江省中东部，主脉在绍兴市。山脉东西 100 多千米，主峰高 700 米。山虽不高，但名人辈出，久负盛名。会稽山既有优美的自然风光，又有灿烂的历史文化遗产，其中以香炉峰、宛委山和若耶溪最为著名。

会稽山文化积淀深厚。三过家门而不入的上古治水英雄大禹一生行迹中的四件大事封禅、娶亲、计功、归葬都发生在会稽山。春秋战国时期，会稽山一直是越国军事上的腹地堡垒。秦始皇统一中国后不久就不远千里上会稽，祭大禹，对这座出一帝一霸从而兼有"天子之气"和"上霸之气"的会稽山表示敬意。汉以后这里成为佛道胜地，传说葛洪之祖葛玄在此炼丹成仙，山中的阳明洞为道家第十一洞天，香炉峰为佛教圣地，至今香火旺盛。唐代时这里成为浙东唐诗之路的门户，明代时大儒王阳明（守仁）在此筑室隐居，研修心学，创"阳明学派"。会稽山内的山山水水都饱含着深厚的历史文化内容。

南镇会稽山（樊宝敏摄）

会稽山拥有丰富的自然景观和人文景观资源。自南朝以来对于这一带旖旎的风光就有口皆碑。众多文人学士泛舟若耶溪，轻步会稽山，留下许多丽词佳句，给人们留下人文和美景相融的记忆。晋朝顾恺之说会稽山水是"千岩竞秀，万壑争流，草木蒙笼其上，若云兴霞蔚。"东晋名士王羲之、谢安等都因"会稽有佳山水"而定居绍兴。南朝诗人王藉咏会稽山的诗句"蝉噪林逾静，鸟鸣山更幽"传诵千古。

会稽山景区是以历史文化、地方风情为特色，融自然山水风光于一体的风景区。整个景区由大禹陵、百鸟乐园、香炉峰三个景点组成，总面积达 5 平方千米。大禹陵景区 1996 年被国务院公布为国家重点文物保护单位，爱国主义教育示范基地。

雁荡山

雁荡山坐落于浙江省温州乐清境内，为首批国家重点风景名胜区，中国十大名山之一。"山顶有湖，芦苇丛生，秋雁宿之"，故而山以鸟名。雁荡山根植于东海，山水形胜，以峰、瀑、洞、嶂见长。开山凿胜，发轫于南北朝，兴盛于唐宋，文化底蕴丰厚。雁荡山形成于1.2亿年前，是一座典型的白垩纪流纹质古火山，全山总面积为450平方千米，景点550多处，辟有八大景区，其中，灵峰、灵岩、大龙湫精华荟萃，被称为"雁荡三绝"。

雁荡山地势峥嵘，形态万千，景色丰富，峰、柱、墩、岩、洞、壁等一应俱全，奇峰百二，怪石三十，名洞二八，门阙二十，以奇特的形态及巧妙的组合构成变幻无穷、气势逼人、妙趣横生的景色。且移步换形，昼夜相异，日景耐看，夜景销魂，给人以强烈的美感和灵感，其水体丰富，动静皆绝，瀑、泉、溪、河、湖等无所不包，可谓极尽雄、奇、险、秀、幽、旷等形象之美；而且植被原始，空气清新，泉水甘甜，气候温和，古刹罗列，钟声不绝，香烟缭绕，文物众多，摩崖醒目。三顾雁荡山的明代旅行家徐霞客也挪笔而叹："欲穷雁荡之胜，非飞仙不能。"

雁荡山系绵延数百千米，按地理位置的不同可分为北雁荡山、中雁荡山、南雁荡山、西雁荡山（泽雅）、东雁荡山（洞头半屏山），通常所说的雁荡山风景区主要是指乐清市境内的北雁荡山。由于处在古火山频繁活动的地带，山体呈现出独具特色的峰、柱、墩、洞、壁等奇岩怪石，称得上是一个造型地貌博物馆。雁荡山造型地貌也对科学家产生了强烈的启智作用，如北宋科学家沈括游雁荡山后得出了流水对地形侵蚀作用的学说，这比

雁荡山灵峰（朱伟民摄）

欧洲学术界侵蚀学说的提出早 600 多年。现代地质学研究表明，雁荡山是一座具有世界意义的典型的白垩纪流纹质古火山。它的科学价值具有世界突出的普遍的意义。清人施元孚游寝雁荡山十年后提出"游山说"，说的是中国古代游览山水活动中回归自然，与大自然精神往来的精神文化活动的经验总结，这与清末学者魏源提出的"游山学"是一致的，也是值得总结的山水文化遗产。

陈淏子《花镜》

《花镜》为我国较早的园艺学专著，阐述了花卉栽培及园林动物养殖的知识。成书于清康熙二十七年（1688 年）。作者陈淏子，一名"扶摇"，自号西湖花隐翁。据序文可知，作者在明亡之后不愿为官，退守田园，率领家人种植花草并设"文园馆课"，召集生徒，以授课为业。自谓平生无所好，最喜欢书与花，被人称为"花痴""书痴"，精通花卉栽培。此书完成于他 77 岁高龄之际。

全书六卷，约 11 万字。有些版本有插图。卷一"花历新裁"，即栽花月历，依次列出分栽、移植、扦插、接换、压条、下种、收种、浇灌、培壅、整顿十目。卷二"课花十八法"，即栽培总论，有辨花性情法、种植位置法、接换神奇法、分栽有时法、扦插易生法、移花转垛法、过贴巧合法、下种及期法、收贮种子法、浇灌得宜法、培壅可否法、治诸虫蠹法、枯树活树法、变花催花法、种盆取景法、养花插瓶法、整顿删科法、花香耐久法，颇具创见，堪称全书之精华。卷三至卷五分别为"花木类考""藤蔓类考""花草类考"，实际为栽培各论，分述 352 种花卉、果木、蔬菜、药草的生长习性、产地、形态特征、花期及栽培大略、用途等。卷六附"禽兽鳞虫类考"，略述 45 种观赏动物的饲养管理法。

书中所讲的是作者毕生的经验，但在书的内容和体裁上仍有较多明代后期流行的名士山人气息，有浮夸之处。《花镜》的问世，奠定了中国传统观赏园艺植物学的基础，对于观赏植物的园林布置艺术，从植物的群体布局到景物的巧妙搭配，提出了高雅的设计方案。

湖州桑基鱼塘

湖州桑基鱼塘位于浙江省湖州市南河区西部。现存有 6 万亩桑地和 15 万亩鱼塘，是中国传统桑基鱼塘最集中、最大、最完整的区域。其起源于春秋战国时期。千百年来，区域内劳动人民发明和发展了"塘基上种桑、桑叶喂蚕、蚕沙养鱼、鱼粪肥塘、塘泥蜜桑"的桑基鱼塘生态模式，最终形成了种桑和养鱼相辅相成、桑地和池塘相连相倚的江南水乡典型的桑基鱼塘生态农业景观，并形成丰富多彩的蚕桑文化。桑基鱼塘是我国人民认识、利用、改造自然的一个伟大创举，是世界传统循环生产的典范。

桑基鱼塘系统是一种具有独特创造性的洼地利用方式和经济模式。其最独特的生态价值使其实现了对生态环境的"零"污染。整个生态系统中，鱼塘肥厚的淤泥被挖运到四周塘基上作为桑树肥料；由于塘基有一定的坡度，桑地土壤中多余的营养元素随着雨水冲刷又源源流入鱼塘；养蚕过程中的蚕蝇和蚕沙作为鱼饲料和肥料；生态系统中的多余营养物质和废弃物周而复始地在系统内循环利用，没有给系统外的生态环境造成污染，

湖州桑基鱼塘系统（闵庆文供图）

对于保护太湖及周边的生态环境及经济的可持续发展发挥了重要的作用。桑基鱼塘系统是人与自然和谐相处、儒家"天人合一"生态道德观的典型体现，也是体现道家生态哲学思想的样板。

近年来，由于水产效益高于养蚕效益，导致重养鱼、轻养蚕，鱼塘面积增大，桑基面积缩小。基塘比例的失调，已经影响到桑基鱼塘生态农业系统的可持续发展。为保护这一遗产，湖州市委、市政府按照农业部相关要求，出台了《湖州市桑基鱼塘保护办法》，全面实施桑基鱼塘系统的保护与发展，促进传统桑基鱼塘生态系统的转型升级，使其重放光彩。2014年5月，湖州桑基鱼塘系统被认定为第二批中国重要农业文化遗产。

杭州西湖龙井茶

西湖龙井茶文化系统在浙江省杭州市。西湖湖畔三面环山的自然屏障之下的独特小气候是保障龙井茶品质的重要因素，西湖自古就是爱茶之人流连向往之处。杭州龙井茶文化系统是以龙井茶品种选育、种植栽培、植保管理、采制工艺和茶文化为核心的农业生产系统，以及该系统在生产过程中孕育的生物多样性，发挥的生态系统功能，呈现的人文和自然景观特征。

西湖龙井茶历史悠久，距今已有1000多年的历史，最早可追溯到唐代。我国著名的茶圣陆羽在其所撰写的世界上第一部茶叶专著《茶经》中，就有对杭州天竺、灵隐二寺产茶的记载。西湖龙井茶之名始于宋，闻于元，扬于明，盛于清。杭州西湖龙井茶素以色翠、形美、香郁、味醇冠绝天下，其独特的"淡而远""香而清"的绝世神采和非凡品质，在众多的著茶中独具一格，冠列中国十大名茶之首。新中国成立后，党和国家领导人对西湖龙井推崇备至。毛泽东刘庄采茶，刘少奇钟爱龙井茶，周恩来情系梅家坞等，使得龙井茶美名冠盖天下。

杭州西湖龙井茶文化系统（闵庆文供图）

龙井茶的采制技术相当考究。龙井茶采摘有三大特点：一是早，二是嫩，三是勤。由于不同产地生态条件和炒制技术的差别，西湖龙井向有"狮""龙""云""虎""梅"五个品类之别。

悠久的历史和深厚的文化底蕴使西湖龙井茶融入杭州的角角落落。梅家坞、龙坞茶村、茅家埠等茶文化休闲旅游吸引了无数慕名而来的游客。品茶时，思绪轻轻随着茶中的涟漪向悠远的中华文明荡漾开来，细细地品味，或许能从一盏茶里渐渐地品出牵扯古韵遗梦的情怀来。2014年5月，西湖龙井茶文化系统被认定为第二批中国重要农业文化遗产。

建德苞茶

建德苞茶，又名"严州苞茶"，为一种兰花型细嫩半烘炒绿茶。产于浙江省杭州市建德市（古称"严州"）梅城、三都一带山岭峡谷中，多次被评为浙江省优质名茶，并获浙江省名茶证书。

建德苞茶始创于1870年，制法源于四川蒙顶茶和安徽黄芽茶的制法，原属黄茶。其品质特征为芽叶成朵，带叶柄与鱼叶，鱼叶呈金黄色，叶柄蒂头呈微红色，外形黄绿完整，短而壮实，内质香气清高，叶底绿中呈黄，茶汤清澈明亮，以外形独特、品质优异、香气清幽而著称。

2008年5月，国家质检总局批准对建德苞茶实施地理标志产品保护。2018年12月，浙江建德苞茶获评农产品气候品质类国家气候标志。

松阳茶

松阳茶,浙江省松阳县特产,国家地理标志产品。松阳是"浙江生态绿茶第一县""中国绿茶集散地",自古盛产茶叶,其茶叶在唐代已成贡品。松阳县是中国名茶之乡、中国茶叶产业示范县、中国茶文化之乡。宋代苏东坡诗道:"天台乳花世不见,玉川风腋今安有。"明代占雨曾以"春色漫怀金谷酒,清风雨液玉川茶"的妙句描绘当时松阳茶叶的品质。

松阳茶具有条索细紧、色泽翠润、香高持久、滋味浓爽、汤色清亮、叶底绿明的独特风格,以"色绿、条紧、香高、味浓"四绝著称。2008 年 3 月,国家质检总局批准对"松阳茶"实施地理标志产品保护。

开化龙顶茶

开化龙顶茶,浙江省开化县特产,国家地理标志产品。产于开化县齐溪乡的大龙山、苏庄乡的石耳山、溪口乡的白云山,其中,白云山为其主产区。该茶采于清明、谷雨间,选取长势旺盛、健壮枝梢上的一芽一叶或一芽二叶初展为原料。炒制工艺分杀青、揉捻、初烘、理条、烘干五道工序。1985 年在浙江省名茶评比中,开化龙顶茶荣获食品工业协会颁发的名茶荣誉证书,同年被评为全国名茶之一。

开化龙顶,外形紧直挺秀,银绿披毫;香气馥郁持久,分别是兰花香、板栗香,尤以兰花香为上品;滋味鲜醇爽口,回味甘甜;汤色杏绿、清澈、明亮;叶底肥嫩、匀齐、成朵。内质香高持久、鲜醇甘爽、杏绿清澈、匀齐成朵,置入杯中后,载沉载浮颇为生动。

开化龙顶茶(浙江省林业局供图)

开化茶叶生产历史悠久，始于晚唐，兴于明清，在明朝列为贡品。相传元朝末年，刘伯温将这种好茶献给朱元璋，朱饮后连声叫绝，问明产地便赐名"大龙茶"，后来这种茶成为明代著名贡茶。自清道光至光绪年间（1821—1911年），开化县已经成为国内眉茶主要产区，还生产少量俗称"白毛尖"的名茶。中华人民共和国成立后，开化一直是国家的茶叶出口基地县。由于品质优异，开化茶叶被当作"味精"拼配在其他茶叶中，来提高出口茶叶的等级和质量。

开化毗邻婺源，宋代理学家朱熹曾到开化包山讲学。朱熹对包山的自然环境极为欣赏，并对包山的茶叶赞不绝口，曾作诗曰："携籝北岭西，采撷供茗饮。一啜夜窗寒，跏趺谢衾枕。"写出了朱熹对开化包山茶的喜爱。

庆元、泰顺木拱桥营造

在浙江省庆元县和泰顺县有一项历史悠久的木拱桥传统营造技艺。在浙江和福建有数量众多、造型丰富的木拱桥，如浙江庆元的后坑编梁木拱廊桥、泰顺的溪东桥、福建寿宁的小东上桥、屏南的万安桥等。此项技艺的出现可追溯到北宋时期，明清时期在福建、浙江等地广泛流行。

木拱桥由桥台、桥身（包括拱架、桥面）、桥屋组成，其传统营造技艺包括选桥址、建桥台、测水平、搭拱架、上剪刀苗、立马腿、架桥屋等，使用鲁班尺、木叉马、刨、锯、水架柱、天门车等工具。直的木材通过编梁方式交叉搭置，互相承托，构成拱形支撑；相对较短的木料通过榫卯连接，逐节伸展，实现跨越山谷溪涧的功能。

木拱桥有单拱、双拱和多拱之分，既是交通工具，也是当地居民交流信息、集会娱乐、加深神俗信仰、深化人际关系的重要场所。伴随木拱桥从动工兴建到完工的整个过程，产生一系列文化民俗活动，有择日起工、置办喜梁、祭河动工、上梁喝彩、取币赏众、踏桥开走、上喜梁福礼、安置神龛等。但由于木拱桥不能通行载重车辆，难以适应现代交通需求，随着钢铁结构桥梁的普及，木拱桥传统营造技艺面临传承困境。

富阳竹纸制作

竹纸制作是一项传统技艺，以竹为主要制作原料。四川省夹江县和浙江省富阳区为竹纸的重要产地。浙江省富阳区的竹纸制造技艺始于南宋，迄今已有1000多年历史。富春竹纸的主要品种有元书纸、京放纸、高白、海放、花笺等近20种，具有纸质柔软、久置不腐、不易为虫蛀等特点。它以当年生嫩毛竹为原料，制造过程包括制浆、造纸等72道大小工序。在继承我国传统造纸技艺的基础上，富春竹纸制作形成了制浆技艺中的"人尿发酵法"，抄制技艺中的"荡帘打浪法"等独有的制作技艺。目前虽仍有人沿袭传统造纸技艺生产竹纸，但由于多种原因的影响，生产陷于窘境，竹纸传统制作技艺面临传承困境。

舟山普陀木船制造

木船是水乡人重要的生产生活工具，在长期的实践中形成了独特的木船制造技艺。浙江省舟山市普陀区的岑氏木船作坊传承了传统木帆船制作技艺，并融合西方木船制作技术，具有海岛地域特色。岑氏木船制作需综合运用"绿眉毛""背舢船""丁松头""倒八字头"等工艺，要求曲、直木料区别选用，斧、刨等工具灵活兼施，木料榫、搭对接因地制宜，钩子、穿钉、螺栓配套安排合理，油灰填缝细致到位等。

传统木船制造技艺是中国舟船文明的重要组成部分，也是船文化延续发展的直接表现。木船在现代水乡生活中仍发挥重要作用，而且不少木船上都装饰有较为精细的木雕和民间绘画，具有很强的欣赏性和实用价值。随着木帆船在渔业生产中被淘汰，木帆船修造业日渐衰落。百年造船技艺需要保护和传承。

黄岩翻簧竹雕

黄岩翻簧竹雕是浙江省台州市黄岩地区民间传统的工艺品种，始创于清同治九年（1870年）。黄岩是国内最早制作翻簧竹雕的地区，也是国内保存该手工工艺流程最完整的地区。翻簧竹雕因在毛竹内壁的簧面上雕刻而得名，亦称"贴簧""反簧"。其传统工艺是将毛竹去青取簧，经过煮、压、刨、晒后，胶合或镶嵌在木胎或竹片上，然后磨光，配以红木等其他装饰材料，制成花瓶、笔筒、茶叶盒等工艺品，再在厚度不到半毫米的竹簧面上雕刻各种图案。黄岩翻簧竹雕的主要技法是浅浮雕和线雕，其独有的技艺是制作翻簧时保留竹节和采用三棱雕刀进行雕刻。竹雕产品品种主要有茶叶盒、邮票盒、烟盒、首饰盒、糖果盒、笔筒、花瓶、台灯等实用品，还有台屏、挂屏、壁挂等装饰性强的欣赏品，具有纹质细洁、花色多彩、色泽古雅、牢固耐用等特点。

嵊州竹编

浙江嵊州竹资源丰富，其竹编技艺始于2000多年前的战国时期；汉晋时工艺已很精细；至明清，竹编器皿成为民间必不可少的生活用品。清光绪年间，嵊州出现了竹编作坊。

嵊州竹编有篮、盘、罐、盒、瓶、屏风、动物、人物、家具、灯具等12个大类、7000余个花色品种，其中竹编动物是其特色产品。嵊州竹编的制作一般要经过设计、造型、制模、估料、加工竹丝篾片、防蛀防霉、染色、编织、雕花、配件、装配、油漆等工序，仅竹丝篾片加工工艺就有锯竹、卷竹、剖竹、开间、劈篾、劈丝、抽篾、刮丝、刮篾等步骤。编织技法更有插筋、弹花、穿丝等100多种，既能在3厘米内编进150根竹丝，也能充分利用竹材本身的弹性进行插编。篾片烫印花筋是其特色工艺，花筋工艺是把印有各种图案的篾片插在器物的中间和两端以装饰。

嵊州竹编除具有实用价值和艺术价值，还有历史和民俗文化价值。20世纪90年代开始，塑料制品逐渐代替了竹编日用品，嵊州工艺竹编厂继之停产。嵊州竹编技艺后继乏人，亟待抢救和扶持。

东阳竹编、木雕

浙江东阳市竹资源丰富，东阳竹编在殷商时代就出现了，其竹编花灯在宋代已闻名四方。据清代康熙年间《东阳县志》记载："笙竹软可作细篾器，旧以充贡。"以立体编织为主，与烫金、印花、刻镂等技艺相结合，表现形式丰富。东阳竹编厂曾并入东阳木雕厂，竹编与木雕相互融合，促进了竹编在题材、设色等方面的发展。其竹编产品主要有两大类，一类是篮、筐、箱、箩等生活用具；另一类是立体陈设和建筑装饰，如屏风、壁挂、摆件等。目前，东阳竹编传承人老龄化趋势明显，而学习竹编工艺的年轻人越来越少，东阳竹编技艺的传承陷入困境。

东阳木雕工艺主要流传在浙江东阳各乡镇及周边县市。据《康熙东阳新志》记载，唐代太和年间以前，东阳木雕已发展到一定程度。明清时期，东阳木雕广泛应用于建筑和家具装饰，形成整套技艺和完善风格。1914 年在杭州开设的仁艺厂是最早的东阳木雕厂。20 世纪 50 年代开始，东阳木雕厂家遍布全国各地。其以椴木、白桃木、香樟木、银杏木等为原料，因其成品色泽清淡、不用彩绘、大多保留原木天然纹理色泽而被称为白木雕。以平面浮雕为主，有薄浮雕、浅浮雕、深浮雕、高浮雕、多层叠雕、透空双面雕、锯空雕、满地雕、彩木镶嵌雕等。其工艺类型有无画雕刻与图稿设计雕刻两类，均注重创意和绘画性。东阳木雕的题材多为历史故事的民间传说，构图方法采用传统绘画的散点透视或鸟瞰式透视，不受近大远小、近景清远景虚等绘画规律的束缚，充分展现画面内容，可谓画中有画。近年来，现代建筑较少使用传统木雕装饰，东阳木雕逐渐走向衰落，应对之抢救保护。

乐清黄杨木雕

乐清黄杨木雕是以黄杨木为材料的一种观赏性圆雕艺术，主要流行于乐清市的翁洋镇南街村、象阳镇后横村、柳市镇、乐城镇一带，传播至温州、杭州、上海等地。创始于宋元，流行于明清。黄杨木质地坚韧光洁，纹理细腻，色黄如象牙，年久色渐深。因其生长周期慢，有"千年难长黄杨木"之说。黄杨木雕有 3 种类型，各造型理念、技艺及程序都不一样。一是传统类，以单独的人物造型为主，亦有群雕或拼雕。这种类型的雕刻有人物范型，工艺流程有泥塑构稿、选材取料、敲坯定型、实坯定格等。二是根雕类，以黄杨木根块为材料进行造型。根雕类不用泥塑构稿，而需要灵活的构思能力，重在保持树根自有的造型意味。三是劈雕类，将无法用作人物雕刻的木块劈开，劈裂后在木材自然纹理的基础上立意雕刻，充分展现了民间工匠的智慧。黄杨木雕工艺流程复杂，对原材料的构思和雕刻技法都无法用现代技术替代，无法形成规模化生产，加之可供雕刻的黄杨木材日益减少，这都影响着其传承发展。

安徽省

安徽省林业遗产名录

大类	名称	数量
林业生态遗产	01 青阳青檀；02 宣州扬子鳄	2
林业生产遗产	03 砀山沙梨；04 金寨木本粮油（银杏、板栗、山核桃、山茶油）；05 广德竹、栗；06 繁昌长枣；07 烈山塔山石榴；08 宁国山核桃；09 太和香椿；10 金寨茯苓；11 霍山石斛	9
林业生活遗产	12 铜陵凤丹皮；13 黄山；14 九华山；15 天柱山；16 宣州敬亭山	5
林业记忆遗产	17 陈翥《桐谱》(铜陵)；18 黄山太平猴魁、毛峰茶；19 舒城竹编；20 皖南木雕；21 祁门红茶、安茶；22 六安瓜片茶；23 泾县涌溪火青；24 霍山黄芽；25 宣纸；26 石台富硒茶；27 桐城小花；28 舒城小兰花；29 东至云尖茶	13
总计		29

青阳青檀

　　最美青檀古树，位于安徽省池州市青阳县西华镇二酉村。距今约 1000 年，胸围 880 厘米。这棵青檀又常被当地人称作"檀公古树"，其顶孳生两枝，一南一北，各粗 5 米，树高 1700 厘米，树冠平均 1900 厘米。生长旺盛，树形奇特美观，五根粗壮的虬枝向外绽放，半球状冠幅长达 19 米，盘根遒劲，冠若华盖，覆盖多亩土地，树根隆出地表一人多高，盘节交错，笼罩地面 20 多平方米。

青阳青檀（王枫供图）

143

"檀公古树"虽历经千年岁月沧桑,依然保持着旺盛的生命活力,盘踞村落中心,记载着悠远的岁月故事,见证着古村落的文明繁衍和历史。村周边富产石灰岩等矿产,西华镇系青阳非金属矿研究院石灰岩矿业基地,印证了青檀喜生于石灰岩山地。保护好这棵千年古檀对于研究榆科类树种生长发育有很重要的学术价值。

宣州扬子鳄

宣城鳄鱼湖,位于宣州区南郊,是我国最大的扬子鳄保护基地,国家级自然保护区,安徽省扬子鳄繁殖研究中心,风景优美的旅游胜地。始建于1979年,占地面积100公顷。岗峦起伏,松竹藤萝遮天蔽日,奇花异草四时飘香,湖泊、池塘星罗棋布,波光潋滟。经过20年的人工饲养繁殖,扬子鳄数量已由当初野生收集到的140余条增加到1万余条,并具备年繁殖1500条的能力,扬子鳄已渡过"濒危线"。这一成果获得了国际社会的肯定和赞誉。

扬子鳄(拍信图片)

扬子鳄是中国特有物种,国家一级保护动物,与恐龙同时历经几次"大灭绝"而奇迹般繁衍至今,在地球上已生存了2.3亿年,有"活化石"之称。随着工业化进程的加速和人类的捕杀,扬子鳄濒临灭绝。为了对其实施保护、恢复其种群,我国设立了自然保护区及繁殖研究中心。研究中心掌握了扬子鳄人工饲养繁殖从鳄到卵,又从卵到鳄的全部过程,其鳄鱼研究水平位居世界前列。然而,扬子鳄的野生种群数量这几年不升反降,研究中心院内完全野生的扬子鳄仅有49条。另据调查,扬子鳄分布范围也已缩减到安徽宣城狭小地区,野外数量低于150条。自2003年以来,保护区已连续10年举办扬子鳄野外放归活动,累计投放66条人工繁育的扬子鳄。

鳄鱼湖除扬子鳄外,还有梅花鹿、穿山甲、野猪、孔雀、野鸡、白鹭等珍禽异兽。为了让更多的人了解扬子鳄,自1987年开始,鳄鱼湖逐渐对游客开放,在研究保护的同时,也对人工养殖的扬子鳄的产品进行了开发,这些产品供不应求且远销海内外。

砀山沙梨

最美沙梨古树,位于安徽省宿州市砀山县园艺场六分场。至今已有300多岁,胸围318厘米。是砀山百万亩梨园的梨树王,明末清初就已开花结果,最多时年产酥梨2000余千克。"北有砀山梨树王,南有黄山迎客松。"2018年,砀山梨树王入选中国最美古树。

梨树多沿黄河故道种植,集中在县城的北部和东部,土壤多为沙土地。明代《徐州府志》(明代砀山属徐州)记载,砀山产梨。由此推断,砀山种植梨树的历史至少已有500

余年。相传，清朝乾隆皇帝多次从北京下江南，有一次途中行宫就设在砀山县良梨镇境内的寺院，地方官殷勤地奉献当地酥梨，乾隆皇帝品尝了郭楼村（现良梨镇良梨村郭庄自然村）产的酥梨后赞不绝口，当即口谕："捎带为皇考贡品。"第二天游览梨园时，乾隆看到奇特大梨树，遂命名为"梨树之王"。清末战乱、兵灾、水患，矿山庄稼颗粒无收，农民难以生存，唯有梨树坚强存活。

砀山沙梨树（王枫供图）

新中国成立后，砀山县大规模种植梨树。1953 年县政府成立砀山县园艺场。改革开放之后，县政府对全县梨农进行培训，果树产量实现突破。1995 年开始，每年举办梨花节、采摘节，梨树王所在地已打造成集民俗活动、采摘为一体的成熟景区，吸引八方游客前来观光。梨树王风景区经过整体规划建设，道路整洁，设有停车区域和供游客步行的观光线路，对古树进行有效保护。2015 年以来，砀山县实施"数字果园"创新工程，提升砀山水果的特色品牌价值，推进全县现代生态农业产业化发展。在古树挂牌保护方面，砀山县政府部门为百年老梨树建立档案，量身定做"身份牌"，计划给 6 万余棵百年老梨树全部挂牌。

金寨木本粮油（银杏、板栗、山核桃、山茶油）

金寨县地处安徽省西部，鄂、豫、皖三省七县二区结合部，属亚热带与暖温带的过渡地带，年降雨量 1100~1500 毫米，土壤呈酸性或微酸性，适宜多种经济树种生长。

金寨山核桃，金寨县的特产。具有果大、壳薄、出仁、出油率高的特点。2013 年，其获国家地理标志证明商标。是大别山上长期演化产生的变异种，是唯一生长在花岗岩分化土壤上的品种，与我国其他五个山核桃种相比，含有更多的钾、钠、镁等物质，其营养更为丰富。专家称，它是目前国内最为优良的山核桃品种之一，具有广阔的发展前景。多年来，金寨县山核桃一直"养在深山人未识"，处于完全的野生状态。自 2000 年开始其陆续被发现，才使这一优势资源引起社会关注，专家、学者和客商纷至沓来。截至 2011 年，金寨县山核桃种植总面积达 5.2 万亩，其中，结果面积约 2.5 万亩，全县年产量达 25 万千克，总产值达 900 万元。

金寨山茶油，金寨县的特产。2013 年，获国家地理标志证明商标。茶油清澈透亮，呈青绿色，有油茶木香气，富含不饱和脂肪酸、维生素 E 与维生素 D 及多种生理活性成分茶多酚，具有降低胆固醇、预防心血管硬化、降压降脂等功效。产地范围：金寨县梅山镇、双河镇、桃岭乡等 15 个乡镇。

金寨板栗，金寨县特产。栽培历史悠久，上市时间早、产量大、持续时间长，具有果大、色泽鲜艳、涩皮易剥、品质优良等特点，深受广大消费者的青睐。2013年，获国家地理标志证明商标。有1000多年的栽培历史，口感和风味绝佳，有"东方珍珠"和"紫玉"的美称。板栗种植面积50万亩，年产板栗3万吨，产量位居全国第一，金寨被授予"全国经济林板栗之乡"的称号。现全县有26个乡镇、1个办事处都发展板栗产业，其中，15个乡镇板栗种植面积都达2万亩以上。426个行政村中有板栗的村数量达418个。其中55个村为板栗专业村，建有一条面积达5万亩的百里板栗带，板栗种植成为全县的重要支柱产业之一，也是群众脱贫致富奔小康的主要经济增长点。当地筛选培育10余个优良板栗品种，初步形成以早栗子、大腰栗、大曲果、迟栗子等为代表的早、中、晚熟优良品种。各品种分乡镇区域化栽培，上市时间早（8月下旬—9月上旬），产量大，持续时间长，具有果大、色泽鲜艳、涩皮易剥、品质优良等特点，深受广大消费者的青睐。

安徽板栗王树，位于金寨县梅山镇徐冲村长江河畔的龙湾。据《霍邱县志》记载，徐冲、龙湾、龙井等村盛产板栗，板栗栽培可追溯到清代同治年间。房屋前后和堤坝滩地板栗集中连片，百年以上的栗树有200多株，其中，龙湾一片河滩地上一株紫油栗树龄已近400年，树高11.7米，腰围6.3米，树冠占地600平方米，年产板栗300千克左右。板栗王历经沧桑，曾见证日本侵略军犯我中华时留下罪恶。目前，该板栗王已有多处枯死，且树干亦遭修路土方填埋，不过当地政府已经拿出拯救方案。

金寨县千年古银杏树在被称为"银杏小镇"的沙河乡。这里150余万株银杏姿态万千，而这棵位于周维炯（1908—1931年）故居旁直径两米的古老银杏王树龄已有1200年之久，依然枝繁叶茂。古银杏带动乡村旅游，近年来，金秋银杏最盛之际，沙河乡举办"银杏文化旅游节"，吸引游客，带动周边群众开展银杏加工、开办农家乐、综合开发旅游资源，推动了农民增收。

广德竹、栗

广德县位于安徽省东南部宣城市，是"中国十大竹乡"之一。竹子资源丰富，拥有各类竹子70多种，其中毛竹、红壳竹、紫竹、桂竹等10多个品种的竹子品质优异，开发价值大。截至2013年，全县竹林面积达97万亩，立竹2.4亿株，其中：毛竹83万亩，立竹1.5亿株，年产毛竹3000万根，鲜笋3.25万吨；小径竹14万亩，立竹0.9亿株，年产竹材1.8万根、鲜笋1.55万吨，是全国最大的红壳竹基地和紫竹基地。竹文化历史悠久。

该县将"竹业富民"战略与国家退耕还林政策相结合，按照"应退尽退，宜竹则竹"的原则，推进林业结构调整，竹产业快速发展。2020年，竹业产值118.5亿元，出口创汇8071万美元。竹加工企业300余家，从业人员达5万人，每年竹子加工能力可达1400万根。形成了竹集成材、竹家具、竹循环利用、竹工艺品、竹炭、竹森林食品、竹保健品七大系列147个品种。

把大力弘扬竹文化作为竹业经济可持续发展的重要手段。万顷"卢湖竹海"、国家横山森林公园的竹种园、竹瑰园每年接待10多万游客，旅游综合收入达2000多万元。

广德板栗，广德县特产，素有"粒大、味香、松软可口"的特点，深受大众青睐。广德县被原国家林业局授予"中国板栗之乡"称号。广德县板栗栽培历史悠久，清朝嘉庆年间曾作为"贡品"名噪大江南北，优良品种"大红袍""处暑红""大油栗"驰名全国，以性状稳定、抗逆性强、稳产高产著称。广德县板栗面积共有 25 万亩，年产量可达 750 万千克，有 14 万农民从事板栗种植经营，栽种面积在万亩以上的有 5 个乡镇。有凤桥、四合两大板栗专业市场。

此外，"宣州板栗"产于宣城市的广德、宁国和泾县，历史悠久，品质优良。1602 年苏颂著《图经本草》记载："栗处处有之，而兖州、宣州者最佳。"现该地集中成片种植面积约 85 万亩，占安徽省总面积的 60%。主要品种有广德县的"处暑红""大红袍""大油栗""小油栗""九月寒"和宁国市的"乌早""软刺早""二新早"等。宣州板栗以其甜、香、糯三大特点驰名中外，在国际市场上被统称为"中国甘栗"。

繁昌长枣

繁昌长枣，芜湖市繁昌县特产。当地独特的地理、气候优势孕育了其特有的肉多核小的品质。2013 年，其获国家地理标志证明商标。主要分布于繁昌的横山镇、环城乡、马坝乡、峨桥乡一带，为当地原产的主栽品种，有 300 余年栽培历史。

繁昌长枣树体高大，树姿开张，树冠自然圆头形。托叶刺退化。叶片中大，卵状披针形。花量多。果实较大，长柱形，胴部中腰部分常有不对称的缢痕，两端常显歪斜，纵径 4.8 厘米，横径 2.6 厘米。平均果重 14.3 克，大小整齐。果肩圆，耸起。果顶尖圆，柱头遗存。果皮薄，脆熟期赭红色，白熟期绿白色。果点不明显。极少裂果。果肉淡绿色，质地致密且脆，进入脆熟期后甘甜可口。可食率达 98.3%，每 100 千克鲜枣可制蜜枣 78 千克。核细小，无种子或含有不饱满的种子。8 月上旬白熟，8 月底至 9 月初脆熟。

繁昌长枣耐旱涝、耐瘠薄，适应性强，但不抗枣疯病。丰产稳产，果实较大，肉质致密，细脆甘甜，裂果轻，适宜制作蜜枣和鲜食。蜜枣成品个大，整齐，皮薄，肉厚，核小，含糖量高，呈半透明琥珀色，品质极佳。适宜南方枣区推广栽培。

烈山塔山石榴

塔山石榴，安徽省淮北市特产，国家地理标志产品。种植区山丘主要为石灰岩，土质以紫色页岩和沙壤土为主，土壤 pH 值在 7.0~7.8。土壤中富含有效磷、全氮、速效钾，特别是有效铁含量较高。种植区属暖温带半湿润季风气候，四季分明，日照充足，适合石榴生产。特点主要是青皮软籽，果皮青黄色，阳面红色或淡红色，皮薄；籽粒马齿状，籽粒大，红白色，核小而软；果汁多，甜味浓，品质上等。2012 年 8 月，塔山石榴成功获批国家地理标志保护产品称号。

塔山石榴种植已有千年历史，在塔山万亩石榴园内，至今仍有明清时期的古石榴树千余亩。近年来，淮北市烈山区努力发展农业、生态旅游业，壮大石榴产业，被评为全国六大石榴基地之一。其中，"塔仙"牌软籽石榴荣获 2007 年北京国际林产品博览会金奖，被国家绿色食品发展中心认证为"绿色食品"，获"安徽省优质农产品"称号。

20 世纪 90 年代，塔山石榴虽香甜可口，却默默无闻。烈山区通过采取一系列措施，使塔山石榴畅销京、沪、苏、豫、鲁等 10 多个省市，群众种植石榴的积极性日渐高涨。目前，烈山区石榴种植面积已发展至 8 万多亩，烈山区成为全国第四大石榴产地。年产石榴近 3 万吨，产值突破 2 亿元。形成以塔山为中心，绵延 40 余千米的石榴种植基地生态群落。

宁国山核桃

宁国山核桃，宁国特产，久负盛名。宁国素有"八山一水半分田，半分道路和庄园"之说。所产山核桃皮薄，核仁肥厚，含油量高。2009 年，全市山核桃面积已达 9300 公顷，最高年产量 3249 吨。初步形成山核桃加工、销售体系，加工产品有椒盐、五香、奶油、多味山核桃和山核桃仁、山核桃油等系列产品，已形成超亿元的产业。1996 年，宁国市被授予"中国山核桃之乡"的称号。2005 年 2 月，国家质检总局批准对其实施原产地域保护。

宁国山核桃的特点是桃籽大、壳薄，核仁肥厚、含油量高，采用传统工艺加工后色美味香、果仁清脆可口，具有润肺滋养、益胃养颜、乌须黑发之功效。干果平均出仁率为 45.3%~55.2%，干仁含油率达 69.8%~74.9%，制成的食用油是含油量最高的树种之一。宁国山核桃树油酸值低、碘值高，是利于消化的优良食用油，对降低血脂、预防心血管疾病有较好的功效。果仁含有 9% 左右的蛋白质和 17 种氨基酸、20 种矿物元素，具有极高的营养价值。长期食用具有健脾开胃、润肺强肾、滋补康复、预防冠心病、降低血脂之功效。核桃青皮又名"青龙衣"，其中含有抗真菌物质，可以抑制真菌的繁殖和生长，起到治疗体癣的功效。

据化石资料研究，山核桃由于遭受第四纪冰川的毁灭，仅在皖浙交界的天目山区保存下来，是古老的孑遗树种之一。清嘉庆《宁国县志》记载："宁国山多，产山核桃，初生未去皮似桃，故名。"宁国山核桃主要分布在天目山脉和黄山余脉北侧的南极、万家、胡乐、仙霞、中溪、甲路等 10 个乡镇，海拔 100~700 米的范围内。高产林多分布于海拔 300~700 米的山的中下部。

太和香椿

太和香椿是阜阳市太和县的特产，相传已有 1000 多年的悠久历史。安徽太和自古就有"香椿之乡"的美誉。《太和县志》记载，太和椿芽"肥嫩、香味浓、油汁厚、叶柄无木质，清脆可口"。尤以谷雨前椿芽品质优良，芽头鲜嫩，色泽油光，肉质肥厚，清脆无渣而被称为"太和椿芽"，驰名中外。唐代曾用此物作贡礼，清代状元祝顺昌曾有"天下好椿出颍水"的赞言。乾隆四十年春，纪晓岚受学生祝顺昌之托，将十坛太和腌制椿芽进献乾隆皇帝，乾隆品尝后赞不绝口，点为"贡椿"，名扬天下。

太和香椿资源丰富，有 9 个品种，包括黑油椿、红油椿、青油椿 3 个优质品种和永椿、黄罗伞、柴狗子、米儿红、红毛椿、青毛椿 6 个品种。椿芽的采收节令性强，要求严。一般采收两次。谷雨前 2~5 天采收第一次，称"头茬椿芽"，品质最佳，产量低，价值高。谷雨后 5~7 天采收第二次，产量高、品质稍次、价值不如雨前椿芽高。椿芽可吃鲜的，但新鲜椿芽不易保存，多采用腌制加工。腌制后的椿芽经岁不变质，畅销国内外，最受东南亚国家和地区人们的喜爱。太和香椿含有多种维生素和人体所需要的蛋白质、磷酸盐、铁、钙、钾等物质，具有较高的营养价值。尤其在谷雨前采摘的椿芽更是香鲜脆嫩、清香扑鼻，食之能使人提神、明目。既可沏成椿芽茶，又可调拌成面食。据《中国中药大全》记载，椿芽可防止咳嗽，治疗嘶哑、水土不服及妊娠反应等。香椿的吃法有很多，炒、拌、蒸、炝都可以。典型的菜肴如北方的"香椿拌豆腐""香椿煎鸡蛋"，四川的"椿芽炒鸡丝"等，至于陕西的"炸香椿鱼"更是负有盛名的传统菜。

多年来，太和县以市场为导向、以效益为中心，把香椿作为县域经济支柱产业之一，编制香椿产业发展规划，制定有关奖励扶持政策，积极引导农民规模种植香椿。2015 年，该县香椿种植面积已达 3.6 万亩，活立木蓄积量有 16 万立方米，年产香椿 1088 吨。

金寨茯苓

金寨茯苓，六安市金寨县特产，国家地理标志产品。金寨中药材资源多达 1363 种，金寨自古便有安徽的"西山药库"之称。金寨县是全国 22 个药材基地县、6 个茯苓基地县之一，境内的沙河乡被誉为"中国灵芝第一乡"。金寨茯苓质密细腻，药用效果特别好。

金寨县群山连绵，地形差异明显，季风明显，四季分明，自然环境特别适宜种植茯苓。茯苓是长在松树根上的一种菌类。金寨梅山水库岸边，连绵起伏的丘陵山坡上长着各种参天的树木，森林植被能够滋养上乘的茯苓品种。金寨当地常有马尾松、赤松和黑松等，树龄多在 3 年以上，松油和纤维素的含量很高，这些都是茯苓需要的养分。金寨土壤以黄红壤为主，土质疏松，三分土七分沙，非常适宜喜干燥的茯苓生长。另外，为了保证茯苓的土壤有养料成分，茯苓种植三年内不返场，即一块地种过茯苓之后三年内就不会再种了。否则会长出一些与茯苓无关的杂菌，影响茯苓的品质。

大别山腹地的金寨县人民早在元末明初就开始种植人工茯苓，是远近闻名的茯苓之乡。1958 年，金寨县桃岭公社的茯苓种植户陈义荣种了一个达 72 千克重的茯苓，并主动将大茯苓献给了国家，运至安徽省博物馆展出。1958 年毛泽东主席在安徽省博物馆观赏到了这个特大茯苓。自此，金寨茯苓名扬天下。20 世纪 80 年代，全县茯苓产量在 255 吨以上，90 年代以后，随着茯苓生产技术的推广，全县茯苓生产发展较快，尤其是桃岭乡群众有种植茯苓的经验和技术。2005 年，桃岭乡被河南宛西制药厂定为茯苓生产供应基地。如今桃岭乡已是金寨县茯苓交易中心。

据《本草纲目》等药书记载，久服茯苓可以"除百病、润肌肤、益寿延年"。长期以来，茯苓被誉为"除湿之圣药""仙药之上品"，名列"八珍"之一。除药理作用外，茯苓尚含有蛋白质、卵磷脂、矿物质、茯苓酸、层孔酸、去氢层孔酸、齿孔酸、去氢齿孔酸、茯苓新三萜酸、组氨酸等营养成分。近年来，发现从茯苓中提出的多糖体对某些癌症有明显抑制作用，更引起人们的重视，被加工成糕、饼、粥等保健、美容食品，畅销国内外市场。

霍山石斛

霍山石斛，俗称"米斛"，是兰科石斛属的草本植物，为中国特有，国家一级重点保护野生植物，国家地理标志产品。主产于大别山区的安徽省霍山县，大多生长在云雾缭绕的悬崖峭壁崖石缝隙间和参天古树上。霍山石斛能大幅度提高人体内 SOD（延缓衰老的主要物质）水平，经常熬夜、用脑、烟酒过度、体虚乏力的人群非常适宜经常饮用。有明目作用，也能调和阴阳、壮阳补肾、养颜驻容，从而达到保健益寿的功效。2019 年 11 月，霍山石斛入选中国农业品牌目录。

霍山石斛一名，最早见载于清代赵学敏《本草纲目拾遗》，距今有 200 年以上历史。该书记载称："霍石斛出江淮霍山，形似钗斛细小，色黄而形曲不直，有成球者，彼土人以代茶茗。霍石斛嚼之微有浆、黏齿、味甘、微咸，形缩为真。"该书引用《年希尧集验方》曰："长生丹用甜石斛，即霍山石斛也。"该书又引用其弟赵学楷《百草镜》语曰："石斛，近时有一种，形短只寸许，细如灯芯，色青黄，咀之味甘，微有滑涎，系出六安州及颍州府霍山县，名霍山石斛。最佳。而云南、广西出产的属次等。"

铜陵凤丹皮

铜陵凤丹皮，铜陵顺安镇凤凰山村特产，国家地理标志产品。铜陵凤丹皮是一种珍贵的中药材。丹皮就是牡丹干燥的根皮。以湖南、安徽产量最大，安徽铜陵凤凰山所产的质量最佳，因而这里产的丹皮称为"凤丹皮"。铜陵被原农业部授予"中国南方凤丹基地"称号，被原国家林业局授予"中国药用凤丹之乡"称号。

凤丹，又名"铜陵牡丹""铜陵凤丹"，《中药大辞典》记载："安徽省铜陵凤凰山所产丹皮质量最佳"，故称凤丹。"筹边持节善怀柔，西夏还辕锡予优。一种名花分御园，九重春色满赢州"，这是《铜陵县志》中石洞村盛嘉佑等人诗作《牡丹宅怀古》中对凤丹的描述。铜陵凤丹皮的特点是：肉厚，木心细，香味浓，久存不生虫，不发霉。国内主要大型制药厂，如北京同仁堂、河南宛西、兰州佛慈等制药厂制成的中成药"六味地黄丸"中主要一味就是丹皮。它的主要功能是滋阴补肾和治疗头晕耳鸣、腰膝酸软、遗精盗汗。另外，饮片泡酒可舒筋活血、清淤、清热、凉血，久服轻身益寿。铜陵现将凤丹叶子制成"牡丹茶"，具清凉解毒的作用。

铜陵凤丹皮种植已有 1600 多年历史，主要产于铜陵市顺安镇、钟鸣镇与南陵县何湾镇三镇交界处的凤凰山盆地及周边地区。凤凰山村位于顺安镇东南部，面积 33 平方千米。凤丹种植是当地的农业主导产业，"铜凤牌凤丹皮"多次得省"优质名牌农产品"称号。目前全村凤丹种植面积达 2000 余亩，与河南宛西制药厂、北京同仁堂制药厂合作建设"凤丹皮种苗培育基地"，并建立长期产品销售业务网络。产品远销世界各地及东南亚地区。

黄山

黄山原名"黟山"，因峰岩青黑，遥望苍黛而得名。传说轩辕黄帝曾在此采药炼丹，得道成仙。轩辕峰、炼丹峰、容成峰、浮丘峰、丹井、洗药溪、晒药台等景名都与黄帝有

黄山（拍信图片）

关。唐玄宗笃信道教，遂于天宝六年（747年）诏改黟山为"黄山"。黄山处于亚热带季风气候区内，山高谷深，气候呈垂直变化，局部地形对气候起主导作用，形成特殊的山区季风气候。山顶年均降水2369.3毫米，年均雨日180.6天，积雪日32.9天，雾日259天，大风日118.7天，年均温7.9℃，夏季最高气温27℃，冬季最低气温-22℃。景区林木茂密，溪瀑众多，大气质量常年保持Ⅰ级，有"天然氧吧"之称。

黄山是世界文化与自然双重遗产、世界地质公园、世界生物圈保护区，国家5A级旅游景区，被誉为"人间仙境""天下第一奇山"，素以奇松、怪石、云海、温泉、冬雪"五绝"著称于世。境内群峰竞秀，怪石林立，有千米以上高峰88座，"莲花""光明顶""天都"三大主峰海拔均逾1800米。明代大旅行家徐霞客曾两次登临黄山，赞叹道："薄海内外无如徽之黄山，登黄山天下无山，观止矣！"后人据此概括为"五岳归来不看山，黄山归来不看岳"。

黄山生态系统稳定平衡，植物群落完整，是绿色植物荟萃之地，素有"华东植物宝库"和"天然植物园"之称。景区森林覆盖率为98.29%，高等植物222科、827属、1805种，有黄山松、黄山杜鹃、天女花、木莲、红豆杉、南方铁杉等珍稀植物，首次在黄山发现或以黄山命名的植物有28种。黄山动物资源丰富，有鱼类24种、两栖类21种、爬行类48种、鸟类176种、兽类54种。代表性动物有红嘴相思鸟、棕噪鹛、白鹇、短尾猴、梅花鹿、野山羊、黑麂、苏门羚、云豹等珍禽异兽。

黄山迎客松（王枫供图）

最美黄山松，又称"迎客松"，位于黄山风景区玉屏楼景区，海拔 1680 米。实测树高 10.2 米、胸围 2.16 米，平均冠幅 12 米，树龄 1000 年，为国家一级保护名木。从 1981 年开始，黄山风景区确定专人对迎客松进行每天 24 小时特级"护理"。近年来，在景区人员的精心呵护下，迎客松成功抵御暴雪、台风、冻雨等自然灾害，依然傲然挺立、卓然多姿。2018 年，这棵黄山松被评为"中国最美古树"。

九华山

九华山位于安徽省池州市，是以佛教文化和自然与人文胜景为特色的山岳型国家级风景名胜区，是中国佛教四大名山之一、国家首批 5A 级旅游景区、国家首批自然与文化双遗产地，安徽省"两山一湖"（九华山、黄山、太平湖）旅游开发战略的主景区。景区规划面积 120 平方千米，保护面积 174 平方千米，由 11 个景区组成。

九华山神奇灵秀，清丽脱俗，是大自然造化的精品，有"莲花佛国"之称。境内群峰竞秀，怪石林立，九大主峰如九朵莲花，千姿百态，各具神韵。连绵山峰形成的天然睡佛成为自然景观与佛教文化有机融合的典范。景区内到处是清溪幽潭、飞瀑流泉，构成了一幅幅清新自然的山水画卷，还有云海、日出、雾凇、佛光等自然奇观，气象万千，美不胜收，素有"秀甲江南"之誉。

九华山气候温和，土地湿润，生态环境佳美，森林覆盖率达 90% 以上，有 1460 多种植物和 216 种珍稀野生动物。基于生态的多样性和完整性，九华山季节分明，四时美景不同，让人叹为观止。

九华山以地藏菩萨道场驰名天下，享誉海内外。公元 719 年，新罗国（韩国）王子金乔觉渡海来唐，卓锡九华，苦心修行 75 载，99 岁圆寂，因其生前逝后各种瑞相酷似佛经

中记载的地藏菩萨，僧众尊他为地藏菩萨应世，九华山遂辟为地藏菩萨道场。受地藏菩萨"众生度尽，方证菩提，地狱未空，誓不成佛"的宏愿感召，自唐以来，寺院日增，僧众云集，香火之盛甲于天下。九华山现存寺庙99座，僧尼近千人，佛像万余樽。长期以来，其各大寺庙佛事频繁，晨钟暮鼓，梵音袅袅，朝山礼佛的教徒信众络绎不绝。九华山历代高僧辈出，从唐至今自然形成了15樽肉身，现有5樽可供观瞻。

　　九华山文化底蕴深厚。晋唐以来，陶渊明、李白、费冠卿、杜牧、苏东坡、王安石等文坛大儒游历于此，吟诵出一首首千古绝唱；黄宾虹、张大千、刘海粟、李可染等丹青巨匠挥毫泼墨，留下了一幅幅传世佳作。唐代大诗人李白三上九华，写下了数十首赞美九华山的不朽诗篇，尤其是"妙有分二气，灵山开九华"的诗句，成了九华山的"定名篇"。九华山现存文物2000多件，历代名人雅士的诗词歌赋500多篇，书院、书堂遗址20多处，其中，唐代贝叶经、明代大藏经、血经、明万历皇帝圣旨和清康熙、乾隆墨迹等堪称稀世珍宝。

天柱山

　　天柱山，安徽省安庆市潜山市西部山地，又名"潜山""皖山""皖公山"（安徽省简称"皖"由此而来）等，为大别山山脉东延的一个余脉。一般指潜山市境内以其主峰天柱峰为中心的山地，有时也指其主峰天柱峰。主峰海拔为1489.8米。

　　天柱山呈现出奇峰、怪石、幽洞、峡谷等自然景观，以雄、奇、灵、秀而著称于世。景区内千峰竞奇，万壑藏幽，巍峨峥嵘，不可名状。主峰天柱峰突兀群峰之上，高耸云表，嶙峋峭绝，瑰伟秀丽，卓尔不凡。周围诸峰千姿百态，形状各异，起伏环拱，势如揖拜。其间遍布悬崖奇石、幽谷灵泉、苍松翠柏、名花异草。身临其境，如在蓬莱。唐代诗人白居易在《题天柱峰》诗中赞美："天柱一峰擎日月，洞门千仞锁云雷"。天柱山内植被繁茂，森林覆盖率高达 97%，负氧离子浓度是国家一级标准的三倍。

天柱山因独特的自然景观名列安徽省三大名山（黄山、九华山、天柱山）。早在汉武帝时就被封为"南岳"，历代都有人文活动。新中国成立后开发为天柱山风景名胜区，先后获得"国家级重点风景名胜区""国家自然与文化遗产地""国家森林公园""国家5A 级旅游景区"等称号。天柱山拥有超高压变质带，其崩塌堆垒地貌景观被地质学家誉为"世界上最美的花岗岩地貌"。2011 年 9 月，天柱山被联合国教科文组织批准为世界地质公园。

宣州敬亭山

敬亭山位于宣城市北，水阳江畔。原名"昭亭山"，西晋时为避文帝司马昭名讳，改称"敬亭山"。属黄山支脉，山势呈西南—东北走向，大小山峰 60 座，拥有一峰、净峰、翠云峰三大主峰，最高峰翠云峰海拔 324.1 米。敬亭山拥有绵延的山峦、潋滟的水光、烂漫的山花和悠闲的白云。

敬亭山自古诗人地。南齐谢朓任宣城太守时，赞美："兹山亘百里，合沓与云齐""绿水丰涟漪，青山多绣绮"。李白一生七次飘然敬亭山，更是发出"众鸟高飞尽，孤云独去闲。相看两不厌，只有敬亭山"的千古绝唱。敬亭山遂因谢朓、李白的诗成为吟无虚日、名齐五岳的"江南诗山"。白居易、杜牧、欧阳修、黄庭坚、苏轼、文天祥、汤显祖、赵朴初等 300 多名历代文人雅士追寻谢、李的足迹，纷至沓来。他们挥毫泼墨，吟诗作赋，寄情山景，抒发感怀，留下了数以千计的动人篇章和珍贵墨迹。敬亭山诗名远播，人杰地灵，刘长卿、梅尧臣、施闰章、梅清、梅文鼎走出敬亭山，智慧的光芒照耀古今；"唐宋八大家"之一的韩愈寓居于此，后人建"昌黎别业"以纪之；黄山画派的扛鼎人物石涛和尚在广教寺十多年，禅定修行，苦作诗画。1939 年，戎马倥偬的陈毅元帅由宣城泛湖东下，慨叹"敬亭山下橹声柔，雨洒江天似梦游。李谢诗魂今在否？湖光照破万年愁。"

敬亭山自唐代以来，登临日隆，历代修建的楼台亭阁、寺庙宫观、摩崖石刻等风景名胜多达 50 余处。然几经兵燹，树木古迹几乎毁坏殆尽。但宋代双塔、古昭亭坊、虎窥泉等名胜古迹历经沧桑，得以幸存。双塔现为国家级重点文物保护单位。1987 年，敬亭山成为省级风景名胜区，1996 年又建成国家森林公园，成为赏诗怀古、宗教礼拜、休闲娱乐、观光度假、亲近自然、怡情养性的好去处。敬亭山风景区规划总面积 21.3 平方千米，拥有四大景区：双塔景区、独坐楼景区、一峰景区和宛陵湖景区。诗、佛、茶、酒为四大文化特色。名胜古迹多汇于双塔景区和独坐楼景区，并建有山门牌坊、古昭亭茶社、绿雪茶社、太白独坐楼、怀英亭、皇姑泉等水榭歌台。佛教禅宗广教寺坐落在景区内。

敬亭山气候温和、雨量适中、日照充足，具有中亚热带向北亚热带过渡的典型植被，动植物资源丰富多彩，拥有很多具有观赏价值的珍稀动物和珍贵树木，有国家一级重点保护野生动物扬子鳄和属于敬亭特产的敬亭蝾螈，有数龄在百年以上的枫香、桂花，有国家级保护树种银杏、杜仲，有碧波千顷的茶园、随风摇曳的翠竹，更有漫山遍野的杜鹃。杜鹃花为敬亭山花，每到春天姹紫嫣红，李白作有"蜀国曾闻子规啼，宣城又见杜鹃花"的诗句。敬亭山物产丰富，盛产桃、李、板栗等，"敬亭绿雪"茶更是其中的代表，初创于明代，盛于清代，郭沫若为其挥毫题名。清施闰章咏绿雪茶："敬亭雀舌争相传，手制从过谷雨天。酌向素瓷浑不变，乍疑花气扑山泉。"

陈翥《桐谱》（铜陵）

《桐谱》是我国最早一本比较详细地论述泡桐的专著，约成书于北宋皇佑末年（1054年）前后。《桐谱》是陈翥搜集以往的文献资料，并结合自己的野外调查和种植实践写成的。全书分为叙源、类属、种植、所宜、所出、采斫、器用、杂说、记志、诗赋十篇，较全面地叙述了前人有关桐树的认识史，对泡桐的根、茎、叶、花、果、种子的形态以及传播方式都有较准确的描写，并详细说明了桐树种植技术，是一本有一定科学价值的植物专著。主要版本现有《说郛》《唐宋丛书》《适园丛书》《丛书集成》本。

陈翥（982—1061年），字子翔，号桐竹君、咸聱子，池州府铜陵（今安徽铜陵）贵上耆土桥（今钟鸣镇）人。他是中国林学史上有卓越贡献的科学家。

黄山太平猴魁、毛峰茶

安徽黄山太平猴魁茶文化系统在世界名山黄山，环抱太平湖国家湿地公园，高山森林生态系统与湖泊生态系统交相呼应，生态环境得天独厚，呈现出"森林－高山茶园－村落田园－湖泊湿地"的立体农业景观体系。

黄山太平猴魁茶文化系统的最初起源可以追溯到1000多年前的唐朝。1900年，太平猴魁茶创制成功，随即一举成名，蜚声中外、绵延至今。百年传承的《猴茶真经》印证了太平猴魁茶的顶级品质。茶农们选育出本土优质茶树品种资源柿大茶，积累形成了高山生态茶园林茶共育和绿色栽培管理技术体系；发明出"三大阶段九道手工采制工艺"，被茶业界誉为"最高超、最精湛、最独特的制茶技艺"。形成独有的茶园生物多样性保护与利用、水土资源合理利用的传统知识和相关的乡规民约，完善了以本土茶树优良品种选育、高山生态茶园精细栽培管理、精湛猴茶采制工艺为核心的传统农业技术体系，至今对生态农业和循环农业发展以及科学研究具有重要价值。

太平猴魁茶文化不仅是一种农业生产方式，更是以人为本、与时俱进、因地制宜、天人合一等哲学思想和生态智慧。2017年6月，太平猴魁制作技艺被认定为第四批中国重要农业文化遗产。

黄山毛峰是中华传统名茶，中国十大名茶之一，属于绿茶。产于安徽省黄山（徽州）一带，所以又称"徽茶"。由清代光绪年间谢裕大茶庄所创制。每年清明谷雨，选摘良种茶树"黄山种""黄山大叶种"等初展肥壮的嫩芽，手工炒制。该茶外形微卷，状似雀舌，绿中泛黄，银毫显露，且带有金黄色鱼叶（俗称"黄金片"）。入杯冲泡雾气结顶，汤色清碧微黄，叶底黄绿有活力，滋味醇甘，香气如兰，韵味深长。由于新制茶叶白毫披身，且鲜叶采自黄山高峰，遂将该茶取名为"黄山毛峰"。

舒城竹编

流传于安徽省舒城县的舒席编织技艺有着悠久的历史。20世纪七八十年代，舒城县境内的战国墓葬中即有竹编物的痕迹，西汉墓葬中出土的竹席纹理及工艺与后世的舒席基本相同。明代天顺年间，舒席被英宗皇帝赞为"顶山奇竹，龙舒贡席"。

艺人精选节少、质细的小叶水竹，经过裁料、开竹、破条、切头、划条、起黄、匀撕、蒸煮、刮篾、制样、编织、收边、检验等十几道工序制作成席。其中关键部分是编织，不仅要求篾纹笔直整齐，而且要求编织艺人懂画理，根据构图搭配篾色，人物、山水、字画均能编织入席。制成的舒席柔软细腻，折卷不断，便于携带，夏天使用有凉爽消汗之功效。

在传统睡席的基础上，舒席编织艺人现在又开发出枕席、垫席、壁画席等品种，受到国内外消费者的喜爱。

皖南木雕

皖南木雕，又称"徽州木雕"。其兴衰与徽州民居的兴衰并行，明初为发展时期，明中叶到清中叶为鼎盛时期，清末至民国年间为衰落时期。明代的徽州木雕古拙而朴素，比较接近汉代画像砖的风格；造型浑圆结实，承袭了秦汉遗风，俭朴中富有变化，用线简练挺拔，粗放刚劲；人物形象适度夸张。到清代后期则慢慢趋向缜密、繁复、精巧。有的人物过分雕琢，力度感削弱，以精细为时尚。到民国时期，构图上受平面绘画的影响，写实味浓而民间味相对减弱。

在雕刻工艺上，明代时也较单纯，只有浅浮雕、深浮雕、圆雕几种。清代时在前者的基础上出现透雕、凹雕、线刻、多层雕刻等，形成并举的局面。有的在两寸厚的木板上竟刻七八层。还有的木雕图案中的门、窗可以开启，狮子嘴里的圆球可以滚动，表现了民间审美心理的变化。另外，在雕刻的题材内容上，明代木雕内容相对单纯一些，清代的更加注重情节和典故，戏曲故事、民俗题材的更加普及，内容更加多样化。

徽州木雕的艺术特色有以下几方面：

（1）鲜明的汉风唐韵。徽州木雕的热情、向上的格调与地域经济生活的富裕是合拍的。木雕构图饱满，画面注重张力，人物造型生动，雕刻粗犷，动感强烈，具有沉雄、奔放、古拙的艺术风格。

（2）大胆的构图布局。布局时往往直奔主题，把复杂的过程尽量简化，抓住最能代表人物或事件的特征，只用十分简约的手段，就把一个重大事件给勾画出来，给人一种举重若轻的艺术感受。布局时不受时空的限制，能在一块不大的木板上雕刻众多人物。

（3）巧妙的光影造型。为了使人物部分更突出，都是上面大部分挖得很深，下面三分之一部分则很浅。这样在深的部位雕人物的头、手、胸，在散光的投影下，让人觉得人物影影绰绰，产生会动的幻觉。下部很浅，呈弧线斜坡与外框衔接。上下深浅对应。

（4）丰富的程序语言。与戏曲表演的程序动作一样，徽州木雕在长期发展中也积累了丰富的程序语言，这是一种高度提炼的形式美。程序语言有多种表现手法，如夸张手法。

（5）优美的装饰效果。徽州木雕的装饰美首先体现在以线为主的造型方法上。无论是复杂的构图还是简单的画面，总能看出直线、曲线、粗线、细线、长线、短线的律动，不拘泥于客观真实。

（6）多元的雕刻工艺。徽州木雕具有多样的雕刻手段，有平板线刻、凹刻、凸刻，有浅浮雕、深浮雕、透雕、圆雕，有的透雕是两面雕，两面都可观赏。有的浮雕、圆雕并用，有的浮雕又加线刻。多层雕琢，有的竟达七八层甚至更多。

祁门红茶、安茶

祁门红茶简称"祁红"，茶叶原料选用当地的中叶、中生种茶树"槠叶种"（又名"祁门种"）制作，是中国历史名茶，著名红茶精品。由安徽茶农创制于光绪年间，但史籍记载最早可追溯至唐朝陆羽的茶经。产于安徽省祁门、东至、贵池（今池州市）、石台、黟县，以及江西的浮梁一带。有对联云："祁红特绝群芳最，清誉高香不二门。"祁门红茶是红茶中的极品，享有盛誉，是英国女王和王室的至爱饮品，有高香美誉，香名远播，美称"群芳最""红茶皇后"。

祁门地处黄山西麓，与江西毗邻，是安徽的南大门，属古徽州"一府六县"之一，境内森林覆盖率高达85.78%，居安徽省首位。目前，祁门县已成为安徽省第一个全境茶园通过无公害认证的区县，祁红已通过原产地认证，其制作工艺也被列为国家非物质文化遗产。

祁红茶叶外形条索紧细，苗秀显毫，色泽乌润；茶叶香气清香持久，似果香又似兰花香，国际茶市上把这种香气专门叫作"祁门香"；茶汤颜色红艳透明，叶底鲜红明亮；滋味醇厚，回味隽永。

在享誉世界的祁门红茶创制以前，安徽省祁门县主要生产一种名叫"安茶"的茶叶。安茶起于何时已无从考究，但至20世纪30年代祁门县仍有生产。据1933年祁门茶业改良场丛刊《祁门之茶叶》记载："红茶之外，尚有少数安茶之制造。此茶则概销于两广，制法与六安茶相仿佛，故名安茶。"到抗战期间，安茶生产已渐停产，直至20世纪80年代，在祁门县农业局和县茶叶公司的共同努力下，祁门恢复安茶生产。安茶作为一个特种茶，由于其制作工艺特别，品质独特，市场和茶人们对其属于哪一茶类一直没有明确。在见诸文字的描述中最多的是："安茶是一种半发酵的茶。它介于红茶和绿茶之间。"目前对安茶的茶类之争也有多种观点：一是绿茶说，二是青茶说，三是黑茶说。

六安瓜片茶

六安瓜片，简称"瓜片""片茶"，是中华传统历史名茶，也是中国十大名茶之一，产自安徽省六安市大别山一带。在唐代被称为"庐州六安茶"；在明代被称为"六安瓜片"，为上品、极品茶；清为朝廷贡茶。2019年11月，六安瓜片茶入选中国农业品牌目录。

六安瓜片为绿茶特种茶类。它具有悠久的历史底蕴和丰厚的文化内涵。在世界所有茶叶中，六安瓜片是唯一无芽无梗的茶叶，由单片生叶制成。去芽不仅能保持单片形体，且无青草味；梗在制作过程中已木质化，剔除后，可确保茶味浓而不苦，香而不涩。六安瓜片每逢谷雨前后十天之内采摘，采摘时取二、三叶，求"壮"不求"嫩"。

泾县涌溪火青

涌溪火青，安徽省泾县特产。属珠茶，生产历史已有五百余载，曾为历朝之贡茶。产于安徽省泾县城东 70 千米涌溪山的枫坑、盘坑、石井坑湾头山一带。涌溪火青外形独特美观，颗粒细嫩重实，色泽墨绿莹润，银毫密披。冲泡形似兰花舒展，汤色杏黄明亮，清香馥郁，味浓甘爽，并有特殊清香。可冲泡 4~5 次，以第 2~3 次最好。具有明目清心、止渴解暑、利尿解毒、提神消腻之功效。2011 年 9 月，农业部批准对其实施农产品地理标志登记保护。

霍山黄芽

霍山黄芽，安徽省六安市霍山县的特产，为中国名茶之一。该茶外形挺直微展，匀齐成朵，形似雀古，色泽黄绿披毫，香气清香持久，汤色黄绿明亮，滋味浓厚，鲜醇回甘，叶底微黄明亮。2006 年 12 月，获批国家地理标志保护产品称号。

霍山黄芽现产于佛子岭水库上游的大化坪、姚家畈、太阳河一带，其中以大化坪的金鸡山、金山头，太阳的金竹坪，姚家畈的乌米尖，即"三金一乌"所产的黄芽品质最佳。黄芽产区位于大别山北麓，地处县境西南的深山区，可谓"山中山"。这一带峰峦绵延，重岩叠嶂，山高林密，泉多溪长，三河（太阳河、漫水河、石羊河）蜿蜒，二水（佛子岭水库、磨子潭水库）浩渺。年平均温度 15℃，年平均降水量 1400 毫升，生态环境优越。

霍山黄芽鲜叶细嫩，开采期在清明前后，采摘期一个月，采摘标准为一芽一叶至二叶初展。采摘要求概括为"三个一致"和"四不采"，即形状、大小、色泽一致，开口芽不采、虫伤芽不采、霜冻芽不采、紫色芽不采。鲜叶采回后除去老叶、茶梗、杂质和不符合标准的鲜叶，再薄摊于团簸，晴天无露水时摊放 2~3 小时，阴雨天摊放 4~5 小时。鲜叶上午采，下午制；下午采，晚上制，不制过夜茶。

宣纸

宣纸是安徽省宣城市泾县特产，有"国之瑰宝""千年寿纸"的美誉。唐天宝年间，全国各地将进贡之物运到京城长安，宣城郡船中有"纸、笔"等贡品，这说明当时宣城郡已生产纸、笔。到宋代时期，徽州、池州、宣州等地的造纸业逐渐转移集中于泾县。当时这些地区均属宣州府管辖，所以这些地区生产的纸被称为"宣纸"，也有人称"泾县纸"。2002 年 8 月，宣纸获批国家地理标志保护产品称号。宣纸制作技艺 2006 年被列入首批国家级非物质文化遗产，2009 年 9 月被联合国教科文组织列入非物质文化遗产名录。

宣纸的原产地是安徽省的泾县，是采用产自泾县的沙田稻草和青檀皮，不掺杂其他原材料，并利用泾县特有的山泉水，按照传统工艺，经使用特殊工艺配方，在精密的技术监控下精制而成。宣纸是供书画创作、拓裱、水印制作等的高级艺术用纸。此外，泾县附近的宣城、太平等地也生产这种纸。

宣纸具有韧而能润、光而不滑、洁白稠密、纹理纯净、搓折无损、润墨性强、易于保存、经久不脆、不会褪色等特点，成为最能体现中国艺术风格的书画纸。所谓"墨分五色，"即一笔落成，深浅浓淡皆有，纹理可见，墨韵清晰，层次分明。这是书画家利用宣纸的润墨性，控制水墨比例，运笔疾徐有致而达到的一种艺术效果。加之耐老化，不变色，少虫蛀，寿命长，故宣纸有"纸中之王、千年寿纸"的誉称。十九世纪，宣纸在巴拿马国际纸张比赛会上获得金奖。宣纸除了题诗作画外，还是书写外交照会、保存高级档案和史料的最佳用纸。我国流传至今的大量古籍珍本、名家书画墨迹大都是用宣纸保存，使其多年之后依然如初。

石台富硒茶

石台富硒茶，安徽省石台县特产。石台富硒茶外形紧结；芽叶肥嫩、绿润；清香高长，略带野花香；汤色黄绿、明亮；滋味鲜醇。2012年12月，其获批国家地理标志保护产品称号。2019年11月，其入选中国农业品牌目录。

明末清初石台县就盛产好茶。该县茶叶销往苏州、广东、福建、香港等地。石台富硒茶核心产区鲜叶品质优良，历史上被制作成很多名茶，名气传播甚广，在众多资料中均有记载。《中国名茶志》记载，1949年前后，石台是极品名茶产地，多产在海拔800米以上高山，有仙寓山毛峰、金竺山毛峰、雾脊坡毛峰、黄土岭毛峰、铜铃坡毛峰。其鲜叶均产自石台富硒茶保护区域。1995年，由于土壤改良需要，该县在土壤成分检测中发现微量元素硒含量明显高于其他地区，进而发现该县所产茶叶富含硒元素。

桐城小花

桐城小花，安徽省桐城市特产。桐城市自然条件适宜种植茶树。桐城小花属于绿茶，成品茶外形舒展，色泽翠绿，形似兰花；汤色嫩绿明亮；香气清鲜持久有兰花香；滋味鲜醇回甘；叶底嫩匀绿明。其独特的品质特征是"色翠汤清、兰香韵甜"。2018年7月，农业农村部批准对其实施农产品地理标志登记保护，主产区为龙眠山。

舒城小兰花

舒城小兰花，安徽省舒城县特产。2016年12月，国家质检总局批准对舒城小兰花实施地理标志产品保护。舒城小兰花外形芽叶相连似兰草，条索细卷呈弯钩状，色泽翠绿匀润，毫锋显露；冲泡后如兰花开放，枝枝直立杯中，有特有的兰花清香，俗称"热气上冒一支香"；茶汤鲜爽持久，滋味甘醇，汤色嫩绿明净，叶底匀整成朵，呈嫩黄绿色。

东至云尖茶

东至云尖茶产自安徽省东至县东南部深山区。东至植茶历史悠久，茶叶品质优良，蜚声中外，世界三大红茶之一的"祁红"就发祥于东至尧渡。自唐代始，东至茶叶便闻名遐迩，宋代列为贡品，大诗人白居易、梅尧臣曾作诗礼赞。元著名学者马端临在《文献通考》中盛誉东至出产的"仙芝""嫩蕊"，列为全国名茶。清代东至"珠兰"茶即风靡西欧上流社会。2009年其获国家地理标志证明商标。

东至县茶区属江南茶区，地理条件优越，生态环境优良，森林覆盖率达 58.7%。东南部山区系黄山山脉，山高林密，层峦叠翠，云雾缭绕，600 米以上的山峰有 32 座，最高峰海拔 1375.5 米，宜茶面积 328 万亩。东至云尖品质特征为外形挺直略扁，色泽润绿显毫，内质香高味醇，汤清色碧。其系列产品有天鹅云尖、云雾雀舌、甘露青锋、玉露银锋、碧色天香、大王云尖、赤土云尖、仙寓神剑、老屋云尖、阳排翠春、徽道茶等。

福建省

福建省林业遗产名录

大类	名称	数量
林业生态遗产	01 霞浦古榕；02 泰宁长叶榧；03 屏南马尾松；04 漳平水松；05 宁化铁杉；06 永泰油杉；07 德化樟树；08 建瓯观光木；09 永安闽楠；10 沙县檫木；11 武夷山森林；12 福安古樟树群；13 三明格式栲；14 建瓯万木林；15 福州榕树；16 顺昌竹；17 蕉城杉木；18 延平杉木	18
林业生产遗产	19 尤溪银杏；20 尤溪金柑；21 云霄枇杷；22 莆田荔枝、桂圆、枇杷；23 漳州荔枝；24 建瓯锥栗、竹；25 青山龙眼；26 建西林场遗址	8
林业生活遗产	27 浦城丹桂；28 将乐南紫薇；29 福州鼓岭；30 政和闽楠；31 上杭古田会址古树群	5
林业记忆遗产	32 永春篾香；33 福州茉莉花茶；34 安溪铁观音茶；35 武夷岩茶；36 政和白茶；37 福鼎白茶；38 武夷悬棺葬习俗；39 永春佛手茶；40 将乐竹纸；41 莆田木雕；42 蔡襄《荔枝谱》（仙游）	11
总计		42

霞浦古榕

　　霞浦是闽东最古老的县，有 1700 多年建县史，曾是闽东的政治、经济、文化中心。杨家溪村头有古榕树群，植于南宋庆元六年（1200 年）与清咸丰四年，是我国位置最靠北的古榕群。被原林业部录入《中国树木奇观》一书。古榕群由 21 棵榕树组成，生长旺盛，苍劲茂密，而且每棵榕树的根均为典型的板状根。其中有一株特大的"古榕王"，要 11~12 个成年人才能合

霞浦县牙城镇渡头村榕树古树群（林武旺摄）

抱；树干周长 12.6 米，树高 30.6 米，冠幅达 51 米，占地 0.2 公顷，树干中空，树中根缠如梯，有 7 个树洞可容纳人，令人称奇，人称"吉祥树"，至今已逾 800 年。

泰宁长叶榧

　　长叶榧是新生代第三纪的孑遗植物，又是濒于灭绝的珍稀树种，1924 年首次发现于浙江省仙居县，1927 年正式定名，为我国所特有。1958 年曾在仙居县采到过长叶榧标本，此后长时间没有发现过它的存在，直至 1979 年秋又在福建泰宁县发现了长叶榧群落及零星分布。泰宁发现的长叶榧是中国目前分布数量最多，范围最广的区域。这里至少生存着 1000 株以上的长叶榧，整个群落长势旺盛，充满生机。这一发现，对植物分类学、植物地理学的研究具有重大意义。

屏南马尾松

最美马尾松古树，位于屏南县岭下乡葛畲村苏氏祖坟的正上方，胸径1.6米，胸围502厘米，树高25.8米，冠幅15.8米，树龄1200余年。该树主干离地1.5米处一分为三，三根并排笔直的树干直径都在1米以上，高耸入云。从远处看，三根树干的形状酷似一根根"鹿茸"，昂首俏丽，因此，这株松树被当地人形象地称为"鹿角松"。

据传，葛畲苏氏始祖奶泰、奶顺兄弟二人当年从建安忠溪随母迁入时，寄人篱下，家境贫困，历尽艰辛。老天不负有心人，奶泰、奶顺兄弟筚路蓝缕，克勤克俭，家道日渐殷实。但也常感父亲、叔叔等尸骨尚无去处，心中不免唏嘘，于是请风水先生在村旁找了一穴墓地。此地背靠后门洋，地形像一只活泼可爱的麒鹿，从中洋兴奋奔出，俗有"麒鹿出洋"之称。奶泰、奶顺兄弟大喜，遂将父亲积长，叔叔积善、积玉合葬于此，终了一桩心愿。为美化墓地，苏氏先祖在坟墓周围播撒了松子，奇怪的是，只在墓正中上方长出了一株。这株松树经过葛畲苏氏历代宗亲的精心呵护终长成材。

屏南县岭下乡上楼村水松古树群（庄晨辉摄）

屏南马尾松（王枫供

自苏氏得此风水宝地之后，果然家道中兴，人丁兴旺。后来，人们对这株"鹿角松"充满了许多美好的想象：松树主干一分为三，象征墓中葬了积长、积善、积玉三公；墓地为"鹿形"，墓头上方长一"鹿角松"，惟妙惟肖，使这只"鹿"更具神采和活力，似乎上天有意安排；这株松树也形象、真切地告诉苏氏后人，无论自己身处何方，都不要忘记自己的根在葛畲，不能忘记同根同源、血浓于水的亲情，都应承前启后，胼手胝足，薪火相传。

漳平水松

最美水松古树，在福建漳平永福镇李庄村，距今2100年，树高25米，直径3.1米，胸围6.97米，冠幅18米。是全国发现的已知最古老最大的国家一级重点保护野生植物——水松王。该树生长在水沟边，长势良好，树形高大如塔，雄伟苍劲，其庞大的根系像龙爪一样，深深地扎于地下。虽历经数千年风雨沧桑，却依然巍然挺立，每年开花结果，仍富有极强生命力。同时，永福镇一些村庄也陆续发现该珍贵树种，总数有28棵，树龄均有几百年。

此前有媒体报道，在福建宁德市屏南县岭下乡上楼村曾发现成片73株原生天然水松。水松长得枝繁叶茂，树干挺拔遒劲。树高多在15米左右，直径在0.6~0.7米，最大一株高达17米，直径0.76米，据专家考证，树龄多在千年以上。但与漳平永福镇的古水松王一比，差距立显。

水松有着"植物大熊猫"的美称，或称"植物活化石"。永福镇地处戴云山脉和博平岭山脉，是福建省最大、最南端的高山盆地，远古是蛮荒之地，开发较迟。永福镇的居民把水松视作保佑一方的"风水树"，十分爱惜，李庄村的小孩几乎都要拜本村的古水松王为"干爹"，这对古树起到积极的保护作用。永福镇有文字可考的历史仅为800年，而"水松王"有着上千年的树龄，永福是世界孑遗植物标志地。

水松属杉科，落叶或半落叶乔木。该属仅此一种，是世界孑遗植物，中国特有树种。水松属在第三纪不仅种类多而且广布于北半球，其对生长的地理环境要求严格，性喜光，喜温暖潮湿的环境。由于受气候剧烈变化的严重影响，到第四纪冰期以后，欧洲、北美、东亚及中国东北等地均已灭绝，仅剩我国福建、广东、广西、云南等南方省份有零星生长。

宁化铁杉

最美长苞铁杉古树，位于福建省宁化县治平畲族乡邓屋村召光自然村的屋背山，胸围5.59米，树高45.8米，冠幅22米，树龄800余年。曾被福建省绿委、林业厅评为"福建长苞铁杉王"。

这棵高耸入云、伟岸挺拔的古树流传有一个传奇故事，体现了宁化客家人热爱树木、保护树木的优良传统美德。明末崇祯年间，汀州有一恶霸想建一座豪宅大院，需要大量的木料，特别是需要8根粗大的木材做柱子，恶霸派出爪牙四处搜寻，终于在召光发现了长苞铁杉，于是恶霸亲自带着爪牙来到召光抢夺，全村上下奋勇阻拦，但都被打得遍体鳞伤，无力反抗，最后被砍伐了其中8棵长苞铁杉，余下的1株便是存活至今的长苞铁杉王。

永泰油杉

最美油杉古树，位于福建省永泰县同安镇芹草村水口的芹草宫前，胸围6.72米，树高25.8米，冠幅28.7米，树龄1500年，树姿舒展优美，树皮呈鳞片状。因饱经岁月沧桑，树皮不时脱落，被福建省绿委、林业厅评为"福建油杉王"。有村民介绍，自明永乐三年陈氏先祖迁入芹草洋始盖祖屋时，长在水口处的这株油杉便已是参天大树了。为使祖屋风水更具灵气，陈氏先祖将这棵油杉当作镇水口和护山门的宝树神，并在树旁建了一座小庙（即芹草宫），好让这棵老油杉成为护庙树。

陈氏在大油杉的庇佑下不断繁衍壮大。村里人将宫前的这株油杉敬为神树，每年元宵节的第一串鞭炮总是从油杉树下开响。村民还祈佑大油杉为他们祛病免灾。村中大人、小儿体弱多病的，多拜此树为谊父，选一黄道吉日，敬上礼品后三叩首，并在树身围系一根红绳见证。

德化樟树

最美樟树古树，位于福建省德化县美湖乡小湖村。距今 1300 年，胸围 1.67 米。德化县位于福建省中部，泉州市西北部，是中国陶瓷之乡、竹子之乡和茶油之乡，其境内山多、水足、矿富、瓷美，素有"闽中宝库"之称。在"宝库"西南部的美湖乡小湖村中屹立着一棵 1300 多年历史的"樟树王"，历经千年风霜，仍苍壮挺拔，枝繁叶茂，犹如擎天大伞，庇荫人间大地。2013 年在首届福建省十大树王评选中，樟树王以胸径 5.32 米，树高 25.5 米，冠幅 37.4 米的惊人"三围"，荣膺"福建樟树王"称号。

德化樟树王（德化县美湖镇小湖村）（黄海摄）

樟树王据传种植于唐初。在唐初年间，一支逃难的队伍从中原地区，穿山越岭来到美湖歃血为盟，同耕同种，繁衍生息并植樟见证。《德化县志》记载，古樟树种植于唐代，至今逾千年历史。1997 年，古樟树被列为福建省古树名木，并作为"神奇樟树王"收入《福建树木奇观》一书。书中说：此树对考察植物学、地理学、气候学、生态环境具有重要价值，是世界所罕见的。20 世纪 80 年代，德化县政府将古樟树列为第三批文物保护单位。

千年岁月，千年守望。小湖村与樟树王已经融为一体，樟树王使小湖村声名远传，小湖村把樟树王当成神树，当成自己的文化图腾，代代细心呵护，敬仰有嘉。每年农历三月十六，都会举办盛大的祭樟树王活动。祭拜场面宏大，香客众多，热闹非常；祭祀仪式成套而又烦琐，并有当地特色的民俗文艺演出及樟树苗发放等活动。据悉，美湖乡小湖村祭樟王活动始于明末清初，距今已有 300 多年历史。

虽历经千年沧桑，樟树王依然生机勃发。据当地老人介绍，古樟王树干内曾朽成一个大洞，洞里能摆放一张方桌，如今树洞却不见了，原来是年年生长的新生皮层将洞口密封起来，其顽强的生命力令人叹为观止。

建瓯观光木

最美观光木古树，位于建瓯市小桥镇大丘村大夫岭山山脚下，胸径 1.6 米，胸围 5.03 米，树高 32.3 米，平均冠幅 25.1 米，树龄 800 年。古树伟岸挺拔，傲然屹立于大丘村旁后山，像一名坚强的士兵守卫着村庄的安宁。

相传古树为大丘村翁姓始祖所栽。当年他举家迁居经过此地，看重大丘这个地方山高林密、水土丰沃，便扎根于此，待房宇建好后便在屋后种下一株"猴抱桔"树，也就是这株观光木树王。树王经历了 800 余年的风风雨雨，见证了翁氏子孙在大丘村繁衍生息，留存至今。2016 年，它被福建省绿化委员会、林业厅评为"福建观光木王"；2018 年，它被全国绿化委员会和中国林学会联合评为"中国最美古树"。

永安闽楠

最美闽楠古树，位于福建省三明市永安市洪田镇生卿村，距今 850 年，当地人称其为"百年神树"。此树胸围 5.43 米，树高 35.6 米，平均冠幅 30.4 米，高大挺拔，枝繁叶茂，被福建省绿委、林业厅评为"福建闽楠王"。相传几百年前，一位风水先生路经此地，发现当地民风不俗，可百姓贫困，遂在村中栽下这棵树，使村里阴阳调和，村民发家致富。自此，这棵风水树，一直被村民世代守护。

此外，永安市现保存古树名木 1058 株，其中一级古树 36 株，二级古树 158 株，三级古树 863 株，名木 1 株。

永安闽楠（王枫供图）

沙县檫木

最美檫木古树，位于福建省沙县高砂镇上坪村大竹自然村后山一片古树群中，又称檫木王，胸径 2.37 米，胸围 7.43 米，树高 34.7 米，冠幅 17.6 米，传说树龄 1600 余年。树王刚劲挺拔，主干巨大，需四五个成人方能合抱，在福建当属一绝，而该树离地约 3 米处长有一个硕大的瘤结，又可谓一奇。

据传，新中国成立前，因大竹自然村离城遥远，茫茫林海，道路不通，村里缺医少药，村民生病无法得到医治，备受病痛煎熬。新中国成立后，镇里成立了卫生院，有位何姓女医生经常坚持走路到上坪各自然村为村民检查身体、治疗疾病。由于路途遥远，巡诊的村民点又多，何医生到大竹时经常已是深夜，"山路上深夜打着火把背着药箱赶路的女医生"形象深深地刻在当地村民脑海里。村民们感其恩情，都认为何医生就是仙姑转世。何医生到大竹时经常带村民到后山的原始森林里采集草药。而这株檫树王的根皮因可治疗多种农村的常见病，如祛风除湿、活血散瘀、止血、风湿痹痛、跌打损伤、腰肌劳损、外伤出血等，最常被采集。时间久了，村民送称檫树王为"何医生树"或"仙姑树"。何医生去世后，村中老者共同商议，为表示感恩和恭敬，将何医生经常采药的后山原始森林列为保护地，不许村民在其中砍柴，落下的枯枝也不得带走。村民根据何医生教导的治病良方确需采集檫树王根皮的，必须先在村口庙里烧香，再到檫树王前恭敬地鞠躬后，方可根据需要采集限量的根皮。

2015年在第三批福建省十大树王评选中，此树荣膺"福建檫树王"称号。檫树生长快，材质好，用途广，是乡土速生阔叶主要树种之一。其种子含有30%锌油，用于制造油漆。树形挺拔，红叶迎秋，又是良好的风景树种。其材质优良、容易干燥、不翘不裂，加工容易，切面光滑，纹理美观，坚硬细致，抗腐性强，富弹性，具芳香，耐水湿；是造船、军工、建筑、桥梁、枕木、家具、农具的优良用材。果、叶、根可提制黄樟油。

武夷山森林

武夷山位于福建省西北部，是全球生物多样性保护的关键地区，保存了地球同纬度最完整、最典型、面积最大的中亚热带原生性森林生态系统，也是珍稀、特有野生动物的基因库。1999年12月，其被联合国教科文组织列为世界文化与自然双遗产。2017年，武夷山国家公园纳入我国首批十个国家公园试点，规划总面积1001.41平方千米，其中，世界自然与文化遗产保护地面积有723.34平方千米，占总面积的72.40%。2021年，武夷山国家公园成为我国首批五个国家公园之一。

武夷山拥有210.7平方千米未受人为破坏的原生性森林植被，保存着常绿阔叶林带、针阔叶混交林带、温性针叶林带、中山苔藓矮曲林带和中山草甸带5个明显的植被垂直带谱。共记录高等植物269科、2799种，占福建高等植物总数的52.22%，有红豆杉、银杏、钟萼木等国家一级重点保护野生植物5种，鹅掌楸、香果树、半枫荷、蛛网萼等国家二级重点保护野生植物19种；记录藻类73科239种、真菌38科503种、地衣13科100种；记录野生脊椎动物558种，占福建省野生脊椎动物的33.27%，包括哺乳类79种、鸟类302种、爬行类80种、两栖类35种、鱼类62种；另外还记录昆虫6849种，约占中国昆虫种数的1/5。其中国家一级重点保护野生动物9种，有黑麂、黄腹角雉、金斑喙凤蝶等，国家二级重点保护野生动物58种，有白鹇、短尾猴等。物种丰富度居世界大陆区系前列，被中外生物学家誉为"鸟的天堂""蛇的王国""昆虫的世界""研究亚洲两栖类爬行动物的钥匙""世界生物之窗"，是世界罕见的物种基因库和全球生物界瞩目的"生物模式标本产地"。古树名木具有古、大、珍、多的特点，如武夷宫880年树龄的古桂等，具有极高的科研和保存价值。

自然风光独树一帜。武夷山拥有典型的丹霞地貌，逸峰秀水，幽谷险壑，景致奇观。"三三秀水清如玉"的九曲溪、"六六奇峰翠插天"的三十六峰以及九十九岩的绝妙结合形成巧夺天工的天然山水园林，是我国山体最秀、类型最多、景观最集中、山水结合最好的自然景观区。"华东屋脊"——黄岗山雄伟壮观，有"中国大陆东南第一峰""千峰之首"之美誉。武夷大峡谷，为中国东南地区第一大峡谷。

武夷山国家公园常绿阔叶林景观1（黄海摄）

武夷山国家公园常绿阔叶林景观2（黄海摄）

历史文化底蕴厚重。古闽族文化、朱子文化、宗教文化、茶文化等传统文化源远流长。有文物保护单位15处；文物与活动遗址遗迹，共包括2个亚类、10个基本类型，作为闻名中外的"朱子文化"发源地，拥有大量的寺庙和公元11世纪产生的与朱子理学相关的书院遗址等重要的考古遗址和遗迹；涉及茶文化、建盏文化、民间习俗等列入国家、福建省和武夷山市非物质文化遗产名录共6项。

在武夷山东部绝壁岩洞中，有18处架壑船棺、18处虹桥板是古先民丧葬遗存，距今已有3750余年，是国内外发现的悬棺遗址中年代最早的。1958年发现的城村"闽越王城遗址"是闽越族最鼎盛时期所建的王城，也是南方地区保护最完整、规模最大的汉代都城。

被誉为"道南理窟"——朱子理学基地。朱熹（1130—1200）从15岁奉母到武夷山定居，到63岁迁居建阳，寓居武夷山近50年，其间虽曾数次出山宦游，但为时极短，六任实职共计8年4个月，史称"仕宦九载，立朝四十六天"。朱熹立身武夷，游学闽北，足迹遍及江南，先后创办"寒泉精舍""武夷精舍""考亭书院"，收授学子200多人，有

武夷山国家公园常绿阔叶林景观3（黄海摄）

43 人成为有影响力的理学家，使武夷山成为"三朝理学驻足之薮"。朱熹于南宋淳熙十年（1183 年）在武夷山九曲溪五曲隐屏峰下，营建"武夷精舍"讲学著述。

宗教文化源远流长。早在 8 世纪中叶，道教、佛教传入武夷山，道教天宝殿被列为道教三十六洞天中的"升真元化第十六洞天"，冲佑观发展为全国九大名观之一，天心永乐禅寺使武夷山跻身佛教"华胄八小名山"。

此外，徐霞客于明万历四十四年（1616 年）至崇祯六年（1633 年），17 年间曾先后 5 次翻越武夷山脉进入福建考察，留下《游武夷山日记》。在九曲溪两岸留下众多的文化遗存：有朱熹、游酢、熊禾、蔡元定等鸿儒大雅的书院遗址 35 处；有堪称中国古书法艺术宝库的历代摩崖石刻 450 多方，其中古代官府和乡民保护武夷山水和动植物的禁令 13 方；有僧道的宫观寺庙及遗址 60 余处。

福安古樟树群

福安市坂中畲族乡坂中森林公园樟树古树群，面积 480 亩，古树 282 株，以樟树为主，位于福安城区，为明万历元年（1573 年）发生特大洪水后沿溪群众自发栽种的防护林。古树群生物多样性丰富，景观优美，比较罕见，已建成森林公园。

三明格氏栲

格氏栲，系珍稀林木，又名青钩栲，俗称"红柯"，广泛分布于我国东起台湾、西至广西的宽阔地带。属常绿乔木，树冠浓密，开黄花；材质坚实，纹理细密，耐腐蚀，为造船和高档家具的上等材料；树皮和果壳可制栲胶；其果实含淀粉，甘甜可食，有"小板栗"之称。研究表明，天然格氏栲林下土壤的质地大都为重壤土至轻黏土，其土壤的全氮、有机质及速效养分含量都明显高于其他林分的土壤。

三明市格氏栲国家森林公园，是国家 4A 级旅游区、省级自然保护区，地处三明市西南 26 千米的莘口乡楼源、曹源两村和永安市贡川乡境内，面积 1125.6 公顷，总木材储量 21 万立方米，其中格氏栲占 80% 以上，是世界上面积最大的天然栲树林。20 世纪 30 年代，英国林业专家格端米发现了这片栲树林，并将其命名为格氏栲。公园内丰富的生物种类，参天蔽日的栲树、罗结成趣的古藤、色彩各异的芳草野花令人赏心悦目，被誉为"凤毛麟角""绿色明珠""世界之最"。

公园主要保护对象是以格氏栲为主的珍稀树种，以及与之相伴生的动植物资源和生存环境，探索格氏栲生长、发育、演变的自然规律，可为科研、教学和生产服务。在保护区内，已调查到的维管束植物 102 科、228 属、425 种，伴生有樟、楠、檫、建

三明格氏栲林（樊宝敏摄）

柏、黄杞、黄槠、山肉桂等 24 科、34 属、50 多种树木。麦冬、砂仁、金线莲、七叶一枝花等中草药材上百种。还有水鹿、飞鼠、黑熊、穿山甲、白鹇、长尾雉、足鸡等 100 多种珍禽异兽。昆虫 400 多种，而格氏栲则以"珍贵稀少、材质良好、全身是宝"享誉八闽内外。

公园开展生态旅游。春天来临，栲花开放，无数缤纷的白花覆满树冠；夏天绿荫如盖，是真正的"天然氧吧"；秋天，野生的灵芝、红菇等珍贵菌类，缀生林间；冬天则是香甜可口的栲果成熟的季节，特别诱人。独特的地带性常绿阔叶林的雄浑美、质朴美和自然美令人流连忘返。公园于 2000 年被国家林业局评为国家森林公园，2002 年被国家旅游局评为 4A 级旅游区，是福建省科普教育基地，为教学实习场所，每年接待数千名青少年实习考察。

建瓯万木林

万木林为有 600 多年历史且具代表性的中亚热带常绿阔叶林。位于武夷山脉东南坡，建瓯市房道镇漈村与上庠村交界处，海拔 222~556 米，年均降雨量为 1663.8 厘米。面积 107.2 公顷，森林蓄积量 4 万余立方米。1957 年，国务院将其定为禁伐区，1980 年建立福建省自然保护区。

万木林人文历史厚重。它是杨氏家族的风水林，为元朝末年乡贤杨达卿（1305—1378年）所营造。杨达卿家境富有，乐善好施，有一年（1354 年）大饥荒，乡民饿得叫苦连天，达卿原想开仓救济，又怕遭人妒忌，便用募民植树的名义，声明"有于吾山种树一株

建瓯市万木林沉水樟古树群（黄海摄）

者，酬以斗粟"。乡民闻讯，纷纷前来植树领粟。达卿既不问有无种树，也不问种树多少，听凭其言发给粟数。十几年后，树木繁茂，形成大林。达卿告诫子孙，不得砍伐取利，只许建学校、开庙宇，或是人穷无家可居，人死无棺材埋葬，才可砍用，世代勿违。

造林后不久的明建文元年（1399年），杨达卿之孙杨荣（1371—1440年）中举，于是杨氏家族便认为这片林给他们带来了福气，从此立下"此山之木，誓不售人"的家训，世代封禁保护。杨荣仕于明朝，官至谨身殿大学士、工部尚书，又封太师。杨荣承袭祖父之风，立下传承至今的《杨荣家训》。其中赞其祖父："我祖素宽厚，乐善敦信义。分财恤渊族，散粟济贫匮。忠鲠化强暴，仁爱及物类。至今大富山，万木尚荫翳。种德贻后昆，毓庆而钟瑞。"于是万木林被保护至今。

保护区内树种有58科、260种，数量约为全省的1/4。乔木树种以壳斗科、樟科、山茶科、蔷薇科、杜英科、金缕梅科、木兰科等为主。树木高大，最大的黄樟胸径181厘米，树高34米，树龄在600年以上。珍稀树种有梓（檫木）、楠、钟萼木、降香黄檀、紫檀、亮叶青冈、红豆杉、三尖杉、沉水樟、浙江桂、枫香等。1989年在核心区继"台湾冬青"之后又发现两株高大的西桦树，是福建省首次发现的热带新树种。维管束植物有161科、581属、1271种。内有猕猴、穿山甲、白鹇等受国家保护的珍稀动物。由于长期封禁保护和自然演替发展，现今的万木林林木组成复杂，林龄不一，古木参天，巨藤盘错，其独特的自然景观深受人们赞赏。

福州榕树

榕树是福州市市树，1985年由福州市人民政府正式命名，1997年被福建省人大常委会定为"省树"。福州古称"榕城"，榕树文化发达，有榕树16万株以上，其中树龄上百年的约600株，上千年的有6株。榕树不仅给城市装点绿色、清新环境，而且影响着福州人的精神品格，激励福州人用"榕树精神"提升自我。

清代福州学者郭柏苍《闽产录异》记载："榕，或作槦，言其连蜷樛结，不中梓人也。""福州特产。雄者须垂地，复成树。""冶山旧有古榕，传为汉时物，其干淡白，枝条亦萧疏。道光初，风折而枯，其木焚不生焰。"这表明，冶山上这株古榕在清代道光初年已有2000年树龄。宋代福州太守程师孟，字公辟，苏州人。熙宁元年（1068年）以光禄

福州国家森林公园千年古榕树（黄海摄）　　　　　　　福州市长乐区潭头镇汶上村榕树古树群

卿身份任职福州。在离任时曾种下万株榕树作为纪念，并写诗《吟榕树》："三楼相望枕城隅，临去犹栽万木株。试问郡人来往处，不知曾记使君否？"

福州森林公园的千年古榕，树冠遮天蔽日，盖地十多亩，树冠品质为福州十大古榕之首，故称"榕树王"。这棵古榕为小叶榕，属桑科、榕属常绿乔木，又名"红皮榕"。是北宋治平年间福州太守张伯玉编户植榕时种下的，距今已有 900 多年的历史。树围 9 米多，高 50 多米，冠幅 1330 多平方米，是"鸟的天堂"。这棵榕树奇特之处就是它两边的叶子落叶不同时，据有关人员研究介绍：这棵榕树很可能是两株榕树生长在一块形成的，而不是一株。因小叶榕没有气根柱地，为了支持沉重的横向主干，避免主干折断，管理人员建造混凝土柱支撑榕树主干。其位于湖边，烈日下波光倒影映着古榕枝繁叶茂，展现苍劲挺拔的英姿，颇为壮观。

顺昌竹

顺昌县位于福建西北部，是全国十大"竹子之乡"之一。森林覆盖率达 78.8%。2015 年，拥有竹林面积 66.2 万亩，其中毛竹面积 62.6 万亩，毛竹总立竹数 11028 万根[①]。顺昌竹类资源丰富，有 11 属 100 多种。珍贵乡土竹种有毛竹、福建酸竹、大节竹、哺鸡竹、黄甜竹、佛肚竹、四方竹、苦竹、橄榄竹、高节竹、细叶乌头雷竹等。每年可提供商品竹材 35 万立方米，毛竹 1000 万根，中小径竹 2.5 万吨，笋 5 万吨。

蕉城杉木

最美杉木古树，位于福建省宁德市蕉城区虎贝乡彭家村，距今 1130 年，胸围 8.29 米，树高 20.3 米，平均冠幅 22.1 米，为福建省胸围最大的杉木。

据载，此株杉木种植于唐光启年间（885—888 年），距今 1130 年，系彭氏祖先迁居至此时所植。奇特的是，这株古杉木的树枝皆向下生长，村民说此树为其祖先倒插种植。这棵树是彭家村历史的见证，历经朝代更迭，仍被完整保存下来，至今依然生长旺盛，每年可结果 50 千克，确属罕见。

延平杉木

南平市延平区云台溪后村的杉木丰产林最早种植于 100 年前。据 2008 年再次进行测量，面积达到 2.85 公顷，平均树高 35.2 米，平均胸径 30.1 厘米，现有保存株数 2876 株，亩蓄积量达到 70.57 立方米，有较突出的生态和科研价值。此外，附近有一株"杉木王"，位于云台溪后村

延平杉木王（樊宝敏摄）

① 林方. "三力"促"三通"——顺昌竹山改造的"路下版本"[J]. 福建林业，2016（1）：16–17.

东北 1 千米，植于 1850 年，距今已有 170 年树龄。据 1972 年测定，树高 26 米，胸径 95 厘米，材积 10.4 立方米。2013 年再次进行调查，该树高 25 米，胸径 99 厘米，虽然树尾已被雷击断，但枝叶依然生长茂盛，郁郁葱葱。

南平市延平区王台镇溪后村的杉木王和杉木丰产林名震中外。溪后杉木王高大挺拔，1961 年，朱德委员长到溪后村视察林区时，与当时的省委书记叶飞围抱此树，合影留念，并将其命名为"杉木王"。1988 年 10 月 22 日，时任福建省委副书记，现任中共中央总书记习近平到溪后视察指导林业工作。溪后村安曹下的杉木丰产林是在 20 世纪初，由几位青年农民采用扦插的方式种植而成。曾获得周恩来总理亲笔签署的奖状。如今此片杉木林长势旺盛，可为当地的适生树种选择以及林木种植与管理提供重要的依据。

尤溪银杏

尤溪县中仙乡善邻村龙门场自然村的古银杏群方圆百亩，有 350 多棵，树龄达 700 多年，平均胸径 50 厘米，最大的达 160 厘米，是福建省保存面积最大的古银杏群落。古老的银杏树虽历经沧桑，但仍然苍劲挺拔、枝繁叶茂，因其历史悠长、传说神奇、风景秀丽而闻名遐迩。

这里曾是宋代的炼银场。南宋开禧二年（1206 年），龙门场就已采矿炼银，古时候炼银需加入以银杏为主原料的配方，这样炼出的银既纯又好。因此银杏在此地遍种成林。至今，龙门场一带还留有古代采硐及炉渣遗迹，矿渣遍布全村，堆积最厚处达 3 米以上，足见规模之大，产量之多。

古银杏遍植山村，村在杏林中，房在杏树下，空中金黄的银杏叶纷纷扬扬；小溪从村中蜿蜒流淌，溪水清澈，载着不时飘落的银杏叶流向远方……银杏叶黄时，更是人潮如织。银杏林让这个 200 多人的村子成为季节性热门景点。据称，每年 11 月到次年 1 月，到龙门场的游客超过 2 万人次。

尤溪金柑

尤溪金柑，俗名"金橘""绿橘"，是柑橘类水果之珍品。立冬过后成熟，寒冬腊月是上市旺季。果实呈椭圆形，颗粒金黄、润泽，如拇指头大小，是金柑属中果形较大、品质上乘、经济价值最高的一种。形美色鲜，汁多肉嫩，甜酸可口，其果肉含有多种维生素、碳水化合物、蛋白质、脂肪、矿物质等，营养价值在柑橘水果类中名列前茅。除鲜食外，还可加工成果汁、果酱、罐头、蜜饯。

尤溪县金柑最早植于八字桥乡洪牌村。据清康熙五十年（1711 年）《尤溪县志》载："金橘，实长曰金枣，圆曰金橘。又有山金橘，俗名金豆。"可见，金柑在尤溪至少有 300 多年的栽培历史。尤溪金柑品种单一，均为金弹，数百年来，经过果农的长期栽培、不断选育、去劣繁优，加上尤溪自然地理条件好，气候温和，雨量充沛，土壤有机质丰富，出产的金柑以果大、皮薄、色艳、味美而著称。

尤溪县金柑栽培面积 6800 多公顷，其中采摘面积达 6000 公顷，产量 3.8 万吨。亩产可达 1700 千克。分布 12 个乡镇、60 多个村，14 个重点村如绿柳、洪村、洪牌等地均已建立了千亩、百亩标准化栽培示范区。八字桥乡、管前镇为盛产优质金柑的主要产地，种植面积逾万亩，总产达 1100 多吨。以"三洪"（即洪牌、洪村、洪田三村），绿柳村、九曲村等地出产的金柑品质最优。

1997 年尤溪金柑荣获福建省名优特产品称号，优质水果柑橘类金奖。2001 年尤溪被国家林业局命名为"中国金柑之乡"。2007 年，尤溪金柑被批准实施地理标志产品保护，保护范围为尤溪县现辖行政区域。

云霄枇杷

云霄枇杷，常绿小乔木，果实风味和品质俱佳，柔软多汁、细嫩化渣，易剥皮，甜酸适度，风味浓，香气足；果大，单果重 50 克左右，最大可达到 150 克，可食率高，一般在 70% 左右；营养丰富，有润喉、止咳、健胃和清热等作用，是老少皆宜的保健水果。

云霄枇杷栽培历史悠久，唐代就有史料记载，历来产品多以鲜果及药用干叶为主。改革开放以来，云霄县委、县政府根据本县优势，大力发展枇杷种植。于 1994 年，推广枇杷早熟优质新品种"早钟 6 号"（由"解放钟"与日本"森尾早生"杂交选育而成），集中了父本早熟、优质、果大等特点，能比一般品种提早 15~30 天成熟，每年元宵佳节即可上市。此品种具有果皮果肉均呈橙红色，肉质细嫩，香气浓郁，甜质多、酸味少等优点，使云霄枇杷产业上了新台阶，提高了效益，成为市场热捧的"黄金果"。2010 年全县种植面积 12.5 万亩，产量 7.5 万吨，产值 7.8 亿元。产品畅销福建本省及粤、浙、苏、沪、川、渝、鄂等国内大中城市，并出口至欧盟、新加坡等国家和地区，取得较高的经济效益。

莆田荔枝、桂圆、枇杷

莆田，别称"荔城"，以荔枝树为市树。荔枝产地属南亚热带海洋性季风气候，土壤多是沉积土和红壤，土层厚，土质较疏松，排水良好，pH 值为 5~6.5，有利于荔枝生长。莆田荔枝以品种独特、果色艳红、果肉汁多、清沁爽口、香气浓郁、质量优而名扬海内外。可加工成荔枝干、罐头、蜜饯、荔枝酒等，并可入药。据《本草纲目》，其果实"能止渴，益人颜色……通神、益智、健气"；壳能治"痘疮出发不爽快……又解荔枝热"；核能治"脾痛不止，妇人血气，疝气颓肿，阴肾肿痛，肾肿如斗"；花和皮根能治"喉痹肿痛"；壳和根可提取栲胶；木质坚实，可做家具。

其栽培始于唐代，宋代蔡襄《荔枝谱》称兴化（今莆田）荔最为奇特。书云："宋公荔枝……世传其树已三百岁，旧属王氏。黄巢过莆，士兵欲砍为薪。王氏媪抱树号泣，愿与树偕死。巢怜之，遂不伐。"据推断，此树植于

莆田荔枝状元红（樊宝敏摄）

蔡襄撰谱之前 300 年，约与杨贵妃同时。可见莆田在唐时已有荔枝种植了。"宋公荔枝"，俗称"宋家香"，至今尚存。

古树"宋家香"位于莆田市中心交通枢纽处，栽种于唐朝天宝年间，是莆田现存最古老的一株荔枝树，树龄 1300 多年。虽然"宋家香"树势老态龙钟，但它却是一株饱经风霜、久经浩劫的古荔枝树。如遇丰收年，它可高产达 150 多千克。然而，这棵载誉古籍、传世千年的古木名树树干已日渐枯萎，周遭蔓藤杂生，垃圾环绕。

古树"状元红"，位于莆田荔城区新度镇下横山，系北宋莆田状元徐铎所植，故称"状元红"。又因徐铎祖籍为延寿村，亦名"延寿红"。据记载，北宋熙宁九年（1076 年），徐铎与仙游枫亭人薛奕分别考取文武状元。宋神宗大喜，就在琼林宴上题写"一方文武魁天下，四海英雄入彀中"之赞语。延寿是荔枝之乡，徐铎衣锦还乡后，拜访下横山村学友，感念当时在此读书习文之情，特地从家乡带来荔枝苗种植于下横山兰水旁。此树已达930 多年树龄，树高 10 多米，树干周长 6.8 米，依然生机勃勃，树冠覆盖面积达 1 亩多。2014 年 5 月，此树被原国家质检总局批准为地理标志产品。

莆田桂圆，又名"兴化桂圆"，系新鲜莆田龙眼焙干加工而成的龙眼干，距今有 2000多年历史。莆田古称"兴化府"，其所产桂圆以颗粒饱满、果形圆整、色泽一致、香甜可口享誉海内外，素有"兴化桂圆甲天下"的美誉。1913 年，莆田从"兴化府"更名为"莆田县"，自此，"兴化桂圆"逐渐被改称"莆田桂圆"。

莆田桂圆栽培始于汉代。据《兴化揽胜》载，兴化在唐代时期就有龙眼种植，到了宋、明时期种植尤盛。[1] 据《兴化府志》记载，1083 年，安徽宗即位的次年八月，皇后玉体欠安，御医们束手无策，恰逢兴化进贡龙眼到京，皇后品尝后顿觉生津，再食用便能够正常吃饭行走。皇后玉体康复，徽宗大悦，赐予其"桂元"美名，并称龙眼超众果而独贵，卓绝美而无俦。营养学分析证明，龙眼及其制品龙眼干、龙眼肉、龙眼膏、龙眼酱等，具有开胃健脾、补虚益智、养血安神之功效。明代书画家、莆田人宋钰（1576—1632 年）作诗赞美："外衮黄金色，中怀白玉肤。臂破皆走盘，颗颗夜光珠。"

由于莆田独特的地理条件，莆田桂圆风味较其他产地香甜，并有许多优良品种。"水南 1 号""友谊 106 号"两品种达国家一级龙眼标准；"松风本""立冬本"以其晚熟而备受青睐。

莆田是全国重点龙眼生产基地之一，龙眼栽培、生产、加工已成为当地农村经济发展的支柱产业。2008 年 12 月国家质检总局批准其为地理标志产品。2010 年，全市有 20 多万人长期从事龙眼的生产、加工、销售，龙眼栽培面积 1.5 万公顷，产量 3.5 万吨。产品远销欧美、东南亚各国。莆田桂圆产量 5300 吨，产值 1.9 亿元。[2]

莆田枇杷具有 1700 多年的悠久种植历史。东晋王彪之《闽中赋》云："果则乌椑朱柿，扶馀枇杷。"莆田枇杷因其果大早熟、肉多味甜、外观艳丽、绒密耐贮而闻名于世。莆田市城厢区常太镇被誉为"中国枇杷第一乡"。2010 年，莆田市枇杷种植面积达 1.8 万

① 尤兰. 福建名果 莆田桂圆 [J]. 食品安全导刊，2013（16）：63.
② 杨明军. 莆田桂圆：美誉甲天下 [J]. 福建质量技术监督，2011（7）：43.

公顷，产量 10 万吨以上，产值 5 亿多元，种植面积和产量均占福建省总面积和总产量的 50% 以上。2008 年 12 月，国家质检总局批准对其实施地理标志产品保护。[1]

关于枇杷文化与产业发展问题，已有学者对此进行较系统的梳理研究[2]。西汉司马相如《上林赋》曰"卢橘夏熟，黄甘橙楱，枇杷橪柿，亭奈厚朴"，并记载枇杷开始作为美味佳果进贡朝廷。魏晋时期陶弘景《名医别录》开始有了枇杷味性和药用功能的记录整理。枇杷文化产业发展有助于枇杷传统产业的发展和枇杷商品价值的提升，需要政府推动、企业主导、农业和文化宣传等相关部门积极配合，共同促进枇杷文化产业的发展壮大。

漳州荔枝

最美荔枝古树，位于福建省漳州市台商投资区角美镇福井村，树龄 800 多年，树干胸围 7.2 米，树高 19.01 米，冠幅 24.7 米。4 个人都无法合围树干，树干的中间已经空了。年年开花、年年结果，果核很大，尖尖的，不是很甜，但可以入药，一年可结果约 200 千克。

建瓯锥栗、竹

建瓯市是锥栗的原产地和主产区。锥栗坚果粒大，外观亮泽，果壳薄软，果仁饱满，具香糯甘饴、甜爽可口、清香余存、营养丰富、健脾补肾等特点。果皮有红褐色亮丽光泽；果仁呈

漳州荔枝（王枫供图）

淡黄色，栗味浓郁，肉质细嫩，风味鲜，具有独特的"糯、甜、香"的品质特征。系中国南方栗子之主要品种，有十余个品种载入《中国果树志·板栗榛子卷》。

2010 年，建瓯市有锥栗林面积 42 万亩，盛产面积 30 万亩，年产量 3 万吨，产值 2.6 亿元，产区栗农人均年收入达 1200 元以上。种植在海拔 300~1000 米的山地范围内。由于昼夜温差大、雨量充足、温度适宜，促进了碳水化合物的积聚，使坚果蛋白质、糖类化合物、淀粉、氨基酸和维生素含量增加，加之建瓯人民长期选育出 12 个优质高产品种，以及形成了传统的栽培技术、采收和贮藏工艺，使生产的锥栗坚果产品果粒较大、均匀、外观亮泽，种仁饱满，富有糯性。

建瓯锥栗早有声誉。据记载，历史上的"贡闽榛"锥栗就产于建瓯"西乡"（今龙村乡）。其人工栽培始于汉代，栽培历史悠久，号称"南栗"。虽产量不及秦燕之地的"北栗"，质量上却有独到之处，除了外观上有别，口感上更为脆甜，煮熟后则更为香糯。据

① 庄雪春. 莆田枇杷：肉多味甜"黄金果"[J]. 福建质量技术监督，2011（7）：42.
② 郑文炉. 枇杷文化与产业发展 [M]. 福建农林大学，2010 年。

嘉靖《建宁府志》所载，早在宋代已将锥栗作为一年一度祭祀孔子的祭品，明代时作为贡品之一，以"贡闽榛"而著名一时。直到今天，一些老栗农仍自豪地将其称为"贡榛"。而在民间，农村仍然将锥栗和红枣作为女方的陪嫁物之一，以寓"早立门户"之意。

建瓯有"竹乡笋都"的美称。竹林面积 131 万亩，毛竹立竹数 2.2 亿株，年产竹材 2000 万根，年产鲜笋 30 万吨，名列"中国竹子之乡"榜首。笋竹早已渗入建瓯人生活的方方面面。

世代与竹为伴的建瓯人对竹、笋有深厚感情，研制出丰富多样、有传统文化底蕴的笋竹食品。冬笋制菜以建瓯风味第一名菜"冬笋挖底"和乡土菜"炒三冬"最为驰名。春笋中，房道镇连地村出产的"黄泥笋"最为出名。建瓯生长分布有 65 种小径竹（杂竹），能出产多种可食杂竹笋。并与毛竹笋出笋季节相衔接，一年四季可连续不断地出产鲜笋。建瓯制作笋干已有五六百年历史。根据不同的笋期和笋质以及制作方法，加工成白笋干、乌笋干、玉兰片等名目繁多的笋干。吃竹筒饭是建瓯民间的一种野炊风俗。竹制品品种繁多，有传统竹制品、农用竹制品、居家竹制品、文体竹制品、新型竹制品。笋竹技艺文化异彩纷呈，如挑幡、伞技、扦担舞。

近年来，建瓯市大力实施"科技兴竹强市"战略，促进"中国笋竹城"建设。建瓯已成为全国最大的毛竹冬笋集散中心。建瓯笋竹加工企业有 373 家，其中 12 家企业获"中国竹业龙头企业"称号，2015 年加工产值 109 亿元，在全国县级排名中名列第二。建瓯市为积极发展竹文化旅游业，已建成房道镇的"千竹园"景区、东峰井岐村的雷竹乡村旅游绿道、川石慈口村的雷竹生态园、竹产业展馆。建瓯从以卖原料为主，到建设集笋竹加工、交易展示、信息交流、竹业科研、休闲旅游为一体，完成从"竹子之乡"到"中国笋竹城"的精彩一跃。2006 年以来，建瓯被国家林业局等部门授予"中国竹子之乡""国家火炬计划笋竹科技特色产业基地""国家级竹制品外贸转型升级示范基地""国家笋竹农业产业化示范基地"称号。

青山龙眼

青山龙眼，福建省福州市长乐区古槐镇青山村的特产。青山村地处长乐区中部、董奉山东面山脚下，靠山面海，山清水秀，文儒武杰辈出。全村现有人口 2296 人，山地面积 3700 多亩，经济以种植龙眼为主，是历代贡果青山龙眼的原产地。

青山龙眼在长乐区栽培始于唐朝。自宋代起被宋光宗钦定为贡品，并特赐"黄龙"匾额，堪称果中珍品。《长乐县志》载："龙眼大寸许者为宝圆，树径三接者为顶

　青山龙眼（樊宝敏摄）

圆，树未接者曰野老，核初种经十年始实，实甚小者俗呼'椒眼'。"可见在明清时期，长乐龙眼栽培已盛行高空压条方法，推广繁殖大量的优质良种。

20 世纪 90 年代以前，青山龙眼主要集中在长乐古槐和鹤上丘陵山地种植。因其晚熟、核小、质脆、单果大、味甜等特点，在众多龙眼中脱颖而出，成为长乐的果中珍品。青山龙眼为农产品地理标志产品，地域保护范围包括长乐区古槐镇、鹤上镇、潭头镇、江田镇等 18 个镇乡。20 世纪 90 年代后，青山龙眼经推广，遍及长乐区各乡镇，占全市果树栽培总面积 55% 以上，成为长乐最主要的果类。目前，长乐全区栽培青山龙眼 3000 公顷，其中采摘面积 2900 公顷，年产量 28300 吨。

建西林场遗址

建西林场遗址，位于顺昌县建西镇。顺昌群岭叠嶂，森林资源丰富，素以"绿色金库"著称，是中国杉木中心产区的核心区。在闽北，曾有"吃不完的浦城米，砍不尽的高阳杉"之说，"高阳杉"是顺昌的著名品牌。新中国成立初期，因林区交通闭塞，外销木材绝大部分靠水运。但水运运力和效率十分低下，造成木材大量积压。"大跃进"时期，因盲目高产，木材浪费度触目惊心，当年大历公社钱墩村（现为岚下乡钱墩村）的"万米堆头"，终因变质腐烂，最终不得不付之一炬。

建西林场（樊宝敏摄）

为了加快林区开发，1958 年，投资 2900 万元的建西林区森林铁路开工建设。建西森林铁路干线起自建西大埠岭，终至建瓯市房道乡七道村。全路干线长 53 千米，支线长 48.96 千米，岔线长 20.7 千米，站线（含安全线）长 20 千米，总长 142.66 千米。采用每米 18 千米和 12 千米的钢轨铺设，工程土石 128 万立方米，建小桥涵 490 道，另开凿大武岭隧道 1360 米。闽北山高林密、沟壑纵横，森铁施工极为困难。但是，数千名铁道兵战士和林业工程职工短短 6 年时间，便用鲜血和汗水在崇山峻岭中开辟出一条南方最长的森林铁道。当年，全路配有哈尔滨产蒸汽机车 6 台，民主德国产 120 匹马力内燃机车 5 台，另有运材车、平板车、矿斗车、客车、行李车等 304 辆，设车站和养路工区 12 个，拥有森铁职工近千人。全线为客货两用，货运列车以货定班，客运每天 1 班，当日往返，森铁列车时速达 14~18 千米。

林木收益带来的是建西城的繁荣。1962 年成立建西林区，1964 年成立建西县，1970 年撤县改镇并入顺昌县。短短几年时间，因为林业开发，建西城便在原只有 60 多户村民的鹭鸶口山丘上积聚了 1 万多名来自全国各地的林业工人，贮木场、林机厂、森林铁管处、林业招待所、森工医院、林建路、森铁路……处处是以林业为特征的工厂、商场、街道。

"汽笛声声脆，长龙滚滚来。迎接八方客，送走栋梁材。"这是一首20世纪六七十年代传遍林区的诗歌。建西林区建设得到中央和省、市领导的高度重视和关怀。时任中共中央书记处书记、国务院副总理谭震林，福建省委第一书记叶飞，林业部领导唐子奇、罗玉川等先后莅临林区视察。苏联、日本等林业和铁道专家也都到林区考察。反映南方林区生活的故事片《青山恋》的剧组也于1963年11月到林区体验生活和外景拍摄。

20世纪80年代，林区公路网已经形成。同时，森林采伐不可持续。随着建西森铁最大宗的货物木材和矿石运量逐步萎缩，森铁效益每况愈下，企业经营难以为继。1992年4月全路停运，1993年7月全线拆轨。铁轨和火车头全部被送到钢厂熔铁，结束了32年的辉煌历史。虽然目前只留下200米长的小火车铁轨及火车站、礼堂等少量20世纪60年代的建筑，但它见证了新中国林业从"大木头主义"向生态建设为主转变的一段林业发展史。

浦城丹桂

最美浦城大叶朱砂桂古树，俗称"浦城丹桂"，位于福建省浦城县临江镇水东村。距今1100年，胸围4.43米。在浦城临江镇水东村杨柳尖自然村（中华桂花博览园开发区内）一村民家的房前大空坪上，生长一棵古丹桂，当地人称九头丹桂王。树高15.6米，冠幅18米，覆盖面积230平方米。"九龙桂"年产鲜花240多千克，此树基部0.5米处分生主干9枝，9枝主干在1.5米处又各分别生长出2个分枝，形成庞大树冠。金秋时节，桂花飘香，满树桂花红似火，近看是九龙戏珠的壮丽景观，远眺就像个大红球。九头丹桂王的树龄已被专家测定为1100年以上，属"唐桂"，被专家评为"中华第一桂"，并收入《中国桂花集成》（2005年上海科技出版社出版）一书中。

此外，古丹桂单株直径最大的，除前不久被卖掉的富岭镇里源村一棵直径为1.4米的丹桂王外，现当数富岭镇靖坑村一棵，胸围3.8米，直径1.2米。同地另一株胸围3.1米的次之。其树龄待测定。

在浦城当地种植桂华树的历史已有2500多年，始于春秋战国时期。在桂花品种中：浦城丹桂香气最浓，花色深橙红，观赏性极强。如今，在桂花盛开的季节，2万多游客和客商来到浦城赏桂花、订桂苗。全县桂花种植面积以每年1万亩的速度递增，每年培育桂花种苗2亿多株。现在全县种植面积已超过6万亩，居全国第一。丹桂，花红如炽，宋代词人李清照赞美它"自是花中第一流"。

浦城丹桂（樊宝敏摄）

将乐南紫薇

将乐有"紫薇之都"雅誉。境内有 3 处天然南紫薇古树群落，总面积 560 余亩。白莲镇铜岭村的面积最大，约 300 亩，在一片狭长的天然次生阔叶林中，挺立着 500 多株野生南紫薇。高唐镇邓坊村黄牛商的南紫薇群落占地 200 多亩，生长着 210 多株南紫薇。万全乡陇源村际头自然村莲花山，面积约 50 亩，有南紫薇 47 株。

将乐县万全乡陇源村莲花山的南紫薇王，胸围 766 厘米，胸径 2.44 米，树高 29 米，平均冠幅 21.3 米。据林业专家考证，这棵树至少已生长了 1500 年，是世间罕见的一棵"紫薇王"。2018 年，被国家绿委、中国林学会评为最美南紫薇古树。

树龄 1500 多年的南紫薇（长汀县童坊镇彭坊村）

福州鼓岭

福州鼓岭风景区位于福州晋安区宦溪镇，距福州市中心约 13 千米，山高 800 多米。此地有柳杉王公园，它因一株高 30 米、径围约 10 米、直径 3.2 米的"柳杉王"而得名。据称，这棵大树已有 1300 多年历史。"柳杉王"常年郁郁葱葱，中间一枝分为两枝，人称"夫妻树""情人树"。公园还保存了外国人设计的别墅和栽植的数十株树龄 100 多年的柳杉。

1886 年，西方传教士在此开辟避暑胜地。其夏日最高气温不超过 30℃，吸引了许多不耐福州酷暑的西方人士。1935 年时，这里拥有 200 多幢风格各异的避暑别墅，还有教堂、医院、网球场、游泳池、万国公益社等公共建筑。1930 年代，郁达夫曾到此避暑。

特别指出的是，福州鼓岭蕴涵着习近平总书记在 1992 年助美国老人圆"中国梦"的感人故事。时任国家副主席的习近平 2012 年 2 月 15 日在出席美国友好团体欢迎午宴时，动情地讲述了 20 年前他帮助一对美国夫妇寻访中国故地的故事，令在场的中外嘉宾和媒体记者既备感亲切又深受感动。习近平当天在华盛顿发表《共创中美合作伙伴关系的美好明天》的演讲时特别提到，1992 年春天，

福州鼓岭柳杉王（樊宝敏摄）

他在福建省福州市工作期间，从报上看到一篇《啊！鼓岭》的文章，讲述了一对美国夫妇对中国一个叫"鼓岭"的地方充满了眷念和向往，渴望故地重游而未能如愿的故事。根据报道，丈夫米尔顿·加德纳生前是美国加州大学物理学教授，他1901年随父母来到中国，在福州度过了欢乐的童年时光，福州的鼓岭给他留下了一生难忘的印象。1911年他们全家迁回美国加州。在此后的几十年里，他最大的心愿就是再回到儿时的中国故地看一看。令人惋惜的是，加德纳直到去世也未能如愿以偿。他临终前还不断念叨着"鼓岭，鼓岭⋯⋯"习近平介绍说，加德纳夫人虽然不知丈夫所说的"鼓岭"在什么地方，但为了实现丈夫魂牵梦绕了一生的心愿，她曾多次到中国寻访，最终都无果而返。后来，她在一位中国留学生的协助下终于查明加德纳所说的地方就是福建省福州市的鼓岭。

"这个报道让我很受感动，"习近平说，"放下报纸，我立即通过有关部门与加德纳夫人取得联系，专门邀请她访问鼓岭。"1992年8月，习近平和加德纳夫人见了面，并安排她去看了丈夫在世时曾念念不忘的鼓岭，那天鼓岭有9位年届九旬的加德纳儿时的伙伴，同加德纳夫人围坐在一起畅谈往事，这令加德纳夫人欣喜不已。

政和闽楠

政和县东平镇凤头村楠木林面积106亩，拥有1300多棵珍稀闽楠，平均树龄300多年。其中胸径80厘米以上、树龄300年以上的有240株，最大的一株高28米，胸围2.6米，树龄约500年。经专家认定，这片楠木林是我国迄今树龄最长、保护最好、面积最大的楠木林，被誉为"中国第一楠木林"。这里是中共政和县第一支部诞生地，也是国家3A级旅游景区。

政和县东平镇凤头村闽楠古树群（黄海摄）

这片楠木林相传是在明朝初年种植。村里专门立了"乡约"，在过去，若是有人偷砍楠木林，处罚是"一个灶台半斤猪肉"，还要请木偶戏剧团在村内表演两天。新中国成立后，砍伐者需提着铜锣绕村庄敲打一天，并请全村人看一场电影。近几年，为了保护和开发楠木林，县里成立了楠木林旅游开发有限公司。2010年政和被国家经济林协会授予"中国楠木之乡"称号。闽楠已成为政和县树。

闽楠，樟科，楠属。中国特有的珍稀树种，国家二级重点保护野生植物。常绿大乔木，高可达20米，胸径达2.5米，树干端直。闽楠木材芳香耐久，淡黄色，有香气，材质致密坚韧，不易反翘开裂，加工容易，削面光滑，纹理美观，为上等建筑、家具原材料。

上杭古田会址古树群

上杭县古田镇五龙村长苞铁杉古树群，面积68亩，古树81株，以长苞铁杉为主，位于古田会址（廖氏宗祠）后，是红色圣地中一颗耀眼的"绿色明珠"。古树群为以长苞铁杉为优势树种的针阔混交林，林内古树参天，盘根错节，苍翠欲滴，景色宜人。

此外，在古田镇马坊村有一片南方红豆杉古树群。面积409亩，古树300株，以南方红豆杉为主，地处梅花山南麓。古树平均胸径44.3厘米，平均树高22.3米，胸径最大的1.67米。林内耸立着近千株南方红豆杉，像这样成片分布的南方红豆杉古树群非常罕见，享有"百亩千株甲东南"之美誉。

永春篾香

永春篾香制作历史悠久，可追溯到明末清初年间，由宋元时期居住在泉州的阿拉伯蒲氏后裔移居永春县达埔镇汉口村并引进神香制作工艺而得，迄今已有300多年历史。2010年，永春篾香的产量达4.0万吨，产值2.3亿元，其中汉口村3.0万吨，产值1.8亿元；带动相关村生产1.0万吨，产值5000万元，实现了永春篾香生产从过去的以家族式小规模制作为主向如今以产业式大规模生产为主的转变。2010年，永春篾香出口量达1.3万吨，出口销售额达1000万美元，产品远销欧洲、美国、日本、印度、泰国、韩国、马来西亚、新加坡等国家和地区。

永春篾香不但品种多、规格全、品质优，而且色泽鲜艳、香味高爽持久，并具有工艺独特、外观精美、香型优异、清新抑菌、医疗功效、点燃性好、保存期佳等特点。成品香中的中草药香对酒后皮肤丘疹、麻疹有一定的疗效；还可提神醒脑、辟浊爽神、将气散寒。永春篾香是选用当地优质毛麻竹的一层竹和黏膜，采用传统工艺手工制作的，工艺细腻，成品香表面光滑，粗细和色泽均匀，产品规格多样，颜色鲜艳，让广大消费者赏心悦目。

福州茉莉花茶

茉莉花原产于中亚细亚，茶源于我国，两者的结合既是两千年来东西方文化交流的见证，也是劳动人民利用花香和茶保健作用的产物。福州茉莉花茶，源于汉，成于宋，盛于清。清咸丰年间，茉莉花茶就成为皇家贡茶，后大量出口海外，被誉为"中国茶"。茉莉花茶清香馥郁，滋味甘醇，清新爽口，经常饮用可以清肝明目，延年益寿。它在长期的协同进化过程中逐渐完善，是古人利用环境、创新工艺发展生产的典范。

茉莉花与茶文化系统1（闵庆文供图）　　　　　　　　福州茉莉花与茶文化系统2（闵庆文供图）

茉莉花极香，自古有"香花之首"的美称，福州人也因此酷爱这群芳的花魁。北宋时期，文人著书说福州的特产是"果有荔枝，花有茉莉"，而且"天下未有"。南宋梁克家《三山志》称："茉莉花，此花独闽中有之。"吟诵福州的诗文将茉莉花捧到了极高的地位。福州茶是福州"原住民"，是茶中的上品。福州茶根系闽山之地，叶吸东海之气，尽汲天地精华。鼓山的柏岩茶、五虎方山的露芽茶成了福州茶中的佼佼者。

福州是茉莉花露地栽培的最北缘。古人充分利用自然资源，在江边沙洲种植茉莉花，在海拔 600~1000 米的山地发展茶叶生产，逐渐形成适应当地生态条件的循环高效的茉莉花基地（湿地）-茶园（山地）生态产业系统。茉莉花茶是中国独一无二的茶叶品种，由于历史上福州人严格保密工艺，窨制工艺在数百年间均未传到其他国家，目前世界上只有中国能窨制茉莉花茶。

受城市建设和经济发展的影响，福州茉莉花茶传统生产模式面临考验。2013 年，福州辖区茉莉花种植面积达 1.5 万亩，辐射周边面积 1.8 万亩；茶叶面积 13.5 万亩，茉莉花茶产量 1.5 万吨，产值达 20 亿元。2009 年，其成为地理标志保护产品，2013 年 5 月被认定为第一批中国重要农业文化遗产。

安溪铁观音茶

安溪铁观音茶文化系统，位于福建省安溪县，居山而近海。核心区位于安溪县西坪镇，包括松岩、尧山、尧阳、上尧、南阳 5 个村。该区春末夏初，雨热同步；秋冬两季，光湿互补，尤其适宜茶树生长。

安溪铁观音茶文化系统（闵庆文供图）

安溪铁观音起源于唐末，兴于明清，盛于当代。宋元时期，不论是寺观或农家均已产茶。近300年的发展铸就了"安溪铁观音茶文化"的标签。《清水岩志》载："清水高峰，出云吐雾，寺僧植茶，饱山岚之气，沐日月之精，得烟霞之霭，食之能疗百病。老寮等属人家，清香之味不及也。鬼空口有宋植二三株其味尤香，其功益大，饮之不觉两腋风生，倘遇陆羽，将以补茶话焉。"

明清时期，是安溪茶叶走向鼎盛的重要阶段。明代，安溪茶业生产的显著特点是饮茶、植茶、制茶广泛传遍至全县各地，并发展为农村的一大产业。有"常乐、崇善等里货（指茶）卖甚多"的记载。清初，安溪茶业发展迅速，相继有黄金桂、本山、佛手、毛蟹、梅占、大叶乌龙等优良茶树品种出现，使安溪茶业步入鼎盛阶段。清代名僧释超全有"溪茶遂仿岩茶制，先炒后焙不争差"的诗句，说明清代已有溪茶生产，安溪茶农创制了铁观音。铁观音属于乌龙茶，乌龙茶介于绿茶和红茶之间，属于半发酵茶类，是中国绿茶、红茶、青茶（乌龙茶）、白茶、黄茶、黑茶六大茶类之一。乌龙茶采制工艺的诞生，是对中国传统制茶工艺的又一重大革新。清光绪二十二年（1896年），安溪人张乃妙、张乃乾兄弟将铁观音传至台湾木栅区，并先后传到福建省的永春、南安、华安、平和、福安、崇安、莆田、仙游等县和广东等省。此时期，安溪乌龙茶生产技术不断向海外传播，铁观音等优质名茶声誉日增。

安溪铁观音茶文化系统，是以传统铁观音品种选育、种植栽培、植保管理、采制工艺和茶文化为核心的农业生产系统，以及该系统在生产过程中孕育的生物多样性，发挥的生态系统功能，呈现的人文和自然景观特征。福建安溪是铁观音的发源地。铁观音既是茶叶名称，又是茶树品种名称。清雍正年间在福建安溪西坪镇发现并开始推广。

安溪铁观音茶文化系统，孕育了多项茶树无性繁殖的技术，并创制了乌龙茶的制作技术。明末清初，安溪茶农发明了独特的制茶工序——包揉，形成了独特的"半发酵"茶类——乌龙茶，同时根据季节、气候、鲜叶等不同情况，灵活运用"看青做青"和"看天做青"技术。其推广了带状茶 – 林模式，树种以豆科的乔木和小乔木为主，起到根系固氮、夏天遮阴、冬天落叶覆盖地表的功能。套种一年生绿肥，梯壁种草护草，以覆盖地表，保持水土，提供生物栖息场所，蕴含了深刻的生态哲理。2014年5月，安溪铁观音被认定为第二批中国重要农业文化遗产。

武夷岩茶

在"奇秀甲东南"的武夷山上（今属武夷山市，原崇安县），有一种生长在岩石缝隙里的茶被称为武夷岩茶。在制作工艺上，武夷岩茶属半发酵的乌龙茶，绿叶红边，造型优美；深橙色鲜艳，汤色如玛瑙；岩韵醇厚，花香怡人；清新甜美，回味悠长，且兼具绿茶之清香，红茶之香醇，其独特的"岩骨花香"，被视为乌龙茶的珍品。

茶农利用岩凹、石隙、石缝，沿边砌筑石岸种茶，有"盆栽式"茶园之称。因为有"岩岩有茶，非岩不茶"之说，岩茶因而得名。岩茶以大红袍、白鸡冠、铁罗汉、水金龟等著名，其他品种有瓜子金、金钥匙、半天药等。最著名的当属大红袍茶。大红袍茶生长在九龙窠谷底靠北面的悬崖峭壁上，现今已有340余年的历史。

武夷岩茶（樊宝敏摄）　　　　　　　　　　　　　　　　武夷山生态茶园（黄海摄）

　　武夷山茶文化历史悠久。商周时，武夷茶就随其"濮闽族"的君长，会盟伐纣时进献给周武王了。西汉时，武夷茶已初具盛名。唐朝元和年间（806—820年），孙樵在《送茶与焦刑部书》中提到的"晚甘侯"，就是武夷茶别名的最早的文字记载。宋代制茶技术改进，饮茶风气盛行。此时的武夷茶是北苑贡茶的一部分，运往建州进贡。到元代，武夷茶成为贡茶。元人德八年（1302年），朝廷在武夷山四曲溪畔设置"御茶园"。明洪武二十四年（1391年），皇帝朱元璋诏令产茶地，禁止蒸青团茶，改制芽茶入贡；明末清初加工炒制方法不断创新，出现乌龙茶。清代时武夷岩茶全面发展，不仅有武夷岩茶、红茶、绿茶的生产，而且还有许多的名枞。清康熙年间，开始远销西欧、北美和南洋诸国。18世纪传入欧洲后，备受当地群众喜爱，曾有"百病之药"美誉。据说，1972年美国总统尼克松访华期间，毛泽东主席曾送他4两大红袍。

政和白茶

　　政和县地处闽北，鹫峰山脉横贯县境东部。该具峰峦起伏，气候温和，土壤肥沃，自然条件适合茶叶生长，是我国最大的白茶基地。政和白茶主产于石屯、东平两个乡镇。为福建省外贸中白茶出口的主要商品，畅销中国香港、澳门及东南亚国家和地区。2007年，其被国家质监总局正式批准实施地理标志产品保护。

　　政和是中国白茶的故乡，是因茶得名的第一县。政和古名"关棣"，多出产贡茶——芽茶。宋徽宗（赵佶）在《大观茶论》中有一节专论白茶。北宋政和五年（1115年），关棣县向宋徽宗进贡茶银针，"喜动龙颜，获赐年号，遂改县名关棣为政和。"政和白茶原以菜茶品种的小芽为原料，清光绪五年（1879年），政和铁山发现大白茶树种，遂广为栽培，并以此为原料制出白牡丹、白毫银针、寿眉、白毛猴、莲心等多个优质白茶品种。独特的工艺使其白茶品质与众不同，具有鲜纯、毫香、清爽的特征，其性凉、解暑，退热降火、生津、止渴，陈年白茶具有降血压作用。

　　白毫银针是白茶品种，素有茶中"美女""茶王"之美称。其芽头肥壮，遍坡白毫，挺直如针，色白似银。汤味醇厚，香气清芬。鲜叶原料全部是茶芽。政和县是白毫银针的主产地之一（另一产地为福鼎市）。白毫银针被誉为十大名茶之一。

福鼎白茶

　　福鼎市地处福建东北部的东海之滨，气候、土壤条件适合茶树生长，福鼎白茶即产于此。

福鼎白茶文化系统（闵庆文供图）

福鼎白茶栽培与饮用历史悠久。唐代陆羽《茶经》引用隋代《永嘉图经》："永嘉县东三百里有白茶山"。陈椽、张天福等茶业专家考证，白茶山就是太姥山。2009 年考古工作者在宋代吕氏家族墓中发现铜质渣斗里有 30 多枚极品白茶芽头，专家推断这些茶叶来源于福鼎。史料记载，明清时代，福鼎"产银针、白牡丹、白毛猴和莲心等，远销重洋"。明代田艺蘅《煮泉小品》："茶者以火作者为次，生晒者为上，亦近自然，且断火气耳。况作人手器不洁，火候失宜，皆能损其香色也。生晒茶沦于瓯中，则旗枪舒畅，清翠鲜明，尤为可爱。"明末清初周亮工莅临太姥山，为福鼎大白茶母茶树题诗："太姥山高绿雪芽，洞天新泛海天槎。茗禅过岭全平等，义酒还教伴义茶。"现鸿雪洞中留有摩崖石刻。

清末民国时期，白茶作为高端茶叶出口欧美，英国贵族阶层泡红茶时放入几根白毫银针，显示其珍贵。1938 年，点头镇龙田人李得光成立福鼎白茶合作社，茶农可直接向联社所辖的村社交茶、领款，有李得光向茶农收购茶青的字据为证。晚清以来，北京同仁堂每年购 25 千克陈年白茶用以配药。

在栽培上，白茶与番薯、芦柑、桂花树、木横树等作物套种，提高白茶的香气，为茶树提供遮阴，减少病虫害，使白茶的生长自然健康。福鼎白茶传承传统古老的制茶方式。白茶加工不炒不揉，既不破坏酶的活性，又不促进氧化作用，保持品种特性。

饮茶融入福鼎民众的生活方式，形成以茶为中心的茶民俗文化。尤其是在当地畲族的生活、劳动、会客、婚嫁、祭祀活动中，都能看到一钵煮好的茶，配合着朗朗上口的《敬茶歌》，凸显浓郁的民族特色。2017 年 6 月，福鼎白茶被认定为第四批中国重要农业文化遗产。

武夷悬棺葬习俗

在福建武夷山地区，先民受到先秦道家人物的影响，并形成悬棺葬习俗。相传，尧时有籛铿，古之长寿者，封于彭城。籛铿即有名的彭祖，是先秦道家人物。他有两个儿子，一个叫籛武，一个叫籛夷，在此山隐居修行得道，后人就称此山为武夷山。

商代，福建先民刳木成船棺，悬于武夷山一带岩壁上或安放于崖洞中，即闻名中外的悬棺葬。《太平寰宇记》记载："武夷山高五百仞，岩石悉纵紫二色……顾野王谓之'地仙之宅'，半崖有悬棺数千。"1978 年，考古学家在武夷山一处距地面 50 多米的高崖洞穴中取下了"武夷山 2 号船棺"的棺木，长 4.89 米，宽 0.55 米，高 0.73 米。据专家鉴定，这具悬棺距今约 3450 年，属商朝时期，是目前所知年代最久远的悬棺。其形制分为棺底和棺盖两部分，用整根楠木刳制而成，棺木上下两个部分套合在一起，形状就像一艘小船。"武夷二号船棺"内有棺主的尸骨，随葬品有龟形木盘、陶器等。船棺内还保留着死者服饰上的纺织品残片，是目前在福建省发现的最早的纺织品。悬棺葬表明 3000 多年前的武夷先民已经有了自己特殊的文化信仰。

永春佛手茶

永春佛手茶又名香橼种、雪梨，系乌龙茶中的名贵品种。因其叶大如掌、形似香橼柑，始种于佛寺，故称佛手。民间俗语"茶佛一味"，盖始于佛手茶。其外形条索肥壮、卷曲较重实或圆结重实，色泽砂绿乌润；内质香气浓郁或馥郁悠长，优质品有似雪梨香，上品具有香橼香；滋味醇厚回甘；耐冲泡，汤色橙黄、明亮、清澈；叶底肥厚、软亮、红边显。饮之入口生津，落喉甘润。常饮佛手茶，可减肥，止渴消食，除痰，利水道，明目益思，除火去腻。

佛手茶始于北宋，相传是安溪县骑虎岩寺一和尚，把茶树的枝条嫁接在佛手柑上，经过精心培植而成。其法传授给永春县狮峰岩寺的师弟，附近的茶农竞相引种至今。清光绪年间，县城桃东就有峰圃茶庄，在百齿山上开辟成片茶园种植佛手。清康熙贡士李射策在《狮峰茶诗》有赞佛手茶诗句："品茗未敢云居一，雀舌尝来忽羡仙。"

佛手茶树产于苏坑、玉斗和桂洋等乡镇海拔 600~900 米高山处。品种有红芽佛手与绿芽佛手两种（以春芽颜色区分），以红芽为佳。鲜叶大的如掌，椭圆形，叶肉肥厚，3 月下旬萌芽，4 月中旬开采，分四季采摘，春茶占 40%。

1985 年，永春县被国家茶叶发展基金会定为佛手茶出口产品生产基地。2015 年，有茶园 6.8 万亩，年产 3935 吨，年出口约 1600 吨，是全国三大乌龙茶出口基地县之一。永春佛手茶品质优异，独具保健功效，曾获第三届中国农业博览会名牌产品、福建省名茶、第二届中国国际茶博览交易会国际名茶金奖。

将乐竹纸

将乐县是我国最早生产毛边纸的地方之一。县内龙栖山生产的毛边纸名为"西山纸"，工艺考究，取材于龙栖山的上等嫩毛竹，故也被称作"竹纸"。其纸质细腻柔韧、洁白如雪，具有吸水性强且久不变形、不腐不蛀等特点。有"纸寿百年，玉洁冰清"之誉，适用于书法、修复印刷古籍，深受用户喜爱。

西山纸制作历史可上溯至宋代。民国时期最为辉煌，百余家作坊年产纸五万余担，为福建之最。1950年代西山纸大量出口东南亚。到1980年代，当地造纸作坊尚余60多家。而到2006年，龙栖山造纸作坊是将乐仅存的一家，是一座"中国现存最原始、最完整的手工造纸作坊"。有心的传承人仍在延续传承传统手工纸文化。

西山纸制作需经砍嫩竹、断筒、削皮、撒石灰、浸漂、腌渍、剥竹麻、压榨、踏料、耘槽、抄纸、干纸、分拣、裁切等28道工序。

莆田木雕

莆田木雕，为国家级非物质文化遗产，其传统木雕工艺以"精微透雕"著称。它有上千年历史，兴于唐、宋，盛于明、清。唐初，莆田木雕开始运用于寺庙的建筑装饰、佛像和刻书。宋元时期，由于妈祖信仰的盛行，神像雕刻大量问世，莆禧天妃宫内的妈祖木雕像至今保存完好，不仅脸部表情生动，手脚还可以上下左右活动。明代，莆田木匠开始擅长圆雕佛像和平雕建筑装饰。清代乾隆年间，莆田的贴金透雕作品被选作朝廷贡品。

莆田木雕造型优美，工艺精湛，尤以立体圆雕、精微细雕、三重透雕等传统工艺著称。传统木雕作品分为古寺建筑装饰木雕、佛像木雕、妈祖文化艺术木雕、花鸟装饰、精雕砚台、三雕家具等；按材质分为黄杨木雕、龙眼木雕、名贵（檀香、琼脂）木雕和根雕、天然木雕。传统工艺包括选材、揉泥塑或画初稿或腹稿、画轮廓、凿毛、打磨、开面，并作小影、手脚、锦花、细景、打磨、面饰、配座、锦盒。斧工精湛，造型准确。当作品接近完成时，有精细的抛光过程，其中，生漆抛光具有重要工艺价值。

莆田传统木雕存世经典作品有：北京故宫博物院清代"透雕花灯"等三件；上海市博物馆廖氏木座多件；福建省博物院廖熙遗作《关公》《观音》多件；福建工艺美术珍品馆近代精微透雕砚照多件，及朱榜首、黄丹桂、余文科遗作多件，皆有重要历史和艺术价值。

蔡襄《荔枝谱》（仙游）

蔡襄（1012—1067），字君谟，兴化军仙游县唐安乡连江里青泽亭境蔡坑（今福建省仙游县枫亭镇九社村蔡坑自然村）人，北宋名臣，书法家、文学家、茶学家。在林业方面有许多成就，包括倡植福州至漳州七百里驿道松，主持制作北苑贡茶"小龙团"。所著《茶录》总结了古代制茶、品茶的经验。著世界上第一本《荔枝谱》，被称赞为"世界上第一部果树分类学著作"。

《荔枝谱》一卷，书分七篇。第一篇述福建荔枝的故实及作此谱之由；第二篇述兴化人重陈紫之况及陈紫果实的特点；第三篇述福州产荔之盛及远销之情；第四篇述荔枝用途；第五篇述栽培之法；第六篇述贮藏加工方法；第七篇录荔枝品种32个，载其产地及特点。全书内容较为翔实。

蔡襄墓（蔡襄陵园）位于福建仙游枫亭锦岭将军山下。蔡襄纪念馆位于福建省莆田市城厢区东海镇东沙村。馆内收藏和陈列蔡襄生平活动的文物遗作、书简、字帖和各种版本蔡氏族谱。

江西省

江西省林业遗产名录

大类	名称	数量
林业生态遗产	01 星子罗汉松；02 武功山	2
林业生产遗产	03 宜丰竹；04 崇义竹；05 奉新猕猴桃；06 横峰葛；07 寻乌蜜橘；08 新干三湖红橘、商州枳壳；09 金溪黄栀子；10 南康甜柚；11 遂川金橘、狗牯脑茶、楠木；12 宜春茶油；13 赣南脐橙；14 广丰马家柚；15 南丰蜜橘	13
林业生活遗产	16 三清山（千年杜鹃）；17 庐山；18 井冈山；19 大余金边瑞香	4
林业记忆遗产	20 瑞昌竹编；21 庐山云雾茶；22 浮梁茶；23 婺源绿茶	4
总计		23

星子罗汉松

最美罗汉松古树，位于江西省九江市庐山市白鹿乡万杉村詹家崖自然村，树龄约1600年，树高约20米，胸围6.06米，平均冠幅21.75米。枝繁叶茂，苍虬上耸，树影婆娑，2016年被评为九江市"十大树王"；2018年被评为"中国最美古树"。

相传，这株古树属东晋中期遗物，被誉为"赣北罗汉王"。在佛教中得道的人才被称罗汉，这棵长了千年的罗汉松，真有罗汉相貌，树干上仿佛被一条条"虬龙"盘绕着，从下往上升腾，一节一节突起像龙的纹饰，似几条龙在嬉戏玩耍，整个树干犹如一幅天然的九龙戏珠图。茂密的树叶，远望如一把巨伞，雄浑苍劲，傲然挺拔。罗汉松契合中国文化"长寿"的寓意。

有村民介绍，2005—2006年，上海一客商曾三次登门，要以250万元的价格购买罗汉松古树，在高价诱惑下，有小部分村民思想有了波动。詹家崖村及时召开了村民大会，统一了思想，认为古树是全村人的宝贝，给座金山银山，也不卖树。当地村民们还把保护古树写入了《村规民约》。为了表彰詹家崖村民合力保护东晋古罗汉松的事迹，九江市绿化委员会还特批5万元，奖励詹家崖全体村民。

武功山

江西武功山位于萍乡市东南部，属湘赣边界罗霄山脉北段，是江西省西部旅游资源最为丰富的大型山岳型风景名胜区，历史上曾与庐山、衡山并称江南三大名山，有"衡首庐尾武功中"之称。武功山主峰白鹤峰（金顶）海拔1918.3米。景区面积139平方千米，核心景区41.7平方千米，规划景点200多处，由金顶景区、羊狮幕景区、九龙山、发云界四大区块组成，目前已开发的是金顶景区和羊狮幕景区。景区资源特色被专家概括为：草甸奇观、山景雄秀、瀑布独特、生态优良、天象称奇、人文荟萃，具备景观多样性、生态多样性和文化多样性。目前，景区已获得国家5A级旅游景区、国家级风景名胜区、国家地质公园、国家自然遗产、国家森林公园 5 张国家级名片。同时，还获得了全国风景名胜区自驾游示范基地、全国青少年户外体育运动营地、中国美丽田园、中国品牌节庆示范基地等荣誉称号。

宜丰竹

初冬时节，对于江西省宜丰县的山区农民来说，是挖冬笋的最佳季节。每年从 11 月中旬开始，农民们常常进山挖冬笋。年成好的时候，一次可以挖 50 多千克。一年可以挖两个月的时间，仅靠挖冬笋每年就可增加很大收入。毛竹的生命力很顽强，不是每个冬笋都会长成毛竹，所以挖冬笋不仅不会影响毛竹的生长繁殖，还会让来年的新竹长得更好。当然，春天的竹笋就不能挖了，一个春笋就是一棵竹子。

宜丰县位于赣西北九岭山脉南麓，全县森林覆盖率 71.9%，境内竹木资源丰富，现有竹林面积 91 万亩，活立竹 1.26 亿株，居全国第三位，是中国"十大竹乡"之一。宜丰竹子多，竹笋也多，宜丰人养成了爱吃笋的习惯。每年一进入冬季，宜丰城乡各农贸市场卖冬笋的摊位比比皆是，新鲜的冬笋进入千家万户。2013 年，"宜丰竹笋"实施国家农产品地理标志登记保护。

宜丰人爱吃竹笋，更爱竹制品。小到竹筷子、竹火笼、竹扫把，大到竹屋、竹板车，衣、食、住、行都有竹的影子。正因为人们的生活离不开竹制品，靠制作竹制品为生的"篾匠"曾经是当地非常吃香的一个行当。然而，如今村里从事篾匠这个职业的人越来越少，这门手艺面临失传的风险。

随着社会的发展，塑料、玻璃、不锈钢等制品日益兴盛，但宜丰人爱竹之心不变。2010 年，县里修建占地 160 亩的竹文化园，并建成竹文化馆，对竹子的起源、培育、加工、文化内涵等进行展示，馆藏竹雕、竹编、竹画等精美工艺品。近年来，宜丰县大力发展竹产业，以科技创新为载体，成立竹产品研发中心，提升竹产业科技含量，研发出纳米竹炭、竹纤维空调清洁器、竹饮料等系列和品种，毛竹的综合利用率高达 80% 以上。

崇义竹

崇义山场面积广阔，全县森林覆盖率达 81.1%，为全国重点林业县、山区综合开发示范县，素有"江西绿色宝库"的美称。有林业用地 259 万亩，耕地 13.8 万亩，活立木蓄积量 937 万立方米，毛竹 6258 万根，年提供商品材 12 万立方米、毛竹 300 多万根。有国家一、二、三级保护植物 28 种，草珊瑚、茯苓等中草药材 267 种。松香、"华森王"牌系列板材、"贵竹"牌竹地板是主要出口林产品。崇义县拥有较丰富的竹林资源，占林地面积的 17.24%，是全国 6 个毛竹生产大县之一。1996 年 3 月，林业部授予崇义县"中国竹子之乡"称号。2004 年，又被国家林业局授予"中国南酸枣之乡"称号。

在悠悠几千年的历史发展长河中，竹子与人们的生活息息相关，中国悠久的文化与竹结下了不解之缘，形成了丰富多彩、独具特色的中国竹文化。阳岭万亩竹海位于崇义县阳岭国家森林公园内，绵延数万亩，以毛竹为主。除了有名的全竹宴外，传统竹乐器亦有竹梆、竹鼓、竹排琴、竹板琴、竹二胡、竹扬琴、竹管琴、竹编钟等。

奉新猕猴桃

奉新县自 20 世纪广泛选种栽培猕猴桃以来，经数十年发展，已成为全国有机认证仅有的两个猕猴桃基地之一，并获得"中国猕猴桃之乡"的美誉。得天独厚的自然生态环境铸就了"奉新猕猴桃"独特的区域特色，使奉新成为"中华""美味"和"毛花"猕猴桃的共生区，同时也是红、黄、绿肉系猕猴桃种植的汇聚区。充足的光热条件使其积累更多干物质和更丰富的营养，形成了质地细嫩、柔软多汁、风味浓郁的绝佳食用口感。

20 世纪初，猕猴桃还是中国山区不被人重视的野果。宋代《开宝本草》记载："一名藤梨，一名木子，一名猕猴梨。""其形似鸡卵大，其皮褐色，经霜始甘美可食"。古人一直将其作为一种野果食用，但直到 20 世纪初一直没有被"开发"出来。奉新猕猴桃多是野生猕猴桃经过多年培育发展而成，种植面积较大，其种植和培育已经形成了一套成熟的系统。数据显示，奉新县猕猴桃产业覆盖 6500 户农户，栽培面积达 6.5 万亩。

猕猴桃要求在雨量充沛且分布均匀、空气湿度较高、湿润的地区环境生长。同时，猕猴桃在含水量过大的土壤中无法生存。奉新在每年 4—6 月雨水充足，能够满足猕猴桃对湿度的要求。地势西高东低，海拔在 100~1600 米，属于典型的丘陵山区地形地貌，非常利于排水。猕猴桃大多数要求亚热带或温带湿润半湿润气候，喜半阴环境，属中等喜光性果树，喜散漫光，忌强光直射。气候和光照条件直接影响了猕猴桃的品质和口感。奉新猕猴桃的鲜果酸甜适度，清香鲜美，含有多种氨基酸和微量元素，有良好的可溶性膳食纤维。

奉新县 2015 年建成高标准猕猴桃国际科技合作示范基地，并邀请新西兰专家对猕猴桃建园技术模式进行指导。如今，已经培育出适合奉新县的猕猴桃种类，"金果""金艳""奉黄一号""红阳"等个大味甜的品种已经成为主要栽培品种，为其品牌化发展创造了优势。2015 年奉新县猕猴桃总产量达 3.8 万吨，畅销省内外。猕猴桃加工产品达 5000 吨，猕猴桃成为奉新县农业支柱产业之一。

横峰葛

横峰葛，江西省横峰县特产，国家地理标志产品。横峰葛，是江西省横峰县特产中药材。横峰县葛生产加工始于晋代，历史悠久。横峰葛源葛粉因品质优良、清热降火、生津解酒功效显著而闻名。宋朝以来葛粉一直是横峰进贡朝廷的珍品，尤以明、清为盛。

横峰是"中国葛之乡"，种葛历史悠久，种植、加工技术成熟。葛，也称野葛，属多年生豆科藤本植物，原生长于高山野地。别名鹿藿、黄斤、鸡齐，多年生野外豆科藤本植物，药、食两用，盛产于江西省横峰县葛源镇山区。葛源之葛，由于生长环境独特，品质最佳，闻名于世。

早在 1800 年前，西晋著名的道学家、药物学家葛玄云游至横峰县北部山区，在一处环境优美且物产丰富的盆地驻足，发现满山遍野分布着一种植物，这种植物生命力很强，根茎既可以食用，又可以入药，还可以用于浣纱、酿酒，葛玄遂以自己的姓氏为之命名——葛。

葛具有极高的营养价值、医药价值，在我国素有"南葛北参"之美称。葛花，紫红色，葛谷，形如豆荚，均是理想的解酒之药。葛叶，富含蛋白质，可做中药材，也是上等的畜禽饲料。葛藤，既可编篮做绳、纺纱织布，又可做中药材。葛根，形肥大，味甘辛，无毒，提制淀粉供食用，也做药用。横峰葛生命力极其旺盛，适应荒山野岭环境且抗寒耐旱，不与粮食作物争地。藤蔓茂盛，块根硕大，食药同源，自古以来在食用、药用、纺织等多方面被利用。2007 年 1 月，国家质检总局批准对"横峰葛"实施地理标志产品保护。

寻乌蜜橘

寻乌蜜橘具有皮薄、色鲜、果型好、质脆化渣、清香无核、风味浓厚等特点，深受消费者喜爱。寻乌种植柑橘有 1500 多年历史，南北朝刘敬业所著《异苑》中即有记载。清光绪二年（1876 年），《长宁县志》物产篇论述果树有柑、橘、香木缘。据民间流传，寻乌蜜橘早在清朝年间就成了朝廷的贡品。从 1968 年大量试种，全县现有各类品种的蜜橘突破 10 万亩，成为县域支柱产业。1996 年，江西寻乌被国家有关部门授予"中国蜜橘之乡"荣誉称号。2006 年，被国家质检总局列入地理标志产品保护目录。2020 年 7 月，入选中欧地理标志第二批保护名单。

寻乌气候独特，昼夜温差大、无霜期长、土壤深厚、含有丰实的腐蚀物和有机质，透气性很强，非常适应蜜橘的种植。寻乌蜜橘以其果实风味浓郁、无核化渣、肉质脆嫩、含糖量高、甜酸适度、自然着色、鲜艳光泽、可溶性固形物高等独特优势，在全国柑橘质量评比中名列榜首，曾多次在全国农业博览会获得金奖。近几年，由于气候变暖等诸多因素诱发黄龙病蔓延，通过加强种苗管理等系列有效举措防控病害，有效地维护了果业品牌、品质。寻乌蜜橘主要品种分为特早熟、普通早熟、晚熟三大类。其中特早熟品种分为"宫本""日南一号""市文"等，在农历七月就可上市。普通早熟品种以温柑为主，上市一般在农历八月，晚熟上市一般在农历九月至十月。

寻乌蜜橘地理标志产品保护范围为长宁镇、文峰乡、三标乡、桂竹帽镇、古潭镇、澄江镇、罗珊镇、水源乡、南桥镇、留车镇、晨光镇、菖蒲乡、龙廷乡、项山乡、丹溪乡等 15 个乡镇。

新干三湖红橘、商州枳壳

新干三湖红橘。江西省新干县地方特色柑橘良种，因原产、主产于该县三湖镇而得名。该品种红橘果色鲜红，果肉脆嫩，甜酸适度，风味浓郁独特，营养丰富。公元 3—4 世纪时就驰名江南，20 世纪 50 年代曾出口苏联和东欧各国，深受广大消费者喜爱。三湖红橘属宽皮柑橘类，果实 11 月上旬成熟，果色鲜红，果皮光滑、皮薄、易剥离，果呈扁圆形，单果重 50 克左右，果肉脆嫩，甜酸适度，风味浓郁独特，营养丰富。2001 年获江西小优质柑橘奖。

三湖红橘不但具有食用价值，还具有观赏价值，具喜庆和吉祥之意，在中国华北、东北、西北、江淮等地区以及东欧、中亚各国更受人们钟爱。该品种对气候土壤具有较强的选择性，要求气候温和、雨量充沛、光照充足、无霜期长，适宜冲积沙壤土。因此，三湖红橘主要分布在新干赣江两岸的冲积沙壤地带，其他地方栽培的三湖红橘，其品质均差许多。

三湖红橘历史悠久，享誉中外。据西晋张华《博物志》，早在 1700 多年前三湖红橘已驰名江南。南宋范成大诗咏："芳林不断清江曲，倒影入江江水绿。"宋朝后，三湖红橘成为历朝贡果，清乾隆皇帝亲赐"大红袍"美誉后更是声名远播。相传乾隆下江南途径三湖，正值金秋十月，橘子成熟的季节。绿叶衬着大红果，散发出幽幽的清香，令人馋涎欲滴。乾隆见四周无人，又抵不住吸引，遂摘下橘子便尝，被村民发现后，乾隆便自称是远途的过客。村民得知客人尝橘经过，不仅未加指责，还亲自摘下许多橘子送给客人。乾隆为这淳朴的民风所感动，主动言明身份，并御赐橘名为"大红袍"。

目前，三湖红橘在新干县栽培面积达 3.5 万亩，年产红橘 5 万吨，产值超亿元；年出口量 129.8 万千克，占江西省的三分之二，已注册"大红袍"商标。

商州枳壳。中药材品种，新干县特产，国家地理标志保护产品。因原产于该县三湖镇，又名"三湖枳壳"。因当地特殊的地理、气候条件适宜，商州枳壳产品具有"果肉厚、外翻如覆盆、瓤瓣数较多"等特点。其药用价值的有效成分包括挥发油、总黄酮甙（橙皮式、柚皮甙）和有机碱（辛弗林、N-甲基酰胺）等都优于其他品种，对胸胁气滞、胀满疼痛、食积不化、痰饮内停、胃下垂、脱肛、子宫脱垂等病症有很好的疗效。商州枳壳在国内销售良好，在国际市场同样享有盛誉。

金溪黄栀子

江西省金溪县特产，国家地理标志产品。由于金溪县有得天独厚的土壤和气候条件，种植的黄栀子都是个小、完整、仁饱满、内外色皆红的佳品，品质较其他地方种植的优良。2006 年 11 月，国家质检总局批准对"金溪黄栀子"实施地理标志产品保护。

黄栀子是一种常用中药材，有清热利湿、凉血、止血之功效。得益于得天独厚的土壤和气候条件，而金溪县种植的黄栀子都是个小、完整、仁饱满、内外色皆红的佳品，并含有多种氨基酸和维生素及 20 多种人体所需的微量元素。黄栀子的药用主要成分是栀子甙。在《中国药典》中，要求黄栀子的栀子甙含量不得低于 1.8%，与其他产地相比，金溪黄栀子的栀子甙含量遥遥领先。据称，金溪野生黄栀子含栀子甙达 3.52%，经人工栽培后含量达 3.73%，最高可达 5.7%，明显高于湖南、湖北、四川、广西、浙江等地黄栀子的含量。

金溪黄栀子品质优主要得益于金溪独特的土壤与气候条件。金溪地处亚热带季风湿润气候区中部，气候温和，四季分明，日照充足，降水充沛，具有冬短、冬暖、春早、秋迟等特点，生产期长，积温高，热量资源丰富。地貌分为山地、丘陵、平原岗地等类型，其中以海拔 100~500 米的丘陵为主，相对高度为 50~200 米，占总面积的 70%。丘陵区的红壤和黄壤土层较薄，均为中性或偏酸性砂性土，富含氮、磷、钾和有机质，十分利于黄栀子的生长。目前，金溪黄栀子挂果面积达 16 万亩，年产黄栀子干果 6 万吨以上、产值 10 亿元以上。黄栀子浑身是宝，近年来不断延伸黄栀子产业链，提升产品附加值，2 万余农户因种植黄栀子年增收 3 万元以上。

南康甜柚

江西省赣州市南康区特产，由于特定的环境气候和土质条件，加上传统的种植技术，形成了南康甜柚特有的外形特征。果皮具芳樟香气，果肉脆嫩，化渣爽口，呈蜜蜡色，蜜香甘甜略有苹果味，回味持久，风味独特，在柚类中独具特色。

南康甜柚栽培历史悠久，有1500多年的种植历史。南北朝（宋）刘敬业所著《异苑》中记载："南康有奚石山，有柑、橘、橙、柚"。宋代苏东坡在南康作诗《舟次浮石》曰："幽人自种千头橘，远客来寻百结花。"那时，南康甜柚即已闻名遐迩。在清代曾列为贡品。

南康区是以柚子为龙头的全国柑橘生产基地，誉为"中国甜柚之乡"。南康甜柚皮薄形美，甜酸适度，汁多，平均单果重1250克，富含糖类、蛋白质、有机酸、矿物质、维生素等多种营养成分，含可溶性固形物13.8%~16%，总糖量11.2%，总酸量0.33%，每百克果汁含维生素C154毫克以上，具有清肝明目、滋心润肺、止咳化痰、预防动脉血管硬化、降低胆固醇和抗癌等保健功效，且贮藏方便，素有"天然罐头""果中珍品"的美称。

1989年，南康甜柚在全国第二次优质水果鉴评会上荣获第一名，获部优产品称号；1992年在首届中国农业博览会上获得金质奖；1994年在全国林业首届名特优新产品博览会上获柚子系列最高奖；1999年在昆明世界园艺博览会上荣获金奖。尤其是南康甜柚中的斋婆柚和龙回早熟柚两个品种，具有地理标志产品特征和保护价值。

遂川金橘、狗牯脑茶、楠木

遂川金橘。又名金柑，卢橘，金弹，是江西传统名特产。历代均被宫廷选为贡品，至今仍以其色、香、味三者享誉海内外，江西遂川县被列入全国四大金橘产区之一。

在橘类中，最小的要算金橘了。在金橘中以遂川金桔品质最佳。遂川金橘只有枣子那么大，形似鸽蛋。其果味清香，肉嫩汁多，甜酸适口，芳香悦人，风味醇厚，享有"橘中之珍"的盛誉。而且由于树干矮小秀丽，枝叶青翠，又是理想的盆景装饰。金橘含有多种维生素，碳水化合物以及蛋白质、矿物质等，营养价值在柑橘中名列前茅。根据医学分析，金橘含有黄酮甙等成分，具有消炎、抗溃疡、降血压、增强心脏功能的作用；金橘核还有理气止痛的功效。在临床上常用金橘皮治疗胸腹胀满、不思饮食、呕吐反胃、咳嗽痰多等症。

遂川金橘，其种植历史已有千年，宋代已闻名京师，成为贡品。据欧阳修《归田录》记载："金橘产于江西，以远难致，（京）都人初不识。明道景祐初（1032—1036年）始与竹子俱至京师……金橘清香味美，置之樽俎间，光彩灼烁如金弹丸，诚珍果也。"南宋淳熙五年（公元1178年）韩彦直《橘谱》中记载："金橘出江西，北人不识、皇佑中始至汴都，因温成皇后嗜之，价远贵重"。

遂川金橘种植时间长，面积大，产量多，产地主要分布在堆子前、大坑、五斗江、草林、西溪、黄坑、南江、左安等乡镇丘陵地带，泉江镇也有少量分布。1985年，在全国四大金橘产地鲜果评比中，遂川金橘以其"果大皮薄、色泽鲜艳、甘甜味美、芳香悦人"的特点而名列第一。如今，遂川县金橘种植面积达14.5万亩，2100多农户种植金橘，年产金橘4000多万公斤，产值近亿元。其面积、产量、果质均居全国之首，1997年遂川被农业部命名为"中国金橘之乡"。

狗牯脑茶。又名狗牯脑石山茶,也曾一度称为玉山茶,产于江西遂川汤湖乡的狗牯脑山,因该山形似狗,取名"狗牯脑",所产之茶即从名之。狗牯脑茶始于清代,距今已近200年历史。相传,在清嘉庆元年(1796年)前后,有个木排工梁为镒,因放木筏,不幸被水冲散,流落南京。次年,夫妻两人携带茶籽,从南京返乡,买下谢家石山草屋,定居种茶,是为狗牯脑种茶之始。

1915年,遂川县茶商李玉山采用狗牯脑山的茶鲜叶,制成银针、雀舌和圆珠各1千克,分装3罐,运往美国旧金山参加巴拿马国际博览会,荣获国际评判委员会授予的金质奖和奖状,被誉为"顶上绿茶"。1930年,李玉山之孙李文龙将此茶改名为"玉山茶",送往浙赣特产联合展览会展出,荣获甲等奖。由于两次获奖,狗牯脑所产之茶名声大震。随着历史的变迁,"玉山茶"改名为"狗牯脑茶"。1982年被评为江西省名茶,1985年被评为江西省优质名茶,并选送中国名茶展评会。

狗牯脑山矗立于罗霄山脉南麓,其山南北分别有五指峰和老虎岩遥相对峙,东北约5千米处有著名的汤湖温泉。这里苍松劲竹,百鸟高歌,清泉不绝,云雾弥漫,更有肥沃的乌沙壤土,昼夜温差较大,确是一个栽培茶树的绝妙佳境。

该茶采制十分精细。一般在4月初开始采摘,高级狗牯脑茶的鲜叶标准为一芽一叶初展。要求做到不采露水叶,雨天不采叶,晴天的中午不采叶。鲜叶采回后还要进行挑选,剔除紫芽叶、单片叶和鱼叶。此茶加工工艺分为杀青、揉捻、整形、烘焙、炒干和包装6道工序。成茶品质特点是外形秀丽,芽端微勾,白毫显露,香气清高;泡后茶叶速沉,液面无泡,汤色清明,滋味醇厚,清凉可口,回味甘甜,为茶中珍品。

江西省遂川县23个乡镇都有楠木分布,分布范围南北宽43.8千米,东西长61.7千米。该县共有楠木片林166块,胸径30厘米以上的楠木上万株。其中新江乡石坑村、衙前镇双镜村、五斗江乡五斗江村,不仅楠木古树多、大树多,而且生态文化底蕴深厚,先后获评为"全国生态文化村"。在衙前镇溪口村,有大大小小的楠木3000余棵,其中胸径达30厘米以上的就有96棵。茶盘洲一棵古楠木树龄近千年,围径达5.2米,被冠名"楠木王",号称"江南第一猛楠",象征着生命力的顽强。石坑村有300多棵古楠木,其中树龄600年以上的有160多棵。遂川人喜欢种楠树,就是因为"楠"与"男"谐音。他们视楠木为旺男丁的风水树,把楠木作为水口林,在房前屋后种楠树的风俗一直流传到现在。不仅如此,当地的婚嫁风俗也离不开楠木,如嫁女要有楠木箱子和楠木苗,形成了爱楠、崇楠、种楠、护楠的习俗。

宜春茶油

宜春野生山茶油为"宜春三宝"之一,从唐朝时起,宜春的茶油就被列为每年必须向朝廷进献的贡品。1999年,经国家林业局和全国经济林协会评审,宜春被命名为"中国名优特经济林油茶之乡"。宜春市自然条件优越,油茶栽培历史悠久,资源十分丰富。全市现有油茶林面积188.25万亩,通常年产茶油800多万千克。

茶油，是全球四大木本食用油料之一。油茶树是我国得天独厚的自然资源。茶油色清味香，营养丰富，耐贮藏，是优质食用油；也可作为润滑油、防锈油用于工业。茶饼既是农药，又是肥料，可提高农田蓄水能力和防治稻田害虫。果皮是提制拷胶的原料。

丰城市是宜春茶油的主产区，共有油茶林 57.4 万亩；年加工茶籽油 5700 多吨，产值 4.4 亿元，带动农民就业 3000 多人。该市荣获"国家油茶产业发展示范基地""中国高产油茶之乡"称号。

从 2008 年起，丰城市财政对每亩新造高产油茶林实施补贴、林权抵押贷款，鼓励种植户、加工户发展油茶产业。同时，用 5 年时间，将全市 22.7 万亩适宜缓坡地全部用于种植高产油茶林。丰城油茶产业成为农民"摇钱树"。白土镇岗霞村，林农每户种油茶年纯收入达 20 多万元。丽村镇游坊村，摸索出统一规划、统一整地、统一调苗、统一栽植、分户管理并受益的"四统一分"模式，有效解决了发展油茶面临的统一流转和统一开发难、前期投入筹资难、管护和采摘用工难等问题，已种植高产油茶 5000 余亩，户均 32 亩，成为"全省高产油茶第一村"。目前，该模式已辐射全市并在全省推广，在丰城市御润坊油茶产业科技园，建有油茶文化博物馆。

赣南脐橙

赣南脐橙是江西省赣州市的特产。赣南脐橙果大色艳、香气浓郁、甘甜味鲜、营养丰富，堪称果中佳品。在全国橙类评比中多次名列榜首。名优品种"朋娜""纽贺尔""奈沃足娜"等被评为国优产品，远销日本、法国、俄罗斯等国家。

1500 多年前，南北朝刘敬业在《异苑》中记载："南康有奚石山，有柑橘、橙、柚。"南康就是今天赣州一带。至北宋年间，柑、橘、橙、柚等果树已经蔚然成林。在清朝年间，赣南脐橙是下方官员进贡给朝廷的水果之一，深得雍正帝喜食。1971 年，信丰县安西园艺场从湖南邵阳引种 156 棵"华盛顿脐橙"。1974 年开始结果，于 1975 年 3 月参展"广交会"，得到了外贸界、香港商界的高度评价。

自 20 世纪 70 年代开始种植脐橙以来，赣南脐橙产业从小到大经历了一条艰难曲折的发展道路。全市脐橙总面积 153 万亩，脐橙总产量达 100 万吨。赣州已成为脐橙种植面积世界第一，年产量世界第三、全国最大的脐橙产区。全市有脐橙种植户 24 万户，从业人员 70 万人。其中宁都、安远、信丰、寻乌、瑞金市密溪村产量、质量最为突出。信丰县被评为"中国脐橙之乡""脐橙出口基地县"和全国唯一的"脐橙标准化示范区"。

赣南由于其得天独厚的土壤条件，生产的脐橙果大形正，橙红鲜艳，光洁美观，可食率达 74%，肉质脆嫩、化渣，风味浓甜芳香，含果汁 55% 以上，可溶液性固形物含量 14% 以上，最高可达 16%，含糖 10.5%~12%，含酸 0.8%~0.9%，固酸比 15：1~17：1。由于品质优良，风味浓郁，富有香气，深受消费者欢迎，广大农民种植脐橙获得较好的经济效益。

2004 年赣南脐橙已被批准为国家地理标志保护产品；2010 年度中国农产品品牌大会上，"赣南脐橙"品牌再次被评为中国农产品区域公用品牌百强；2011 年国家工商总局商标局批准"赣南脐橙"地理标志证明商标为中国驰名商标。

广丰马家柚

广丰马家柚是江西省上饶市广丰区的特产。马家柚是我国主要的八大柚类之一，产于广丰区大南镇的地方特产水果，是红心柚的一个品种。因其母树位于大南镇古村马家自然村，故名曰"马家柚"。

马家柚最早于明朝成化年间开始种植，这棵母树是在原有古树枯萎老化后，树根部重新发芽生长的，树龄已超过百年。1991年，从该母树上采摘了18棵果实，参加江西省柚类资源普查总结及柚子鉴评会，一举夺得"江西省酸柚类第一名"的美称。从此，马家柚闻名四方，群众争相种植，原枝条都来自该母本树。

马家柚的主要特点是：①品质优：该品系出汁率较高（52.7%），果肉细嫩，色泽浅红，甜脆可口；②结果早：种植幼苗后，4~5年开始结果，10月上中旬成熟；③单棵产量高：幼树到盛产期，亩栽可达60株，单株平均挂果130个，最大果重2000克，一般重1500克；④市场销售好：果大，形美，耐储运，固形物含量达13.5%，甜度高，非常适应消费者的口味；⑤适应性强：选择丘陵山区，避风向阳，地势平缓，土层深厚，土质疏松肥沃，pH值5.5~7.0的土壤均可栽植；⑥营养价值高：果实维生素C含量64.6mg/100g，番茄红素占类胡萝卜素总量的85%，含量达23.5ug/g，有止咳化痰、健胃消食、润肺清肠、补血健脾的功效。

2010年9月，广丰马家柚入选上海世博会参展产品，2010年12月，国家质检总局批准对其实施地理标志产品保护。

南丰蜜橘

江西南丰蜜橘栽培系统，地处旰江中上游，覆盖南丰县全境，栽培面积70万亩。境内气候温和湿润，适宜柑橘生长。其柑橘栽培历史可追溯到2300年前的战国时期，甚至更早。唐代，南丰已形成复杂的柑橘品种群，有红橘、火橘、广橘、乳橘等。其中，乳橘经不断繁育改良，形成新的生态品种群，人们以其味甜如蜜称之蜜橘，被冠以产地名后称为"南丰蜜橘"，距今已有1300年以上的历史。南丰蜜橘因具有色泽金黄、皮薄核少、肉嫩无渣、香气馥郁、营养丰富等特点，成为历代贡品，故又称"贡橘"。

南丰蜜橘是南丰橘园的主要种植品种，广橘、朱红橘、火橘、本地甜橙、金柑等其他传统品种亦有栽培。通过多品种多品系混种、林下间作套种、橘基鱼塘、猪沼果鱼、橘园养蜂等种养模式，南丰橘园形成了以柑橘类林果作物为主的农业生态系统，获得经济与生态双收益。以廊背园为代表的老橘区，还开发出橘基鱼塘模式，

南丰蜜橘（闵庆文供图）

创造"橘因塘而丰，鱼因园而肥"的循环农业景观。随着种植范围的扩大，南丰橘园从河岸沙地到丘陵山地均有分布，呈现出"森林－山地橘园－农田－平地橘园－村落洲地橘园－河流"的立体景观特征。

在漫长的发展演化过程中，南丰橘农形成一套以南丰蜜橘为主的柑橘栽培技术体系，柑橘生产也渗透到橘农生活的方方面面。历经千年，南丰蜜橘不仅为橘农提供了生计保障，更成为他们所崇尚的精神寄托。2017年6月，南丰蜜橘被认定为第四批中国重要农业文化遗产。

三清山（千年杜鹃）

三清山，位于江西省上饶市东北部，因玉京、玉虚、玉华三峰峻拔，宛如道教玉清、上清、太清三位最高尊神列坐山巅而得名。为世界自然遗产、世界地质公园、国家5A级旅游景区、国家绿色旅游示范基地。

联合国教科文组织世界遗产委员会认为：三清山风景名胜区展示了独特花岗岩石柱和山峰，栩栩如生的花岗岩造型石与丰富的生态植被、远近变化的气候奇观相结合，创造了世界上独一无二的景观，呈现了引人入胜的自然之美。

景区总面积229.5平方千米，主峰玉京峰海拔1819.9米。景区内千峰竞秀、万壑奔流、古树茂盛、珍禽栖息，终年云缠雾绕，充满仙风神韵，被誉"世界最美的山"。同时，三清山又是一座经历了千年人文浸润的道教名山，三清福地景区承载着厚重的道教文化，平均海拔1500多米，道教历史达1600余年，共有宫、观、殿、府、坊、泉、池、桥、墓、台、塔等古建筑遗存，以及石雕、石刻230余处。这些古建筑依"八卦"精巧布局，

三清山（拍信图片）

藏巧于拙，是研究我国道教古建筑设计布局的独特典范，被誉为"中国古代道教建筑的露天博物馆"，现为国家级文物保护单位。

在三清山南清园景区，有一条长满了高山杜鹃的山谷，称作杜鹃谷。这里的杜鹃花，并非灌木杜鹃映山红，而是有着千年树龄、高达数丈的杜鹃树。三清山的杜鹃有个特点，都倾斜着身子，像古代的女子在道万福，三清山的松是豪放派，三清山的杜鹃是婉约派。黄山有迎客松，三清山有万福杜鹃，这也是三清山旅游一大亮点。

由于三清山特殊的地理环境和气候条件，这些杜鹃树枝干特别坚硬，倔强有力；花更是奇特美丽，而且有猴头杜鹃、云锦杜鹃、鹿角杜鹃等十多个品种。最特殊的，一是"十月怀胎"。这里的杜鹃每年五月开花，七八月花一谢就又长出新的花蕾，到来年五月再开花，正好孕育十个月左右。二是变色。花初开的时候是红色，继而变为粉色，后又变为紫色，最后才变为白色。有人为这种奇观写了首诗："五月三清花如海，红粉紫白次第开；游人举目杜鹃树，万种风情涌上来。"

庐山

庐山，又名匡山、匡庐，位于江西省九江市庐山市境内。东偎婺源鄱阳湖，南靠南昌滕王阁，西邻京九铁路，北枕滔滔长江，耸峙于长江中下游平原与鄱阳湖畔，长约 25 千米，宽约 10 千米，主峰汉阳峰，海拔 1474 米。山体呈椭圆形，典型的地垒式断块山。

庐山以雄、奇、险、秀闻名于世，素有"匡庐奇秀甲天下"之誉。自古命名的山峰有

庐山（拍信图片）

171 座，群峰间散布冈岭 26 座，壑谷 20 条，岩洞 16 个，怪石 22 处。水流在河谷发育裂点，形成许多急流与瀑布，瀑布 22 处，溪涧 18 条，湖潭 14 处。最为著名的三叠泉瀑布，落差达 155 米，有"不到三叠泉，不算庐山客"之美句。这里北临长江，南映鄱阳湖，滨江襟湖，青山巍然，名胜古迹遍布山中，风景非常优美。唐代著名诗人李白有诗云："庐山秀出南斗傍，屏风九叠云锦张""庐山东南五老峰，青天削出金芙蓉"，把"横看成岭侧成峰，远近高低各不同"的庐山，刻画得引人入胜。庐山的确是"匡庐奇秀甲天下"。

1982 年，庐山被国务院颁布为首批国家级风景名胜区；1996 年 12 月 6 日，被列为世界文化遗产；2003 年，庐山成为中华十大名山之一；2007 年 3 月 7 日，被评为国家 5A 级旅游景区。

井冈山

井冈山位于江西省西南部，湘赣两省交界的罗霄山脉中段。这里巍峨群峰矗立，万壑争流，苍茫林海，飞瀑流泉，有气势磅礴的云海，瑰丽灿烂的日出，十里绵延的杜鹃长廊和蜚声中外的井冈山主峰。井冈山属山岳型风景名胜区景观景点，汇雄、奇、险、峻、秀、幽的自然风光特点，属中亚热带湿润季风型气候，雨量充沛，气候宜人，夏无酷暑，冬无严寒，年平均温度为 14.2℃。是从事爱国主义教育、学习革命传统、旅游风光、避暑疗养回归大自然的理想之地。当年郭沫若游览井冈山时曾感慨万千，挥毫留下了"井冈山下后，万岭不思游"的赞美诗句。

井冈山（樊宝敏摄）

井冈山，是一块红色的土地；井冈山，是一个绿色的宝库。"四面重峦障，五溪曲水萦。红根已深植，今日正繁荣"是老一辈革命家董必武 1960 年访问井冈山时写下的。井冈山，是革命山、旅游山、文化山，"物华天宝钟灵毓秀，绿色明珠流光溢彩"。1982 年，国务院批准井冈山为第一批国家级风景名胜区。分为茨坪、龙潭、黄洋界、主峰、笔架山、桐木岭、湘洲、仙口、茅坪、碤市、鹅岭景区，分76 处景点，460 多个景物景观。

井冈山风景名胜集革命人文景观和优美自然风光于一家。既有名垂宇宙的朱、毛会师广场，又有灯火照亮九州的茅、茨坪；既有享誉全球的黄洋界，又有被载入中华货币史册的 100 元人民币背面主景的井冈山主峰。主要景

云石山（樊宝敏摄）

物景观类型有：革命文物、山石、瀑布、溶洞、气象、高山田园风光、次原始森林、珍稀动植物、温泉 9 类。千年的历史变迁，不变的青山秀水，积淀下来的是浓郁的地方文化。从 1927 年红色的铁流融汇在井冈山之后，井冈山的生命力得到了焕发，"星星之火"不仅燃遍了神州，同时凝聚成了不朽的井冈山革命精神。传奇的石刻碑帖，淳朴的民间风俗，优美的民间传说，丰富的文学作品……构成了井冈山的深厚人文背景。

井冈山迄今保存完好的革命旧址遗迹 100 多处（其中 26 处被列为全国重点文物保护单位），被誉为"中国革命的摇篮"和"中华人民共和国的奠基石"，是中国共产党永远的精神家园。井冈山先后被列为"首批全国青少年革命传统教育十佳基地""全国优秀社会教育基地""全国爱国主义教育示范基地"。2004 年，又被列为全国"重点红色旅游区"和"红色旅游经典景区"。

此外，在瑞金城西 19 千米处有云石山，是中华苏维埃共和国临时中央政府所在地，又有"长征第一山"之称。

大余金边瑞香

大余金边瑞香为江西省大余县特产。金边瑞香又名千里香、风流树，属瑞香科，瑞香属，是瑞香的变种，为多年生常绿小灌木。顶生头状花序，花被筒状，顶端四裂，径约1.5 厘米，每簇花由数十朵小花组成，由外向内开放。花期两个多月，盛花期为春节期间，花色紫红鲜艳，芳香浓郁，是著名的年宵观赏花卉。2008 年 7 月，国家质检总局批准对其实施地理标志产品保护。

大余县土地肥沃，灌溉便利。以金边瑞香为主的花卉产业最具特色。属中亚热带季风气候区，温暖湿润，四季分明，日照充足；自然条件适合金边瑞香的生长。大余栽培金

边瑞香的历史已逾千年。1996 年被命名为"中国瑞香之乡"，2000 年被命名为"中国花木之乡"。目前种植面积达 4300 多亩，是全国最大的金边瑞香基地，被国家有关部门命名为"中国瑞香之乡"。

瑞昌竹编

位于长江中游南岸的江西省瑞昌市有 60000 多亩山竹，包括毛竹、筋竹、水竹、淡竹等 10 多个品种。瑞昌竹编历史久远，当地的商周古铜冶炼遗址中出土过运送矿石的竹筐。在瑞昌，林区农民很早就开始加工出售竹器。人们的生活时时处处都离不开竹编，床桌椅、橱柜、簸箕、米筛、凉席、笊子都由竹编制而成，现在又开发出各种用途的钵、篮、盒和用于观赏陈设的动物竹编。瑞昌竹编工艺复杂，编织要求精密细腻，加之品种繁多，难以用现代机器生产代替，但现在愿意学习继承的年轻人少，以致竹编技艺后继乏人。

庐山云雾茶

庐山云雾茶是庐山的特产，中国十大名茶之一，宋代列为"贡茶"，素来以"味醇、色秀、香馨、汤清"享有盛名。茶汤清淡，宛若碧玉，味似龙井而更为醇香。茶树由于长年饱受庐山流泉飞瀑的亲润、行云走雾的熏陶，从而形成其独特的醇香品质：叶厚毫多、醇香甘润、富含营养、延年益寿。

庐山北临长江、南倚鄱阳湖；群峰挺秀，林木茂密，泉水涌流，雾气蒸腾。在这种氛围中艺植熏制的庐山云雾茶，素有"色香幽细比兰花"之喻。茶树叶生长期长，所含有益成分高，茶生物碱、维生素 C 的含量都高于一般茶叶。它芽壮叶肥、白毫显露，色翠汤清，滋味浓厚，香幽如兰。

其主要茶区在海拔 800 米以上的地带，这里由于江湖水汽蒸腾而形成云雾，常见云海茫茫，一年中有雾的日子可达 195 天之多。由于这里升温比较迟缓，因此茶树萌发多在谷雨后，即 4 月下旬至 5 月初。又由于萌芽期正值雾日最多之时，因此造就了云雾茶的独特品质。20 世纪 50 年代以来，庐山云雾茶得到迅速发展，古老的茶山，日新月异。现有茶园 5000 余亩，分布在庐山的汉阳峰、五老峰、小天池、大天池、含鄱口、花径、天桥、修静庵、中安、捉马岭、海会寺、帅家、化城山、青山、通远、八仙庵、马尾水、高垄、威家、莲花洞、龙门沟、赛阳、碧云庵等地，尤其是五老峰与汉阳峰之间，终日云雾不散，所产之茶为最佳。

"高山云雾出好茶"，这是茶区人民生产经验的总结。高山茶比平地茶好，内山茶比外山茶好，这是人所共知的。高山云雾之所以出好茶，是由高山特有的自然生态环境和茶树的生物学特性所决定的。庐山云雾茶芽肥绿润多毫，条索紧凑秀丽，香气鲜爽持久，滋味醇厚甘甜，汤色清澈明亮，叶底嫩绿匀齐，是绿茶中的精品。庐山山好、水好、茶也香，自古就有"峰奇山秀茶香"之说，若用庐山的山泉沏茶焙著，其滋味更加香醇可口。

通常用"六绝"来形容庐山云雾茶，即"条索粗壮、青翠多毫、汤色明亮、叶嫩匀齐、香凛持久，醇厚味甘"。云雾茶风味独特，不仅味道浓郁清香，怡神解泻，而且可以帮助消化，杀菌解毒，具有防止肠胃感染，抗维生素 C 缺乏病等功能。其汤色如清绿带黄，因为茶黄酮含量较高，叶再大一点的，汤色淡绿色。夏茶或秋茶则汤色微黄。茶气浓郁，不同的产区有不同的香味，最极品的是带兰茶香味，在庐山五老峰茶场产的带板栗香味，若是植物园附近产的，则香气又不一样。

浮梁茶

景德镇市浮梁县素有"世界瓷都之源，中国名茶之乡"的美誉。"商人重利轻别离，前月浮梁买茶去"，是唐代诗人白居易脍炙人口的诗句。历史上的浮梁，也享有"瓷之源，茶之乡"的盛名，尤其在唐宋时期是全国不多见的主要产茶区，贸易占全国四分之一。"摘叶为茗，伐楮为纸，坯土为器"，宋人汪胥吾在《昌江风土记》中记述浮梁人生产生活的画面，至今依稀可见。

浮梁绿茶。元代，浮梁绿茶的生产工艺已趋定型，著名的浮梁"仙芝""嫩蕊""福合""禄合"等茶，更以其"色艳、香郁、味醇、形美"四绝的特点，历经宋、元、明、清数代不衰，成为经世品牌，诏为贡品。目前，它产于浮梁县 70% 的山区、农田、旱地，是当地百姓普遍饮用和市场交易的上乘饮品，其品种按茶叶采摘时段的不同，又有谷雨尖、细茶、粗茶之别。尤其是谷雨尖，一般采摘于谷雨时节前期，对春季第一次冒出嫩芽的茶叶进行采摘，去掉叶梗，进行手工制作，文火轻烤。此茶条索紧细，色泽嫩绿，白毫显露，清香持久，汤色清澈，滋味鲜爽、醇正。

浮梁红茶。简称"浮红""祁红"，多产自浮梁北部和东北部。那里山地、森林多，土层深厚，雨量充沛，多云雾，"晴天早晚遍地雾，阴雨成天满山云"，适宜茶树生长。茶树的主体品种——猪叶种，内含物丰富、酶活性高，很适合工夫茶的制造。高档浮红，外形

浮梁仙芝茶（闵庆文供图）

条索紧细苗秀、色泽乌润。冲泡后茶汤红浓，香气清新，芬芳馥郁持久，有明显的甜香，有时带有玫瑰花香。浮红的这种特有香味，被国外不少消费者称之为"祁门香"。浮红在出口贸易中，沿用主产地"祁红"的称呼，在国际市场上被誉为"高档红茶"，特别是在英国伦敦市场上，被列为茶中"英豪"，受到皇家贵族的宠爱，赞誉祁（浮）红是"群芳最"。1915年，浮梁江村"天祥号"所产红茶曾获"巴拿马万国博览会"金奖；1953年，浮梁茶厂生产的"浮钉"，被苏联国家产品鉴定委员会确认为"祁红珍品"。

浮梁县目前有茶园15.66万亩，茶企61家、专业合作社135家。2017年，茶叶总产量达8493吨，外贸茶2700吨，茶农队伍5.5万人。重点有江村、鹅湖、臧湾、经公桥、西湖茶园。浮梁贡茶叶有限公司，有2370亩的连片茶叶基地，该茶园已得到欧盟认证，产品远销英国、德国、俄罗斯。

婺源绿茶

婺源绿茶，江西省婺源县特产，国家地理标志产品。茶外形紧细圆直，香气馥郁，滋味醇厚，具有"叶绿、汤清、香浓、味醇"的特点。婺源绿茶品种繁多，叶质柔软，持嫩性好，芽肥叶厚，有效成分高，质量上乘，素以"颜色碧而天然，口味香而浓郁，水叶清而润厚"的品质著称，宜制优质绿茶。

婺源地处赣东北山区，为怀玉山脉和黄山山脉环抱，地势高峻，峰峦鱼立，山清水秀，土壤肥沃，气候温和，雨量充沛，终年云雾缭绕，最适宜栽培茶树，可谓"绿丛遍山野，户户有香茶"，是中国绿茶金三角核心产区。

婺源绿茶历史悠久，唐代陆羽在《茶经》中就有"歙州茶生于婺源山谷"的记载。《宋史·食货》将婺源的谢源茶列为全国六种名茶"绝品"之一。明清时代，曾列为向朝廷进献的"贡茶"。明朝时，婺源县每年进贡的茶叶有2500千克左右。"婺源绿茶"18世纪已进入国际市场，乾隆年间外销到英国；咸丰年间，婺源"俞德昌""俞德和""胡德馨""金隆泰"四家茶号，共制绿茶数千箱运往香港销售，"俞德盛"茶号所制"新六香"绿茶还远销西欧。

山东省

山东省林业遗产名录

大类	名称	数量
林业生态遗产	01 夏津古桑树；02 莒县银杏王；03 平阴白皮松	3
林业生产遗产	04 枣庄枣林；05 乐陵枣林；06 庆云唐枣林；07 郯城银杏；08 临沂板栗、银杏；09 蒙阴蜜桃；10 烟台大樱桃；11 栖霞苹果；12 平度葡萄；13 沾化冬枣；14 青州蜜桃；15 沂源苹果；16 阳信鸭梨；17 无棣小枣、古桑；18 莱阳梨；19 肥城桃；20 昌邑梨园；21 冠县梨园	18
林业生活遗产	22 平阴玫瑰；23 平邑金银花；24 曲阜孔林；25 泰山（板栗）；26 东镇沂山；27 崂山（绿茶）；28 蒙山	7
林业记忆遗产	29《管子》（临淄）；30 贾思勰《齐民要术》（寿光）；31 王象晋《群芳谱》（桓台）；32 曲阜楷木雕刻；33 烟台葡萄酒；34 日照绿茶、竹；35 昌邑丝绸	7
总计		35

夏津古桑树

夏津古桑树群，位于山东夏津县东北部黄河故道中，占地 6000 多亩，百年以上古树 2 万多株，涉及 12 个村庄，据说是中国树龄最高、规模最大的古桑树群，夏津县也因此被命名为"中国椹果之乡"。

夏津古桑树种植时期跨元明清三朝。特别是清康熙十三年（1674 年）至 20 世纪 20 年代，百姓掀起植桑高潮，鼎盛时期种植面积达 8 万亩。相传此间树木繁盛，枝杈相连，"援木可攀行二十余里"。历史上夏津古桑树群遭受过三次大的破坏，面积从 8 万亩锐减到 6000 多亩。

千百年的选育，桑树在夏津已由"叶用"变为"果用"。附近居民多食桑葚而长寿，因此桑园又叫"颐寿园"。古桑树群群落结构复杂、生态稳定。群落以桑树为主，间有其他落叶乔木、灌木和草本。数百年的古桑，枝繁叶茂，根系发达，冠幅可达 10 米，可年产桑果 400 千克、鲜叶 225 千克，在风沙区，发挥着保持水土的巨大作用。

夏津人民探索出一套桑树"种植经"。他们用土炕坯围树，畜肥穴施，犁伐晒土等方法施肥和管理土壤；用油渣刷或塑料薄膜缠树干的方法防治害虫，天然无公害；采用"抻包晃枝法"采收，当地流传着

夏津古桑（樊宝敏摄）

"打枣晃椹"的说法。现在，劳动力缺乏、农药化肥污染等原因使古桑树再次面临着生存威胁。目前，夏津县政府按照原农业部中国重要农业文化遗产保护工作的要求，制定了古桑树群保护与发展规划；注册了夏津椹果地理标志证明商标；同时被中国中药材种植专业委员会评定为"道地优质药材种植基地"，延伸桑产品加工产业链，在加工生产东方紫酒、桑叶茶的基础上对桑树的药用功能进行研究与开发。

2014年6月，山东夏津黄河故道古桑树群被认定为第二批中国重要农业文化遗产；2018年4月19日，被联合国粮农组织批准为全球重要农业文化遗产。

莒县银杏王

银杏古树，位于山东省日照市莒县浮来山镇定林寺。树高26.7米，主干高2.5米，冠幅26米×34米，胸径5米，胸围1583厘米，遮阴覆盖面积900多平方米，远看形如山丘，龙盘虎踞，气势磅礴，冠似华盖，繁荫数亩。盛夏时节每天需要"喝"2吨左右的水。号称"天下银杏第一树"。

据《左传》记载："（鲁）隐公八年（公元前715年）九月辛卯，公及莒人盟于浮来。"会盟距今已有2700多年，专家推断在会盟的时候，这棵银杏树已经是相当大了，差不多有1000多年。由此推断，此树树龄应该在3700年以上。

同时，立于树前的石碑上镌刻着清朝顺治甲午年（1654年）七律一首，写道："大树龙盘会鲁侯，烟云如盖笼浮丘。形分瓣瓣莲花座，质比层层螺鬓头。史载皇王已廿代，人经仙释几多流。看来今古皆成幻，独子长生伴客游。"从这首七律和"十亩荫森更生寒，秦松汉柏莫论年"来推断，这棵树的树龄应该在3000年以上。古老的银杏树从春秋时期至今备受推崇，《十万个为什么》一书讲到了它；印度尼西亚的刊物对其进行了描述，并刊登了照片。1982年联合国教科文组织向全世界播放了它的录像。巍巍银杏树，可谓身历古今，享誉中外。"天下第一"实至名归。

几千年来，这棵古老的银杏树，历经风雨，亦保持着顽强的生命力。其阳春开花，金秋献实，枝繁叶茂，生机盎然，年复一年，生生不息。说到结果，这棵树王的果实和一般的银杏树结的果明显不同，别的树结的银杏果呈纺锤状，大而长，而这棵树的果子又小又圆，味道也特别可口。近几年出现了一种奇观，就是在树的主干上，也常见生叶结果，人称长寿果。另外，在树的枝丫根部，长出的30个形似钟乳石状的树瘤。树瘤又名树橑（气生根），据说只有1000年以上的树才生长树橑，根据树橑的多少也可以推断树的大致寿龄。

莒县银杏王（文堂摄影）

传说，在很早以前有一位小生，他喜好游山玩水，来到莒县的时候听当地人讲，浮来山有一棵银杏树有八搂这么粗，觉得挺好奇，就想亲自来搂搂试试，于是就来到了定林寺银杏树前，以银杏树一个大树洞为记号，从树洞的右侧开始搂起来，一搂、两搂、三搂……当搂完第七搂再搂第八搂的时候，恰好下起了雨，有一位上山进香的小媳妇躲到树洞中避雨。在当时封建社会讲究男女授受不亲，小生无法搂第八搂了，但他很聪明，灵机一动，就用手拃了起来，一拃、两拃、三拃……又拃了八拃，再拃就拃到小媳妇了，但当时雨没有停，那小媳妇也没有离去的意思，只好作罢。这时候，旁边看热闹的人打趣地问："你怎么不量了？你忙活了半天，又搂又拃的，这树到底有多粗？"小生灵机一动，不慌不忙地回答说，这棵树有"七搂八拃一媳妇"这么粗（小生把小媳妇也当成了一个计量单位）。

1995年春，风传"浮来山古银杏树发声"，一时成为人们谈论的话题，甚至许多好奇者接踵而至，亲睹为快。银杏树发声的时间多在春季晴天的晚上，夜深人静之时，似有人紧闭双唇从鼻腔内发出的声音。史料记载，清光绪元年，莒州奉正大夫张竹溪所题浮丘八观"咏银杏树"一诗有"老十夜阑闻魈语"的句子，由此可知，古老的银杏树发出奇异声响古已有之。其实，发出奇异声响的原因是：高大的树干内，部分腐朽了的木质部形成许多孔洞。在光合作用下，树冠抽芽发叶需要大量水分，树干内的无数导管、筛管担负着液体输导任务，发出声响，这种声响经腐木孔洞，引起共鸣。当地民谚称："古树发声，太平年丰"。

平阴白皮松

平阴白皮松又称于林白皮松。在山东省平阴县洪范池镇纸坊村，有一片占地约4公顷的白皮松林，因是明朝著名诗人、资政大夫、太子少保、礼部尚书兼东阁大学士于慎行（1545—1607）的墓地所在地，故又称于林。其内现有白皮松44棵，树高一般在16~20米，胸围最大2.40米、最小1.45米，树干挺直，亭亭玉立，高耸入云，通体银白。其树冠状如华盖，冠幅庞大，如大伞覆盖，松针婆婆青翠，常见青褐色球果间杂其中；清风吹过，林内松涛阵阵。白皮松栽于明万历年间，如以于阁老亡故于1607年推算，距今已有400余年；据调查，这里是我国北方地区白皮松树龄最长、树干最高、胸围最粗的地方，也是我国白皮松储量最多的一处。

这片白皮松林还有一段历史佳话。相传于慎行少年勤奋，负有才名；为官后更是清正耿直，刚正不阿，虽身居高官，家中却常无余资。他从不结党营私，是非分明。为国家利益，他不畏权势，仗理直言。在著名的"夺情"事件中，于慎行因上疏反对张居正而遭其排挤，但在张居正被抄家时，又站出来为其说情，充分表现了他高尚的人格魅力和博大宽宏的胸怀。万历皇帝曾亲书"责难陈善"赐予他，以示他"不善临池"而说实话的褒奖。于慎行熟悉历代典章，精通礼制，文学造诣的成就也极高。他笃实、正直、忠厚的品德，受到人们的称颂。尤其难能可贵的是，他20多岁便成为皇帝的老师，先后任万历、泰昌、天启三代帝师，故有"三代帝王师"之美誉。这既是对其学问的赞誉，更是对其人品的肯定。

于阁老尤其和万历皇帝感情笃厚，相传1598年万历皇帝曾亲来平阴县东阿镇探望恩师。其亡故后，万历皇帝更是哀伤不已，敕建陵园于洪范，以报答师恩。其建筑雄伟壮观，具有鲜明的明代建筑雕刻艺术风格，于林坐北朝南，进门楹联为万历皇帝所撰，"大明先师三代帝王受教诲，朕赐仙居庄严肃穆浴皇恩"由书法家邢侗书丹。陵园落棺亭周围，万历皇帝亲赐栽植白皮松62棵，现仅存44棵，白皮松通体雪白，隐含"披麻戴孝"之意。

一片白皮松林，记载了这一段师生之情、君臣之义，它既是对于阁老一生为官清廉、刚正不阿的高度评价；也是对万历皇帝尊师重教、任人唯贤的高度赞扬。在某种程度上，正是有了这样的君相配合，才有了"万历中兴"的局面。

枣庄枣林

山东枣庄因枣得名，枣庄古枣林位于山亭区店子镇8万亩长红枣园内，核心保护区面积1800亩，其中树龄100年以上的古枣树7200余棵，500年以上的1186棵，1000年以上的372棵，1200年以上的"枣树王""枣皇后""唐枣树"共有38棵，尚能正常开花结果，是山东现存规模最大、保存最完整的古枣林。

枣庄古枣林栽培历史悠久，起源于北魏，盛行于唐宋，是国家级标准化生产示范基地。明万历十三年（1585年）《藤县志》记载："枣梨东山随地种植，山地之民千树枣，土人购之转售江南。"（"东山"即现山亭区店子镇）。由于该镇独具红砂石土壤，造就了长红枣的独特品质：果实肉厚、核小、质细、无植，鲜果酥脆酸甜，干果油润甘绵，富含人体必需的17种氨基酸和24种微量元素，既可食用也能入药，被誉为"天然维生素丸"。

近年来，由于大枣价格相对走低，许多枣树被砍伐改种其他果树，致使部分古枣树遭到破坏，如不采取措施，古枣林将面临消失的危险。为此，区政府专门成立保护委员会，编制保护规划，设立古枣树保护基金，邀请有关专家对保护区内的千年古枣树"体检"，实行"一树一策一责任人"，加大对古枣林农业文化遗产的宣传力度，争取广大枣农对古枣林保护的认可和支持。通过采取有效措施，枣庄古枣林农业文化遗产得到充分保护和传承，获得遗产地人民一致好评。2015年10月，枣庄枣林被认定为第三批中国重要农业文化遗产。

枣庄古枣林（樊宝敏摄）

乐陵枣林

乐陵枣林位于山东省乐陵市，涉及7个乡镇，迄今已有3000多年的历史，被誉为"全国最大千年原始人工结果林""山东省旅游摄影创作基地"等。乐陵金丝小枣曾是皇家御用品，因其果、叶、皮、根均可入药，被乾隆皇帝誉为"枣王"，同时，它也是联合国卫生组织目前唯一认定的既是产品又是药品的果实。千百年来，枣树已是祖辈们在战天斗地、防风固沙中留下的宝贵物质遗产和精神财富。

乐陵枣林（樊宝敏摄）

在培植方面乐陵人民探索出了一套"育枣经"，他们独创的枣树环剥技术，有效提高了枣树的坐果率，保证了乐陵小枣的品质和产量；利用枣树发芽晚、落叶早、枝疏叶小、根系分散、水肥需求高峰与农作物相互交错，枣树和农作物的生长具有互补性等特点，发明了枣粮间作复合生态系统，有效改良了土壤，提高了枣粮产量；发明了枣树、杏树、花椒树等混种，同时在树下散养家禽的庭院经济生态系统模式，既提高了经济收益，也有效防治了树木的病虫灾害，形成人类与动植物的良性生态系统。

随着生产模式的改变，受到水利、交通和劳动力等因素的影响，千年枣林正面临着被砍伐和被抛弃的危险，传统的耕作方式也面临着严峻挑战。目前，乐陵市政府制定了古枣林保护发展规划，出台了《乐陵千年枣林农业系统管理办法》，通过生物多样性进一步改善，将传统的农耕文化和现代的新兴技术相结合，从根本上解决农民增收、农业可持续发展和遗产的保护问题。2015年10月，乐陵枣林被认定为第三批中国重要农业文化遗产。

庆云唐枣林

庆云唐枣园位于山东省德州市庆云县城西北11.5千米处，占地面积3500亩，北傍漳卫新河，东临漳马河，是以"千年唐枣树"为基础、万株枣树古木群为特色的生态旅游观光园。这里的枣树树龄均在两三百年以上，有忠孝树、母子树、夫妻树等，千姿百态。每逢金秋时节，"四野荷香飘天外，万家小枣射云红"。2007年该枣园被评为省级农业旅游示范点。

据《庆云县志》记载，汉代庆云广植枣树，当时属渤海郡，渤海郡太

庆云枣林（樊宝敏摄）

守龚遂劝民勤事农桑，规定邑民必植枣树，以后南北朝、明清庆云县知县都推广过枣树种植。

唐枣树为隋末唐初所植，距今已有1400余年的历史，被誉为"中华枣王"。相传，隋末瓦岗寨起义将领罗成在此树下拴马歇凉，时值仲秋，碧叶红果，枣儿偶落鞍褥囊中，罗成不愿独享，随至京献于唐王品尝，因该枣色鲜味甘，后被诏封为"糖枣"，后世讹传为"唐枣"。又传明燕王扫北至此，忽降大雾，燕王一行从树侧驶过，使置于树下的百姓幸免于难，因而被世人皆称为奇树。抗日战争时期，日军在疯狂砍树时欲伐此树，当地村民冒死相护，使敌却步。清代康熙元年庆云知县卢元培曾对唐枣树作《高津古树》诗："半亩清荫俯碧川，沧桑历尽势参天。繁枝自抱风云色，贞干宁辞冰雪缘。高士结庐容啸傲，将军屏坐寄流连。联珠而后知盈筐，绝胜华南第一篇。"

唐枣树高6.5米，胸围4米。从树北侧看，树干像镂龙雕凤，苍劲道逸；从树南侧看，枣树腹鼓腔空，能容下小孩玩耍。现在老枣树每年还可收红枣50多千克。树旁的《唐枣碑》于1989年树立，碑正面"唐枣"二字由中国著名书法家蒋维崧书写篆书；碑背面为300余字的楷书碑文，由张连生撰文、宗惟成书写。

庆云是原国家林业局命名的"中国金丝小枣之乡"。庆云金丝小枣品质优异，掰开半干的小枣，可清晰看到由果胶质和糖组成的缕缕金丝粘连于果肉之间，拉长1~2寸不断，在阳光下闪闪发光，金丝小枣因此得名。金丝小枣具有丰富的营养价值和药用价值，具有滋补身体和辅助治疗脾胃虚弱、消化不良、肺虚咳嗽、贫血等症状的功能。

郯城银杏

郯城银杏是山东省临沂市郯城县的特产。郯城县栽培银杏历史悠久，地理条件适宜，所产银杏果具有粒大、籽匀、糯性强、甜味浓、营养和药用价值高等特点，所产银杏叶有效成分含量高，质量好，在国内外市场上享有盛名。

银杏，落叶乔木，素有"活化石"之称，为我国特有的珍稀树种。银杏全身是宝。干果既是高级食品又是珍贵的中药材，含淀粉、粗蛋白、粗脂肪、蔗糖、还原糖、核蛋白、粗纤维、矿物质等，具有温肺、益气、定喘、降痰、消毒、杀虫、缩小便、止白浊之功效，可制作罐头、白果精、点心等。以银杏为主要原料制作的"蜜汁银杏"是临沂地方菜中的佳品。银杏外种皮含白果酸、白果醇等成分，银杏叶含黄酮类成分，近年来用于临床治疗高血压、冠心病、心绞痛有明显疗效。银杏树干挺直，木质优良，纹理细致，富有弹性，不生蛀虫，是优质木材。

郯城银杏（樊宝敏摄）

郯城县以"银杏之乡"闻名于世，是银杏集中产区，也是栽培银杏最早的地区。新村乡官竹寺旁一株古银杏，高达35米，胸径2米有余，覆阴近亩许，相传为唐时所栽。清乾隆《郯城县志》将其列为重要特产，载入"果之属"。全县银杏分布广泛，定植数量较多，仅百年以上的大树就有3.2万株。清代一诗人在郯城期间，曾这样吟咏："出门无所见，满目白果园。屈指难尽数，何止株万千。"1999年，郯城被命名为"中国银杏之乡"；2004年，其银杏产业综合产值达到6.6亿元。

郯城县以沿沂河的6个乡镇、192个村为主，实行集中连片、规模发展，形成了近200平方千米的银杏集中栽植区。这里家家栽银杏树，村村建银杏园，乡乡有银杏示范园。全县建成了四大生产基地，良种化银杏果生产基地采取丰产密植、间作套种等形式，通过良种嫁接，建立优质银杏果生产基地7.7万亩，年产银杏果280万千克；银杏标准化生产基地从选种、栽培、灌溉、施肥、田间管理到银杏叶的采摘、烘干、包装、储存和运输，严格按照GAP生产标准，建成标准化银杏采叶园1.8万亩，年产优质干青叶800万千克；银杏优质大苗培育基地；利用间作形式，重点培育胸径6厘米以上的绿化用银杏大苗；银杏盆景培育基地发展银杏盆景培育园600亩，培育银杏盆景26万盆。同时，通过四旁植树、城乡绿化、农田林网等形式，在城乡广植银杏。到2005年，全县银杏绿化面积达到20万亩，其中片林面积14.9万亩，定植银杏860万株，拥有各种规格苗木2亿株。

2010年，该县银杏绿化覆盖率面积发展到26万亩，年产银杏果300万千克，银杏干叶1000千克，建成了银杏果、叶、苗、盆景及系列产品五大专业市场，先后开发生产了银杏叶茶、银杏饮料、银杏食品等10多个系列100多种加工产品，银杏产业年综合产值达45亿元，年出口创汇超过100万美元。

2009年7月，国家工商总局批准对"郯城银杏"实施地理标志商标注册。

临沂板栗、银杏

郯城板栗。山东省临沂市郯城县特产，分油栗，毛栗两大类型。其中，郯城大油栗为最佳，具有籽粒大（每千克80粒左右）、色泽油光发亮、肉质松、味香甜、糯性大等特点。郯城板栗栽培有400年以上历史，以"郯城大油栗"闻名全国，同时也是全国板栗重点产区。新中国成立前全县有板栗园2万亩、20万株，最高年产100万千克，沐河沿岸有绵延数千米的板栗林带。由于战争年代的破坏等影响，板栗生产几遭破坏，面积逐渐减少，产量显著下降。20世纪60年代栗园面积不足万亩，板栗年产量徘徊在20万千克左右。改革开放后，板栗生产得到发展，产量有很大提高。2002年，板栗面积发展到6.3万亩，年产量达875万千克，年出口创汇可达400万美元，板栗生产成为广大栗农致富的支柱产业。

在板栗栽培树种和品种组成上，郯城板栗有毛栗、油栗两大类型。栽培多以油栗类型品种最多，油栗品种在生产栽培中占70%；毛栗及其他品种占25%。8月下旬成熟的早熟品种占10%，代表品种有处署红等；9月中旬成熟的中熟品种占75%，代表品种有红光、金丰、青毛软刺、矮丰等；9 月下旬成熟的中晚熟品种占 15%，代表品种泰安薄壳、橡子栗、石丰等。

费县板栗是山东省临沂市费县特产。费县板栗以栗果均匀整齐、皮薄易剥、色泽鲜艳、味道甘甜、糯性强等特点著称，国内外颇负盛名，是山东的名贵土特产。费县栽培板栗已有 1000 多年的历史，在北部形成了以大田庄、薛庄、方城为主，西南以梁邱、朱田为主的两大板栗生产基地。目前，全县从事板栗生产的人员已达 20 多万人，占农业人口的 25%。经过长期的人工筛选和培育，费县已形成许多优良品种。现有处暑红、石丰、海丰、蒙山魁栗等早中晚熟良种，果实综合品质优于其他产区。费县自行选育的板栗优良新品种——蒙山魁栗，每千克 50 粒，以籽粒硕大、色泽油光鲜艳、肉质细腻、糯性黏软、甘甜芳香、营养丰富而著名，所含蛋白质、脂肪、糖、氨基酸、维生素等均居其他品种首位，曾荣获 2002 山东省首届林产品博览会优质产品奖。2004 年，费县被国家林业局命名为"中国板栗之乡"。

临沂生生园有我国现存最大的丛生古银杏林，其地处临沂市市区葛家王平庄，占地179 亩。这里的银杏树单株单干的几乎没有，皆为多干合抱而生，有 500 余丛、3000 余株。据考证，明崇祯年间（1628—1644 年）葛姓人由山西迁来此地定居，因靠近蒋家王平庄，所以命名为"葛家王平庄"。临沂城西祊河一带的村落多有种植银杏树的习俗，面积大而密集。葛家王平的这片银杏林应栽植于清康熙年间，距今已有 300 年，经历过郯城大地震等自然灾害的破坏。抗日战争时期，曾有日军飞机对附近村落进行轰炸，之后又对这一带的银杏树进行砍伐，粗的用来做电线杆，细的则被用来做木栅栏。1958 年"大跃进"时，又因大炼钢铁的需要，将大片银杏林"斩首"。由于树木被砍伐仅仅是截取了树干部分而保留了根部，生命力旺盛的银杏树继续萌蘖，细小的分支又纷纷从根部萌生出来，几十年后便形成了我们如今看到的这片国内独有的抱团丛生的银杏群落。这片中国独有的丛生的银杏林，既是不可多得的植物景观，又是体现我们民族精神的文化景观。由于银杏树的这种顽强坚韧、生生不息的习性，临沂人给这片银杏林取名为"生生园"。如今，生生园已经成为临沂人休闲娱乐和外地人前来观光旅游的文化游园。

临沂生生园（樊宝敏摄）

蒙阴蜜桃

蒙阴蜜桃是山东省临沂市蒙阴县的特产，国家农产品地理标志产品。蒙阴蜜桃因"色泽艳丽，果肉细腻，汁甜如蜜，个大味香"而得名。蒙阴位于泰沂山脉腹地，蒙山之阴，具有得天独厚的自然条件和悠久的种植历史。蒙阴蜜桃营养丰富，含糖高达 13%~18%，最多可达 20%，果汁中含有葡萄糖、果糖、蛋白质、维生素、胡萝卜素、钙、磷、铁等成分，以鲜食为主。

20 世纪 80 年代以来，先后育成具有自主知识产权的蒙阴晚蜜、晚九、秋红等品种，引进梦富士、双红、春雪、夏雪、秋雪、鲁星 1 号等 90 多个良种，大力发展中早熟、晚熟品种，调整优化品种结构和生产布局。主要品种为砂子早生、早久保、仓方早生、朝晖、红珊瑚、川中岛、莱山蜜、秋红、寒露蜜、绿化九号、中华寿桃、蒙阴晚蜜等。截至 2009 年，桃园面积达到 46.6 万亩，产量 84 万吨，主要栽培品种 60 余个，蜜桃产值达 18.8 亿元，仅蜜桃一项农民人均收入 4309 元，占农民人均总收入的 56.1%，成为农村和农民收入的主要经济来源。2008 年，蒙阴县荣获"中国蜜桃之都"称号，在 2009 年的"全国早熟桃评比会"上，"蒙阴蜜桃"一举夺得两金两银佳绩。在 2011 年在全国桃品牌价值评估中，蒙阴蜜桃排名第一。

烟台大樱桃

烟台大樱桃，暮春未尽已先百果而熟，故有"春果第一枝"之誉。其果实色泽鲜艳、晶莹美丽，红如玛瑙、黄如凝脂；果肉脆嫩，甜酸适口；营养丰富，果实富含糖、蛋白质、维生素及钙、铁、磷、钾等多种元素，被誉为"果中珍品"。烟台属暖温带季风气候，处于樱桃最适宜栽植区。

我国樱桃栽培历史悠久，周代《礼记·月令》记载："羞以含桃先荐寝庙。""含桃"即樱桃。烟台大樱桃栽培起源，据 1915 年《满洲之果树》记载，1871 年美国传教士倪维思（J. L. Nevius），在烟台毓璜顶南山麓置农田 10 亩，创建果园，题名"广兴果园"，栽植包含 10 个樱桃品种的西洋大樱桃。其后，倪维思广为宣传，附近农民争相索取枝条繁殖，传播到芝罘、福山等地。

新中国成立后，烟台开始少量生产栽培，发展滞缓，管理粗放，结果晚、产量低，栽培品种主要有大紫、那翁、黄玉等。改革开放后，随着市场经济的发展，甜樱桃的种植效益愈加显著，促进了环渤海湾地区栽培面积的扩大；1973 年，中国第一个大樱桃早熟品种——"红灯"成功培育，推动了全国大樱桃的快速发展。20 世纪 80 年代，选育出芝罘红和烟台 1 号等樱桃优良品种，且更重视国内外新品种引进筛选，先锋、拉宾斯、斯太拉等品种在生产中推广应用。20 世纪 90 年代以后，各产区建立商业果园，推广密植早果、丰产优质高效栽培技术，甜樱桃生产快速发展。2000 年以来，烟台大樱桃合理搭配早、中、晚熟品种，大樱桃生产实现市场化、产业化。

目前，烟台市大樱桃栽培面积 35 万亩，产量 19 万吨，分别占全国的 17.5%、38%，发展成为全国资源最丰富、规模最大、产量最高的大樱桃地区。烟台市福山区张格庄镇，2010 年被中国果品流通协会授予"中国大樱桃第一镇"荣誉称号，并建立国内首座大樱桃博物馆。张格庄镇大樱桃种植面积 2 万余亩。注册了"张格庄""老靳家""瑶玉"等樱桃商标，其中"张格庄"牌获得国家绿色食品认证。烟台格润公司 2002 年种植大樱桃，打造"卧龙"品牌，并通过绿色认证，2008年进入韩国市场。2007年12月，国家质量监督检验检疫总局批准对"烟台大樱桃"实施原产地域产品保护；2009年5月，"烟台大樱桃"获得国家工商总局颁发的地理标志证明商标。

栖霞苹果

栖霞苹果是山东省烟台市栖霞市的特产。果实以个大形正、色泽鲜艳、光洁度好、酸甜适中、香脆可口而著称。栖霞市被农业部列为全国优质果品生产基地，被中国特产之乡命名组委会授予"中国苹果之乡"称号，2002年被中国果品协会授予"中国苹果之都"荣誉称号，2009年获国家工商总局"国家地理产地证明标志"批复。

栖霞地处胶东半岛中心位置，境内以山地丘陵为主，平均海拔178米，属温带季风型大陆气候，年平均气温11.3℃，平均降水量754毫米，无霜期平均207天，四季分明，气候宜人；全市年累计光照时间达2690小时，秋季昼夜温差大，土壤条件适宜，自然环境非常适合苹果生长。1866年，境内开始引种栽植苹果。在长达130余年的栽培实践中，广大果农积累了丰富的技术经验，率先总结出苹果幼树早期丰产技术、周年整形修剪技术等，推动了全国果树生产技术的革新，果园管理水平一直处于全国领先地位。

改革开放以来，栖霞市委、市政府立足山区资源优势，把发展果业作为农村经济的支柱产业来抓，发动全市人民坚持不懈地拓荒植果，大面积推广应用配方施肥、疏花疏果、果实套袋、整形修剪、铺设反光膜、喷洒果型剂、果园微喷、病虫害防治等综合配套果树生产新技术、新成果，对20世纪六七十年代栽植的老劣品种进行一次性伐除，发展了一些市场前景好、经济效益高的优良树种，将20世纪80年代以来栽植的新而不优品种改良成新优品种，搞好早、中、晚熟品种的搭配，果品产量和质量得到不断提高。特别是苹果套袋技术的推广，大幅度提高了果品着色度，清除了农药残留，使果品质量基本实现了与国际市场接轨。栖霞市广泛采用生物工程技术，发展无公害有机苹果生产。目前，已有200多个村庄和80多个企业拿到绿色食品证书，优质果率达90%以上。

平度葡萄

平度大泽山葡萄是山东省青岛市平度市大泽山镇的特产。葡萄风味独特，品质优良，穗大粒饱，色泽鲜艳，皮薄肉嫩，口味宜人。广泛栽培的品种有十几个，其中玫瑰香栽培最多。2008年，国家质检总局批准对其实施地理标志产品保护。

大泽山脉绵亘百余平方千米，葡萄种植区域集中于山脉西麓一带，方圆约30平方千米。大泽山镇"群山环而出泉，汇为大泽"，特殊的小气候与土壤条件造就了其优良质地。1994年，经测定，大泽山的土壤、大气、水质均达到绿色食品环境要求，所产葡萄达到绿色食品标准。

大泽山出产的葡萄具有几大特点：一是穗大粒饱，色泽鲜艳；二是清爽可口，致密而脆，酸甜适中，风味淳厚；三是糖度高，经化验其含糖量为17%~23.5%，最高可达33%；四是具祛病健体、补内益气、延年益寿之药用价值，经常食用具有软化血管、滋润肌肤、减肥、防癌等功效。

大泽山葡萄20世纪50年代开始品种改良，陆续引种栽培的达300余个，广泛栽培的有十几个，鲜食品种中以"泽香""玫瑰香"栽培最多、产量最大。20世纪80年代后葡萄种植成为大泽山镇主业，粮食作物停止种植，酿酒品种发展较快，烟台张裕、青岛华东、中粮等葡萄厂家在该镇设有种植基地。大泽山葡萄栽培面积达3万余亩，拥有200余个品种，年产量5000万千克以上。当家品种"泽玉""泽香""玫瑰香"，酿酒葡萄当家品种为"北醇""莎当妮""赤霞珠"。葡萄产业已成为农民重要经济来源。套袋技术大面积推广，使葡萄品质大幅提高。

大泽山葡萄中的"玫瑰香""泽香"两个品种，1995年在全国农业博览会获金奖；1999年在昆明世界园艺博览会上荣获金奖；酿制的中国第一瓶"单品种、年份、产地"葡萄酒——华东莎当妮，多次在国际大赛上荣获金奖。2005年9月，大泽山镇被农业部确定为"国家级农业标准化示范园区"。

沾化冬枣

沾化冬枣是山东省滨州市沾化区的特产。沾化冬枣是一种珍贵稀有的鲜食果品。沾化冬枣成熟期晚，状如苹果，有"小苹果"之称。色泽光亮赭红；味质极佳，皮薄肉脆，细嫩多汁，甘甜清香，营养丰富。

山东沾化区位于山东东北部滨州市渤海湾南岸，黄河三角洲腹地。因盛产稀世珍果沾化冬枣而被命名为"中国冬枣之乡"。"沾化冬枣"最始源自河北黄骅境内的古贡枣园，距今已有约3000年历史，园中最年长的枣树已有600多年的历史。

沾化冬枣的园地远离城市和交通要道，是绿色无公害食品。沾化冬枣成熟期晚（10月中下旬），平均单果重20克左右，普通枣果较小，皮质较厚，口感较硬，甜度也不及沾化冬枣，果核较大。

沾化冬枣营养丰富，含有天门冬氨酸、苏氨酸、丝氨酸等19种人体必需的氨基酸，特别其维生素C的含量为苹果的70倍、梨的140倍，被称为"活维生素丸"。此外，沾化冬枣中还含有较多的维生素A、维生素E以及钾、铁、铜等多种微量元素，有防癌功效，其营养价值为百果之冠。

沾化冬枣为地理标志保护产品和地理标志证明商标，其地域范围为沾化区富国街道、富源街道、古城镇、下洼镇、泊头镇、大高镇、黄升镇、下河乡、冯家镇、利国乡、滨海镇。

此外，在滨州邹平市码头镇邵家村有600亩的百年枣园。

邹平古枣（樊宝敏摄）

青州蜜桃

青州蜜桃是山东省潍坊市青州市的特产。青州蜜桃久负盛名，据《青州府志》记载距今已有450余年栽培史，其果以色泽浓艳，肉质细嫩、清香脆甜、晚熟耐藏、汁多味美而备受人们喜爱。其风味香甜，历代都被列为贡品。获国家地理标志证明商标。

据测定，果实含可溶性固形物18%以上，含糖大于13%，含酸0.2%，维生素C 6.7~8.4毫克/克，另外还有丰富的蛋白质、脂肪、维生素B1、维生素B2等营养物质。1954年被国务院列为"特供果品"。该桃不但是青州地区的主导产业，而且是中国传统名优特产，是我国著名的中、晚熟桃优良品种。

冬雪蜜桃是从青州蜜桃中通过实生选育而成的优良品种。该桃有四大特点：一是成熟期极晚，在11月上、中旬成熟。二是品质极佳，平均单果重110克，最大果重230克，可溶性固形物22%，最高可达24%以上，品质极上。三是贮藏期极长，普通室内可贮月余，恒温库内可贮至元旦、春节。四是适应性广、丰产性强。该桃抗旱、抗寒、耐瘠薄、坐果率高。定植2年见果、3年见效，4~5年丰产，亩产达2500千克以上。

青州冬雪蜜桃是青州市名优果品之一，主要种植在山东青州市西南方圆3.2万亩的山区地带。青州市现有较连片的冬雪蜜桃2万亩，年产冬雪蜜桃2500万千克，因成熟期极晚且耐贮耐运，目前已远销到中外许多大中城市。

沂源苹果

沂源苹果是山东省淄博市沂源县的特产。苹果个头大、果型正、色泽艳丽、风味醇厚、含糖量高、硬度适中，在国内外市场享有较高声誉。先后获得省部级荣誉称号40多个，有"江北第一果"的美誉。沂源县是我国最重要的苹果产地之一。光能资源居全省之首，光照百分率为全中国之冠，森林覆盖率达48%，土壤多为壤土、砂壤土。2002年检测，该县大气、土壤、灌溉水质各项指标均达到有机农产品生产质量标准，是农业部确定的红富士苹果生产优势产业带。

《沂源县志》记载，沂源苹果有110余年培育历史。1949年总产量就达到50多万千克，早期品种有茶果、平婆、歪把子、秋风密等。1953年开始培育种植国光、金帅、红玉、倭锦、鸡冠、青香蕉等品种，以后开始引进红香蕉、大国光等品种，1978年时达到4万亩。20世纪80年代初，沂源县开始良种改进，及时淘汰落后品种，累计引进红富士、新红星、北斗、秀水国光、金矮生、红矮生、玫瑰红、辽

沂源苹果（樊宝敏摄）

伏、乔纳金、红嘎啦、藤牧、松本锦、烟青、烟红等10余个品种，种植面积达到12万亩。1986年省、地开展评优创先，沂源县所产红星、金帅、红富士等品种名列前茅；1989年沂源县所产的金帅、红星、红富士等7个品种获省优，红富士、金帅获部优。到20世纪90年代，果品改接换优加快，形成以红富士品种为主导，小国光、金帅苹果为补充的种植结构，生产面积发展到30万亩，年产量10亿千克以上，果品总收入10多亿元。到2011年，沂源县以苹果为主的林果种植面积已发展到70多万亩，年产各类果品10亿千克，农民收入的70%来自林果业。

沂源苹果以红富士为主，果实中大，圆形，果面片红或条红，皮薄，肉质细嫩，汁液丰富，偏甜微酸，清脆爽口，果肉黄白色，致密细脆，酸甜适度，可溶性固形物含量14.8%~15.4%，果面光滑，无锈，果粉多，蜡质层厚，果皮中厚而韧。品质极上，果实极耐贮藏，10月中下旬成熟。营养丰富，含有多种维生素和酸类物质。1个苹果中含有类黄酮30毫克以上，含有15%的碳水化合物及果胶，维生素A、C、E及钾和抗氧化剂等。

2008年，沂源苹果获农业部农产品原产地地理标志保护登记，被确定为专供北京奥运核心区的唯一苹果，荣获北京奥组委"奥运推荐果品"一等奖，被中国果品流通协会授予"中华名果"称号。2009年，被国家工商总局批准注册地理标志证明商标。保护范围为南麻镇、土门镇、鲁村镇、徐家庄乡、大张庄镇、燕崖乡、中庄镇、西里镇、东里镇、张家坡镇、石桥乡、悦庄镇和三岔乡13个乡镇。2010年，被确定为上海世博会接待专用果。2011年，进入"2010中国农产品区域公用品牌百强"，列第31位。到2012年，有64个产品获无公害、绿色、有机食品质量认证，其中有机食品认证47个，认证面积达4.8万亩。

阳信鸭梨

阳信鸭梨是山东省滨州市阳信县的特产。阳信鸭梨皮薄核小，香味浓郁，清脆爽口，酸甜适度，风味独特，素有"天生甘露"之称，富含糖、维生素C、钙、磷、铁等营养成分，具有清心润肺、止咳定喘、润燥利便之功效。

阳信县是中外闻名的"中国鸭梨之乡"，鸭梨种植主要在阳信镇、河流镇、劳店乡、水落坡乡、商店镇、翟王镇、洋湖乡、流坡坞乡、温店镇9个乡镇。其中，阳信镇位于县城驻地，是阳信鸭梨的发祥地和集中产区，阳信镇土地肥沃，气候温和，水源充足，优越的自然生产条件，孕育出"鸭梨"这一精品。

阳信鸭梨个大，平均单果重175

阳信鸭梨（樊宝敏摄）

克，外形美观，呈倒卵形，因梨梗基部突起状似鸭头而得名，初采为黄绿色，贮藏后通体金黄。鸭梨皮薄核小，汁多无渣，香味浓郁，清脆爽口，酸甜适度，风味独特，含糖量高达 12%，素有"天生甘露"之称，富含糖、维生素 C、钙、磷、铁等营养成分，以其品质优良而驰名中外。

阳信鸭梨，含糖一般在 10%~13%，并含有果酸、蛋白质、脂肪、多种维生素、矿物质和碳水化合物，具有清肺、化痰、润燥、利便之功效，对咳喘病、高血压等病症有辅助治疗作用，堪称果中佳品。据我国药典《本草从新》中说，鸭梨"性甘寒微酸"，具有"清心肺、利肠、止咳消痰、清喉降火，醒酒解毒"之功效。《本草纲目》则把鸭梨的功能注定为："生者清六腑之热，熟者滋五脏之阴"。

阳信县在抓好提高产品质量和开拓市场的同时，开展了品牌创建工作。先后完成"阳信鸭梨"原产地证明商标注册、出口商检注册认证、绿色食品 A 级认证等品牌建设。1990 年阳信鸭梨被指定为北京亚运会专用水果；1992 年获首届农业博览会金奖；1994 年获首届中国林业博览会金奖；1998 年被评为名牌产品；2007 年被评为"中华名果"；2008 年被指定为北京奥运会专用水果。阳信鸭梨产品除供应国内外，还远销美国、新加坡、马来西亚、日本等 30 多个国家和地区。

阳信鸭梨为地理标志证明商标和农产品地理标志产品。其地域范围包括阳信镇、河流镇、劳店乡、水落坡乡、商店镇、翟王镇、洋湖乡、流坡坞乡、温店镇 9 个乡镇。

无棣小枣、古桑

无棣金丝小枣，色泽美观，核小肉丰，金丝绵绵，甘甜可口，营养丰富，素有"天然维生素丸"之称，被誉为"百果之王"。掰开半干的红枣，可清晰地看到在果肉间的缕缕金丝，"金丝小枣"由此得名。无棣县地处山东省最北部，属黄河三角洲综合开发地带，由于地处沿海，土壤以滨海潮土、盐化潮土分布，土地适宜小枣，特别是金丝小枣、冬枣的生长培植，素有"华夏枣都""中华金丝小枣第一县""金丝小枣之乡""中国枣乡"等美誉。

全县拥有枣树面积 106 万亩，其中金丝小枣 70 万亩，冬枣 36 万亩。枣树总株数达 3400 万株，年产金丝小枣（干）1 亿千克，冬枣 3000 万千克。产量、规模、质量均居全国县级之首。2003 年被国家质检总局批准为"全国农产品出口金丝小枣、冬枣标准化示范区"。无棣金丝小枣因气候条件、地理位置特殊，品质独特而驰名中外，2002 年全国红枣交易会上被评为金奖；2004 年被农业部评为"无公害农产品"。

无棣唐枣树（樊宝敏摄）

无棣县产枣历史悠久。《战国策·燕策》记述"饶北有枣栗之实""枣栗之实，足食于民矣"。无棣在春秋战国时期属齐北地，燕南境。北魏时期开始，无棣已广泛种植枣树，且品质优良。贾思勰《齐民要术》载："青州有枣，丰肌细核，膏多肥美，为天下第一。"当时无棣属青州郡，所指枣即为无棣枣。明万历年间，海丰（今无棣）这一片"瘠卤之区"便出现"麦秀油油，禾黍蓁蓁，桑以沃若，枣以纂纂"情景，并不乏有人"贩梨枣买舴艋下江南"者（康熙《海丰县志》）。清《海丰乡土志》载："埕子口宁波商船皆载枣回南"，"出境货以红枣，海物为大宗"。民国期间，无棣枣树几遭浩劫，损失惨重，据1949年统计，全县仅存枣树102.4万株，其中结枣树67万株，年产干枣仅1700吨。新中国成立后，尤其是改革开放以来，无棣枣业快速发展。1983年成立无棣县枣树研究所，1990年将每年9月15—23日定为"金丝小枣节"。1990年费孝通到无棣视察，写下著名《无棣金丝枣》。至1999年全县枣农间作面积达80万亩，有枣树品种123个，主要种植品种有金丝小枣、冬枣、婆枣、梨枣、圆铃枣、躺枣、套子枣、无核金丝小枣等。2000年以来，发展枣密植园，枣业规模迅猛扩大。

无棣县现存唐枣树一株，位于信阳乡李楼村，树高7.6米，直径2米，树冠6.35米，主干结九瘿，穿七窍，乱枝交错，枝繁叶茂，硕果累累。据载，该树系公元621年所栽，距今已有1400多年历史。相传唐开元二十七年（739年），唐玄宗李隆基曾在此树驻足拴马品枣，后来这棵树被誉为"枣王"。该村人民将其尊为"寿树"，从不折损一枝一叶，称其果为"寿果"。1992年，无棣县人民政府为其树碑立传。

近年来，无棣县实施"枣业富民"工程。组织实施枣标准化技术培训，无公害生产，先后制定《无棣县金丝小枣标准化技术管理规程》《无棣县金丝小枣无公害技术操作规程》等文件，推进枣品种改良，提升枣产品质量和效益。建成万德酒业、万德福食品等枣产品加工企业，研制出"枣木杠"酒，"枣星牌"金丝小枣、阿胶蜜枣、水晶蜜枣食品、果酒、饮料、枣醋等品种。

无棣千年古桑园，位于无棣县车王镇。古桑树群共有桑树2000余株，其中千年以上古桑树近300余株，约成林于隋炀帝年间，分布在400亩的土地上，是鲁北地区保存最完整、最大的古桑树林，有"津南第一园"之称。这片古桑园位于马颊河新旧河道之间，是典型的黄河故道植物遗存。

历尽千年沧桑的古桑，饱经风霜雪雨，虬枝铁干，仍盘根错节，枝繁叶茂，果实累累，景色壮观。桑树群中最大的树高9.5米，胸径2.2米，冠盖面积250多平方米，每棵年产桑葚500多千克，桑园可年产鲜桑葚果3万千克。这些古桑林与附近的古枣林、芦苇湿地、天然水系，形成极具特色的生态景观，带有强烈的地域特色，是不可多得的生态旅游资源。

无棣古桑园（樊宝敏摄）

2012 年以来，景区配套停车场、步游路、木栈道、廊架、茶坊、客房、观景台、保全庙等设施，打造景点 30 余处，引进超市、餐饮、游乐等服务项目，建成集观光采摘、文化体验、休闲度假于一体的旅游景区。举办多届千年古桑旅游文化节。园区先后获评国家 3A 级景区、全国四星级休闲与乡村旅游企业、山东省休闲农业与乡村旅游示范点等称号，并纳入全国农业与乡村旅游十大精品路线。

莱阳梨

莱阳西陶漳古梨园，位于莱阳市照旺庄镇西陶漳村。现存古梨园面积 300 亩，迄今为止已有 400 多年历史。园内有 100 年以上古梨树近千株；400 年以上树龄的贡梨树 500 余株。

史料记载，早在明朝洪武年间建村之初，西陶漳就有栽培茌梨的历史，明万历年间西陶漳茌梨开始作为"贡梨"进贡朝廷，为明清两代"贡梨"产地之一。此种梨又名莱阳茌梨、莱阳慈梨，俗称莱阳梨，其栽培始于明末清初，是山东省普遍栽培的白梨系统中的优良品种，以个大质脆、甘甜适口、营养丰富而驰名中外。因主要产地在莱阳市，原产地在茌平一带而得名。

近年来以梨花节、莱阳梨文化节、梨园自摘游、梨状元评选、农家乐体验等一系列活动，吸引了大批中外游客前来观光旅游，游客总数达 30 余万人次。为加强对古梨园的保护和旅游开发，目前，村里已对园中最古老、果实品质最佳的两棵"贡梨树"进行了圈定保护，并在石碑上篆刻了文字。

莱阳古梨树群系统（闵庆文供图）

肥城桃

肥城桃是山东省泰安市肥城市的特产，因产于肥城故称肥桃，又名佛桃。以其个大、味美、营养丰富在国内外享有盛名，被誉为"群桃之冠"。1995 年，肥城被农业部命名为"中国佛桃之乡"。

肥桃栽培历史悠久，距今已有 1200 多年，明清时代（1622 年）被定为皇室贡品。肥桃有红里、白里、晚桃、柳叶、大尖、香桃、酸桃 7 个品种，以白里品质为最佳，红里居多，成熟期为八月底九月初，成熟后呈米黄色。

肥桃以个大质优驰名中外，单果重一般在 350 克左右，最大 900 克以上，人称"桃王"。肥桃不仅果实肥大，外形美观、汁多味甘，而且气味芬芳，营养丰富，曾获国际博览会金奖和大奖。据专家鉴定，肥城桃果肉中可溶性固形物含量在 15.8% 以上，并含蛋白质、维生素、果胶物质和钙、镁、铁、磷等矿物质元素。

近年来，肥城桃引进良种，扩大种植规模。主栽乡镇扩大到 5 个，面积 10 万亩，年产量 2 亿千克以上。1986 年肥城县被农业部列为肥城桃名优特产基地县；1994 年荣获全国首届林业名特优稀农副产品博览会"金奖"；1996 年注册了"仙乐"牌商品商标，并被确定为第十一届亚运会特供水果；1999 年分获中国国际农业博览会"名牌"产品称号和昆明世界园艺博览会瓜果蔬菜类"金奖"；2000 年创世界吉尼斯纪录，成为"世界上最大的桃园"；2000 年 12 月，国家商标总局批准肥城桃产地证明商标；2002 年通过国家绿色食品中心 A 级绿色食品认证。

肥城桃为地理标志证明商标，其地域范围为新城、老城、潮泉、王瓜店、桃园、王庄、湖屯、石横、安临站、孙伯、安驾庄、边院、汶阳、仪阳等街道或镇。

昌邑梨园

山阳千年梨园，位于潍坊市昌邑市饮马镇山阳村博陆山，占地 2000 余亩，总计 6 万多株。梨树干如铁铸，枝若游龙，苍古劲拔，树象不一，争雄斗奇。其中，树龄超过 1000 年的有 10 多株，元、明朝以来的有 500 多株，清朝以来的有 3000 多株，100 年以上

的有 2.5 万余株，因此该梨园也有"千年梨园"之称。现有马蹄黄、崔梨、谢花甜等梨树 10 余种。是潍坊市树龄最长、规模最大的古梨树群。

从 2010 年起，每年 4 月中旬，该园都举办山阳梨花节，梨花节持续半个月时间，游客可登博陆山、赏千年梨园、品梨花水饺，文化活动丰富多彩。2013 年山阳梨园荣获"齐鲁最美田园"称号。

昌邑梨园（樊宝敏摄）

冠县梨园

冠县中华第一梨园，位于山东省聊城市冠县兰沃乡韩路村北、冀鲁豫三省交界处的黄河故道，占地面积 1.1 万亩。冠县梨园历史悠久，百年老树遍布梨园，其中以 300 多年的"梨树王"最为著名（高 8 米，树冠占地近 100 平方米，年产鸭梨达 2000 余千克，其树型之高大、树龄之久、产量之丰富，均为全国第一）。此外，园内的百年"红子"树，叶似梨，花似桃，果似山楂，十分罕见。另有"八仙聚""卧龙树"亦成景观。

据史书记载，早在东汉时期，冠县鸭梨就已名扬四方，盛唐时期，当地人为纪念鸭梨丰收，曾在此修建寺庙并以鸭梨成熟的节气"寒露"而命名为"寒露寺"，明清时期所产之"堂（邑）梨博（平）枣"曾为皇宫贡品，其中的"堂梨"指的就是冠县兰沃梨。目前成方连片的百年古树达 3 万余亩，被原国家工商总局批准注册为"中华第一梨园"。该梨园以"春赏花，夏观绿，秋品果，冬看树"的特点吸引着国内外游人，先后被评为国家 3A 级景区、山东省农业旅游示范点、全国休闲农业与乡村旅游示范点。2014 年 3 月，被农业部评选为"中国美丽田园"十大梨花景观之一。

截至 2013 年 7 月，梨园已举办八届梨园文化观光周和六届采摘游园活动，均取得良好成效。自第一届梨园观光周活动以来，到韩路村的游客每年达 50 万人，实现旅游总收入 600 多万元。

平阴玫瑰

平阴玫瑰，也称"平阴重瓣红玫瑰"，以花大色艳，香气浓郁，瓣多且厚，药、食两用，品质优异而驰名中外。平阴县山峦岗埠绵延起伏，以丘陵台地为主，平原、洼地为次。暖温带大陆性半湿润季风气候，褐土类土壤面积占全县土地总面积的 73.66%，为平阴玫瑰的生长提供了得天独厚条件，成就了"中国玫瑰之乡"的美誉。平阴现有玫瑰种植面积 6 万余亩，常年仅玫瑰花茶的产量就大约有 3000 吨，尤以盛开鲜花提取的玫瑰精油，备受国际知名高级香料品牌商的宠爱。

平阴玫瑰，栽培历史悠久。据清顺治《平阴县志》载，唐代翠屏山宝峰寺（贞观四年修建）僧人慈净种植玫瑰于翠屏山周围，后繁衍扩大。明末开始用玫瑰花酿酒、制酱，清末已形成规模生产。清《续修平阴县志》载《平阴竹枝词》："隙地生来千万枝，恰似红豆寄相思。玫瑰花放香如海，正是家家酒熟时。"民国初年《平阴乡土志》载："清光绪二十三年（1907 年）摘花季节，京、津、徐、济宁客商云集平阴，争相购花，年收花三十万斤（150 吨），值银五千两。"民国《续修平阴县志》载："南山一带，玫瑰花近年滋植甚繁，花时采之，造酒作酱，人多欢迎，若能提倡远出，诚一利源。"明清时期，玫瑰已遍植于平阴县翠屏山周围及玉带河流域，清末种植面积达 1300 亩左右。但到民国时期战乱频繁，花无销路，玫瑰栽植受挫。

中华人民共和国成立后，党和政府大力扶持玫瑰生产。1957 年始把玫瑰花列入国家统购物资；1959 年建立了全国第一个玫瑰花专业研究机构——平阴玫瑰研究所；1983 年全国玫瑰花研讨会确定平阴玫瑰为向全国推广的优良品种，平阴县为玫瑰花良种繁育基地，自此平阴玫瑰走向全国。

药用价值。玫瑰花性温、味甘、微苦，归肝脾二经，是治疗妇科病、心脑血管病、跌打损伤、精神疾病的良药。《本草正义》载："玫瑰花，香气最浓，清而不浊，和而不猛，柔肝醒胃，理气活血，宣统窒滞，而绝无辛温刚燥之弊，断推气分药之中，最有捷效而最为驯良者，芳香诸品，殆无其匹。"

食用价值。明代，已将玫瑰花用于酿制玫瑰酒、搓制玫瑰酱和制作玫瑰风味糕点。

1920 年开设的永福楼酒馆，用玫瑰花做馅制作的平阴传统名吃梨丸子。2002 年，北京世界茶博会上玫瑰花茶被业内专家评为"神茶""中国茶叶之星"，自此玫瑰花茶产销量与日俱增，至 2014 年，产量增至 3000 吨 / 年。用玫瑰鲜花提取的玫瑰精油，被誉为"精油皇后""液体黄金"，既是高级香料，又用作食品、化工、美容产品。

观赏价值。平阴玫瑰花容秀美，芳香馥郁。国画大师娄师白在观赏平阴玫瑰后创作《玫瑰游齐鲁为平阴玫瑰写照》，并在画作上题曰："玫瑰迎风香自流，无妨黍麦种田畴；此花亦为收成好，固堰生根尽垄头。"

平邑金银花

金银花，又名忍冬、银花、双花等，因其花"初开时花色俱白，二三日后花色变得金黄，黄白相映，故呼金银花。"金银花清香飘逸，沁人心脾，是人们喜爱的观赏植物，也是一种用途广泛的中药材，自古被当作清热解毒的良药，它还有着神奇的美容养颜功效，是清宫秘方延寿丹的主要材料。平邑金银花花蕾肥大饱满，色泽纯正悦目，味道清香怡人，所含的绿原酸、木犀草苷等有效成分远高于其他品种。平邑金银花所生长的地域处于蒙山山区丘陵地带，独特的地理气候条件，造就了其极高的药用价值。

平邑是金银花的原生地和主产区，原始野生金银花，多分布在蒙山上。自清嘉庆（1796—1820 年）初年，平邑人就开始实行人工栽培。据清光绪《费县志》（平邑县原属费县辖区）记载："花有黄白，故名金银花，至嘉庆初，商旅贩往他处，辄获厚利，不数年，山角水沿栽植几遍。"由此断定，金银花在本地引为人工栽培的时间已有 200 年的历史。然而，1949 年之前平邑金银花年产量不足 10 万千克。

新中国成立后，金银花产量逐年增加，因质量上乘，被国家列为金银花主要生产基地。至 1988 年，辖区内有 800 多个村庄栽培，散生金银花 4700 万墩，密植金银花 5000亩，年总产量稳定在 150 万千克左右，占全国总产量 40% 以上。在 2003 年"非典"期间，由于平邑金银花的"清热解毒"效果奇佳，在治疗"非典"的药物中大显身手，使得平邑金银花声名大震，地方政府又出台加快金银花产业发展的措施，金银花的生产得到快速发展，2010 年总产量达到 1500 万千克，比 1985 年增长了 9 倍。当地政府与科研部门和制药企业合作，在原始的大毛花、鸡爪花等品种基础上，培育出"九丰一号"（四倍体）、"蒙花一号""蒙金一号"等十余个新品种。创制出"金银花茶""金银花喉宝"等深加工产品。2011 年首届"中国金银花节"在平邑举行，从此"中国金银花节"成为一年一度的金银花行业盛会。

金银花的栽培在平邑县总产量占到全国的 40% 以上。1993 年，平邑县把金银花定为"县花"。1995 年，平邑县成为全国第一个通过农业部绿色食品认证的金银花标准化生产基地；同年，平邑金银花被农业部评为"中国中草药金银花优质产品"。1996 年 3 月，平邑县被命名为"中国金银花之乡"。1999 年，平邑县委、县政府下发《平邑县关于进一步加快金银花产业发展的意见》，推动了金银花产业的蓬勃发展。2007 年 9 月，被国家质检总局批准为中国地理标志保护产品。

曲阜孔林

孔林又称"至圣林"，是孔子及其后裔的墓园，位于曲阜城北。公元前479年，孔子去世，他的弟子公西华为其主持了丧礼。丧礼结束后，弟子们"一人一抔土"，把孔子葬在了鲁城北泗上。当时，孔门弟子不仅约定为其服丧三年，还从各自的家乡带来一些树苗栽植在孔子墓旁。由于孔门弟子众多，来自四面八方，所以孔子墓旁不乏一些名贵树种。随着岁月的流逝，当时的小树长成了参天大树。据说，环植异树，"墓而不坟""封而不拢"的孔子墓就是孔林之始，占地不过一公顷。后随着孔子地位的日益提高，历代帝王不断赐给祭田、墓田，面积逐渐扩大。东汉时修孔子墓、造神门、建斋宿，南北朝时植树六万株，宋时为孔子墓造石仪，元时始建林墙、林门，到明代孔林扩至120公顷，至清代已达200公顷。孔林中神道长达1000米，苍桧翠柏，夹道侍立，龙干虬枝，多为宋、元时代所植。林道尽头为"至圣林"木构牌坊，这是孔林的大门。墓南200米处的亭殿后，有子贡亲手栽植的楷树遗迹和"子贡庐墓处"。现有面积保持了清代的规模，树木10万余株[1]。百年以上的古树约有10226株，主要为桧柏、侧柏、黄连木。园内古木森林，林下墓冢累累，碑碣林立，石仪成队。整个孔林延用时间长达2500年，是世界上延续年代最久远、保存最完整、规模最大的家族墓地[2]。孔林属全国重点文物保护单位。

曲阜孔林神道（丰伟摄）

① 罗哲文. 中国古园林 [M]. 北京：中国建筑工业出版社，1999：371.

② 李敏. 华夏园林意匠 [M]. 北京：中国建筑工业出版社，2008.

除孔林外，孔庙和孔府内也有许多古树。孔庙占地近 10 公顷。公元前 478 年利用孔子的旧居改作庙堂，至今已近 2500 年。东汉桓帝时（153 年）第一次由皇帝敕建，经过历朝 60 多次的改建和扩建，发展成拥有殿堂廊庑 600 余间的巨型庙宇。有学者调查，现在孔庙共有树木 1800 余株，分 10 科 10 种。其中柏树较多，约有桧柏 597 株，侧柏 606 株，两种柏树共占树木总数的 66.8%[①]。据近期调查，孔庙有百年以上的古树名木 1050 株，主要为侧柏、桧柏、桑树、国槐、银杏、楸树、板栗，庙内生长的古柏，大多寿命很长，枝干苍劲有力，外形古朴。孔府是孔子世袭"衍圣公"嫡袭子孙居住地，是仅次于明清皇宫的最大府第。它占地约 16.4 公顷，建筑 463 间，有后花园"铁山园"，而孔府里的古树相对较少，百年以上的仅有 71 株，主要为侧柏、桧柏、紫藤、酸枣、木香花、石榴、紫丁香、蜡梅、国槐、刺槐。曲阜"三孔"景区的古树名木资源丰富，据曲阜市林业局 2013 年调查，"三孔"共有百年以上古树名木 11347 株，其中一级 719 株（含千年以上 236 株），二级 1802 株，三级 8826 株，以侧柏、圆柏、黄连木、银杏、国槐等为主，有专人养护，生存环境较好。

泰山（板栗）

泰山，又名岱山、岱宗、岱岳、东岳、泰岳，有"五岳之首""天下第一山"之称。位于山东省中部，总面积 2.42 万公顷，主峰玉皇顶海拔 1532.7 米。泰山承载着丰厚的地理历史文化内涵，被古人视为"直通帝座"的天堂，成为百姓崇拜、帝王告祭的神山，有"泰山安，四海皆安"的说法。1982 年，泰山被列入第一批国家级风景名胜区。1987 年，泰山被联合国教科文组织批准列为中国第一个世界文化与自然双重遗产。2002 年，泰山被评为"中华十大文化名山"之首。

泰山属于华北植物区系，有高等植物 174 科 645 属 1412 种；低等植物 446 种；共有维管束植物 1136 种，隶属 133 科 550 属，其中野生植物 814 种，栽培植物 322 种。泰山植被分森林、灌丛、灌丛草甸、草甸等类型，森林覆盖率为 80% 以上。现有种子植物 144 科 989 种，其中木本植物 72 科 433 种，草本植物 72 科 556 种。

泰山银杏（樊宝敏摄）

泰山的古树名木历史悠久，《史记》载："茂林满山，合围高木不知有几"。泰山现有古树名木 18195 株，隶属 27 科 45 种，其中一级古树名木 1821 株，二级古树名木 16374 株，列入遗产名录的有 24 株，已经命名的古树（或古树群）有 60 余处。它们与泰山历史文化紧密相连，是古老文明的象征，其中著名的有汉柏凌寒、挂印封侯、唐槐抱子、青檀千岁、六朝遗

① 彭蓉 . 论中国孔庙的植物配置 [J]. 山东林业科技，2010（3）：122–124.

相、一品大夫、五大夫松、望人松、宋朝银杏、百年紫藤等，每一株都是历史的见证，珍贵的遗产。

　　泰山古树名木主要分布在以下区域。（1）岱庙古树群，有300年以上的侧柏212株，此外还有银杏、桧柏等古树名木。汉柏系汉武帝刘彻所植，距今已有2100余年。（2）普照寺古树群，有200年以上的古树名木212株，其中有1500余载的六朝松。泰山中路，系登山古道，古树名木繁多，著名的有"汉柏第一""三义柏、卧龙槐，五大夫松、望人松"等，尤其集中分布在柏洞、对松山两处。在柏洞，长达2000多米的盘道两侧古柏，参天蔽日，人行其间，如行洞中。清光绪二十五年（1899年）张玢题"柏洞"二字于路东岩石上。经调查，此处古柏于清嘉庆二年（1797年）种植，有200多年树龄，尚存342株。南天门下对松山，双峰对峙，有古松千余株，苍翠蓊郁，层层叠叠。据考证，树龄500年以上的古松500多株。云出其间，天风莽荡，虬舞龙吟，松涛大作，堪称奇观。李白有"长松入云汉，远望不盈尺"的诗句。乾隆则称"岱宗穷佳处，对松真绝奇"。后石坞古树群，主要是古油松和桧柏等。灵岩寺古树群，主要是古银杏、青檀等，千岁檀为宋朝遗植。玉泉寺古树群，位于大津口乡藕池村。玉泉寺，又名佛爷寺、谷山寺，系南北朝时期北魏著名高僧意师创建，寺内有千年银杏古树。其他还有许多，如：斗母宫门前的"卧龙槐"距今已有500余年，壶天阁下相传是唐朝鲁国公程咬金所植的4棵古槐，估计有一千数百年的历史；王母池的蜡梅、红门宫的牡丹、孔子登临处石坊上的紫藤，以及关帝庙的凌霄等都有上百年的高龄。

泰山（拍信图片）

泰安板栗，泰安市泰山区、岱岳区的特产。泰安板栗又名明栗，种植历史悠久。明清两代，被定为"贡品"，有"泰山甘栗"之称。果实个大色鲜、质细味甘，营养丰富。据化验分析，100 克栗肉中，含蛋白质 9.5 克、淀粉和糖 40 余克、脂肪 5.8 克、钙 156 毫克、磷 338 毫克、铁 3.7 毫克；还含有维生素 C 40 毫克、烟酸 1.2 毫克，以及其他多种营养元素，生食、煮食、炒食均宜，"泰山糖炒栗子"为传统名产，还可加工成栗子糕、栗子饼等多种食品。药用价值方面，据《本草纲目》记载，栗子有治金疮折伤之良效。将新鲜栗肉捣碎成泥，敷于跌打、扎、炸等伤处，有止痛止血、吸出脓毒及异物等作用，常食还具有补肝、健脾、益胃等功效。传统选育出泰山薄壳、茧棚、红栗、无花、宋早生、东岭早等优良品系。近年来又选出石丰、烟泉、燕红 3 个优良品种。对实生幼树进行良种嫁接，实施标准化建园。2000 年，泰安市板栗种植面积 27 万亩，结果 17.5 万亩，总产 2.04 万吨；2013 年，"泰山板栗"被国家工商总局注册为国家地理标志证明商标。

东镇沂山

沂蒙山旅游区沂山景区，位于山东省潍坊市临朐县城南 45 千米，为中国五大镇山之首。属国家 5A 级旅游区、国家级森林公园、国家级水利风景区、中国登山协会户外运动训练基地，总面积 148 平方千米。沂山古称"海岳"，有"东泰山"之称，史称东镇沂山。沂山是一座历史悠久的文化名山，主峰玉皇顶海拔 1032 米，被誉为"鲁中仙山"。自黄帝登封沂山，舜肇封山，定沂山为重镇，汉武帝亲临至其下，令礼官祀之，唐、宋、金、元、明、清历代屡有增封，祀典不废。历代大家名士倾慕沂山，接踵而至。李白、郦道元、欧阳修、范仲淹、苏轼、苏辙，以及明状元马愉、赵秉忠，清朝刘墉等均至此览胜，留下了大量诗章名句和碑碣铭文。沂山森林覆盖率高达 98.6%，植物种类繁多，计有 137 科 480 属 1000 余种，以松类、刺槐、栎类为主要树种，还有水榆花楸、三桠乌药等珍贵树种。东镇庙内有唐槐、宋银杏、元柏等古树，遮天蔽日，蔚为壮观。

崂山（绿茶）

崂山，古代又曾称牢山、劳山、鳌山，是山东半岛的主要山脉，最高峰名为巨峰，又称崂顶，海拔 1132.7 米。是中国海岸线第一高峰，有着海上"第一名山"之称，山区面积 446 平方千米。崂山是我国著名的道教名山，有"神仙宅窟"，号称"道教全真天下第二丛林"。李白曾用"我昔东海上，崂山支紫霞"的诗句赞美崂山。

崂山木本植物有 72 科、156 属、328 种和变种，多为自然野生。杂草、野花等草本植物有 900 余种，其中以

崂山太清宫（拍信图片）

禾本科、菊科、豆科、藜科为常见品种。经普查，崂山风景区共有 233 株古树，其中太清景区最多，有 142 株。树龄千年以上的古树名木共有 16 株，其中 13 株是银杏，其余为 2 株圆柏、1 株龙头榆。树龄 500 年以上古树，崂山风景区内共有 54 株，其中太清宫的汉柏凌霄，已有 2100 多年的树龄，是青岛地区最古老的古树；树龄 300~500 年古树，有 25 株；300 年以下古树，有 154 株。崂山风景区内古树树种以银杏、楸、麻栎、黄杨、黄连木、山茶等居多。其中银杏最多，共有 58 株，占古树名木数量的 25%；麻栎 16 株，占 6%。另外，还有耐冬、流苏、银薇、蜡梅等珍贵种类。

崂山（拍信图片）

崂山绿茶。崂山素有北国小江南之称，是北方少有的茶树生长适宜区。崂山茶相传由金丘处机、明张三丰等崂山道士自江南移植，亲手培植而成，数百年为崂山道观之养生珍品。1959 年，崂山区"南茶北引"获得成功，多年的茶树良种选育，形成了品质独特、特色鲜明的崂山绿茶。由于独特的气候和优良的生态环境，崂山绿茶所含营养成分丰富，是良好保健食品。崂山绿茶具有叶片厚、豌豆香、滋味浓、耐冲泡等特征。其按鲜叶采摘季节分为春茶、夏茶、秋茶；按鲜叶原料和加工工艺，分为卷曲形绿茶和扁形绿茶。2006 年 10 月，国家质检总局批准对崂山绿茶实施地理标志产品保护。20 世纪 90 年代中后期，崂山茶获得大发展。崂山区茶叶种植面积达 800 公顷。

蒙山

蒙山素有"亚岱"之称，主峰龟蒙顶为山东省第二高峰，海拔 1156 米，素有"七十二主峰，三十六洞天"之说。蒙山历史文化沉淀深厚。《诗经·鲁颂》有"奄有龟

管仲纪念馆（樊宝敏摄）

蒙，遂荒大东"；《尚书·禹贡》载"淮沂其乂，蒙羽其艺"。《论语》《孟子》等儒家经典提到的东蒙、东山也指这里。

沂蒙山旅游区云蒙景区，又称山东蒙山国家森林公园，自1993年开发，为蒙山旅游的核心景区，总面积5.5万亩。暖温带季风型大陆气候，年平均气温12.8℃，无霜期196天，年均降水998毫米，四季分明，气候温和，雨量充沛，土质肥沃，植被茂密。拥有野生动物：兽类10科15种，鸟类28科76种，植物100余科900余种，森林植被覆盖率达95%以上。包括水帘洞、雨王庙、云蒙峰、百花峪、老龙潭、望海楼六大景区，拥有蒙山叠翠、蒙山花潮、蒙山飞瀑、蒙山云海、蒙山日出、蒙山听涛、蒙山秋色、雪峰玉谷八大自然景观。现已开发水帘洞、雨王庙、大小云蒙峰、天壶峰、栖凤山、蒙山卧佛、蒙山猿人、邵家寨、蒙山巨龙、百丈崖、浴人、仙池等180余个景点。

这里还是"东夷文化"的发祥地之一。5000年以前就有先民们在此繁衍生息。春秋时，孔子"登东山（蒙山古时称东山、东蒙）而小鲁"。唐宋以来，蒙山一直为文人骚客、帝王将相所瞩目。李白、杜甫曾结伴游蒙山，杜甫写下"余亦东蒙客，怜君如弟兄。醉眠秋共被，携手日同行"的佳句；唐玄宗曾率群臣登临蒙山；苏轼登蒙山写有"不惊渤海桑田变，来看龟蒙漏泽春"的名句；康熙大帝冬游蒙山留下"马蹄踏碎琼瑶路，隔断蒙山顶上峰"的诗篇；乾隆皇帝南巡中游历蒙山，留有"山灵盖不违尧命，示我诗情在玉峰"的赞美诗篇。春秋时期的老莱子、战国时期鬼谷子、汉朝史学家蔡邕等曾隐居此山。蒙山以道教最为兴盛，道佛共修。蒙山钟灵毓秀，孕育了诸如孔子弟子仲由、"算圣"刘洪、"智圣"诸葛亮、"书圣"王羲之、书法家颜真卿等贤圣人杰。

《管子》（临淄）

《管子》是先秦时期各学派的言论汇编，大约成书于战国（公元前475—前221年）时代至秦汉时期，内容很庞杂，包括法家、儒家、道家、阴阳家、名家、兵家和农家的观点。《管子》一书的思想，是中国先秦时期政治家治国、平天下的大经大法。《管子》基本上是稷下（位于临淄）道家推尊管仲之作的集结，即以此为稷下之学的管子学派。《汉书·艺文志》将其列入子部道家类，《隋书·经籍志》列入法家类，《四库全书》将其列入子部法家类。清代史学家章学诚说：《管子》，道家之言也。汉初有86篇，今本实存76篇，其余10篇仅存目录。《管子》是研究我国古代特别是先秦学术文化思想的重要典籍。

管子（？—前645年），名夷吾，字仲，是我国春秋时代著名的政治家。其思想集中体现于《管子》一书。书中有关政治经济的论述是多方面的，其中林业政策、林业经济管理思想不乏真知灼见。如《权修》云："一年之计，莫如树谷；十年之计，莫如树木；终身之计，莫如树人。一树一获者，谷也；一树十获者，木也；一树百获者，人也。"《立政》讲："山泽救于火，草木殖成，国之富也。""修火宪，敬山泽林薮积草，天财之所出，以时禁发焉。使民足于宫室之用，薪蒸之所积，虞师之事也。"管子十分重视森林保护和林业生产，并采取一些相当务实且因时而变的灵活政策，表现出政治家的策略和经济学家的智慧。管子林业思想对于今天的林业生产和管理仍具有启发和借鉴意义。

贾思勰《齐民要术》（寿光）

贾思勰（生卒年代不详，一说 477—538 年），青州益都（今山东省寿光市城西南李二庄一带）人，南北朝时期中国杰出的农学家。贾思勰出生在一个世代务农的书香门第，北朝北魏末期和东魏，曾经做过侍中、部郎中、青州别驾、高阳郡（今山东临淄）太守，注重对农业生产技术和经验的总结。因其生活的年代正值北魏由经济繁荣、社会安定走向经济衰落、政治腐败，社会动荡、战乱频仍，他深感恢复国民经济、保障人民生活对巩固政权的重要性，自高阳太守卸任后，贾思勰开始致力于农学研究，足迹遍至今河南、山西、河北、山东等地。北魏永熙二年至东魏武定二年（533—544 年），写成著作《齐民要术》。被后人誉为"农圣"。山东寿光市 1991 年建成贾思勰祠，淄博市临淄区在齐城农业开发区建有贾思勰纪念馆。

《齐民要术》是大约成书于北魏末年的一部综合性农学著作，也是世界农学史上专著之一，是中国现存最早的一部完整的农书。此书系统总结了六世纪以前黄河中下游地区劳动人民农业生产经验、食品的加工与贮藏、野生植物的利用，以及治荒的方法，详细介绍了季节、气候和不同土壤与不同农作物的关系，被誉为"中国古代农业百科全书"。《齐民要术》共 10 卷 92 篇，11 万多字，内容极为丰富，涉及农、林、牧、副、渔等农业范畴，包括农作物栽培、选种、育种、土壤肥料，果树蔬菜，畜牧兽医，养鱼，养蚕，农副产品加工等技术。该书最早刊于北宋天禧四年（1020 年）。其中包含丰富的林业科技内容。[1]卷四含园篱、栽树（园艺）各 1 篇，枣、桃、李等果树栽培 12 篇。卷五包括栽桑养蚕1 篇，榆、白杨、竹以及染料作物 10 篇、伐木 1 篇。

王象晋《群芳谱》（桓台）

王象晋（1561—1653），明代文人、官吏，农学家，旁通医学。字荩臣、子进，又字三晋，一字康候，号康宇，自号名农居士。桓台新城（今属山东淄博）人。万历三十二年（1604 年）进士，官至浙江右布政使。1607—1627 年，王象晋在家督率佣仆经营园圃，种植各种蔬果，广泛收集古籍，以 10 多年时间编撰成《群芳谱》，是我国 17 世纪初期论述多种作物生产及与生产有关的一些问题的巨著。

《群芳谱》，全名《二如亭群芳谱》。全书共 30 卷，40 余万字。此书初刻于明天启元年（1621 年），记载植物达 400 余种，牡丹的记载品种达 185 个。它是汇集 16 世纪以前

---

① 余孚. 从《齐民要术》看我国古代树木栽培管理技术 [J]. 古今农业，1990（1）：43-49；熊大桐. 中国林业科学技术史 [M]. 北京：中国林业出版社，1995：54-66.

的古代农学大成，其内容相当广泛，论述颇为周详。书内按天、岁、谷、蔬、果、茶竹、桑麻葛棉、药、木、花、卉、鹤鱼等12个谱分类，并且对每一种植物都详叙形态特征、栽培、利用、典故和艺文，这是其他农书所不及的。

在果树种植方面，王象晋从实践中认识到"地不厌高，土肥为上。锄不厌数，土松为良"。而在果树繁育方面，明确提出嫁接可以改良品质，引起定向变异，可以培育新品种。他在《群芳谱》中记载了6种接博方法：身接、根接、皮接、枝接、靥接、搭接。对上述6种接博法该书还做了详细说明。

清康熙四十七年（1708年），汪灏、张逸少等人奉敕在《群芳谱》基础上进行扩充，而成《广群芳谱》一百卷。

曲阜楷木雕刻

楷木雕刻也称楷雕，流传于山东曲阜，至今已有2000多年的历史，曲阜楷木雕刻以当地特有的楷树木材为原料。楷树属稀有树种，树龄达千年以上，木质坚硬细腻，呈金黄色。传统的曲阜楷木雕刻产品以寿杖和如意为主，现在发展为孔子像及其他人物像、花虫鸟兽摆件和文具等近百个品种。如意图案也更为丰富，主要有龙、凤、蝙蝠、鹿、鹤、八仙、三星等吉祥题材。楷木雕刻交叉使用圆雕、浮雕、透雕、镂空雕等雕刻技法，制作工艺有十多道。雕刻刀法沿袭古朴简约、浑厚精细的风格，赋予作品高贵典雅的独特神韵。

烟台葡萄酒

蓬莱葡萄及葡萄酒是山东省烟台市蓬莱市的特产。蓬莱产区具有种植优质葡萄的天然优势。适宜各种成熟期酿酒葡萄的种植，更宜于中、晚熟葡萄品种的种植，是最适合生产顶级葡萄酒——海岸葡萄酒的地区。蓬莱葡萄获国家地理标志证明商标。蓬莱产区具有种植优质葡萄的天然优势。蓬莱地处北纬37.5°左右，非常适合酿酒葡萄的生长。海岸葡萄酒需要的三大要素：阳光、沙砾、海洋，这些蓬莱都具备。另外，蓬莱南有"胶东屋脊"——艾山、崮山，形成了适应葡萄生长的独特小气候。

蓬莱市具有悠久的葡萄与葡萄酒生产历史，是我国葡萄与葡萄酒的主要产区之一。中国酿造葡萄酒的历史可追溯到西汉，汉武帝派遣张骞出使西域，从大宛（今中亚塔什干地区）引入葡萄，同时引进葡萄酿造方法。大唐时代葡萄酒已颇为盛行。近代以来，我国的葡萄酒事业发展缓慢，直到1892年张振勋（1841—1916，字弼士）发起建厂，才开启葡萄酒工业化生产。清代，蓬莱市就有农户零星栽植葡萄，民国时期面积和产量有所增加，主要栽植品种有玫瑰香、龙眼、红鸡心、水晶、金皇后等。20世纪50年代，年产量1万千克，60年代达到58.5万千克，1987年蓬莱的葡萄种植面积达到2.2万亩，总产达到2.2万吨。蓬莱市葡萄园很早就成为张裕等许多葡萄酒生产厂家的原料供应地，近年来先后又有中粮集团、天津王朝、大连万达在蓬莱建立原料基地。蓬莱葡萄酿酒品种占2/3，鲜食品种占1/3。栽培的葡萄品种50多个，其中红色酿造品种15个，白色酿造品种8个，鲜食品种20个，酿造兼生食品种8个。蓬莱种植葡萄的范围，主要在海滨附近的南王山谷、大辛店镇附近邱山山谷、村里集镇、北沟镇，及从刘沟到潮水的18千米长廊。

近年来，蓬莱市秉承产区天赋资源优势，以"建设优质产区、特色葡园和精品酒庄"为主攻方向，突出特色化、集群化、国际化，着力培育葡萄与葡萄酒产业。截至 2012 年蓬莱市拥有优质酿酒葡萄基地 16.8 万亩，葡萄酒生产企业 74 家，实现销售收入 30 亿元。先后荣获"世界七大葡萄海岸之一""中国葡萄酒名城""国际葡萄酒大赛联盟城市"等荣誉称号。

日照绿茶、竹

日照绿茶是山东省日照市的特产，其具有汤色黄绿明亮、栗香浓郁、回味甘醇、叶片厚、香气高、耐冲泡等独特优良品质，被誉为"中国绿茶新贵""江北第一茶"。日照茶是中国最北方的茶，因地处北方，昼夜温差大，因而茶叶具备南方茶所没有的特点：香气高、滋味浓、叶片厚、耐冲泡。2006 年 3 月，国家质检总局批准对其实施地理标志产品保护；2011 年 5 月，被国家工商总局认定为中国驰名商标；2020 年 7 月，欧盟理事会将其列入第二批中国地理标志名单。

日照绿茶是新中国初期"南茶北引"的硕果。1959 年，日照作为"南茶北引"的试验县，选择上李家庄子、双庙、安东卫三村等几个点开始试种。他们去南方取经学习，请南方种茶专家前来传授技术，克服虫害、冻害等困难，终于在 1966 年试验成功，让南方茶叶逐渐适应当地环境，也学会了茶叶的制作工艺。此后茶叶产业不断发展。2020 年，日照绿茶总面积达到 19533.3 公顷，茶叶总产量 1.81 万吨，茶叶总产值 33 亿元。日照绿茶的制作工艺复杂，包括采茶、摊凉、杀青、揉捻、搓团提毫、烘干等工序。日照绿茶含

日照绿茶（樊宝敏摄）

有丰富的维生素、矿物质、茶多酚和对人体有用的微量元素，经鉴定儿茶素、氨基酸的含量分别高于南方茶同类产品 13.7% 和 5.3%。具有特殊的香气，有多种营养和药效成分，具有缓解中枢神经疲劳、清心明目、杀菌消炎、降脂和消血脂、降低胆固醇、减少心血管疾病等功效。

日照竹洞天风景区，位于日照城区西端的将帅沟毛竹园，总面积 1000 多亩，其中毛竹面积 200 多亩，其他竹子面积 400 多亩，水域面积 400 多亩，是 20 世纪 50 年代南竹北移的成功典范。这里生长着毛竹、淡竹、斑竹、箬竹、紫竹、刚竹、金镶玉竹等 100 多个竹种，同时辟有竹种展示区，既是天然氧吧，又是生态植物园。

昌邑丝绸

昌邑丝绸为山东省昌邑市特产。因古代集中于柳疃镇，故又称柳绸，白厂丝洁净度高、抱合力强、条分均匀，生产的产品也都是对原料质量要求严格的电力纺、素绉缎等高附加值、织造难度大的出口类产品。昌邑丝绸 90% 以上出口，占山东省丝绸出口总量的 1/3 以上。2006 年 9 月，国家质检总局批准对"昌邑丝绸"实施地理标志产品保护。

昌邑位于山东半岛西北端，潍河下游，莱州湾畔，属暖带半湿润季风区大陆气候，年平均降雨量 628.7 毫米，土壤以潮土为主，土壤呈中性至微碱性（pH 值 7.0 左右），土地肥沃，适宜桑树的生长，为昌邑丝绸提供了良好的蚕桑。而传统的"昌邑丝绸"特指用野蚕（柞蚕）茧缫丝织就的"昌邑茧绸"，具有自然着色、耐洗耐穿、高贵典雅等特点，其产品分绸、缎、绢、纱、绉、锦六大类型，120 多个花色品种。

昌邑自古就有丝绸古镇之称，这里的丝绸有着"轻薄如纸，柔轻如绵，不褶不皱，活颤拂扬，离皮离汗，坚固耐穿"的美誉。从周朝时起"养蚕织帛，捻线就织"，已有 3000 多年的生产历史。据明万历《莱州府志》"物产篇"记载，该地产"丝、棉、麻、绢、布、山茧绸等"。清乾隆五年（1740 年）《莱州府志》"货类"篇云："昌邑产山茧绸"，被称为胶东昌邑特产。清末民初，柳疃柞丝绸业发展到鼎盛。此时以柳疃为中心的数百个村庄，几乎家家织机声，村村有半屋（半地下室机房）。这时胶济铁路修起，内陆与沿海诸港口的沟通，使胶鲁接壤腹地的柳疃成为繁荣商埠。清代王元《野蚕录》称："今之茧绸，以莱为盛，莱之昌邑柳疃集，为丝业荟萃之区，机户如林，商贾骈阗，茧绸之名溢于四远。除各直省外，至于新疆、回疆、前后藏、内外蒙古，裨贩络绎不绝于道，镳车之来，十数里衔尾相接。"可见当时柳疃已成为经济枢纽。民国时期，柳疃镇已成为山东山茧绸的主要生产基地。1923 年阮湘《中国年鉴》记载"中国茧绸业以山东第一……山东地以昌邑为第一"，昌邑丝绸业日趋繁荣。1949 年后昌邑丝绸业迅速发展，出现了"放来灯火多如星，村村户户机杼声"之盛况。

2018 年，昌邑市种植优质桑园 2667 公顷、年产优质蚕茧 250 万千克，年产优质白厂丝 400 吨，丝绸织造企业配有缫丝机、丝绸主机及配套附机 1000 余台，年产丝绸达 1200 万米。

河南省

河南省林业遗产名录

大类	名称	数量
林业生态遗产	01 镇平冬青；02 虞城皂荚；03 神农山白皮松、猕猴	3
林业生产遗产	04 灵宝川塬古枣林；05 新安樱桃；06 嵩县银杏；07 西峡山茱萸、猕猴桃；08 新郑大枣；09 荥阳河阴石榴；10 大别山银杏；11 确山板栗；12 宁陵酥梨；13 内黄大枣；14 桐柏古栗园；15 淇河竹园；16 博爱竹园；17 鄢陵花木；18 南召辛夷	15
林业生活遗产	19 洛阳牡丹；20 嵩山；21 伏牛山；22 王屋山、黛眉山；23 云台山	5
林业记忆遗产	24 嵇含《南方草木状》(巩义)；25 朱橚《救荒本草》(开封)；26 吴其濬《植物名实图考》(固始)；27 信阳毛尖茶	4
总计		27

镇平冬青

最美冬青古树，位于河南省南阳市镇平县高丘乡刘坟村，距今 2000年，胸围 292 厘米。镇平县高丘镇的深山中有个宝林寺，寺前有棵千年古冬青树，其上如伞盖，下如乌龙（河南省志有记载）。这棵巨大的冬青树，约两人合抱粗，虬枝盘旋如巨龙探海。据说明末农民起义领袖李自成曾在此练过兵，还在寺前的千年冬青大树上拴过战马。据林业专家称，它是南阳盆地最古老的冬青树，已有千年的历史。

冬青树的叶子呈椭圆形，两边尖尖的，四季都是绿的，果熟时红若丹珠。冬青树是庭院中的优良观赏树种，宜在草坪上孤植，门庭、墙际和园道两侧列植，或散植于叠石、小丘之上，郁郁葱葱。倘若采取老桩或抑生长使其矮化，还可制作盆景。冬青树的果实在整个冬季都不会脱落，因此也是鸟类过冬的食物。

镇平冬青（王枫供图）

虞城皂荚（王枫供图）

虞城皂荚

最美皂荚古树，位于河南省商丘市虞城县木兰镇小孟楼村，距今 1600 年，高 10 多米，胸围 370 厘米。树底部根虬髯发达，树身斜弯向上，在半空伸展，姿势妙曼。

神农山白皮松、猕猴

神农山的白皮松为神农山一绝，均生长在海拔 800 米以上的悬崖峭壁之上。被誉为"中华绝岭"的白松岭因众多的白皮松而得名，为国家级自然保护区。白松岭有白皮松 16000 余株，无一不是生在岩缝中，长在悬崖上，盘根错节，姿态各异，在绝岭雄峰之上展现着万种风情，应是神农山的精灵，更是神农山的神气所在。这些或独或群的白皮松，有的如仙人迎宾，有的如孔雀开屏，有的如白鹤亮翅，有的如仙翁打坐，有的如情人依偎，一树一态，一松一景，曲干虬枝，仪态万方。

神农山猕猴苑是太行猕猴活动最集中的地方，也是玩赏和研究野生太行猕猴的最佳基地。韩愈《题西白涧》诗中曾对云台山猕猴描绘道："群猿见之走绝壁，缘峰虚梯弗劳力。鸣禽回面背人飞，为是从来不相识。"太行猕猴是猕猴的华北亚种，在生物学上具有个大、

神农山猕猴（樊宝敏摄）

体重、毛长、绒厚、耐寒的特点，是国家二级重点保护野生动物。在神农山景区一共生活着 2000 余只，分属 9 个猕猴群，它们在断崖石壁间腾挪跳跃，在树林里采摘野果，过着悠然自乐的生活。由于它们是生长在地球最北界的猕猴群落，所以更加珍贵。

灵宝川塬古枣林

灵宝川塬古枣林位于河南省灵宝市，由明清古枣林和古枣树群落组成。其中明清古枣林，地处兵家必争之地的函谷关和中华民族摇篮的黄帝铸鼎原及其周边的 5 个乡镇，枣树品种为著名的"灵宝大枣"。古枣树群落零散分布于全市居民的房前屋后，枣树品种则以历经数千年传承的地方品种"小灵枣"为主。

有着 5000 年种植历史，并有 1800 余年利用记载的灵宝川塬古枣林，是中华民族的宝贵财富。早在数千年前，大枣已成为当地的支柱产业，同时也是重要的救灾食物。而作为重要的园艺作物，其在 2000 多年前已形成的蔬花、株行距等仍是目前国际园艺生产最重要的技术。其地方品种特有的根擎苗、防风固沙、抗旱耐涝等特征，则为当地品种种性的保持和目前生态保护与治理提供了重要技术。

地处中华民族发源地、中华道教文化发源地和古代主战场，又赋予灵宝川塬古枣林以独特的文化、军事和医药价值。著名的《道德经》便产生于该遗产地中心的函谷关，铸鼎原承载着中华民族起源的符号。作为战时屯兵主要场所的古枣林和战时优良薪柴，赋予了明清古枣林特定的军事价值。历代积累下来的枣医药和养生文化则成为中华医药的重要部分，而灵宝枣的特有医药功效又赋予该项遗产独特的价值。2015 年 10 月，该古枣林被认定为第三批中国重要农业文化遗产。

灵宝古枣（樊宝敏摄）

新安樱桃

河南新安樱桃种植系统地处欧亚大陆桥上，其北暖温带大陆性季风气候特征有利于果树储糖挂果，尤其是樱桃等高糖水果生长。系统所产"樱桃"以色艳、味浓、肉厚、水分多而闻名。新安樱桃栽培的文字记载始于东汉，古树最长树龄已有 1400 年。现已经认定的千年樱桃古树 30 株，百年以上樱桃古树 500 余株。新安樱桃早在汉、魏、晋、唐等朝代就被选为宫廷贡品。

樱桃树生长的环境要在向阳背风、沟缕纵横的地方。洛阳盆地四周，沟壑纵横，清流曲绕，向阳背风处最宜樱桃生长，历代都为人们重视。优越的生长环境造就了新安樱桃个大肉肥、色红润、味甘美的品质特征。同时，遗产地丰富的农业品种资源是农户生计收益的有益补充。樱桃园还给沟忆区提供了不可替代的生态系统服务。

新安传统樱桃种植系统在我国仅存的古樱桃林中不仅种植规模大、十分罕见，而且其文化内涵在国内也独一无二，具有极高的文化价值、生态价值、示范价值及科研价值。成为中国重要农业文化遗产，将使这一重要文化遗存得到最大限度的保护，成为人类所共享的精神和物质财富。2017 年 6 月，新安樱桃种植系统被认定为第四批中国重要农业文化遗产。

嵩县银杏

嵩县银杏是河南省洛阳市嵩县的特产。嵩县银杏味道鲜美，营养丰富，富含淀粉、蛋白质、脂肪、糖类等多种营养成分，具有抗癌、平喘、活血、壮阳等功效。

嵩县地处伏牛山生态功能核心区，森林资源丰富，拥有两个国家级森林公园。全县林地面积 321 万亩，森林覆盖率 62.9%，森林资源总量位居河南省第二，是全国绿化模范县、国家生态示范县、全国动植物保护先进县。

嵩县优越的地形与气候条件为银杏的保存和繁衍提供了有利条件，目前全县 16 个乡镇有 8 个乡镇分布有天然银杏林或散生银杏古树 335 株，规模和数量居全国之首。该县白河镇下寺村千年古银杏林现存树龄 500 年以上的古银杏树 113 株，其中树龄千年以上的 67 株，树龄最长的一株 1300 年。基于树龄古老、分布集中、密度较大的特点，该银杏群 2007 年 7 月被列入大世界吉尼斯纪录。

嵩县银杏产量达 5 万余千克，被誉为河南银杏之最，中国银杏之乡。

西峡山茱萸、猕猴桃

西峡山茱萸是河南省南阳市西峡县特产，具有色红、肉厚、个大、柔软、油润和药味浓等特点，还含有丰富的矿物质元素、氨基酸、多种糖、有机酸、维生素等营养成分和药用成分。获地理标志保护产品。

山茱萸在全国的分布有三大主产区：河南、浙江、陕西，其中河南产区产量最大，占全国的 2/3。河南山茱萸主要分布在西峡县，西峡的产量占 1/2。西峡山茱萸主要分布于伏牛山南麓，尤其以伏牛山主峰老界岭以南的深山地带质量最佳、产量最大，历代为医家所喜用。

山茱萸对其自然生态环境的选择是比较严格的，要求气候凉爽、湿润，肥沃疏松的腐殖质土壤，避风的山岭地区，垂直分布海拔以 800~1200 米为最佳适生地带。伏牛山南麓，属北亚热带向暖温带的过渡地带，中国重要的地理分界线。基地海拔 600~1500 米，气候温暖湿润，年降水量 800~1200 毫米，土壤为黄棕壤砂土或砂壤土；山茱萸生产基地适宜多种中药材的生长，且中药材品质好、产量大、分布广，是中药材主产区之一，被誉为"中药材王国"。

1998—2010 年，宛西制药成立张仲景山茱萸有限公司，在西峡伏牛山腹地的陈阳、寨根、二郎坪、太平镇、米坪等 5 个乡镇建立了 20 万亩山茱萸生产基地。到 2009 年，全县山茱萸种植面积达 22 万亩，挂果 13 万亩，年产 1800 吨。1999 年和 2001 年西峡山茱萸被评为世博会优质产品，西峡县被国家林业局评定为"山茱萸之乡"。2003 年，西峡 22 万亩山茱萸药材基地通过 GAP 认证。

西峡猕猴桃是南阳市西峡县特产，国家地理标志产品。西峡地处北亚热带与暖温带分界线，年均气温 15.2℃，年均降水量在 1000 毫米左右，无霜期 236 天；森林覆盖率 76.8%。优良的地理环境使西峡成为猕猴桃最佳适生区之一。表现为种质资源丰富，分布面积广，适合人工栽培，抗冻害、日灼和病虫害能力强，内在品质优良，口感好，维生素 C 含量高。

野生猕猴桃在西峡已有千年生长历史，人工栽培也有 40 多年。2009 年，西峡县拥有野生猕猴桃资源 40 万亩，分布比较集中的区域面积就有 15.4 万亩，年可利用产量 1000 万千克，居中国县级之首，以分布集中、品质优良、种类多而驰名中外，是中华猕猴桃、美味猕猴桃、软枣猕猴桃的交叉分布区域。西峡是中国开展猕猴桃人工栽培最早的地区。20 世纪 70 年代，该县成立猕猴桃研究所，先后筛选培育出"海沃德""华美系列""华光系列""豫皇系列""7951"和"华生 2 号"等优良品种。到 2009 年，该县建成猕猴桃人工基地 10 万亩，2009 年挂果面积达到 3.5 万亩，产量 3600 万千克，基地规模和产量在中国仅次于陕西周至县，居全国第二位。其中畅销世界的"海沃德"面积达 5 万多亩，占中国"海沃德"基地总面积的 40%。

中华猕猴桃俗称"阳桃"，落叶藤木果树。产于南阳的伏牛山、桐柏山区的西峡、内乡、南召、桐柏等县。果实富含维生素 C、维生素 D，脂肪，蛋白质及铁、镁、钙、磷等矿物质和人体所需要的多种氨基酸，营养丰富，是优良滋补品。

新郑大枣

新郑中华（黄帝）古枣园，位于新郑市孟庄镇栗元史村西南，面积约 680 亩。相传为轩辕黄帝带领群臣栽植枣树的地方。至今仍有树龄在 500 年以上的枣树 568 棵，均系明朝初年栽培。其中一株胸围 3.1 米，树龄 600 多年，且枝叶茂盛，硕果累累，人称"枣树王"。这样的古枣园在国内实属罕见。

新郑的种枣历史最早可追溯到 8000 多年前的裴李岗文化时期，枣文化更是源远流长。新郑很早就流传有"枣乡美景关不住，引得玉皇下凡来"这一关于"玉皇观枣台"的美丽传说。《诗经》有"八月剥枣，十月获稻"的诗句。春秋时期郑国名相子产执政时，郑国都城内外街道两旁已是枣树成行。在汉代，人们已经认识到红枣的药用价值，新郑民间发现的汉代铜镜上就刻有"上有仙人不知老，渴饮礼泉饥食枣"的诗句。南北朝时，《齐民要术》对新郑大枣的管理方法有详细的记载。到明代，新郑枣树种植已形成相当规模，元末明初著名诗人、文学家高启留下"霜天有枣收几斛，剥食可当江南粳"的诗句。

黄帝古枣园现已成为集旅游观光、休闲娱乐为一体的生态农业观赏园，每年红枣成熟季节都有数以万计的海内外游人和客商到此领略枣乡风情，捕捉商机。

荥阳河阴石榴

河阴石榴地理标志产品，有籽粒大、色紫红、甜味浓、无核软渣等独特的品种优势，吃时甜汁欲滴，满腮生津；又因石榴花果并丽、籽丰，被喻为繁荣和丰产之佳兆。适逢中秋佳节成熟，已成为应节吉祥的象征。

河阴石榴乃河阴县之特产，故名，原河阴县今属荥阳市。河阴石榴原名安石榴（也叫涂林石榴），距今已有 2100 多年的历史。河阴石榴栽培始于汉，因盛唐时被封为皇上之贡品而盛于唐，唐至明清备受历代王朝之青睐而为贡品。《河阴县志》云："河阴石榴名三十八子盖一房。""渣殊软子稀而大且甘。""土产石榴，自古著名。"元朝农学家王祯在其《农书》称石榴"以中原河阴者最佳"。明朝李时珍《本草纲目》云："汉张骞出使西域得涂林安石榴国榴种以归，故名。"又云："河阴石榴名三十八者，其中只有三十八子也。"1984 年 12 月，河南省开发协作组在郑州召开石榴监评会，在 31 个品种中，河阴石榴为全省之冠，被誉为"中州名果"。1993 年与荥阳柿子一同被评为郑州市十大历史名产。

荥阳市北部邙岭区域土壤质地以及优越的自然生态条件，是生产优质的河阴石榴的必要条件，土壤肥沃，有黄河之水，加之日照时间长，昼夜温差大，该地区生产的河阴石榴表现为果面着色好，果个大，核特软，含糖量较高，品质高。当地河阴石榴引种到广武等四个乡镇河阴石榴保护区以外的地方，则表现为果面着色不好，果个变小，核变硬，含糖量下降，商品性降低。

大别山银杏

大别山银杏，河南省新县特产，中国国家地理标志产品。新县位于豫南大别山腹地，地跨江淮两大流域，属亚热带季风气候，独特的地理位置和适宜的气候条件，为银杏生长提供了良好的外部环境。新县丰富的银杏资源和悠久的银杏栽培历史，使新县素有"银杏之乡"的美称，是全国四大银杏基地县之一。全县境内百年以上的大树就有 4000 多株，年产果实 15 万千克左右。

确山板栗

确山板栗是河南省驻马店市确山县的特产。确山县地处豫南山区，亚热带向暖温带过渡区，四季分明，雨量充沛，光照充足，土壤肥沃，适宜多种林果生长，其中盛产的确山板栗素以坚果大、色泽美观、油质发亮、涩皮易剥、易贮存、肉质细腻、营养丰富、口感香甜味美等诸多优点闻名于世。

确山板栗栽培历史悠久，板栗含有丰富的蛋白质、糖类、淀粉等人体需要的营养物质，是一种营养丰富的食品。栗果还含有维生素 C、维生素 E、脂肪酶、铁、钙、磷等成分，多食栗果能养胃健脾、活血止血，具有养颜美容、延年益寿之功效。确山板栗的品种，以红油栗最多，占种植面积的 60%；紫油栗次之，占 30%。在感官上，确山板栗与南方板栗相比，既有南方果形大的特点，又克服了南方板栗色泽差、品质不好的缺点；与北方板栗相比，在色泽、品质、耐贮上等同，却又克服了北方板栗坚果小、不丰满的特点。

20 世纪 60 年代，确山产的红油栗、紫油栗曾被评为中国优良品种。在国际市场上，确栗也享有较高声誉，远销至中国港澳地区、日本及东南亚各国。2005 年，国家质检总局对其实施国家地理标志产品保护。

宁陵酥梨

宁陵金顶谢花酥梨，是河南省商丘市宁陵县的特产。宁陵县石桥镇盛产名优特产酥梨，有酥梨之乡的美称。它是国家名优水果之一，国家商标局注册为"金顶"牌。

宁陵酥梨属白梨和沙梨的自然杂交品种，是在宁陵县经过千百年来自然驯化而成的，距今已有 700 多年的栽培历史，现种植面积 30 多万亩，其中百年老梨园 200 多亩。该品种从果实外观上看，萼洼广而浅，梗洼附近果点较大，周围有一片放射状金黄色锈块，果实不经后熟便酥脆可食，故有"金顶谢花酥梨"之美称，外地人称金顶谢花酥梨为"宁陵金顶谢花酥梨"。

酥梨的特点为色泽金黄、皮薄质脆、浓甜多汁、营养丰富。酥梨单果平均重 300 克，最大可达 800~1000 克。成熟后色泽金黄，果形美观，皮薄肉嫩，脆甜无渣，汁水多，含糖量高达 15%，并含有磷、铁、维生素 C 等多种元素，曾多次在全国农产品质量评比中获得金奖。宁陵县刘楼乡薛屯的"金顶谢花酥梨"，自明孝宗弘治年间起即为朝廷贡品；1958 年，刘楼乡薛屯的群众又把生产队里的酥梨敬献给毛泽东主席、朱德总司令，中央办公厅还给回了信。宁陵酥梨被原国家质检总局列为国家地理标志保护产品，保护范围为宁陵县的石桥、孔集、柳河、逻岗、阳驿、张弓、程楼、城郊、乔楼 9 个乡镇现辖行政区域。国家农业部定为"全国优质酥梨生产基地县"。目前，该县已举办四届"梨花节"。

内黄大枣

内黄千年古枣园，位于河南省内黄县六村乡千口村。内黄大枣种植历史久远，是历代帝王之贡品，被誉为"东方宝果"。据考证，早在秦汉时期，此地先民就生活于黄河故道，栽种枣树，食而养生。《内黄县志》记载，该地"唐宋时期已有大面积种植，达万余亩，并纳入银税。"足见内黄种植枣树已有 2000 余年的历史。

古枣园种植面积 150 余亩，2600 多棵。树龄大多在 1000 年以上，树围在 170 厘米左右，古枣树树冠开张，树势雄伟，虬髯盘旋，一棵挨着一棵，原始状况保存基本完好。其中"枣树王"胸围 190 厘米以上，几个侧干的直径也达 120 厘米。现为县级文物保护单位。自 2002 年起，内黄县依托红枣文化，举办红枣文化旅游节，成为该县颇具特色的文化旅游品牌。

桐柏古栗园

桐柏千年古栗园，位于河南省桐柏县淮源镇垄庄村栗子园组，面积 100 余亩，现存野生板栗上千株，树龄均在 150 年以上。其中最大的栗树需要 4 个人合抱，树冠可以覆盖几百平方米，树龄超过 900 年。如此大片的古板栗群在全国实属罕见，为中国北方地区面积最大的原生态古板栗园。它们盘根错节，遮天蔽日，姿态万千。目前，桐柏县政府已将该古栗园列为生态旅游景点，通往景区的公路已开通。在沿 312 国道生态环境游、观光农业游的风景画廊中，古栗园无疑是一颗璀璨明珠。

淇河竹园

“淇园竹翠”是明代所拟淇县八景之一。据《淇县志》记载，淇县西北三十五里耿家湾是淇园旧址，是春秋时期卫国第十世国君卫武公（公元前 812—前 757 年在位）所建，是我国第一座皇家园林。

淇园当初的景物结构、建筑形式无从考证，但是其“绿竹茂盛”则是肯定的。南朝《述异记》载：“卫有淇园出竹，在淇水之上。《诗经·淇奥》云‘瞻彼淇奥，绿竹猗猗’是也。”明代《淇县志》记云：淇园在县西北礼河社，今黄洞乡、庙口乡和高村镇西北部一带。口碑相传，从这里到桃胡泉二十多里的沟壑间全是竹子。武公祠是下竹林，石老公是中竹林，桃胡泉为上竹林。

关于淇园的竹子，《史记·河渠书》记载：元封二年（前 109 年），汉武帝亲临瓠子口（今濮阳西），率数万人堵塞已冲决二十三年的黄河决口，先沉下白马玉璧祭河神，然后令将士负柴填堵，仍堵不住，最后“下淇园之竹以为楗”，才获成功。东汉时期，河内太守寇恂伐淇园之竹，造箭百余万（《后汉书·寇恂传》）。可见淇园产竹之多。清康熙九年（1670 年）增修的《河南通志》记载：“淇县一带竹品种有紫茎竹、斑竹、凤尾竹、淡竹数种。”足见淇县竹子的品种也不少。南宋诗人、四川宣抚史李曾伯赋诗云：“妾家淇园北封君，厥祖慈事宗苍筤。子孙异代贞节闻，枝分一派从南巡。”诗中告知，淇园之竹曾随舜帝南巡至湘江一带。这里的湘妃竹、斑竹都是从淇园移植过去的。据《温县志》记载：那里的竹子是从淇县引植过去的，号为皇家之竹。

淇园之竹，名扬天下。清代淇县县令郭玥在《淇奥绿竹赋》中云：“既虚中以洞洞，复植外而亭亭；睇摇月而影秀，闻朔风而韵清；枝参天以玉润，叶映水而碧澄。尔乃高节克贞，介操不变，任彼繁华，由伊丽艳。历风霜之交加，阅寒燠之递禅，维终始之相符，备性情之至健，守哲人之端方，淑君子之令善。”由此可知，淇园是中国竹子的发祥地。

光阴荏苒，岁月沧桑，淇园之竹何年何时消失得无影无踪？据《淇县志》记载：明正德十六年（1521 年）淇县令赵之屏，欲修复武公祠，复植淇园之竹，请明朝遗老、德高望重的高遐昌董其事，发动全县人民捐款捐物，他自己带头捐出了一个月的薪俸，把武公祠修复一新，复植了绿竹，使淇园再现当年风采。高遐昌见淇园绿竹复植，绿玉成林，有感而发撰写了《淇园绿竹赋》以资纪念。

博爱竹园

焦作博爱古竹群落，位于河南省焦作市境内的太行山南麓、丹河两岸，距今已有2000多年的历史，最早可追溯到东汉年间，当地人称清化竹园。是北半球纬度最高、面积最大、品种最多、历史最悠久的人工栽培规模化、产业化竹林，面积约1.3万亩，竹大者高可达15米，胸径10厘米，主要集中在许良、月山、磨头三镇。

《山海经·北次山经》有："虫尾之山，其山多金石；其下多竹，多金碧；丹水出焉，南流注入中河。"这是有关博爱竹林的最早记载。历史上，为管理这片北方难得的竹林，唐代曾设立"司竹监"；宋代曾设置"竹园"；明代，这里的许良村曾因"竹坞"美誉而名扬四方；清代，人们则用"村村门外水，处处竹为家"的诗句赞美博爱竹林的秀美景色。

博爱竹园是中国北方唯一的古竹园遗存。历史上该地分布着许多野生竹，魏、晋（或东汉）时期，当地群众在野生竹基础上引种培育，形成了产业竹园，与鹤壁淇园和陕西周至竹园并称为北方三大古竹园。目前，鹤壁淇园和陕西周至的竹园均已荡然无存，只有博爱竹园尚存（目前黄河流域仅存的一处北方古竹园），堪称中国北方人工竹林的"活化石"。博爱竹林是古中原气候温暖湿润、植被繁盛的历史见证，也是千百年来人与自然和谐相处的典范。保护好这颗璀璨的北国绿色明珠，使之成为人类文化生活与经济可持续发展的自然保护地，具有重大的生态意义和历史人文价值。

鄢陵花木

鄢陵地处中原，气候温和，雨量适中，是我国典型的南北气候过渡地区，历史悠久，文化灿烂。周初封为鄢国，东周平王初改为鄢陵，汉初置县，至今已有2000多年，郑伯克段于鄢、晋楚鄢陵之战、唐雎不辱使命、李白访道安陵（古鄢陵）等著名历史事件均发生于此，文物古迹遍布。鄢陵适宜花木栽培，是南花北移、北花南迁、南北花卉引种、驯化的理想基地，也是沟通南北花卉的桥梁和纽带。其区位优势、气候特点、土壤条件的优越，加上当地科技开发及综合服务，使得鄢陵花木形成优势和特色，是"中国花木之乡"，被誉为"中国花木第一县"。

鄢陵花木生产历史悠久，始于唐，兴于宋，盛于明清，素有"花都、花县"之美称，古有"鄢陵蜡梅冠天下"之盛誉，今有"江北花卉数鄢陵"之说法。

目前，花卉种植由传统的4个乡镇普及到全县的12个乡镇，专业村由原来的4个发展到122个，种植的品种由原来的400多个发展到2300多个，花卉企业由1959年的1家国营园艺场发展到各级各类企业620家，其中有38家拿到了国家颁发的二、三级园林绿化资质证书。花卉从业人员18万人，花卉经纪人3800多人，花木年生产能力达到41亿株（盆），已形成绿化苗木、盆景盆花、鲜花切花、草皮草毯（绿化苗木为主导产品，产值占总产值的80%）四大系列产品。2007年底，全县花卉苗木面积达到52万亩，年创产值18亿元以上，成为我国最大的花木生产销售集散地。在此基础上，鄢陵旅游业发展迅速，建成"鄢陵国家花木博览园""花都庄园"等生态旅游景区。

鄢陵花木（樊宝敏摄）

南召辛夷

南召辛夷是河南省南阳市南召县的特产。南召辛夷花蕾色泽鲜艳、蕾形端正、鳞毛整齐、芳香浓郁，挥发油含量高居全国同类产品之首，1985 年获国际博览会金奖，以"河南辛夷"而著称于国内外市场，是传统的出口商品。

辛夷，是木兰科木兰属植物腋花玉兰和望春玉兰的花蕾，具有较高的观赏价值和药用价值。南召县种植辛夷历史悠久。《本草纲目》中有："辛夷，弘景曰，今出丹阳近道，形如桃子，小时气味辛香。""丹阳近道"当属丹水以北，伏牛山南麓的汉水流域，南召正处在此范围之内。据《南召县志》记载：南召辛夷在"元明之间，广为栽植"，距今已有 700 多年的历史；元末明初时期，小店的演艺山、云阳的东花园、皇后的天桥已有不少的辛夷树；清雍正年间，县内年产量 5000 余千克。新中国成立初期，全县有辛夷树 8000 亩，年产辛夷干蕾 4.5 万千克，与冬花、山茱萸并称南召三大特产。1982 年，南召开展辛夷植物资源调查时，在海拔 200~700 米的天然林间发现了自然分布的百年以上古辛夷树群落十余处，生长在支阳镇西花园村屈庄组的一株辛夷古树，胸围达 5.45 米，冠幅 20 米，树高 20 米，经专家推定，该树树龄在 750 年以上，被群众称为"辛夷王"。改革开放以来，南召县把辛夷作为特色产业，加大扶持力度，扩大种植面积，改良品种。截至 2005 年，全县辛夷种植面积达 20 万亩，年产辛夷干蕾 3000 多吨。南召辛夷总产量占河南省的 80%、占全国的 40%，面积和产量均居全国之冠，被誉为"天下辛夷第一县"。

　　南召是辛夷的最佳适生地，专家普遍认为南召种植辛夷结蕾早、产量高、寿命长，品质好、管理成本低。在规范管理的条件下，南召县种植辛夷可实现1年造林，2年嫁接，3年见蕾，4年有产，10年进盛产期，亩产可达到200千克以上。辛夷树生产寿命可达百年以上，一些寿命几百年的古树目前仍生长旺盛。南召辛夷绝大多数生长在县域东北部深山区，产品纯天然无污染。辛夷挥发油含量居全国同类产品之首。据测定：南召辛夷的挥发油含量在3%以上，高出国家药典规定标准1.0%的两倍多，被国家药典列为正品。因此，南召辛夷在国内外市场上享有盛誉。

　　2003年3月，南召被国家林业局命名为"中国名优特经济林辛夷之乡"。2000年10月，被国家科技部和河南省政府确定为"绿色中药材规范化种植辛夷基地县"，同年又被国家质量监督总局注册为"辛夷原产地保护地域"。2005年8月，南召县西花园村、天桥村等10个村8万亩辛夷通过有机产品认证。

洛阳牡丹

　　洛阳牡丹，"唯有牡丹真国色，花开时节动京城"，为多年生落叶小灌木。洛阳是十三朝古都，有"千年帝都，牡丹花城"的美誉。

　　"洛阳地脉花最宜，牡丹尤为天下奇。"其栽培始于隋，鼎盛于唐，宋时甲于天下。牡丹雍容华贵、国色天香、富丽堂皇，寓意吉祥富贵、繁荣昌盛，是华夏民族兴旺发达、美好幸福的象征。洛阳牡丹花朵硕大，品种繁多，花色奇绝，有红、白、粉、黄、紫、蓝、绿、黑及复色九大色系、10种花型、1000多个品种。花开时节，洛阳城花海人潮，竞睹牡丹倩姿芳容。

　　集中栽培的牡丹园有：①洛阳牡丹园，位于市区北部邙山。建于1992年，总面积10公顷，栽植牡丹近6.7公顷，380个品种，约10万株。1994年从日本引进"金帝""太阳"等著名国外品种11个，200余株。②王城公园，因建于古代东周王城的遗址上，故名王城公园，是洛阳观赏牡丹最重要的场所。始建于1956年，总面积37.07公顷，栽植牡丹13340平方米，共19800株，有320个牡丹品种，并从日本引进20多个品种。建有牡丹阁、牡丹仙子花坛群等观赏佳景，每年4月15—25日牡丹花会期间，游人如织。此外还有西苑公园、牡丹公园、国色牡丹园等。

　　牡丹原产于中国西部秦岭和大巴山一带山区，现在这一地区尚有野生单瓣品种存在。牡丹生长缓慢，株高多在0.5~2米；根肉质，粗而长，中心木质化，长度一般在0.5~0.8米，极少数根长度可达2米。牡丹是我国特有的木本名贵花卉，素有"国色天香""花中之王"的美称，在我国已有1900多年的栽培历史。千百年来，其天姿国色为天下花圃争辉，更为历代诗人、书画家称颂。

嵩山

　　嵩山，又称"中岳嵩山"。位于河南省西部，登封市西北部，属伏牛山系。嵩山总面积约为450平方千米，由太室山与少室山组成，共72峰，海拔最低为350米，最高为1512米。是古京师洛阳东方的重要屏障，素为京畿之地，具有深厚文化底蕴，是中国佛教禅宗的发源地和道教圣地，功夫之源。嵩山人文景观众多，计有十寺、五庙、五宫、三观、四庵、四洞、三坛及宝塔270余座，是历史上佛、儒、道三教荟萃之地，闻名于世的少林寺便深藏于嵩山的怀抱。

嵩阳书院的将军柏，是中国最古老的柏树，在国内外享有盛誉。据传汉武帝于元封年（前110年）游嵩山时，见两株柏树非常高大，一时高兴，将其封为"将军"。民间传说，因为柏树受封时，汉武帝首先看到一株大柏树，便封为"大将军"，而又看到了更大的一棵，但天子金口玉言，不能更改，只好让大的屈居第二，称"二将军"。"三将军"柏树已于明末被火烧死。

嵩山脚下，生长着9棵千年银杏树，分别是少林寺2棵、法王寺2棵、大塔寺2棵、会善寺1棵、初祖庵1棵、三祖庵

嵩山将军柏（拍信图片）

1棵。其中，少林寺最大的一棵银杏树苍劲挺拔，已有1500多年历史，高25米，冠幅达37米，见证了少林寺的历史和发展。在中岳庙，有汉代至清代的古柏330多株。

嵩山（拍信图片）

伏牛山

伏牛山国家级自然保护区，位于河南省西峡、内乡、南召、栾川、嵩县、鲁山6县境内，面积56024公顷。保护区由西峡老界岭黑烟镇、黄石庵、南召宝天曼、栾川老君山、嵩县龙池曼、鲁山石人山6个保护区组成。这6个保护区分别于1980年和1982年经河南省人民政府批准建立，经规划调整后构成一个完整的统一体，并于1997年晋升为国家级自然保护区，主要保护对象为天然阔叶林森林生态系统。伏牛山为国家4A级旅游景区、国家地质公园、科普教育基地。

伏牛山东西走向，是我国北亚热带和暖温带的气候分区线，属暖温带落叶阔叶林向北亚热带常绿落叶混交林的过渡区。区内森林植被保存完好，森林覆盖率达88%。特殊的地理位置和复杂多样的生态环境条件，加之人为干扰较小，使本区保存了丰富的生物多样性资源。区内维管束植物有2879种，其中中国特有属37个，单属种59个，国家重点保护野生植物有连香树、香果树等32种；野生动物中兽类有62种，占河南省兽类总数的86%，鸟类有213种，占河南省鸟类总数的71%，昆虫的种类则超过3000种，列为国家重点保护的野生动物有金钱豹、麝、大鲵等50多种。伏牛山还是长江、黄河、淮河三大水系一些支流的发源地，为重要的水源涵养林区。

其中，南召宝天曼位于南阳市内乡县北部、南召县乔端镇。宝天曼的原始森林和众多的野生动植物，成为同纬度生态结构保存较好的地区，是我国中部地区保存完整的自然综合基因库。1988年保护区被国务院批准为"国家级自然保护区"，2001年联合国教科文组织宣布宝天曼为"世界生物圈保护区"，占地面积约86.4余平方千米。宝天曼的生态旅游资源十分独特，四季景色秀美。春天春花似海，遍布山峦，尤其是位于西石壁的万亩杜鹃林，混合着迎春花、连翘花、山茱萸花、玉兰、樱花、紫藤等各色花朵竞相开放，争奇斗艳。3000公顷的原始林老藤缠绕，古木参天，堪称一绝。

王屋山、黛眉山

王屋山-黛眉山世界地质公园，位于太行山南麓，跨越黄河两岸，分布于河南省济源市西部和新安县北部，总面积约为986平方千米，核心区面积约为273平方千米，分为王屋山、小浪底两个园区，包括天坛山、小浪底、五龙口、黄河三峡、小沟背5个景区。2007年6月，联合国教科文组织批准其为世界地质公园。

王屋山植被为温带落叶阔叶林地带，大部分属于针阔混合林。其特点为：一是种类繁多。王屋山共有种子植物1374种，分属128科552属，"千年银杏"属于国家一级重点保护野生植物。二是过渡性强。王屋山地理条件复杂，海拔400~1700米，相对高差大，气候垂直变化明显，使植被种群垂直变化显示出多样性。以暖温带的华北植物被系为主，兼有华北、蒙古、西北、西南、华中植物区系，甚至还有亚热带植物种类。三是古老性，分布着第三纪的植物资源。四是特有植物种类多。王屋山受人类干预较少，保留了大面积的天然野生林，许多珍稀植物种类在此生存。截至2013年，属于国家保护的珍稀动物有20余种，属国家保护的珍稀濒危植物近20余种。其中国家一级重点保护野生动物有金钱豹、林麝、白鹳、黑鹳、金雕、玉带海雕、大鸨。国家二级重点保护野生动物有猕猴、水獭、斑羚、斑嘴鹈鹕、大天鹅、小天鹅、秃鹫、鸢、大鵟、灰鹤、勺鸡、白尾鹞等。

黛眉山主要植物有松、柏、波斯菊、百日草、醉碟花、鸢尾花、海棠、枇杷、巨紫荆、楸树、红瑞木等百余种。

云台山

云台山位于河南省焦作市修武县境内，景区总面积50平方千米，含红石峡、潭瀑峡、泉瀑峡、茱萸峰、叠彩洞、猕猴谷、子房湖、万善寺八大景点。是全球首批世界地质公园、国家级风景名胜区、首批国家5A级旅游景区、国家自然遗产、国家森林公园、国家级猕猴自然保护区。

云台山以山称奇，因峰冠雄。茱萸峰是历代文人墨客、僧道修行的圣地。这里植被茂密，古树参天，森林植被覆盖率高达93%，植物种类达1400多种。踏千阶的云梯栈道，登上海拔1297.6米的茱萸峰顶，北望太行深处，巍巍群山，南望怀川平原，沃野千里，使人顿生"会当凌绝顶，一览众山小"的豪迈气概。唐代诗人王维登临此峰写下"独在异乡为异客，每逢佳节倍思亲。遥知兄弟登高处，遍插茱萸少一人"的千古绝句。

云台山（拍信图片）

云台山自然生态良好，生长着茂盛的原始次生林和草本植物，不仅种类众多，而且有多种名树古木，红豆杉、椴榆、国槐、白皮松等都有数百年的树龄，有的甚至有千年之久；太行花更是这里特有的品种。有多种大型食草动物和食肉动物在此栖息繁衍，如黄鹿、黄羊、金钱豹、狼等，并且有多群太行猕猴在此活动。1993 年，国家林业部批准成立云台山国家森林公园；1998 年，国务院又批准成立国家猕猴自然保护区。

嵇含《南方草木状》（巩义）

嵇含（263—306），字君道，家在巩县亳丘（今河南省巩义市鲁庄），自号亳丘子，西晋时期的文学家及植物学家，谯国铚县（今安徽省濉溪县临涣集）人，嵇康的侄孙。举秀才，除郎中，曾任征西参军、骠骑记室督、尚书郎等职位。虽然《隋书·经籍志》录有《嵇含集》10 卷，但已佚失。

永兴元年（304 年）著有《南方草木状》一书。嵇含为广州刺史时，目睹南越交趾一带的珍奇植物，为了向中原人民做些介绍，故写成此书。书中记载了华南地区 80 种植物，其中草类 29 种、木类 28 种、果类 17 种、竹类 6 种，是我国最早的地方植物志，是研究古代岭南植物分布和原产地的宝贵资料，同时还描写了观赏植物对园林发展的影响。该书中有劳动人民利用黄猄蚁消灭柑橘害虫的生物防治记载，西方到 19 世纪才有类似的记载。《南方草木状》称："柘宜山石、柞宜土阜、楮宜涧谷，柳宜下田、竹宜高平之地。"说明了适地适树的重要性。

朱橚《救荒本草》（开封）

朱橚（1361—1425），安徽凤阳人，明太祖朱元璋第五子，明成祖朱棣的胞弟。朱橚好学，能辞赋，组织编著有《保生余录》《袖珍方》《普济方》和《救荒本草》等作品，对我国西南边陲医药事业的发展作出了巨大贡献。

明永乐四年（1406 年），朱橚撰成《救荒本草》，刊刻于开封。书中收集 414 种可供食用的野生植物，其中历代本草有 138 种，新增 276 种。按部编目，草类 245 种、木类 80 种、米谷类 20 种、果类 23 种、菜类 46 种。同时又按可食部位在各部之下进一步分为叶可食、根可食、实可食等，计有：叶可食 237 种、实可食 61 种、叶及实皆可食 43 种；根可食 28 种、根叶可食 16 种、根及实皆可食 5 种、根笋可食 3 种、根及花可食 2 种，花可食 5 种、花叶可食 5 种、花叶及实皆可食 2 种、叶皮及实皆可食 2 种；茎可食 3 种、笋可食 1 种、笋及实皆可食 1 种。载明产地、形态、性味及其可食部分和食法，并绘有精细图谱，保存了古代劳动人民食用野生植物的宝贵经验，是一部非常有价值的植物学著作。朱橚撰《救荒本草》的态度是严肃认真的，他把所采集的野生植物先在园里进行种植，仔细观察，取得可靠资料。因此，这部书具有比较高的学术价值。史书称，橚"以国土夷旷，庶草蕃庑，考核其可佐饥馑者四百余种，绘图疏之，名《救荒本草》。"[①]《救荒本草》其实就是一本森林食品学。本书有保护森林生态以利备荒和救荒的思想。由于森林中有许

---

① （清）张廷玉. 明史·列传第四·诸王.

多可供食用的野生植物，在灾荒连年的时代，人们保护森林资源的主要目的之一就是准备救荒。

吴其濬《植物名实图考》（固始）

吴其濬（1789—1847），河南固始人，清嘉庆丁丑（1817年）状元。先后任翰林院修撰、礼部尚书、侍郎等职。以后又出任湖北、江西、甘肃、浙江、湖南、云南、贵州、广东、福建、山西等省的学政、巡抚等职。时人称其"宦迹半天下"，《清史稿》有传。他虽是科甲出身，一直做官，但对于植物学研究有浓厚兴趣。每到一地他都随时留心观察、记录各种植物的生长和分布状况，大量采集植物标本，并向乡人请教。博览大量有关植物的文献，广泛搜集摘录，汇集专谱，先完成《植物名实图考长编》，在此基础上又经过多年的调查研究、采集标本，写出《植物名实图考》，引用有关植物文献800多种。

《植物名实图考》是吴其濬撰写的一部植物学著作，刊于清道光二十八年（1848年），是中国古代一部科学价值比较高的植物学专著或药用植物志，达到了我国古代植物学的高峰。本书着重考核植物名实，对历来的同物异名或同名异物考订尤详，为研究中国植物种、属及固有名称的重要参考文献。[①]

吴其濬写作《植物名实图考》，主要以历代本草书籍作为基础，结合长期调查，花了七八年时间才完成。它的编写体例不同于历代的本草著作，实质上已经进入植物学的范畴。这部书是吴其濬死后一年，也就是道光二十八年（1848年），由山西巡抚陆应谷校刊的。

吴其濬利用巡视各地的机会广泛采集标本，足迹遍及大江南北，书中所记载的植物涉及我国19个省，特别是云南、河南、贵州等省的植物采集比较多。《植物名实图考》所记载的植物，在种类和地理分布上，都远远超过历代诸家本草，对我国近代植物分类学、近代中药学的发展都有很大影响。

《植物名实图考》的特点之一是图文并茂。作者以野外观察为主，参证文献记述为辅，主张"目验"，每到一处，注意"多识下问"，虚心向老农、老圃学习，把采集的植物标本绘制成图，到现在还可以作为鉴定植物的科、属甚至种的重要依据。

《植物名实图考》全文约71万字，共38卷，分为谷、蔬、山草、隰草、石草、水草、蔓草、芳草、毒草、群芳、果、木12个大类，收载植物1714种。比《本草纲目》多519种。每类分若干种，每种植物名用大字标出，旁附图绘，下以小字叙述出处、产地、形态、颜色及其作为药用的性能、功效、主治等。所载1805幅图中，多数图谱系按照实物绘出，绘图之精美受到中外学术界推崇。书中记载植物遍及全国19个省，据统计产自边远的云南地区的植物达390余种，这在以前是很少见的。本书纠正了不少前人的错误，大量记录了我国各地丰富的植物资源及民间开发利用情况。另有《植物名实图考长编》22卷，收植物838种，系辑录古代植物文献编成。

---

① （清）吴其濬. 植物名实图考 [M]. 清道光二十八年（1848年）陆应谷刻本；（清）吴其濬. 植物名实图考 [M]. 中华书局，1963；陈嵘. 历代森林史略及民国林业思想与政策史料 [M]. 中华农学会，1934；何新会. 论《植物名实图考》的学术价值 [J]. 华北水利水电学院学报（社科版），2013（3）：159–162.

《植物名实图考》在国际上享有很高的声誉，为世界植物学的发展作出一定的贡献。德国学者布雷施奈德所著《中国植物学文献评论》（1870年出版）对该书评价甚高，认为其中最精确者可赖以鉴定植物的科或属。1884年日本首次重刻这部书，伊藤圭介为这部书写的序中对其作了高度评价，认为"辩论精博，综古今众说，析异同，纠纰缪，皆凿凿有据，图写亦甚备，至其疑难辨者，尤极详细精密"。我国林学家陈嵘（1934年）评价说，"图考所列植物，计一千七百十四种。详博精密，为前此所未有。"1940年日本牧野富太郎著的《日本植物图鉴》其中有不少取材于《植物名实图考》。此外，美国劳弗·米瑞和沃克等人的著作对这部书也有所引用和推重。

信阳毛尖茶

信阳毛尖是河南省信阳市的特产。信阳毛尖是中国十大名茶之一，素来以"细、圆、光、直、多白毫、香高、味浓、汤色绿"的独特风格而饮誉中外，具有生津解渴、清心明目、提神醒脑、去腻消食等多种功能。

信阳毛尖，亦称"豫毛峰"。主要产地在信阳市和新县、商城县及境内大别山一带，海拔在300~800米。信阳毛尖的原料主要来自信阳西南山区，俗称"五云两潭一寨"，即车云山、连云山、集云山、天云山、云雾山、白龙潭、黑龙潭、何家寨。信阳毛尖颜色鲜润、干净，不含杂质，香气高雅、清新，味道鲜爽、醇香、回甘，外形匀整、鲜绿有光泽，白毫明显。色泽翠绿，冲后香高持久，滋味浓醇，回甘生津，汤色明亮清澈。

唐代茶圣陆羽在其《茶经》中，把信阳列为全国八大产茶区之一；苏东坡尝遍名茶而挥毫赞道："淮南茶，信阳第一"；信阳毛尖茶清代已为全国名茶之一。1915年，信阳毛尖荣获巴拿马万国博览会金奖；1958年被评为全国十大名茶之一；1990年"龙潭"毛尖茶代表信阳毛尖品牌参加国家评比，取得绿茶综合品质第一名，荣获中国质量奖金质奖；1991年在杭州国际茶文化节被授予"中国茶文化名茶"称号；1999年获昆明世界园艺博览会金奖；2007年获"世界绿茶大会"中国区绿茶金奖。2003年3月，信阳毛尖被国家工商总局商标局注册"信阳毛尖证明商标"。产地包括浉河区、平桥区、罗山县、光山县、新县、商城县、固始县、潢川县管辖的128个产茶乡镇。

湖北省

湖北省林业遗产名录

大类	名称	数量
林业生态遗产	01 利川水杉；02 钟祥湖北梣；03 竹溪楠木	3
林业生产遗产	04 罗田甜柿、板栗；05 安陆银杏；06 巴东银杏；07 麻城板栗；08 西陵窑湾蜜橘；09 郧阳木瓜；10 武当蜜橘；11 枝江百里洲砂梨；12 随州银杏；13 来凤金丝桐油；14 黄陂荆蜜	11
林业生活遗产	15 五峰红花玉兰；16 神农架（枫杨）；17 黄冈（罗田）大别山	3
林业记忆遗产	18 戴凯之《竹谱》（武昌）；19 陆羽《茶经》（天门）；20 李时珍《本草纲目》（蕲春）；21 赤壁羊楼洞砖茶；22 恩施玉露茶；23 武汉木雕船模；24 竹溪龙峰茶	7
总计		24

利川水杉

　　最美水杉古树，位于湖北省利川市谋道镇水杉植物园，距今 850 年，胸围 779 厘米。水杉是"植物活化石"。这棵水杉王有 500 多年历史，被称为"天下第一杉"。它既是中国的国宝，也是世界之宝。

　　水杉是距今 1 亿多年前中生代白垩纪的古老植物，曾被认为早已灭绝。1942 年初，林学家干铎在湖北省利川市谋道溪第一次发现一棵树龄 500 多年的水杉。1943 年夏，林学家王战把其标本转请树木学家郑万钧鉴定，1948 年胡先骕和郑万钧命名并发表后，引起世界植物界的震惊。美国专家 3 次来华采集标本、种子和苗木，对其生态环境、地势、气候、土质、植被等作了全面考察研究，并成立了一个水杉研究中心。自此，人们才知道水杉依然存在，这一发现轰动了全世界的植物学界，被认为是"20 世纪植物学的重大发现"，这棵被重新发现的水杉被命名为"利川谋道 1 号"。水杉在世界其他国家和地区早已灭绝，这棵树龄 500 多年的古杉巍然屹立在鄂西深山，在古植物学研究方面具有十分重要的意义，被公认为"植物活化石"。该树高 35 米，干径 2.4 米，冠幅 22 米。一年结籽 10 多千克。现在世界各国引种的水杉都是这棵树的后代子孙。所以，此树成为中国引种最广的树，被称为"天下第一杉"和"水杉王"。

　　一棵树之所以享有如此盛誉，是因为水杉是世界上最珍贵、最古老的树种之一。它是高大的落叶

利川水杉（樊宝敏摄）

乔木，树质良好，是建筑、造船、农具、家具的上等用材。由于其树型美观，树干通直圆满，又是很好的园林绿化树。1978年2月，邓小平曾把两棵水杉苗赠送给尼泊尔，尼泊尔人民称之为"尼中友谊树"。

利川是世界上唯一现存的水杉原生种群栖息地，有5740株水杉母树，保存着多个原生水杉群落，遗留着大量水杉原始森林的古树根和"阴沉木"，利川也成了国内外公认的"水杉之乡"。为了保护水杉古树群，2003年6月，国务院批准建立"湖北星斗山国家级自然保护区"。水杉仅自然分布于四川石柱县、湖北利川市磨刀溪和水杉坝一带、湖南西北部龙山及桑植等地海拔750~1500米、气候温和、夏秋多雨、酸性黄壤土地区。

钟祥湖北梣

最美湖北梣古树，位于湖北省钟祥市客店镇南庄村，距今1800年，胸围1102厘米。南庄村依托村内7株对节白蜡古树，建起对节白蜡广场，发展乡村生态旅游业，先后成为"湖北省绿色示范村""全国生态文化村"。

对节白蜡又名湖北梣，最早在钟祥市虎爪山林场发现。该树种原生地分布在京山、钟祥大洪山一带，是钟祥特有树种。湖北梣是木樨科梣属的植物，落叶大乔木，高达19米，胸径达1.5米；树皮深灰色，老时纵裂。该种树干挺直，材质优良，单株材积可达10余立方米，是很好的材用树种。

钟祥湖北梣（王枫供图）

竹溪楠木

楠木为中国特有的珍稀树种，居四大名木（楠、樟、梓、椆）之首，历朝历代更将楠木作为皇家之材。

楠木在湖北竹溪被称为"贡木"。清同治六年（1868年）纂修的《竹溪县志·古迹》记载："（竹溪）慈孝沟距县城六十里，地势幽狭，两岸峭削，水出柿河。其地昔年多大木，前明修宫殿，曾采皇木于此。"慈孝沟位于今竹溪县鄂坪乡东湾村，2006年，采皇木摩崖石刻被列为全国重点文物保护单位。据考证，建造北京故宫午门、阙左右门、左右顺门和西六官之一的永寿宫就有部分木料采自竹溪。竹溪所产楠木属金丝楠木，为楠木类中最名贵的，是国家二级重点保护野生植物。如今慈孝沟楠木已荡然无存，而在与此不远的新洲镇烂泥湾村还存有一大片楠木林群落，建有楠木寨景区。

楠木寨景区的楠木林，地处高出柿河80余米的山腰处，总占地面积约8亩，其中胸径10~100厘米的野生楠木144株，高15~40米，面积约2500多平方米；胸径10厘米以下的小树273株。最大的一棵楠木树龄超过400年，是湖北迄今为止发现最大的金丝楠木群落。在楠木林间，一股清泉长年涌流（当地人称之为"龙口"），灌溉着楠木林下方有数十块大小不一（13亩）的稻田。楠木寨景区2014年对外开放，2016年获批国家3A级景区。

无独有偶，兴山县南阳镇云盘村（小地名唐家坪、楠木槽）也发现楠木群落，面积约10亩，大小楠木上千株，最大树胸径40多厘米，高10余米。湖北罗田县九资河三省垴风景区也发现20棵野生楠木林。至于湖北的人工楠木林多为宜昌楠。

楠木为常绿阔叶乔木，是樟科中楠属（桢楠属）及润楠属木材的统称，我国有22属约324种，树种有桢楠属的紫楠、浙江楠、细叶桢楠、闽楠、华东楠、红楠、宜昌楠；润楠属的薄叶润楠；山胡椒属的黑壳楠。其中以金丝楠木最为名贵，主要分布在四川、贵州、湖北和湖南等地，属国家二级重点保护野生植物。金丝楠木材质硬重，色泽橙黄，纹理淡雅文静，质地温润柔和，光泽感犹如绸缎，收缩性小，有阵阵幽香，水不浸、蚊不穴，经千年不腐不朽，历久弥新。据《博物要览》中记载："金丝楠出川涧中，木纹有金丝，材质细密，松软，色黄褐微绿，向明视之，有波浪形木纹，横竖金丝，烁烁可爱。"木纹呈金丝光泽者，通称金丝楠。自古便是皇室建筑用材，因而有"皇木"之称。

竹溪楠木（樊宝敏摄）

罗田甜柿、板栗

罗田甜柿是湖北省黄冈市罗田县的特产，是世界唯一自然脱涩的甜柿品种，秋天成熟后，不需加工，可直接食用。罗田县三里畈镇錾字石村出产的甜柿更是珍品，其特点是个大色艳，身圆底方，皮薄肉厚，甜脆可口。其他地方出产的甜柿一般有籽粒八颗以上，而錾字石甜柿不超过三颗籽，所以既方便食用，又方便加工。

罗田甜柿栽培历史悠久，南宋以前就有栽培，到南宋时期已普遍采用良种嫁接繁殖技术。罗田自古就有"甜柿之乡"的美称，较日本古老的甜柿"禅寺丸"（1214年发现）还早180余年。存有百年以上的古大甜柿树5000多株，其中錾字石、唐家山的甜柿久负盛名。日军侵华时，特派一支部队掠取錾字石甜柿标本运回日本。20世纪80年代，日本又派专家到錾字石进行专题研究，他们拍摄的照片还编进日本教科书。2001年，国家林业局批准命名罗田为"中国甜柿之乡"。21世纪以来，罗田县立足甜柿资源优势，大力开展甜柿基地建设，不断推动形成甜柿产业，取得明显成效。全县建有大崎、三里畈、凤山、平湖、河铺、胜利、九资河七大甜柿主产区。到2012年，全县甜柿栽培总面积达3.8万亩，遍及全县12个乡镇，甜柿年总产量达600余万千克，年创产值过3000万元，全县5万余农民因此受益。其中，錾字石村年产量90万千克，甜柿收入达500万元，全村529户，1895人，平均每户产甜柿1700千克，成为有名的罗田甜柿生产专业村。2011年全县销售近3300吨，占总产量的55%，甜柿加工产品形成五大系列30多个品种，出口到日本及东南亚等多个国家。

罗田县位于大别山南麓，属亚热带季风区，气候温和，阳光充足，雨量充沛，光水热同步，自然条件很好。年平均温度16.4℃，降水量1300~1600毫米，无霜期181~231天，特别适宜甜柿生长。罗田不仅具有适宜甜柿生长发育的基本气候条件，而且由于地势、地形、地貌和森林植被的自然调节作用，形成更具独特优势的区域环境。

罗田甜柿是罗田当地原生甜柿品种的总称，在长期的栽培选择过程中，形成很多各具特色的优良品种。具有栽培价值的地方品种有20多个，大、中、小果型品种和早、中、晚熟品种兼备，还有育苗采籽专用品种和单雄性授粉树品种。主要品种有：罗田甜柿、秋焰甜柿（宝华、鄂柿1号、阴阳柿）、宝盖甜柿、四方甜柿、小果甜柿、龙爪柿、金秋甜柿、蜜糖柿。这些品种的共同特点是：果实含有可溶性单宁低，不需人工脱涩，不复生返涩；果皮薄，皮色橙红光亮，外表美观亮丽；果肉甜脆细腻，含糖量在17%~26%，味甜可口；果内无黑斑，无果心；果形多为扁圆，无纵沟，无缢痕。根据资料记载和罗田林业部门调查，树的一般寿命多在400年左右，盛果期在100年以上。

罗田甜柿是全国唯一不经人工脱涩即可食用的自然脱涩品种，生食口感极好，其中尤以原产地錾字石甜柿久负盛名。"罗田甜柿"是一种水溶性膳食纤维的天然绿色水果，果实橙黄色，果面富有光泽，清香诱人，营养极其丰富。中国林科院亚热带林业研究所测定，每1000克甜柿鲜果肉含可溶性糖11.68克，蛋白质0.57~0.67克，脂肪0.28~0.3克，还含有丰富的烟酸，维生素A、维生素B1、维生素B2、维生素E、维生素C和胡萝卜素及磷、铁、钙、碘、锌、硒等营养物质。

罗田板栗，是湖北省黄冈市罗田县的特产。罗田位于大别山南麓，大别山主峰雄居境内，这里森林茂密，自然环境优美，是首批命名的全国板栗之乡。产品以其果大（特级板栗每千克 40 粒以内）、质优（所产板栗颜色鲜艳，营养丰富，极耐贮藏）、价廉（每千克价 5~10 元，分级销售，依质论价）著称。

罗田板栗，名甲天下，栽培总面积达 4 万公顷，年产板栗 2 万吨以上，2006 年罗田板栗年产量已经高达 3000 万千克，其产量、面积均居全国之冠。板栗分布于全县各地，以北丰、大河岸、平湖、河铺、大崎、胜利为主产区。

罗田板栗量多而质好。板栗果仁中含淀粉、蛋白质、脂肪、钙、磷、铁以及维生素 A、维生素 B、维生素 C、维生素 B2 等物质。美国澳本大学洛顿教授通过对罗田板栗品种的实地考察后认为，罗田是"世界板栗的基因库"。

罗田板栗为地理标志证明商标。产品保护范围为罗田县胜利镇、河铺镇、九资河镇、白庙河乡、大崎乡、平湖乡、三里畈镇、匡河乡、凤山镇、大河岸镇、白莲河乡、骆驼坳镇 12 个乡镇。

安陆银杏

安陆钱冲古银杏园，位于湖北省安陆市西部的王义贞镇。地处荆门、孝感、随州三市"金三角"腹地、大洪山麓，属亚热带常绿落叶阔叶混交林地带，距今有 2000 多年历史，系远古银杏"孑遗种"的后代，有"罕见天然古银杏群落"之称。2009 年，国家林业局批准在安陆设立古银杏国家森林公园，并举办中国银杏节。

作为全国最大的古银杏群落，钱冲古银杏园内拥有千年以上的古银杏 59 株，500 年以上的银杏 1486 株，100 年以上的银杏 4368 株，新开发银杏基地 3.8 万亩，定植银杏 240 万株。其数量之多、年代之久远、造型之奇特（有夫妻树、情侣树、子孙树、母子树等），实为罕见，其中一棵"银杏王"历经 3000 多年风雨仍枝繁叶茂，其树干需 6 个人合抱，年产果实近 500 千克，是钱冲当之无愧的镇山之宝。还有一棵古树，树空成洞，可放小桌，容 4 人于其内，天地造化，让人感慨万千。钱冲银杏以品类齐全，果叶双优为主要特征，由梅核、圆子、马铃、佛手四大类组成，共 20 多个品种，既有早、中、晚熟之分，又有黏、糯、苦、甜之别。

巴东银杏

巴东有银杏 1800 万株，其中百年以上古树 747 株，千年以上古树 249 株，主要分布在野三关镇、清太坪镇、水布垭镇等地。巴东将银杏树命名为县树，每年 9 月 16 日定为银杏节。

清太坪镇紧邻清江岸畔，境内群山起伏，平均海拔 1000 米。据不完全统计，全镇有古银杏群落近万公顷，银杏树 400 多万棵，其中树龄 1000 年以上的古银杏树 260 余株，100 年以上的 3200 余株，以分布密度大、面积广、树龄长闻名遐迩。境内白沙坪村有一棵被命名为"清太 1 号"的古银杏树，相传是黄氏先祖"落业公公"所栽，已有 5000 多年历史。树状如蘑菇，丛生 9 株，胸围 21 米（含丛生株），高近 30 米，冠幅 350 平方米，年产籽 500 千克。主树干曾被雷电高位击断，树中空，可容纳 30 余人。9 株丛生树古意盎然，合围成天然栅栏。最大的一株在桥河村，胸围 20 余米，高 40 余米，冠幅 580 平方米，年产籽 600 千克，被命名为"清太 5 号"，又叫状元树。周围生长着近百棵子树，该树树龄约 3000 年。史家村有一丛银杏树，共 12 棵，被命名为"清太 40 号"，当地人俗称十二姊妹，2003 年被国家列为古银杏群落保护小区。

巴东银杏（樊宝敏摄）

清太坪镇银杏栽植历史，可追溯到 4000 多年前。《太平寰宇记》引《世本》云：巴国首领廪君，在青铜器时代南迁至清江流域的武落钟离山一带，以狩猎为生，物资匮乏。一天，他们偶然在山上采食一棵大树的果实，发现可果腹充饥。于是，众人将这棵树视为生存之树，代代保护。在清太坪郑家园村，有一棵超过 3000 年的古银杏树，四周长满树乳，树干需 10 人合围，树高 40 余米，直冲云霄，平均冠幅 17.8 米。相传该树延续数千年，谭氏先祖曾诞于树下，后葬在树旁。湖北省林业部门将这棵古银杏树命名为"清太 5 号"，并挂牌保护。在 2016 年第四届中国银杏节上，"清太 5 号"被中国林学会授予"中国十大最美古银杏"称号，并排名榜首。20 世纪 90 年代中期，清太坪斥资打造"白沙坪—史家村—柘木水—金子龙"十里银杏长廊，打造万亩银杏基地。2015 年，该镇新建银杏采叶圃 15000 多亩，补植完善银杏基地，面积达到 30000 亩，成为名副其实的银杏大镇。2018 年 11 月，巴东县清太坪镇被中国林学会授予"中国最美银杏文化小镇"，全国仅 10 个镇获此殊荣。

麻城板栗

湖北麻城板栗，栽培历史已有 1500 多年，种植历史悠久。2004 年 12 月麻城市被国家林业局命名为"中国板栗之乡"，种植面积现已达 75 万亩，年产板栗 1000 多万千克，还涌现出一批板栗生产重镇，并在黄土岗、福田河、顺河镇、龟山、盐田河、木子店、张家畈等乡（镇）建设板栗基地，其中盐田河镇素有"中国板栗第一镇"之美称。顺河镇新建板栗基地 10.9 万亩，新栽板栗 120 万株。计划用 10 年时间建成板栗基地 150 万亩。麻城市顺河镇、福田河镇，位于大别山南麓、举水河正源，地处鄂豫皖三省接合部。境内多丘陵、山地，土壤肥沃、气候宜人，适宜板栗生长。

此外，福田河镇油茶在全国享有盛名。现有油茶面积 9.8 万亩，37 个行政村中有 29 个油茶生产基地，其中 5000 亩以上的村有 5 个，而 5 个村中年产量和出油率以凤簸山村最盛。1958 年油茶种植生产专业村风簸山村获国务院嘉奖，周恩来总理亲笔题词"油茶之乡"，福田河镇也被誉为"全国油茶第一镇"。2009 年 10 月，中国经济林协会专门为福田河镇补发"中国油茶之乡"认定证书。福田河最大的油茶交易市场设在风簸山村，风簸山油茶集散中心年均总交易量在 3000 吨左右，成品远销韩国和日本。

西陵窑湾蜜橘

窑湾蜜橘，湖北省宜昌市西陵区特产，享有盛名，被列为"宜昌三宝"之首。果实色泽艳丽，皮薄光亮，肉质细嫩，营养丰富。西陵区栽培柑橘的历史悠久，据《东湖县志》等记载，窑湾自古适宜柑橘类生长，窑湾有柑橘的历史可追溯到屈原的"后皇嘉树"时期。"后皇嘉树，桔徕服兮。受命不迁，生南国兮。深固难徙，更壹志兮"。

西陵区是湖北省建设最早的柑橘商品生产基地。1958 年，西陵区窑湾乡引进温州蜜柑试种成功。1960 年，西陵区开始大面积发展柑橘生产。1965 年后，窑湾蜜橘走出国门，销往欧美、东南亚等国家和地区，被外贸部门确定为柑橘出口基地，被农业部评为柑橘优质生产基地。1965—1976 年，中国柑橘之父章文才曾在窑湾进行多年潜心研究，选育出"国庆一号"良种，并向长江中下游地区大面积推广。2007 年 11 月，国家质检总局批准对"窑湾蜜橘"实施地理标志产品保护，保护范围为西陵区窑湾乡。2016 年，窑湾蜜橘种植面积近 4000 亩，年产量在 1000 万千克左右。

郧阳木瓜

郧阳木瓜是湖北省十堰市郧阳区的特产。郧阳区地处鄂豫陕三省接合部，秦岭巴山东延余脉褶皱缓坡地带，汉江上游下段。汉江流域在该县有 157 千米穿境而过，是我国南水北调中线工程核心水源区，属于亚热带季风气候类型区。国家质检总局批准郧阳木瓜为地理标志保护产品。

郧阳木瓜历史悠久，明万历《郧阳府志》和清康熙《郧阳府志》中，都对郧阳木瓜的具体产地和医药功效进行了详细记载。郧阳木瓜是乡土树种，其品质在中国木瓜种类中属上品。在郧阳区五峰乡双庙村有一棵 700 多年的木瓜树，枝叶茂盛，硕果累累。白桑关镇、南化塘镇也有百年以上的木瓜树，长势良好。经过几百年的探索，当地群众对木瓜树的种植、管理及果实加工积累了丰富经验。

郧阳木瓜是产于郧阳区的光皮木瓜，习称榠楂，属蔷薇科木瓜属植物，落叶小乔木，为中国特有的野生药、食两用果之一。郧阳木瓜果实呈椭圆形或长圆形，横径大于 7 厘米；果皮干燥后仍光滑，不皱缩，色泽较均匀，呈黄绿色，果面鲜洁，洁净度好；果肉呈黄白色，味酸涩适度，特有微清香。营养丰富是郧阳木瓜的显著特征之一，成熟果实中单宁、总酸、维生素 C、粗纤维等营养成分和微量元素含量比产自我国其他地区的光皮木瓜高。

截至 2010 年，郧阳区木瓜基地面积达 1.3 万公顷，木瓜种植覆盖全县 20 个乡镇（场）、120 多个行政村，涉及农户近 10 万户，年产鲜木瓜 2 万多吨，先后研发出木瓜酒、木瓜素胶囊、木瓜汁饮料、木瓜醋、木瓜果脯、木瓜黄酮、木瓜皂苷等食、药两大系列多种产品，已形成年产木瓜干 5000 吨、木瓜酒 1000 吨、木瓜醋 300 吨、木瓜素胶囊 2 亿粒的规模。

武当蜜橘

武当蜜橘是湖北省十堰市丹江口市武当山特区的特产。2010年3月，武当蜜橘获国家地理标志保护产品。武当蜜橘品系繁多，以"尾强"和"龟井"为最佳品种。果实可食达67%，果汁占51.6%，每百毫升果汁含糖9.5克、含酸0.67~1.04克，可溶固形物11.5%。武当蜜橘具有色泽鲜艳、果形美观、果肉细嫩、汁多化渣、风味浓郁等特点。丹江口市蜜橘基地面积32.8万亩，年产量31万吨，综合产值超过3亿元，惠及全市15万橘农，已成为该市库区农业的支柱产业。产品畅销全国，出口俄罗斯、加拿大、哈萨克斯坦等国家。

武当山（樊宝敏摄）

枝江百里洲砂梨

百里洲砂梨是湖北省宜昌市枝江市百里洲镇的特产。枝江市百里洲镇位于长江中游荆江首段，四面江水环抱，是万里长江第一大江心洲，面积212平方千米。百里洲具有独特的气候条件和地理位置，是生产无公害百里洲梨的最佳产地。

百里洲梨果实以个大、肉脆、汁多、味甜被湖北省农业厅认定为"湖北十大名果"。1998年，专家对百里洲梨砂梨进行改良，采用枝条芽接技术，采用定果套袋生产工艺，不施化肥、不打农药，保证了产品的"绿色"天然品质。改良后生产的砂梨色若金，大若拳，脆若菱，甜若蜜，每只单果重 400 克以上，素称"三峡一绝"。百里洲梨营养丰富。梨"生者清六腑之热，熟者滋五脏之阴"。梨性寒味甘，汁多爽口。食后满口清凉，解热症，止渴生津，清心润喉，降火解暑，润肺、止咳、化痰，对感冒、咳嗽、急慢性气管炎都有功效，对肝炎患者有保肝、助消化、增食欲的功效。

百里洲被誉为"全国砂梨第一镇"，有 8 万亩梨树，年产 15 万吨砂梨。特产"黄花""湘南""新新高"等近 10 个品种的优质砂梨。1997 年，百里洲砂梨被中国农科院果树研究所评为中国十大名牌水果，1999 年被认定为"中国国际农业博览会湖北名牌产品""中国星火计划名优产品"。2014 年 10 月，国家质检总局批准对"百里洲砂梨"实施地理标志产品保护。

随州银杏

随州千年银杏谷位于有"中国古银杏之乡"之称的湖北省随州市曾都区南部的洛阳镇永兴村，绵延 12 千米，覆盖洛阳镇九口堰、张贩、胡家河等 5 个村。

谷内有千年以上的银杏树 308 棵，百年以上的银杏树 1.7 万多棵，定植银杏树 510 多万棵，是全国乃至全世界分布最密集、保留最完好的一处古银杏树群落。其中，周氏祠前的"五老树"，聚集着 5 棵几乎连枝的千年银杏树，最高的一棵已有 1800 多年，树的直径达数尺。每逢金秋时节，千年银杏谷遍地金黄，蔚为壮观，吸引了周边大量游客前来观赏，成为初冬一道亮丽的风景线。

该古银杏群落与周围半丘陵半山区地形、湖泊河道、乡村农舍有机组合，互相映衬。2003 年随州银杏林整体以 17.14 平方千米的面积入选国家自然保护区名录，成为全国最大的野生植物银杏自然保护区。被誉为"千年银杏，十里画廊，世界上最纯净的地方！"2014 年，随州千年银杏谷被列入国家 4A 级旅游景区。

五峰红花玉兰

红花玉兰又名五峰玉兰，高大落叶乔木，最高达 30 米。花被片 9，近相等，整个花被片内外为均匀的红色，花部形态变异丰富，花色类型有从内外深红到内白外前粉红的各个系列，花被片数目 9~46 瓣，花型有菊花型、月季型、牡丹型等。叶柄较长，叶片下面沿主脉密被白色柔毛，是极佳的园林绿化素材。这些特征与武当木兰和玉兰存在明显区别。2004 年由北京林业大学马履一教授所率团队发现于湖北省五峰县，并于 2006 年正式发表。

据已有调研结果，红花玉兰野生资源仅在湖北省五峰县高海拔区域有少量分布，其野生大树不足 2000 株，已被列入五峰县重点保护野生资源，且均已由五峰县林科所挂牌保护。

木兰科植物是被子植物最原始的类群之一，在整个植物进化系统中具有极其重要的位置。红花玉兰的发现，为木兰科又增加了一个代表性成员，对这个类群的研究将产生重要意义。特别是红花玉兰极其多样的花部形态、颜色变异是花基因分化研究的重要模式素材。

神农架（枫杨）

神农架林区，地处湖北省西北部。总面积 3253 平方千米，辖 6 镇 2 乡和 1 个国家级自然保护区、1 个国有森工企业林业管理局、1 个国家湿地公园，林地占 85% 以上，森林覆盖率达 69.5%。神农架最高峰神农顶海拔 3105.4 米，3000 米以上山峰有 6 座，被誉为"华中屋脊"。神农架是中国首个获得联合国教科文组织人与生物圈自然保护区、世界地质公园、世界遗产三大保护制度共同录入的"三冠王"名录遗产地。2016 年 7 月 17 日，神农架被列入世界遗产名录。

神农架（樊宝敏摄）

神农架油杉王（樊宝敏摄）

传说炎帝神农氏尝百草，在此教民"架木为屋，以避凶险""架木为梯，以助攀缘"，采得良药 400 种，著就《神农本草经》。李时珍曾三进神农架采药，撰成《本草纲目》，这里至今仍有"天然药园"之称。截至 2013 年，神农架已初步查明有高等维管束植物 199 科 872 属 3183 种，真菌、地衣共 927 种；其中属于国家重点保护植物有 76 种，如珙桐、光叶珙桐，连香树、水青树、香果树等；属于神农架鄂西特有植物 42 种，如汉白杨、红坪杏等。药用植物超过 1800 多种，以"天然药园"驰名中外。神农架现有脊椎动物 493 种。昆虫有 28 目 157 科 4143 种。有国家重点保护野生动物 73 种。此外，还先后发现了 30 多种白化动物，如白林麝、白鬣羚、白蛇、白熊等。神农架还是金丝猴主要分布区，主要栖息在海拔 1700~3100 米的针叶林和针阔叶混交林中，现有金丝猴种群 1200 余只。天燕原始生态旅游区位于神农架西北部，景区内林海茫茫，自然植被可分为针叶林、阔叶林、竹林、灌丛、山地草丛、草甸、沼泽等系列植被类型。

最美枫杨古树，位于神农架林区松柏镇八角庙村。距今 707 年，胸围 888 厘米。枫杨：别名白杨、大叶柳、大叶头杨树等；又名麻柳（湖北）、娱蛤柳（安徽）等；落叶乔木，高达 30 米，胸径达 1 米；主要分布于黄河流域以南。枫杨树冠宽广，枝叶茂密，生长迅速，是常见的庭荫树和防护树种，树皮还有祛风止痛、杀虫、敛疮等功效。

松柏新坪大枫杨（王枫供图）

黄冈（罗田）大别山

大别山位于安徽、湖北、河南三省交界处，呈东南往西北走向，长 270 千米，是长江、淮河的分水岭。主峰白马尖海拔 1777 米。大别山主峰景区为大别山国家地质公园白马尖园区。大别山南北气候环境截然不同，植物的差异也很大，属北亚热带温暖湿润季风气候区，具有典型的山地气候特征，气候温和，雨量充沛。平均降水量 1832.8 毫米。森林植被资源丰富，植物种类属北亚热带典型的常绿、落叶混交林，国家二级保护树种有连香树、银鹊树、香果树、鹅掌楸、大别山五针松、小勾儿茶等十几种。白马尖上生长着大片的原始森林，是长江淮河流域海拔最高的原始林，生有形态各异的大别山五针松。大山里活跃着草鹿、豪猪、野猪、斑豹、灵猫、狐狸、松鼠等动物，珍稀动物有娃娃鱼、甲板龟、穿山甲、鹿獐等，鸟类有长尾锦鸡、画眉、鹞鹰、鹗、百灵、山和尚、八哥、黄莺、白头翁、紫啸鸫等。

来凤金丝桐油

来凤金丝桐油是湖北省恩施州来凤县的特产。金丝桐油浓度大、色泽金黄，可牵拉成丝，故有"金丝桐油"之美称。金丝桐油质量为中国桐油之冠，获湖北省"产品金奖"和"畅销产品奖"。来凤县位于湖北省西南边缘，与川、湘两省交界。海拔 800 米以下的低山平坝面积占全县总面积的 78%，溪河纵横，曲折蜿蜒，属亚热带季风湿润山地气候，年平均气温 15.8℃，年降水量 1300 毫米，地理气候条件非常适宜油桐生产。桐油桐酸含量高达 86%，居中国桐油质量之首。

清代《来凤县志》载："桐油，膏桐所榨之油也。树不甚高，而子相繁，花淡白，中有红缕，九、十月子熟，乃剥取以榨油，其油有黑白两种，其枯可粪田。""一名荏桐子，树实大而圆，取籽榨油，需用多端"；"桐之为性，最宜培养，不过两三年间，即取利无穷。"清同治年间，来凤县有"万担桐油下洞庭"的赞誉。1953 年，国家政务院曾给"金丝桐油"颁发"来凤桐油质量第一"的锦旗。

2009 年有桐油基地 5 万亩。金丝桐油是一种良好的干性油，具有干燥快、比重轻、光泽好、不导电、抗热潮、耐酸碱及防腐防锈等优良特性，广泛应用于农业、军工、电器、化工以及家具、工艺品等行业。金丝桐油的医药价值也很高，可降低毛细血管的通透性和脆性，对治疗脑血栓后遗症和脑动脉硬化效果较好。民间还用桐油治疗小孩肚疼，将桐油搓热后直接敷在小孩肚脐上，具杀菌功能。金丝桐油为地理标志保护产品，保护范围为来凤县百福司镇、漫水乡、绿水乡、胡家坪林场、大河镇、旧司乡、革勒车乡、三胡乡、翔凤镇。

来凤油桐（樊宝敏摄）

黄陂荆蜜

黄陂荆蜜是湖北省武汉市黄陂区的特产，是中国四大名蜜之一。荆蜜源自黄陂区主要野生植物荆条花，主产地在以山林和丘陵地带为主的木兰生态旅游区。黄陂荆蜜为中国国家地理标志保护产品。

黄陂区人文发达，"无陂不成镇"之说早已蜚声天下。据旧志记载：由于黄陂盛产荆条树、且花期长、泌蜜优的特点，故黄陂区古称荆地。据传，明代医圣李时珍游历木兰山时，与药王殿道长品评黄陂荆蜜后，数其入药之功有五："清热也、补中也、解毒也、润燥也、止痛也"，被收入《本草纲目》。荆蜜果糖含量比一般蜂蜜要高约 3%，淀粉活性酶更是一般蜂蜜的 2 倍以上。黄陂荆蜜为琥珀红，半透明，易结晶，结晶白色泛红，口感绵甜、甜中有酸，润不刺喉，回味悠长，有荆花特有的花香味。

到 2010 年，黄陂区蜂农达到 3000 多户，养蜂 5600 多群，蜂产品产量 6000 多吨，蜂产业年产值达到 2 亿元，合作社发展到 15 家，西北蜂合作社被评为国家级先进示范社；龙头企业发展到 5 家，"乐神三宝"获市级名牌、省级著名商标。

戴凯之《竹谱》（武昌）

戴凯之，南朝宋或南齐初武昌（今湖北鄂州）人，字庆豫，或名戴凯。曾任参军、南康相，以诗文名世。著《戴凯之集》（已佚），现存《竹谱》是中国最早关于禾本科竹亚科植物专著，首次对竹类植物进行了全面研究。在竹类的自然分类、位置、生境和地理分布等方面有独到见解。

《竹谱》记载了 43 种（有说 61 种）竹子，对每一个种类分别从产地、来源、用途、习性等加以描述，或几个方面并存或只从一个方面讲，自写自注，正文用韵文的形式写成，注文补充正文的内容，或引经据典，或实地考察，对每一种竹子都作详细说明。戴凯之认为"人之所知，事生轨躅"，即人的知识来源于实践。所以，他从事植物学的研究方法，主要依靠自然的实际观察、向他人请教和借鉴前人遗留下来的相关文献，也就是"行路所见，兼访旧老，考诸古志"。据统计，《竹谱》引用前代典籍近 30 种。

戴凯之开创了近世竹类研究的先河。《竹谱》问世不久，便流传到北方，东魏贾思勰《齐民要术》即援引书中条文。之后，如唐段成式等学者也十分重视，北宋赞宁《笋谱》、元刘美之《续竹谱》、李衎《竹谱详录》、清陈鼎《竹谱》等专著的相继出现，无不受其影响。《竹谱》开创了谱录体以著述普通事物的先例，为后来的《文房四谱》《笋谱》等谱录体著作提供了范式，这类作品在宋代达到顶峰。

陆羽《茶经》（天门）

陆羽（733—804），字鸿渐，汉族，唐朝复州竟陵（今湖北天门市）人，一名疾，字季疵，号竟陵子、桑苎翁、东冈子，又号"茶山御史"。一生嗜茶，精于茶道，以著世界第一部茶叶专著——《茶经》闻名于世，对中国茶业和世界茶业发展作出了卓越贡献，被誉为"茶仙"，尊为"茶圣"，祀为"茶神"。

陆羽也很善于写诗，但其诗作目前世上存留的并不多。他对茶叶有浓厚的兴趣，长期实施调查研究，熟悉茶树栽培、育种和加工技术，并擅长品茗。唐朝上元初年（760 年），陆羽来到浙江吴兴，撰《茶经》三卷，成为世界上第一部茶学著作。本著作是关于茶叶生产的历史、源流、现状、生产技术以及饮茶技艺、茶道原理的综合性论著，推动了中国茶文化的发展，被誉为茶叶百科全书。

《茶经》分三卷十节，约 7000 字。卷上：一之源，讲茶的起源、形状、功用、名称、品质；二之具，谈采茶制茶的用具，如采茶篮、蒸茶灶、焙茶棚等；三之造，论述茶的种类和采制方法。卷中：四之器，叙述煮茶、饮茶的器皿，即 24 种饮茶用具，如风炉、茶釜、纸囊、木碾、茶碗等。卷下：五之煮，讲烹茶的方法和各地水质的品第；六之饮，讲饮茶的风俗，即陈述唐代以前的饮茶历史；七之事，叙述古今有关茶的故事、产地和药效等；八之出，将唐代全国茶区的分布归纳为山南（荆州之南）、浙南、浙西、剑南、浙东、黔中、江西、岭南八区，并谈各地所产茶叶的优劣；九之略，分析采茶、制茶用具可依当时环境，省略某些用具；十之图，教人用绢素写茶经，陈诸座隅，目击而存。

值得注意的是，陆羽在《茶经》中有不少对佛教的颂扬和对僧人嗜茶的记载。在茶事实践中，茶道与佛教之间找到越来越多的思想内涵方面的共通之处；禅茶就是在这样的基础上产生的。自陆羽著《茶经》之后，有关茶叶的专著陆续问世，进一步推动了中国茶事的发展。如代表作品有宋代蔡襄的《茶录》、宋徽宗赵佶《大观茶论》，明代钱椿年撰、顾元庆校《茶谱》，张源的《茶录》；清代刘源长《茶史》等。

李时珍《本草纲目》（蕲春）

李时珍（1518—1593），字东璧，晚年自号濒湖山人，湖北蕲春县蕲州镇东长街之瓦屑坝（今博士街）人，明代著名医药学家。嘉靖三十一年（1552 年），李时珍着手编写《本草纲目》。自 1565 年起，先后到武当山、庐山、茅山、牛首山及湖广、安徽、河南、河北等地收集药物标本和处方，并拜渔人、樵夫、农民、车夫、药工、捕蛇者为师，参考历代医药等方面书籍 925 种，"考古证今、穷究物理"，记录上千万字札记，弄清许多疑难问题。至明万历六年（1578 年）完成《本草纲目》初稿，时年 61 岁，前后历时 27 年。以后又经过 10 年三易其稿，于明万历十八年（1590 年）完成了 192 万字的巨著《本草纲目》。万历二十五年（1596 年），也就是李时珍逝世后的第三年，《本草纲目》在金陵（今南京）正式刊行。李时珍也被后世尊为"药圣"。

《本草纲目》，本草著作，52 卷。序例（卷 1~2）相当于总论，述本草要籍与药性理论。卷 1 "历代诸家本草"，介绍明以前主要本草 41 种。次辑录明代以前有关药物气味阴阳、五味宜忌、标本阴阳、升降浮沉、补泻、引经报使、各种用药禁忌等论述，其中又以金元诸家之论居多。卷 3~4 为"百病主治药"，沿用《证类本草》"诸病通用药"旧例，以病原为纲罗列主治药名及主要功效，相当于一部临证用药手册。卷 5~52 为各论，收药 1892 种，附图 1109 种。其总例为"不分三品，惟逐各部；物以类从，目随纲举"。其中以部为"纲"，以类为"目"，计分 16 部（水、火、土、金石、草、谷、菜、果、木、服器、虫、鳞、介、禽、兽、人）60 类。各部按"从微至巨""从贱至贵"，既便于检索，又体现生物进化思想。部之下为 60 类，各类中常将许多同科属生物排列在一起。各药"标名为纲，列事为目"，即一药名下列 8 个项目（即"事"）。其中"释名"列举别名，解释命名意义；"集解"介绍药物出产、形态、采收等；"辨疑"（或"正误"），类集诸家之说，辨析纠正药物疑误；"修治"述炮炙方法；"气味""主治""发明"阐述药性理论，提示用药要点，其下常有作者个人见解；"附方"以病为题，附列相关方剂。

李时珍《本草纲目》对植物的分类采用了比较系统、明晰的"析族区类"的分类方法，与现代植物学的分类方法基本相同，比西方植物分类学的创始人林耐（Carl von Linne）的分类早 130 多年。李时珍对动物的分类基本是按照由简单到复杂、由低等向高等进化的顺序排列，包含了进化论思想的萌芽[1]。《本草纲目》集本草学之大成，论述了 1892 种药物，其中 1094 种植物，木本植物 265 种。挖掘和系统整理了森林生物资源的药用价值，是对森林医药学的重大贡献。

赤壁羊楼洞砖茶

湖北省赤壁市羊楼洞古镇，地处幕阜山脉北麓余峰、湘鄂交界的低山丘陵地带，是茶马古道源头之一。羊楼洞砖茶历史悠久，源于唐，盛于明清，是世界公认的青（米）砖茶鼻祖之地。在明清两朝，赤壁羊楼洞凭茶一跃成为国际名镇，俗称"小汉口"。清乾隆年间"三玉川"和"巨盛川"两茶庄特别压制的代表羊楼洞三口泉水的"川"字品牌砖茶被评为国内驰名商标。2013 年以来，赤壁先后被授予"中国青砖茶之乡""中国米砖茶之乡"的称号。

羊楼洞砖茶在国际贸易、国内各民族的交往中都发挥了重要作用。19 世纪到 20 世纪初，羊楼洞成为中俄茶叶国际商道的起点，砖茶从羊楼洞由独轮车运抵新店装船，经汉口逆汉水至唐河，再转运内蒙古，进入俄罗斯的恰克图、西伯利亚至莫斯科和圣彼得堡，在 1000 多年历史的茶马古道上，形成了独特的"羊楼洞砖茶文化"。

湖北羊楼洞砖茶文化系统（闵庆文供图）

[1] 中国农业科技发展史 . http://www.hfst.gov.cn/skw/nckj/nykjzs/ 中国农业科技发展史 . htm#1840.

据研究，砖茶具有 200 多种有益人体健康成分，拥有降血脂、减肥、降血糖、降尿酸、降血压、软化血管、防治心血管疾病、修复酒精性肝损伤、调理肠胃、抗辐射等养生保健功能。由于多种因素影响，羊楼洞砖茶独特的制作工艺和砖茶文化亟须得到保护和继承。2002 年，湖北省政府将羊楼洞明清石板街列为重点文物保护单位；2014 年 5 月，被认定为第二批中国重要农业文化遗产。

恩施玉露茶

恩施市地处湖北省西南部的武陵山区，属亚热带季风性山地湿润气候，雨量充沛、温暖湿润、冬无严寒、夏无酷暑。境内层峦叠嶂、森林茂密，蕴藏着极其丰富的森林资源、旅游资源和矿产资源。巴楚文化在这里水乳交融，有土家族、苗族、侗族等 28 个少数民族。

恩施是茶叶的原产地之一，西周有"武王伐纣、巴人献茶"之说，陆羽《茶经》有"巴山峡川有两人合抱者，伐而掇之"的记载。恩施玉露创制于清康熙年间，因获当地土司和当朝皇帝"胜似玉露琼浆"的盛赞而得名。在《中国茶经》中位列清代名茶。1965 年入选"中国十大名茶"，2007 年获国家地理标志产品保护，近年获得"中国驰名商标"，并入选了国家级非物质文化遗产保护名录。

恩施是农业部和省政府确定的茶叶优势区域，茶园面积已达 32.5 万亩，占全市土地

湖北恩施玉露茶园（闵庆文供图）

总面积的 5.5%。年产以恩施玉露为主的名优茶 0.7 万吨以上，占干茶总产的 42% 左右。被授予"全国重点产茶县""中国名茶之乡"的称号。恩施玉露的加工，延续了唐朝陆羽《茶经》中的蒸焙工艺，创新了特殊的搓制手法，是中国唯一保存下来的蒸青针形绿茶。恩施美丽的茶园已与自然景观融为一体，成为休闲观光的理想去处，而赋予了硒元素的恩施玉露则被世人推崇为健康奇珍。2015 年 10 月，恩施玉露茶被认定为第三批中国重要农业文化遗产。

武汉木雕船模

流传在湖北省武汉市硚口区的木雕船模，源于武汉发达的造船业。19 世纪末，艺人龙启胜开始以小作坊形式从事木雕船模制作，经过五代人的传承发展，逐渐形成现在的武汉木雕船模制作技艺。它主要以柏木、黄杨木、红木等为原材料，按比例制作各类木船，整个制作过程包括设计、出料、放样、船体制作、零部件制作、髹漆、装配等主要环节。船模品种繁多，有木帆船、古代漕船、战船、画舫、龙舟、凤舟、彩船等。在雕刻技术上，除了采用圆雕、浮雕、镂雕等传统木雕技艺外，还独创镂空精梭和精工制模等独特的工艺。镂空精梭能使镂空的花纹宽度控制在一毫米之内，且清晰匀称，精细入微；精工制模则要求模型衔接无缝，转动部位灵活自如。讲究的工艺使得武汉木雕船模精美考究，造型逼真，具有一定的艺术和收藏价值，并且对了解中国舟船的历史和建造技术也有参考价值。

竹溪龙峰茶

龙峰茶是湖北省十堰市竹溪县的特产。竹溪县地处鄂渝陕交汇处，秦岭南麓、大巴山脉东段北坡。竹溪远古曾以茶纳贡。竹溪是唐代陆羽《茶经》"山南"茶区的区域之一。该县从 20 世纪 50 年代初开始将传统茶的种植与加工和现代技术相结合，开发出了龙峰茶，被国家有关部门授予"中国茶叶之乡"称号。

龙峰茶外形紧细显毫，色泽嫩绿光润、匀整，属高香型茶叶，香气鲜嫩清高持久，带天然花香，滋味鲜醇甘爽，汤色嫩绿明亮，叶底细嫩成朵。竹溪县共有 13 个乡镇、9 个农林场、5 万农户、8.5 万人种植茶叶；有茶叶种植加工企业 162 家，年加工能力 2500 吨。2005 年底全县 1 万公顷茶园，实现茶叶产量 125 万千克。龙峰茶连续三届获中国农业博览会金奖，连续四届获"湖北十大名茶"称号；2000 年通过国家绿色食品 A 级认证；2006 年 11 月，国家质检总局批准对"龙峰茶"实施地理标志产品保护。

湖南省

湖南省林业遗产名录

大类	名称	数量
林业生态遗产	01 芷江重阳木;02 安化梓叶槭;03 桑植亮叶水青冈	3
林业生产遗产	04 桃江竹;05 洪江黔阳冰糖橙;06 湘西猕猴桃;07 洞口雪峰蜜橘;08 永顺油茶;09 宁乡香榧	6
林业生活遗产	10 武陵源;11 张家界;12 南岳衡山;13 莽山;14 南山(金童山)	5
林业记忆遗产	15 岳阳君山银针茶;16 城步青钱柳茶;17 古丈毛尖;18 桃源野茶王;19 安化黑茶;20 桂东玲珑茶;21 保靖黄金寨茶;22 益阳小郁竹艺;23 邵阳宝庆竹刻	9
总计		23

芷江重阳木

　　最美重阳木古树,位于湖南省芷江侗族自治县岩桥镇小河口村。西汉时期所植,迄今已有 2000 多年的历史,民间称其为"喜树"或"千岁树"。该树高 24 米,地径 4.3 米,树冠面积 810 平方米,胸围 1350 厘米,树身高 16 米。因其树干高大,树枝网密,枝叶繁茂,近观浓荫覆地,远望如云参天,故名"云树",又因其长在杨溪河边,则冠之以"杨溪"。

芷江重阳木(王枫供图)

杨溪云树又叫重阳木，为大戟科，喜欢阳光温暖的气候，对土壤要求不高，酸碱性土质均可生长，具有很强的耐旱耐水湿能力。古树的树干内已经腐朽，形成大空洞，空洞还延伸到地面以下很深的地方，然而树冠却依旧枝繁叶茂，郁郁葱葱，枝干表皮布满了青绿色苔藓。

安化梓叶槭

最美梓叶槭古树，位于湖南省安化县江南镇黄花溪村的鹞子尖，距今 1500 年，胸围 510 厘米，树高 32 米，树冠占地有 1000 余平方米，树根长在岩石上。这棵古槭树王亭亭如盖，粗壮的树干甚至需要 4 个成年人才能将其环抱。繁密茂盛的枝叶、虬扎盘错的树根向世人展示着它历经千年岁月洗礼后的沧桑与秀美。

从古到今，在鹞子尖留下了这株千年古槭树的不少动人传说，其中《安化县志》所记载宋理宗策马过鹞子尖，清道光年间两江总督陶澍与其父的《鹞子尖茶引》合题匾额最让人津津乐道。如今，随着万里茶道申遗项目的推进，这株古槭树将成为见证茶道历史的活化石，向世人诉说那一段段跨越千年的故事。梓叶槭为我国独有的树种，在国内只在四川盆地的部分地区才有分布，目前属于濒危树种。而这株梓叶槭树龄已达 1500 多年，在湖南乃至全国范围内都是凤毛麟角，是当之无愧的"湖南树王"。

安化梓叶槭（王枫供图）

桑植亮叶水青冈

最美亮叶水青冈古树，位于湖南省桑植县八大公山国家自然保护区斗篷山，海拔 1800 米的大山深处，距今 1500 年，胸围 376 厘米，胸径 1.2 米，树高 18 米，冠幅 28 米。古树叶伞如盖，主干粗壮挺拔，在 3 米高处开始分叉，呈虬折状向外伸展，万千虬枝纵横，伫立在斗篷山之巅。地方百姓感慨自然奇伟，感怀古树灵气，常不辞辛苦登山膜拜，祈求学业有成、平安健康。2017 年，桑植亮叶水青冈被全国绿化委员会办公室和中国林学会评为"中国最美亮叶水青冈"。

围绕这株古树还生长着一片亮叶水青冈古树群。其中，有的伸出

桑植亮叶水青冈（王枫供图）

树枝擎向四周，交横纵错，宛如"千手观音"；有的主干消失，生出9个笔直的枝干，俨然"九子拜母"；还有的主干曲折前行，奔腾起势，像极了脱缰骏马……

亮叶水青冈是壳斗科青冈属落叶乔木树种，主要分布在海拔1000~2000米的山地中，该树种形态万千，七拧八扭，独具风味，为国家水源涵养林首选树种，国家"三有"易危物种，湖南省级重点保护植物。

桃江竹

桃江县是传统的产竹大县，全国十大竹乡之一。桃江发展竹产业有着悠久的历史，竹民俗渗透在生产生活的各个方面。如今，桃江县松木塘镇苍霞塅村的竹农，仍能够生产竹酒杯、竹茶杯、竹茶壶、竹笔筒等80多种具有地方民俗特色的竹制品。

桃江竹林面积115万亩，竹林资源位居湖南省第一、全国第三。近年来，桃江县将竹资源优势转化为产业优势，打造富民强县主导产业，相关从业人员超过15万人。一根竹子全身都是宝，对竹笋的开发利用尤为突出。桃江县已建成100亩以上的笋用林基地83个，发展竹笋加工企业28家，竹笋生产专业合作社32个。2017年，全县出产春笋2000万千克，产值超2亿元，成为湖南产笋第一大县。"桃江竹笋"获批国家地理标志证明商标。此外，2018年在桃花江竹海风景区，建成中国（桃江）竹文化博览馆。围绕竹文化旅游，桃江还打造了1个国家非遗传承基地（小郁竹艺），创建了两家3A级景区（桃花江竹海、安宁竹谷）。

洪江黔阳冰糖橙

黔阳冰糖橙是湖南省怀化市洪江市的特产。黔阳冰糖橙，明清时已美名远扬，冰糖橙以品种优良、味浓甜、肉质脆嫩而备受市场欢迎。

洪江市，1997年由原洪江市和黔阳县（黔阳冰糖橙名称即来源于此）合并设立，位于湖南省西部、云贵高原东部边缘的雪峰山区，境内重峦叠嶂、溪河纵横、风光秀丽。土壤大都是红砂土、紫色土，微量元素丰富。此外，小气候独特，每年的7—10月，昼夜温差近10摄氏度，有利于光合产物的积累。这些自然条件，为橙类树体生长和果实发育提供了最佳环境，造就了橙果的特色风味和品质。2008年，洪江市有冰糖橙、脐橙栽培面积1万公顷，年产量达到20万吨。万吨级销售集散地10处，柑橘协会、专业合作社等产销龙头组织7个。柑橘产业已经成为洪江市的支柱产业。

黔阳冰糖橙是自1963年从洪江柑橘中选育产生的实生变异甜橙良种，别名"冰糖泡"，因其果质脆嫩、果味甘甜如冰糖而得名。其树型美观，也可植于庭院观赏。挂果成熟期为11月中旬，果实橙黄，锃亮芬芳，皮薄汁多无核，富含糖类、柠檬酸和多种维生素。因果实质优和耐贮耐运，畅销全国各地。1977年中国柑橘选育种鉴评会第一名，1985年中国优质农产品金杯奖。2007年被列入国家原产地保护地理标志产品，保护范围为洪江市龙田乡、硖州乡、安江镇、沙湾乡、太平乡、黔城镇、双溪镇、江市镇、托口镇、沅河镇、红岩乡、岩垅乡12个乡镇。在2008中国（北京）国际地理标志产品展览会上荣获金奖。

湘西猕猴桃

湘西猕猴桃是湖南省湘西土家族苗族自治州的特产。湘西野生猕猴桃种类繁多，据调查有 26 种，自然蕴藏量在万吨左右，特别是中华猕猴桃与美味猕猴桃自然藏量最大，在 1989 年前均处于自生自灭状态。后设立凤凰县腊尔山猕猴桃自然保护区。湘西猕猴桃资源约占湖南省总面积的 1/3，主要品种有"米良一号"和"古丈 79—4 号"。其营养丰富，除含有糖类、蛋白质、胡萝卜素外，还含有 14 种稀有元素，特别是硒元素含量较高。"米良一号"由吉首大学石泽亮等利用野生猕猴桃资源杂交育成的优质高产美味猕猴桃新品种，获国家"优质新产品奖"、农业部"希望奖"。

近几年来，该州把发展猕猴桃生产列为扶贫攻坚的重点项目，目前全州的种植面积已扩大到 5 万亩。同时，猕猴桃产业化建设也顺利推进。2007 年 12 月，国家质检总局批准对"湘西猕猴桃"实施地理标志产品保护。保护范围为湘西自治州吉首市、凤凰市、永顺县、保靖县、花垣县、古丈县、龙山县、泸溪县 8 个县市。其中，凤凰猕猴桃为凤凰县特产和全国农产品地理标志。

猕猴桃原产中国，故有"中华猕猴桃""中国奇异果"之称。但多年来基本处于野生状态。自新西兰从中国引进猕猴桃后，大规模进行人工种植，使中华猕猴桃成为闻名世界的"果王"。20 世纪 90 年代初，国内许多地方亦开始大面积种植。短短 10 多年，我国猕猴桃种植面积跃居世界第一。

洞口雪峰蜜橘

雪峰蜜橘，又称"无核蜜橘"，主产于湖南省西南部雪峰山东麓的邵阳市洞口县。20世纪 70 年代初，经周恩来总理审定，以"雪峰蜜橘"商标出口，因此得名。雪峰蜜橘不仅糖分高酸度低、果肉无核、鲜美可口，而且抗逆能力强、结果早、产量高、耐贮藏。

洞口种橘历史悠久。据清嘉庆《邵阳县志》记载，宋徽宗政和年间（1111—1118 年）洞口县就栽培蜜橘。清末，曾国藩率领湘军开往江浙，带回黄橘、朱红橘等品种，经过长期培植，不断改良嫁接，终于衍化成新品种蜜橘。

2013 年，雪峰蜜橘种植面积达到 20 万亩，年产量近 15 万吨。洞口县种植的蜜橘分为三个品种：第一是"特早蜜橘"，属极早熟品种，9 月下旬成熟，果实扁圆形，果面深橙或橙黄色。第二是"宫川蜜橘""龟井蜜橘"，属早熟蜜柑，10 月中下旬成熟，皮薄光滑。第三是"尾张蜜橘"，属中熟品种，11 月上、中旬成熟，果形端正，果皮红艳光亮，是主栽品种。

雪峰蜜橘果肉、皮、核、络均可入药。橘瓣上面的"橘络"，含有一定量的维生素 P，有通络、化痰、理气、消滞等功效。橘核具有理气止痛的作用，可用来改善疝气、腰痛等症。橘根、橘叶具有舒肝、健脾、和胃等功能。蜜橘既可鲜食，又可加工，不但营养丰富，还有预防败血症、防治血管硬化、脑出血、止咳化痰等功能。因橘属性寒果品，故脾胃虚弱者不宜多食。

2007 年 1 月，原国家质检总局批准对"雪峰蜜橘"实施地理标志产品保护，保护范围为洞口县醪田、水东、石柱、山门、石江、黄桥、杨林、高沙、竹市、花古、岩山、洞口、毓兰、花园 14 个乡镇。2011 年，洞口县被命名为"中国雪峰蜜橘之乡"。

永顺油茶

永顺县地处低山丘陵带常绿阔叶林区，油茶资源丰富，现有油茶林面积 42 万亩，分布在全县 23 个乡镇。油茶是世界四大木本油料树种之一，是自古野生于我国南方低山丘陵地区的乡土树种。茶油是一种纯天然高级食用植物油。湘西的茶油曾在明清时期一度成为湘西土司进献朝廷的贡品。近年来，茶油受到众多消费者青睐。

永顺县油茶种植历史悠久，在长期的油茶种植实践中，当地人摸索出一套科学种植油茶的模式——"油茶林农牧复合种养系统"。林农牧复合种养系统，即农业、林业、牧业复合运行。简单来说，就是在种植油茶的同时，发展与之相适应的农业、林业、畜牧业，诸如在油茶林中种植高大乔木、放牛、养蜂；在油茶林中种植药材、养鸡、养蜂等。这种油茶林农牧复合种养模式在经济发展与生态保护两方面均有明显优势。

永顺县致力于推广油茶种植，发展油茶产业。油茶林新造品种主要是湘林系列嫁接苗，栽培品种为"寒露"和"霜降"两种类型。2019 年，年产茶油 5000 吨，产值 6 亿元。在灵溪镇长光村至今保留着几百株树龄上百年的老茶树，有树龄达 500 余年的最老的一株，以及数以万计有着几十年树龄的茶树。茶树林周围生长着杉树、枞树等高大乔木，牛羊穿梭其中啃食杂草，蜜蜂在山茶花间飞舞。不仅能看到万物共生、生态和谐的画面，还能看到乡民们丰收的喜悦。2020 年 1 月，永顺油茶入选第五批中国重要农业文化遗产名单。

宁乡香榧

湖南千年古香榧林，位于湖南宁乡市黄材镇月山村。这里有近 3000 亩成片的香榧林，总数约 3800 棵，树龄长的达 2000 多年，短的也有 100 多年。香榧树在江南一带山区分布比较广泛，但如此大规模的天然香榧群落在中南地区实属罕见。目前已建立"宁乡月山香榧自然保护小区"。

武陵源

武陵源地处湖南省西北部武陵山脉腹地张家界市境内，素有"奇峰三千、秀水八百"之美誉。造型之巧，意境之美，堪称大自然的"大手笔"。1988 年被列入国家重点风景名胜区；1992 年被联合国列入《世界自然遗产名录》；2004 年被联合国列入世界地质公园；2007 年被国家旅游局评为国家首批 5A 级景区。

武陵源风景名胜区，总面积 397 平方千米。地形复杂，坡陡沟深，气候温和，雨量丰富，且因交通不便，人口稀少，人为干扰较少，从而保存了丰富的生物资源，成为我国众多孑遗植物和珍稀动物集中分布地，被誉为"自然博物馆和天然植物园"。武陵源处于亚热带常绿阔叶林带的中心位置，保留了长江流域古代植物群落的原始风貌。景区内植物生态群落完整，林相秀美，以常绿阔叶林为主，杂以针叶和落叶阔叶林。全区木本植物约 751 种（包括 56 个变种），分属 298 属 102 科。其中裸子植物计 18 种（含 3 个变种 16 属）

6科；被子植物计734种（含53变种）282属96科。有珙桐、银杏、紫茎、白豆杉、篦子三尖杉、水青树、金钱槭、香果树、钟萼木等稀有珍贵树种。

武陵源的古树具有古、大、珍、奇、多的特点。神堂湾、黑枞垴有保存完好的原始林。树龄最长者逾460年，树身最高43.5米，胸围最大5.95米。张家界村一株银杏古树高44米，胸径1.59米。生长于腰子寨的珙桐，是国家一级保护植物。这些植物有着极高的科研价值。

野生动物方面，经初步调查，其中国家一级重点保护野生动物有云豹、金钱豹2种，二级重点保护野生动物有54种，包括大灵猫、猕猴、穿山甲、大鲵、红腹角雉、鸳鸯等。其中猕猴较多，300只以上。当地人叫"娃娃鱼"的大鲵，则遍见于溪流、泉、潭中。

张家界

张家界国家森林公园，位于湖南省西北部张家界市境内。1982年9月25日，经国务院批准，将原张家界林场命名为"张家界国家森林公园"，这也是中国第一个国家森林公园。1992年12月，因奇特的石英砂岩大峰林被联合国列入《世界自然遗产名录》，2004年2月被列入世界地质公园。公园总面积4810公顷。

其地处武陵山脉东段，境内多山，最高海拔斗篷山1890米。自然风光以峰称奇、以谷显幽、以林见秀。其间有奇峰3000多座，如人如兽、如器如物，形象逼真，气势壮观，有"三千奇峰，八百秀水"之称。主要景点有金鞭溪、袁家界、杨家界等。

木本植物有93科517种。集中分布有国家一级重点保护野生植物珙桐和国家二级、三级重点保护野生植物钟萼木、银杏、香果树以及鹅掌楸、香叶楠、杜仲、金钱柳、猫儿屎、银鹊、南方红豆杉等。地方乡土树种有刺楸、大叶杨、川鄂杨、宣昌楠、润楠、宜昌

张家界（拍信图片）

木姜子、猴樟、尖叶械、房县械、膀胱果、山白果、红花木兰、白花木川楠、巴东木莲、地枇杷、仿栗、茶茱、无须藤、双盾木、加利树、篦子三尖杉等。

根据用途，其植物可分为七大类，即油料植物、药用植物、纤维植物、芳香植物、淀粉糖类植物、草鞣料植物、观赏植物。例如，油料植物有油茶、仿栗、檀栗、光皮树、野核桃、水青冈、光叶水青冈等。除食用者外，还有工业用，如油桐、乌桕、野械树、马桑树、盐肤木、木姜子、山苍子、猴樟等。药用植物有天麻、杜仲、黄柏、厚朴、黄连、七叶一枝花、鹅掌金星等数百种。

南岳衡山

南岳衡山为我国五岳名山之一，主峰祝融峰，七十二峰，群峰逶迤，其势如飞。素以"五岳独秀""祭祀灵山""宗教圣地""中华寿岳""文明奥区"著称于世。现为首批国家重点风景名胜区、国家 5A 级旅游景区、国家级自然保护区。景区面积 100.7 平方千米。

自然风光秀美。这里群峰叠翠，万木争荣，流泉飞瀑，风景绮丽，四时景色各异，春赏奇花，夏观云海，秋望日出，冬赏雪景。祝融峰之高，藏经殿之秀，方广寺之深，水帘洞之奇，自古被赞誉为南岳"四绝"。核心景区森林覆盖率高达 91.6%。有树木 600 多科、1700 多种，其中有国家级重点保护野生植物 90 多种，如千年银杏、水杉及衡山特有的绒毛皂荚等。有珍稀野生动物黄腹角雉、锦鸡、大头平胸龟、穿山甲等。

南岳衡山历史源远流长。自尧舜以来，南岳衡山作为五岳之一的历史已达 4000 余年。黄帝、舜帝曾在衡山巡狩祭祀；大禹为治水，专程来南岳杀白马祭告天地，得"金简玉书"，立"治水丰碑"。宋徽宗、康熙等皇帝为南岳题诗吟咏。相传黄帝委任祝融氏主管南方事务并封他为管火的火正官即火神；祝融教民以火熟食，生活御寒，举火驱兽；制乐作歌，以谐神明，以和人声。人们为了纪念这位管火有功的火正官，便以他的名字祝融命名南岳衡山的最高峰，并在峰顶建祠用于长年祭祀。

南岳是中国南方唯一最古老的人文始祖的祭祀山。祭祀文化是南岳文化的源头，自舜帝南巡至隋唐至清，历史上有记载的朝廷遣使祭祀南岳的就有 120 次之多，民间祭祀则不计其数。如今，每年都有数百万游人怀着种种美好的心愿，从四面八方来到寿岳灵山寻求精神上的慰藉。中华祝颂词"福如东海，寿比南山"之"南山"即南岳衡山。《辞源》释"寿岳"即南岳衡山，南岳衡山因而称誉"中华寿岳"。这里道佛并存，互彰互显，同尊共荣。道教于东汉末年就在南岳筑观，佛教早在南朝梁天监二年（503 年）扎根南岳。宗教文化积淀已达千余年历史。书院文化、湖湘文化炽盛浓厚，成果丰硕。

莽山

莽山国家森林公园位于湖南省郴州市宜章县，南岭山脉北麓，总面积 2 万公顷。莽山地形复杂，山峰尖削，沟壑纵横，1000 米以上的山峰有 150 多座，最高峰猛坑石海拔 1902 米，称"天南第一峰"，蜿蜒山间的长乐河是珠江的发源地之一。公园素有"第二西双版纳"和"南国天然树木园"之称。这里气候温和，雨量充沛，优越的自然条件，使其森林植被种类繁多，形成独特有趣的格局，热带、亚热带、温带及少数寒带的森林植物在此都可生长。山高林密，具有优越的山地森林气候条件。林泽湖 7 月平均温度仅 20℃，长春无夏，是天然的避暑胜地。莽山绝景佳境，数不胜数，飞流千尺的鬼子寨瀑布，"万丈深坑"，雄踞天关的南天门，端庄文静的"三姐妹"，巍巍雄浑的摩天岭，清潭染翠的夹水风光，高山草原浪畔湖、"高峡平湖"的林子坪人工湖，神秘莫测的"猴王寨"，这些景观集山水之神韵，掇幽林之深秀，令游人目不暇接，流连忘返。

南山（金童山）

湖南南山国家公园体制试点区（以下简称试点区），地处湖南省邵阳市城步苗族自治县境内，于 2016 年 8 月经中央深改领导小组同意、国家发改委批复设立，总面积为635.94 平方千米。

生态区位关键，生态资源重要性、典型性明显。试点区位于我国内陆陆地及水域生物多样性保护优先和具有国际意义的陆地生物多样性关键地——南岭山地地区范围内，处在我国南岭山脉与雪峰山脉交汇地带，生态区位十分重要。

资源类型丰富，国家代表性、珍稀性突出。试点区分布有中亚热带常绿阔叶林、落叶阔叶林、常绿 - 落叶阔叶混交林、针叶林、针阔混交林、草地等多个植被类型，有我国中南地区规模最大的中山泥炭藓沼泽湿地，有"东南亚第一近城绿色长廊"两江峡谷。

生态系统完整，生物多样性强，珍稀物种保护价值高。试点区涵盖了森林、湿地、草原三大典型生态系统类型，是"山水林田湖草"生命共同体的典型代表。区内生物多样性极其丰富，珍稀物种保护价值高，是生物物种和遗传基因资源的天然博物馆，目前已查明生物物种 3593 种，隶属 464 科 1733 属。其中，野生动物 199 科 790 属 1158 种，有国家一级重点保护野生动物林麝、白颈长尾雉等，国家二级重点保护野生动物 35 种；野生植物 265 科 943 属 2435 种，有国家一级重点保护野生植物冷杉、南方红豆杉、伯乐树等，国家二级重点保护野生植物 20 种。

南山国家公园内分布有多种珍稀濒危的保护植物，其中国家一级重点保护野生植物 3种，包括资源冷杉、南方红豆杉、伯乐树；国家二级重点保护野生植物 20 种，包括金毛狗、小黑桫椤、华南五针松、篦子三尖杉、半枫荷、翅荚木、红椿、伞花木等。另有列入国际贸易公约保护植物名录 CITES 附录 Ⅱ 中的兰科植物 40 余种，还分布有铁杉、长苞铁杉、湖南参、沉水樟、钩栲、金叶含笑等多种湖南省重点保护野生植物。

南山国家公园还是云豹、林麝、白颈长尾雉、红嘴相思鸟等珍稀动物的重要分布区域和栖息地，是国家一级重点保护野生植物——资源冷杉的模式产地。以栲树林、罗浮栲林、小红栲林、钩栲林、多脉青冈林、甜槠 + 茶梨林、湖南楠林为代表的原生性顶级常绿阔叶林群落，原生亮叶水青冈林群落，华南五针松林以及含南方红豆杉、资源冷杉、长苞铁杉等珍稀裸子植物的阔叶林，是典型的南岭森林类型中的"珍品"。

岳阳君山银针茶

岳阳银针，又称君山银针，产于湖南岳阳君山（洞庭山）及洞庭湖沿岸，为历史贡茶之一。其外形似针，色泽深绿，冲泡时香气鲜嫩，汤色黄绿明亮，滋味爽口。全为单芽，芽头竖立于杯中,忽升忽降,故有"三起三落"之称。为清明时节前后所产鲜嫩芽茶精制而成。

君山银针始于唐代,到清朝时被列为"贡茶"。据《巴陵县志》记载:"君山产茶嫩绿似莲心。""君山贡茶自清始,每岁贡十八斤。"谷雨前,知县邀山僧采制一旗一枪,白毛茸然,俗称"白毛茶"。又据《湖南省新通志》记载:"君山茶色味似龙井,叶微宽而绿过之。"古人形容此茶如"白银盘里一青螺"。清代,君山茶分为"尖茶""茸茶"两种。"尖茶"如茶剑,白毛茸然,纳为贡茶,素称"贡尖"。

其产地为岳阳市君山区、岳阳楼区、平江县、汨罗市、华容县、湘阴县、岳阳县、临湘市等22个乡镇。地处洞庭湖平原区东部和湘东低山丘陵区北端,属北亚热带季风性湿润气候,茶园土壤多为红、黄壤及其变种。特定地域环境及工艺造就了岳阳银针的独特品质。其加工有杀青、干燥两道主要工序;黄茶类君山银针,加工分杀青、闷黄、干燥三道工序,其中"闷黄"是黄茶特有的工序。

城步青钱柳茶

青钱柳系胡桃科植物,因花似古铜钱,故又名摇钱树,是湖南省重点保护植物。城步青钱柳茶是以青钱柳鲜叶为原料,经过杀青、揉捻、挑拣、包装等工艺生产的代用茶。不添加其他任何物质,是一种天然有机生态茶品。城步青钱柳茶有着深厚的历史渊源,自秦朝开始,苗乡民间便制作、饮用青钱柳茶,其习俗和历史已有2200多年。在当地已成为百姓餐前饭后的一种普通茶饮。

城步县地处湘西南边陲,沅江支流巫水上游。在境内的十万古田湿地和两江峡谷地带等高海拔原始森林中,蕴藏着丰富的野生青钱柳资源,是全国面积最大、保护最完整的野生青钱柳核心分布区。显著的山地气候、矿质元素含量丰富的土壤,对于城步青钱柳茶的黄酮、氨基酸、碳水化合物等的合成具有很大影响,为高品质茶叶打下良好基础。城步苗乡人民古朴自然的生活方式,对青钱柳自然群落起到了良好保护作用。

城步青钱柳茶以其口感好、清香怡人、清凉甜润、色泽清亮、具有保健作用等特点,深受消费者喜爱。被列为2014年、2015年中国"六六"山歌节专用茶;荣获2014年湖南省旅游产品博览会金奖及2014年长沙国际食品博览会、湘茶协会银奖;深圳前海国际金融会议指定用茶。

古丈毛尖

古丈毛尖是湖南省湘西土家族苗族自治州古丈县的特产,属绿茶类,古今名茶。战国时期,巴人种茶、制茶和饮茶习俗因楚巴战争传入古丈。古丈种茶有近2000年的历史。东汉时代《桐君录》记载:"永顺之南(今古丈县境)"列为全国产茶地。南北朝《荆州土地记》记载:"武陵七县通出茶,最好。"唐代杜佑《通典》记载:"溪州(今古丈县罗依镇会溪坪)等地均有茶芽入贡。"

古丈地处武陵群山丛中,县内森林密布,云雾缭绕;溪流纵横,雨量充沛;土壤有机质丰富,富含磷硒;无污染,生产环境得天独厚,奠定了古丈名茶的品质基础。由于云雾多、日照少,温射光多,茶叶内含营养物质丰富,持嫩性强,叶质柔嫩,茸毛多。每年清明前采摘芽茶或一芽一叶初展的芽头，经摊青、杀青、揉条、炒坯、摊凉、整形、干燥、筛选八道工序，精制而成"明前茶"。其成茶条索紧细、锋苗挺秀，色泽翠润，白毫满披；清香馥郁，滋味醇爽，回味生津；汤色黄绿明亮，叶底绿嫩匀整。

古丈县已发展茶园种植面积 6.5 万亩，海拔多在 600 米以上，建成国家认证的绿色食品茶基地 1.5 万亩，欧盟认证的有机茶基地 600 亩。产品远销到德国、中东、东南亚及中国香港、澳门等 30 多个国家和地区。古丈毛尖 1980 年以来连续五次被评为湖南省名茶，1982 年商业部在长沙召开的全国名茶评比会上被评为全国名茶；2007 年，为国家地理标志保护产品。

桃源野茶王

桃源野茶王是湖南省常德市桃源县的特产。桃源县野茶王具有"叶片肥大、叶质柔软、叶色深绿、芽头硕壮、茸毛较多、汤色翡翠、气味芳香、余味悠长"等特点。

据西晋《荆州土地记》载："武陵七县通出茶，最好。"当时，武陵郡设在沅陵县，桃源属武陵郡。而当时沅陵县并不产茶，这"最好"的茶自然来自雪峰山脉深山峡谷的桃源野茶。到清光绪年间，桃源西部沙坪、芦花潭、牯牛山、西安一带所产茶叶量多质好。自清末就有一支我国南方规模最大的马帮活跃在安化至桃源一带，赣、粤茶商经安化来桃源采办茶叶，"茶马古道"远近闻名。但由于千百年来的过度采摘等原因，到 20 世纪 60 年代，桃源野茶寥寥无几。1969 年，湖南茶校毕业的卢万俊与品茶师廖玉兆在太平铺乡陆家冲野生茶群体中发现两株大叶茶树。该茶即为濒危的山地野生大叶茶品种。经当地研发保护，实现了该品种的人工繁育，产量逐步上升。到 2011 年，集中连片发展到 3 万多亩。1997 年"桃源野茶王"荣获北京国际茶叶博览会银奖；2000 年被中、日、韩国际名优茶评选组委会授予"中、日、韩国际名优茶金奖"；2005 年 12 月，国家质量监督检验检疫总局批准对其实施地理标志产品保护；2008 年，荣获首届中国（北京）国际地理标志产品展览会金奖。

安化黑茶

安化黑茶，因产自湖南益阳市安化县而得名，是中国古代名茶之一，20 世纪 50 年代曾一度绝产，以至于默默无名。2010 年，湖南黑茶走进中国上海世博会，成为中国世博会十大名茶之一，自此安化黑茶再度走进茶人的视野，成为茶人的新宠。其特色的千两茶，堪称一绝。

安化黑茶，是以在特定区域内生长的安化云台山大叶种、楮叶齐等适制安化黑茶的茶树品种鲜叶为原料，按照特定加工工艺生产的黑毛茶，以及用此黑毛茶为原料，按照特定加工工艺生产的具有独特品质特征的各类黑茶成品。安化黑茶的制作历史可追溯到明朝。据考证，1368 年朱元璋犒赏立下大功的安化茶商，御赐代表皇家尊荣的"九"字符，赐号该三十九人组成的安化黑茶商队"三十九铺"。经过历代茶商传承、演变，1568 年第一家"三十九铺茶馆"正式在北京成立；后在晋商的推动下，"三十九铺"开始在京盛行。明清两代是安化黑茶发展的黄金期。传说在古代的"丝绸之路"上，运茶的马帮把发霉的茶送给痢疾横行的村子里的人，结果奇迹发生，村民的痢疾全好了。

把茶叶制作成立柱的形状，经过炒、渥、蒸、踩等数道工序，一方面增加了有限体积内茶叶的重量；另一方面是黑茶品质形成之必需。"百两茶""千两茶"系列有一个总的称呼——花卷。其有三重含义：一是用竹篾捆束成花格篓包装；二是黑茶原料含花白梗，特征明显；三是成茶身上有经捆压形成的花纹。因茶呈圆柱，像一本卷起来的书，故称"花卷"。另外，在"祁州卷"和

安化黑茶（闵庆文供图）

"绛州卷"之外，还有老牌本号加料绛州卷，品质最高，号称"卷王"，历史上产量极少。新中国成立后，安化黑茶的主要销售区域还是局限于西北少数民族居住区，湖南本土的人很少喝，有些年间，黑茶丰产，很多黑茶卖不出去，当地茶民就把茶根、茶叶当柴烧。

黑茶的主要功能性成分是茶复合多糖类化合物，具有调节体内糖代谢（防治糖尿病），降低血脂血压，抗血凝、血栓，提高机体免疫能力等特殊功能，这是其他茶类不可替代的。黑茶汤色的主要成分是茶黄素与茶红素。茶黄素不仅是有效的自由基清除剂和抗氧化剂，而且具有抗癌、抗突变、抑菌抗病毒、改善和治疗心脑血管疾病、治疗糖尿病等多种生理功能。茶叶中的矿质元素主要集中在成熟叶、茎、梗中，黑茶采制原料较老，矿质元素含量比其他茶类高。其中氟对防龋齿和防治老年骨质疏松有明显疗效；硒能刺激免疫蛋白及抗体的产生，增强人体对疾病的抵抗力，并对治疗冠心病，抑制癌细胞有显著效果，茶叶中硒含量可高达 3.8~6.4 毫克 / 千克，而且饮用黑茶不影响睡眠。据安化人民的经验，喝陈年黑茶能"药到病除"高效治疗肠胃病。

桂东玲珑茶

桂东玲珑茶产于湖南省郴州市桂东县铜罗乡的玲珑村。桂东地处湖南的东南隅，位于罗霄山脉中段南端，其境内八面山的最高峰达 2042 米，属中亚热带季风湿润气候，经常夜雨日晴，终年云雾缭绕。土壤为沙质壤土，结构疏松，深厚肥沃。"高山出好茶"，玲珑茶就生长在此中。桂东玲珑村产茶历史悠久。相传在明末清初年间，玲珑山上有一位山母仙，亲自骑马到村里传授制茶仙法，对各农户都教三遍。玲珑茶以采摘细嫩、制工精巧而蜚声各地，近年来，制茶工艺又经科学改进而更臻完善。

该茶"形如环钩，奇曲玲珑"，又产于玲珑村，故有"玲珑茶"之雅称。其品质特点是：外形条索紧细，状如环钩，色泽绿润，银毫披露；香气持久；汤色清亮，滋味浓醇。饮后甘爽清凉，余味无穷。茶树品种具有萌芽早、叶色绿、白毫多、芽叶细长等特点。以一芽一叶初展的芽叶为原料，经过选芽摊放、杀青、清风、揉捻、初干、整形提毫、摊凉回潮，足火八道工序制成。1980 年入选为湖南省优质名茶；1985 年荣获农牧渔业部优质产品奖；在 2005 年第 12 届上海国际茶文化节中国名茶评比中喜获金奖。

保靖黄金茶

　　保靖黄金茶，湖南省湘西土家族苗族自治州保靖县特产。其为湘西保靖县古老、珍稀的地方茶树品种资源。据《保靖县志》记载，清朝嘉庆年间，某道台巡视保靖六都，路经两岔河，品尝该地茶叶后，赞不绝口，曾赏黄金一两，列为贡品。后人遂将该茶取名为"黄金茶"，该地亦改名为黄金寨，该地仍有200多年的大茶树。

　　该茶具有"四高四绝"特质。"四高"，即茶叶内氨基酸、茶多酚、水浸出物、叶绿素含量高。氨基酸含量达7.47%，是同期一般绿茶品种的2倍，茶多酚含量达20%左右，水浸出物近50%，叶绿素比对照品种高50%以上。"四绝"，就是茶叶的香气浓郁、汤色翠绿、入口清爽、回味甘醇。保靖黄金茶红茶，具有"香、绿、爽、醇"的品质特点，是养胃、养颜、养生的佳品。其性凉，清热解毒，解表祛风，助消化、治感冒、治慢性气管炎，对高血压有一定疗效。民间一直作为清凉解暑、健胃消食、治腹胀痛、止咳除烦的良药，经常饮用对多种胃病具有一定疗效。绿茶未经发酵，茶叶富含大量天然营养物质，喝起来鲜爽叫口，长期饮用有益于身体健康，具有促进人体新陈代谢，增强人体免疫力等功效。

　　2018年，保靖黄金茶总面积8.32万亩，可采茶园4.5万余亩。2010年3月，农业部批准对其实施农产品地理标志登记保护，保护范围为保靖县葫芦镇、夯沙乡、水田河镇3个乡镇。2020年7月，入选中欧地理标志第二批保护名单。

保靖黄金寨古茶园与茶文化系统（闵庆文供图）

益阳小郁竹艺

益阳小郁竹艺是流传于湖南省益阳市的竹器制作工艺，"郁"是湖南益阳的方言，指将竹等材质加热弯曲，使之符合造型需要的一种工艺。据《益阳市志》记载，明代初年，益阳竹器即成行业，从业者遍布城乡各地。清代，茅竹湖的水竹凉席、贺家桥的小郁竹器、三里桥的竹骨纸伞被誉为"竹城三绝"。在当地，竹子制作的器具广泛应用于生活中的各个方面，房屋、家具、日常生活用品，无所不包。

益阳小郁竹艺选料做工讲究，一般采用直径5厘米以下的刚（麻）竹制作骨架，毛竹制作其他部件。艺人以郁结合拼、嵌、榫合等技法进行制作，一件竹器要经过选料、下料、烧油、烙花、着色、浸泡、调直、划墨、做围折、劈折篾、开郁口、挖铲郁口、郁制等30多道工序才能完成。这样制作出来的竹器美观耐用，兼具观赏价值和实用价值，一直受到百姓的喜爱。

邵阳宝庆竹刻

邵阳市宝庆竹刻是一种从实用竹器工艺中脱胎而来，集观赏性和实用性于一体的民间工艺。湖南省邵阳市旧称宝庆府，盛产楠竹。

明代编修的《宝庆府志》，曾记载过万历年间宝庆竹刻名师潘一龙及其竹艺作品。清康熙年间，宝庆竹刻艺人王尚智发明了翻簧工艺和翻簧竹刻。制作翻簧竹刻时，艺人先将竹子去青去节，剥削出竹子内壁的簧面，经煮、晒、碾等工序后，压平贴于木胎或竹胎之上，再抛光打磨，运用不同手法在上面雕刻出人物、山水或花鸟。竹簧色泽犹如象牙，宝庆竹刻的历代大师擅长运用竹簧的材质，将竹刻技巧与中国古典书画的意境融会贯通，创作的竹刻作品格调高雅，是收藏佳品。

20世纪90年代，邵阳原有的九家竹艺厂全部破产倒闭，技师流散各地。宝庆竹刻技艺濒临消亡，亟待抢救和保护。

广东省

广东省林业遗产名录

大类	名称	数量
林业生态遗产	01 鼎湖山；02 南岭森林；03 韶关红豆杉；04 新会大榕树；05 潮州金山古松；06 始兴米木诸；07 四会人面子	7
林业生产遗产	08 南雄银杏、枳椇；09 岭南荔枝；10 广宁竹；11 郁南沙糖橘；12 罗定肉桂；13 新兴香荔；14 清新冰糖橘；15 英德西牛麻竹；16 龙门年橘；17 惠来荔枝；18 普宁青梅、蕉柑；19 廉江红橙；20 埔田竹笋；21 覃头杧果；22 化橘红；23 梅州金柚；24 新会柑；25 南山荔枝；26 连平鹰嘴蜜桃；27 封开油栗；28 茂名四大古荔枝贡园；29 从化荔枝王	22
林业生活遗产	30 梅县古梅；31 罗浮山	2
林业记忆遗产	32 潮州韩祠橡木；33 中山纪念堂木棉；34 凌道扬故居；35 潮安凤凰单丛茶；36 佛山桑基鱼塘；37 潮州金漆木雕；38 广式硬木家具制作；39 揭阳木雕；40 连南瑶山茶；41 新会陈皮	10
总计		41

鼎湖山

　　鼎湖山风景区位于北回归线附近的广东省肇庆市。整个景区由鼎湖、三宝、凤来、鸡笼、伏虎、青狮、石仔岭等十多座山峰组成，总面积 11.33 平方千米。主峰鸡笼山海拔 1000.8 米，是珠江三角洲地区的最高峰。1956 年被划为我国第一批自然保护区；1979 年，加入世界自然保护区网，成为联合国"人和生物圈"生态定位研究站。鼎湖山是集风景旅游、科学研究、宗教朝拜于一体的胜地，被称为岭南四大名山之首。有"北回归线上的绿宝石"之美誉。

　　鼎湖山的得名，有说是因山顶有湖，四时不涸，故名顶湖；有说是因中峰圆秀，山麓诸峰三歧，远望有如鼎峙，故名鼎湖；又有民间传说黄帝曾赐鼎于此，故习惯称作鼎湖山。鼎湖山是旅游胜地。清康熙年间鼎湖山分东西两片，有"十景"的名目。中华人民共和国成立后，经逐步开发、修葺，形成现在的二十景。鼎湖山又是佛教圣地，唐高宗仪凤三年（678 年），禅宗六祖惠能高弟智常禅师在此创建龙兴寺（宋改白云寺），并建有招提三十六所。此后不久，成为佛家圣地。明崇祯六年（1633 年），在修和尚来到三宝峰，建莲花庵。后来，栖壑和尚重建山门，改莲花庵为庆云寺，被誉为岭南四大名刹之一。

鼎湖山（樊宝敏摄）

此地雨水充沛、山清水秀、林木茂盛，有 4000 公顷的原始次森林，野生植物 2000 多种、栽培植物 300 多种，其中亚热带植物丰富，子遗植物繁多，木本植物比例高，常绿植物占优势，且具有亚热带植物的攀缘、板根、附生、茎花、绞杀五大特征。有属国家一级保护的珍稀濒危植物沙椤、水松、紫荆木、土沉香等 11 种，还有我国特有的珍贵树种鼎湖钓樟、鼎湖冬青、扁藤等。此外，鼎湖山还有鸟类 267 种、兽类 43 种、两栖类 23 种、爬行类 54 种、蝶类 117 种、已鉴定的昆虫 713 种。其中，白鹇被命名为广东省鸟。有华南特有种和模式产地种 48 种。鼎湖山得天独厚，满山是宝，遍地奇珍，具有极其重要的科研价值。

南岭森林

南岭国家森林公园位于广东省北部，乳源县、阳山县、乐昌市和湖南省宜章县两省四县交界处，处于南岭山脉的中心偏南地带。公园总面积 273 平方千米，也是广东省最大的自然保护区，珍稀动植物宝库。1993 年林业部批准成立，属于中国亚热带常绿阔叶林中心地带，保存有大片原始森林和完整的自然生态系统，2012 年成为国家 4A 级旅游景区。

南岭国家森林公园为广东最高的山地，石坑崆海拔 1902 米，为"广东第一峰"，石韭岭海拔 1888 米，为广东第二峰。小黄山海拔 1600 米，顶峰为乳峰，这里保留着大片的华南五针松（广东松）原始森林。林海莽莽，古树参天。林间有松柏绿树，还有各种动物；南岭箭竹，各种奇怪花草，遍布公园。自山脚而上，常绿宽叶林、针阔混交林、高山矮林形成三个垂直景观带。气候垂直分布明显，适合夏季避暑。冬季霜期较长，最长年份可达 100 天。降水充沛，平均 1705 毫米。水热条件优越，适宜各类植物生长，是"岭南生物多样性物丰之地"。

生物资源丰富。植物方面，有苔藓植物 206 种，蕨类植物 188 种，裸子植物 29 种 1 变种，被子植物 2109 种 81 变种。松柏、木兰等古老种类特别多。野生濒危蕨类植物 4 种：桫椤、大黑桫椤、小黑桫椤、黑桫椤。有野生珍稀濒危种子植物 35 种。其中，濒危种有 2 种：长柄双花木，华南锥；渐危种有 20 种：篦子三尖杉，福建柏，马蹄参，木瓜红，华南五针松，南方铁杉，长苞铁杉，穗花杉，八角莲，沉水樟，野大豆，黏木，凹叶厚朴，乐东拟单性木兰，红椿，白桂木，短萼黄连，巴戟天，白辛树，箭根薯；稀有种 13 种：白豆杉，水松，伯乐树，永瓣藤，观光木，伞花木，野茶树，云南石梓，吊皮锥，半枫荷，银鹊树，银种花，青檀。兽类方面，属于国家一级重点保护野生动物的有熊猴，云豹，豹，华南虎，黑鹿，梅花鹿；属于二级重点保护野生动物的有猕猴，藏酋猴，穿山甲，豺，黑熊，青鼬，水獭，小爪水獭，斑林狸，大灵猫，小灵猫，金猫，林麝，河麂，水鹿，苏门羚，斑羚等。鸟类方面，属于国家一级重点保护野生动物的有黄腹角雉，白颈长尾雉；属于国家二级重点保护野生动物的有黄嘴白鹭，鸳鸯，凤头鹃隼，鸢，褐耳鹰等 30 多种。蝶类有 340 多种。

韶关红豆杉

南方红豆杉森林公园，位于广东省韶关市乳源瑶族自治县西北部大桥镇的鹿子丘、下庄、张家等村庄周围，属县级自然保护区，因国家一级重点保护野生植物红豆杉树数量众多而得名。面积10190公顷，有大小红豆杉10万多棵，百年以上树龄的有几千棵。该公园坐落于高寒石灰岩山区，平均海拔约800米，有红豆杉原始森林、人工种植观赏区、赏雪避暑山庄、美食园、西京古道（含西京古道博物馆）、红豆杉竹石公园、民间文艺古村等，是广东省内唯一赏雪、赏雾凇的胜地，是观光、科普、科研、旅游、休闲、度假的理想之地。核心景区是原始红豆杉观赏区，约有红豆杉3万棵，其中百年以上树龄的有1000多棵。

新会大榕树

最美榕树古树，位于广东省江门市新会区会城街道天马村，距今394年，胸围难以测量。

在天马村，有全国最大的天然赏鸟乐园之一的"小鸟天堂"，原名"雀墩"。这里鸟树相依，和谐奇特，形成一道天然的风景线。而"小鸟天堂"的主体实际上是一棵长于明末清初、树高约15米、有着394年树龄的水榕树。这棵原是在河中一个泥墩中的榕树，榕树枝干上长着美髯般的气生根，树枝垂到地上，着地后木质化，抽枝发叶，长成新的枝干，新干上又长成新气生根，生生不已，不知不觉变成一片根枝错综的榕树丛，形成独木成林的奇观。这棵枝繁叶茂的大榕树林，形成婆娑的榕叶笼罩着20多亩的河面，引来成千上万的鸟类栖息繁衍，最终形成了名闻天下的"小鸟天堂"。作家巴金来到这里游览后，有感而发写出散文名篇《鸟的天堂》，于是"小鸟天堂"从此得名。更令人称奇的是，这棵古榕树上栖息着各种野生鹭鸟，其中以白鹭和灰鹭最多，白鹭朝出晚归，灰鹭暮出晨归，一早一晚，相互交替，盘旋飞翔，嘎嘎而鸣，是世间罕有的"百鸟出巢，百鸟归巢"奇特景观。

新会大榕树（王枫供图）

390 多年来，附近的村民像爱护生命般守护着这片生态美景。水里的鱼、泥墩上的树、树上的鸟和岸上的人家和谐相处，从而让这片生态环境完美地保存了下来。据 2016 年统计，这棵 2 万多平方米的大榕树吸引过来的鸟已达 15 目 35 科 105 种，其中留鸟 52 种，冬候鸟和旅鸟 42 种，夏候鸟 11 种。留鸟的比例高达 49%，相比 30 年前的数据，只增不减。这在很多湿地公园中是不常见的，这是新会人为大自然建立的丰功伟绩。

潮州金山古松

金山古松是潮州八景之一，原名马丘松翠。因南宋景炎三年间（1278 年）摧锋寨正将马发，率领潮州人民奋起抗击元兵侵潮，后元将收买南门巡检黄虎子为内应，攻陷潮州城，马发"收残卒百余人入保子城（即金山）。度不可为，令妻子自缢而死，发自鸩"，满门殉节，全城人民在元兵屠城过程中几遭杀尽。后人为纪念马发和潮州人民抗元，在金山上修筑马发墓，墓碑书"宋摧锋寨马公阖宅全节墓"，并植苍松翠柏，以喻高风亮节。

金山古松与金山摩崖石刻屹立于城北韩江之滨，高约 40 余米，状如覆釜，为潮州古城后枕，与西面的葫芦山、东面的笔架山形成潮城的三面屏障。

始兴米槠

最美米槠古树，位于广东省韶关市始兴县深渡水瑶族乡坪田村，距今 1000 年。这棵米槠不但年龄大，而且树也高大，且长势旺盛，树形奇特，具有很高的美学价值，被当地叫"米槠王"。其树高 30 米，胸围 8.8 米，最大的特点是其板状根延伸出地面几米，并高出地面 1 米多，是至今为止岭南地区发现的最古老的米槠树。华南农业大学教授称其为"岭南第一大槠"，该树至今仍能结果，是当之无愧的树王。

四会人面子

最美人面子古树，位于广东省四会市罗源镇石寨村。树龄达 546 年，胸围 670 厘米。

石寨村的村民一直有栽植人面子的习惯，故有"人面子之乡"之誉。这里种植的"老寿星"人面子树，由江氏先祖迁徙来石寨村时栽植。树高 25 米，胸径近 7 米，要 4 人才能合抱。老树枝繁叶茂，苍古挺拔，年年开花结果，年产人面子果 500 千克。因其较高的经济效益和生态效益备受人们喜爱。材色美丽，加工容易，是建筑、家具的上好材料。又因树形雄伟、冠大常绿，适

始兴米槠（王枫供图）

作庭园、风景绿化的优良树种。果除可供鲜食外，还可加工成人面酱，是中西餐的高档调味佐料。

南雄银杏、枳椇

最美枳椇古树，位于广东省南雄市坪田镇迳洞村，距今500年，胸围472厘米。"枳椇王"树高近40米，其雄伟奇俊，树势优美，枝叶繁茂，叶大浓荫，果梗虬曲，形状十分奇特。这株枳椇是我国一级古树，也名"拐枣"，拐枣在中国栽培利用的历史久远。早在《诗经·小雅》中就有："南山有枸"的诗句。世界各地的科学家们都对拐枣有浓厚的兴趣，拐枣树是很好的用材木，其材质坚硬，纹理美观，刨面光滑，油漆性能佳。可用来加工乐器、精致的工艺品、家具及建筑装饰等。

南雄枳椇（王枫供图）

岭南荔枝

增城挂绿荔枝是广州市增城区的特产。挂绿，是荔枝珍稀品种之一。该品种今存者为1979年古树枯死时由技术人员抢救由树基发芽更生出的新树。挂绿核大而略扁，肉质特别爽脆，清甜有微香，品质极优，果实较耐贮藏。由于挂绿荔枝异常珍贵，21世纪初曾出现单颗天价拍卖的情形，打破吉尼斯世界纪录。

增城挂绿的文献记载至今有400多年历史。据乾隆年间县志记载，其原产于增城新塘四望岗，后至嘉庆年间因官吏勒扰，百姓不堪重负而砍光挂绿荔枝。万幸存县城西郊西园寺（现荔城挂绿广场）一棵至今，弥为珍贵。这是挂绿荔枝品种的老祖宗，有400多年树龄，高5米多，已由它成功培育了几代的挂绿子孙树种，共100多株，在增城几个乡种植。

果实外壳红中带绿，四分微绿六分红，每个荔枝都环绕有一圈绿线，果肉洁白晶莹，清甜爽口，挂齿留香，风味独特。挂绿荔枝果实扁圆，不太大，通常0.5千克有23个左右。果蒂带有一绿豆般的小果粒；蒂两侧果肩

增城荔枝（樊宝敏摄）

隆起，带小果粒侧稍高，谓之龙头，另一边谓之凤尾。果实成熟时红紫相间，一绿线直贯到底，因此得名"挂绿"。果肉细嫩、爽脆、清甜、幽香，特别之处是凝脂而不溢浆，用纱包裹，隔夜纸张仍干爽如故。屈大均在《广东新语》所说："挂绿爽脆如梨，浆液不见，去壳怀之，三日不变。"品质极优，是荔枝佳品。

增城挂绿长势壮旺，枝条节间较稀疏且脆；叶片披针形，先端渐尖；果实近卵圆形或近圆形，单果重 14.4~29.5 克，果皮暗红带绿色条纹；果肉白蜡色，质爽脆，甜带微香；果实 6 月下旬至 7 月上旬成熟。适应性强，可供发展。为地理标志保护产品。

广宁竹

广宁县是全国十大"竹子之乡"之一，也是广东省唯一享有此盛誉的县份。广宁地处粤西北部，绥江中游，属南亚热带北缘，环境气候非常适宜竹类生长。据境内文物（战国晚期墓葬群中的青铜竹刀及竹织盛器）的考古鉴定，广宁已有 2000 年以上的竹子栽培和利用历史。

广宁竹资源丰富，分布广泛。2019 年，竹子种植面积 7.2 万公顷，年产竹子 30 多万吨。全县境内均有竹子种植，从绥江河畔至西北部山地，其分布中心区以绥江沿岸为主轴，称"绥江竹子走廊"。古水、洲仔、南街、横山、石涧、排沙、宾亨、五和 8 个镇和坑口镇南商是竹子主产区，其他乡镇的河流沿岸及大部分山地都有连片的竹林。垂直分布从海拔 35 米至海拔 879 米的锅笃顶，均有竹子生长。1934 年，德国林业专家阿普罗到广宁考察后写的《广东省广宁县森林调查报告》中道："沿江（河）上游之冲积地，为稠密之竹林代田矣。又渐上游，则竹之种植益向山巅扩张，而与马尾松、荷木树混交，林木密度渐浓，各种树木亦皆繁茂。"可见广宁竹子生长之广。

广宁竹子种类较多。清道光四年（1824 年）《广宁县志》中记载，竹类品种有：筋（箣）竹、观音竹、青皮竹、撑篙竹、苦竹、铁篱竹、佛肚竹、文笋竹、搓（茶）杆竹、大头竹等。据 1988 年林业部门调查，全县竹子种类有 14 属 55 种（其中新发现 12 种）。青皮竹是广宁最主要的竹种，占全县竹林面积的 84.4%，也是全国青皮竹中心产区，故又称"广宁竹"。按用途主要分为五类：①用材竹。有青皮竹、崖洲竹、毛竹、撑篙竹、泥竹、茶杆竹、青篱竹、吊丝竹、木竹、麻竹、箣竹、皱耳石竹、硬头黄竹、车筒竹、大眼竹、箬叶竹、伞柄竹、托竹、硬颈黄竹等。②蔑用竹。有青皮竹、崖洲竹、粉单竹、泡竹等。③笋用竹。有大头典竹、蒲竹、癫仔竹、麻竹、文笋竹、箣竹、淡竹、甜笋竹、吊丝竹、车筒竹、苦竹、黄麻竹等。④藩篱竹（护岸、围园）。有小箣竹、油箣竹、棱枝篱竹、甜笋竹、尖头青竹、沙竹、满山跑、望杉竹、癫仔竹、伞柄竹、水竹仔、托竹、篱竹等。⑤观赏竹。有观音竹、吊丝竹、粉单竹、佛肚竹、孝顺竹、紫竹、紫斑镰序竹等。

广宁竹海大观旅游区坐落在广东省唯一的国家竹海森林公园中心区，地处西江流域绥江支流的广宁河段两旁，占地面积 8.13 平方千米。

郁南砂糖橘

郁南无核砂糖橘是广东省云浮市郁南县的特产。其有四大显著特点：一是皮薄和颜色鲜艳，光泽更加明亮；二是无核率和可食率高，其中无核率近期多次检测已达 100%；三是果肉汁多化渣，口感好；四是固酸比高，口感特别清甜，橘味浓郁，是砂糖橘中的极品。

郁南县是广东砂糖橘的重要产区之一。2009 年，种植面积约 30 万亩，已投产 20 万亩，总产量约 35 万吨，主要分布在都城、平台、桂圩、建城、通门等 6 个专业镇。

无核砂糖橘，树冠圆头形，枝条密生，稍开张，树势中等，结果能力强，定植后，2~3 年结果，常年亩产 1000~1500 千克，4 年以上盛产期可达 2500 千克左右，成熟期 11—12 月，果实圆形或扁圆形，果皮呈朱砂状，清红靓丽，果皮与果肉紧凑，但易分离，剥皮不湿手。果肉清甜多汁，无核化渣，爽口脆嫩，品质上乘。以适应性广，耐寒性较强，粗生易长，短枝矮化，早结长命，丰产稳产，市场前景良好等优点成为柑橘市场上的主流产品。对土壤适应性强，山地、水田均适宜种植。2008 年 5 月，国家质量监督检验检疫总局批准对其实施地理标志产品保护。

罗定肉桂

罗定肉桂，古称越桂，产于广东省罗定市，原是山中野生植物，由于用途广泛，罗定山区农民自古以来就加以培育栽种。2002 年，罗定市获"中国肉桂之乡"称号。2007 年，罗定市㳇滨镇被广东省科技厅定为"肉桂生产专业镇"。2008 年原国家质检总局批准对其实施地理标志产品保护。2010 年，㳇滨镇被评为国家科技富民强县专项行动计划示范镇。

罗定肉桂主要种植在低山丘陵地区。当地属典型的亚热带季风气候，全年气候温暖，光照充足，十分适合肉桂生长，加之罗定降水主要分布在 4—9 月，能有效缓解高温，减少桂油挥发，使其含芳香油率高，油质上乘。桂皮呈槽状或卷筒状，外表面灰棕色，有不规则的细皱纹、小裂纹及横向突起的皮孔；内表面红棕色或暗红棕色，略光滑，有细纵纹，划之显油痕；质硬而脆，易折断，断面稍带颗粒性，外侧棕色，内侧红棕色而油润。罗定肉桂油呈红棕色，澄清液体，有肉桂的特异香气，味甜、辛辣。

早在秦汉时期，罗定就已经种植肉桂。到民国时期，罗定肉桂已成为广东山林特产之一。肉桂全身是宝，树皮、枝叶、果实、树干均可利用，主导产品是肉桂皮和肉桂油。桂皮和桂油均有多种用途，桂皮磨粉后用于配制糕点、饼干、咖喱粉、五香粉等食品工业原料，在中东和非洲用于饮料、泡酒和调味品。在医药上，桂皮具有散寒、止痛、化瘀、活血、健胃和强壮功效。桂油主要成分为肉桂醛，在食用上可作饮料及糖果之香料配制。从桂油提取的香精，可用于香烟、化妆品、香水及香皂制作等。在医药上，桂油有祛风、镇寒、散热作用，各种祛风油类多含有桂油成分。罗定市现有肉桂系列产品：桂皮、肉桂油、肉桂木凉席、桂木米箱、肉桂养生枕、肉桂黑木耳、桂味菇、桂木菌、肉桂灵芝、肉桂枞、金鼎菇等。

2018 年，罗定市种植肉桂 37.8 万亩，建成各类种植小区 11 个，种植专业村 20 个，肉桂生产加工龙头企业 6 家，年产桂皮 2 万吨、桂油 680 吨。

新兴香荔

新兴香荔是广东省云浮市新兴县的特产，系岭南十大佳果之一，新兴"三大宝"之一。该产品具有皮薄色红、肉厚核细、清甜爽脆、营养丰富等优点，啖之口内留香持久，与糯米糍、桂味、黑叶等荔枝不相伯仲。新兴县属亚热带季风气候，年降水量1663.7毫米。低丘缓坡地和旱耕地的土壤均为壤土和红壤土。新兴香荔对土壤适应性较广，在村边、房前屋后、旱地、山坡上种植均能正常生长。

新兴香荔在新兴已有600多年历史。远在明永乐四年（1406年），官任福建监察御史的新兴县州背人黎常，从福建引进状元红荔枝树苗回新兴，培育成功后，将鲜果送到京城，皇妃尝到后赞不绝口，从此得"香荔"之名，被朝廷列为贡品。2004年，新兴香荔总面积达2.15万亩，投产面积1.76万亩，总产5620吨。

20世纪50年代，新兴香荔作为中苏友好象征，曾远销到莫斯科；1972年又被选送到法国巴黎国际博览会上展出，并获好评；2002年，"文锦牌"新兴香荔、妃子笑、桂味、糯米糍四个荔枝品种通过国家审核认定"绿色食品"，并获证书。2008年，国家质检总局对其实施国家地理标志产品保护，保护范围为新兴县新城、太平、东成、簕竹、车岗、六祖6个镇。

清新冰糖橘

清新冰糖橘是广东省清远市清新区的特产。冰糖橘在清新区俗称十月橘、沙糖橘，并以"清心蜜"为注册品牌，是清新区水果主栽品种。该果味清甜、柔嫩、多汁、化渣、无核少核，吃后齿颊留香，回味无穷。2008年，国家质检总局对其实施国家地理标志产品保护。

清新区位于广东省中北部，属于珠江三角洲与粤北山区的接合地带，北江中下游，属南亚热带气候，年降水量2200毫米，全年无霜期335天。地形以高丘、低山为主，土壤以红壤、赤红壤为主，土壤肥沃，为冰糖橘生长提供了优越的自然条件。2006年，全县种植冰糖橘面积达10000公顷，其中结果树面积约3400公顷，总产量7.6万吨，总产值3.1亿元。

1970年，清新区飞来峡镇天堂林场工程师黄炽盛等人，对冰糖橘的选种及栽培技术研究取得初步成功。此后，天堂山人开始走出林场大办橘场，带动了全县其他镇种植，逐步形成标准化种植、产业化经营的格局。1990年后，清新冰糖橘因具有优良的品质而远近驰名。2006年，中国经济林协会授予清新区"中国冰糖橘之乡"称号；2007年清新区被国家林业局确定为100个"经济林产业示范县"之一（冰糖橘）。

英德西牛麻竹

英德市西牛镇，地处小北江中下游，江水清澈，水路总长100多千米。江水宛转弯环，沿江两岸奇峰异石，树绿竹翠。麻竹为牡竹属麻竹亚属合轴丛生型大型竹种，别名大头竹、大叶乌竹。主要分布于南亚热带地区，海拔600米以下，pH值4~6.5的江河两岸的肥沃冲积土。西牛麻竹笋具有鲜嫩、爽口、笋味香浓、渣少、粗纤维含量高等特征。

麻竹笋在英德市栽培历史悠久，清道光年间（1821—1850年）记载"麻竹长数大，大者径尺，概节多枝丛生回枝，叶大如履"。1921年《广东农村概况调查报告》记述，英德"第四区（西牛镇一带）内除松林外，以取笋制干之竹为多"。麻竹笋成了西牛农村致富法宝，人称"剥皮黄金"。"西牛笋干"曾在1922年举办的"广东省第二次农品展览会"上获特等奖。历史上，以西牛、沙增出产的笋干多、质量好。

新中国成立后，特别是20世纪80年代以来，西牛麻竹笋快速发展。到21世纪初，在当地形成麻竹、麻竹笋、麻竹叶生产销售的产业。2008年5月，国家质检总局批准对"西牛麻竹笋"实施地理标志产品保护。2013年，英德市麻笋竹种植面积48万亩，笋竹产值达到4.72亿元。

龙门年橘

龙门年橘，广东省惠州市龙门县特产。龙门县"八山一水一分田"，年平均气温20.8摄氏度，平均降水量2150毫米。优良的气候和土壤环境为龙门的年橘生长提供良好条件。龙门年橘以其橙红的鲜艳色，光滑的果皮，适中的甜酸度、适时的成熟期，早在20世纪80年代就已远销省内外。2007年11月，原国家质检总局批准对"龙门年橘"实施地理标志产品保护。

龙门县年橘种植历史悠久，可追溯到明末清初。1989年调查统计，全县百年以上的老橘树有200多株。年橘正当春节新年期间成熟，故名"年橘"。龙门年橘成熟期在1—2月，正好春节期间大量上市，有"大吉大利、吉祥如意"的寓意，是深受人们喜爱的应节果品。1984年广州市年橘品评会上，龙门的"龙青一号"年橘被评为第一名。

龙门县生产的年橘，果皮光滑、色泽鲜艳。年橘系芸香科，柑橘属，单果重60克左右，可溶性固形物12%~14%，含酸量0.7%~0.9%，果肉富含维生素C、柠檬酸和糖分，具有独特风味。鲜果食用具有清心、润肺、养颜、促进消化等功能，果皮可制作陈皮，有药用价值。对烟酒过度、通宵熬夜的人士，食之可以达到醒酒、提神醒脑的效果。

近年来，随着树上保鲜技术的使用，年橘的采收可以延长到4月底，果品颜色保持鲜艳、果味更为清甜可口，正值淡季，经济效益更好。龙门年橘的品牌有"南昆山"牌和"岁岁红"牌等。2013年统计，龙门全县年橘种植面积7万亩，年总产量23万吨。其中以龙华镇种植面积最大，其次是沙迳、麻榨、永汉等乡镇。

惠来荔枝

荔枝与香蕉、菠萝、龙眼一同号称"南国四大果品"。荔枝含有丰富的糖分、蛋白质、多种维生素、脂肪、柠檬酸、果胶以及磷、铁等多种对人体有益的微量元素。

广东省惠来县（隶属揭阳市）为中国荔枝之乡，惠来县是粤东最大的荔枝生产区，种植荔枝历史悠久，相传在唐朝时代就已有荔枝落户，如今在葵潭镇千秋镇村还保留着上千年树龄的荔枝，依然叶繁枝茂。2009年，惠来县荔枝种植面积达21万亩，占全县经济林总面积的 52.1%，年均产量达 7.5 万吨，其中千亩以上种植基地 30 个。品种主要有三月红、水东、妃子笑、桂味、糯米糍、黑叶、淮枝等，良种率达 87%。

近年来，该县发挥资源优势，按照基地化、产业化和专业化的要求，突出品牌发展战略，迈向规模化、集约化，形成 10 万亩优质荔枝生产基地，创办了荔枝种植专业村 120 个、果园 350 个、100 亩以上基地 1500 个，建立了"农户 + 公司"的经营模式，生产、加工、流通等产业体系不断完善，荔枝生产成为全县农业经济的支柱产业。2007 年 12 月，国家质检总局批准对"惠来荔枝"实施地理标志产品保护。2018 年，惠来荔枝实现了当天采摘当天直销香港，同时还远渡重洋出口美国和东南亚等国家和地区。

普宁青梅、蕉柑

普宁青梅，是广东省揭阳市普宁市的特产。普宁青梅以其果大、肉厚、核小、酸度高、果皮柔韧、不易破损、肉质柔软、晒干率高、色泽鲜艳、成品保色期长等优点而著称，誉满海内外。其为地理标志保护产品。

普宁地处南亚热带，气候温和、阳光充足、雨量充沛，年平均气温 21℃~22℃，12 月平均温度 15℃，1 月 13.5℃，无霜期 352 天，年均降水量 2126.9 毫米，微丘红壤土，土层深厚肥沃，有机质丰富，这些优越生态环境是优质青梅种植的理想区域。经过长期发展，成为普宁市最大宗水果，基本形成区域化、规模化、基地化、商品化生产格局。

普宁有种植青梅的传统习惯，距今已有 700 多年历史。新中国成立前，青梅主要分布在高埔河、梅林河、大坪河流域，为自给型零星少量面积种植，并有"高埔河沉船、酸了龙江"之说。1978 年以后，普宁市委、市政府重视特色经济发展，加快了南阳山区乡镇和铁山山系两大青梅栽培基地的建设。高埔、船埔、大坪、梅林、大坝镇和后溪乡、大坪农场、马鞍山场等 15 个乡镇场开始大面积种植青梅。

普宁市是全国闻名的水果之乡，2008 年青梅种植面积 16.3 万亩，年产量 3.5 万吨，出口量 2.8 万吨，种植面积、总产量、出口量均居全国县（市）级首位。1995 年 4 月被中国农学会特产经济专业委员会命名为"中国青梅之乡"，同年 4 月，广东省在普宁建立"中国青梅种质资源基地"。普宁青梅 1997 年被第三届全国农业博览会认定为名牌产品，并被载入《广东省优稀水果图谱》。

普宁青梅优良品种有十多个，其中主栽种的优良品种有软枝大粒梅、大青梅、白粉梅、黄枝梅、软枝乌叶梅、青竹梅、软枝大青梅和矮白梅品种等。普宁果梅加工制品品种丰富，主要有干湿梅、咸水梅，蜜饯类有蜜梅、酥梅、陈皮梅、情人梅、相思梅、甘草梅、话梅等，还有梅酱、梅酒、梅汁三大系列几十个品种。其中酥梅以其色泽雅观、肉质酥脆、品质上乘，具有原果风味而被评为"国家级新产品"，被外商誉为"凉果之珍品"。普宁青梅制品 80% 以上出口，产品畅销日本、韩国、东南亚、欧美、俄罗斯以及中国香港、澳门、台湾等 10 多个国家和地区，成为普宁出口创汇的拳头产品。

普宁蕉柑，广东省普宁市特产。普宁位于广东省东南部，潮汕平原西缘，是闻名的水果之乡和重要商埠。地处北回归线以南，属亚热带季风性气候，阳光充足，雨量充沛，土地肥沃，具有发展水果得天独厚的自然地理条件。蕉柑栽培历史悠久，果农栽培经验丰富，1996 年被中国农学会命名为"中国蕉柑之乡"。普宁蕉柑产品果大，外观端正，果色橙红鲜艳，肉质柔软化渣，无核，糖酸俱高，风味浓，品质极佳，且易剥皮，易分瓣，为优良品种，被誉为"柑橘皇后"。

蕉柑具有悠久的种植历史，蕉柑文化一直是潮汕文化的重要组成部分。唐代漳州郡（含今潮州）官员丁儒在《闲居二十韵》中云："蜜取花间液，柑藏树上珍"，丁儒把柑果视为珍贵之物。这是最早赞美蕉柑的记载，证明蕉柑至少已有 1300 多年的历史。2012 年，普宁蕉柑种植面积 6 万多亩，年产量 8.5 万吨。蕉柑产品畅销国内外市场。2005 年 12 月，国家质检总局批准对其实施地理标志产品保护。

廉江红橙

廉江红橙是广东省湛江市廉江市的特产。其果实大（单果重 150 克左右），果型好、肉色橙红、嫩滑、汁化渣、甜中带酸，味清甜带香，深受欢迎，廉江因此而被命名为"中国红橙之乡"。

廉江红橙母株发现于国营红江农场 1960 年种植的新会橙园中。廉江红橙于 1972 年开始种植，于 1986 年获农牧渔业部科技成果一等奖，1986 年被江西南昌召开的全国优质柑橙补评会定名廉江红橙，并被评为全国优质水果。1992 年，廉江市在国家工商行政管理局注册登记为"廉江红"注册商标。到 1991 年种植面积 18 万亩，年产量达 7.8 吨，产品销往海内及香港、东南亚等地，被列为国宴佳果，有"果王"之称。1995 年、1997 年、1999 年和 2001 年连续四届获中国农业博览会名牌产品称号。20 世纪 90 年代以来，由于种种原因其发展曾有所减少。为了恢复发展廉江红橙，廉江市成立恢复廉江红橙领导小组，建立红橙苗繁育中心，规划青平、高桥、雅塘、石颈、长山、塘蓬、石岭 7 个镇为恢复发展红橙重点镇。2004 年 9 月，国家质检总局批准对廉江红橙实施原产地域产品保护。

2018 年 12 月，廉江红橙种植面积达 8 万亩，年产量约 7 万吨，产值达到 2 亿多元。廉江红橙果大型靓、皮薄光滑、肉红色艳、汁多化渣、味纯清香、甜酸适中、风味独特，成熟期 11 月下旬至 12 月中旬，单果重 165 克。目前廉江红橙主要有廉江红及红江橙两个注册商标，这两个品牌的廉江红橙皆经营廉江正宗红橙。

埔田竹笋

埔田竹笋，广东省揭东县特产，因主产于该县埔田镇而得名。埔田竹笋品种独特，品质优良，在国际市场有很好声誉。2005 年 12 月，原国家质检总局批准对"埔田竹笋"实施地理标志产品保护。

北回归线斜穿揭东，属亚热带季风海洋气候，四季常青，无严寒酷暑，年均气温 21.5℃，年均降水量 1722.6 毫米，特别有利于竹笋的生长和养分积累，造就了埔田竹笋优良的品质。埔田竹笋生产历史悠久，已有 100 多年历史。

埔田竹笋品种独特，是国内罕见的食用笋品种，有"岭南山珍"美称，具有植株矮、分枝低、叶片密、叶量多、产量高等特点。所产竹笋产品质优良，具有高纤维、低蛋白、无脂肪，含多种氨基酸及维生素，味道鲜美，风味独特等特点，有保健减肥美容等功效。竹笋整个生产过程不需施用农药，不受任何污染，在国内外被誉为"第一绿色保健食品"，出口不受配额限制，在国际市场上供不应求。

覃斗杧果

覃斗杧果是广东省湛江市雷州市覃斗镇的特产。为中国国家地理标志认证产品。覃斗杧果香气浓、汁水多、果实大，外形美观、质量好、耐贮藏、香甜可口，因此闻名遐迩，深受人们的青睐。

覃斗地处雷州半岛西南部，热带季风气候，光照充足，多为红壤和砖红壤分布的丘陵低地，是种植热带水果的黄金宝地，适合大规模发展杧果生产。据史料记载，覃斗镇所在的湛江市在明代就有成片栽培杧果的历史。

覃斗杧果于 1987 年试种成功，1989 年在该镇全面铺开种植杧果。2010 年覃斗镇优良杧果种植面积有 2 万亩左右，总产量 1.5 万多吨，有蛋杧、台农、红象牙、金穗等 20 多个品种，其中蛋杧是当地最具特色的产品。1995 年，覃斗紫花一号杧果荣获第二届中国农业博览会银质奖（水果系列最高奖项）；1996 年，覃斗镇被命名为"中国杧果之乡"；2004 年被国家农业部确认为无公害水果。2005 年 4 月被国家质检总局认证为"国家原产地域保护产品"。

杧果是著名的热带水果，含水量较高，未成熟的杧果含有淀粉，成熟时转为糖。杧果内含有糖、蛋白质及维生素 A、维生素 B、维生素 C 等。有理气、止咳、健脾、益胃、止呕、止晕等功效。古代凡漂洋过海者，无不随身携带一些杧果，以解晕船之症。《食性本草》上载文说："芒果能治'妇人经脉不通，丈夫营卫中血脉不行'之症。"覃斗杧果特别适合于胃阴不足、口渴咽干、胃气虚弱、呕吐晕船等症。杧果还含有胡萝卜素，有益于视力的改善。杧果能润泽皮肤，是女士们的美容佳果。由于杧果集热带水果之精华，因此被誉为"热带水果之王"。

化橘红

化橘红是广东省茂名市化州市的特产名贵中药。化州正毛化橘红是芸香科植物化州柚的未成熟或近成熟的干燥果，是广东道地药材。有散寒、利气、消痰的功效，用于风寒咳嗽、喉痒痰多、食积伤酒、呕吐痞闷等。在多种止咳化痰的中成药中均含有其成分，其经常出口国外，在以前作为皇宫贡品药材。化橘红为地理标志保护产品。

化州橘红系多年生灌木或小乔木。药用部位为未成熟果实和成熟的干燥外层果皮，在产地加工时将橘皮用刀分成两层，外层为橘红，内层则为橘白，商品名称为毛橘红。药用历史相当悠久。当地有正毛化州橘红和副毛化州橘红两种，前者是正品，为常绿灌木，主干明显，粗而短，一般高 0.5~1 米，树冠高 4 米左右，枝梗短而粗壮，基本无刺，嫩枝梗稍扁起棱，密被绒毛，单身复叶互生，叶片厚，椭圆形，叶翼倒心形，叶片边缘密布绒毛，嫩叶尤多，叶腋处生总状花序或花束，花萼呈杯状，萼片 4 浅裂，花瓣 4 片，矩圆形，白色；

果实球形，多心室，幼果全身被雪白绒毛。花期2—3月，幼果期3—4月，果熟期10月。

化州橘红因化州得天独厚，吸收了地下所含的礞石矿，故所产的橘红果质量好，对肺痨、多年咳嗽、慢性支气管炎、胃痛、气虚、消化不良、水土不服等都有效果。分为金钱与凤尾两种，体生白毛戟手，香烈，药效相同，橘红花对治癫痫病有特效，常服可轻身延年，还可消除酒积、烟积。

化州市已建成河西、官桥、林尘、平定等化橘红专业镇9个，全市种植面积2016年达7万多亩。

梅州金柚

梅州金柚的栽培已近百年历史。目前梅州市总面积30万亩，产量30万吨以上，是全国最大的金柚商品生产基地。1995年被国家有关部门命名为"金柚之乡"。金柚果大、外形美观、果色鲜黄、肉质脆嫩、清甜爽口、汁多化渣、有香蜜味，富含营养物质和较高的药用价值，又由于其耐贮藏运输，在自然通风条件下，可贮藏半年而不改风味，故又有"天然罐头"之称。

梅州金柚品质优良，驰名中外。1987年被农业部评为优质水果；1988年被评为广东省优稀水果；1991年在全国"七五"星火计划成果博览会上荣获金奖；1997年在第三届中国农业博览会上被评为名牌产品。产品远销美国，加拿大，新加坡，中国香港、澳门等国家和地区。

梅州金柚果大、型美、皮色鲜黄、肉质清甜、汁多爽口、营养丰富，是果中之王。据广东省农科院化验分析，梅州金柚含可溶固形物14%、酸0.3339%、维生素C110.9毫克/毫升，含糖12.68%，还含有蛋白质脂肪及维生素B1、维生素B2、维生素E、维生素P以及人体组织不可缺少的营养元素，具有润肺化痰、止咳、清热、降低血压、血脂等药用之功效。梅州金柚储藏期可达4至5个月，享有"天然水果罐头"之美称。

新会柑

新会柑，又称新会广陈柑或陈皮柑、新会大红柑（学名：茶枝柑），广东省江门市新会区著名土特产，中国地理标志产品。新会柑，皮肉兼用，药食同源，是广陈柑农在700余年的漫长种植历史中，从芸香科柑橘属大红柑中筛选出来的优秀品种。其品质独特，在明清就风行各地，并被列为"贡品"，年年进贡。

新会柑，树矮、枝条细软，果实扁圆形、中等大，果实成熟时，果皮橙黄，微带青，柔韧而不易折断，油胞特大，有浓郁的芳香。柑肉多汁，糖酸比为15：32，是甜中带酸的独有风味，每百毫升果汁中含维生素C 34.3毫克，柠檬酸0.76克，可溶性固形物11.13%。

历史上种植的新会柑有大种油身、细种油身、大蒂、高督等4个品种，经过不断的种植总结，广陈陈皮采用品质最好的大种油身来种柑制皮，这也是广陈柑品质特好的其中一个原因。地道新会柑全身是宝，既可鲜食，又可加工成柑饼或果汁，但皮比肉贵，其柑皮是正宗地道新会陈皮的原料。其柑络、柑核均可入药，而且其成熟于"最有补于时"。

南山荔枝

南山荔枝是广东省深圳市南山区的特产。早在唐宋时期，它便是进献的"贡品"。其具有肉软滑细嫩、多汁、味浓甜等特点。南山荔枝是广东省著名荔枝品种，为岭南佳果，"南山三宝"之一。2006年10月，国家质检总局批准对其实施地理标志产品保护。

南山荔枝栽培历史悠久。南山，古称南头，在秦时即属南海郡番禺地。东晋咸和六年（331年），南头是东官郡的郡府，管辖澳门、珠海、香港、东莞、中山、汕头。据典籍《三辅黄图》记载，早在公元前3世纪，岭南已广种荔枝。1700多年前，南头作为岭南地区政治经济文化中心之一，当时可能有较大规模的荔枝栽培。清《嘉庆新安县志》记载："荔枝树高丈余或三、四丈，绿叶蓬蓬，青花朱实，实大如卵，肉白如脂，甘而多汁，乃果中之最珍者。故苏东坡诗云：'日啖荔枝三百颗，不辞长作岭南人。'其种不一，曰'大荔'、曰'黑叶'、曰'小华山'、曰'状元红'，俱于盛夏成熟。"可见，南山的荔枝早已遐迩闻名。新中国成立后，南山荔枝生产迅速发展。特别是改革开放以来，大力扩种糯米糍、桂味、妃子笑等荔枝优良品种，丰产稳产技术水平和产品质量得到较快的提高。

南山荔枝种植面积2.6万亩，主要分布于南山区西丽、南山、沙河等街道和区西丽果场。主要栽培品种有糯米糍、桂味、妃子笑等。年产量1000~1300吨。南山荔枝以其品质优良、风味独特而饮誉海内外，成为南山区农业支柱产业，雄踞"南山农产品三宝"之首。

连平鹰嘴蜜桃

鹰嘴蜜桃是广东省河源市连平县上坪镇的特产。其蜜桃色泽鲜亮、果大形美，肉质脆嫩，清甜爽口，其质地远优于其他同类产品，是不可多得的水果精品。平均果重150克，最大单果重360克，是我国南方蜜桃硬肉系优良品种。产品畅销广州、深圳等地，深受广大消费者喜爱。

连平盛产多种水果，据《连平州志》记载，在明朝这里就出产桃、李等水果，可见连平有悠久的种桃历史，距今已有400余年。连平人十分喜欢桃，在连平流传这样一首客家民谣，"食桃饱，食李衰，食了杨梅叫得归"。在当地农村家家户户的门前屋后都会种上几棵桃树，但这种本地原始桃属于小鹰嘴桃。20世纪80年代初，上坪镇村民经过悉心栽培，使当地的桃树品种品质得到改良。

连平县上坪镇的土壤呈酸性，冬天不太冷且不长，较适合蜜桃生长。该镇根据自然资源优势，与当地农民群众有种蜜桃的传统习惯结合起来，通过大量的市场调查和省农科专家的调研，把水蜜桃生产定为连平县"一镇一品"的特色经济。

2002年以前，上坪镇有蜜桃基地4000亩。2003年，上坪镇完成6000亩水蜜桃的备耕种植任务，开始筹建九连山万亩蜜桃基地。2003—2005年，上坪镇动员群众再扩种1万多亩。上坪镇种植蜜桃项目建设实行统一规划、连片开发、分户经营的方针，充分调动农民的积极性，以九连山鹰嘴蜜桃基地为中心向周边各村辐射，形成了"村村有基地，户户有庄园"的格局，达到人均1亩桃园以上，使上坪镇成为名副其实的蜜桃专业镇。2005年，上坪镇被国家有关部门评为"中国鹰嘴蜜桃之乡"。

封开油栗

封开油栗是广东省肇庆市封开县的特产，中国板栗中最优良的品种之一，因其皮薄油亮、脆甜口香而得名。2006年被国家认定为绿色食品；同年8月被中国流通协会认定为"中华名果"称号。2007年，封开县成为"中国油栗之乡"。2013年6月，原国家质检总局批准对其实施地理标志产品保护。

封开油栗历史悠久，据广信历史记载，封开县早在约500年前，就已发现长岗镇马欧村的古林洞山坡地生

封开油栗（樊宝敏摄）

长有野生油栗品种。后来当地的农民利用本地野生资源，逐步扩大种植范围。由于生食清甜爽脆，熟食甘香可口，在省内外享誉盛名。1958年，长岗镇马欧村种植的油栗参加全国农副产品博览会，获得周恩来总理亲笔签发的奖状；1988年被评为"广东省优稀水果品种"。

2017年，封开油栗种植面积15万亩，约有1万吨产量。主产于长岗镇，覆盖罗董、杏花、渔涝、河儿口、七星、江口、大洲等八个镇。近年县农业部门在长岗镇建立5000亩油栗示范基地，同时列入省"一乡一品"项目，并注册"奇香皇"牌商标。

油栗树冠开张，果实总苞刺短而疏、壳薄、饱满，内有种子1~3粒，以2粒为多。种子皮薄，呈栗褐色或红褐色，光泽明亮，极少绒毛，平均单粒重15克左右；肉色蛋黄，糯性中等，果味香甜，含淀粉、原糖、蔗糖、粗蛋白等物质。果实多在9月下旬成熟，少量早熟品种在8月下旬成熟。与河源、阳山地区种植油栗对比，封开县的油栗更具有"名、优、稀"的特色。一是最具早熟性；二是味道奇香、清甜脆口，食后回味无穷，有其他板栗所没有的细腻特点；三是耐贮藏，煮熟后不易变质；四是封开油栗营养价值丰富，具有补肾、健脾、活血等保健作用，被称为"肾之宝"。可生食、熟食，也可与肉类一起炒、焖、蒸、炖食。

茂名古荔枝贡园

茂名有四大古荔枝贡园，分别为茂港区羊角镇的禄段贡园、高州市根子镇的柏桥贡园、泗水镇的滩底贡园、电白区霞洞镇贡园。目前，茂名是全国乃至全世界最大的荔枝种植基地，全市荔枝种植面积达176万亩，年产量50万吨。

禄段古荔枝贡园，位于广东省茂名市茂港区羊角镇禄段村，占地300多亩，可溯及唐代，至今已有1000多年的历史，曾是朝廷选定的荔枝贡品产地。该园是茂名地区古荔枝数量最多、分布最集中、历史最悠久的古荔贡园。1993年，经专家鉴定，确认该园1000年以上的古荔枝树有1000多棵，最古老的荔枝树树龄1300多年。其中一嫁接的古荔枝

树，左边为白蜡，右边是黑叶，这种黑白配的嫁接，已有近 600 年的历史。由禄段村、妙义村的武馆园，西瓜地村的车田园，上泗水村的龟尾园这 3 个园合并而成。而禄段村内有百年以上的古荔枝树 3000 多棵，其中车田园有古树 147 棵，龟尾园有古树 58 棵，武馆园有古树 152 棵，其余的古树散布在村庄各处，荔枝林占地面积共 3000 多亩。

由于地理位置得天独厚，水土及气候等条件都适合荔枝生长的要求，历朝历代都盛产优质荔枝而古今扬名。苍劲的古荔散布在园内各处，千年古荔造型别致、形态各异，就像一个个放大了的盆景：有的树心被时光掏空，而根部又萌生出了新芽；有的半边躯干被风雨吞噬，只剩半边在顽强地支撑着生命；有的盘根错节，几代同堂……新老荔树相映成趣，极具观赏价值。

高州古荔枝贡园，位于高州市根子镇柏桥村，总面积约 80 亩。据史籍记载，高州种植荔枝始于秦末，至今已有 2000 多年的历史。传说，唐朝岭南地区高凉浮山岭下有一小山叫大园岭，长有一棵野生荔枝树，该荔枝树肉厚核细、味道极甜，丰产稳产，却久未命名。玄宗年间，高力士身为唐玄宗的心腹内侍，把家乡高凉大园岭的荔枝献给杨贵妃，杨贵妃见到鲜红的荔枝大喜，笑容可掬，后来人们将这种荔枝称为妃子笑荔枝。因其形似白蜡及盛放糖的器（一种常用来盛放糖的陶瓷器），味道特别甜，故又取名为白蜡荔枝和白糖器荔枝。明末弘治年间，何氏祖先从原籍福建迁到广东高州府茂名县根子柏桥村开基创业，发现大园岭这些优质荔枝虽然果实大小和味道还不错，但该母树已年过 800，老残至极，结果少。何氏祖先便采用"圈枝"法繁殖新苗，在大园岭开垦扩种，由于该母树老残枝少，能繁育的苗不多，于是又到围山岭找到两棵荔枝"圈枝"繁殖，种满了大园岭。目前，该园古荔丛生，形态各异，拥有 500~1300 年树龄的古荔枝树 39 棵，为粤西地区现存最古老的荔园。

高州市祭荔枝神的习俗已有很长的历史，在每年荔枝收获完毕，一般在农历五月初五后不久进行。祭荔枝神先定吉日，有单户的，也有集体的。单户的各自在自家里做粄，加菜并邀亲戚朋友饮自家酿的荔枝酒，饮罢，果农们留下祭品带到各自种的荔枝树下拜祭，祭品中一定要有荔枝酒，果农首先挑当年荔枝最丰收的果树来拜祭，其他果树次之。单户各自拜祭完后，接着鞭炮齐鸣，锣鼓喧天，载歌载舞，这些舞蹈以傩舞为主。人们在荔枝园挑一棵"功劳最大的荔枝树"下作祭坛，八仙桌上摆上从各家各户送来的三牲祭品和荔枝酒，然后请道士喃斋。道士一边喃唱一边将"纸元宝"堆放在荔枝树下，众人拜后，由道士取荔枝酒斟满一杯又一杯，在各棵荔枝树头上酹酒一圈，以示敬意。晚上，在荔枝园附近做木偶戏，有钱的人还专门请来名戏班做戏。此风俗最早出现在浮山岭下的古荔枝园（今根子镇贡园）一带，后来传到分界、泗水等地，直至高州凡有荔树的地方，都一直沿用此习俗。

从化荔枝王

从化古荔枝林／荔枝王，位于广东省从化区太平镇木棉村龟咀社石塘岭，种植在半砂质的红壤台地上。该荔枝树为私人拥有，栽植于明朝中叶，距今已有 400 多年历史。该树的树干基底直径 5 米多，树围达 10 余米，高度约为 12 米，冠幅直径 30 多米，占地 880 多平方米，树遮阳覆盖面积达 1 亩多，延伸出来的树枝也十分粗壮，整棵树呈"蘑菇状"，形态显得十分"稳重"。"荔枝王"属于槐枝品种，肉质比一般荔枝更加清甜，口感也更佳。而从产量上看，这棵"荔枝王"也尽显王者风范，其年产量一般为 1000~1500 千克，是一般荔枝树年产量的数倍，而最高产年份可挂果 2000 多千克，其产量之大令人吃惊。

在"荔枝王"树址周围，有一片生长了 200 多年的荔枝林，种植了很多树龄几十年至上百年不等的荔枝树，其中，相传有 8 棵"皇妃树"，分别冠以"香""贵""惠""容""汉""怡""德"的尊称宝号。荔枝古树林立，成为木棉村一道亮丽的风景。

荔熟时节，红荔似海，宾客如云，亲朋相聚，如歌如潮。清康熙年间，在县署旁建有观澜亭，池中植荷花，池边种荔枝，古人到此曾作《观澜亭荔枝记》《书院荔荷词》等诗词，称"绿叶满池亭，丹荔垂帘幕"，充满诗情画意。从化荔枝，成为历代文人墨客创作源泉之一，杨朔的《荔枝蜜》就是在从化的荔枝园酝酿出来的。20 世纪 80 年代开始，兴起以荔为媒、以荔会友的热潮。1992 年，从化首次举办荔枝节，广交天下朋友，促进了地方经济、文化和社会的发展。2004 年，从化"荔枝王"入选吉尼斯世界纪录大全，被称为"世界最大的荔枝树"。

梅县古梅

最美梅树古树，位于广东省梅州市梅县区城东镇潮塘村。距今 1010 年，胸围 325 厘米。此"千年古梅"是广东至今发现树龄最古老的梅花。树冠呈伞形，花重瓣，色淡红，香味浓郁，被古梅专家定名为"潮塘宫粉"，极具研究和观赏价值。潮塘山区土地贫瘠，

缺水少肥，千年古梅仅其一树傲然挺立。古梅树高约 11 米，胸围 3 米多，虽不是中国现存最古老的梅树，但其价值在于天然生成，而非后人所培植，故显得尤为珍贵。据潮塘村民说，最好的赏梅时间为每年农历大寒前后，这时古梅齐花怒放，形奇多姿，遍枝粉嫩嫣红、灿若霞锦。吸引着众多游人纷纷前来观赏，令人如痴如醉，流连忘返。

梅县古梅（王枫供图）

罗浮山

罗浮山，雄峙于岭南中南部，坐临南海大亚湾，毗邻惠州西湖。方圆 214 多平方千米，共有大小山峰 432 座，飞瀑名泉达 980 多处，洞天奇景 18 处，石室幽岩 72 个，以山势雄伟壮观、植被繁茂常绿、林木高大森古、神仙洞府超凡脱俗的特色，吸引古今无

数的名人和游客。罗浮山有"师雄梦梅""东坡啖荔""安期天饮""稚川炼丹""仙凡路别""花手游会""洞天药市""天龙王梦"等不少传说，神奇幽胜。

罗浮山素有"岭南第一山"之称，是中国道教十大名山之一。传说，蓬莱仙岛中的浮山从东海到南海，附于这里的罗山，并体而成罗浮山，成为百粤群山之祖和岭南道教文化的发祥地。此山自然景观众多，融自然景观与人文景观于一体，拥有山、水、泉、瀑、池、洞、观、寺、塔、林等景观，具有独特的"天际一轴线，仙凡两重天""一山分四季，十里不同温"的自然特征，中草药资源极其丰富。

罗浮山文化积淀深厚，集道、佛、儒三教于一山。东晋时期，葛洪、鲍姑、黄大仙等仙道曾在此采药炼丹、修行济世、著书立说。自古以来，罗浮山的奇观胜境、美妙神话源远流长，成为李白、杜甫、苏轼、杨万里等历代文人骚客诗文的重要题材。苏东坡的"罗浮山下四时春，卢橘杨梅次第新。日啖荔枝三百颗，不辞长作岭南人"就是盛赞罗浮山的佳作。众多的诗词楹联、摩崖石刻等，形成罗浮山独具魅力的历史人文景观。2013年12月，罗浮山被评为国家5A级旅游景区。

罗浮山（樊宝敏摄）

潮州韩祠橡木

橡木虽不是潮州土生土长的，但它的花在潮州甚至比市花白玉兰更家喻户晓。橡木开花，历来在潮州地区被视为佳兆。[①] 潮州原本没有橡木，传说韩愈刺潮之后，潮州从此就有了橡木。唐元和十四年（819年），韩愈因谏迎佛骨被贬来到潮州。潮州有幸，迎来了"文起八代之衰，道济天下之溺"的一代大儒。治潮八月，韩愈施行仁政，他祭鳄鱼，释放奴隶，兴办教育，为民众兴利除弊，为潮州的人文蔚起打下基础，后世潮州民众感恩韩愈，将当地恶溪更名韩江，笔架山改名韩山。

传说韩文公来潮州之后，从家乡随身带来两株橡木，亲手种在笔架山上。两株橡木仅有一株存活。韩文公离开潮州之后，当地百姓在城南建祠纪念，后来睹物思人，遂将韩文公祠迁到笔架山橡木所在之处。一座祠，一棵树，一千多年来联系在一起，形成了当地独特的人文景观。历朝历代的文人墨客在登笔架山游览韩祠之后，顺便观看橡木，缅怀文公德政，若遇橡木开花，更是增添几分诗意，于是临风赋诗，凭吊古人，借物比兴，历朝历代留下不少诗词歌赋。后人将"韩祠橡木"合起来定为一景，成为著名的潮州八景之一。

---

① 又是一年橡木花开，"韩祠橡木"寄托着潮人怎样的情感？. http：//www.360doc.com/content/19/0331/15/46996736_825504232.shtml，2019-3-31.

文公是一代大儒，因而他亲手种植的橡木也被赋予一种神奇的色彩。橡木有花，但花不常开，传说韩文公祠门口的那棵橡木，每到开花的时候，可"以花之繁稀卜科名盛衰"。然而，据潮州地方文献的记载，韩愈亲手种植的那棵橡木到了清代嘉庆年间就枯死了，自此，潮州只见韩祠，不见橡木。即便这样，韩祠橡木依然是潮州美景，橡木只能空凭吊。实际中的橡木长什么样，橡木开花又是怎样，几乎很少有人看到。直到2011年，潮州人民为了弥补这个缺陷，专门从韩愈的故乡河南省新密市移植了30多株橡树来到潮州，绝迹两百多年的橡木又开始在韩祠门口成长。2015年，这批种植了14年的橡木终于第一次次第开花，2016年继续开花。橡木两次开花，潮州满城沸腾，地方政府举行橡木花会，人人争看橡木花。

中山纪念堂木棉

最美木棉古树，位于广东省广州市越秀区中山纪念堂。距今348年，胸围597厘米。又有"木棉王"的美称。

木棉花是广州市的市花。花朵硕大，花开火红热烈，盛开在枝头宛如顶天立地之势，鲜红的颜色犹如战士的风骨，也名"英雄花"，广州最古老的木棉树有着348年的树龄，坐落在具有深厚历史文化底蕴的中山纪念堂的东北角，广州中山纪念堂是广州历史名片，承载了孙中山先生伟大思想的精华，并实现了形象而直观的建筑学表达，花城深处故事多，中山纪念堂就是花城往事中最精彩、最耐人寻味的篇章。

这棵木棉王高约23米，冠幅900平方米，她在花城往事中扮演着主角，虽年代久远，但依然雄伟如故。每当三四月春天来临，中山纪念堂的木棉王万花绽放、姹紫嫣红，此时正是市民踏青赏花的最佳时节。这株木棉王目睹了中山纪念堂发生的重大历史事件，见证了广州山河田海的沧桑巨变。夜深人静时细细品味着数百年的风霜，如今，走进中山纪念堂，能很快找到木棉王，只见脚下有一块立石，上面刻着广州市原市长朱光的题词："广州好，人数木棉雄，落叶开花飞火凤，参天擎日舞丹龙，人道是，三月正春风"。这首词正是中山纪念堂木棉王的最佳写照。

广州木棉王（王枫供图）

凌道扬故居

凌道扬（1888—1993），林学家、农学家和教育家，中国近代林业的奠基人，中国林学会的创始人，香港中文大学的筹建者。1888年12月8日，凌道扬生于广东省五华县樟村，籍贯为广州府新安县布吉村（今深圳市龙岗区布吉街道老墟村），出生于一个牧师家庭。1900年，进入上海圣约翰书院（后改名圣约翰大学）开始正式接受西式教育。1910年留学美国，在麻省农学院习农科，1912年入耶鲁大学林学系，1914年夏获耶鲁大学林学硕士学位，是中国获得该学位的第一人。同年归国，任职基督教上海青年会演讲部森林科，参与制定《森林法》。1915 年，被聘为南京金陵大学教授，凌道扬和韩安、裴义理等林学家有感于国家林业不振，"重山复岭，濯濯不毛"，倡议北洋政府以清明节为"中国植树节"，得到采纳。1917 年，在南京发起成立中华森林会，任理事长。1921 年，创办《森林》季刊。1922 年，任青岛胶澳农林事务所所长。

凌道扬故居（樊宝敏摄）

1924 年，任青岛大学兼职教授。1928 年，离开青岛，任北平大学农学院教授兼院长。中华林学会在南京成立，任理事。1929 年，任国立中央大学农学院教授兼院长，当选中华林学会第二届理事长，创办《林学》杂志，此后至 1940 年连任第三、第四届理事长。1931 年，任实业部中央模范林区管理局局长。1932 年，出席在加拿大温哥华召开的第五次太平洋科学会议。1936 年，任广东省建设厅农林局代局长、局长。1939 年，任黄河水利委员会林垦设计委员会副主任、主任。1940 年，移居重庆。1945 年，在重庆发起成立水土保持协会，任行政院救济署顾问、联合国救济总署广东分署署长、广东省政府顾问。1947 年夏，应联合国粮食农业总署的邀请赴美国考察并任职。1948 年，在联合国粮食农业总署退休。1949 年，定居香港，先后任崇基学院院长、联合书院院长、崇谦堂长老。1980 年，移居美国。1993 年 8 月 2 日，病逝于美国，享年 105 岁。

凌道扬不仅是放眼世界林业的第一人，也是呼吁政府增加林业投入的第一人，更是近代较早提出森林间接效益（即生态效益）并重视林业教育的学者。他认为，林政对于国家非常重要，对增加财政、提供工业原料、利用土地、改善生计、获得间接利益等有重要关系，振兴林政、振兴林业是中国的当务之急。他认为，当时各省水灾之剧烈，缺乏森林实为一大原因。他强调，振兴林业必须重视发展林业教育。

凌道扬故居，位于深圳市龙岗区布吉街道老墟村，在布吉基督教堂前面。它是一座典型的客家民居建筑，砖木结构。由凌道扬祖父凌启莲于 1902 年发起修建，建有两层，灰砖清水墙面。这栋小楼目前由凌道扬的侄子凌宏孝居住，虽经过多次修建，但整体框架并没有改变，至今还留存有凌道扬与康有为在青岛拍摄的珍贵合影。

潮安凤凰单丛茶

广东潮安凤凰单丛茶文化系统，位于潮州市北部山区的凤凰镇，面积 230 平方千米。凤凰镇是中国名茶之乡、中国乌龙茶之乡，广东名镇、广东茶叶专业镇、旅游特色镇。现有茶园面积 6 万多亩，年产茶叶 300 多万千克。凤凰茶品质好，在国内外各项茶叶评比中屡获殊荣。

广东潮安凤凰单丛茶园（闵庆文供图）

凤凰单丛茶始于南宋末年，历经600多百年数十代人的传承，资源物种仍基本保持历史原貌。单丛茶树文化遗产资源主要存在境内海拔600~1200米的中高山。多年来，各级政府特别重视对凤凰古茶树的保护，1980年组织进行系统调查，200年以上的古茶树有3700多株。凤凰古茶树被专家誉为"中国之国宝，是世界罕见的优稀茶树资源"。

茶叶种植是当地人民的主要经济来源，是潮州茶文化的重要组成部分。凤凰单丛古茶树是不可再生的遗传资源。古茶树易因病虫侵害、管理失当等原因死亡。仅1996—1998年，就有80株古茶树死亡，单丛古茶树遗传资源的数量不断下降。

为保护和利用好这一农业文化遗产资源，潮安县政府加大对古茶树的宣传保护力度，制定古茶树的保护措施，做好古茶树登记造册确认，加强凤凰单从茶文化系统母本园建设，保护种质资源，引导茶农科学管理古茶树，推进无公害茶叶标准化生产，并结合凤凰山美丽自然风光，规划开发中国重要农业文化遗产保护区，发展山区特色农业，保护茶区农业生态。2014年5月，潮安凤凰单丛茶被认定为第二批中国重要农业文化遗产。

佛山桑基鱼塘

珠三角桑基鱼塘，诞生于珠江三角洲的南番顺一带，是该区域一种独具地方特色的农业生产形式，距今已有1000多年的历史。

目前珠三角的桑基鱼塘总量不足3000亩，零星散布于顺德、南海和广州市郊。其中广东省佛山市南海区西棋镇西檐山山南的连片鱼塘，是珠三角地区面积最大、保护最好、最完整的桑基鱼塘。

据史料记载，珠江三角洲早在汉代已有种桑、饲蚕、丝织活动。公元7世纪初，唐各地商人和外国人都相继来广州贸易，贩运绢丝，当时珠江三角洲已是"田稻再熟、桑蚕五收"之地。但当时种的桑是在广州附近的高地，与鱼塘没有联系，尚未形成桑基鱼

佛山桑基鱼塘（樊宝敏摄）

塘。12世纪初，北宋徽宗期间，在南海和顺德两县相邻的西江沿岸，修筑了著名的"桑园围"，说明当时南海、顺德一带已是重要种桑养蚕地区了。明永乐四年（1406年），顺德的龙江、龙山两地已出现土丝买卖市场，蚕丝生产已成为商品，但尚未发现与养鱼联系。

珠江三角洲池塘养鱼的最早记载为公元9世纪的唐代。明代初期，池塘养鱼地区亦已逐渐扩大，在珠江三角洲已逐渐发展为以南海九江和顺德陈村为中心的基塘养鱼生产地带。但当时与基面用于种桑养蚕的生产尚未发现。明嘉靖元年（1522年），南海县的九江，顺德县的龙山、龙江，高鹤县的坡山（古劳一带）等地，蚕桑业急剧兴旺起来，出现塘基种桑的地方很多，著名的桑园围和古劳围就在这一带。该地农民经过长期种桑养蚕的经验，发现养蚕的蚕沙（蚕粪）可以养鱼，是塘鱼很好的饲料。当时因需要生丝多，种桑养蚕亦多，蚕沙量日多，塘鱼的饲料也多，于是大量发展养蚕的同时，淡水渔业也发展起来。由此桑鱼塘这种特殊生产方式经过长期的生产实践逐渐形成，并很快传到珠江三角洲各地，掀起了珠江三角洲桑基鱼塘发展的三次高潮，分别是清乾隆年间、鸦片战争后、第一次世界大战后①。

目前，在珠江三角洲蚕桑区（南海、顺德、中山等地）的桑田形式一般都是桑基鱼塘的形式，这种生产形式传续至今，除地理上的原因之外，在经营上也是合理的。一位参观过珠江三角洲某地桑基鱼塘的外国学者说："基塘是一个很独特的水陆资源相互作用的人工生态系统，在世界上是少有的，这种耕作制度可以容纳大量的劳动力，有效地保护生态环境，世界各国同类型的低洼地区也可以这样做。"桑基鱼塘水面错落、基冈纵横，被联合国教科文组织誉为"世间少有美景、良性循环典范"。

潮州金漆木雕

金漆木雕是一种广东潮州汉族民间艺术，历史悠久，明清两代就有很高的艺术水平，又称"潮州木雕"，多以樟木或杉木为基本原料，加以生漆和金箔。雕刻形式有浮雕、立体雕和通雕等。表现内容多为《三国演义》《水浒传》的情节，《二十四孝图》及一些民间故事，体现当地人的忠孝、趋利避害意识，有较强烈的地方文化特点。金漆木雕以木雕为基础，髹之以金，自明代开始逐渐形成定式。明初的木雕多为平面雕饰，至万历年间始向单层镂通发展。清代是鼎盛时期，不少达官贵人所营建的祠堂和豪宅，无不以金漆木雕装饰。

其由粗犷的建筑木雕发展为精细的日用木雕，如挂屏、座屏、神龛、茶柜、香柜、案桌、屏风等。其中尤以黑地金漆神龛最为精巧。大约在三寸高的龛门窗格上就能刻出十多个故事人物，如果是戏曲人物，所穿袍甲还雕上图案花纹、背景还衬上通雕景物，是木雕艺术中最精细绝伦的技艺。以花、鸟、鱼、虫、蟹为主要题材，内容丰富多彩，造型古典、生动，刀法浑厚，金彩相间、绚烂富丽，具有浓郁的民族风格和地方特色。雕刻技法主要有沉（凹）雕、浮（凸）雕、圆（立体）雕、通雕（多层）和锯通雕（单层）五种，其中通雕最为卓越，它的出现在木雕艺术史上具有划时代意义。依据不同的题材和装饰，不同的雕刻技法或单独或综合地灵活运用，以表现不同的形式美，是熔雕刻与绘画于一炉的艺术。

---

① 王思远，等. 珠江三角洲地区桑基鱼塘的传承保护与创新发展 [J]. 蚕业科学，2019（6）：909–914.

广式硬木家具制作

广式硬木家具多选用紫檀、酸枝、花梨木等贵重硬木制作而成，而这些硬木的主产地在广州，故有"广式硬木家具"之称。其制作技艺现分布于广州市内各区及周边地区，尤多集中于荔湾区的上下九路、西关、新胜街一带。

清中叶以后，随着广州对外通商贸易和中西文化交往日渐频繁，广式硬木家具制作进入鼎盛时期，并广泛吸收了欧洲艺术表现手法和风格。广式硬木家具制作技艺包括设计、开料、做坯、装饰、打磨、打蜡、装配等工序。在装饰工艺方面，既有集雕刻、镶嵌、彩绘等于一身的巴洛克式风格，又具有洛可可式融汇多种技法、手法于一体的特点，综合采用雕刻、镶嵌、描金、彩绘、贴黄、掐丝珐琅等装饰手法，并将琥珀、玛瑙、珊瑚、宝石、金银、牙、角、木、瓷等材料运用在装饰中。

广式硬木家具有橱柜、床塌、桌案、椅凳等多个系列，图案装饰丰富多彩，造型雄浑稳重，风格繁密华缛。由于贵重硬木原料日渐稀缺，掌握传统制作技艺难度大、成材率低，再加上现代新材料家具的冲击，广式硬木家具已面临经营困难、制作技艺传承断层的危机。

揭阳木雕

揭阳木雕源于清代，素以"精微镂空"技艺而闻名，主要流传在广东省揭阳和汕头一带。它属于潮州金漆木雕的流派。其中金漆木雕最有特色，制作时先在樟木或杉木上凿粗坯，然后精雕细刻，磨光之后层层髹漆，最后贴以金箔，可达到金碧辉煌的艺术效果。揭阳木雕一般采取柔性造型方式，以弧线曲线及由其产生的曲面组成造型。揭阳木雕和汕头木雕都因应用和题材广泛而保持着生机。

连南瑶山茶

连南瑶族自治县位于广东省西北部。连南瑶山茶，又名连南大叶茶，是广东著名的特色茶叶，瑶族特有的茶叶。产于粤北瑶山 800 米的崇山峻岭之中，峰峦叠嶂，林木葱葱，终年云雾弥漫。由于环境优越，所产茶叶富含糖类、氨基酸和多种维生素，经精细加工，其成品茶香气清新芬芳、滋味醇和回甘，能提神醒脑、生津止渴、助消化、去油腻、解热毒，常饮利于健身防病，益寿延年。

连南瑶山有几种名茶，诸如高界茶、黄连茶、天堂茶、大龙茶等，都享有盛誉。这些茶叶大部分出自原始茶树，东一棵、西一棵长于丛林之中，没经耕耘松土，没施化肥农药，朝饮云雾吸甘露，日吸阳光沐清风，质地自然不同凡响。加上瑶家精心泡制，几经翻工，便形成瑶山茶清香、浓郁、甘辛、浑厚等共同特点。高界茶醇香甘洌，回味无穷；黄连茶清香绵缠，1957 年在英国伦敦世界茶叶展销会上，获得英国女皇的青睐；天堂茶甘洌可口，饮过之后喉咙清凉畅气；大龙茶浓郁甘辛，耐人寻味。2021 年，国家农业农村部批准对其实施农产品地理标志登记保护，保护范围为连南瑶族自治县所辖 7 个镇 69 个行政村。目前，连南县茶种植面积达 2.5 万亩，干茶年产量 914 吨。

新会陈皮

新会陈皮，是广东省江门市新会区所产的大红柑的干果皮，为新会特产，具有很高的药用价值，是传统的香料和调味佳品。宋代已成为南北贸易的"广货"之一，行销全国和南洋、美洲等地。2006年10月，国家质检总局批准其为国家地理标志产品。

据说新会陈皮运往北方各地，过了岭南之后，其味更为芳香。曾有华侨携带新会陈皮乘船出国，船抵太平洋，顿时芳香四溢，无法掩盖。新会陈皮散发芳香扑鼻的香味，是其独有品质。经药检部门初步化验，新会产的陈皮与外地移植新会柑的陈皮，其形状组织结构虽然相似，但挥发油所含的成分及品味都有很大差异。因此，药用与调味效果就相差很大。

新会地处热带海洋性季风气候，热量充分（年均温度数21.8℃）；光照时数足；雨量充沛（年均降水量达1784.6毫米）；无霜期长（年均无霜期达349天）。新会地理条件独特，依山面海，两江汇聚，形成潭江两岸冲积平原，土地肥沃，是柑橘最适宜栽培区。20世纪80年代高峰期的生产规模近14万亩，拥有诸如新会柑、新会橙和新会年橘等多个柑橘原产品种，是柑橘的起源中心之一，富有柑橘的栽培经验。

新会是陈皮的道地产区，种植历史悠久，在历史上被定为贡品，享誉华南、港澳台、美加、东南亚等地。人工驯化栽培始于13世纪。2007年，新会陈皮生产规模近万亩，柑果品产量超1.5万吨，年加工陈皮量达千吨，年出口量达400吨，已开发陈皮的多种系列产品。在新会民间流传着许多陈皮调味和食用的方法，如陈皮配鱼、陈皮配禽、陈皮配畜、陈皮味料、陈皮甜品、陈皮糕点、陈皮酒类、陈皮凉果类等。

广西壮族自治区

广西壮族自治区林业遗产名录

大类	名称	数量
林业生态遗产	01 猫儿山；02 大瑶山森林公园；03 龙州蚬木	3
林业生产遗产	04 田东香芒；05 隆安板栗；06 灵山荔枝；07 兴安白果；08 灌阳红枣；09 融水糯米柚；10 容县沙田柚；11 阳朔金橘；12 平南石硖龙眼；13 富川脐橙；14 恭城月柿；15 田阳杧果	12
林业生活遗产	16 忻城金银花；17 横县茉莉花	2
林业记忆遗产	18 大新苦丁茶；19 凌云白毫茶；20 毛南族花竹帽编织技艺；21 平乐石崖茶；22 横县南山白毛茶	5
总计		22

猫儿山

桂林猫儿山，其山顶为四百里越城岭山脉的最高峰神猫顶，海拔2141.5米，为华南第一高峰，是"山海经第一山"。猫儿山自然保护区位于桂林北部，距市区110千米，地跨兴安、资源、龙胜三县，面积为17008公顷。猫儿山因山形酷似猫而得名，它是南粤五岭之一越城岭的主峰，海拔2142米，为华南最高峰，号称"五岭绝首，华南之巅"。美丽迷人的漓江、资江、浔江发源于此，为三江之源。保护区于1976年经自治区人民政府批准成立，1999年被纳入中国生物圈保护区网络。2003年成为国家级自然保护区，主要保护对象是原生性亚热带常绿阔叶林森林生态系统、国家保护的野生动植物物种、三江源头水源涵养林。

保护区范围包括老山界、高寨戴云山、长期毛界等区域，是原生性亚热带山地常绿落叶阔叶混交林植被保存最为完好的地区之一，被列入全国14个具有国际意义的陆地生物多样性关键地区和16个生物多样性热点地区之一。已知高等植物2484种；脊椎动物345种，其中兽类71种，鸟类145种，爬行类39种，其中国家一级重点保护野生动物5种，二级重点保护野生动物32种；已知昆虫3300种。有"中国南岭山脉绿色宝库"之称。

猫儿山在不同的海拔高度呈现不同的植物分布。海拔500米以下，是大量毛竹种植区；海拔500~1200米以常绿阔叶林和常绿阔叶人工林为主，典型的植物有毛桂、榆木、酸枣、山合欢、青钱柳等；海拔1200~1800米为落叶及常绿阔叶混合林，有光皮桦、华中山柳、兴安马银花等；1800~2000米为常绿阔叶林和常绿阔叶针叶混交林，如常见的亚热带耐寒植物和温带针叶阔叶植物，有青冈栎、假地枫皮、资源木姜、华丽杜鹃、厚叶杜鹃、北汇杜鹃、美丽马醉木和尖尾筱竹等；2000米以上为山顶灌丛矮林，主要是一些温带植物，如豪猪刺、灯笼树、西南山茶、猫儿山杜鹃、红果树、吊篮龙胆等。猫儿山年平均气温14℃，气候温和，四季分明，全年皆适合旅游。

漓江（拍信图片）

大瑶山森林公园

　　大瑶山国家自然保护区位于广西大瑶山，地跨金秀瑶族自治县、荔浦市、蒙山县，处于广西桂林、柳州、贵港、梧州、来宾五个市的中心。保护区于 1982 年经广西壮族自治区人民政府批准建立，2000 年升为国家级自然保护区。保护区面积 25594.7 公顷，年降水量 1823.9 毫米，是广西多雨中心之一。主要保护对象为银杉，瑶山鳄蜥、瑶山苣苔及金斑喙凤蝶等珍稀动植物和典型常绿阔叶林生态系统。

　　大瑶山国家森林公园，绝大部分在大瑶山国家级自然保护区境内。始建于 1997 年 12 月，位于金秀瑶族自治县境内的大瑶山山脉中段，总面积为 11124 公顷。地处南亚热带和中亚热带过渡地带，景域空间丰富多样，具有雄、奇、险、秀、古、野等景观特色，有丰富的动植物资源，被称为广西最大的"生物基因库""天然植物园"。以典型的砂岩峰林地貌、浩瀚的原始古林和良好的生态环境为依托，以万亩变色杜鹃林和变幻莫测的高山云海为特色，开展以生态科普教育、山地避暑度假、瑶族文化体验为主要功能的山岳型大型国家森林公园。

　　地貌类型由中山向低山过渡，最高峰圣堂山海拔 1979 米，是桂中第一高峰。公园内气候温和，年平均气温 17℃，温差不大，冬暖夏凉，四季如春。公园内资源丰富，地势险峻，峭壁林立，峡谷纵横，有变换的云雾、壮观的日出、古松奇树、杜鹃花海等。目前公园内已开发出圣堂山、银杉公园两个 4A 级景区和青山瀑布 3A 级景区。

　　森林公园内已知分布有野生陆栖脊椎动物 482 种，属于国家重点保护野生动物 53 种，其中国家一级重点保护野生动物 7 种，国家二级重点保护野生动物 46 种。森林公园内植物资源非常丰富，共有维管束植物 216 科 855 属 2232 种，公园内分布有 22 种国家重点保护野生植物，其中国家一级重点保护野生植物 6 种，国家二级重点保护野生植物 16 种。

龙州蚬木

最美蚬木古树，位于广西壮族自治区崇左市龙州县武德乡三联村，国家弄岗自然保护区。树龄已经超过 2300 年，围径 9.39 米，需要 6 个成年人手拉手才能围住，树高达 48.5 米，树冠覆盖面积达 800 平方米，被誉为蚬木王。2018 年被评为"中国最美古树"之一。蚬木王树体高大雄伟，枝叶繁茂，树干通直，是我国南方同类树种单株立木材积之最，在世界上实属罕见，被称为"千年蚬木王"。站在山脚往上看，这株蚬木的树干隐匿在灌木中，只见上半身，虽然仅仅露出上半身，但高大的树冠将周围的树木衬得特别矮小。

龙州蚬木（王枫供图）

田东香杧

田东香杧是广西壮族自治区百色市田东县的特产，是田东特优产品"八香系列"之一。田东杧果历史久远，早在宋元时期就作为地方名产进贡朝廷。从 1985 年开始，田东县大力发展芒果种植，确立了建立右江河谷杧果商品生产基地的地位，把建设杧果商品基地作为振兴田东农村经济、加快老区群众脱贫致富的一项支柱产业来抓，自此，田东的杧果种植开始向规模连片开发发展，逐渐形成了全国著名的杧果产区。田东香杧主要产于土地肥沃、光照充足、雨热同季、少霜无雪的右江盆地，成熟期在每年 6—9 月。尤其是在平马、祥周、林逢、思林 4 个乡镇，无论是在农家的房前屋后，还是在学校、机关大院，都生长着许多杧果树。

"杧果正宗，源自田东"，田东是久负盛名的中国优质杧果生产基地。目前，全县芒果种植面积达 13 万多亩，产量 3 万多吨，杧果品种有桂七杧、紫花杧、红象牙、台农、金煌杧、凯特杧等 37 个。田东县着力建设反季节、观光型、精品类、出口创汇等优质杧果基地，促进杧果产业不断升级。在杧果生产中，大力推广物理防治等绿色环保防治技术，严格按照无污染、无公害措施种植，实现规范化、优质化、标准化生产，打造绿色、无公害、有机食品，保持了杧果原生态特色。"天赋田东美，地道杧果香""田东杧果，天生好果"，田东香杧因果形美观、色泽诱人、肉质甜美、香味独特、营养丰富，深受消费者喜爱。1996 年，荣获"中国杧果之乡"的称号；2007 年，荣获"第二批全国创造无公害产品（杧果）生产示范基地县"称号；2009 年，荣获"西部著名特色产品（杧果）"称号；2011 年，国家质检总局批准田东香杧为地理标志保护产品。

隆安板栗

　　隆安县隶属广西壮族自治区首府南宁市，位于右江下游两岸。隆安板栗具有糯性、味甜、口感好、蛋白质含量高的特点。2002年9月，在全国板栗品质评比活动中，被评为优质板栗。2006年6月，隆安县被国家林业局命名为"中国板栗之乡"。

　　隆安板栗种植历史悠久，相传明朝初期开始引进，在中真、乔建、慕恭、罗村一带种植。1949年前仅种有板栗2630亩，年产鲜果15万千克左右。中华人民共和国成立后，人民政府提倡种板栗，且大量种植。1985年全县有板栗面积6万亩，1981—1985年年均产鲜果38.06万千克。隆安板栗的面积和产量均居广西首位，现有板栗面积11753公顷，遍布全县各地，以古潭、乔建、城厢、南圩、那桐等乡镇为主。种植品种有处暑红、九家种、隆安26号、油栗、大毛栗等[①]。

　　隆安板栗栗果香甜，营养丰富，可炒吃、煲吃，也可制作糕点、罐头和压缩饼干等。板栗是隆安传统的特色年货，源远流长。据史书记载，500多年前，每逢春节，老百姓多用板栗包粽子。如今，在炖鸡、炖鸭、炖鸽子时，隆安人喜欢加上几颗栗子同锅而炖，使炖熟的鸡鸭鸽肉质更嫩、汤更鲜、营养更丰富。

灵山荔枝

　　灵山荔枝是广西灵山县特产。它以品种优良、品质超群、味道醇香而名满天下。2012年，被国家质检总局批准为国家地理标志产品。

　　灵山县种植荔枝历史悠久。灵山荔枝种植可追溯到汉高祖年间，据《灵山县志·乾隆甲申》果属部分述："荔枝有四月荔，有大造荔，有黑叶荔，以黑叶为佳，伊尹所称南方凤丸，疑即荔枝也，荔谱云：南粤尉佗以之备方物，于是通中国。"明嘉靖年间《钦州志》，清雍正庚戌年《灵山县志》、嘉庆庚辰年《灵山县志》，民国三年《灵山县志》对灵山荔枝种植均有记载。

　　灵山县内各地遍布荔枝树，几百年树龄的荔枝树随处可见，尤其是灵山拥有的独一无二的香荔树，其树龄更长。据《灵山县志》记载，1961年，广东省果树研究所派员到灵山进行荔枝品种资源复查，发现灵山县新圩镇塘坡村有"古荔群"，其中见1株巨大的古老香荔树，树高13米，主干围径6米，粗大的树干4人合抱不过，鉴定其树龄在1000年以上，故称之为"灵山香荔"。1963年6月，生物学家蒲蛰龙教授带领考察组专程到灵山考察这株古香荔，进行科学论证，初步认定这株古香荔树龄超过1460年。1966年5月，蒲蛰龙教授又偕同中国科学院植物专家再次造访古荔，并说："古荔枝是岭南的至宝，倾家荡产也要保护好。"据考察，这株"灵山香荔"古树，在全国荔枝产区中是年岁最大的，堪称"荔枝王"。1999年，灵山县政府把塘坡村这株香荔列入县重点文物保护单位。以这株古香荔为中心的方圆几里内，共计有500年以上古荔树600多株，据专家认定，这是国内已知最大的"古荔群"，成为当地一大奇观。

　　2002年，灵山县荔枝面积发展到60万亩，产量达5万多吨，2007年是"荔枝大年"，

① 韦娜.广西隆安县板栗种质资源调查研究[J].福建农业，2015（8）：55–56.

总产量将近 10 万吨。其果实以果大、色美、肉厚、核小、质脆、汁多、味甜见长，具有色泽鲜艳、果肉细嫩爽脆、入口清甜、香气扑鼻、品质极佳的特点。荔枝种类繁多，品种齐全，有 35 个品种，主要有三月红、灵山香荔、桂味、妃子笑、糯米糍、黑叶荔、鸡嘴荔等，其中桂味、灵山香荔、糯米糍等为荔枝珍品。1992 年，灵山的桂味、香荔分别获得首届中国农业博览会金质奖、银质奖。1996 年，灵山县被命名为"中国荔枝之乡"。2007 年，灵山香荔被评为中国十大荔枝优质品种。2019 年 11 月，灵山荔枝入选中国农业品牌目录。

兴安白果

广西桂林地区的兴安、灵川一带，海拔 280~600 米，四季分明，气温适中，雨量充沛，土壤肥沃，宜于白果树的生长，是全国白果主要产地之一。这里的白果果实肥大，肉嫩味甘，产量也高，更比全国其他地方早熟近一个月，因而驰名国内外，成为广西的著名特产，年产量约为 200 万千克，远销香港，并出口东南亚、日本等地。据文献，兴安县有百年以上古银杏 2300 多株[①]。

白果核仁营养丰富，含有蛋白质、脂肪、淀粉，还有少量的钙、磷、铁、钾等成分。白果性凉，可炒食或作甜食，是清凉饮料的原料。炎夏时节，喝上一碗白果粥、糖水白果或白果冰汁，更能生津止渴，消暑舒神。在酒宴席上，白果羹、白果鸽蛋、白果水鱼、白果炖鸭等，都是色美味香的佳肴。

广西桂林市灵川县多银杏分布和栽培。其中海洋乡拥有百年以上银杏古树 1.7 万株，新树 100 万株，被誉为"中国银杏第一乡"。年产白果 80 万千克，人均白果拥有量居全国乡级第一位。海洋银杏风景区，面积 4 平方千米，树龄一般为 30~50 年，林冠平均高度 13 米，树干直径 0.5 米，其中有 50 多万株年代久远的银杏树，位于大桐木湾村最古老的一株有 500 多年历史，"白果王"树高达 30 米，树干需 6 人合抱。

灌阳红枣

灌阳红枣产于广西灌阳，具有果大、核小、肉厚、味道甘美醇香的特点，用它制成的蜜枣，畅销海内外。自古以来，灌阳县就盛产红枣，据有关资料记载，早在汉文帝十二年（公元前 168 年）前，灌阳县就出产红枣，历代编写的《灌阳县志》均说灌阳特产红枣，1944 年编的《广西年鉴》也将灌阳红枣列为广西特产之一。

灌阳长枣，又称牛奶枣。为灌阳当地古老主栽品种，数量占当地枣树的 98%~99%。灌阳长枣种植历史悠久，群众积累了丰富的栽培经验。近年来，水果科技部门进行多项技术研究，获得区、市的多种科技奖励。为大力发展灌阳长枣，促使长枣生产向"两高一优"方向发展，自治区水果办于 1991—1993 年连续三年组织专家对灌阳长枣进行优良单株评选，已评选出 9 个优良单株，并培育出系列优质健壮苗木，供各地种植。

---

① 邢世岩. 中国银杏种质资源 [M]. 北京：中国林业出版社，2013：84.

红枣具有较高的药用价值。主治心腹邪气安中，养脾气，平胃气，通九窍，助十二经，补少气，少津液，身中不足。此外，红枣还含有治疗高血压的有效成分芦丁。灌阳蜜枣是当地特产，其制作工艺于 1959 年试制，1972 年建县蜜枣厂，大批量生产，1990 年生产达 1010 吨，也成为灌阳重要的出口产品。

融水糯米柚

融水苗族自治县地处桂北山区，"九山半水半分田"，中亚热带季风气候，气候温和，雨量充沛。地貌以台地为主，占 84.8%。土壤以冲积沙壤土和黄红壤为主，pH 值 5~5.5；土层深厚肥沃，通透性好，有机质含量高，适宜糯米柚的生长发育。2008 年 8 月，原国家质检总局批准对"融水糯米柚"实施地理标志产品保护。

融水糯米柚是在融水大苗山独特地理气候环境条件下经长期种植选育出来的柚类品系。其种植历史悠久，据《融县志》史料，乾隆十九年（1755 年）已有种植融水糯米柚的文字记载。糯米柚深受苗家人民的喜爱，有吉祥、美满、团圆的寓意，是传统春节亲朋好友相互赠送的贺年佳礼。每逢端午节苗家人喜欢用柚叶放在自家门口，进新屋时用柚叶蘸上醋轻扫新屋，遇到丧事时用柚叶煮水，让亲朋好友进室前先用煮过的柚叶水洗手，柚叶具有辟邪保平安之说，承载着苗族同胞们对幸福安康生活的愿望。

至 2011 年年底，融水糯米柚种植面积达 1.45 万亩，常年产量 1.8 万吨。融水糯米柚独具地方特色，柚形呈梨形或近梨形，短颈，果顶中心微凹，有印环，俗称"金钱底"，此为与其他地域沙田柚相似之处；而其果肉呈蜜黄色——似蒸熟的糯米饭晶莹剔透般色泽，皮薄，可食率高，肉嫩，化渣，果汁量多，清甜，有浓郁香气；而与其他地域沙田柚有明显不同，深受消费者青睐。糯米柚产业对促进融水农业增效、农民增收起到重要作用，是出口的主要农产品，已成为融水支柱产业之一。

容县沙田柚

容县沙田柚是柚类中的佳品，有"柚中之王"的美誉。其果呈梨形，色泽橙黄，外皮细薄，果肉脆嫩，味清香甜蜜，品尝之后满嘴留香，令人食之而不厌。

沙田柚，原产于广西玉林市容县松山镇沙田村，由农夫夏纡筠于明朝末年以接枝法发明，后来广泛种植，成为容县的特产。据史料记载，万历十三年（1585 年）刻本《容州志》称："柚以容地沙田所产最负盛名，香甜多汁；容地年产二百万只，运销梧粤港各埠。"而且"沙田柚"的名称，是清乾隆皇帝于四十二年（1777 年）巡游江南时赐名所得。

2014 年容县沙田柚面积 13 万多亩、果园面积 5.52 万亩、产量 8 万吨。截至 2015 年，容县 15 个镇都有沙田柚生长种植，主产区主要是自良镇、容州镇、浪水镇、县底镇、十里镇、松山镇、六王镇等。1995 年容县被命名为"中国沙田柚之乡"。2004 年 7 月，国家质监总局批准对"容县沙田柚"实施原产地域产品保护。

阳朔金橘

阳朔金橘，与沙田柚、夏橙、椪柑、柿子、板栗并称阳朔六大名果。它以树形挺直美观、四季常青、果实金黄亮丽、光彩引人，品质细嫩清脆、甜酸适度而闻名于世。阳朔金橘为芸香科金柑属，每 100 克果肉内含维生素 C40~50 毫克及维生素 A、维生素 P 和芳香油、类胡萝卜素等多种物质，有治疗眼疾、咳嗽、哮喘、高血压、防止动脉硬化等特殊功效。除鲜食外，金橘还可加工成果汁、蜜饯、罐头、果脯、果酱、果酒等。

阳朔种植金橘已有 140 余年历史。位于县域中心地带的白沙镇，有方圆 150 千米的丘陵地带，坡度较缓，土层较厚，土壤含钾量高，是阳朔金橘中心产区。2016 年，阳朔县金橘种植面积 18.8 万亩，年总产量达 30.1 万吨，产值 21.2 亿元，销往全国各地及港澳台地区，并出口俄罗斯和东盟等国；2000 年被桂林市评为首批名牌农产品；2001 年在中国国际农业博览会上被评为"名牌产品"；2006 年 12 月获批为国家地理标志保护产品。

平南石硖龙眼

平南石硖龙眼是广西贵港市平南县的特产。原种出自平南县大新镇。平南县具有适宜石硖龙眼生长的独特的土壤和气候环境，其地所产的石硖龙眼因果大、核小、肉厚、爽脆、质优味美等特点，受到广大消费者的青睐。

石硖龙眼又名十叶、石圆、脆肉等。原种出自广东南海平洲，是栽培历史悠久的鲜食名种，广泛传播至广东、广西等地。平南县的 108 株石硖龙眼母树，是覃敬清 1929 年在平南罗村发现的一棵野生龙眼树，进而选育的龙眼优质品种。平南县发展种植的石硖龙眼都是从 108 株石硖母树中选育繁殖的，其优良品质得到保持和提高。其最大特点是品质

阳朔（拍信图片）

优，味道好，是所有龙眼品种中鲜食品味最好的水果。鲜果具有肉厚核小、味甜清香，肉脆爽口、易剥皮、易离核和耐贮运的特点，单果重 8~12 克，可溶性固形物 22%~24%。维生素 C 32 毫克 /100 克，可食率 70% 左右，适宜鲜食和加工元肉。石硖龙眼加工的元肉，肉厚、色泽金黄，是重要的滋补品。

到 2020 年，平南县石硖龙眼种植面积 24.4 万亩，产量达 4.5 万吨，总产值达 2.7 亿元，是目前全国最大的石硖龙眼商品生产基地。1995 年荣获第二届中国农业博览会金奖；1996 年被农业部评为优质石硖龙眼基地县；2013 年 10 月，平南石硖龙眼获批为国家农产品地理标志产品。

富川脐橙

富川脐橙是广西贺州市富川瑶族自治县的特产。因其果实品质极佳，色泽鲜艳，肉质脆嫩、风味浓郁、无核化渣而著名。

富川种植柑橘的历史源远流长，清乾隆二十二年（1757 年）和清光绪十六年（1890年）两种版本的县志都有种植记录。富川脐橙从 1981 年批量种植，是富川从中国柑橘研究所引进的美国脐橙品种。开始将 197 株果苗栽在富川立新农场，有 7 个品种："纽荷尔""萘维林娜""大三岛""华脐"（即华盛顿脐橙）"佛罗斯特""罗伯逊""朋娜"。经选择，"纽荷尔"和"华脐"因品质好、产量高、果形适中，且上市时间相错，在富川大面积推广。

经过 20 多年努力，富川脐橙由 197 株发展到 2009 年 18.2 万亩的种植规模。近年来，富川每年培育出来的脐橙苗达 80 万株以上。富川脐橙成名是 1995 年，那时它刚好"14岁"。在当年农业部第二届农业博览会上，富川脐橙中的"纽荷尔""罗伯逊""朋娜"3个品种分别获得金奖、银奖和铜奖。

独特的土地资源和自然环境，造就了富川脐橙，其特点是色泽鲜艳，肉质脆嫩，风味浓郁，无核化渣，可溶性固形物（主要指含糖量）高达 13%~15%，且闻起来很香。在 1995 年后的 10 多年间，富川脐橙不断获奖。值得一提的是，2006 年 10 月，全国四大脐橙产区 30 多个县送了 95 个样品参加评比，富川的富江牌脐橙获得第一名，拿到国内第一个"中国名牌农产品"称号。

2017 年，富川县富川脐橙种植面积突破 30 万亩，脐橙产量 30 万吨，产值超过 6 亿元，成为名副其实的"黄金产业"。2017 年 12 月，国家质检总局批准对"富川脐橙"实施地理标志产品保护。产地范围为富川县国有立新农场，以及富阳、古城、莲山、白沙、新华、福利、石家、葛坡、麦岭、朝东、城北、柳家等乡镇。主要品种为纽荷尔、华脐、红肉脐橙等。

恭城月柿

恭城瑶族自治县是"中国月柿之乡"。在恭城，人们将柿子鲜果去皮晒制成柿饼后，质软、透明、表皮有一层白霜，形如明月，因此得名恭城月柿。柿树栽培历史悠久。明代万历年间，恭城从福建邵安引进柿树栽培，并开始加工柿饼，距今已有 400 余年历史。2001年以来，在莲花镇、西岭镇、嘉会镇等柿树集中种植的乡镇，逐步实施无公害生产示范基地建设，探索出"养殖—沼气—种柿—加工—旅游"五位一体的生态农业。2014年，种植面积达18万亩，年产量40万吨，产值14亿元。2017年，种植面积19.58万亩。

恭城月柿以其美观的外形和独特上乘的品质深受人们喜爱。据《梦里瑶乡 细说恭城》一书记述，1923年孙中山先生在虎门品尝恭城月柿后，对其赞不绝口。1994年壮族文学艺术家古笛曾喜吟山歌赞美："月柿圆圆月柿甜，月在心中不在天。……来到瑶乡尝一口，永远甜蜜在心间。"

1996年恭城县被授予"中国月柿之乡"称号；2008年获得"全国绿色食品原料（柑橘、月柿）标准化生产基地县"荣誉称号；2014年获得"国家级出口水果质量安全示范区"荣誉称号。2003—2014年，恭城县连续举办十一届"恭城月柿节"，累计接待游客130万人次。"恭城月柿节"被列为广西文化致富工程的五大模式之一。恭城月柿2015年12月获批为国家地理标志保护产品。

田阳杧果

田阳杧果是广西壮族自治区百色市田阳县的特产，已有80多年的栽培历史。杧果色泽橙黄，皮薄肉细，多汁香甜，为果中之佳品。富含人体必需的多种维生素和微量元素，被誉为"杧果之王"。为地理标志证明商标。

田阳县是中国第一个杧果之乡，与另一杧果之乡田东县比邻而居。地处右江河谷腹地，右江河谷是与海南岛、云南西双版纳齐名的中国最好的三大热带季风地区之一，夏无台风，冬无霜冻，被誉为"天然大温室、大粮仓、大菜园、大果园"，是种植杧果的最合适的自然区域。

该品种原产菲律宾，1934年引进果实在田阳县那坡镇栽培，属吕宋杧品系实生后代，经过长期栽培驯化而成的优良品种。20世纪90年代初，田阳县芒果生产已形成规模，种植面积达13万亩，年产量3.2万吨，年产值5120万元。90年代中期曾由于果品老化、果园经营粗放，产品只求数量不求质量，杧果价格直线下降，杧果生产一度陷入低迷。为了把芒果产业做大做强，近年来，田阳县实施"优果"工程，注重杧果品种改良、科技引进和资金投入。果农也从大起大落的市场中进行反思，树立起强烈的科技意识、精品意识、市场意识，进行杧果园低产改造，保留田阳香杧、红象牙等优质品种，引进台农1号、金煌芒等新优品种；同时，加强果园的四季管理，确保芒果品质，重新打造田阳杧果品牌。目前，田阳县主要栽培杧果有田阳香杧、红象牙杧、紫花杧、台农1号杧、金煌杧、红金煌杧、爱文杧和凯特杧等30多个品种。田阳县生产的芒果，具有外观优美、肉质滑嫩、气味香甜、纤维短少、营养丰富等特点，深受消费者青睐。目前田阳芒果种植面积20万亩，是中国三大杧果生产基地之一。

田阳杧果1992年，荣获中国农业博览会同类杧果评比银质奖；1995年，荣获"中国杧果之乡"称号；1996年，荣获中国农业博览会同类杧果评比金质奖；1996年，中国农业部指定"田阳香杧"生产基地，属中国南亚热带作物名优基地之一；1999年，通过国家工商局认证商标"田阳香芒"注册。

忻城金银花

忻城金银花，产自地处大石山区的忻城县，是广西有名的"金银花之乡"。该县所产金银花药效成分及花蜜含量高，生长环境无污染源，绿原酸含量达 4.2%，远远超过药典的规定。21 世纪后，该县改变过去用硫黄烘干为现代化脱水处理。使产品成为安全绿色饮品，是制药和花茶的优质原料，作为花茶饮用，口感甘甜。2007 年 3 月，国家质量监督检验检疫总局批准对其实施地理标志产品保护。2008 年，忻城县金银花总面积 10 多万亩，金银花干花产量达 1340 多吨、产值达 5360 万元。

金银花是忻城县的特有资源，已有数百年的种植栽培历史。据宋庆历年间《忻城志》记载，金银花，盛产北更、遂意、城关石山区，民众取之入药，止干渴，消暑瘴。《忻城文史资料》介绍，从唐置芝州到清代末年的忻城县，历代县官向朝廷进贡忻城手工艺精品土锦时，均配送特产"三宝"，即城关镇之金银花、范团之黄烟、古蓬之黄精，故有"贡必三宝"之说。1996 年在红渡镇红水河北岸北项屯附近，考古发现宋代古陶窑旧址。有广东潮州陶工到此设窑烧罐，以红水河为航道把陶器和土特产（如金银花、土锦、黄烟、黄精、山羊等）运抵港澳，继而远销东南亚诸国，尤其以陶罐煮金银花代茶饮，可清凉解暑，为上乘贵宾之用。

横州茉莉花

"他年我若修花史，列作人间第一香。"宋代诗人江奎曾挥笔写出咏茉莉的名句。茉莉花是一种具有重要观赏价值和经济价值的花卉品种。横州（原横县）茉莉花，为双瓣茉莉，与单瓣、多瓣茉莉相比，产量更高、香气更浓、抗病力更强，并以花期早、花期长、花蕾大、饱满洁白、香气浓郁等特质而闻名。

横州市种植茉莉花历史悠久，相传有六七百年历史，有文字记载的历史已有 400 多年。公元 1566 年，横州州判王济在《君子堂日询手镜》中记述，横县"茉莉甚广，有以之编篱者，四时常花"。明版《横州志·物产》也有类似记载，明朝诗人陈奎咏作诗云："异域移来种可夸，爱馨何独鬓云斜，幽斋数朵香时泌，文思诗怀妙变花。"说的就是茉莉花。横州茉莉花商品化生产始于 20 世纪 70 年代末。1978 年后，当时的横县茶厂（现为广西金花茶业有限公司）经过调查研究，决定大力发展茉莉花生产，便开始引进双瓣茉莉花种苗，在县城附近的农户试种并逐步推广，取得较好的经济效益和社会效益。

2018 年，横州市茉莉花种植面积达 10.5 万亩，花农约 33 万人，年产茉莉鲜花 8.5 万吨，产值超过 17 亿元。有 130 多家花茶企业，年产茉莉花茶 6.5 万吨，产值超过 53 亿元。茉莉鲜花产量占中国总产量的 80% 以上，占世界总量的 60% 以上，已成为世界最大的茉莉花生产和茉莉花茶加工基地。2006 年，横州市被国家林业局、中国花卉协会命名为"中国茉莉之乡"。2006 年 7 月，国家质检总局批准对"横州茉莉花"实施地理标志产品保护。

同时，20 世纪 80 年代初，原商业部把广西横县确定为新的茉莉花茶加工基地。自此横州茉莉花茶独具特色的生产加工工艺得以传承。作为百年老店的根基所在，现存的"金花茶业"厂区是研究横州、南宁乃至整个广西地区茶业发展史、制茶工艺和茶庄运营模式的重要载体。它的保护和开发对于传承和发扬传统制茶工艺和商业文化具有重要的作用。2013 年，横州茉莉花茶品牌价值排在全国茶叶品牌第 15 名，位列广西茶叶品牌第 1 名。

大新苦丁茶

大新苦丁茶，又名"万承苦丁茶"，是广西的传统名茶之一，产于万承县苦丁乡，后万承县划入大新县龙门乡苦丁村。据旧版《辞海》记载："苦丁茶者，广西特产也，产于万承县苦丁乡"，"万承县苦丁乡"即大新县龙门乡苦丁村。20 世纪初期，大新县商人打出"蝴蝶"商标，对苦丁茶包装销售。《本草纲目》记载，苦丁茶"苦、平、无毒。南人取作茗，极重之……今广人用之，名曰苦登……煮饮，止渴明目除烦，令人不睡，消痰利水，通小肠（即治结肠炎），治淋，止头痛烦热，噙咽（即去疒利喉），清上膈（即清肺）"。

大新县种植苦丁茶历史悠久，据民国年间《万承县志》记载，苦丁茶作为"贡茶"的历史可追溯至北宋皇佑五年（1053 年）。在龙门乡苦丁村，有一棵树龄 300 多岁的苦丁茶母树，树高 28 米、腰围 2.53 米，人称"苦丁王"，是大新苦丁茶历史的见证。

苦丁茶，冬青科冬青属，常绿乔木，俗称茶丁、富丁茶、皋卢茶。苦丁茶中含有苦丁皂苷、氨基酸、维生素 C、多酚类、黄酮类、咖啡因、蛋白质等 200 多种成分。其成品茶清香有味苦，而后甘凉，具有清热消暑、明目益智、生津止渴、利尿强心、润喉止咳、降压减肥、抑癌防癌、抗衰老、活血脉等多种功效，素有"保健茶""美容茶""减肥茶""降压茶""益寿茶"等美称。

2006 年，大新县苦丁茶种植面积达 3 万多亩，年产干茶千吨以上。2006 年 1 月获批为国家地理标志保护产品。

凌云白毫茶

凌云白毫茶，产于广西凌云县，因其叶背长满白毫而得名。有道是高山云雾出好茶，凌云白毫茶因生长在常年云雾缭绕的岑王老山、青龙山山上，而以其独特的味和形以及很高的药用价值成为茶中极品。得天独厚的自然环境，使凌云白毫茶以色翠、毫多、香醇、味浓、耐泡五大特色成为我国名茶中的新秀。

凌云白毫茶，一种有性繁殖的大叶种类、中生种小乔木，生长在凌云温暖、湿润、排水良好的酸性土地带。白毫茶在凌云栽培已有 300 多年历史。《中国名茶志》记载："凌云白毛茶为历史名茶，创于清乾隆以前，原产于凌云县。"《凌云县志》记载："凌云白毫自古有之（指茶树而言），玉洪乡产出颇多。"据《广西特产物品志》（1937 年）载："白毛茶，树大者高约二丈，小者七尺，嫩叶如银针，老叶尖长如龙眼树叶而薄，皆有白色茸毛，故名，概属野生。"

2008 年，凌云县茶园面积发展到 7000 多公顷，产干茶 3000 多吨。凌云白毫茶于 1999 年获全国第三届"中茶杯"名优茶称号；2000 年获韩国茶人联合会第二届国际名茶评比红茶金奖，绿茶一等奖；2001 年在第三届国际名茶评比中获"三金、二银、一优"的好成绩，同年被国家农业部认定为名牌产品；2002 年，在中国芜湖国际茶业博览会上，红茶获金奖、绿茶获银奖，在广州博览会上获绿茶金奖。白毫茶成为广西在各种比赛中获得金奖最多的茶叶品种。

毛南族花竹帽编织技艺

毛南族花竹帽编织技艺，主要流传于广西环江毛南族自治县西南部的毛南族聚居区，已有数百年的历史。毛南族称花竹帽为顶卡花，意为在帽底编织花纹。

毛南族花竹帽的基本造型是平面和圆锥体的立体组合。编织竹材选用当地夏至后立秋前砍下的筋竹和墨竹，艺人破竹裁条制篾，手工制成的篾丝细如发丝，分别染成黑篾和黄篾。编织时用竹片作纬线、篾丝作经线，作纬线的竹片也很细薄，能在直径为 0.7 米的锥面上编织出近百道圆圈。竹帽的上沿用黑篾编出花边，外沿用黄、黑两色篾丝交织编成花带，花带上有对称工整的菱形图案，极似壮锦。花竹帽编制完毕、整合定型后还要以桐油炼膏涂刷，其成品美观耐用。

花竹帽是毛南族青年男女的定情信物，被视为吉祥和幸福的象征。在社会的演进中，花竹帽的功能已不复存在，象征意义也日趋淡化。加之近年来墨竹减少，毛南族花竹帽编织技艺的传承状况不容乐观。

平乐石崖茶

平乐石崖茶，广西桂林市平乐县特产，全国农产品地理标志。平乐县地处中亚热带季风气候区，冬短夏长，气候温和，日照充足，雨量充沛，年均降水量 1355~1865 毫米，对石崖茶树生长有利。平乐石崖茶外形呈条状或颗粒状。条形茶条索肥壮，色泽沙绿、光润有霜斑；颗粒茶紧结、重实、光滑，色墨绿。香气浓郁持久，汤色黄绿明亮，滋味浓醇甘甜，回甘明显，叶底芽叶完整明亮。

平乐石崖茶源于平乐野生的亮叶黄瑞木（杨桐属乔木）。平乐石崖茶饮用的历史悠久，据史料记载，唐代诗人李商隐，在唐大中二年（848 年）代理昭州（即今平乐）郡守期间，写下《即目》"小鼎煎茶面曲池，白须道士竹间棋。何人书破蒲葵扇，记著南塘移树时"的诗句。石崖茶零星分布在县内的青龙、阳安、源头、二塘、大扒（现大发瑶族乡）、桥亭和长滩（现平乐镇）等乡镇。县内老蚌生珠石崖茶树有 2 万多株。产量以源头镇为最多，以青龙大刚所产石崖茶质量最佳。

2014 年 11 月，农业部批准对"平乐石崖茶"实施农产品地理标志登记保护。自 20 世纪 90 年代中叶开始，石崖茶人工栽培面积逐年扩大；2014 年，平乐石崖茶保护面积 1.2 万亩，产量 600 吨；2019 年，平乐石崖茶种植面积达到 1.2 万亩。

横县南山白毛茶

南山白毛茶，广西横县南山特产。因茶叶背面披有茂密的白色茸毛而得名，焙制方法精细，上品茶只采一叶初展的芽头，其他则只采一芽一叶。南山白毛茶色泽翠绿，条索紧结弯曲；香色纯正持久，有荷花香和蛋奶香；茶汤清绿明亮，滋味浓厚，回甘滑喉，叶底嫩绿。

　　横县种植茶叶历史悠久，相传南山白毛茶为明朝建文帝避难于南山应天寺时，将自带的七株白毛茶种于此地，并命名为白毛茶。《横县县志》记载："南山茶，叶背白茸似雪，萌芽即采。细嫩如银针，饮之清香沁齿，有天然的荷花香。"《粤西植物记要》称"南山茶色胜龙井"。清嘉庆十五年（1810 年），横县南山白毛茶被列为我国 24 种名茶之一。清道光二年（1822 年）在巴拿马国际农产品展览会上荣获银质奖章；1915 年美国为庆祝巴拿马运河通航，在巴拿马城举办的万国博览会上，横县南山白毛茶再次荣获二等银质奖。另据《横州志》记载，横县南山白毛茶 1933 年荣获广西壮族自治区政府"品胜武夷"的匾赠。

　　2013 年，广西横县南山白毛茶公司拥有茶园 3000 多亩。2009 年 7 月，国家质检总局批准对南山白毛茶实施地理标志产品保护。

海南省

海南省林业遗产名录

大类	名称	数量
林业生态遗产	01 昌江红花天料木；02 白沙陆均松	2
林业生产遗产	03 海口羊山荔枝；04 琼中绿橙；05 三亚杧果；06 琼海琼安胶园	4
林业生活遗产	07 尖峰岭热带雨林；08 霸王岭；09 五指山	3
林业记忆遗产	10 兴隆咖啡；11 白沙绿茶；12 澄迈县花瑰艺术	3
总计		12

昌江红花天料木

最美红花天料木古树，位于海南省昌江县霸王岭自然保护区。距今 650 年（一说 1130 年），胸围 450 厘米。天料木科天料木属常绿大乔木。又名母生，是海南岛珍贵用材树种。天料木属共约 180 种，分布于热带、亚热带和温带地区；中国产 12 种和 1 变种。

树干可作为横梁用于房屋建设，是名贵木材，属海南省重点保护植物。据了解，除了白沙还保存着成片大面积的母生树林外，五指山、琼中、东方等市县也保存有成片的母生树林。产于中国西南部至东部，特别是海南岛的珍贵用材树种，是海南省热带山地雨林和热带沟谷雨林树种，多分布于海拔 800 米以下的山腰下部和沟谷及其外围丘陵。

在海南省农村，母生树曾是一种广为种植的树种。这是因为母生材质优良，萌芽力又很强的缘故。母生树长大成材被砍伐后，会有许多幼苗从树桩根部萌发出来，所以被称作母生。在萌发的这些幼芽中，有 3~6 条能够长成大树，因此，母生越砍越长，而且会长得越来越快。一株母生种下去，可以供数代人甚至十几代人砍伐。以前，很多海南老百姓在生得女儿后，都会在庭园里种植数量不等的母生，为女儿长大出嫁打制嫁妆筹备木材。木材呈红褐色，木质坚韧，纹理致密，是造船、家具、水工及细木工用材。树高可达 40 米，胸径 80~100 厘米，树干通直。在广东、福建、广西等地引种，生长尚好，大部分地区已开花结实。

白沙陆均松

最美陆均松古树，位于海南省白沙县霸王岭自然保护区。距今 2600 年，胸围 640 厘米。位于霸王岭山脉西部山地的陆均松顶级群落，面积约 300 亩，胸径 100 厘米以上的大树集中分布在 50 亩范围，其中有两棵陆均松胸径分别达 250 厘米和 230 厘米，生长年限分别在 1600 年和 2000 年以上，被世人当作"树王"和"树神"来敬仰。

在海南，陆均松又被叫作山松，当地人称它为"热带雨林中的树王"。陆均松主要分布在我国海南省中部以南山区，即乐东尖峰岭、卡法岭、琼中五指山黎母岭、白沙鹦哥岭、陵水吊罗山、崖县抱龙岭等。在越南、老挝、柬埔寨、泰国也有分布。全球陆均松属约有 20 种，我国仅有陆均松 1 种。

陆均松叶片呈螺旋状紧密排列，微具四棱，基部下延，颜色翠绿。陆均松幼树时树皮呈灰白色或淡褐色，老树则变为灰褐色或红褐色，稍粗糙，有浅裂纹。但陆均松生长缓慢，据查证，胸径达到 2 米以上的陆均松，树龄都在 1000 年以上。陆均松的根系特别发达，厚大的侧根沿地表伸展，裸露在地面上。这就是所谓的"板根"现象。板根亦称"板状根"，是热带雨林植物支柱根的一种形式，是热带气候下的一种特殊生态现象。

热带雨林中陆均松的数量并不多。陆均松木材结构细致，具有纹理通直、结构细密、质稍硬而重、具韧性、易加工，干燥后不开裂、不变形、花纹美观、极耐腐朽等特点，为船舰、桥梁、枕木、建筑、车辆、家具和细木工优良用材。在前些年，因乱砍滥伐、偷伐，造成陆均松数量急剧下降。天然陆均松生长极为缓慢，幼林期生长更慢。国家将陆均松列为渐危种，是国家三级重点保护野生植物。

陆均松树王——"五指神树"，胸径 230 厘米，树高 26 米，冠幅 23.4 米 × 26 米。由 5 条枝杈形成的纵侧面冠幅，在树下看就像一个巨人将展开的手掌伸向天空，故被称为"五指神树"。

海口羊山荔枝

海口羊山荔枝，主要产于东起海口市龙塘镇、西至石山镇、北临海口市区、南至新坡镇的方圆 100 千米的羊山地区。此地是中国唯一处于热带地区的第四纪火山地貌地质遗迹，火山密集、类型多样，熔岩隧道奇特，是极为罕见的火山地貌和熔岩地貌。同时，这里植被丰富，有大片的原生态雨林、湿地和自然水泊，形成独特的羊山小气候。

优越的自然环境孕育了近 2000 年的荔枝种植历史。至 20 世纪 60 年代，羊山地区有野生荔枝母本群 6 万亩之多，至今仍有 4 万多亩。上百年的古树随处可见。它们在火山岩缺土、缺水等恶劣环境中，却能茁壮成长，年年硕果；在饥荒时，为羊山人提供食物；它们生长在火山岩石缝及低洼处，防风固土，涵养水源，在无数次台风的疯狂肆虐之下，屹立不倒，为羊山人守卫家园。

火山岩土壤中含有丰富的微量元素"钼"，对果实糖分的积累具有重大作用，同时，还富含硒等稀有元素。因此，羊山地区的荔枝不仅果大、核小、味美、色艳，常食还有保健功效。永兴镇古名"雷虎"，自古就有"雷虎荔枝、荔染三台"之贡品美名，是羊山六镇荔枝销售集散地。如今，"永兴荔枝"已经成为中国地理商标产品。2017 年 6 月，被认定为第四批中国重要农业文化遗产。

琼中绿橙

琼中绿橙是海南省琼中县特产，曾用名"红江橙""琼中红橙"，生长在海南琼中独特的土壤气候环境下，具有果实饱满、皮绿肉红、皮薄多汁、色泽润绿、肉质香软、化渣率高、酸甜适度、上市早（6—9 月）、果实大等特点。

琼中县位于热带海洋季风区北缘，地处海南中部山区，五指山北麓，是南渡江、昌化江、万泉河三大河流的发源地，素有"绿色宝库"之美称。年均气温 22.8℃，年均降水量 2444 毫米，土地肥沃，有独特的山区气候特点，利于"琼中绿橙"的生长和果实优良品质的培育。琼中绿橙于 1988 年前后从外地引进，属于红心橙中的优等品种，目前只能种植于海南省琼中县。由于种植环境的特殊性和土地的稀缺性，使得海南绿橙产量不高，是难得的上乘水果，备受广大消费者青睐。琼中绿橙营养丰富，含有丰富的果胶、蛋白质、钙、磷、铁及维生素 B1、维生素 B2、维生素 C 等多种营养成分，尤其是维生素 C 含量较高。此外还富含有机酸和黄酮类、挥发油、橙皮甙等，能促进新陈代谢、增强身体抵御力。

2017 年，琼中绿橙的种植面积为 2 万亩，挂果面积 5000 亩，产量 250 万千克，2006 年 1 月被国家商标局批准注册为地理标志证明商标，2006 年 3 月被中国绿色食品发展中心认定为绿色食品 A 级产品，2008 年 3 月被国家质检总局批准为国家地理标志保护产品。

三亚杧果

三亚杧果是著名的海南特产，由于三亚独特的地理位置和气候特点，盛产杧果，享有"中国杧果之乡"称号。杧果有着食疗保健的作用，食用杧果可以清肠胃，抗癌，美化肌肤，防治高血压，防治便秘，还能起到杀菌的作用。

杧果为漆树科芒果属热带常绿乔木，原产印度及马来西亚。唐朝高僧玄奘把杧果从印度国带到中国，《大唐西域记》中有"庵波罗果，见珍于世"的记载。《崖州志》称："檬果，广俯名杧果。树高丈余，子极繁，大如鸭蛋。"清代，杧果从越南传入海南（一说，芒果在三亚的种植有近千年的历史），此后，又从泰国、印度、中国台湾、广西等地引进多个品种。三亚芒果为椭圆形，果形比其他地区同品种芒果略大，成熟果实为红、黄色带果蜡，色泽鲜艳。20 世纪 50 年代前，三亚的芒果多属零星种植，成片的杧果园为数不多；1980 年后，开始大面积种植。2012 年，三亚芒果获得地理标志证明商标。2015 年 2 月，农业部批准对"三亚杧果"实施国家农产品地理标志登记保护。

三亚市现有杧果种植面积 30 万亩，收获面积达 10 多万亩，年杧果产量达 20 万吨。杧果大批量上市时间为 2 月中旬到 5 月底。杧果种植园围绕山坡地，其分布区域包括海棠湾、吉阳、河东区、凤凰、天涯、育才、崖城 6 镇一区。其中，崖城的杧果种植面积约 10 万亩，是三亚杧果产销的主要集散地。据了解，三亚斯顿芒果农民专业合作社有社员 158 户，种植杧果面积 18000 亩，品种主要有贵妃、台农、象牙、金煌等，产品远销全国各城市和港澳地区。

琼海琼安胶园

中国第一个民办橡胶种植园——琼安胶园，位于海南省琼海市会山镇国营东太农场坡塘作业区 18 队。由马来西亚华侨何麟书（琼海市嘉积镇南盈村人）创建于 1906 年。它不仅开辟了中国民营种植、生产天然橡胶的历史，而且为新中国大面积发展天然橡胶事业作出重要贡献。琼安胶园历经百年沧桑，现仅存百年橡胶树 32 棵，面积约 4 亩。百年胶树仍在产胶，百年胶园仍在发挥作用。

1903 年以前，中国没有天然橡胶。1904 年，云南德宏土司刀安仁和海南籍华侨何麟书同时从国外引种橡胶树，刀安仁在云南种植成功，并开办了中国最早的官办胶园——云南盈江县凤凰山橡胶园。而何麟书当年引种没有成功。1906 年，何麟书集资 5000 元光洋，再次从马来亚购进橡胶种苗，在海南乐会崇文合口湾（今琼海市会山乡三洲管区）760 亩山丘地上种植 4000 棵橡胶树获得成功，创建琼安胶园，并于当年成立"乐会琼安垦务有限公司"，开中国民营植胶先河。

1950 年海南刚一解放，国家就在琼安胶园的基础上创办了东太农场。从 20 世纪初至 50 年代，继何麟书创办琼安胶园之后，马文谷、雷贤钟等一批爱国华侨前赴后继，冒死从国外带回胶种、胶苗在海南岛成功种植橡胶树，为新中国打破帝国主义封锁、独立发展天然橡胶事业作出不可替代的重要贡献。20 世纪五六十年代，我国在广东、广西、云南等地大面积种植天然橡胶树，其种子和母树育苗，大部分来源于海南岛琼海琼安胶园、那大蔡惠胶园等当年为数极少的天然橡胶树种源基地。华侨的崇高爱国主义精神，得到周恩来总理的高度评价。周总理曾对雷贤钟说："你带橡胶良种回国比带金子还宝贵。金子中国有，橡胶优良品种就少得很呐。""你能在这困难时期带胶苗回国，是很崇高的爱国精神。"

据了解，全中国现仍存活的百年橡胶树仅有 33 棵，其中，海南琼安胶园 32 棵、云南盈江 1 棵，这些百年胶树仍在产胶。在会山区合湾边的东太合口咀队的一棵，称得上是我国的"橡胶王"，其围径 2.4 米，高约 30 米，在 3 米高的地方长了六条 60~70 厘米粗的枝干。现在年产干胶至少在 40 千克以上，比一般的胶树单株产量高出 6 倍多。围径 3 米、高 20 米的"海南橡胶王"已于 1996 年被台风刮倒死亡。21 世纪初，橡胶界权威、80 岁高龄的黄宗道院士向社会呼吁："不要忘本，要圈起来立座碑，延长寿命，保护活文物！"

尖峰岭热带雨林

尖峰岭热带雨林，位于海南省三亚市北部乐东县。主要分布在尖峰岭海拔 350~950 米地带，分布面积 400 多平方千米，连绵起伏，蔚为壮观。其中，尖峰岭国家级自然保护区，地跨乐东和东方两县市，面积 20170 公顷。1956 年划定为广东省尖峰岭热带雨林禁伐区。2002 年 8 月晋升为国家级自然保护区。保护对象为热带原始林生态系统和栖息于此的黑冠长臂猿、云豹、海南孔雀雉、海南山鹧鸪、白鹇、树蕨、坡垒、海南苏铁、海南粗榧等珍稀动植物。

尖峰岭主峰 1412 米，林区最低海拔仅 200 米，千余米高差的复杂地形，形成了 7 种植物生态体系，拥有维管植物 2800 多种，动物 4300 多种（含昆虫）。生物多样性指数高，每公顷的植物种数高达 250 种以上，被誉为"热带北缘的天然物种基因库"。热带植物世界的"连生""绞杀""大板根""老茎生花""空中花园"随处可见。植物的丰富带来动物的繁荣。兽类 20 多种、鸟类 150 多种、孕育着五彩斑斓的蝴蝶达 449 种，是真正的"蝴蝶王国"。被誉为"中国最美十大森林""中国唯一山海相连的国家森林公园""中国保存最好的原始热带雨林"。

雨林景观奇特。林相茂密而高大，林内灌木复杂而密集。群落结构极为复杂，林木各层次间没有明显界限，林冠连绵起伏，凹凸不平。这是因为一些高大老龄的个体自然死亡或台风刮倒后，形成林窗。林窗中更新的种类慢慢地得到恢复。热带植物一年四季均可生长，呈现四季如春的景象。同样，树皮无须经历严冬，其皮薄而颜色呈浅灰色。

雨林特征明显。各种植物为了有效利用阳光、水分等自然资源，产生各种不同生活型的植物的搭配组合：有高大的乔木、林下的灌木和草本，同时还有形态各异的藤本植物、附生植物、寄生植物等。藤本植物往往以不同的形态攀缘至林冠的顶部，寄生和附生植物则多生长于树丫之上，这样就形成空中花园。尤以鸟巢藤、崖姜藤等最具特色，通常在树干上形成直径可达1~2米的植物球，下方还附生有书带蕨等植物，非常美丽壮观。

许多高大的乔木具有板根，有的板根甚至高达4~5米。板根的形成在科学上至今没有一个比较统一的看法，有养分论说，也有力学论说，这还有待于进一步探索。支柱根，顾名思义是起支撑作用的，在尖峰岭较著名的支柱根植物有高根营、第伦桃以及各种榕树等。

绞杀现象也是热带林特有的生态奇观，绞杀植物最为典型的是高山榕。当榕树的种子被鸟类吞食后，鸟类的粪便留在一些大树的树桠上，粪便中的种子在合适的时候生根发芽、长成小苗。榕树小苗长大后产生气生根。气生根垂直向地面生长，着地扎根从土壤吸取养分，长大后形成支柱根，如尖峰岭的鹿树。气生根也可紧贴寄主的树干四周向下生长，到达地面后这些气根越长越粗壮，在寄主树干的周围形成网状的缠绕根系，最后将寄主树完全包围以致影响其正常生长，形成绞杀，最后将寄主树绞死如天梯树、猪笼树等。

霸王岭

霸王岭国家森林公园，位于海南岛西南部，地跨昌江、白沙两市县，总面积8444.30公顷，2006年12月经批准成立，是海南岛典型的热带雨林分布区之一。属热带海洋性季风气候，年均温度21.3℃，最热月均温度22.8℃，最冷月均温度13.5℃。平均年降水量1657毫米，雨量主要集中在7—10月，随海拔升高雨量逐渐增加，相对湿度加大，年平均相对湿度84.2%。其主要山峰都在1000米以上，主峰高1495米。实施国家天然林保护工程总面积177.9万亩，其中重点生态公益林面积74.3万亩，场乡共管面积103.6万亩，森林覆盖率为96.7%。

境内分布着特有天然南亚松林、雅加松林、陆均松顶级群落林、野生青皮林以及最古老的野荔枝林。区内有着丰富的野生动植物资源，热带雨林特征明显，号称"热带雨林展览馆"。热带雨林中特有的"直立如屏的板状根""老茎生花""空中花园""独木成林""能攀善爬的附生植物""缠

霸王岭（樊宝敏摄）

霸王岭（樊宝敏摄）

绕绞杀植物"等热带奇观随处可见。具有典型性、独特性、珍稀性、多样性四大特征，被称为"绿色宝库""物种基因库"，分布有野生植物 2213 种，野生动物 365 种。原始林木种类达 1400 多种，列为国家重点保护的珍贵树种如见血封喉、陆均松等 27 种。不仅有古树王，还有海南长臂猿、云豹、孔雀雉等国家一级重点保护野生动物。其中独有的海南长臂猿是全球现有灵长类动物中数量最少、极度濒危的物种，仅有 23 只。近年来，森林公园成功举办了"木棉花节"和"万人相亲活动"。

五指山

五指山，海南第一高山，素有"海南屋脊"之称，是海南的象征。位于海南岛中部，整个山体南北长 40 余千米，东西宽 30 千米，峰峦起伏呈锯齿状，形似人的五指，故得名。山脉由西南向东北方向排列，先疏后密，延伸及琼中、保亭、陵水等县市。主峰在五指山市境内，二峰为最高峰，海拔 1867.1 米。五指山脉千米以上的山峰有三角山、铁耳峰、奇人峰、青春岭等 17 座。

五指山是省级自然保护区，面积 13435.9 公顷，是海南最大的自然保护区，拥有丰富独特的自然资源、生物资源、气候资源和人文资源，具有原始性、珍稀性、独特性、神秘性和不可再生性，被国际旅游组织列为 A 级旅游点。地理景观有五指山拇指峰绝壁上的迎客松、千年荔枝树、千年古榕、桫椤沟谷、人字树等。

五指山分布着中国热带雨林海拔最高和相对高差最大的雨林带，是中国热带植被类型最多，植被垂直带谱最完整、最齐全的地区，其原生植被有 3 个垂直带谱，11 个植被群丛，植物种类 4900 多种。五指山热带雨林群落最为典型，是中国生态系统多样性、生物物种多样性、生态基因多样性最为丰富的地区，在中国和全球生物多样性保护中具有重大价值。五指山分布的雨林带有：一是常绿季雨林带，树种由热带常绿树种组成。其中有青皮群落、荔枝群落、蝴蝶群落等，这些群落最能反映海南地带性生态特点，被确认为海南岛地带性典型植被类型。二是山地常绿阔叶林带，树种由热带和亚热带科属植物为主组成。有山毛桦科、樟科、金缕梅科及少量的温带科属，为桦木科的海南鹅耳枥、槭树科的十蕊槭；粗榧科的粗榧属和杜鹃花科的杜鹃属等。主要群落有：陆均松群落、黄背栎群落等，这些树种是海南的主要热带植被。三是山顶矮林带，其群落的外貌特征为低矮乔木，分枝多，弯曲而密集，树干上多有苔藓植物附生。群落有栎子绸、厚皮香、海南杜鹃、广东松、五裂木、微毛山矾等。其与山地常绿阔叶林是海南主要的水源林，海南的主要河流都起源于五指山。五指山控制着海南的水系形态，涵养着全岛的主要水源，是全岛生态平衡的核心。五指山被誉为"海南的肺"。

五指山分布着广阔的热带天然林海，形成了独特的森林生态系统。海拔500米以下的丘陵及低山地区分布着沟谷雨林和季雨林；500~1500米处，分布着热带山地雨林和亚热带针叶阔叶常绿林带；1500米以上为高山矮林；1500米以下的山地植被最为丰厚，各种植被千姿百态、竞相生长，动植物大多分布于此地带。这片原始热带森林，有雄伟参天的乔木，层次多而繁杂，最上层为几个人合抱不过的古树，高达数十米，干直挺秀，直指苍穹。第二层比第一层稍矮，但密度最大，许多藤本植物沿着树干攀爬缠绕，"绞杀"现象随处可见，各种植物竞相生长，莽莽苍苍。最底层是一些肉质多浆植物、花卉和热带蕨类植物。热带雨林中，参天古树、奇树、珍稀树种皆可见到，"独树成林""绞杀""空中花园"、树抱石、石夹树等奇特景观无处不有。

五指山被誉为"天然的动植物王国"，蕴藏生物3万多种，是世界上最丰富的物种基因库之一，拥有植物4900多种，海南的野生植物中，维管束植物3560种，树种1400多种，其中乔木树种800种，国家商品用材458种，珍贵用材206种，珍稀濒危植物23种，

五指山（拍信图片）

与恐龙同时代的"活化石"——桫椤树随处可见。观赏植物丰富，仅五指山兰花就有120多种，其中密生万代兰是中国特有品种，花期特长，有较高的观赏价值。生于五指山的母生、青梅、绿楠、胭脂、红稠、陆均松、竹叶松等可作为造船、高级建筑、精美家具、军事工业和美术等特种用材。青梅材质坚韧而硬重，耐腐，百年不朽。母生生长能力强，采后可自行萌生，故名"母生"。绿楠材质纹理通直，结构细致均匀，具有特殊香味，毛主席纪念堂瞻仰大厅的雕花大门和护壁皆为五指山的绿楠所制。五指山水满茶产于山峦重叠、云雾弥漫的半山腰上，雨量充足，枝繁叶茂，矛芽柔嫩，色、味、形俱佳，具有防治感冒、消化不良症等功效。五指山出产的药用植物，如沉香、五指山参、灵芝等，为药用三宝。益智、砂仁、槟榔、花梨、胆木等都是名贵中药材。

五指山热带植物丰富茂盛，野果终年不断，为动物觅食和栖息提供了良好的生态环境，动物种类众多、珍贵。海南的野生动物中，兽类76种，鸟类344种，爬行类104种，两栖类37种，分别占全国兽类总数的29.5%，鸟类的18.8%，爬行类的34%，两栖类的18.8%。诸如蛇类、鸟类、云豹、水鹿、海南鹩哥、孔雀雉，龟、鳖、猴、穿山甲、猿、果子狸、箭猪、黄獠等，绝大部分在五指山地区生长。原鸡（野鸡）、白鹇鸪、斑鸠、七色鸟、鹦鹉、白鹇等，个体大，有较高的观赏价值和经济价值。鳞皮游蟾、脱皮蛙等11类两栖动物为五指山独有。蟒蛇、尖嘴蛇、盲蛇、眼镜蛇、金银蛇、青竹蛇等都是国际公认的珍奇动物。

1985年，建立海南五指山自然保护区，1988年升级为省级自然保护区，地跨通什市、琼中县等地，面积13435.9公顷，是海南热带原始森林面积最大的自然保护区，共有天然林11122公顷，占总面积的82.8%，这些天然林绝大部分为原始林。

附：海南热带雨林国家公园

海南热带雨林是我国分布最集中、类型最多样、保存最完好、连片面积最大的大陆性岛屿型热带雨林，是岛屿型热带雨林的代表、热带生物多样性和遗传资源的宝库和海南岛生态安全屏障，具有国家代表性和全球保护意义。2021年9月30日，国务院同意设立海南热带雨林国家公园；2021年10月12日，海南热带雨林国家公园入选第一批国家公园。

海南热带雨林国家公园位于海南岛中部，区划总面积4269平方千米。其中核心保护区面积2331平方千米，占国家公园总面积的54.6%。园区内森林覆盖率高达95.86%，其中76.56%为天然林，人工林占19.3%，主要以橡胶、桉树、马占相思、加勒比松、槟榔等经济林种或用材林种为主。

国家公园涉及海南省中部的五指山、琼中、白沙、东方、陵水、昌江、乐东、保亭、万宁9市县，约占海南岛陆域面积的12.1%，占所在9市县陆域面积的25.4%，其中国家公园在五指山市面积占比最大，达61.5%；在万宁市面积占比最小，为1.6%。园区范围涉及43个乡镇175个行政村，其中有常住人口2.28万人，分布在5市县35个行政村129个自然村。国家公园所处的中部山区是黎族、苗族等少数民族在海南的集中居住区，园区内涉及9个市县中有6个为黎族或黎族苗族自治县，少数民族人口占涉及市（县）总人口的61.5%。园区内无建制镇。

国家公园范围内海拔高度排在前五的山峰有：海南最高峰五指山（1867米）、鹦哥岭（1812米）、猕猴岭（1655米）、黑岭（1560米）、雅加大岭（1505米）。

植被分布。①热带低地雨林。主要分布在中部山区海拔800米以下，是国家公园植被中湿润性和常绿性最强、雨林的各种特征最明显的一种森林群落，是热带雨林中最典型的植被类型。代表种有青梅、坡垒、荔枝、母生等，裸子植物不多见。在低地雨林中，最容易观察到板根、老茎生花、木质藤本等雨林奇观。②热带山地雨林。是海南岛热带森林植被中面积最大、分布较集中的垂直自然性植被类型，分布海拔为700~1300米。群落外貌基本全年常绿，群落组成以热带山地常绿性阔叶树为主，裸子植物开始起特征种的作用，主要代表种有陆均松、鸡毛松、海南紫荆木、荷木等。随海拔升高，植被逐步向高山针叶林过渡，在垂直分布带的上部开始有针叶林散生，形成针阔叶混交林。由于林冠比低地雨林稀疏，板根、茎花、木质藤本和棕榈科植物等雨林特征也逐步减少，蕨类和苔藓植物变得繁茂，裸子植物和竹类变多，亚热带和温带的植物科、属比例增大。③热带针叶林。现在比较稀少，多散生于阔叶林内，很少构成纯林，主要分布在佳西、鹦哥岭、五指山和霸王岭等海拔1200米以上的高山上，其中，以佳西的华南五针松林最为连片和典型。在霸王岭中低海拔地带还有颇为特别的南亚松林。资料显示，南亚松历史上在海南自然分布范围更广，曾广泛存在于西部滨海台地的儋州市、昌江县一带。④高山云雾林。分布于海拔1300米以上的峰顶，以五指山、鹦哥岭和霸王岭的面积较大。多出现于孤峰和山脊地形，生境开朗，风大且蒸发强，温度低而温差大，云雾多而湿度大。植物群落矮小弯曲、林冠稀疏，代表种有五列木、杜鹃花科及壳斗科树木。由于林内湿度大，附生的苔藓、地衣极其丰富，布满地面，可顺着树干一直蔓延到枝叶之上。云雾林生长的地方山高林密，人迹罕至，是多种珍稀濒危动植物最后的庇护所，如海南瑶螈和鹦哥岭树蛙都生活在这里。

国家公园具备三大核心价值：一是岛屿型热带雨林典型代表。海南热带雨林是亚洲热带雨林向常绿阔叶林过渡的代表性森林类型。以五指山为中心向吊罗山、尖峰岭、霸王岭和黎母山辐射，沿海拔梯度发育了较为完整的垂直地带性植被，在植被类型、物种组成和旗舰物种上表现出较高完整性，热带自然生境维持了极高原真性。二是拥有全世界、中国和海南独有的动植物种类及种质基因库，是热带生物多样性和遗传资源的宝库。国家公园内初步统计有野生维管植物210科1159属3653种。国家重点保护野生植物有149种，其中国家一级重点保护野生植物7种，主要为坡垒、卷萼兜兰、紫纹兜兰、美花兰、葫芦苏铁、海南苏铁、龙尾苏铁等。国家二级重点保护野生植物142种，主要为海南黄花梨、土沉香、海南油杉、海南韶子等。此外，葫芦苏铁、坡垒、观光木等17种植物为极小种群物种。园区内有特有植物846种，其中中国特有植物427种，海南岛特有植物419种。初步统计，国家公园内共记录陆栖脊椎动物资源5纲38目145科414属540种。国家重点保护野生动物145种，其中国家一级重点保护野生动物14种，主要为海南长臂猿、海南坡鹿、海南山鹧鸪、穿山甲等。国家二级重点保护野生动物131种，主要为海南兔、水鹿、蟒蛇、黑熊等。海南特有野生动物23种。国家公园是全球最濒危灵长类动物海南长臂猿的全球唯一分布地，目前该物种仅存 36 只。三是海南岛生态安全屏障。国家公园位于海南岛中部山区，是全岛的生态制高点，是海南岛森林资源最富集的区域，是南渡江、昌化江、万泉河等海南岛主要江河的发源地。茂密的热带雨林既是重要的水源涵养库，又是防风、防洪的重要生态安全屏障。

兴隆咖啡

万宁市位于海南省的东南部。兴隆咖啡的产地位于万宁市东海岸的太阳河畔兴隆镇，海拔 21~532 米。此地生态环境好，森林覆盖率达 62%。属热带岛屿性季风气候，年平均降水量 2600~2700 毫米，具有种植咖啡的天然条件。2007 年 12 月，国家质检总局批准对"兴隆咖啡"实施地理标志产品保护。

万宁市最早种植咖啡是在民国初期，华侨先后从马来西亚、印度尼西亚等国家带回咖啡籽，在自家的房前屋后种植。20 世纪 50 年代初，万宁市咖啡种植面积仅有百亩左右。为安置归国华侨，中央政府在万宁市东海岸太阳河畔创办兴隆华侨农场，开垦荒地，发展经济。1952 年初，创办兴隆华侨农场咖啡加工厂，50 年代中期农场开始大规模种植咖啡。1954 年农场从马来西亚引种中粒种咖啡，开始加工咖啡粉，虽然产量不多，但兴隆咖啡已经名声在外。2018 年，全市种植兴隆咖啡总面积达 1 万多亩，年产咖啡 2000 吨左右。

海内外的咖啡专家来兴隆品尝咖啡都给予很高的评价，认为兴隆咖啡与世界名牌咖啡相比毫不逊色。兴隆农场曾经把兴隆咖啡送到人民大会堂作为国宴饮料。成千上万的中外游客，每到兴隆旅游观光，都把兴隆咖啡作为一项最重要的旅游内容，参观咖啡园、观摩咖啡制作过程、品尝现煮咖啡、购买咖啡当作礼品送给亲朋好友。

兴隆人培育出优良的咖啡，形成了兴隆咖啡文化。兴隆咖啡是焙炒咖啡，主要原料是兴隆地区生产的中粒种咖啡豆，加上适量的食盐、奶油、优质白糖等到配料，醇香浓郁，苦中带甜，余香持久，回味无穷。

白沙绿茶

白沙绿茶，是一款产自海南岛白沙县境内距今约 70 万年的陨石坑上的特种绿茶，具有独特的品质，是大自然的恩赐。白沙绿茶外形条索紧结、匀整、色泽绿润有光，香气清高持久，汤色黄绿明亮、滋味浓厚甘醇，饮后回甘留芳，连续冲泡品茗时具有"一开味淡二开吐，三开四开味正浓，五开六开味渐减"的耐冲泡性。独特上乘的品质畅销海南、广东、香港和台湾等地区，饮誉泰国、马来西亚和新加坡等国外市场。2004 年 10 月，原国家质检总局批准对"白沙绿茶"实施地理标志产品保护。

白沙茶叶历史源远流长。黎族人民自古有采摘五指山脉的野生大叶茶治病的习惯，如果从此算起，海南茶事已有近千年历史。据考证，海南野生大叶种茶是从茶的起源中心四川金佛山野生大叶茶逐渐演变而来，主要分布在五指山区。明正德六年（1511 年）《琼台志》中就有海南早期茶事的记载。白沙茶场始建于 20 世纪 50 年代，1958 年开始垦荒种茶，并进行加工。白沙茶场茶树品种最初主要为海南本地品种，后来陆续从云南、福建等地引进一些优良品种。

白沙陨石坑位于白沙县牙叉镇东南 9 千米处的白沙农场，直径 3.5 千米，是目前我国能认定的唯一较年轻的陨石坑，为距今约 70 万年前一颗小行星坠落此处爆炸而成。白沙绿茶的茶园就分布在这神奇的白沙陨石坑及其周围，这里气候宜人，雨量充沛，土质肥沃，常年雾气缭绕；土壤既含有大地表面和地壳深层的物质，也含有"天外来客"带来的特有物质，这些共同造就了白沙绿茶得天独厚的特点。白沙绿茶长年生长在云雾山中，耐冲泡，条索肥壮，香气持久，汤色黄绿明亮，滋味浓醇鲜爽，具有药疗保健功能。

澄迈县花瑰艺术

花瑰艺术是海南省民间对木雕神像、偶像和人物像及装饰图像的俗称。在海南，澄迈县的花瑰艺术最具代表性。花瑰艺术历史悠久，其发源与宋代佛教、道教、儒教的兴盛有关。明代，澄迈县兴起军坡节，又称游公节。节日期间，人们将民间各路保护神抬出来游行，供人祭拜。清代的佛、道活动更甚，几乎月月都有作斋（庙会活动），促进了花瑰艺术的发展。花瑰艺术多以沉木、树根、木化石为原料，完全靠手工塑作而成。它既承载着历史、宗教、民俗信仰等许多重要信息，又体现了民间艺人的聪明才智。现今，由于社会生活的变迁，传统的花瑰艺术正面临消亡的危险。

重庆市

重庆市林业遗产名录

大类	名称	数量
林业生态遗产	01 巫溪铁坚油杉	1
林业生产遗产	02 石柱黄连；03 江津花椒；04 南川方竹笋；05 奉节脐橙；06 万州红橘；07 歌乐山中央林业实验所	6
林业生活遗产	—	—
林业记忆遗产	08 梁平竹帘	1
总计		8

巫溪铁坚油杉

　　最美铁坚油杉古树，位于重庆市巫溪县鱼鳞乡五宋村，距今 1570 年，胸围 880 厘米。

　　鱼鳞乡五宋村，有两棵铁坚油杉古树并列而生，株距约 10 米，一株结果，一株不结果，当地人称为"夫妻树"或曰"大树菩萨"，此前已经入选中国百株人文古树，纳入国家森防总站健康监测范围。目前，巫溪县林业局已经采用健康监测、古树挂牌、设置围栏、建宣传墙、安装避雷针、清理周边环境、规范供奉行为等措施对古树进行保护。古树效应还将带动周边产业发展，形成生态保护、生态旅游、生态文化、生态产业的共同体。

　　五龙宫，地处大巴山深处，巫溪县鱼鳞乡五宋村 4 组，海拔 1144 米。站在这里远眺，五条小溪潺潺而下，似五条长龙齐奔"龙宫"，故称"五龙捧圣"。这里，两棵黄瓜米古树东西并列而生，被当地人称为"夫妻树"。这里香火鼎盛，特别是每年正月初一和正月十五，各地香客慕名而来，虔诚拜谒。

　　黄瓜米树，学名铁坚油杉，生长较慢，是国家二级重点保护野生植物，甘肃东南部、陕西南部、湖北西部、贵州北部和四川盆周等地有原生，是油杉属中最耐寒的物种。据专家测算，这对夫妻树单株胸径约 2.8 米，树高 30 米，冠幅东西 24 米、南北 35 米，树龄 1570 年左右。据说是国内当前发现的最大的铁坚油杉树。

　　五龙宫坐落的巫溪县，曾为"巫咸古国"，盐业兴盛，举世闻名的大宁河古栈道连接陕西，直通中原。两株"神树"正好地处盐马古道要冲，于是府官在此设衙，署理事务，使该地成为周边政治经济文化中心，盛极一时。"神树"自此福庇一方，传奇故事远扬各地。清嘉庆年间重修府衙的碑文保存完好，见证了"设衙署事"的真实性。

　　现代科学考证，铁坚油杉雌雄同株，每棵树都能结果。而五龙宫这两棵树，人们一直相传为一公一母，"公"树不结果，"母"树结果，因此被称为"夫妻树"。当地群众不生孩子就去求其赐子，找不到媳妇就去求其赐个媳妇……在人们眼里，这两棵树就是消灾祛病、求子问吉的"神树"。

饱吸天地之灵气，遍尝日月之精华。"夫妻树"虽经1500多年风雨洗刷，依然巍然屹立，雄姿勃勃，见证了人世沧桑，可谓大"神"也。"夫妻树"的"神"，不仅在于彰显着大自然的神奇和力量，更是寄托着人们的祝愿和信仰。

石柱黄连

重庆石柱黄连传统生产系统，位于重庆市的东南部。因产于该县黄水森林公园，也称"黄水黄连"。区域特殊的地理面貌、气候环境和水文情况，孕育了各种各样特有的动植物品种。其中，黄连就是中药材的原料植物的代表。渝东南石柱县的黄连原料产量，占全球总产量的60%，位于石柱县黄水镇的黄连市场，完成了全球80%以上的黄连原料交易。2004年10月，国家质检总局批准对其实施地理标志产品保护。

石柱黄连传统生产系统具有悠久的种植与商贸历史，据可考证文献，其种植最早可追溯到距今1200多年前。另有史料记载，唐天宝元年（742年），石柱"上贡黄连十斤，木药子百粒"。黄连是我国传统中药黄连的原植物之一，药材商品名为味连，具有清热燥湿、泻火解毒的功能。黄连始载于《神农本草经》，被列为中草药中的上品。

2010年在地黄连达5万余亩，每年可采收黄连约30万千克，产值突破3000万元。石柱黄连传统生产系统农业景观多样，包括由生物景观、地文景观、天象景观、水文景观等组成的自然景观，还有由历史遗迹、民俗风情、史事传说等组成的人文景观。石柱人传承了完整的黄连种植、加工技术，并依托当地独特生态环境，形成了包含丰富黄连文化元素的民俗文化特征。2017年6月，石柱黄连被认定为第四批中国重要农业文化遗产。

重庆石柱黄连生产系统（闵庆文供图）

云阳龙缸（拍信图片）

江津花椒

江津花椒是重庆市江津区的特产。江津区种植花椒历史悠久，地理气候条件优越，所产花椒麻香味浓，并且富含多种微量元素，出油率高，不仅是优良的调味品，而且经加工，可提取多种名贵的化工原料。

江津自古以来就有种植花椒的传统，在公元 14 世纪的元朝就开始种植花椒。江津花椒在几百年前就已经享誉四方，在毛里求斯海岸打捞出的一艘 300 多年前沉没的荷兰商船上还发现了桶装花椒，仍散发出香气，而桶上依稀可见"巴蜀江州府"的字样。

江津区四面高山环抱，境内丘陵起伏，地貌以丘陵兼具低山为主。这里多雨多雾，空气潮湿，江津人喜欢吃川菜，所以花椒不仅是必备的调味品，而且还具有除湿、祛风、祛寒的药用功能，为了防除风湿病，江津人对花椒更是情有独钟。同时，充足的光照，适宜的温度，充沛的雨量都为花椒生长提供了得天独厚的条件。江津花椒主栽品种为"九叶青"花椒，生长于江津区先锋镇，经 20 多年的提纯复壮，独具特色，是最具竞争力的早熟品种，以果实清香、麻味醇正而著称。九叶青花椒含有人体所需的维生素 C、铜、铁、锌、锰、硒等多种微量元素，花椒和花椒籽的含油量分别是 10.73% 和 27.6%，花椒健脾强胃，祛风除湿，对慢性胃炎亦有显著疗效。

江津区自 20 世纪 90 年代起大规模发展花椒，为把小花椒做成大产业，2007 年，全区花椒种植规模达到 50 万亩、占重庆市花椒种植面积 80.7 万亩的 62%，成为中国最大的青花椒基地。2011 年，鲜椒产量达 15 万吨、销售收入 12.3 亿元，相当于区域财政收入之总和。该区位居中国三大花椒基地（重庆江津、陕西韩城、山东莱芜）之首，江津"九叶青"花椒也位列中国四大花椒品种（江津九叶青、汉源贡椒、韩城大红袍、云南大红袍）之冠。2004 年 12 月，国家林业局命名江津区为"中国花椒之乡"。2005 年 8 月，江津花椒获得国家地理标志产品保护。其最佳生长地域为江津区蔡家、嘉平、先锋、李市、慈云、白沙、石门、吴滩、朱羊、贾嗣、杜市等镇（街）。

南川方竹笋

南川方竹笋，重庆市南川区特产。据《南川县志》记载，清嘉庆（1795—1820 年）时期，南川方竹笋为朝廷贡品。南川方竹笋以金佛山方竹笋为原料，用传统工艺加工制成，其外形略呈方形，触摸有棱角感，笋肉黄色或黄白色、新鲜清洁、笋肉丰腴、肉质脆嫩、笋箨有光泽不萎蔫，具有营养丰富、肉质丰厚、脆嫩化渣、滋味鲜美的独特品质，受历代美食家所青睐。南川金佛山方竹笋，以其独特的鲜、香、嫩、脆品质享誉全球，被称为"竹笋之冠""笋中之王"。2008 年 9 月，国家质量监督检验检疫总局批准对其实施地理标志产品保护。截止到 2012 年，南川区年加工方竹笋等产品 5800 吨。

奉节脐橙

奉节脐橙，艳丽橙红而果大，圆滑细腻的肌肤透露着金色的光泽，脆嫩的肉质入口而化渣，堪称脐橙之王。它拥有三峡河谷长日照，接近积雪线下的斜坡逆温层，金钱难买的中等空气相对湿度，以及富含钾硒元素的土地等生态优势，受益于天然独特的气候条件，以其"果形端正、颜色橙红"的形态和"营养丰富、酸甜适度、脆嫩化渣、橙香味浓"的独特风味，享誉中外，深受世人喜爱。

奉节脐橙的前身叫奉节柑橘，栽培始于汉代，历史悠久，产区位于三峡库区，具有"无台风、无冻害、无检疫性病虫害"的三大生态优势。据《汉书·地理志》记载："鱼腹（今奉节）胸忍有桔官"。《汉志》记载"柚通省者皆出，唯夔（今奉节）产者香甜可食"。而在唐代，奉节脐橙已经成了宫廷御用的产品，《新唐书》载："夔者土贡柑桔"。

随着时代的发展，奉节脐橙越来越受世人欢迎，品牌也驰名国内外。1935 年，奉节县引进了普通甜橙和红橘定植。1953 年，奉节脐橙正式开始在奉节县进行选育，至 1972 年，已成功选育出奉园 72-1 母树。四川省通过有关科研单位鉴定，并于 1973 年高接换种 105 株，建立第一代无性繁殖母本园。1977 年，中国农业科学院举办新选育柑橘新良种鉴定会，奉节脐橙获得第一名，从此奉园 72-1 脐橙和奉节地名联系到一起，被直接称之为"奉节脐橙"，逐渐在全国知名。

1979 年，在奉节县建设出口脐橙基地县，1980 年形成商品产量。奉节脐橙试销香港之时，获得香港五丰行（今华润五丰行农产品有限公司）和丰昌公司的好评。1997 年，《人民日报》以《一棵"脐橙王"带富村民 20 万》为题，集中报道了奉节县内的一棵 72-1 母树发展到 13 万亩、产量 6 万多吨、果农人均收入达到 3000 多元的大产业新闻。2006 年，国家工商总局正式批准"奉节脐橙"为地理证明商标。

万州红橘

万州红橘，又称万州古红橘，古称丹橘。其橘果果大色艳，形如灯笼，色似红霞，清香沁脾，酸甜可口，汁多味美，细嫩化渣，更兼生津止渴、清胃利肠、止咳止痢、疏肝解郁等功效。2010年7月，国家质检总局批准对"万州红橘"实施地理标志产品保护。

据史料考证，作为世界柑橘起源中心之一，重庆三峡库区早在公元前2000年的夏朝就已有红橘品种，迄今已有4000年的栽培历史。《巴县志》载："又西为铜罐驿……地橘（红橘）柚，家家种之，如种稻也。"《史记·货殖列传》记载："蜀汉江陵千树橘……此其人皆与万户侯等。"北宋欧阳修在《新唐书·地理志》中描述了长江上游川渝两地柑橘发展的盛况："凡气候适宜栽培柑橘的地方，户户栽橘，人人喜食。"西汉时期，万州红橘"已产甚丰"，成为皇家的贡品，且当时红橘贸易鼎盛，当时的朝廷在此专设"橘官"一职，收管橘税。此外，万州古红橘也是最早走出国门的中国柑橘品种之一，明朝郑和下西洋时便把万州红橘带到海外。到清代，乾隆皇帝为色如明焰的万州红橘赐名"大红袍"。至今，万州红橘仍是东南亚地区华人、华侨敬奉神灵或先祖的上好贡品。

万州区百年红橘树群，位于重庆市万州区长江沿岸，主要分布在该区的大周、太龙、黄柏等二十几个乡镇，绵延长达39千米。这里生长着5000余株百年树龄以上的古红橘树，迄今有据可考的最古老的橘树已有122年，仅分枝以下的树干就高达75厘米，直径达43厘米，整个树高6.9米，树冠直径为9.9米×8.4米，产量高达650千克。堪称中国最大的红橘产地。全区现有红橘种植面积15万亩，占全区柑橘总面积的50%，约占全国红橘总面积的1/3，其中沿江两岸的集中种植区域便有10万亩之多。年产量超过13万吨，占全国红橘产量的50%，在长江两岸海拔175~400米的区域，平均每户拥有200~300株古红橘树，常年产量在1万千克以上，红橘已成为当地农民的主要收入来源，是世界仅存的数万亩千年古红橘种群和优质基因库。目前，万州区已建成万州古红橘主题公园，举办"古红橘赏花节"等活动，2013年吸引游客10多万人次。

歌乐山中央林业实验所

中央林业实验所是民国时期最具影响力的林业科研机构。它的创建是国民政府为满足抗战时期经济和社会发展需要而做出的应对之策，也是林业科学体制化建设的必然产物，其发展深受时事环境的影响。伴随时局的变动，该所不断对组织机构与人员数量作出调整。它是近代林业科研机构体系的重要组成部分，领导了全国范围的林业科研工作，对培养林业科研人才、传播林业科学知识发挥了重要作用。

中央林业实验所于1941年7月在重庆歌乐山创建，1946年5月迁往南京，是隶属于国民政府农林部的林业科研机构。它的创建，为本土化的林业科研打下坚实的基础，提供了制度化的平台，极具标志性意义。该实验所也被视为"我国林业事业的第一所独立科学科研机构"。

其创建是林业科学体制化建设中至为关键的一环，改变了国家在抗战之前"没有集中性的森林研究的专门机构的局面"。它与其他机构一同建构起近代的林业科研机构体系，推动本土化的林业科研进入一个新高度。动荡的时局制约了它科研成绩的取得。譬如其与静生生物调查所合作编纂《中国森林树木图志》及调查滇南赣北森林植物"虽有良好之开始，却未有圆满之结果，仅差强人意"。但实验所大部分的科研工作还是得到落实，服务了国家和社会。

梁平竹帘

梁平竹帘又称梁山竹帘，是民间手工艺品竹帘画的一种，流传于重庆市梁平区一带。竹帘画是在细竹丝编织的帘子上加上画的工艺品。梁平竹帘起源于宋代，迄今已有1000多年的历史。

梁平竹帘采用当地盛产的慈竹为主要原料，通过劈丝、编织、绘制、成品修整等工序制成，细分则有80多道工序。艺人劈出的竹丝可以穿过绣花针眼，难度最大的是在编织之前粘连竹丝，要把两个细微的竹丝头削出斜面才能完全黏合。现在的编织工具由织布机改进而来，提高了制作效率，绘制有书画、刺绣、植绒等多种手法。梁平竹帘品种繁多，有对联、门帘、灯罩和各种形式的屏风、装饰画，外观典雅，经久耐用，携带方便，既有实用性，又有装饰性和观赏性。

四川省

四川省林业遗产名录

大类	名称	数量
林业生态遗产	01 荥经桢楠；02 大邑香果树；03 北川柏木；04 雨城雅安红豆杉；05 剑阁翠云廊；06 卧龙大熊猫	6
林业生产遗产	07 苍溪雪梨；08 汉源花椒；09 广元朝天核桃；10 郫都林盘；11 宜宾竹（蜀南竹海）；12 邻水脐橙；13 南江核桃；14 会理石榴；15 旺苍杜仲；16 双流枇杷；17 都江堰猕猴桃；18 安岳柠檬；19 苍溪猕猴桃、雪梨；20 龙泉驿水蜜桃；21 青川黑木耳；22 小金松茸	16
林业生活遗产	23 江油辛夷花；24 南江金银花；25 黄龙；26 九寨沟；27 峨眉山；28 光雾山；29 瓦屋山；30 二郎山、青城山	8
林业记忆遗产	31 盐亭嫘祖蚕桑；32 名山蒙顶山茶；33 夹江竹纸；34 成都棕编；35 江安竹簧；36 青神竹编；37 邛崃瓷胎竹编；38 渠县刘氏竹编；39 安居竹编；40 青川七佛贡茶；41 峨眉山茶	11
总计		41

荥经桢楠

最美桢楠古树，位于四川省雅安市荥经县青龙乡柏香村，距今 1700 年，胸围 624 厘米。荥经县云峰寺内登记造册的古桢楠有 129 株，树龄均在百年以上，是迄今为止全国保存最完整的古桢楠群，十分珍贵。古树中又以位于云峰寺内的桢楠王最为珍贵，树高 36 米，胸径 2 米，树龄 1700 年，栽种于西晋。该树曾被央视《国宝档案》栏目誉为"中国桢楠王"，2015 年入选"100 株中华人文古树保健名录"；2018 年 5 月，被全国绿化委员会办公室命名为中国"最美桢楠"。

云峰寺始建于唐，赐匾于宋，兵毁于元，修复于明，续修于清。寺有三奇：古楠、神水、太湖石；有三绝：佛塔、风洞、摇亭碑动。云峰寺吸引了诸多文人墨客光顾，如张大千、许世友、刘文辉等名人曾在此吟诗作画、挥毫泼墨。整个寺庙，三面环山，左"青龙"、右"白虎"，背倚马耳双峰，旁临九龙溪，植被茂密，空气清新，环境幽静，是旅游避暑、观光胜地。

古刹最吸引人的是寺内由 186 株参天古树组成的古桢楠园林，其中有两株树龄达 1700 余年，被誉为"中国桢楠王"的千年古楠，绿冠凌空，如擎天之柱，直冲云霄，需七八个人能合抱；长满青苔的裸露根盘如群龙虬结，铺展于地；古树上附生着多种植物，有的树上还有附生兰草——珍贵的"树兰"。

186 株不同朝代的古树就像巨大的保护

荥经桢楠（王枫供图）

伞，护佑在那里的神和人。古树有银杏、古杉、樟树、香椿等，其中最多最大的是古桢楠，是四川乃至全国规模最大的古桢楠园林，尤以分列于天王殿石梯两侧的两株"桢楠王"最壮观。2010 年 4 月，央视 4 套《国宝档案》栏目组来到荥经，进行了为期 2 天的拍摄，编制了"寻找桢楠王"栏目，将古树、古寺和荥经其他历史文化景点一一纳入镜头，播出后引起很大反响。2013 年 8 月，央视 10 套《中国古树》栏目组又对这两株古桢楠树进行寻访拍摄，编制一节"中国桢楠王"，在当年国庆黄金时段播出，再次引起很大反响。

千年古树源于何时，是谁栽植，已没有确切的记载。据当地人和寺庙世代相传：这个地方原来是家庙，供奉的是孔孟，大约在东汉末年成为道观，到唐朝，一位朝圣瓦屋山、峨眉山的僧人，在这里落脚安身，扩建庙宇，道观逐渐变成佛寺，并保留了原来儒道两家的部分特点，后改名太湖石云峰寺。今天，这些高耸入云、枝繁叶茂的古桢楠等树木，就是儒、道、佛修行者先后栽植的；两株"桢楠王"是先期儒家或者道家人栽植的，它们经历和见证了该地寺庙的变迁和融合。

这些古树经历和见证荥经的历史，也曾险遭不幸。在元初，就遭受兵灾，寺庙被毁，园林被烧。近代，虽是佛家圣地，但在多个特殊时期也遭到明伐暗盗，损失惨重。特别是民国时期，一株"桢楠王"被当时政府驻军一哨兵的烟火点燃，烧干了半边树干。幸运的是没有烧着的半边第二年开始突然猛长，越长越大，越长越直，基本代替了另一半。烧干的部分至今已 70 多年仍未倒下，它是在不断向人们倾诉惨遭劫难的辛酸史吧。红军长征经过荥经时，在此建立红色政权，以此处的古树林为掩护，开办苏维埃学校，传播革命的火种，古园林也因为国民党飞机的轰炸部分被毁，其在"破四旧""文化大革命"等运动中，也受到严重破坏。

近几年，荥经县林业局逐株进行调查、建档，开展保护工程，建立了严格的管理规定，及时发现和防治病虫鼠害等，使古树名木受到良好的保护。

大邑香果树

最美香果树古树，位于四川省大邑县西岭镇飞水村。根据大邑县最新古树名木普查，该香果树树龄逾 1000 年，一级古树，胸围 763 厘米。香果树是古老子遗植物，中国特有的单种属珍稀树种，国家二级重点保护野生植物，具有重要的生态、科研、历史、文化和经济价值，被英国植物学家威尔逊在《华西植物志》中誉为"中国森林中最美丽动人的树"。

大邑香果树（王枫供图）

大邑县借助"国家最美古树"评选的契机，进一步加强古树名木保护，加大宣传力度，做好森林生态教育科普示范工作，发挥古树的历史、科研、生态和经济价值，守护好这棵绿色文物，让它永葆青春，成为永远的乡愁。

北川柏木

最美柏木古树，位于四川省绵阳市北川县永安镇大安村，距今 1300 年，胸围 1030 厘米。"七贤柏"，树龄 1300~1500 年，因 7 株古柏相伴共生千年，其最大一株有 7 株树干独木成林形成"双七"古树群的奇特景观而得名。其中，最大株古柏树围 10.3 米，周围散落伴生的古柏树围 2 米左右，树高 37 米。有关"七贤柏"的传奇故事代代相传，当地群众每年都会聚集在一起，开展祈福、游园、文艺表演等活动。

雨城雅安红豆杉

最美红豆树古树，位于四川省雅安市雨城区碧峰峡镇后盐村。这棵红豆树龄已有 2000 多年，树高 32 米，胸围 785 厘米，成年人要 9 人才能拉手围住。它生长在形如卧虎的观音巨石上，根似瀑布飞流直下扎入大山深处，树冠遮阴 320 多平方米，千百年来枝繁叶茂，四季常青。2018 年 4 月，被遴选为"中国最美古树"之一的"最美红豆树"。

北川柏木（王枫供图）

雅安红豆杉（王枫供图）

剑阁翠云廊

最美剑阁柏古树，位于四川省剑阁县汉阳镇翠云廊景区。七曲山大庙北行不多远，就见道旁一棵巨柏，高 24 米，胸围 6.7 米，树冠覆盖 45 平方米，树龄 2300 多年，苍劲挺拔，郁郁葱葱，这株古柏被誉为翠云廊上"古柏王"。

翠云廊是古蜀道的一段，而且是以险著称的剑门蜀道的一段。翠云廊古称剑州路柏，民间又称"皇柏"，亦称"张飞柏"，位于广元市剑阁县和绵阳市梓潼县，以剑阁县部分为主体。剑阁县的翠云廊已建成国家 4A 级风景区。

广义的翠云廊，分为西段、北段、南段，是指以剑阁为中心，西至梓潼，北到昭化，南下阆中的三条路，在这三条蜿蜒 150 千米的道路两旁，全是修长挺拔的古柏林，号称"三百长程十万树"。据统计，剑门蜀道有古柏 12351 株，有规律地分布在 344 里的驿道两旁，其中剑阁境内 7886 株，梓潼 496 株，昭化 144 株，阆中 17 株，南江 3808 株，主体还是在剑阁境内。三百里翠云廊，精华在北距剑门关 7 千米的大柏树湾。狭义的翠云廊指的就是翠云廊景区。翠云廊景区是国家首批重点风景名胜区、国家重点文物保护单位剑门蜀道的核心景区之一，也是国家森林公园。三百里翠云廊最大、最有名气的几棵树都在这里。

剑阁柏（王枫供图）

卧龙大熊猫

卧龙自然保护区位于四川省阿坝州汶川县西南部，邛崃山脉东南坡，距成都 130 千米，交通便利。汶川特大地震后，香港对口资助援建卧龙自然保护区。它是国家级第三大自然保护区，四川省面积最大、自然条件最复杂、珍稀动植物最多的自然保护区。保护区横跨卧龙、耿达两乡，总面积 20 万公顷，主要保护西南高山林区自然生态系统及大熊猫等珍稀动物。

大熊猫，属于食肉目、熊科、大熊猫亚科和大熊猫属唯一的哺乳动物，仅有 2 个亚种。雄性个体稍大于雌性。体型肥硕似熊、丰腴富态，头圆尾短，头躯长 1.2~1.8 米，尾长 10~12 厘米。体重 80~120 千克，最重可达 180 千克，体色为黑白两色，脸颊圆，有大的黑眼圈，标志性的内八字的行走方式，也有锋利的爪子。大熊猫皮肤厚，最厚处可达 10 毫米。黑白相间的外表，有利于隐蔽在密林的树上和积雪的地面而不易被天敌发现。

生活在海拔 2600~3500 米的茂密竹林里，那里常年空气稀薄，云雾缭绕，气温低于 20℃。有充足的竹子，地形和水源的分布利于该物种建巢藏身和哺育幼仔。大熊猫善于爬树，也爱嬉戏。爬树的行为一般是临近求婚期，或逃避危险，或彼此相遇时弱者借以回避强者的一种方式。大熊猫每天除去一半进食的时间，剩下的一半时间多数在睡梦中度过。

在野外，大熊猫在每两次进食的中间睡 2~4 个小时。大熊猫 99% 的食物都是竹子，可供大熊猫食用的竹类植物共有 12 属 60 多种。野外大熊猫的寿命为 18~20 岁，圈养状态下可以超过 30 岁。

大熊猫已在地球上生存了至少 800 万年，被誉为"活化石"和"中国国宝"，世界自然基金会的形象大使，是世界生物多样性保护的旗舰物种。截至 2021 年 1 月，中国大熊猫野生种群增至 1864 只。大熊猫是中国特有种，主要栖息地是中国四川、陕西和甘肃的山区。

1998 年国家开始组织实施"天然林保护工程"，对四川、陕西、甘肃省等西部省区全面实行天然林禁伐，撤销或转产国有森工企业，对大熊猫及其栖息地起到十分关键的保护作用。2001 年 12 月，作为全国林业六大工程之一，国家林业局启动"全国野生动植物保护和自然保护区建设工程"，再次将大熊猫及其栖息地保护列为重点保护物种继续给予重点保护。

卧龙大熊猫（樊宝敏摄）

苍溪雪梨

苍溪县地处四川盆地北缘，位于大巴山南麓，全县森林覆盖率 46.5%，气候适宜、交通便利，独特的地理环境和气候孕育出了苍溪雪梨。

苍溪雪梨又名施家梨、苍溪梨，具有"外形美观，果肉洁白，味甜如蜜，清香无渣，入口即化"等特点。果实多呈倒卵形，特大，平均单果重 472 克，大者可达 1900 克，被誉为"砂梨之王"。1964 年，毛泽东主席品尝苍溪籍老红军罗青长赠送的雪梨后，曾指示："你们家乡还能产这么好的梨，要大力发展，让全国人民都能吃上它。"苍溪县利用苍溪雪梨这一独特优势资源，在每年梨花盛开的时候，已成功举办了 12 届梨花节；大力发展以"赏梨花、品雪梨、住农家"为主的生态

苍溪雪梨栽培（闵庆文供图）

乡村旅游，建有国家 3A 级景区中国·苍溪梨文化博览园。博览园现有百年老树 202 棵，虽历经沧桑，仍枝繁叶茂，果实累累，单株产高达 350 千克，实属罕见。苍溪雪梨于 1989 年被农业部评为优质农产品，苍溪县 1998 年被授予"中国雪梨之乡"，苍溪雪梨先后获得"梨王"牌注册商标、证明商标、中国驰名商标、地理标志产品，苍溪县被评为全国绿色食品苍溪雪梨原料生产标准化基地县。

苍溪县委、县政府把苍溪雪梨纳入骨干产业重点发展，目前，全县种植梨树 15 万亩，产量 8 万吨，年产值 2.4 亿元，建有运山、陵江等两个万亩梨标准化示范园区，为县域经济的发展起到至关重要的作用。2015 年 10 月，苍溪雪梨被认定为第三批中国重要农业文化遗产。

汉源花椒

汉源县自然条件适宜花椒生长，覆盖全县行政辖区 40 个乡镇。汉源花椒已有 2115 年的栽培历史，唐朝元和年间（806—820 年）被列为皇室贡品，列贡时间长达 1000 多年。汉源花椒千粒净重 14.5 克左右，其含油多、香气浓纯、麻味足、无怪味，主要成分是挥发性芳香油，含有对人体有益的甾醇与不饱和有机酸等，是重要食品调料，果皮种子也可入药。据中南农学院全国椒区采样分析，其挥发性芳香油含量达 8.56%，远高于其他产地花椒，其灰分含量仅 4.18%，又低于其他产地花椒，有"川味花椒之王"的美称。

2001 年汉源被国家林业局确定为"中国花椒之乡"。2005 年 2 月，国家质检总局批准对其实施国家地理标志产品保护。种植花椒成为汉源农民的主要经济收入来源之一，花椒种植规模达到 15 万亩，花椒年产量 2000 吨，年销售收入 2.76 亿元。

广元朝天核桃

朝天核桃是四川省广元市特产，被称为"广元七绝"之一。具有个体大，果壳薄，香味美，肉质肥厚细腻，香脆，品质优，有益元素含量极高，出仁率高、易取仁的特点，现自主培育夏早、沙河、硕星 3 个省级品种。2007 年 7 月，原国家质检总局批准对"朝天核桃"实施地理标志产品保护。

朝天核桃具有悠久的历史。据史载，诸葛亮六出祁山时，朝天核桃就成为战时粮食不足的补给。唐代，唐玄宗天宝年间，朝天核桃被列为入宫贡品，名噪一时。

2015 年，朝天核桃获地理标志产品扩大产地保护范围后，朝天核桃成为广元市发展现代农业、带动农民持续稳定增收的民生大产业。2015 年，广元市"朝天核桃"总产量达到 11 万吨，总产值 50 亿元。仅此一项，全市农民人均增收可达 2083 元。其中，朝天区核桃基地规模达 40 万亩 1000 万株，朝天核桃产量达 3.1 万吨，实现综合产值 15 亿元。2016 年，朝天核桃基地总面积达 41.5 万亩，产量达到 3.7 万吨，连续 8 年领跑全省，实现产值 18 亿元。朝天核桃 2005 年荣获"西部国际博览会金奖"。朝天区 2006 年被评为"全国核桃建设示范基地县"，2011 年被中国经济林协会授予"中国核桃之乡"称号。

郫都林盘

四川郫都林盘农耕文化系统，是以传统人居林盘为核心，由农田、林地、房舍和自流灌溉渠系组成的复合生产生活系统，距今至少有 2300 年的历史。遗产地位于成都市郫都区郫筒、德源、友爱等 12 个涉农街道（镇），总面积 278.1 平方千米。2020 年 1 月，入选第五批中国重要农业文化遗产名单。

林盘自古就是川西地区独特的农耕生活形态，由林木、宅院及其外围耕地组成。宅院多被高大乔木和茂密竹林环绕，一般为前竹后林，林盘周围大多有水渠环绕或穿过，形成如田间绿岛的农村聚落形态，是集生产、生活和景观于一体的复合型居住模式。

在广阔的川西平原上，林盘像一块块绿岛分散镶嵌在农田中，田间的道路、水渠宛如四通八达的绿网将农田和林盘有机连接，形成独有的"沃野环抱、密林簇拥、小桥流水人家"的田园景观。遗产地河网纵横、河沼密布，形成诸多天然或人工湿地。林盘作为微缩的森林景观，具有保持水土、涵养水源、防风固碳、净化释氧、调节气候等生态作用，有效维护了当地优良的自然生态环境。当地农民利用"水旱轮作""立体种植""稻田养鱼""林盘综合利用"等生产模式，改善土壤的理化性状，均衡利用土地养分，防治病虫草害，实现最大化的资源利用和精耕细作，保护物种多样性和遗传多样性。

郫都区是都江堰水利工程的核心灌区，形成了包含干渠、支渠、斗渠、农渠和毛渠五级灌溉渠道的自流灌溉系统，每年在枯水季节对河道灌渠进行疏浚整治，使水网更加完善，水利更遂人愿，水景更加优美。多样的农田种植制度和自流灌溉系统，使当地生产多样且优质的农林产品。

林盘农耕文化系统既是一种复合生活生产模式，也是川西平原农耕文化的重要载体。当

郫都林盘农耕文化系统（闵庆文供图）

地延续着典型的以家族血缘为基础的社会组织形式，对维持农业生产和社会安全稳定、传承古蜀文明和农耕文化具有重要作用。至今仍保留有古城遗址、望丛祠、杜鹃城遗址等35处历史文化景观。"雨后郊原净，村村各好音。宿云浮竹色，青溜走楷阴。"南宋诗人范成大笔下的诗意如今在川西林盘重现。保护和发展林盘农耕文化成为郫都实现乡村振兴的重要抓手。

宜宾竹（蜀南竹海）

位于四川南部的宜宾市长宁县，核心景区7万余亩。蜀南竹海原名"万岭箐"，据传北宋著名诗人黄庭坚到江安天皇寺游玩，见此翠竹海洋，连连赞叹："壮哉，竹波万里，峨眉姐妹耳！"即持扫帚为笔，在黄伞石上书"万岭箐"三字，因而得名。

竹海所在山地是典型的丹霞地貌，海拔600~1000米。是我国最大的集山水、溶洞、湖泊、瀑布于一体，兼有历史悠久的人文景观的最大原始竹类森林。翠竹覆盖27条峻岭、500多座峰峦。这里生长着15属58种竹子，除盛产常见的楠竹、水竹、慈竹外，还有紫竹、罗汉竹、人面竹、鸳鸯竹等珍稀竹种。还零星地生长着杪椤、兰花、楠木、蕨树等珍稀植物；栖息着竹鼠、竹蛙、箐鸡、琴蛙、竹叶青等竹海特有的动物；林中除了盛产竹笋，还有许多名贵的菌类，如竹荪、猴头菇、灵芝、山塔菌等。据统计，竹海所产的中草药不下200种，堪称天然大药园。2005年，被《中国国家地理》评为中国最美的十大森林之一。

邻水脐橙

邻水脐橙是四川省广安市邻水县的特产。邻水县是四川省柑橘优势区域的核心县。邻水脐橙果实较大，近圆形，端正整齐，果皮橙色均匀，果皮中厚，较易剥皮，果肉橙色，脆嫩化渣，多汁，富香气，酸甜适中，风味浓，无核。2008年邻水县被中国果品流通协会评为"中国脐橙之乡"。2013年9月，国家质检总局批准对邻水脐橙实施地理标志产品保护。

邻水种植柑橘历史源远流长，据邻水县志记载，公元1405年就有种植记载。1988年邻水县被确定为"四川省柑橘商品生产基地县"，开始引进脐橙种植，1990年，邻水县进行了国外脐橙品种试验，并逐步推广发展脐橙。1993年，邻水县将境内所产脐橙统称为"邻水脐橙"。

邻水县是优质脐橙生产的适宜区域，被国家列为柑橘优势产区，邻水县属川东褶皱平行岭谷低山丘陵区，境内华蓥山、铜罗山、明月山三条山脉背斜平行排列，形成"三山两槽"的特殊地貌，深丘、浅丘、台地、平坝兼而有之。气候属亚热带湿润季风气候，气候温和，雨量充沛，土地肥沃。得天独厚的地理优势，孕育了远近闻名的邻水脐橙。截至2013年底，邻水脐橙种植面积24.6万亩，投产8万亩，盛果期5万亩，年产脐橙8万多吨，产值将超5亿元。

邻水脐橙1995年在第二届中国农业博览会上获得"三金两银"；1999年、2001年在中国国际农业博览会上两度获得国际名牌产品认证；2005年、2006年连续在"四川·中国西部农业博览会"上获得优质农产品金奖；2009年通过农业部农产品地理标志保护产品认证、柑橘产品和产地无公害"双论证"。

南江核桃

南江是我国最早种植核桃的地区之一，南江核桃种植也是南江县历来传统优势产业，栽培历史悠久。南江引进核桃初起汉代，已有 1000 余年历史，到 20 世纪 70 年代已初具规模，达到外销 400~600 吨的能力。南江核桃产于国家级风景名胜区光雾山景区内，以其生态环境优良、品质纯正，产品干果果面光滑、缝合线低平、果大壳薄、核仁饱满、风味香甜而闻名于世。

2007 年，南江核桃示范项目面积达 19.6 万亩，覆盖 20 个乡镇、8.5 万农户，年产量近 300 吨，年产值 500 万。2001 年，南江县被国家命名为"中国核桃之乡"和"全国经济林建设先进县"。南江核桃 2008 年被批准为国家级农业标准化示范项目。2006 年 3 月，国家质检总局批准对"南江核桃"实施地理标志产品保护。

会理石榴

会理石榴产于四川省会理县。会理石榴栽培历史悠久，早在唐朝时期即为皇帝御定贡品，每年由南诏王送入皇宫。其果大、色艳、皮薄、粒软、味浓、有微香、余味长，含有人体所需的多种维生素和氨基酸，可食部分较多，可溶性固性物含量较高，籽粒"透明晶亮若珍珠，果味浓甜如蜂蜜"，品质优良，在国内产区中独树一帜，久负盛名。2007 年 6 月，国家质检总局批准对其实施国家地理产品保护。

2015 年会理石榴面积、产量和产值稳居全国八大石榴主产区之首。2019 年会理石榴种植面积 40 万亩，产量超过 70 万吨，产值达到 50 亿元。

产品获得了多项荣誉。1990 年被农牧渔业部征集为"第十一届亚运会"展销果；1995 年，在第二届中国农业博览会上获得金奖；2005 年在第二届四川·中国西部国际农业博览会上被评为"金奖"；2017 年，会理石榴单果重 2.6 千克，打破"最重石榴"吉尼斯世界纪录。

旺苍杜仲

旺苍杜仲，四川省旺苍县特产。旺苍县位于四川盆地北部边缘米仓山区，山地面积占全县的 99.96%，是以林业为主的山区县。旺苍杜仲人工栽培历史悠久，在 20 世纪 70 年代，四川省中药材公司就将旺苍列为全省杜仲发展基地县，投资发展了 30 多万株。适宜的土壤气候条件和丰富的水资源，使旺苍杜仲资源丰富、品质高，杜仲皮和叶里有效成分含量居全国之首。2007 年 9 月，原国家质检总局批准对"旺苍杜仲"实施地理标志产品保护。

2006 年，旺苍县 22 个乡镇的杜仲种植已具规模，全县杜仲发展到 3 万多公顷，3000 余万株。旺苍杜仲种植基地已发展到 50 万亩，全县杜仲干皮贮量为 36630 吨，枝皮 24930 吨，年产叶 86670 吨，产籽 10 余吨，产值过亿元；已开发出杜仲酒、杜仲茶、杜仲叶粉等多种产品。

1996 年，旺苍县被省科委列为天然药材杜仲产业示范工程；1998 年，旺苍县被列为全国高产优质高效农业标准化杜仲示范区；2000 年被国家林业局命名为"全国杜仲之乡"。

双流枇杷

双流枇杷，四川省双流区特产。汉代（公元前202—220年）双流即有枇杷种植的历史，双流太平镇是远近闻名的"枇杷之乡"，作为双流枇杷节的发源地，被誉为"天府枇杷第一镇"。2007年12月，原国家质检总局批准对"双流枇杷"实施地理标志产品保护。

种植区域属于东山丘陵紫色土区，矿物质营养较为丰富，土壤有机物含量高，自然环境优越，是枇杷生长的适宜区。双流枇杷个大、色艳、味浓、易剥皮、果肉厚、耐运输。双流枇杷果实不仅味道好，而且营养丰富，主要成分有糖类、蛋白质、脂肪、纤维素、果胶、胡萝卜素、鞣质、苹果酸、柠檬酸、钾、磷、铁、钙以及维生素A、维生素B、维生素C等。特别是胡萝卜素的含量丰富，在水果中高居第三位。2007年，种植面积达15.9万亩，是中国最大的枇杷生产基地。枇杷产业实现总产量10万吨，实现销售收入6亿元，纯收入4.4亿元。2011年，该县建成枇杷规模化生产13000亩，枇杷标准化生产基地1000亩。

2004年"欣康""三峨""绿喜和"等品牌分别被认证为"绿色食品"和"无公害农产品"；2011年，双流区获国家授予的"中国枇杷之乡"称号。

都江堰猕猴桃

都江堰猕猴桃，四川省都江堰市特产。都江堰市是猕猴桃生产最适宜地区之一，1981年开始人工栽培，目前都江堰已成为亚洲最大的海沃特猕猴桃生产基地。其果实表皮光洁，个头匀称，特别是红阳猕猴桃，果肉部分偏黄，中心红色，呈放射状散开，犹如太阳的光芒，不但美观，营养和口感也很适合亚洲人。2007年12月，原国家质检总局批准对其实施地理标志产品保护。

在汉代，青城道家以猕猴桃为主要原料，配以青城山特有矿泉水，采用道家传统方略精制酿造出"洞天乳酒"，集独特的风味和道家养生文化于一身，成为"青城四绝"之首，诗圣杜甫赋诗颂扬："山瓶乳酒下青城，气味浓香幸见分。"1981年，都江堰市在中国率先引种海沃特猕猴桃，成为中国最早人工栽培猕猴桃的地区。2013年，种植面积发展至27.12万亩，挂果13.8万亩，总产量接近8.7万吨。2016年，都江堰市已建成猕猴桃种植基地10万余亩，其中海沃特近6万亩，红心猕猴桃4万余亩。

都江堰猕猴桃个头大，平均单果重90~120克，果形好，90%以上的为圆柱形，样品果平均长55天。猕猴桃鲜果品质优良、风味独特、香气浓郁、酸甜适度、营养丰富。多次获得全国、全省猕猴桃质量评比第一名，并成功入选2008"奥运推荐果品"，先后获得"奥运推荐果品一等奖""北京国际林业博览会金奖"，成为"2009成都市民最喜爱的成都味道品牌"。2010年被评为"十大市民最喜爱的成都品牌"。

安岳柠檬

安岳柠檬是四川省资阳市安岳县的特产。安岳是全国唯一的柠檬生产基地县，是中国柠檬之乡，主栽品种尤力克，系20世纪20年代从美国引入，经过科技工作者的反复筛选，培育出了丰产、质优的柠檬新株系。安岳柠檬果实美观，品质上乘。据中国柑橘研究所的检测，安岳柠檬的许多理化指标均超过世界柠檬生产国。为此，安岳柠檬多次荣获国优果的称号，并获得泰国国际果品博览会金奖。2004 年 1 月，原国家质检总局批准对"安岳柠檬"实施原产地域产品保护。

1926 年，加拿大传教士丁克森途经成都，在当时的华西医学堂短暂停留，并在校园内种下一株从美国带来的尤力克柠檬苗作为观赏植物。1929 年，就读于该校的安岳籍学生邹海帆将其引回安岳龙台老家栽种，此后一直到新中国成立以前，柠檬在安岳一些家庭中都被用作观赏、鲜食和药用。新中国成立初期，因为中苏合作时期的贸易需求，安岳柠檬开始大规模种植。到 20 世纪 70 年代末，县政府还办起芳香油厂，此时安岳的柠檬鲜果和芳香油产量已跃居全国第一。到 1984 年，全县柠檬种植面积已达 2 万余亩。

安岳柠檬主栽品种尤力克，经过 90 多年的栽培驯化，选优提纯，选育出了高产、优质、抗逆性强的株系。经中国柑橘研究所检测，安岳柠檬含柠檬油 7.4‰，可溶性固形物 9.5%，柠檬酸 6.7%，维生素 C 58/100 毫升，出汁率 38%，维生素 P 2.5%，果胶 3%，同时富含肌醇、柠檬烯等多种维生素和微量元素。由于尤力克柠檬鲜食、加工皆宜，并且很好的医疗保健作用，广泛应用于食品、香料、医药、化工、美容等行业。长期使用鲜果或加工产品可起到美容护肤、开胃健脾等作用。对高血压、心脏病、口舌生疮、缺钙症、维生素 C 缺乏病等有一定疗效。

1996 年国家计委、农业部批准安岳建立柠檬商品生产基地，安岳柠檬得到飞速发展。2015 年，安岳柠檬面积达 48 万亩，年产柠檬鲜果 42 万吨，年总产值 40 亿元以上，鲜果销售全国 31 个省及俄罗斯、东南亚、西亚等海外地区。2016 年，安岳县已建柠檬基地乡镇 41 个，柠檬种植面积达 50 万亩，柠檬鲜果产量 60 万吨。生产开发柠檬油、柠檬果胶、柠檬发酵果酒、柠檬发酵果醋、柠檬茶、柠檬饮料等系列产品十多个。2020 年 7 月，安岳柠檬入选中欧地理标志首批保护清单。

苍溪猕猴桃、雪梨

苍溪猕猴桃，四川省苍溪县特产，中国国家地理标志产品。苍溪是红心猕猴桃原产地、中国红心猕猴桃第一县、国家现代农业猕猴桃示范区、全国绿色食品标准化原料生产基地、国家出口猕猴桃质量安全示范区，苍溪猕猴桃的红阳成为全球第三代猕猴桃首选换代品种。开发出延伸产品猕猴桃去籽酱、浓缩汁、清酒、干红酒等加工产品 8 类 17 个，产品远销欧盟、日本、东南亚等国家。2004 年 3 月，国家质检总局批准对"苍溪猕猴桃"实施原产地域产品保护。

苍溪自 20 世纪 70 年代开始猕猴桃人工驯化栽培，是中国首批猕猴桃驯化栽培试点县。1978 年，全国猕猴桃资源普查时在苍溪县北部山区中发现大量野生猕猴桃。1980 年 10 月，苍溪猕猴桃资源普查工作开始展开。1986 年，苍溪县技术人员在猕猴桃品比试验中，发现了 3 株红肉猕猴桃，自此开启苍溪红心猕猴桃的培育史，并成功选育出世界上首个红心猕猴桃新品种——红阳，后又培育出果肉细嫩、香气浓郁、酸度极低、营养丰富的红华、红美、红昇等一大批红心猕猴桃新品种。

2017 年，苍溪县猕猴桃种植面积 35.2 万亩，建成以红心猕猴桃为主导产业的万亩现代农业园区 17 个、千亩以上园区 66 个、产业庭院 3.8 万个，年产猕猴桃鲜果 12 万吨，行业综合产值 60 亿元。

红心猕猴桃含有大量的维生素 C，在每百克鲜果中含维生素 C 100~400 毫克，比柑橘高出 5~10 倍，比苹果和梨高出 20~30 倍，所以有"维 C 之冠"的美称。果实中还含有人体所需要的 17 种氨基酸及果酸、鞣酸、柠檬酸和钙、磷、钾、铁等多种矿物质元素，是一种独特的营养保健水果。

苍溪雪梨，四川省苍溪县特产。苍溪雪梨又名施家梨。果呈倒卵圆形，单果重可达 1900 克；果皮深褐色；果点大，果梗洼浅而狭；萼片脱落；果肉白色，脆嫩，汁多，味甜，能润肺化痰、生津止渴。2008 年 10 月，国家质量监督检验检疫总局对其实施地理标志产品保护。

苍溪雪梨在苍溪已有近 2000 年的种植历史。陆游晚年在《怀旧用昔人蜀道诗韵》中有"最忆苍溪县，送客一亭绿。豆枯狐兔肥，霜早柿栗熟。酒酸压查梨……"等描述。明洪武十四年（1381 年）《广元县志》称"梨中最佳者，施家梨，种出苍溪"。明末焦应高墓志记："良田阡陌，植梨数千"，"陶将军景初令军户各皆栽种"，并于县城西回水坝军田种梨三百亩。当时苍溪雪梨栽培已具规模。清光绪二十九年（1903 年），苍溪县令姜秉善将施家梨奉为贡品。《四川果树特辑》载："苍溪雪梨成林经营者，当推陶友三氏园。"

雪梨在苍溪县产业覆盖 39 个乡镇、536 个村、14.5 万户，受益人占农业总人口的 75%。2008 年建成年产果 100 万千克以上的乡镇 20 个，年产量 500 万千克的乡镇 3 个。2011 年种植 15 万亩，680 万株，年产量 8 万吨，基本形成东、中、南部早、中、晚熟梨生产区。开发雪梨浓缩汁、雪梨膏、雪梨饮料等系列加工产品，远销欧盟十多个国家。

苍溪雪梨 1989 年被评为国优水果，1998 年被授予"中国雪梨之乡"称号；2002 年在中国西部农业博览会上获得"名优农产品"证书，被誉为"砂梨之王"；2005 年获中国西部国际博览会优质农产品奖；2008 年被评定为全国绿色食品苍溪雪梨标准化基地县；2010 年被评为"中国十大名梨"。

龙泉驿水蜜桃

龙泉驿水蜜桃，四川省成都市龙泉驿区特产。以其果大、质优，外观艳丽，具有白里透红、水分饱满、汁多味甜的特性，素有天下第一桃之称，荣获世界园艺博览会银奖、中国国际农业博览会金奖、四川省名优果称号。2008 年，龙泉驿区水蜜桃成功入选"2008 奥运推荐果品"。主要品种有春蕾、京春、早香玉、庆丰、白凤、皮球桃、京艳、龙泉晚白桃等 20 余个。2004 年 9 月，国家质检总局对"龙泉驿水蜜桃"实施原产地域产品保护。

龙泉驿区的水蜜桃在明崇祯年间（1610 年）就开始种植，已有 400 多年历史。清末，开始种植红花桃、白花桃品种。20 世纪 30 年代，龙泉驿区开始现代桃树栽培。1995 年龙泉驿区被国务院有关部委命名为"中国水蜜桃之乡"。

青川黑木耳

青川黑木耳是四川省广元市青川县的特产。青川县位于川、甘、陕三省交界的四川盆地北部边缘，气候温和湿润，适宜多种食用菌生长，是木耳的发源地。青川黑木耳具有朵大质厚、色泽深邃、细质滑美、柔而不腻、味道清香、无污染等诸多特点，被全国列为黑木耳生产发展基地县，被国家批准为出口免检产品，大量出口日本、东南亚等诸多国家。2004年12月，原国家质检总局批准对其实施原产地域产品保护。

青川生产木耳可以追溯到南宋时期或更早的唐朝，迄今有1000多年历史。祖先早些年用马帮、人力运到成都、江油、西安等地销售。在原中坝场就设有青川黑木耳专销店。其生产发展主要经历3个时期：第一是野生时期，在20世纪50年代以前，主要靠砍伐青岗树和其他无油质树种，自然腐朽而滋生木耳。第二是新中国成立以后，通过采集野生黑木耳标本进行分离生产菌种，再进行栽培，随着菌种品种的不断更新换代，产量也随之大幅度上升。第三是近几年，段木密植、袋料栽培等新工艺的推广运用，使产量跃上新台阶。目前，青川黑木耳商品基地已发展到42万亩，产量约1500吨／年，商品量约1200吨／年。

青川黑木耳素有"黑牡丹"之美称，它的蛋白质含量相当于肉类，维生素B含量相当于肉类、米面和大白菜的3~10倍，灰分比米面、大白菜和肉类高4~10倍，铁质比肉类高100倍，钙质比肉类高30~70倍。并具有益气、活血、润肠、清肺、除灰尘等功效，能有效清理肺及胃肠垃圾和治疗寒温性腰腿痛和产后虚弱等多种疾病。

青川黑木耳2004年被四川省政府授予"四川名牌"产品称号；2005年中国·四川国际农博会获"金奖"；2008年获中国四川成都西交会"最畅销产品奖"；2011年走红法国农博会，深受国外消费者好评。

小金松茸

小金松茸是四川省阿坝州小金县的特产。松茸，又名松口蘑；生长于海拔2800~4500米的高山丛林地带，是一种纯天然的珍稀名贵食用菌类，被誉为"菌中之王"，也是唯一不能人工培植的野生菌类，为天然绿色食用菌。其色泽鲜明，体形肥大，形若伞状，菌盖呈褐色，菌柄白色，均有纤维状，茸毛鳞片。菌肉白嫩肥厚，质地细腻，口感极佳，并有浓郁的香气及丰富的营养。生长在小金县高半山青杠林腐质土中，尚未开散的为上品，开散成伞状的略次，其营养价值和经济价值都极高。松茸富含蛋白质、多种氨基酸、不饱和脂肪酸、核酸衍生物、肽类物质等稀有元素。食之具有强精补肾、健脑益智和抗癌等作用，也有益肠胃、止痛、理气化痰之功效。1985年开始打入国际市场，驰名中外。出口产品主要以鲜菇为主，也可盐渍制成品，保管时间长，可待价而沽。正常情况下，年产量可达30吨左右。主要分布于小金县崇德、木坡、抚边、两河、结斯、美沃、日隆等乡镇。

2008年，龙泉驿区水蜜桃种植面积8万余亩，产量达6813万余千克，产值达1.9亿多元。形成以山泉镇为中心沿龙泉山脉向南北延伸，连绵30余千米的水蜜桃种植带。龙泉驿充分发挥资源优势，大力发展桃花经济，建设相关旅游风景区，到21世纪初，已拥有300多处成片景点，游览观赏面积达234平方千米。1987年开始举办的"中国·成都国际桃花节"品牌价值超过 1 亿元；2009 年接待游客达 450 万人次，旅游收入 10 亿元以上；2017 年，龙泉驿水蜜桃种植面积达到 20 万亩，产量约 10 万吨，水蜜桃出口量达到 300 吨。

江油辛夷花

四川江油辛夷花传统栽培体系，位于江油市大康镇旱丰村吴家后山，海拔 1200~2179 米，核心区面积 25 平方千米。系统内植被和生态环境良好，动植物资源和旅游资源极为丰富，素有"江油神农架"之称。自古以来，栽种辛夷树、采摘辛夷花，林下种植天麻、百合、乌药，林间养蜂、放养山鸡、牛羊等传统耕作方式一直延续至今。其中乌药、土豆是坝区江油道地附子和土豆的重要种源地。

江油辛夷花传统农业系统（闵庆文供图）

吴家后山独特的地理位置和自然条件，造就了辛夷花独特的品质。通过山顶原始森林植被涵养截留，储存天然水分，是江油市区居民生活和江彰平原农业生产的水源地之一。辛夷花、树皮入罐为药、上桌为膳，有养生治病之功效。清康熙年间，吴三桂家族来吴家后山避乱隐居，开始栽植辛夷花树，并在家族中形成了祭祀、节庆参拜辛夷树王和栽种辛夷来祈福的习惯，代代相传。

吴家后山现存古辛夷树 6 万余株，有颜色各异的花海 60 余处，树龄最长的近 400 年，垂直分布在吴家后山腹地，其栽培历史久远、花色品种齐全、规模之大，已成为全国最大的辛夷花基地。如今，山腰绵延数十里的辛夷花和林下产品已成为山下人们喜爱的生态食品，也是人们休闲、避暑、赏花、观景、养生的最佳选择地。2013 年江油辛夷花被评为四川"九大最美赏花目的地"和"二十大摄影基地"之一。

随着景观价值的提高，观光人数的增加，辛夷花海景观、采摘方式、幼树栽播、林下种养等传统的农耕方式面临严峻挑战，保护性开发势在必行。江油市委、市政府按照农业部中国重要农业文化遗产保护工作要求，先后发布了《关于加强吴家后山林木资源保护的通告》《江油市重要农业文化遗产保护与管理办法》，编制了《吴家后山辛夷花保护与发展规划》，完善了保护措施、明确了职责，实行严格的考核制度，同时将该地纳入休闲农业与乡村旅游示范县项目建设内容。通过对辛夷花的保护性开发利用，这一具有重要价值的川西北重要农业文化遗产将绽放新的光芒。2014 年 5 月，江油辛夷花被认定为第二批中国重要农业文化遗产。

南江金银花

南江金银花，四川省南江县特产。共有八大类 32 个品种，主要产于海拔 800~1400 米的巴山深处。2005 年 5 月，国家质检总局批准对其实施原产地域产品保护。南江县历史上就有种植金银花的传统。20 世纪 60 年代初，南江县开始人工栽培金银花。其品质独特、色碧、味甘、清香、富硒、天然，具有清热解暑、生津止渴、养颜益寿功效，是保健饮用佳品。经科学鉴定，其内含的绿原酸含量达 6.38%，木犀草苷达 0.108%，黄酮氨基酸含量居全国金银花之首。

2011 年，南江县建成兴马乡木罗村、鸡公嘴村、赤溪乡活水村等 35 个专业示范村，累计栽植金银花 26 万亩，投产 10 多万亩，年产干银花 765 万千克，加工金银花茶 39.5 万千克、金银花露 500 万千克，实现产值 2 亿多元。南江金银花多次获得国内外奖项，于 2002 年获首届中国西部博览会"优质产品奖""全国无公害农产品"，2005 年中国·四川国际农博会获"银奖"，2006 年被省政府授予"四川名牌"产品称号。

黄龙

黄龙风景名胜区位于四川省阿坝州松潘县，面积 700 平方千米，是保护完好的高原湿地，海拔 1700~5588 米。黄龙是世界自然遗产，世界人与生物圈保护区，获得"绿色环球 21"证书，国家 5A 级旅游景区，国家重点风景名胜区。

黄龙以彩池、雪山、峡谷、森林"四绝"著称于世，再加上滩流、古寺、民俗称为"七绝"。景区由黄龙沟、丹云峡、牟尼沟、雪宝鼎、雪山梁、红星岩、西沟等景区组成。主要景观集中于长约 3.6 千米的黄龙沟，沟内遍布碳酸钙华沉积，并呈梯田状排列，以丰富的动植物资源享誉人间，享有"世界奇观""人间瑶池"等美誉。1992 年列入《世界自然遗产名录》。除了高山景观，还有各种不同的森林生态系统，以及壮观的石灰岩构造、瀑布和温泉。生存着许多濒临灭绝的动物，包括大熊猫和四川疣鼻金丝猴。

据不完全统计，保护区有植物 84 科 1300 种，具有南北种类混生的特征。区内有国家保护植物连香树、水青树、四川红杉、铁杉、红豆杉，还有中国特有或区内特有的植物如雪莲花、麦吊云杉、厚朴、密枝圆柏、松潘枞子柏。云杉、冷杉属植物种类多，箭竹分布广泛，为大熊猫栖息的良好场所。从黄龙沟底部（海拔 2000 米）到山顶（海拔 3800 米）依次出现亚热带常绿与落叶阔叶混交林、针叶阔叶混交林、亚高山针叶林、高山灌丛草甸等。保护区有脊椎动物 24 目 54 科 221 种。国家一级重点保护野生动物有大熊猫、川金丝猴、扭角羚、云豹、豹、绿尾虹雉、玉带海雕；二级有小熊猫、金猫、兔狲、猞猁、水鹿、马鹿、林麝、斑羚、岩羊、红腹角雉、藏马鸡、藏雪鸡、血雉、蓝马鸡等。

九寨沟

九寨沟位于四川省阿坝州九寨沟县漳扎镇境内，地处岷山南段弓杆岭的东北侧，系长江水系嘉陵江上游白水江源头的一条大支沟。九寨沟自然保护区地势南高北低，山谷深切，高差悬殊。北缘九寨沟口海拔仅 2000 米，中部峰岭均在 4000 米以上，南缘达 4500 米以上，主沟长 30 多千米，总面积 65074.7 公顷。九寨沟是世界自然遗产（1992 年）、国家重点风景名胜区、国家 5A 级旅游景区、国家级自然保护区、国家地质公园、世界生物圈保护区网络（1997 年）。

九寨沟的得名来自景区内九个藏族寨子（树正寨、则查洼寨、黑角寨、荷叶寨、盘亚寨、亚拉寨、尖盘寨、热西寨、郭都寨），这九个寨子又称为"和药九寨"。由于有九个寨子的藏民世代居住于此，故名为"九寨沟"。

千百年来，九寨沟隐藏在川西北高原的崇山峻岭中，藏民几乎与世隔绝，过着自给自足的农牧生活。九寨沟则一向鲜为人知。1975 年，国家农林部的一个工作组对九寨沟进行考察，得出"九寨沟不仅蕴藏了丰富、珍贵的动植物资源，也是世界上少有的优美风景区"的结论。同年，林学家吴中伦对九寨沟进行考察，感慨说："我曾到过欧美数国，也未见到有这样奇美的自然景色，必须很好保护起来。"他立即告知省林业厅并上书四川省政府。从此林业部门采取措施加强对九寨沟的保护。

九寨沟保护区是岷山山系大熊猫 A 种群的核心地和走廊带，具有典型的自然生态系统，为全国生物多样性保护的核心之一。动植物资源丰富，具有极高的生态保护、科学研究和美学旅游价值。景区内生物多样性丰富，物种珍稀性突出。九寨沟高山湖泊群、瀑布、彩林、雪峰、蓝冰和藏族风情并称"九寨沟六绝"，号称"水景之王"。九寨沟还是以地质遗迹钙化湖泊、滩流、瀑布景观、岩溶水系统和森林生态系统为主要保护对象的国家地质公园，具有极高的科研价值。其森林覆盖率超过 80%，藤本植物有 38 种，有 74 种国家保护珍稀植物，有陆栖脊椎动物 122 种。

九寨沟是大自然鬼斧神工之杰作。这里四周雪峰高耸，湖水清澈艳丽，飞瀑多姿多彩，急流汹涌澎湃，林木青葱婆娑。蔚蓝的天空，明媚的阳光，清新的空气和点缀其间的古老村寨、栈桥、磨坊，组成了一幅内涵丰富、和谐统一的优美画卷，历来被当地藏族同胞视为"神山圣水"。东方人称之为"人间仙境"，西方人则将之誉为"童话世界"。

峨眉山

峨眉山雄踞在四川省西南部。自古就有"普贤者，佛之长子，峨眉者，山之领袖"之称。峨眉山自然遗产极其丰富，素有天然"植物王国""动物乐园""地质博物馆"之美誉。文化遗产极其深厚，是中国佛教圣地，被誉为"佛国天堂"，是普贤菩萨的道场。唐代大诗人李白则有"蜀国多仙山，峨眉邈难匹"的千古绝唱。更有"一山独秀众山羞""高凌五岳"的美称。峨眉山以其"雄、秀、神、奇、灵"的自然景观和深厚的佛教文化，1996 年被联合国教科文组织列入《世界文化与自然遗产名录》。

峨眉山耸立在四川盆地的西南边缘，是大峨、二峨、三峨山的总称。北魏时郦道元《水经注》记载，"去成都千里，然秋日澄清，望见两山相对如峨眉，故称峨眉焉"。由于峨眉山的高度及地理位置的原因，从山脚到山顶十里不同天，一山有四季。

峨眉山拥有高等植物 242 科 3200 种以上，其中药用植物达 1600 多种，如紫杉、鬼臼、喜树、三尖杉等；花卉植物 500 余种，拥有杜鹃花 29 种之多，八角莲植物有 6 种；轻工、化工、食用等植物 600 种以上。全山森林覆盖率达 87%，并保存有 1000 年以上古树，包含崖桑、连香树、梓、柿、栲、黄心夜合、白辛树、百日青、冷杉等树种。国家级保护的植物达 31 种。

峨眉山植物特有种丰富，峨眉山特有种或中国特有种共有 320 余种，占全山植物总数的 10%。仅产于峨眉山或首次在峨眉山发现并以"峨眉"定名的植物就达 100 余种，如峨眉拟单性木兰、峨眉山莓草、峨眉胡椒、峨眉柳、峨眉矮桦、峨眉细圆藤、峨眉鼠刺、峨眉葛藤、峨眉肋毛蕨、峨眉鱼鳞蕨等。同时植物区系成分起源古老，单种科、单种属、少种属和洲际间断分布的类群多，如珙桐、杪椤、银杏、连香树、水青树、独叶草、领春木等是一些孤立的类群；木兰、木莲、含笑、石栎、铁杉、木樨、万寿竹、石楠、五味子等是与北美相对应的间断分布类群。

峨眉山的动物有 2300 多种。其中，珍稀特产和以峨眉山为模式产地的有 157 种，国家列级保护的 29 种。诸如兽类中的小熊猫；鸟类中的蜂鹰、凤头鹰、松雀鹰、白鹇、斑背燕尾等 9 种；昆虫中的蝴蝶 268 种之多，属于峨眉山特产的达 53 种；两栖类的峨眉昆蟾、金顶齿突蟾、峨眉树蛙、峰斑蛙等达 13 种。

光雾山

光雾山旅游区位于四川省巴中市南江县北部，米仓山腹心，川陕交界处，主峰海拔 2507 米，幅员 830 平方千米。奇特的岭脊峰丛地貌、纯真的原生态植被、迷人的瀑潭秀水、秀丽的峡谷风光和独特的古巴人文化、米仓古道文化、三国文化交相辉映，春赏杜鹃、夏纳清凉、秋品红叶、冬览雾凇，四季皆景。2004 年批准为国家级风景名胜区；2018 年成功创建为世界地质公园；2020 年被确定为国家 5A 级旅游景区，并被联合国教科文组织世界遗产委员会列入世界文化与自然遗产预备名录。

旅游区资源禀赋独异，生态环境类型多样，属秦巴生物多样性生态功能区，森林覆盖率达 97%。有野生维管束植物近 2300 种，其中木本植物 91 科 223 属 600 多种。有国家一、二级重点保护野生植物 46 种。有成片的世界少有、五洲稀有、光雾山独有的经英国皇家学会鉴定命名的古植物化石"巴山水青冈" 4 万余亩。还有火烧不灭、水侵不入的楠香树，花朵如碗大的各色杜鹃花树。每到金秋十月，万山红遍，层林尽染，英国皇家科学院等国内外植物专家和生态学者称这里的树为金树、叶为金叶，被广大游客誉为"亚洲最长红地毯，中国彩叶第一山"。林区动物资源丰富，种类繁多，现已发现野生动物有 26 目 61 科 275 种。属国家一、二级重点保护的野生动物有金雕、云豹、金钱豹、黑熊、穿山甲、大灵猫、小熊猫、大鲵等 25 种。它是四川盆地北缘山地重要的基因库，是国家宝贵种质资源，为四川北部的天然屏障。

夏末商初，巴人践草为路，造就了三大古蜀道之一的米仓古道。在这条古道上发生过诸如萧何月下追韩信、诸葛亮秣马牟阳城、张飞扎营落旗山等历史故事至今耳熟能

光雾山（樊宝敏摄）

详，米仓古道连接古今。这里是全国第二大苏区，川陕革命根据地的中心，徐向前、李先念等老一辈革命家曾在这里书写下可歌可泣的红色传奇。这里还有传唱千百年的巴山背二歌，被列为全国非物质文化遗产，以及爨坛戏、巴人造纸术等非物质文化资源，已与景区自然融为一体。

瓦屋山

瓦屋山国家森林公园，地处四川省眉山市洪雅县，占地面积 105 万亩，由原始森林、玉屏人工林海、八面山等景区组成。瓦屋山系中国历史文化名山，是道教发祥地之一，被誉为"中国鸽子花的故乡""世界杜鹃花的王国"。1993 年 3 月被国家林业部批准为国家森林公园，荣获全国重点生态旅游景区，中国森林康养试点建设单位、中国森林养生基地等称号。1996 年瓦屋山客运索道投入运营。2020 年 11 月，当选"巴蜀文化旅游走廊新地标"。

瓦屋山又名"蜀山"，海拔 1154~2830 米，山顶平台面积约 1500 亩，早在唐宋时期就与峨眉山并称"蜀中二绝"。该园是以原始森林景观为主体，有植物 3600 多种，被子植物总科数占世界被子植物的 60%，被誉为世界被子植物的摇篮和分化中心。国家一级重点保护野生植物有珙桐、水青、铁杉、红豆杉等。有 460 多种野生动物，其中有熊猫、羚羊、黑颧、绿尾虹雉等 6 种国家一级重点保护野生动物，小熊猫、猴等 17 种国家二级重点保护野生动物。

瓦屋山道教文化源远流长，为道教创教、发源之地。春秋末，老君西行到位于瓦屋山的"青羌之祀"访道隐居。汉末张道陵到山下的易俗传道创教留下《张道陵碑》，创"五斗米"教。元末明初，张三丰到瓦屋山修行创"屋山派"，后被明王朝诬为"妖山"予以封禁。远古青羌文化尚存。西周末年，蜀国开国国君蚕丛——青衣神葬在瓦屋山，古羌人修建规模巨大的庙堂，祀青衣神，成为有名的"青羌之祀"。

二郎山

二郎山，位于四川雅安市天全县，海拔 3437 米，是青衣江、大渡河的分水岭。在青衣江上游，总面积 1600 平方千米，包括二郎山景区、喇叭河风景区、红灵山景区、白沙河景区，处于川西旅游大环线上，最低海拔 770 米，最高海拔 5150 米，森林覆盖率达 95% 以上，具有景层较高、景观资源丰富、类型多样的特点，具有雄伟、险峻、神奇、韶秀、清幽的风貌。

每年五月，杜鹃盛开，红、兰、紫、白交相辉映，此间飞来飞去的高原彩蝶使得它更显绚丽。二郎山是千里川藏线上的第一道咽喉险关，素有"千里川藏线，天堑二郎山"之说。这里山势雄伟，峰峦叠嶂，悬崖峭壁，古树野花，千姿百态，飞瀑流泉。山溪淙淙，穿峡入谷，千回万转，莽莽林海之中有千余种珍贵树木，是珍禽异兽繁衍生息出没戏水的乐园。二郎山山高路险，原始生态环境保护很好，动植物种类繁多，山雄水秀，原始古朴。现二郎山隧道通车后，昔日的盘山公路已是开发探险活动的好去处。

二郎山喇叭河景区，位于世界自然遗产"四川大熊猫栖息地"核心区。景区四季分明，以春赏杜鹃、夏日戏水、秋品红叶、冬玩冰雪闻名。特别是冬季为一年中最浪漫的季节。这里既有千里冰封、万里雪飘的北国风光，又有秀美多姿、风情万种的南国情调。景区内肃穆的雪山、幽静的峡谷、灵动的河流、丰富的植被，又极似童话世界中让人向往的北欧风光。

盐亭嫘祖蚕桑

四川盐亭嫘祖蚕桑生产系统，处于古蜀国东部边境地区，巴蜀交界处，四川盆地中部偏北，属浅丘地貌。

嫘祖蚕桑已有 5000 多年历史。在盐亭县金鸡镇、高灯镇等地，出土三星堆古蜀文明独有的石壁和大量恐龙、东方剑齿象、犀牛化石及金蚕、铜蚕、石蚕、巨桑化石，有先蚕嫘祖出生在盐亭县金鸡镇，发明栽桑养蚕、缫丝制衣的系列故事、丰富多彩的地缘文化和名胜古迹。嫘祖是中华人文始祖、黄帝正妃，是华夏民族的伟大母亲，和黄帝一道开创中华男耕女织的农耕文明，被誉为"人文母祖"。

盐亭有"四边桑"、大行桑、密植桑园"三结合"的栽桑布局，乔木桑、高干桑、中干桑、低干桑、无干桑错落有序。粮桑套种桑园、隙地坡台桑园，桑在林中，林在桑中，桑

盐亭嫘祖蚕桑生产系统（闵庆文供图）

在粮中，粮在桑中，一派山水林田路桑的自然田园风光。盐亭有"簸簸蚕、兜兜萤"的分户传统养蚕和小蚕共育、大蚕省力化蚕台育、纸板方格蔟自动上蔟的现代集约养蚕形式，春、夏、秋和晚秋四季养蚕布局。

2017 年 6 月，盐亭嫘祖蚕桑被认定为第四批中国重要农业文化遗产。盐亭将抓住机遇，保护和开发好"一带一路"丝绸源头，发扬光大嫘祖精神，保护好珍贵遗产。

名山蒙顶山茶

名山蒙顶山茶文化系统，地处四川盆地西缘山地，位于四川省雅安市名山区。蒙顶山是我国历史上有文字记载人工种植茶叶最早的地方。蒙顶山茶亦为茶中珍品，唐玄宗时已被列为贡品，作为天子祭祀天地祖宗的专用品，一直沿袭到清代，历经 1200 多年而不间断。蒙顶山茶珍贵稀有，屡获国际大奖。2017 年，"蒙顶山茶"被评为"中国十大茶叶区域公用品牌"。

蒙顶山是"茶树良种宝库"，茶树品种资源十分丰富，蒙顶山茶种植栽培过程中注重茶树与农作物间作，茶区生物多样性丰富，覆被良好，茶园采取"茶+贵木""茶+果"等立体种植模式，推广"茶林—绿肥"复合栽培模式，实施"猪—沼—茶""草—羊—沼—茶"等模式，实现了养分循环、美化环境、提高品质等目标。

历史上蒙顶山茶历经蒙顶石花、蒙顶黄芽、玉叶长春、万春银叶、蒙顶甘露，形成了绵延千年的名茶系列，历久弥新。依托茶形成的川茶文化积淀厚重，历久弥香。同时，以名山为起点的"川藏茶马古道"现已成为重要历史文化古迹。

名山蒙顶山茶文化系统（闵庆文供图）

名山区牢牢守住发展和生态两条底线，全面开展科技兴茶、龙头兴茶、市场兴茶、品牌兴茶、文化兴茶"五大举措"，加快推进茶产业转型升级，保护和发展好珍贵遗产。2017年6月，名山蒙顶山茶被认定为第四批中国重要农业文化遗产。

夹江竹纸

竹纸制作技艺是一项传统的制纸技艺。竹纸是以竹为主要原料制作的纸，四川省夹江县和浙江省富阳区为竹纸的重要产地。

夹江的环境适合竹类生长，当地在唐代即开始以"竹料手工造纸"，竹纸制作技艺兴于明盛于清，夹江竹纸曾被康熙皇帝指定为贡纸。夹江竹纸为书画纸，具有洁白柔软、浸润保墨、纤维细腻、绵韧平整等特点。它以嫩竹为主料，以手工舀纸术制作，其制作需经沤、蒸、捣、操等十五个环节七十二道工序。其中，"操纸"环节对技术要求最高，并以单人执帘为其特色。技艺高超的师傅能连操数百张纸，其纤维排列、纸张厚薄、沁润速度、抗拉能力等完全一致。

成都棕编

棕编是以棕榈树叶为原料编制的民间手工工艺及其工艺品。流传于成都市新都区新繁镇一带的棕编是当地的传统产品，清嘉庆末年，新繁妇女即有"析嫩棕叶为丝，编织凉鞋"的传统，距今已有200多年的历史。

新繁棕编的原料主要产自四川都江堰、彭州、大邑、邛崃等山区。每年4月，艺人们将采集的绿色嫩棕叶用排针梳理成形似绿色挂面的棕丝，然后将部分棕丝搓成棕绳，再将棕丝、棕绳经过浸泡、硫熏、晒晾断青等工艺制成洁白柔软的棕编材料，一些棕丝还需染色用于装饰点缀。

棕编制作过程中的产品造型大多使用模具，编织技法主要有三种：第一种叫胡椒眼法，即将棕丝等距排列的经线相互交叉编成菱形，再用两根纬线穿于菱形四角，依此类推，编织出窗花般美观规则的图案。第二种为密编法，艺人采用疏密相同、距离相等且重复的方法进行细密的编织，多用于编织鞋、扇等产品。第三种是"人"字形法，即以人字图案来设计或控制棕编的经纬走向或构图，此法用于编织帽、席等生活用品。

在新繁地区，很多妇女都熟练掌握棕编技艺，并根据季节的变化和市场需求进行产品调整，夏季主要编制凉帽、拖鞋，秋季主要生产棕编提包和其他工艺品摆件。棕编制品实用美观，一直受到当地人民的喜爱，棕编技艺也在新繁妇女中代代相传。

江安竹簧

江安竹簧是江安竹工艺的一部分。位于四川省南部的江安县盛产竹类，数量品种繁多的竹类是当地人的生存资源之一。竹公神像的出土证明在明代正德年间江安竹工艺已经成熟，并形成了一定的规模。

江安竹簧的工艺特色是堆雕和明筋镶嵌。堆雕是将多层竹簧嵌压在一起进行雕刻，每层保留图案，去掉多余部分，成品具有较强的立体效果。明筋镶嵌是利用竹块横截面的花纹斑点（俗称明筋）镶嵌成几何图案，贵在镶嵌后浑然一体，难觅人工痕迹。

江安竹簧制品现有竹簧、竹筷、竹雕、竹根雕、竹编、竹具、竹装修七大类上千个花色品种，既有典型的文人意趣，又有突出的民俗特征，具有较高的实用价值和历史价值。

江安竹簧在发展过程中形成致和派、玉竹派、王氏派和综合派四大流派，其工艺的传承谱系在四五代以上。

青神竹编

青神竹编是流传在四川省眉山市青神县的一种古老的民间工艺，在当地应用很广。早在 5000 多年前的新石器时代，青神县的先民便开始用竹编簸箕养蚕。唐代，荣县人张武率民众编竹篓填石拦堰、引水灌溉农田。明代以后，青神竹编在日常生活中的应用更为广泛。

青神县竹资源十分丰富，沟边山坡遍布慈竹、斑竹等几十种竹子，具有竹筒长、纤维长、拉力好、韧性强以及耐水、耐酸、耐碱等特性。当地群众在不断的竹编实践中，将艺术性、观赏性和实用性融于一体，开发了平面竹编、立体竹编、竹编套绘三大类 3000 种的庞大产品体系。现在，青神县从事竹编业的农民达 6000 余人，竹编成为当地的支柱产业之一。[①]

产品采用保护区内的竹原料，筒长节稀、质地柔韧。以特色人文景观、书法作品、名人画像为编织重点，在特定的环境中纯手工编织。锁口、收尾不用任何黏结物，原料全部采用天然竹材，经过画框、绸缎等装裱方式制作成精美的竹编艺术品。编就的竹编名人书画清香淡雅、立体感强，具有新、奇、特、绝的神韵。

2008 年，青神竹编被列为国家级非物质文化遗产代表性项目名录；2011 年 12 月，国家质检总局批准对其实施地理标志产品保护；2019 年 11 月，《国家级非物质文化遗产代表性项目保护单位名单》公布，青神县文物保护中心获得青神竹编项目保护单位资格。

邛崃瓷胎竹编

瓷胎竹编又称竹丝扣瓷，是流传在四川省邛崃市境内的一种民间手工工艺。

瓷胎竹编技艺起源于清代中叶，以精细见长，民间艺人总结为"精选料、特细丝、紧贴胎、密藏头"。挑选竹节较长的慈竹，先刮青、破节、晒色成为竹片，然后通过选料、烤色、锯节、启薄、定色、冲头、揉丝、抽匀、染色等十几道工序加工成丝。加工后的竹

① 冯骥才，罗吉华.中国非物质文化遗产百科全书·代表性项目卷.下卷 [M]. 北京：中国文联出版社，2015：669.

丝要求粗细一致，断面为矩形。编织时将竹丝紧扣瓷胎，以挑压方式进行编织，编织过程包括起底、翻底、翻顶和锁口等环节，要求不露丝头。瓷胎竹编工艺有三大类：普通编织一般是编织几何图案；提花编织用于各类单色图案文字；五彩编织则可制作山水花鸟、飞禽走兽、人物故事等丰富多彩的图案。

瓷胎竹编依胎成型，既可以保护器皿，又起到装饰作用。但因其附加值不高，技艺要求却很高，年轻人多不愿意学此技艺。目前能全面掌握瓷胎竹编工艺者只有不到 30 人，如不抢救保护，瓷胎竹编将从人们的生活中消失。

渠县刘氏竹编

四川省渠县盛产慈竹。2300 年前，渠县先民就开始用竹材编制劳动工具和生活用具。到了唐代，渠县竹编业已十分发达，人们住竹房坐竹椅、背竹筐、戴竹笠、持竹扇，处处离不开竹编。清代，渠县竹编工艺臻于精美，竹丝宫扇和细篾凉席被列为朝廷贡品。

渠县刘氏竹编是渠县竹编的主要代表，工艺产品有十大类上千个花色品种，其中竹编字画、提花竹编、双面竹丝编以编工精细见长。

渠县刘氏竹编从砍伐竹子到成品有 30 多道工序，技艺复杂，是现代技术和机器无法替代的，编织一件工艺品少则半月、多则数月，作品极富情趣，各种图案栩栩如生，具有浓郁的民族风格和地方特色，有很高的工艺价值和艺术价值。

安居竹编

位于遂宁市安居区的石洞镇，土地肥沃、松软湿润，极宜慈竹生长。石洞人家家户户善织竹器，工艺世代相传，被誉为"竹编之乡"。早期，该镇多编织凉席、箩筐、簸箕、提篮等农用工具和生活用品，以精细美观耐用著称。镇上的编织高手能轻松制作出各种形状难度大的竹器，竹编手艺远近闻名。

竹器编织是石洞镇的传统作业，但过去只是农民补充生计的手段。随着生产的发展，石洞农民与时俱进，除去传统竹艺编织外，还把竹编融进市场经济，根据市场的变化和需求，不断设计和制作新品种，用竹子编织出富有艺术品位和家乡特色的旅游商品和工艺品。

灵广竹编，便是其中最具特色的代表。安居区的灵广竹编蜚声全球，以优质慈竹为原材料，经过去青、排版、分层、拉丝、防霉、防蛀、上色等数十道工序，制成细如发丝永不褪色的竹丝，再采用挑、压、破、拼等编织绝技，通过虚实和明暗的变化，与各种书画作品巧妙结合而成。竹编字画清秀淡雅、神形酷肖，精细效果和艺术神韵可以媲美丝绸刺绣，既保持了书法艺术的神韵，又充分体现了传统竹编的艺术风格，件件独具匠心。

青川七佛贡茶

青川七佛贡茶是四川省广元市青川县七佛乡的特产。青川县七佛乡，位于四川盆地东北边缘，茶区平均海拔 800 米左右，气候温和，雨量充沛，林木繁茂，山间终年云雾缭绕，山脚四季清流潺潺，土壤肥沃，是有机茶生产的理想环境。2008 年 5 月，国家质检总局批准对其实施地理标志产品保护。2010 年青川县被中国茶叶学会评为"中国名茶之乡"。

七佛产茶历史悠久，据史料记载，早在公元前 1066 年周武王率南方八小国伐纣成功后，苴国侯（苴国，今广元一带，国郡设于今老昭化，称葭萌关）用当地所产的桑、蚕、丹、漆、茶等上供给周武王，这是迄今为止茶叶作为贡品最早的文字记载。尤其武则天当政时期，对七佛贡茶情有独钟，曾专置茶官，在七佛建贡茶园，年年上贡，遂有后人传颂的"女皇未尝七佛茶，百草不敢先开花"。现在在青川县七佛乡依然能见到许多野生的大茶树。在青川 32 乡镇均有生产，全县茶园面积 13.3 万亩，可采摘面积 8 万亩。

七佛贡茶外形扁平、尖削，色泽绿润，具有香高持久、滋味醇和、汤色绿亮、叶底匀整等特点。七佛茶逐步开发出七佛秀芽、七佛贡茶等系列产品，先后获国际大奖两次（2001 年 10 月获马来西亚吉隆坡国际名茶优奖、1999 年 9 月获日本"无我茶会"科技开发奖），部省级奖项 5 次（中茶杯、甘露杯、茶博会）。

峨眉山茶

峨眉山茶是四川省乐山市峨眉山的特产。峨眉山茶属绿茶类，其显著特点是："扁平直滑、嫩绿油润、清香高长、鲜醇甘爽"。自古峨眉产香茗，峨眉山茶史 3000 余年，弥香久远，茶叶品质优秀誉贯古今。在长期的发展中形成了自己的独特风格。峨眉雪芽、竹叶青、仙芝竹尖等多个品牌茶叶获奖，2009 年，被列入国家地理标志产品保护。

峨眉山降水充沛，常年降水量在 1700 毫米左右，境内空气湿润，植物生长茂盛。全年无干旱现象，森林储水量均保持在 40% 以上。汤泉山溪全山密布，丰富的水资源与充沛的降水及森林优良的储水功能，自然调节了全山的气候，5000 余种植物竞天峥嵘，使"峨眉雪芽"有机茶园的发展拥有得天独厚的条件。

竹叶青产于峨眉山中乔木大叶形枇杷茶，是较珍贵的茶树品种。唐李善著的《文选注》称："峨眉多药草，茶尤好，异于天下。今黑水寺（今万年寺）后绝顶产一种茶，味佳，而色年白，一年绿，间出有常。"其实峨眉山茶叶早在晋代已很有名，在唐代，峨眉山的"白芽茶"被列入贡茶，到了宋代，峨眉"雪芽"更是名声大噪，苏东坡有"分无玉碗捧峨眉"之句；南宋爱国诗人陆游在诗中写道："雪芽近自峨眉得，不减红襄顾诸春（顾诸春为唐、宋两代贡茶）"。明初，太祖朱元璋赐得峨眉山茶园，在黑水寺植茶万株，供峨眉山寺庙之用。在普兴场（今普兴乡）、川主乡玉屏寺一带也产贡茶。

新中国成立后，由于政府重视，万年寺、玉屏寺、普兴乡等地茶叶得到进一步发展，供销部门在这些地区建立茶园基地。陈毅元帅 1964 年游览峨眉山，在万年寺品尝该茶时，赞美该茶形美似竹叶，汤色清莹碧绿，将其命名为"竹叶青"。1972 年，峨眉县（今峨眉市）共造新茶园 20100 亩，遍布全县 21 个乡。随着茶园面积扩大，竹叶青名茶质量也不断提高，越来越受到各界消费者的喜爱。全市现有茶园面积 65000 亩，有近 8 万人从事茶叶生产及相关产业，县城和双福镇各有一个茶叶专业市场，峨眉山茶叶在全国享有很高的知名度。

贵州省

贵州省林业遗产名录

大类	名称	数量
林业生态遗产	01 安顺绿黄葛树；02 锦屏杉木；03 荔波喀斯特森林	3
林业生产遗产	04 盘州银杏；05 赤水竹；06 沿河沙子空心李；07 赫章核桃；08 花溪古茶；09 长顺银杏王；10 赤水金钗石斛；11 大方天麻	8
林业生活遗产	12 印江紫薇；13 百里杜鹃林；14 梵净山	3
林业记忆遗产	15 锦屏林契文书；16 台江苗族独木龙舟节；17 岜沙苗寨人树合一；18 玉屏箫笛；19 都匀毛尖茶；20 余庆小叶苦丁茶；21 梵净山翠峰茶	7
总计		21

安顺绿黄葛树

　　最美绿黄葛树古树，位于贵州省安顺市岗乌镇中兴村，距今 1000 年，胸围 1735 厘米。这棵树生长旺盛，枝叶繁茂，苍翠浓郁，覆盖面积约 2000 平方米，宛如撑天巨伞，罩在山寨上空，是山寨居民大小集会、休闲纳凉、遮阴避暑的好去处。

　　在山寨周围还分散着 11 株胸围在 650~1400 厘米、树高 20~30 米的黄葛树，形成一个以黄葛树为主要绿化树种的古树群

安顺绿黄葛树（王枫供图）

自然村寨。这里的山清水秀，与古朴浓厚、独具特色的布依族民俗风情相融合，给山寨带来了无限生机和活力。

　　绿黄葛树，桑科、榕属，落叶或半落叶乔木。有板根或支柱根，幼时附生。叶互生，薄革质或皮纸质，卵状披针形至椭圆状卵形，长 10~15 厘米，宽 4~7 厘米，先端短渐尖，基部钝圆或楔形至浅心形，全缘，干后表面无光泽，基生叶脉短，侧脉 7~10 对，背面突起，网脉稍明显；叶柄长 2~5 厘米；托叶披针状卵形，先端急尖，长可达 10 厘米。榕果单生或成对腋生或簇生于已落叶枝叶腋，球形，直径 7~12 毫米，成熟时紫红色，基生苞片 3，细小；有总梗。雄花、瘿花、雌花生于同一榕果内，瘦果表面有皱纹。花期 5—8 月。

锦屏杉木

贵州锦屏杉木传统种植与管理系统，是以杉木种植和管理为特色的林粮间作复合生产系统。当地的人工杉木栽培已有 500 多年的历史，林粮间作至少有 300 多年的历史。遗产地位于贵州省黔东南州锦屏县，核心区域集中在平秋、彦洞、三江等乡镇，其中以平秋镇魁胆村最为典型，有林地 14500 亩，森林覆盖率高达 85.3%。

遗产地的主要树种为杉木、松木和楠竹，尤其杉木遍布县境内山岭，种植规模与数量在全国名列前茅，是南方重点人工林区，素有"杉木之乡"美誉。遗产地杉木品质优良，远近闻名，其外观通直、纹理优美、含有香气，具有质地细腻轻韧、日晒风吹不易变形、耐腐力强等特点，是建筑和器具制造的上等材料。明清时期，锦屏杉木作为"皇木"进贡朝廷，用于修建北京故宫，在苗、侗地区更是重要的建筑材料。

经过长期的生产实践，当地培育出 8 年杉、16 年杉，创造了杉木速生丰产的世界纪录，还形成杉木栽培管理技术，包括炼山、亮蔸、间伐抚育、多物种共生等，能有效提高土壤质量和资源利用效率，减少林木病虫害，丰富当地的生物多样性。

为兼顾杉林的经济收益和山地的粮食保障，当地探索形成将培育杉林和间种粮食作物有机结合的农林兼营生计方式，进行多种形式的"杉—粮""杉—菜""杉—烟""杉—药""杉—树"间作，还开展牛、羊、猪、鸡等林下养殖。丰富的林农和养殖产品为当地的食品加工业提供绿色优质的原材料，"裕和腌鱼"、魁胆村的小米酒、薏仁米等特色产品，有效带动农民增收。锦屏县是以侗族、苗族、汉族为主的多民族聚居地，形成独具特色的农林文化，民俗节庆中多有祭祀神树等活动，反映的正是侗族、苗族"尊崇自然""万物有灵""万物亲缘"的传统观念。

荔波喀斯特森林

茂兰喀斯特森林，位于贵州南部荔波县境内。茂密森林植被覆盖下的喀斯特峰丛波连起伏，独具特色的喀斯特漏斗森林、洼地森林纵横交错，原始林木葱郁繁茂，山清水秀，是目前世界上保存最好的喀斯特原生森林风光。

这里既有典型的生长在完全裸露的岩石堆上的"石上森林"，也有树基和根部长年泡在水中的"水上森林"，还有大型喀斯特漏斗森林等，林相景观多样。但这里的森林生态系统又非常脆弱，一旦遭到破坏，很难恢复。

此地溪流纵横，林木茂密，与喀斯特地貌形成的山、水、洞、瀑、石融为一体。森林保存完好，气势壮观。森林区域内，有着丰富的生物资源，高等植物近千种，珍稀植物主要有掌叶木、任木、穗花杉、香果树、罗汉松、短叶黄杉等。林中高大的乔木、密集的灌木及各种粗细不等的藤条，难分难解地交织在一起。奇山异石长满了苔藓，大小树木的根条裸露地生长于岩山上，年深日久，树根与岩石已纠结为一体。这是世界同纬度地区残存下来的一片相对集中、原生性强且相对稳定的喀斯特森林生态系统。

荔波古梅园，位于荔波县茂兰保护区内洞塘乡木槽村一带。集中分布了 25668 亩梅林，包括中国西南地区最大的野生梅群。茂兰保护区是一个占地 30 多万公顷的幅员广大

荔波小七孔森林（拍信图片）

的生物基因库，已被联合国教科文组织纳入"人与生物圈自然保护区网络"（2007 年 6 月 27 日荔波入选世界自然遗产名录）。保护区里，百年古梅随处可见，堪称"中国野生梅中心"。据中国梅花协会调查，该地区野生梅种群数量之多和分布之广，在国内实属罕见，是全国最大的集中连片的野生梅林，素有"十里梅海、万亩梅林"之称，最具代表性的当数白岩村。古梅树，高 8 米左右，树冠扁球形，冠幅一般为 8 米 × 8 米，主干直径 60 多厘米。老干灰褐色，树身斑驳，树皮纵裂深蓬，披鳞带甲，满布青苔，附生地衣，树势挺拔苍老，犹如一把巨伞矗立于大地。数以万计的古梅，多数长在坚硬的岩石上。每年腊月到春节期间，洁白如雪的梅花将整个白岩村映衬得鲜亮无比，而散发出的阵阵幽香又使它们越发显清丽脱俗。"野原寒蕊笑看痴，四野茫茫尽雪枝。苍干再龙花素洁，孤山隐者雅芳姿。暗香缕缕沁心脑，飞瓣翩翩入砚池。不染铅华晶莹透，清风吹送感相知。"正是古人对万亩梅原的生动写照。

目前在荔波古梅园中共发现百年以上古梅树 369 株，面积约 9 平方千米，其中最老的梅树在 460 年以上。自 2006 年以来，每年都在这里举办一年一度的梅花报春节，吸引着来自海内外众多旅客的到来。

盘州银杏

妥乐古银杏景区位于盘州市石桥镇，距盘州市红果新城 21 千米。景区面积约 19.14 平方千米，由妥乐古银杏自然艺术村、千户所城文化旅游区、鲁番温泉养生度假区、九坎森林大健康旅游度假区、古银杏文化产业园几部分组成。核心区形成"一廊、一环、七区"空间结构。"一廊"即银杏主题景观走廊、"一环"即串联景区主要景点的旅游环线、

"七区"即七个主题功能区，分别是游客中心、杏林湖湾观光区、杏林果园观光区、幸福旅游小镇、旅游休闲度假区、银杏文化核心区、东盟十国论坛区。

景区不到 3 平方千米的核心区范围内拥有千株千年古银杏，是目前世界上发现的个体较大、历史较久、古银杏生长密度较高、种群较集中、保存较完整的古银杏群落。较大树龄的银杏有 1500 年以上，植株高大，胸径大多在 1~2 米，树冠高度 15~30 米，古银杏树以其刚劲有力的高大树干和金黄的扇状树叶，形成了独一无二的特色景观资源，荣获"全省十佳特色旅游城镇景区"。

和这片茂密的古银杏林相守相依的是传统的妥乐村，地上交相缠绕的树根连接着千家万户。村中的每一棵银杏树都展示着个性。妥乐人世世代代都在银杏根基上生活着、耕织着，达到古树与村寨的完美结合，彰显"千年人代惊弹指，独有参天鸭脚存"的独特风韵，谱写了一曲"人树相依"的华美乐章。

赤水竹

赤水市位于贵州省西北部，境内热量充足，降雨丰沛，土壤疏松肥沃，适宜各类竹子生长，境内林木种类繁多，仅竹类植物就 12 属 34 种。1996 年林业部授予赤水"中国竹子之乡"称号。

据《赤水县志》记载，赤水最早栽种竹子是在乾隆三十四年（1769 年），赤水竹扇制作具有悠久历史。赤水市 1999 年以来大力实施"退耕还林（竹）"工程。赤水至 2008 年，累计完成造竹 66.82 万亩，8 年营造的竹林总量，与退耕还林工程实施前相比，翻了一番多。

2006 年，赤水竹基地面积在 30 个"中国竹子之乡"中排第二位，竹业综合经济效益排第八位。当时有竹林面积 120 万亩，占有林地面积 58.22%。在竹林面积中，毛竹面积 53 万亩，毛竹蓄积量达 7000 万株，其他竹类蓄积量达 180 万吨。截至 2021 年，全市共有竹林面积 132.8 万亩，已培育各类竹加工企业近 400 家，规模以上企业 28 家。当地群众通过卖竹原料，发展旅游产业，从事竹编、竹雕以及在竹加工企业务工增加收入。2020 年，赤水竹产业产值达 62 亿元，带动 20 万人人均增收 3200 元以上。

赤水山川秀美，风光旖旎，被旅游专家誉为"竹子之乡""千瀑之市""丹霞之冠""桫椤王国""长征遗址"。随着"旅游兴市"战略的深入推进，赤水市的绿色生态旅游和红色经典旅游交相辉映，吸引着四方游客流连忘返。其中，赤水竹海国家森林公园，1993 年国家林业部批准设立，公园面积 11930 公顷。置身竹乡，漫步竹林，让人无时无刻不深切感受到竹子的恬淡宁静，竹乡的清新秀美。

沿河沙子空心李

沙子空心李因果肉与核分离而得名，产于贵州省铜仁市沿河县沙子镇，以南庄、永红两村为佳，是区域性特色水果。果色青灰鲜艳，果肉脆嫩，酸甜适度，营养丰富，芳香可口。2006 年 7 月，国家质检总局批准对"沙子空心李"实施地理标志产品保护。

据《沿河县志》记载，沙子空心李从 1858 年起在沙子镇沙坝村一带开始栽种。因产地群山环抱、溪水纵横、绿山碧水，低山、低中山、槽坝交错并存，森林覆盖率达 36%，形成了雨热同期，光温同步，昼夜温差大和小气候明显的气候特点，给沙子空心李的生长造就了独特的地理和气候环境。

沙子空心李果实呈扁圆形，一般在 7 月下旬成熟，成熟的空心李外表披上银灰色的白蜡质保护层。成熟时果实核仁分离，亦称"空心果"。具有清热解暑、健脾开胃、养颜益寿等功效。

2016 年 3 月，沿河县建成沙子空心李基地 7.35 万亩，其中投产果园 4.8 万亩，覆盖沙子、中界等 11 个乡镇、街道，带动 189 个村 19.6 万人脱贫致富。其中，沙子街道和中界镇为空心李特色产业发展核心区。2017 年 3 月，空心李基地达 7.85 万亩，其中投产果园 4.8 万亩。

赫章核桃

赫章核桃是贵州省毕节市赫章县的特产。赫章核桃个头不大，外表不美，却具有壳薄、仁饱满、仁白、易取仁、味香醇等特点，是贵州省出口的农特产品之一。2008 年在北京奥运会推荐果品综合评选中成功入选。2013 年 2 月，国家质检总局批准对赫章核桃实施地理标志产品保护。

赫章县海拔高，光照长，温差大，最高海拔 2900.6 米（为贵州最高点），独特的小气候特别适宜核桃生长。赫章核桃种植历史悠久，是我国南方铁核桃的分布中心。早在西汉时期夜郎土著民族就有采食核桃的习惯，县内百年核桃古树遍布各镇，境内分布乌米核桃、串核桃等原生优质种源。经过多年的筛选和培育，形成了富有野生特色的山野珍品。

2017 年，赫章核桃种植遍布 27 个乡镇，面积累计达 200 万亩（连片种植 100 万亩、四旁和零星种植 100 万亩），挂果核桃 30 万亩，坚果产量 3.75 万吨，坚果年产值近 15 亿元，加工业产值 5 亿元。开发出核桃糖、核桃露、核桃菜肴等。年收入万元以上的核桃种植户 5680 户，收入 5000 元以上的种植户 12800 余户，每年为全县农民人均创收 2000 元以上。

花溪古茶

花溪古茶树与茶文化系统，位于贵阳市花溪区久安乡。久安乡地处阿哈水库上游，海拔 1090~1402 米，80% 的土壤为硅铝黄壤，处于亚热带季风温润区，自然环境条件适宜优质茶树的生长。久安村早期的传统农业经济以粗放型为主，农业产业结构较单一，生产规模较小。由于当地适宜种植茶叶，花溪逐渐将其发展为支柱

花溪古茶树与茶文化（闵庆文供图）

性产业，从明代发展至今。据茶科所专家们的鉴定，久安乡古茶树共有 54000 株，平均树龄大约 600 年，几乎略等于贵州"文明开化"的历史年限。以古茶树为原材料，花溪人贡献出了久安千年绿、久安千年红两款佳茗。久安千年红，外形条索紧细卷曲，匀整，显金毫，色泽乌润，古韵深远，香味浓郁高长；久安千年绿，外形条索紧细卷曲，匀整，色泽翠绿、显毫，香味高扬，古韵深远。

近年来，花溪区加强对古茶树的保护与综合利用，先后颁发《古茶树保护措施》《花溪区久安现代高效茶叶示范园区茶树保护管理制度》《关于在久安乡建立古茶树保护点的决定》等。同时建立久安古茶树综合开发示范园区、古茶树科技研发中心、精品茶园等，致力于打造集古茶科考、文化休闲、田园观光等于一体的现代高效农业茶叶示范区。2015年 10 月，花溪古茶被认定为第三批中国重要农业文化遗产。

长顺银杏王

"中华银杏王"位于贵州省长顺县广顺镇石板村天台组，围长 16 米，高 30 余米，需10 人才能环抱合围，每年结果 1500 余千克。据林业专家鉴定，该树至少有 4700 多年的历史，比上海大世界吉尼斯之最的贵州福泉李家湾 3000 年古银杏树的年龄还要长，几乎与中华 5000 年文明共辉煌，故而得名"中华银杏王"。此古树乃冰川时期留下来的树种，堪称生物界中的"活化石"。古银杏树历经千年风霜，依旧枝繁叶茂，果实累累，立春则豆蔻含苞，至夏葱绿欲滴，仲秋尤金黄可掬、璀璨炫目，冬来玉骨琼枝，一季一景，四季皆美，被誉为"生命艺雕"。其周围还有同样的古树六株，且造型奇特，形态各异。

2010 年，上海世博会国际信息发展组织给"中华银杏王"颁发了"千年贡献奖"，并将其种子捐赠给总部设在瑞典的世界种子库收藏。

赤水金钗石斛

赤水金钗石斛产于贵州省赤水市，石斛是国家二级重点保护野生植物，被国际药用植物界称为"药界大熊猫"。其茎呈微扁形，中部宽，两头窄；表面呈金黄色或绿黄色，具有光泽，在民间又称吊兰花。其主要药用成分是石斛碱，对心脑血管、消化系统、呼吸系统和眼科等疾病有明显治疗作用。金钗石斛还极具观赏价值，属名贵兰花品种之一。2006年 3 月，国家质检总局批准对其实施地理标志产品保护。

赤水属中亚热带湿润季风气候区，年均气温 18.1℃，无霜期 350 天，年平均相对湿度为 80% 以上。立体气候明显，自然条件优越，漫山遍野茂林修竹，溪流如网潺流不息，为赤水金钗石斛生长繁殖提供了良好的生态环境。

民间群众自古以来将赤水金钗石斛誉为"人间仙草"。明清时期，有民谣称："赤水中药首推石斛，黔北兰花（金钗石斛又名吊兰花）标榜金钗，天地造化一棵仙草，治病养生长寿逍遥"。生动描述了赤水金钗石斛的价值和地位。"黄金水道"赤水河的船工们，长年累月生活艰辛，有两件"宝物"相伴——船工号子和石斛茶汤。传统栽培工艺是：选种苗—分苗—栽种—管理—采收。传统加工工艺，从采收茎枝到生产出初产品的全过程均采用物理方法炮制。石斛是传统的名贵中药，自《神农本草经》记载至今已有 2000 多年历史。唐朝开元年间古籍《道藏》中将石斛、雪莲、人参、首乌、茯苓、苁蓉、灵芝、珍珠和冬虫夏草并称为"中华九大仙草"。石斛具有滋阴、消渴，调节平衡机体，提高人身免疫力、肿瘤治疗、养阴柔肝、茶饮护嗓、醒酒养胃、轻身延年的功效。

2015年，赤水市实现金钗石斛产业总产值6.6亿元。全市拥有金钗石斛商品生产基地7.1万亩，投产面积3万亩，年产金钗石斛鲜品2000吨。自主研发金钗石斛饮片、浸膏、胶囊、养生茶、酒和醋等45个系列100多个产品。

大方天麻

大方县位于贵州省西北部，毕节市中部，地处高海拔低纬度地区，属暖温带润湿季风气候，年平均气温11.8℃，年降水量1150.4毫米。天麻分布与栽培地的土壤多为山地黄棕壤，土质疏松，pH值5~6，特别适合天麻生长。有"中国天麻数贵州，贵州天麻数大方"之说。大方天麻中天麻素含量高、微量元素丰富，对头目眩晕、头风、头痛等有较为显著的效果。2008年大方天麻获国家地理标志产品保护，同年大方县被中国食品工业协会授予"中国天麻之乡"称号。

天麻原名赤箭，《本经》载："赤箭味辛温……一名离母，一名鬼督邮，生川谷。"中国人食用和药用天麻的历史至少有2000多年，在《神农本草经》里，天麻"名曰赤箭，列草部上品"，"久服益气力，长阴肥健，轻身增年"。《本草纲目》中载，天麻有"久服益气，轻身长年"的功效。大书法家柳公权有《求赤箭贴》取天麻作扶老之用。白居易《斋居》诗云："黄芪数匙粥，赤箭一瓯汤。"可见，在唐代天麻是身价很高的营养保健品。到了宋代，天麻日渐偏于药用，著名的以天麻作为皇帝用药的方剂如《圣济总录》的天麻散、《魏氏家藏方》的天麻丸。《本草汇言》："主头风，头痛，头晕虚旋，癫痫强痉，四肢拘急，语言不顺，一切中风，风痰"，故天麻素有"定风神草"之誉。在清代天麻就作为大方地产名贵药材运销省外，并且于光绪年间出口。

大方县历来就有食用、药用天麻的习惯，由于大方野生天麻资源丰富，且药用价值高，天麻在民间被称为"夜郎神草"。《贵州省毕节地区中药资源普查资料汇编》1987年版记载，用天麻治疗头晕目眩、小儿惊风、风湿痹痛、痢疾、高血压等。长期以来，当地百姓把天麻作为防病治病、烹制佳肴、采集出售的特有产品，并认为"天麻是个宝，请客送礼它最好，炖鸡煲汤接贵客，头晕头痛缺不了"。2016年，大方县种植天麻3.5万亩，覆盖全县22个乡镇（街道）。

印江紫薇

最美川黔紫薇古树，位于贵州省铜仁市印江县永义乡永义村。树高38米，冠径15米，胸径1.9米，胸围534厘米，需6人才能合抱。经林业专家测算其已有1380多岁。如此高大、古老的紫薇树，目前全球仅存这一棵，属第三纪孑遗植物，被科学界视为活化石，1998年紫薇王古树被选入贵州省古、大、珍、稀树名录。

据了解，"紫薇王"一般3年开花一次，每次开花会有白、粉、红三色变化，花期可持续4个月左右。为保护紫薇王树，当地政府采取了有效保护措施，以紫薇王中心建成了

印江紫薇（王枫供图）

保护园，园内种植了大量紫薇科植物。2013 年对该树进行了技术处理，对树的"伤口"进行了修复，同时请专人对树进行管护。

紫薇王在当地已被奉为神树，据当地一村民称，1958 年大炼钢铁时，一名胆大的男子砍了紫薇王的两根枝丫，树的切口流出红色的"血水"来，该男子回家后不久便死了，此后再也没有谁敢去毁损它了。更有趣的是，在紫薇王正对面的两山之间，有一个酷似"心脏"的山凹，与紫薇王遥相呼应，当地人称之为"紫薇心"，说是它保护了"紫薇王"千年常青。

百里杜鹃林

位于贵州省西北部的大方、黔西两县交界处，西起大方百纳乡、普底乡，经黔西金坡、仁和乡，东至大方黄泥乡，总面积 125.8 平方千米，是我国面积较大的原生态杜鹃林。因杜鹃林带宽 1.2~5.3 千米、绵延 50 余千米（100 里），百里杜鹃由此得名，被誉为"地球彩带、杜鹃王国"。

在狭长呈半月形的丘陵上，分布着马缨杜鹃、大白花杜鹃、水红杜鹃、露珠杜鹃、锈叶杜鹃、映山红、树形杜鹃、狭叶马缨杜鹃、美容杜鹃、团花杜鹃、银叶杜鹃、皱皮杜鹃、问客杜鹃、腺萼马银花、多花杜鹃、锦绣杜鹃、贵定杜鹃、暗绿杜鹃、复瓣映山红、川杜鹃、百合杜鹃、多头杜鹃、落叶杜鹃 23 个品种，占世界杜鹃花 5 个亚属中的 4 个、贵州 70 余种的 1/3。且花色多样，有鲜红、粉红、紫色、金黄、淡黄、雪白、淡白、淡绿等。3 月下旬至 4 月末，各种杜鹃花争相怒放，漫山遍野，千姿百态，色彩缤纷。最奇特的是"一树不同花"，即一棵树开不同颜色的花朵，多达 7 色，被专家誉为"世界上最大的天然花园"。

梵净山

梵净山，得名于"梵天净土"，位于贵州省铜仁市的印江、江口、松桃（西南部）3 县交界，靠近印江县城、江口县东南部、松桃县西南部。系武陵山脉主峰，是中国的佛教道场和自然保护区。梵净山总面积为 567 平方千米，遗产地面积 402.75 平方千米。主要保护对象是以黔金丝猴、珙桐等为代表的珍稀野生动植物及原生森林生态系统。森林覆盖率 95%，有植物 2000 余种，国家保护植物 31 种，动物 801 种，国家保护动物 19 种，

梵净山（拍信图片）

被誉为"地球绿洲""动植物基因库""人类的宝贵遗产"。2018年10月被评为国家5A级旅游景区，国家级自然保护区，国际"人与生物圈保护网"成员；2018年7月2日，获准列入世界自然遗产名录。

梵净山海拔2572米，系武陵山脉主峰。原始洪荒是梵净山的景观特征，全境山势雄伟、层峦叠嶂，溪流纵横、飞瀑悬泻。其标志性景点有：红云金顶，月镜山、万米睡佛、蘑菇石、万卷经书、九龙池、凤凰山等。梵净山具明显的中亚热带山地季风气候特征。本区为多种植物区系地理成分汇集地，植物种类丰富，古老、孑遗种多，植被类型多样，垂直带谱明显，为我国西部中亚热带山地典型的原生植被保存地。

梵净山山形复杂，环境多变，由此形成全球为数不多的生物多样性基地。根据科考资料，区内现有植物种类2000余种，其中高等植物有1000多种，被列入国家保护的植物有31种，其中国家一级重点保护野生植物6种，国家二级重点保护野生植物25种。有珙桐林、铁杉林、水青冈林、黄杨林等44个不同的森林类型。脊椎动物有382种，其中国家重点保护野生动物有黔金丝猴等14种，并为黔金丝猴的唯一分布区。梵净山不仅是珍贵的生物资源库，也是我国历史上佛教名山之一，自然风光奇特，人文历史遗迹保存较多。

梵净山佛教开创于唐，鼎兴在明，自古就被佛家辟为"弥勒道场"。红云金顶是佛山之核心，绝峰上两殿鼎峙，两佛临銮，无边法界，极乐天宫的营造，是南宋白莲社在"人间净土"建设上的点睛之笔，是名山佛教发展史上的一个奇迹。

锦屏林契文书

锦屏有着 500 多年人工种杉历史。明洪武三十年（1397 年），朱元璋为围剿婆洞林宽侗族农民起义，派官军溯沅江而上进入锦屏境内，被"丛林密茂，古木阴稠，虎豹踞为巢，日月穿不透"的"深山箐野"之景象所震撼，从此锦屏成为明、清朝廷兴修皇宫圣殿广征"皇木"之地，"民木商"也大量涌入，"皇木""民木"贸易兴起，林业商品经济异常繁荣。从明代中期到清乾隆时期，清水江流域的锦屏、天柱及剑河东部、黎平北部等中下游地区，形成较为成熟而独特的林业生产关系，产生了大量的山林植造、佃山造林、山林管护、木材买卖、木材水运及人工拖运、纠纷调解等民间契约，为后人留下了宝贵的林契文书和珍贵的历史档案。1963 年 8 月，贵州省民族研究所的杨有赓到锦屏侗乡苗寨做田野调查，偶然发现一批保存近 300 年的明清山林契约。从此，锦屏的数万份历经天灾人祸而保存下来的山林契约文书，为世人所了解并日益受到关注。

目前锦屏县档案馆珍贵档案特藏室馆藏契约原件达 2.5 万余件，已抢救修复 1.6 万余件，编印《锦屏契约选辑》三辑 166 册。其中年代最早的契约是剑河县征集到的清康熙四十二年（1703 年）的《分家契》、清康熙五十四年（1715 年）形成的"杨香保、杨笼保将九白冲祖父山卖给庙吾寨陆现宗、陆现卿契"；保存最完好、幅面最长、字数最多的是清光绪十四年（1888 年）形成的"黎平府开泰县正堂加五级纪录十次贾右照给培亮寨民人范国瑞、生员范国璠的山林田土管业执照"，长 208 厘米、宽 52.8 厘米，共 101 列 2888 字，盖"贵州黎平府开泰县印"官印，堪称"镇馆之宝"。

锦屏高温高湿的自然环境，林区本身的火患、火灾和烟熏虫蛀，是契约文书的"天灾"，农户简陋的保管条件，让那些以一家一户形式保存下来的契约，遭遇霉变氧化、虫蛀鼠咬，加之人为毁坏、流失等原因，存留至今的契约文书数量远低于历代形成的总量。2005 年 7 月 17 日，被誉为"看得见历史的苗寨"的文斗上寨村一把无情山火，烧掉了几十户人家，也烧毁了近 4000 份林业契约。土地改革、"文化大革命"时期，契约被视为封建糟粕而被强制清收烧毁，20 世纪八九十年代，一些乡干部在清理档案时，又将以前遗漏未烧毁的契约烧掉。调查显示，目前散存民间的近 10 万件契约多处于濒危状态，应当加强对其进行抢救与保护。2002 年 3 月，英国牛津大学和我国清华大学等专家组到锦屏进行考察，给予林契极高的学术价值评价。牛津大学教授、著名历史学家柯大卫说："锦屏契约非常珍贵，像这样大量、系统地反映一个地方民族、经济、社会发展状况的契约在中国少有，在世界上也不多见，完全有基础申请为世界文化遗产。"

锦屏文书是经济学、历史学、民族法学、生态学和人类学等诸多学科研究的重要档案史料，填补了我国经济发展史上少数民族地区封建契约文书的空白和反映林业生产关系的历史文献的空白。2006 年 12 月贵州省成立锦屏文书抢救保护工作领导小组。2010 年，锦屏文书入选国家档案局《中国档案文献遗产名录》。2015 年 10 月，在锦屏清水江与小江汇流处的县城状元街建成锦屏文书特藏馆。2019 年 3 月《锦屏文书保护条例》颁布施行，抢救力度进一步加大。2022 年，黔东南州锦屏、天柱、黎平、三穗、剑河等 9 个项目县馆藏抢救锦屏文书原件达 24 万多件。锦屏县和黎平县是馆藏数量最多的，分别是 6.5 万件和 6.3 万件。其中锦屏县 6.5 万多件，326 册，实物 248 件，涉及 1128 户农户，完成《锦屏文书分户复印件汇编》2274 册，6.1 万多件全文数字扫描录入，建立了电子典藏检索数据库。

台江苗族独木龙舟节

台江苗族独木龙舟节，是贵州省台江县及其周边的苗族同胞在清水江举行的传统赛龙舟盛会，是苗族群众祈愿风调雨顺、五谷丰登的节日。龙舟节从农历五月二十五开始，持续 5 天。

苗族独木龙舟别具一格，舟身用三根高大的杉木掏空而成，中间一根独木为母舟，两边各置一根子舟，每条龙舟约乘坐 40 人。

龙舟出发前，各寨的巫师手提一只公鸡站在桌边念巫词，召集山神、树神、祖宗前来保佑龙舟顺利比赛并平安回归。之后巫师用茅草沾河水洒向龙舟，并一刀把鸡杀死，比赛结束后，巫师又用同样的方法欢送山神、树神、祖宗。龙舟节当日，各地独木龙舟从各自村寨下水后集中在唐龙村河段，在清水江中举行竞渡比赛。比赛时，龙舟上有专人负责敲锣打鼓、呐喊、放炮，舟上的人齐声大喊"嗨！嗨"；岸上的亲友也跟着龙舟奔跑并高声叫喊，气势磅礴。比赛结束后，龙舟靠岸，亲友们燃放鞭炮，把馈赠的鸭鹅挂满龙颈，大家开始分享随龙舟带来的糯米饭、肉和酒。

独木龙舟节保存了从制龙舟开始的一系列祭祀性巫术礼仪，是研究苗族历史与文化的活化石。独木龙舟赛也是传统民族体育竞技活动，对活跃当地文化生活有重要意义。

岜沙苗寨人树合一

岜沙村位于贵州黔东南的从江县丙妹镇，由五个自然寨组成，被誉为苗族文化的"活化石"和"生态博物馆"。岜沙，汉语意为"草木繁多的地方"。走进岜沙，随处可见茂密的森林。这里树木丰茂、空气清新，有世外桃源之感。岜沙人崇拜树木，以树为本民族的图腾，敬仰树神。

对于岜沙人来说，"人即是树，树即是人"，当地至今延续着树葬的习俗。每当村子里有小孩子出生，父母便会为孩子在山上种上一片林，并在这片树林中选一棵成长最好的作为孩子的生命树。村子里每一个人都有属于自己的生命树，并经常前去祭拜。当生命终结时，村民们会齐力砍下生命树做棺木，并在其下葬的地方再种下一棵树。这棵树便成了这个人的常青树，生命以这种形式得以延续。在岜沙，成片的树林，诉说着生命的恒久不息。

岜沙人认为，人是大自然的子孙，人的一切都是树给的，"生不带来一根丝，死不带走一寸木"。在岜沙，目之所及皆是绿色，人的生活方式也和树息息相关。岜沙人的日常生活中也离不开树木，房屋主体为典型的木质结构，屋顶则多用树皮覆盖而成。

岜沙山寨植被茂密，这是千百年来村民自觉爱林护树、保护生态的结果。耕地稀少的岜沙人，多年来主要是靠卖柴为生，但寨中有严格的规矩：村人卖柴，一人一次只能徒步挑一担柴到城中，仅解决油盐之困，不许以此赢利；不许动用畜力车、机动车外运木柴；更不许外地汽车来寨子里收购木材。朴素的"契约"使山寨周围的树林能够休养生息、平衡发展。

芭沙人对树的崇拜，也体现了人与自然和谐相处的质朴生态理念。村民有了心事，可以到树下倾诉；谁家孩子病了，就到孩子的生命树下祈祷；年轻人相恋，也会到村边的爱情树（一棵高大的马尾松与一棵娇柔的杨梅树紧密相拥的自然组合）下表白，让树见证爱情的忠贞不渝。

玉屏箫笛

玉屏箫笛制作技艺是流传于贵州省玉屏侗族自治县的一种传统手工技艺。玉屏箫笛，也称"平箫玉笛"，是采用当地出产的水竹制成的箫和笛，因箫笛上多刻有精美的龙凤图案，又称"龙箫凤笛"，以音色清越优美、雕刻精致而著称，是我国著名的传统竹管乐器。

据载，玉屏箫笛中的平箫由明代万历年间的郑维藩所创，在明代一度被列为贡品；玉笛则始创于清代雍正五年。清代咸丰年间，郑氏传人开始专制平箫，并向外招徒传艺。20世纪80年代至90年代前期，玉屏箫笛发展达到鼎盛，最高年产量达到50余万支。

玉屏箫笛制作大致分为取材、制坯、雕刻、成品四个工艺流程。其中，取材共有选材、下料、烘烤校直、检验入库四道工序。制坯，包括刨外节、刮竹、选材、下料、通内节、打头子、再次烘烤加热校直（称为精校）、刨二道节（也称精刨）、弹中线、滚墨线、打音孔、水磨等工序，箫制作须增加"开叫口""开花窗"两道工序。箫笛雕刻则分刻字、刻图，可大致分为脱墨磨字、粘贴图样、雕刻、水磨纸屑四道工序。成品流程则包括烘烤上镪水、水磨洗涤、填色、揩去颜色、上漆四道工序。从伐竹到制成，箫制作需经二十四道工序。

目前，随着现代化进程的加快，民族乐器受到很大的冲击，从事玉屏箫笛制作的老艺人大大减少，箫笛制作技艺的保护和发展形势严峻。

都匀毛尖茶

都匀毛尖茶，中国十大名茶之一。1956年，由毛泽东亲笔命名，又名"白毛尖""细毛尖""鱼钩茶""雀舌茶"，是贵州三大名茶之一。外形条索紧细卷曲、披毫，色绿翠。香清高，味鲜浓，叶底嫩绿匀整明亮。味道好，还具有生津解渴、清心明目、提神醒脑、去腻消食、抑制动脉粥样硬化、降脂减肥以及防癌、防治维生素C缺乏病和抵御放射性元素等多种功效与作用。

都匀毛尖茶选用当地的苔茶良种，具有发芽早、芽叶肥壮、茸毛多、持嫩性强的特性，内含成分丰富。都匀毛尖"三绿透黄色"的特色，即干茶色泽绿中带黄，汤色绿中透黄，叶底绿中显黄。成品都匀毛尖色泽翠绿、外形匀整、白毫显露、条索卷曲、香气清嫩、滋味鲜浓、回味甘甜、汤色清澈、叶底明亮、芽头肥壮。

"细细毛尖挂金钩，都匀毛尖传九州。世人只知毛尖好，毛尖虽好茶农愁。"这是布依族世代相传的一首民谣，它道出了都匀毛尖茶形如金钩，清香淡雅，被人称赞，同时也透露了从前茶农内心的忧愁。都匀毛尖茶，原产地在都匀市与贵定县交界的云雾山上。后来人工栽培于都匀市郊蟒山下的茶农寨一带，每年清明前三五日采摘第一批为上品。此茶叶尖誉曲、白毫显露、色泽鲜绿、汤清味醇，有醒脑、润肺、治痢等功能。《都匀府志》记载：明初为上贡茶。远销日本、新加坡、中国港澳等地。

都匀毛尖茶曾获得多项荣誉。1915 年，在巴拿马万国食品博览会上荣获优奖，后人誉为"北有仁怀茅台酒，南有都匀毛尖茶"。1956 年，毛泽东主席品尝后批复："茶很好，可在山坡上多种些，此茶可叫毛尖茶"，都匀毛尖茶由此得名并名气大增。1982 年在湖南长沙召开的全国名茶评比会上，都匀毛尖茶被评为中国十大名茶；2004 年获中绿杯名优绿茶和蒙顶山杯国际名茶两项金奖；2009 年获上海豫园国际茶文化艺术节"中国鼎尖名茶奖"、上海第十六届国际茶文化节"金牛奖"、"恒天杯全国名优绿茶金奖"。

余庆小叶苦丁茶

小叶苦丁茶是贵州省遵义市余庆县的特产。小叶苦丁茶属木樨科粗壮女贞，生长在乌江沿岸及苗岭山区，是贵州特有的一种珍稀植物。它品质细紧，色泽绿润，香气清纯，汤色绿亮，滋味鲜爽甘甜，叶底翠绿鲜活，具有干茶绿、汤色绿、叶底绿的"三绿"特征。茶药两用，苦中带甜，解渴爽口，能降血压、降血脂、抗衰老、清热解毒、健胃消积、利尿减肥。2005 年 8 月，国家质检总局批准对"余庆苦丁茶"实施地理标志产品保护。2011 年 3 月，余庆小叶苦丁茶传统工艺茶艺列入世界级非物质文化遗产项目代表名录。

余庆县属于热带季风湿润性气候，四季分明，冬无严寒、夏无酷暑，气候温和，热量资源丰富，雨量充沛。年平均温度在 13℃~16.4℃，年降水量 1050~1250 毫米。黄壤和石灰土分布较广，土壤 pH 值 5~7。没有工业污染，为小叶苦丁茶的生长提供了理想的自然条件。小叶苦丁茶含有 17 种氨基酸和钾、钠、钙等多种微量元素和茶多酚、还原糖等多种物质，是一种集保健、药用为一体的代茶饮品。

小叶苦丁茶作为民间传统的野生饮品，历史悠久，据《余庆县志》记载有"小叶女贞"；"康熙《余庆县志》将茶叶列为县内土产类记载。……为零星种植，手工制作，品质不高，群众多饮野生苦丁茶、甜茶等。"其加工制作的苦丁茶除满足县内食用和销售外，还远销周边县。

20 世纪 70 年代前，苦丁茶仍以利用野生资源加工产品和饮用，之后，部分农户开始在房前屋后零星种植，在加工上仍保持传统工艺。1998 年起，县委县政府决定将苦丁茶的发展列为解决"三农"问题的支柱产业，采取"公司 + 基地 + 农户"的模式推动发展。2016 年，余庆县的小叶苦丁茶园达到 4.2 万亩。余庆小叶苦丁茶开发系列产品 5 类，注册商标有"雨贞""狮达""山绿丹""春夏秋冬"和"阳春山叶"等，年产小叶苦丁茶 5000吨，其中上等级名优苦丁茶 20 吨。

梵净山翠峰茶

梵净山翠峰茶，贵州省铜仁市印江县所产茶叶品种之一，因主产于该县境内武陵山脉主峰——梵净山而得名。产品原料采自梵净山 800~1300 米海拔高度的福鼎大白茶群体品系茶园，产品具有"色泽嫩绿鲜润、匀整、洁净；清香持久，栗香显露；鲜醇爽口；汤色嫩绿、清澈；芽叶完整细嫩、匀齐、嫩绿明亮"的特点。2005 年获准地理标志产品保护。

梵净山翠峰茶原产地团龙村位于贵州省印江土家族苗族自治县永义乡，距离印江县城 42 千米、梵净山护国寺 5 千米，是西上梵净山必经之地。团龙村得天独厚的生态环境，源自梵净山深处的清泉环绕，此处常年薄雾回环，负氧离子十分丰富，被誉为"长寿村"。明清时期，团龙所产绿茶即为朝廷指派贡品，产自团龙为主的"梵净山翠峰""梵净山佛光茶""团龙贡茶"多次获金质奖，获准国家地理标志性产品保护。

印江县种茶历史悠久，历来盛产名茶。据明朝《明实录》记载："思州方物茶为上"。明代的印江县永义乡团龙村系朗溪蛮夷长官司所辖，隶思州。深居梵净山间的永义乡团龙村所产生的团龙茶最早可追溯到 11 世纪，在 1411 年（明永乐九年）就进贡皇家，被赐封为贡茶。21 世纪初，永义乡团龙村仍有 15 世纪种植的老茶树 30 多棵，其中最大的一棵据专家考证是中国最大的、生长较好的茶树，被誉为"中国茶树王"。

1992 年 6 月，农业部茶叶质量监督检测中心鉴评"梵净翠峰茶"，色绿、扁平显芽，形态似矛，嫩香持久，味鲜醇，汤色、叶底嫩绿；外形肥嫩，品质良好，具有名茶特色。梵净山翠峰茶 2005 年荣获第六届"中茶杯"中国名优茶评比一等奖；2006 年荣获第六届"中绿杯"中国名优绿茶评比"金奖"；2009 年荣获第六届中国国际茶业博览会金奖；2010年荣获第十七届上海茶文化节"中国名茶"评比金奖。

云南省

云南省林业遗产名录

大类	名称	数量
林业生态遗产	01 盈江高山榕；02 西双版纳雨林；03 镇沅古茶树群落	3
林业生产遗产	04 漾濞核桃；05 腾冲银杏；06 华坪杜果；07 洱海梅子；08 石屏杨梅；09 保山小粒咖啡	6
林业生活遗产	10 白马雪山杜鹃；11 大理苍山；12 丽江玉龙雪山；13 三江并流	4
林业记忆遗产	14 剑川木雕；15 普洱茶；16 双江勐库茶	3
总计		16

盈江高山榕

　　最美高山榕古树，位于云南省盈江县铜壁关老刀弄寨。距今 300 年，胸围难以测量。德宏人把榕树称为大青树，傣族人把它奉为神树，大青树是德宏风光的一大特色，无数枝繁叶茂、千姿百态的大青树遍布全州各地。铜壁关大榕树，又称"中国榕树王"，生于亚热带雨林之中，距县城约 30 千米。专家考证，榕树王是目前发现最大、气生根最多的高山榕树。

　　榕树王树身奇大无比，数十人也合抱不下，树高约 40 米。由下垂的气生根长成的新树干达 100 多根，每年仍有 10 多条气生根在增加。树冠覆盖面积达 5.5 亩。榕树王的主干上布满了块状根系，如山脉、峡谷、千沟万壑，树干上还抛撒出一束束气根，像一条条巨蟒把头深深地扎进泥土之中。整棵树枝连枝、根连根，构成一个整体。远远看去，犹如一片小树林，所以又叫"独树成林"。榕树王有无数条气根为母树提供养料和水分，所以也称为"不死树"。

盈江高山榕树王（王枫供图）

西双版纳雨林

　　西双版纳热带雨林自然保护区，地处滇南澜沧江河谷盆地，位于云南省西双版纳州景洪、勐腊、勐海3县（市）境内，由勐海、勐养、攸诺、勐仑、勐腊、尚勇六大片区构成，总面积2854.2平方千米。其中，野象谷、望天树、原始森林公园、勐远仙境是驰名中外的生态旅游景区。

　　保护区是中国热带植物集中的遗传基因库之一。有8个植被类型，高等植物有3500多种，约占全国高等植物的1/8，其中被列为国家重点保护的珍稀、濒危植物有58种，占全国保护植物的15%。区内用材树种816种，竹子和编织藤类25种，油料植物136种，芳香植物62种，鞣料植物39种，树脂、树胶类32种，纤维植物90多种，野生水果、花卉134种，药用植物782种。

西双版纳亚洲象（拍信图片）

西双版纳雨林（樊宝

　　它是中国热带雨林的典型代表，以其得天独厚的气候条件繁衍着众多的生物种类，堪称动植物的王国，是研究我国生物多样性的重要基地。雨林中，不乏十几人才能合抱的绒毛枕果榕树。具有很高的原生性、神秘性、观赏性，以及科学研究价值。这里是动物的乐园，大象在当地的野生动物中尤具特色。西双版纳热带雨林层次非常丰富，最密处可有十几层之多；随处可见雨林特有的板根、老茎开花、空中花园现象以及绞杀植物、独木成林的大树等奇观，树木种类特别丰富。2005年，西双版纳热带雨林被《中国国家地理》评为中国最美的十大森林之一。

镇沅古茶树群落

　　镇沅野生千年古茶园，位于云南省镇沅县九甲乡的千家寨，海拔2100~2500米高度范围。野生古茶树是国家二级重点保护野生植物。千家寨野生古茶树群落是目前所发现世界上面积最大、最原始、最完整、以茶树为优势树种的植物群落。在这个群落中，有壳斗科、木兰科、山茶科等植物群。主要分布在千家寨范围的上坝、古炮台、大空树、大吊水（瀑布）头、小吊水、大明山等处。

古茶树群落总面积达 28747.5 亩，分布在哀牢山国家级自然保护区的原始森林中，是世界茶叶原产地的中心地带之一。其中一棵古茶树，树龄 2700 年，树高 25.6 米，树干胸围 2.82 米，其茶叶肥壮匀嫩，叶质黑润、茶香回甘浓厚，当之无愧地成为普洱茶的"茶祖"，成为研究世界野生茶树的活化石。2001 年，这棵古茶树被上海大世界吉尼斯总部论证为世界上"最大的古茶树"，并冠以"野生茶树王"而载入吉尼斯纪录。

漾濞核桃

漾濞核桃，云南省漾濞县特产，国家地理标志产品。1995 年，漾濞县被国务院命名为"中国核桃之乡"。云南漾濞核桃 – 作物复合系统遗产地——光明万亩核桃生态园，属漾濞县苍山西镇，涵盖整个光明村，地处苍山腹地，总面积 15.73 平方千米。漾濞核桃源远流长，可追溯到 3500 多年前。2013 年，漾濞核桃种植面积达 92 万亩，年产量 2.7 万吨，产值突破 5 亿元，农民人均核桃纯收入近 3000 元[①]。光明核桃是漾濞核桃的典型代表，早在公元前 16 世纪就有核桃生产，现在全村树龄在 200 年以上的约有 6000 多株。光明核桃以果大、壳薄、仁白、味香、出仁出油率高、营养丰富而誉满中外。

漾濞核桃 – 作物复合系统（闵庆文供图）

核桃与各种农作物间套作复合栽培，形成独特的农耕模式。在耕种农作物的同时，又起到为核桃施肥、中耕土、除草、浇灌的作用，核桃生长快、结果早、结果多，而且还多收粮食。这种模式实现了农业生产良性循环和可持续发展。漾濞县委、县政府高度重视漾濞核桃 – 作物复合系统保护，制定保护与发展规划和管理办法，通过多种方式传承弘扬农耕文化。2013 年 5 月，漾濞核桃被认定为第一批中国重要农业文化遗产。

腾冲银杏

"中国第一银杏村"，云南省腾冲市固东镇的江东银杏村。它是由四个自然村组成的小山村，离腾冲市区有 40 多千米，与火山地质公园相邻。据统计，整个古村种植了 3 万多棵银杏树，年产银杏果 5 万余千克，是个名副其实的银杏村。

这里的银杏树，树龄超过 600 年的古银杏树有两棵，树龄在 500 年以上的有 50 多棵，400 年以上的有 70 多棵，200 年以上的有 150 多棵，30 年以上的有 600 多棵，20 年以上的有 2100 多棵。江东村的银杏是云南规模最大、最密集、最古老的一片银杏林。

汉代，汉武帝设立永昌郡，派遣军队与中原百姓来此屯兵开荒。这些中原弟子从家乡带来银杏果，原本只是用它治病，想不到这些果竟在边疆地区扎了根。

---

① 中华人民共和国农业部 . 中国重要农业文化遗产 [M]. 北京：中国农业出版社，2014.

江东村里有一个习俗，一户人家如果人多需要分家时，长辈们分到的第一件财产就是一棵能结果的银杏树。因为一株银杏，在正常年份能收到近万元的银杏果，长辈的晚年生活便是依靠这银杏树了。以前，江东村的男子娶媳妇，媳妇进门后，先要在自己的院子里，或者在自己的地头上，栽上一株银杏的幼苗。这棵成活的银杏树便成为夫妻两人的家产。等到了晚年，一旦银杏树开始结果，那么生活就不用发愁了。银杏村居民的庭院里，都有挺拔的银杏树。秋天落叶覆盖着屋顶，撒满院子的空地。村民们把银杏叶的飘落称为"秋妆"，把满地的黄叶喻作"金毯"。所以，金秋的银杏村就是一座金色的童话世界。

华坪杧果

华坪杧果是云南省丽江市华坪县的特产。其具有色泽鲜艳、风味浓郁、营养含量高、极晚熟的优良品质，除销往成都、重庆、北京、上海、沈阳等大中城市外，还可返销广东、海南等杧果产区。

华坪县地处金沙江干热河谷，光照充足，昼夜温差大，非常适合杧果生长。得天独厚的自然条件使华坪生产的杧果具有鲜明的特色。一是成熟晚。同一品种比海南三亚晚熟4~5个月，比广东湛江晚熟2个月，比广西百色晚熟一个半月，比云南元江、永德晚熟2个月，是我国纬度最北端的杧果产区。二是风味浓郁、营养含量高。同一品种可溶性固形物含量比国内其他产区杧果高出1.2%~2.5%。三是色泽鲜艳。杧果生长季节光照充足，果实着色较好，不同品种呈现紫、红、橙、黄等不同颜色，十分美观。华坪杧果主推品种有：红象牙，大果型红色品种，平均单果重650克；圣心，中小果型红色品种，平均单果重300克；凯特，大果型红色品种，平均单果重800克，大果可达2千克。

2011年，华坪县共种植芒果15.76万亩，其中挂果面积7.63万亩，年产量达3.8万多吨，产值2.34亿元，是云南最大的芒果生产县。华坪芒果的产地范围为县中心镇、荣将镇、兴泉镇、石龙坝镇、新庄乡、船房乡、永兴乡7个乡镇。

洱源梅子

洱源梅子，云南省洱源县特产。2007年12月，原国家质检总局批准对其实施地理标志产品保护。洱源县种植梅子已有2000多年的历史，被誉为"中国梅子之乡"，盛产鲜梅。洱源梅子产量高，品质优，梅树生长在2200~2800米高海拔无污染的山区，出产的梅果个头大、肉质厚、色泽美、酸脆可口，可作为水果直接食用，又可加工为话梅、苏裹梅、雕梅、炖梅、果醋及梅子饮料等多种产品。种植品种有盐梅、苦梅、照水梅、双套梅等。2014年，洱源梅子基地面积达9.24万亩，产量1.2万吨。

石屏杨梅

石屏杨梅是云南省红河州石屏县的特产。石屏所产杨梅果大核小、酸甜适口、晶莹剔透，经国家农业部专家评鉴认为，石屏杨梅品质好，含糖量高，富含多种维生素，为农产品地理标志产品。石屏县位于云南省南部，亚热带气候，立体气候突出，海拔259~2551.3

米，年降水量 850~1100 毫米。特定的自然地理条件，使石屏成为发展高产优质杨梅的宝地。1988 年石屏被农业部评为南亚热带名优杨梅基地县。

石屏是中国野生杨梅分布的主要区域之一，野生资源丰富，已发现矮杨梅、细杨梅、板井梅、乌兄梅 4 个野生杨梅品种。自古以来，杨梅就是石屏县人民食用的果实之一，有数百年历史。清乾隆十二年（1747 年）《石屏州志》、1912 年《石屏县志》都有记述。

石屏杨梅有挂果早、成熟早、产量高、品质好等特点。石屏是我国东魁品种最早成熟的地区，是云南省杨梅种植面积最大、产量最高的县。全县有 6 个乡镇种植，栽培面积较大的为异龙、坝心、宝秀、大桥等乡镇。栽培品种有东魁、荸荠种、丁岙梅、水梅、大炭梅等，以东魁、荸荠种为主。2011 年，杨梅种植面积 6.23 万亩，产量 5.1 万吨；2017 年，石屏县杨梅面积达 12.83 万亩。

保山小粒咖啡

保山小粒咖啡是云南省保山市隆阳区潞江镇的特产，是全国乃至全球咖啡品质较好的咖啡之一。其颗粒均匀饱满，气味清新，香气浓郁，口感醇厚，具有浓而不烈，与闻名世界的蓝山咖啡相媲美。以独到的极优品质享誉全球：20 世纪 50 年代末在英国伦敦市场上被评为一等品，获"潞江一号"美称，1980 年的全国咖啡会议上公认其为"全国咖啡之冠"。2012 年 4 月，国家质检总局对其实施国家地理标志产品保护。

保山潞江小粒咖啡，是名冠全球、世界称誉的优良品种。保山种植咖啡，始于 20 世纪 50 年代中期，首株咖啡苗是爱国华侨梁金山从东南亚引进，在当地农民和技术人员的精心培育下，创造了潞江坝小粒咖啡质优高产的经验。种植面积扩展到上万亩，产量占云南全省总产量的 70% 左右。

1980 年，先后到潞江坝考察学习咖啡种植的省内外科技人员 1000 多人次。同年，支援全国选作良种的咖啡量达数万斤。潞江坝已成为中国最大的咖啡良种基地之一。其品质极优，纯度百分之百，颗粒小而匀称，煮泡饮，醇香浓郁，深受西方国家民众垂青。近年来，随着国际贸易的扩大，欧美、阿拉伯国家，尤其是英国、美国、埃及、中国港澳商贾皆视其为饮料上品，产品供不应求。

"浓而不苦，香而不烈，香味醇和；含油丰富，果酸浓厚，回甘持久；此乃咖啡中的上品。"这是咖啡专家的评价。1992 年 10 月在中国农业博览会获银质奖（此次博览会未设置金奖）；1993 年在比利时布鲁塞尔举行的世界咖啡评比大会上，荣获世界"尤里卡"金奖。

白马雪山杜鹃

白马雪山位于横断山脉中段，为澜沧江和金沙江的分水岭，行政上隶属于云南省迪庆州德钦县。高山杜鹃林不仅是一种重要的矮曲林类型，而且也是最娇艳的一种森林类型。其植株低矮，形态自然，极具观赏性，是滇西广泛分布的植被类型之一。在春季或春夏之交，冰雪消融，高山杜鹃花满山遍野灿然绽放，奇异的花朵、纷繁的色彩，把山峦装点得瑰丽艳美。

白马雪山（拍信图片）

　　云南西部的高山杜鹃林，杜鹃科植物种类丰富，有密枝杜鹃、金背杜鹃、银背杜鹃、韦化杜鹃、小叶杜鹃等 200 余种。杜鹃林的分布随山地海拔而发生有规律的变化。海拔 2600~3000 米的阴坡杜鹃 – 云南松林中，有大白花杜鹃、小粉背杜鹃等；3000~4000 米的阴坡、半阴坡杜鹃 – 冷杉林中，有锈斑杜鹃、桦祀叶杜鹃、短柱杜鹃等；在 4000~4200 米的高山灌丛草甸带，杜鹃多以群落状分布[①]。上述三类杜鹃共同组成云南西部高山杜鹃林。

大理苍山

　　大理苍山，又名点苍山，是世界地质公园，面积约为 500 平方千米。苍山位于滇中高原与滇西横断山的接合部，处于云岭山脉的南端，历次的地壳运动造就了它磅礴的气势。苍山十九峰夹十八溪形成梳状的地貌。最高峰马龙峰，海拔 4122 米。苍山由于山势陡峭，气候的垂直差异极大，具有寒带、温带和亚热带的垂直气候，这里植被茂密，孕育着丰富的动植物资源。

　　洗马潭是苍山顶上一个水质纯净、清澈见底的"山巅冰积湖"。这里有高山杜鹃、灌木丛林、高大挺拔的苍山冷杉林带和翠竹林带。每当春末夏初，这里黄色的、白色的、红色的杜鹃花盛开，斑斓一片。马樱花、映山红等生长百年以上的大树杜鹃在山间也常常见到，久负盛名的苍山有"杜鹃花故乡"的美誉。每当五六月份，黄、白、红杜鹃花盛开，湖边五彩缤纷，斑斓一片。其中苍山杜鹃、阔叶杜鹃、和蔼杜鹃、蓝果杜鹃、似血杜鹃等品种为苍山所独有。还有粉紫色的报春花、淡黄的百合花、浓艳的龙爪花。

大理苍山（樊宝敏摄）

① 佚名 . 白马雪山高山杜鹃林 [J]. 中国国家地理，2005（增刊）：326.

洗马潭景区周边的杜鹃花是苍山"高山植物园"的核心。1883—1890年，法国传教士德拉维首次在大理苍山等地进行植物采集，并由植物学家阿德里安·勒内·弗朗谢鉴定命名，发表了许多杜鹃花种类。其后，1904—1932年英国植物学家乔治·福雷斯特、1922—1947年美国植物学家约瑟夫·洛克，也都在苍山采集了许多杜鹃属植物。

大理苍山可谓是一个高山植物园，是中国植被垂直带谱最多、植被类型最多样、植被保存最完整的山地。据研究，其有9个植被型，12个植被亚型或群系。植被垂直带谱自下而上依次为：稀疏灌木草丛、暖温性针叶林、半湿润常绿阔叶林、中山湿性常绿阔叶林、针阔叶混交林、寒温性针叶林、寒温性灌丛草甸7个植被带。植物多样性丰富，维管束植物208科948属2853种。其中蕨类植物有44科96属350种，裸子植物有5科8属11种，被子植物有159科844属2492种，是180种维管植物的模式标本产地。花卉众多，云南"八大名花"的山茶花、杜鹃花、玉兰花、报春花、百合花、龙胆花、兰花、绿绒蒿都有；药用植物也极为丰富。最有特色的是苍山冷杉，为我国特有树种，被誉为"树中君子"。

丽江玉龙雪山

玉龙雪山，十三座雪峰连绵不绝，宛若一条"巨龙"。玉龙雪山是纳西人民心中的神山。景区面积415平方千米，主峰扇子陡海拔5596米，终年积雪，发育有温带海洋性冰川。自然资源丰富，最具观赏价值的属高山雪域景观、水域景观、森林景观和草甸景观，是5A级旅游景区，冰川地质公园。

玉龙雪山总面积为2.6万公顷，天然林面积7663公顷，占总面积的29.5%，主要有云南松林、铁杉林、华山松林、高山松林、丽江云杉林、长苞冷杉林、大果红杉林、小果垂枝柏林、栎类林等森林类型。森林覆盖率为55%，森林由下而上主要为云南松林、丽江云杉林、大果红杉林和长苞冷杉林。

玉龙雪山（樊宝敏摄）

玉龙雪山是滇西北地区生物多样性的重要分布区域。玉龙雪山省级自然保护区，以典型、完整的山地森林生态系统，以及玉龙蕨、须弥红豆杉、云豹、小熊猫、林麝、四川雉鹑等国家重点保护野生动植物和生态环境为主要保护对象。共有超过 2815 种的种子植物，分属于 149 科 781 属。有珍稀濒危保护物种 96 种，隶属于 20 科 50 属。其中 8 种属于国家一级重点保护野生植物，87 种属于国家二级重点保护野生植物。有中国特有种 38 种。

三江并流

三江并流指金沙江、澜沧江和怒江这 3 条发源于青藏高原的大江在云南省自北向南并行奔流 170 多千米的区域，跨越丽江市、迪庆州、怒江州的 9 个自然保护区和 10 个风景名胜区。涵盖范围 170 万公顷。属于横断山脉生物和地质多样性的典型区域。2010 年修改边界后，核心区占地 96.01 万公顷，缓冲区 81.64 万公顷。

三江并流形成世界上"江水并流而不交汇"的奇特自然地理景观。区域有高等植物 210 余科，1200 余属，6000 余种；有 44 个中国特有属，2700 个中国特有种，其中有 600 种为三江并流区域特有种；有国家珍稀濒危保护植物秃杉、桫椤、红豆杉等 33 种，省级珍稀濒危保护植物 37 种。珍稀濒危动物有滇金丝猴、羚羊、雪豹、孟加拉虎、黑颈鹤等 77 种国家级保护动物。1988 年，被国务院定为国家级风景名胜区；2003 年 7 月，根据世界自然遗产评选标准，被列入《世界遗产目录》。

普达措国家公园试点区，位于香格里拉县城建塘镇东部，处在"三江并流"世界自然遗产中心地带，由国际重要湿地碧塔海和属都湖景区 2 部分构成。总面积 1313 平方千米，平均海拔约 3500 米，有完整的原始森林生态系统、高山草甸和高原湖泊，被誉为"变幻的仙境圣地，烂漫的童话世界"。

剑川木雕

剑川木雕流传于云南省大理州剑川县，有上千年的历史。宋代，就曾有剑川木雕艺人进京献艺，名动京华。清代学者在《滇南新语》中记道："善规矩斧凿者，随地皆剑民也。"剑川木雕手法以浮雕为多，其木雕制品现已发展为嵌石木雕家具、工艺挂屏和坐屏、格子门、古建筑及室内装饰、旅游纪念品小件和现代家具 6 个门类 260 多个品种。其中格子门特色鲜明，一般以 4 扇或 6 扇为一堂，置于寺庙大殿和居家正厅，有 2~4 层镂空浮雕，题材多是富贵根基（牡丹和公鸡）、喜鹊登梅、鸳鸯戏水、鹿鹤同春、八仙过海等，层层镂空，空间层次明朗，生动活泼。剑川木雕做工精细、用料考究，坚硬柔韧、抗腐蚀、不变形，展现了白族人民的智慧。

普洱茶

普洱市位于云南省西南部，是祖国西南边疆的瑰丽宝地。全市茶园面积 325 万亩。在明万历年间，普洱府已设官职专门管理茶叶交易。清代以来，普洱茶成为皇家贡品，国内外交易路线也已基本畅通，普洱府成为普洱茶生产和贸易的集散地，是茶马古道的起点，也成为茶文化的中心地带，并形成了"普洱昆明官马大道""普洱大理西藏茶马大道"

普洱古茶园与茶文化系统（闵庆文供图）

等 6 条保存完好的茶马古道，被称为"世界上地势最高的文明文化传播古道"。这里的人、茶叶、茶文化沿着茶马古道向国内外扩散，将普洱茶带出大山，走向世界。

普洱市是世界茶树的原产地之一，也是野生茶树群落和古茶园保存面积最大、古茶树和野生茶树保存数量最多的地区，拥有完整的古木兰化石和茶树的垂直演化体系。以普洱市为中心的澜沧江中下游少数民族的悠久种茶、制茶历史孕育了风格独异的民族茶道、茶艺、茶俗等内涵丰富的茶文化。不同民族对茶的加工和饮用方式更是各具特色。布朗族的"青竹茶"和"酸茶"、拉祜族的"烤茶"等传统的饮茶习俗，代代相传。

景迈山"万亩乔木古茶园"分布在澜沧县境内的惠民乡景迈、芒景 2 个村，村寨有糯岗、景迈、勐本等 10 个自然村。茶园面积 16173 亩，海拔 1100~1662 米，年降水量 1800 毫米，土壤属于赤红壤，古茶园内的植物群落属于亚热带常绿阔叶林。据芒景缅寺木塔石碑傣文记载，古茶园的茶树种植于傣历 57 年（公元 695 年）。茶树在天然林下种植，是最古老的种植方式。古茶园的茶叶作为普洱茶原料之一，自元代起销往缅甸、泰国等东南亚国家。

为了有效保护普洱古茶园与茶文化系统，按照农业部相关要求，普洱市人民政府加强普洱茶原产地保护，树立普洱茶品牌，不断提高质量、优化品质，提供更好的生态、绿色、安全的产品。2013 年 5 月，普洱茶被认定为第一批中国重要农业文化遗产。

双江勐库茶

双江勐库古茶园与茶文化系统，位于双江县，涉及 6 个乡（镇）和 2 个农场，总面积 16 万亩。系统内 1.27 万亩野生古茶树群落，是已发现海拔最高、密度最大、分布最广、原生植被保存最为完整的野生古茶树群落，是茶树种质资源的活基因库，是中国首个以古茶山命名的国家级森林公园。

据史料记载，明成化二十年（1485 年），双江开始在勐库冰岛村一带人工驯化种植茶树，经过 500 余年的种植驯化，铸就了当今勐库大叶种茶内含物质丰富、茶汤明亮、醇香悠长的优良品质。双江勐库茶曾两次被全国茶树良种审定委员会评为国家级茶树良种，被中国茶叶界权威赞为"云南大叶茶正宗""云南大叶茶的英豪"。双江县是全国唯一由拉祜族、佤族、布朗族、傣族共同自治的多民族自治县，各民族生产生活与茶叶息息相关，创

双江勐库古茶园与茶文化系统（闵庆文供图）

造了灿烂的茶文化。拉祜族的七十二路打歌，是非物质文化遗产，更是拉祜人民的茶心；佤族的鸡枞陀螺，是飞旋的使者，更是佤族人民的茶性；布朗族的蜂桶鼓，是生命的方舟，更是布朗人民的茶灵；傣族的象脚鼓，是节日的祈福，更是傣族人民的茶魂。

　　近年来，双江县人民政府出台《古茶树保护管理条例》《保护与发展规划》等，成功申报勐库大叶种茶农产品地理标识认证。2015 年 10 月，双江勐库茶被认定为第三批中国重要农业文化遗产。

西藏自治区

西藏自治区林业遗产名录

大类	名称	数量
林业生态遗产	01 拉萨大果圆柏；02 巴宜巨柏；03 林芝古桑；04 波密岗乡林芝云杉林；05 鲁朗云冷杉林	5
林业生产遗产	06 桑珠孜胡桃；07 错那沙棘	2
林业生活遗产	08 雅鲁藏布大峡谷；09 巴松湖森林公园	2
林业记忆遗产	—	—
总计		9

拉萨大果圆柏

最美大果圆柏古树，位于西藏自治区拉萨市唐古乡唐古村，距今 500 年，胸围 503 厘米。大果圆柏位于拉萨市林周县唐古乡热振森林公园内，树龄约 500 年，最高 10 米，最大胸径约 51 厘米，平均冠幅 5.4 米左右。作为西藏中北部原始森林边缘地区最具特色的高山林灌植被，大果圆柏具有很高的科研价值和观赏价值。

热振寺由"噶当派"创始人仲敦巴创建于 1057 年，距今已有 900 多年的历史，是西藏"噶当派"的第一座寺庙。相传，从前这里是一座没有一棵草木的秃山，后来藏王松赞干布到这里巡视，把洗发的水洒在山坡上，并祈祷祝福，于是长出了 25000 棵翠绿的柏树。寺周围有 30000 株古柏，树龄在千年以上，传说是仲敦巴·嘉瓦迥乃的灵树。

拉萨大果圆柏（樊宝敏摄）

巴宜巨柏

最美巨柏古树，位于西藏自治区林芝市巴宜区八一镇巴吉村，距今 3233 年，胸围 1480 厘米。世界柏树王园林，位于 318 国道旁边，是西藏自治区政府设立的柏树林保护区。柏树王园林面积约 20 万平方米，园内柏树平均高 30 米，平均直径 100 厘米，其中最大的一棵高 50 米，胸径 5.8 米，树龄 2600 年，需 12 个成年人合围才能抱住它，被誉为"活的文物""世界柏树之王"。

柏树王，也称雅鲁藏布柏木，柏科柏属，是西藏特有的树种之一，特产于雅鲁藏布江和尼洋河下游、海拔 3000~3400 米的沿江河谷里，藏语又称为拉辛秀巴，意指神树，属国家二级保护树种。

林芝古桑

最美桑树古树，位于西藏自治区林芝市林芝镇邦纳村尼洋河滩上，距今 1600 年，胸围 1300 厘米。千年古桑树，树冠巨大，枝繁叶茂，郁郁葱葱，古桑树胸径要 10 人左右才能抱住。据说是目前国内发现最老的活桑树。

巴宜巨柏（樊宝敏摄）

林芝古桑（樊宝敏摄）

波密岗乡林芝云杉林

林芝云杉林位于波密县城扎木镇以西 22 千米，雅鲁藏布江大拐弯的东北部，帕隆藏布江的中下游，总面积 4600 公顷。其中森林面积 2800 多公顷，森林覆盖率达 61% 以上，是中国最大、最好的一片原始森林。其保护区内林木生长速度、持续生长期和单位蓄积量远远超过国内外同类林，尤以云杉最为突出。区内山高树密，古木参天，珍稀野生动物活动频繁，各类名贵中药材蕴藏丰富。1984 年被划为以保护丰产针叶林为主的森林生态系统自然保护区。

这里山水相连，古木遍坡，以名贵树木云杉、华山松为主。云杉林长势十分整齐，高大巨树拔地而起，有的胸围 4~5 米，高达 80 米左右，每公顷立木蓄积量可达 3000 立方米，约为我国东北林区的 3 倍；有的树龄高达 300~400 年，单株树木的树干木材多达 60 立方米以上，是迄今所知世界上生产力最高的暗针叶林。它不仅以壮丽的景观使造访者对大自然的神奇造化叹为观止，同时保存极为完好的原始性和无与伦比的生物量，具有巨大的科研价值。

波密岗云杉林（樊宝敏摄）

林芝云杉是丽江云杉的变种，集中分布于藏东南波密岗乡。在壮观的林木层蔽荫下，林内温凉湿润，灌木和草本均匀分布，苔藓层发育良好，形成遍地的绿"毯"。林内的藤本植物茂盛，藤粗 30~40 厘米，可蜿蜒至树冠层，松萝飘弋，形成湿润暗针叶林的典型景观。如此壮美的高原山地温带暗针叶林，在我国乃至全球均属罕见。2005 年 10 月，波密岗乡林芝云杉林被《中国国家地理》评为中国最美十大森林之一。[①]

鲁朗云冷杉林

鲁朗藏语意为"龙王谷"，是龙王居住的地方。鲁朗林海位于距离林芝市八一镇 80 千米左右的川藏公路上，海拔 3700 米，是一片高原山地草甸狭长地带，长约 15 千米，平均宽约 1 千米。两侧森林依山势由低往高分别由灌木丛和茂密的云杉、冷杉、松树组成"鲁朗林海"，中间是整齐划一的草甸。夏日达此，站在观景台上，可以近观林海，远望雪山萦绕着彩虹，格外神奇和动人。

鲁朗林海（樊宝敏摄）

① 李文华等.波密岗乡林芝云杉林 [J].中国国家地理，2005（增刊）：328–329.

秋天的鲁朗林海像一块多彩的画布，斑斓迷人。山林树木茁壮，树干上青苔点点，树冠中松萝飘飞，三四个人才能合抱的大树随处可见。覆盖白雪的山尖，在阳光下云蒸霞蔚一片灿烂，山中的牧场，泛出一片平整的黄绿色。雪线下是茂密的森林，冷杉、云杉依旧苍绿，而白桦林一片金黄，漫山遍野叠彩万重，五颜六色、竞相炫耀。

桑珠孜胡桃

最美胡桃古树，位于西藏自治区日喀则市桑珠孜区年木乡胡达村，距今 1600 年，胸围 960 厘米，树高约 15 米。相传为吐蕃先祖赞普达日年赞所种，也有当地人说是松赞干布的爷爷征战中路过此地歇息，把手中核桃木拐杖往地上一插，后来就长成了这棵核桃树。树冠圆满、郁茂，苍劲葱郁的树木，无论远观还是近看，都非常壮美，至今每年都硕果累累。

桑珠孜千年核桃树（王枫供图）

错那沙棘

最美沙棘古树，位于西藏自治区山南市错那县曲卓木乡曲卓木村，距今 600 年，胸围 146 厘米。沙棘是生态经济价值极高的果木，具有很高的药用价值，根、茎、叶、花、果均可入药，可以说浑身是宝。沙棘果实酸甜，含有人体所需的多种有机酸、维生素，具有重要的医疗保健作用。在西藏错那县曲卓木乡政府所在地，有一大片茫茫的天然古沙棘林，大约有 2000 亩，沙棘林最高的能达到约 15 米，树围最粗 4.5 米，而且大多已有 600 年以上的历史，因而也被称作"千年古沙棘林"。沙棘林郁郁葱葱，树木各具形态，让人颇感震撼。

错那沙棘（王枫供图）

雅鲁藏布大峡谷

雅鲁藏布大峡谷国家级自然保护区，位于西藏东南部，雅鲁藏布江下游林芝市，面积 91.68 万公顷。区内有喜马拉雅山脉东端的南迦巴瓦峰，海拔 7782 米。主要保护对象为山地森林生态系统及生物多样性资源、世界第一大峡谷自然景观和青藏高原最主要的水气通道环境。2000 年 4 月 27 日，国务院同意将墨脱国家级自然保护区扩界并更名为雅鲁藏布大峡谷国家级自然保护区。

保护区现有生物资源，有维管束植物 3768 种，苔藓植物 512 种，大型真菌 686 种，哺乳动物 63 种，鸟类 232 种，爬行动物 25 种，两栖动物 19 种，昆虫 1500 种。雅鲁藏布

雅鲁藏布大峡谷（樊宝敏摄）

江下游谷地生长着茂密的次生热带雨林。在谷地还生活着珍稀特有爬行动物—喜山鬣蜥，还有特有高山花卉绿绒蒿。雅鲁藏布大峡谷从冬末到夏初各色杜鹃由低谷到高山依次开放，使大峡谷成为花的海洋，而翩翩起舞的蝴蝶，穿飞在花丛中的丽鸟和嬉戏在林中的珍禽异兽，又使大峡谷美丽的画面充满动感。雅鲁藏布大峡谷地区蕴藏着极其丰富的生物资源，有许多古老物种、珍稀物种和新分化的物种。因此，该地区是我国重要的生物物种资源基因库，也是生物学家研究高原生物难得的实验场所。

在墨脱，除海拔4200米林线以上为草甸灌丛和雪原冰漠外，几乎都被森林覆盖。天然林与察隅、波密等地的森林连成一片，构成仅次于我国东北、西南两大林区的第三大林区。不仅主产铁杉、冷杉、松等高山针叶树，还出产西藏青冈、薄片青冈、刺栲、通麦栋和墨脱楠、滇楠、红梗润楠、香桂等亚热带树种，以及红椿、麻株、阿丁枫、千果榄仁、四蕊朴、假玉桂、小果紫薇、天料木、穗花杉等珍稀热带树种[1]。嘎隆拉至卡布村一线，山地植被垂直带谱完整而明显，林内有羚牛、小熊猫和多种珍稀雉类等保护动物。西贡湖周围有保存完好的大片森林，林内栖息着国家重点保护动物，如孟加拉虎、长尾叶猴、马熊等。在米日村雅鲁藏布江畔，有保存最好的半常绿季雨林，雨林树种以千果榄仁为主，这是分布在北半球最北的热带山地季雨林。德阳拉至白马希里河河口一线，栖息着羚牛、棕颈犀鸟、长尾叶猴等国家重点保护野生动物。

2022年5月，科考人员在察隅县上察隅镇布宗村调查，发现多棵云南黄果冷杉高75米以上巨树。同年8月再次调查，测量并发现"中国第一高树"，高83.4米，胸径207厘米，树龄在380岁上下。它超过了分布于云南省贡山县的72米秃杉、西藏自治区墨脱县的76.8米不丹松，以及中国台湾地区南投县的81米台湾杉的测量纪录。

---

[1] 程树志. 西藏高原上的绿色明珠——墨脱自然保护区 [J]. 植物杂志，1988（3）：6-9.

巴松湖森林公园

巴松湖国家森林公园位于西藏自治区林芝市工布江达县境内，规划面积范围4100余平方千米。2006年8月经国家林业局批准为国家级森林公园。公园落花香在，鸟鸣在涧，宛若仙境桃源。

因为地理环境相对封闭，没有人类长期开拓经营的痕迹，这里的一切自然景色都以其纯净无污染的原生状态呈现在人们面前，给人以回归自然、物我齐一的超凡感受。其最具代表性的，是由星罗棋布的湖泊、傲视苍穹的冰川雪岭、一望无际的原始森林、宽阔如茵的花海草场、峭拔奔涌的峡谷急流等组成的自然景观。神秘的城堡、美丽的寺庙、格萨尔王的传说等散发着独特风土人情的人文景观，是藏东地区社会、历史、文化、宗教、艺术等发展的缩影。

巴松湖（樊宝敏摄）

青海省

青海省林业遗产名录

大类	名称	数量
林业生态遗产	01 同德柽柳；02 祁连山（青海）国家公园；03 三江源国家公园	3
林业生产遗产	—	—
林业生活遗产	—	—
林业记忆遗产	—	—
总计		3

同德柽柳

2010 年，有学者在青海省同德县巴沟乡然果村发现一片甘蒙柽柳古树群[1]。经调查，胸围 1.4 米以上的柽柳共计 203 株，最高达 22.85 米（胸围 1.78 米，地围 3.39 米）。这片古树林包含世界上最古老的、胸径最粗的和分布海拔最高的甘蒙柽柳，具有珍贵抗逆性基因，更是稀有的世界级自然遗产。《植物志》记载甘蒙柽柳一般为灌木状，干径不会超过 40 厘米，这片古柽柳分布在黄河上游河滩地域，海拔 2600 米以上，最粗直径达 180 厘米，高达 20 余米，承载着当地数百年气候变化的信息和古老而独特的遗传多样性，科学、生态及文化价值重大。

这批古柽柳的发现轰动科学界，改写了文献中有关甘蒙柽柳的描述和记录，保护好这片有生命的自然遗产，成为科学界普遍共识。然而，其所在的然果村从 2010 年起开始修建羊曲水电站，而这片古树群就位于水电站控制流域范围内。一旦水电站建成，它们将被彻底淹没，珍贵的资源将荡然无存。

为此，2016 年 10 月间，有科学家提出《保护青海同德县罕见柽柳古树倡议书》。其中建议：①加强对甘蒙柽柳古林的就地保护。制定科学可行的方案，设立古柽柳自然保护核心区，努力实现甘蒙柽柳古林的就地保护。责成水库建设单位中国电力投资公司的青海黄河上游水电开发有限公司在古柽柳未得到安全保护前，不得蓄水。②加强对甘蒙柽柳古林的监测与研究。组织国家团队进一步加强对古甘蒙柽柳及其成因的研究，必将对植物学、生态学、气候学、植物生理学、风景园林学等有重大意义。

基于此，2016 年 11 月，"青海省同德县然果村及周边甘蒙柽柳调查研究"专家团队在调查基础上编制完成《青海羊曲水电站拟淹没区甘蒙柽柳保护方案》，提出多个保护方案，确定迁地保护目标。

2018 年 8 月 7 日，青海省对外通报称，该地甘蒙柽柳虽有保护价值，但不唯一，可

---

① 吴玉虎 . 再谈青海野生古柽柳林的价值 [J]. 科学时报，2010 年 9 月 8 日第 A02 版。

以迁地保护。据当地林业部门介绍，同德县然果村柽柳林面积有 150 余亩，占全省分布面积的 1.76%，在海拔高于然果村的班多村有类似的柽柳林，且面积达 300 余亩。拟淹没区树龄超过 100 年的树木为极少数，胸径 30 厘米以上的柽柳中，多株合生占 19.7%，其中网传"柽柳王"实为 5 株以上合生。

祁连山（青海）国家公园

祁连山是中国西部重要的生态安全屏障，黄河重要的水源地和生物多样性保护的优先区域。2017 年 9 月，中国政府批准试点建设祁连山国家公园，是中国十大国家公园试点之一，主要职责为保护祁连山生物多样性和自然生态系统原真性、完整性。

祁连山国家公园位于中国青藏高原东北部，横跨甘肃和青海两省，总面积 5.02 万平方千米，其中青海省境内总面积 1.58 万平方千米，占国家公园总面积的 31.5%，范围包括海北藏族自治州门源县、祁连县，海西州天峻县、德令哈市，共有 17 个乡镇 60 个村 4.1 万人。公园内生态系统独特，自然景观多样，平均海拔 4000~5000 米。冰川广布，分布多达 2683 条，面积 7.17 万公顷，储量 875 亿立方米，是青藏高原北部的"固体水库"。河流密布，主要有黑河、八宝河、托勒河、疏勒河、党河、石羊河、大通河 7 条河流，流域地表水资源总量为 60.2 亿立方米。公园内湿地总面积 39.98 万公顷。

草地和森林广袤，草原面积达 100.72 万公顷，林地 15.24 万公顷。野生动植物丰富，有野生脊椎动物 28 目 63 科 294 种，有国家一级重点保护野生动物雪豹、白唇鹿、马麝、黑颈鹤、金雕、白肩雕、玉带海雕等 15 种；野生高等植物 68 科 257 属 617 种。祁连山国家公园

青海湖（樊宝敏摄）

青海省境内包括 1 个省级自然保护区、1 个国家级森林公园、1 个国家级湿地公园，其中祁连山省级自然保护区核心区面积 36.55 万公顷，缓冲区面积 17.51 万公顷，实验区面积 26.17 万公顷。仙米国家森林公园面积 19.98 万公顷，黑河源国家湿地公园面积 6.43 万公顷。

祁连山国家公园总体目标是，完整保护高寒典型山地生态系统、水源涵养和生物多样性，不断提升生态功能，建立全民共享全民所有的自然资源资产机制，创新生态保护与区域协调发展新模式，构建中国重要生态安全屏障，实现人与自然和谐共生。

三江源国家公园

三江源国家公园，地处青藏高原腹地，是长江、黄河、澜沧江的发源地，被誉为"中华水塔""亚洲水塔"；这里是藏羚羊、雪豹、绿绒蒿、雪莲等动植物赖以生存的乐土，素有"高寒生物种质资源库"之称；汉、藏、蒙古、回等民族文化交融，孕育了昆仑文化和藏传佛教文化；这里是世界海拔最高、中国面积最大的国家公园。地处"世界屋脊"青藏高原腹地，境内有昆仑山、巴颜喀拉山、唐古拉山等山脉，平均海拔 4700 米以上，是全球气候变化反应最敏感的区域之一。[①]

三江源（拍信图片）

三江源孕育了华夏文明的"母亲河"长江、黄河，一江通六国的国际河流澜沧江发源于此。江源之水每年为下游的 18 个省（区、市）和东南亚 5 个国家提供 600 亿立方米的优质淡水资源，是数亿人的生命之源。

① 赵向往. 三江源国家公园：守生命之源 筑生态根基 [J]. 中国绿色时报，2021 年 10 月 13 日，第 4 版。

可可西里（拍信图片）

　　为实现完整性保护，国家将长江源、黄河源、澜沧江源整体划入公园范围。长江源境内的各拉丹冬雪山是唐古拉山脉最高点，最高峰6621米。雪山下130余条冰川尤为壮观。其中，西南侧的姜根迪如冰川，正是长江正源——沱沱河的发源地。黄河源境内拥有湖泊5000多个，呈现出"千湖"奇观。鄂陵湖、扎陵湖是黄河流域两个最大的天然湖泊，两湖蓄水量165亿立方米，相当于黄河流域年总径流量的28%。澜沧江源，昂赛大峡谷拥有发育完整的白垩纪丹霞地质景观，峡谷分布有海拔上限大果圆柏原始森林。自上而下发育而成裸岩冰川、高寒草甸草原、灌木丛、大果圆柏林、湿地河流等垂直植被地貌景观。

　　雪山、冰川、河流、湖泊、湿地、高寒草原草甸，多种元素共同构成三江源壮美风景。这片19万平方千米的园区内，分布着1.6万个大小湖泊，湖水总面积达2354.25平方千米，湿地面积7.33万平方千米；有雪山、冰川近2400平方千米，冰川资源蕴藏量达2000亿立方米。其在水源涵养、蓄洪防旱、气候调节、维持生物多样性等方面发挥着不可替代的作用。

　　野生动植物的乐园。三江源发育和保持着原始、大面积的高原高寒生态系统，同时拥有冰川雪山、湖泊湿地、草原草甸、荒漠戈壁、森林灌丛。核心区可可西里是我国面积最大的世界自然遗产地，分布有种子植物832种，野生维管束植物2200余种，野生陆生脊椎动物270种，国家重点保护野生动物69种，素有"高寒生物种质资源库"之称。这里60%的哺乳动物、超过1/3的植物是青藏高原特有物种，包括：藏羚羊、藏野驴、藏原羚，绿绒蒿、雪灵芝等。每年5—7月，藏羚羊跋涉数百乃至上千千米，到可可西里腹地卓乃湖等地产仔，然后回迁。雪豹是青藏高原的旗舰物种，目前数量在1000只以上。通过实施生态系统保护和修复工程，推动了生态系统持续好转。2020年，三江源草原综合植被盖度达 61.9%，较 2015 年提高 4.6 个百分点，湿地植被盖度稳定在 66% 左右，藏羚羊、藏原羚、藏野驴分别达到 7 万、6 万、3.6 万头（只）。

三江源是人与自然和谐共生的典范。三江源有很好的人与自然和谐的基因。这里多民族文化交融，文明之美熠熠生辉，形成了珍爱自然、善待万物的传统文化。用生命守护可可西里的索南达杰，生前 12 次深入可可西里腹地勘察和巡查，组建了我国第一支武装反盗猎队伍，先后查获非法持枪盗猎团伙 8 个，为保护藏羚羊立下了汗马功劳。园区内，生态管护公益岗位"一户一岗"政策让 1.7 万多名牧民就业和获益。

2016 年 3 月，中共中央办公厅、国务院办公厅印发《三江源国家公园体制试点方案》，拉开了我国建立国家公园体制实践探索的序幕。试点区域总面积 12.31 万平方千米，涉及治多、曲麻莱、玛多、杂多 4 县和可可西里自然保护区管辖区域，共 12 个乡镇、53 个行政村。2021 年 10 月 12 日，三江源国家公园正式成为我国第一批国家公园。

昆仑山（拍信图片）

陕西省

陕西省林业遗产名录

大类	名称	数量
林业生态遗产	01 秦岭；02 岚皋七叶树	2
林业生产遗产	03 蓝田大杏；04 合阳文冠果；05 镇安板栗；06 延川红枣；07 临潼火晶柿、石榴；08 富平柿饼；09 府谷海红果；10 黄龙核桃；11 洛川苹果；12 韩城花椒；13 凤县花椒；14 延安酸枣；15 周至猕猴桃；16 鄠邑葡萄；17 旬阳拐枣；18 佳县枣	16
林业生活遗产	19 黄帝陵古柏；20 西岳华山；21 西镇吴山；22 大蟒河玉兰	4
林业记忆遗产	23 商南茶；24 汉中仙毫；25 紫阳富硒茶	3
总计		25

秦岭

秦岭，分为狭义上的秦岭和广义上的秦岭。狭义上的秦岭，仅限于陕西省南部、渭河与汉江之间的山地，东以灞河与丹江河谷为界，西止于嘉陵江。广义的秦岭，西起昆仑，中经陇南、陕南，东至鄂豫皖 – 大别山以及蚌埠附近的张八岭，是长江和黄河流域的分水岭。由于秦岭南北的温度、气候、地形均呈现差异性变化，因而秦岭 – 淮河一线成为中国地理最重要的南北分界线。

秦岭被尊为华夏文明的龙脉，主峰太白山海拔 3771.2 米，位于陕西省宝鸡市境内。秦岭为陕西省内关中平原与陕南地区的界山。秦岭像是一条横贯东西的巨大屏障，巍峨雄浑，气贯中原，将整个中国分为南北两半，也是黄河与长江的分水岭。西起甘肃省临潭县北部的白石山，向东经天水南部的麦积山进入陕西，最终分入河南淮阳，全长 1600 千米，南北宽数十千米至二三百千米，面积广大，气势磅礴，蔚为壮观。秦岭北坡短而陡，水流急湍，多山涧深谷，有"秦岭七十峪"之称。南坡长而缓，呈现山高谷深的地貌。重峦叠嶂，云雾缭绕，山涧河谷和盆地构成特别秀丽风光，为旅游胜地。

秦岭地区的秦巴山区跨越商洛、安康、汉中等地区，自然资源丰富。素有"南北植物荟萃、南北生物物种库"之美誉。秦岭被子植物中约有木本植物 70 科 210 属 1000 多种，其中常绿阔叶木本植物占 38 科 70 属 177 种。除个别树种外，南坡都有生长，而北坡只有21 属 46 种。秦岭以南柑橘、茶、油桐、枇杷、竹子等亚热带标志植物均生长良好，而秦岭以北柑橘绝迹，却盛产苹果、梨等温带水果。特色产品繁多，如核桃、柿子、板栗、木耳、核桃、板栗产量居陕西省之首，核桃产量占全国的 1/6；它还是全国有名的"天然药库"，中草药种类 1119 种，列入国家"中草药资源调查表"的达 286 种。

岚皋七叶树

最美七叶树古树，距今 508 年，胸围 345 厘米。这株七叶树位于安康市岚皋县溢

河乡高桥村著名的南宫山景区，海拔700米，树高27米，冠幅30米，占地706.5平方米。主干粗壮挺拔、古朴沧桑、枝繁叶茂、郁郁葱葱，油绿的叶片间点缀着一簇簇雪白花絮，生机盎然，与其旁古旱柳交相呼应，柳絮似雪花飞，共同构成一道绚丽多彩的风景线。金秋时节，树叶由绿转红，在阳光的照耀下，绚丽多彩。

岚皋七叶树（王枫供图）

蓝田大杏

蓝田大杏种植系统，覆盖蓝田县华胥镇、洩湖镇、三官庙、金山、厚镇、玉山、安村、普化、三里镇、前卫、蓝关镇、孟村、九间房等乡镇。其核心区范围为华胥镇，总面积为80平方千米。

蓝田大杏栽培已有2500多年历史。相传在上古时期，伏羲、女娲因吃了其母华胥氏亲手所植大杏树的百年之果，灵气顿生，从而建立了远古华胥文明。有文字记载的大杏栽植历史亦可追溯到唐代以前。

蓝田大杏因产于华胥，色泽黄亮，故也被称为"华胥大银杏"。目前，蓝田县有丰富的大杏品种种质资源，树种资源有65科219种，100年以上的古杏树有530多株。独特的地理位置和优越的气候条件造就了蓝田大杏的绝佳品质，久负盛名，华胥也由此享誉"大杏之乡"。而蓝田大杏凭借其地质、地形、土壤和气候生态结构等生态因素，形成了独特的自然生态系统，维持着杏园的生态系统平衡并辐射影响周边生态环境健康循环，也为生物多样性保护提供有力支撑。系统还表现出良好的水土保持功能、水利的灌溉循环系统和农耕农事的立体种植的杏粮、杏果、杏疏、杏草、杏牧共生系统。

蓝田大杏千百年来，见证了民族的融合，农耕文明的发展，在融合与发展中实现自身的价值，蓝田大杏与杏文化已经随着时代的变迁深入到蓝田人的生活中。2017年6月，蓝田大杏被认定为第四批中国重要农业文化遗产。

合阳文冠果

最美文冠果古树，位于渭南市合阳县皇甫庄乡河西坡村，距今1700年，树高12米，胸围430厘米。这棵文冠果的主干从基部分开而成两部分。如此古老高大的文冠果树，极其罕见。

合阳文冠果（王枫供图）

虽历经千百年风雨，仍春华秋实、生机盎然，被村民视为福树官树。曾被评选为"陕西十大古树名木"。

文冠果（文冠木、文官果、土木瓜、木瓜、温旦革子）是我国特有的优良木本食用油料树种。历史上人们采集文冠果种子榨油，供点佛灯之用。

镇安板栗

镇安板栗是陕西省商洛市镇安县的特产。用当地野毛栗树嫁接而成。以其个大、甜脆、含淀粉率高的独特之点，赢得了荣誉。为地理标志证明商标。

镇安板栗树是乡土树种，商洛各县均有分布。1960 年，林业干果研究专家来镇安考察，认为板栗树的原生地在镇安县回龙乡的梓桥沟和小木岭山系的栗湾堂（今柞水），并鉴定为优良品种。1970 年将镇安县大板栗编入中国果树栽培学教科书。1978 年陕西省果树研究所将镇安大板栗栽入《陕西果树志》。镇安大板栗树一般 3~4 年就有挂果，7~8 年果苞满枝，10~15 年讲入盛果期。果实颗均重量 35~45 克。

镇安大板栗主要产于秦岭山区的镇安、柞水、长安、丹凤等县，以镇安县产量最多，质量最佳。镇安县板栗栽培面积 3330 多公顷，其中有 2000 公顷板栗林带，年产量 80 多万公斤。栗树早在周代已有生长，历史悠久。镇安大板栗品种优良，素以颗粒肥大、栗仁丰满、色泽鲜艳、肉质细腻、糯性较强、甘甜芳香、营养丰富而著称于世。生食脆甜，熟食糯香。

镇安大板栗营养丰富，味道甜脆。据测定含淀粉 72.38%、糖 4.7%，每百克中含糖量 14 克左右，相当于等量面粉的含糖量，是红薯含糖量的一倍，是有名的木本粮食。同时，具有药用价值，如患肾虚、腰脚无力症，每日食生栗 3~5 颗，久必强健。有"镇安糖炒大板栗"，还被用于制作各种美食、糕点等。

延川红枣

延川红枣，陕西省延安市延川县特产。延川的海拔高度、光照时数、年均气温、绵沙土壤等非常适宜红枣生长，所产红枣肉厚核小，品质优良，营养价值高，特别是品种狗头枣品质优异，获"后稷特别奖"。2006 年 5 月，国家质检总局批准对"延川红枣"实施地理标志产品保护。

红枣在延川栽培历史已有 4000 多年，境内迄今仍有千年以上高龄枣树生长健旺，百年以上的枣树随处可见。清道光十一年（1831 年）《延川县志》载："红枣各地多有，不如东乡。沿黄河一带百里成林，肉厚核小，与灵宝枣符。成装贩运，赐以为食。"东乡就是指黄河延水关、眼岔寺和土岗 3 个乡镇。久负盛名的"狗头枣"的原产地就在黄河岸边的延水关镇庄头村。1982 年朝鲜主席金日成访华品尝延川狗头枣后，赞不绝口，并为朝鲜引种 300 余株。

2015 年，延川红枣面积稳定在 42 万亩，挂果面积达到 37 万亩，年产量达 18.5 万吨，产值达 11 亿多元，主要品种有狗头枣、团圆枣、骏枣、大木枣、条枣等。2001 年，延川县被国家林业局命名为"中国红枣之乡"。2005 年第十二届中国杨凌农博会将延川狗头枣评为"后稷特别奖"，木条枣和团圆枣荣获"后稷奖"。

临潼火晶柿、石榴

临潼火晶柿子，陕西省西安市临潼区特产。火晶柿子软化后，色红耀眼似火球，晶莹透亮如水晶，故称为"火晶柿子"。果形瑰丽、色红似火、晶莹透亮、无丝无核、丰腴多汁、皮薄如纸、极易剥离、清凉爽口，为"果中珍品"。2008 年 5 月，国家质检总局批准对其实施地理标志产品保护。

临潼柿子栽培历史悠久，从唐太宗在骊山脚下扩建宫室之后，将柿以奇花并木，引植于此观赏算起，柿树栽培最少有 1300 多年历史。在临潼区马额街办的南刘村，生长着一棵树龄 108 年的柿树，至今仍长势旺盛，硕果累累。唐代刘禹锡《咏红柿子》诗："晓连星影出，晚带日光悬。本因遗采掇，翻自保天年。"相传 1900 年，地方官员曾以"临潼火晶柿子"向慈禧太后进贡，深受慈禧喜爱。1975 年秋，西哈努克亲王及王后来临潼，品尝火晶柿子，给予较高评价。

柿子在陕西关中地区各地均有分布，但以临潼区最为集中，品质最优。新中国成立初期，临潼柿子栽培面积为 2800 余亩。2002—2004 年，在临潼区政府的组织下，集中发展连片火晶柿子基地 5000 亩。还制定西安市地方标准《密植速生火晶柿子生产技术规程》。2017 年，临潼火晶柿子栽植面积 1.4 万亩，分布于马额、穆寨、代王、秦陵等街办乡镇，年产鲜果 2.8 万吨。已成为临潼人民"兴临致富"的珍宝，古都"秦风唐韵"的组成部分。

火晶柿子营养丰富，含糖量极高，多为葡萄糖、果糖、蔗糖，被誉为"最甜的金果"。除此之外还具有重要的药用价值。火晶柿子味甘，性寒，有清热、润肠、生津、止渴、祛痰、镇咳等作用。柿叶性味涩平，有抗菌消炎、止血降压的作用。可治肺结核咯血、胃溃疡吐血、功能性子宫出血、眼底出血等急慢性病症。常饮柿叶茶，可软化血管、防止动脉硬化、减轻肥胖和治疗失眠、食道癌等。另外，还可深加工成独具特色的火晶柿子醋、火晶柿子酱等。

临潼石榴，是西安市临潼区的特产。素以色泽艳丽、果大皮薄、汁多味甜、核软鲜美、籽肥渣少、品质优良等特点而著称。名居全国五大名榴之冠，历来是封建皇帝的贡品。

石榴不仅供观赏，又是果树。白居易曾写诗赞美："日照血珠将滴地，风翻火焰欲烧人。"临潼石榴栽植已有 2000 多年历史。石榴，汉唐文献多称为"安石榴"，别名丹若、沃丹、冉若、金罂、金庞、天浆、若榴、涂林等。原产伊朗和阿富汗等中亚地区，由张骞引入。引种初期，石榴主要栽于上林苑和温泉宫（今华清池）内，这即最早的临潼石榴。西晋时，石榴赋大兴。潘岳《安石榴赋》云："榴者，天下之奇树，九州之名果。华实并丽，滋味亦殊。商秋受气，收华敛实，千房同蒂，千子如一。缤纷磊落，垂光耀质，滋味浸液，馨香流溢。"唐代，由于武则天的酷爱和推崇，石榴的栽植蔚然成风。2000 多年来，骊山上下，榴火灿烂，吸引众多游人前来观赏。1986 年，西安市将石榴花列为市花。

临潼石榴营养丰富，维生素 C 的含量是苹果和梨的 2~3 倍，尤其以磷的含量最为突出，每百克达 145 毫克，在水果中名列前茅。石榴既能生津、化食、健脾、开胃，也是制糖、果子露、酿酒、造醋、制高级清凉饮料的上等原料。临潼石榴又是常用的中药，其果皮含有多种生物碱，可治疗扁桃体炎、口腔炎、肠炎、胆道感染、气管炎、外伤感染等病症。石榴籽对绦虫、姜片虫、钩虫、蛔虫以及牙痛病也有疗效。但石榴伤肺气，不宜多食。

2017年，临潼区石榴栽植面积达10万亩，年产鲜果8万吨。在骊山北麓的韩峪、斜口、代王等6个乡镇街办，形成东西长20千米，南北宽10千米的石榴林带。临潼石榴数十个优良品种，既有籽肥汁多、香甜可口的食用品种，也有飞红流绿、花色艳丽的观赏品种。食用品种10余个，主要有大红甜、净皮甜、三白甜等。

富平柿饼

富平尖柿，陕西省渭南市富平县特产。2013年9月，农业部批准对"富平尖柿"实施农产品地理标志登记保护。2020年5月，入选全国名特优新农产品名录。

富平尖柿栽培已有2000多年的历史。最初作为观赏树木栽植在宫殿寺院的庭院内，供皇帝、达官显贵、信徒、香客等游玩观赏所用。到南北朝时期，逐渐由庭院布景转向田边地坎栽植。唐宋以后，民间开始大量栽培柿树。境内百年以上的柿树屡见不鲜，曹村镇马家坡附近唐顺宗丰陵的西侧，生长着一棵树龄有1000多年的"柿寿星"，胸径2.45米，冠幅17米，每年还可采收鲜柿7500多千克。明朝时，民间已有用尖柿制作柿饼的习俗，明清两代曾为贡品。

富平尖柿外在特征明显，果个大，平均重225克，果形高，呈心脏形或纺锤形，四周呈方形凸起，蒂片青褐色，果柄粗壮，往上微细，果皮橙红色，果粉中等多，果肉橙色，软后橙红色，纤维多，味极甜，鲜食制饼皆宜。2013年，富平尖柿总种植面积11万亩，年产鲜柿5万吨。

富平柿饼，延续并发展传统制作工艺，用富平尖柿为原料，经削皮、脱涩、软化、晾晒、潮霜、整形等十多道工序精制而成，素以质润如脂、肉韧若膏、霜白底亮、香甜可口、浓霜沁脾、营养丰富而著称，具有润肺、补血、止咳等药理功效，实为难得的名贵食品。富平柿饼，盛产于频阳大地，距今已有370多年历史，"悬挂式"自然晾晒方式、回软、潮霜的特殊工序，造就了富平柿饼的独特品质。富平柿饼，风味独特，是富平家喻户晓的上等佳品。富平柿饼分"无霜饼"和"霜饼"两种。

府谷海红果

府谷海红果，陕西省榆林市府谷县的特产。果实色泽鲜艳、酸甜可口、营养丰富，含钙量为水果之冠，每千克含钙2780毫克，素有"钙王"之称。它具有健脾胃、增食欲、助消化之功效。用海红果制成的果脯、果丹皮、海红干、罐头、糖葫芦等独具特色、别有风味。府谷海红果为地理标志保护产品。2008年9月，国家质检总局批准对其实施地理标志产品保护。

海红果是陕西省府谷县的传统果树，在府谷已有1000多年的生长历史。清乾隆年间《府谷县志》有关于海红果栽培情况的记载。在黄甫镇山神堂村，有一株树龄超过200多年的海红树。海红子属落叶小乔木，树冠呈圆形，冠高4~5米。冠径一般可达7米。它是一种耐旱、耐寒、适应性强、管理简单的高产果树，易栽培，寿命长。府谷海红果主要分布在哈镇、赵五家湾、清水、黄甫、麻镇、古城、庙沟门等乡镇，全县均有栽培。

黄龙核桃

黄龙核桃，延安市黄龙县特产。产自素有黄河绿洲之美誉的黄龙山，个大皮薄、仁饱色浅，取食方便，品质上乘，具有益智补肾、乌发养颜的功效。2009年5月，原国家质检总局批准对其实施地理标志产品保护。

黄龙核桃有2000多年的栽培历史，种子种质纯正，果型饱满、个大皮薄、仁饱色浅、脆甜可口，香味浓郁，在市场上极具竞争力。1992年以前，黄龙县主要是自然种植，人工种植的数量很少，主要分布在白马滩、柏峪、红石崖3个乡镇的房前屋后及地畔山边，其他乡镇为点状区域分布。1992年开始引进良种，规模快速扩大。2011年，黄龙县核桃总面积达到23万亩，其中早实良种薄皮核桃17万亩。有12万亩核桃挂果，核桃产量突破5000吨，产值2亿元，农民仅核桃一项人均可收入5000多元。品种主要为薄壳1号、5号、圣龙1号。

洛川苹果

洛川苹果，延安市洛川县特产。苹果约在汉代传入陕西。1947年，洛川县永乡镇阿寺村农民李新安从河南灵宝用毛驴驮回200余株苹果树苗，成为洛川种植苹果的第一人，而苹果也成为洛川当地农民发家致富的主要种植作物。

洛川县海拔较高，光照充足，昼夜温差大，雨热同季，是符合苹果最适宜生产区7项气象指标要求的苹果优生区，出产的洛川苹果具有肉质细嫩致密、汁多松脆、酸甜适口等特征。其果型端正美观，大小一致；底色黄绿，充分着色时，全面浓红或鲜红色，着色均匀；果点小，果面光滑，色泽鲜亮；蜡质多，果粉多，果梗较短、中粗；果肉黄白色，肉质细嫩致密，有淡淡的果香味，汁多松脆，有蜂蜜味，酸甜适口。

1986年，洛川被国家农业部确定为优质苹果基地。20世纪90年代，苹果已成为洛川农民的主要收入来源。洛川县有苹果面积50.8万亩，占总耕地面积的71%，人均3.1亩。2014年，洛川县建成高标准科技示范园（区）15万亩，通过认证达标的省级示范园56个、8000亩，通过国家认证的绿色果品生产基地达30万亩。2019年，农业农村部批准"洛川苹果"实施国家农产品地理标志登记保护。保护范围包括洛川县所辖旧县镇、老庙镇、槐柏镇、石头镇、交口河镇、永乡镇、土基镇、菩堤乡、凤栖街道共计9个乡镇（街道）196个行政村。

韩城花椒

韩城大红袍花椒是陕西省渭南市韩城市的特产。穗大粒多、色泽鲜艳、皮厚肉丰、香味浓郁、麻味适中，为全国麻辣族中珍品，有"中华名椒"之称，备受消费者青睐。2004年8月，原国家质检总局批准对其实施原产地域产品保护。

历史悠久的韩城花椒，距今已有600多年的栽培历史。明万历三十五年（1607年）《韩城县志》论土产中就有"境内所饶者，惟麻焉、木棉焉、椒焉、柿焉、核桃焉"的记载。清康熙四十二年（1703年）《韩城县续志》也有"西北山椒，迤逦溪涧，各原野村墅俱树之，种不一，有大红袍……远发江淮"的描述。改革开放以后，历经 20 多年的不懈努力，韩城市建成纵贯全市中部浅山台塬区的百里 3500 万株花椒基地。

韩城大红袍花椒，1994 年荣获全国林业名特优新产品博览会"优良产品"奖。1998 年荣获中国农学会"高产优质高效农产品"认证书。2015 年，韩城建成百里 4000 万株大红袍花椒生产基地和 5000 亩花椒芽菜生产基地，全市花椒年总产量达 2400 万千克，花椒芽菜年总产量达 100 万千克，花椒总收入达 13.5 亿元，全市农民人均花椒收入 5400 元，椒农人均花椒收入 9000 元。韩城已成为全国面积最大、产量最高、富民作用最强、示范辐射带动力最大的花椒生产基地县市。

凤县花椒

凤县花椒（闵庆文供图）

凤县大红袍花椒，为陕西省宝鸡市凤县特产。凤县地处陕西西南部秦岭腹地，位于亚热带和暖温带分界线上。其特殊的地理位置和复杂多变的地形地貌，保存了丰富而优质的花椒种质资源。2004 年 12 月，原国家质检总局批准对"凤县大红袍花椒"实施原产地域产品保护。

凤县大红袍花椒历史悠久，自三国时期起便有种植。产于凤县山区的大红袍花椒，因油腺发达、麻味浓郁悠久、口味清香、色泽鲜艳等特征，早在明清时期就已闻名全国，享誉海内外，成为历史名椒，被誉为"花椒之王"。清光绪十八年（1893 年）《凤县志》记载："金红花椒肉厚有双耳，殊胜他地。"凤县椒农在栽植凤椒的农业历史活动中，不断总结先人的智慧经验，总结野生古老花椒栽培模式，创新花椒生产技术。每年盛夏，是大红袍花椒成熟采收的季节，凤县的沟沟岔岔，田间地头，红艳的大红袍凤椒将凤岭山地装扮得分外妖娆，凤椒漫山遍野，醇香四溢。

凤县人民在栽培、采摘、加工、储存、交易、食用花椒的丰富历程中诠释着与花椒的不解之缘。凤县大红袍花椒栽培系统中，更将多种果树、粮食和农业经济作物与花椒共同栽培，构成了种植区域生机勃勃的生态循环。椒农们在山间栽植大红袍花椒，以此为生，并衍生和创造出了独特的凤县花椒文化。

2017 年凤县花椒存留达 4500 万株，年产花椒 1100 吨。如今，凤县人十分重视大红袍花椒栽培系统的保护发展，注重统筹发展与保护生态的关系，不断提升产业整体水平。为促进遗产保护，发展地方生态经济而努力，让遗产不断焕发新的活力。2017 年 6 月，凤县花椒被认定为第四批中国重要农业文化遗产。

延安酸枣

延安酸枣是陕西省延安市特产。延安酸枣来自黄土高原野生品种，无污染无公害，营养成分含量高，素有"天然维生素丸"之称，是良好的食药两用干果。2005年12月，国家质检总局批准对其实施地理标志产品保护。

延安酸枣别名山枣、棘、山酸枣、野枣、刺枣等，为鼠李科枣属落叶灌木或小乔木植物。延安酸枣历史悠久，现存于距壶口不远处的有1500多年的酸枣树仍然枝叶繁茂。在延安市子长县玉家湾镇路家寺村有一棵千年酸枣树，据当地村民介绍，这棵酸枣树栽植于宋朝，距今已有1000多年。树高5米，树干直径70厘米，双臂不能合抱，年产酸枣40多千克。酸枣浑身是宝，其肉含有多糖、有机酸、铁、镁、钙等对人体有益的营养元素，核是制造活性炭、吸附剂的工业原料，仁是常用中药材，有安神补脑、养血增智的功效。延安因其独特的地理环境成为酸枣的适生地，所产酸枣质量优良。

延安市重视酸枣资源的开发，在加强保护野生资源的同时，大力发展人工种植，将酸枣种植纳入退耕还林工程给农民以扶持。国家发改委、科技部、中医药管理局还把酸枣列为国家技术产业示范项目，由延安常泰药业有限责任公司负责实施。2017年，延安以"公司＋科研＋政府＋基地＋农户"的形式签订合同，建成了6万亩酸枣GAP种植基地。目标是实现生态保护、中药材加工出口与群众致富的"多赢"。

周至猕猴桃

周至猕猴桃，为陕西省西安市周至县特产，周至是中国猕猴桃之乡。周至猕猴桃果实内富含人体必需的17种氨基酸及果胶、柠檬酸和黄酮类物质，还含有多种微量元素和维生素，尤以维生素C和硒的含量最为丰富，被誉为"水果之王""Vc之冠"。这些营养物质可明显提高肌体活力，促进新陈代谢，协调肌体机能，增强体质，延缓衰老。对心脑血管病、消化系统疾病、糖尿病、肝炎和尿道结石等多种常见病、多发病均有较好的防治效果，是一个老幼皆宜，十分理想的新兴保健水果。2007年3月，国家质检总局批准对其实施地理标志产品保护。

周至县蕴藏着丰富的野生猕猴桃资源，据调查有5个种，若干变种，20余万株（架）。种质资源丰富，历史悠久，种属变异较多，为周至猕猴桃的新品种开发选育提供坚实基础。20世纪70年代末到80年代初，周至园艺站首次在秦岭周至段山中普查猕猴桃野生资源，采集优良单株100多个，在司竹乡金官村建立猕猴桃实验站，定期观察单株的生长情况。1986年，周至猕猴桃试验站的优良单株"周至101"和"周至111"分别被陕西省种资鉴定委员会定名为"秦美"和"秦翠"。1989年，周至县园艺站分别在司竹乡南司竹村、马召镇仁烟村和群星村、哑柏镇昌西村等地进行第一次猕猴桃大田栽培，栽培面积达3000亩。哑柏镇农民商慎明孕育猕猴桃优良单株"周园一号"经审定定名为"哑特"。1992年，周至县出台《周至猕猴桃发展"九五"规划》，陕西省科技厅在辛家寨建成周至第一座千吨冷库。从2002年冬开始，周至县组织果农新栽、嫁接"海沃德"优质猕猴桃3000余亩。1993年，周至县猕猴桃栽植达10万亩。

2003年11月初，周至县猕猴桃鲜果首次空运泰国，到2004年4月，该县12万千克猕猴桃陆续供应曼谷皇家超市。马来西亚、新加坡、法国、德国、韩国、加拿大等国家和地区的客商，越洋过海，纷纷前来周至考察猕猴桃产业，并签订猕猴桃鲜果购销、加工合同。2005年，周至县又在司竹、楼观、哑柏三个基地乡镇各建成高标准有机示范园3000亩，辐射带动全县3万亩猕猴桃实施有机种植，标准化管理，促进全县15万亩猕猴桃基地建设迈上新台阶。

周至县是全国最大的猕猴桃生产县。2017年，周至县猕猴桃栽植面积42.3万亩，挂果面积36万亩，总产量52万吨，一产产值超32亿元，产品远销26个国家和地区。全县仅猕猴桃一项人均收入5000元，果区人均收入过万元。猕猴桃"一村一品"专业村96个，建立猕猴桃专业合作社165个，8.3万农户从事猕猴桃生产种植，猕猴桃生产、贮藏、加工、销售人员达30万人，已形成"秦美""海沃德""翠香""华优""徐香""大叶红阳""瑞玉"等不同品种，早中晚熟合理搭配，红、黄、绿果肉色彩各异，鲜果、冷藏、加工、销售一体化发展的格局。10万亩猕猴桃获得国家绿色食品认证；1万亩猕猴桃获得欧盟良好农业操作规范认证；5600亩猕猴桃生产基地获得有机食品认证。

鄠邑葡萄

鄠邑葡萄是陕西省西安市鄠邑区（原户县）的特产。鄠邑葡萄栽种历史悠久，是中国地理标志产品。鄠邑葡萄以果穗整齐，粒粒饱满，酸甜可口，营养价值高而远近闻名。鄠邑区被国家有关部门授予"中国户太葡萄之乡"和"中国十大优质葡萄基地"等称号。

鄠邑区位于关中平原中部，属暖热带半湿润大陆性季风气候区，四季冷暖干湿分明，光、热、水资源丰富，是适宜农业生产和多种经营的地区，素有"银户县"之美誉。鄠邑区葡萄栽种历史悠久，自周朝起就有栽培葡萄的记载，并留有"风驰夕阳下，鸟鸣不夜天"的佳话，唐代诗人王翰"葡萄美酒夜光杯"的诗句也流传千古。

葡萄作为鄠邑区的优势特色产业，其作物技术和种植规模在陕西省一直居于领先地位。据统计，2007年全区葡萄种植面积已达11000亩，葡萄总产量1000万千克。通过长期精心筛选，鄠邑区确定适宜栽种的"户太8号""红提""红贵族""新华一号"等品种，基本形成西部以早熟品种为主、东部以中晚熟品种为主的较合理的品种结构。到2012年，全区葡萄种植面积近1700公顷，以"户太"葡萄为主的中晚熟葡萄1500公顷，年葡萄总产量约2.4万吨，产值3亿元。同时，该区以西安葡萄研究所为龙头研究开发的"户太8号"甜葡萄酒、干红葡萄酒、半干红葡萄酒和浓缩葡萄汁等系列加工产品，在市场上供不应求。

旬阳拐枣

旬阳拐枣是陕西省安康市旬阳县的特产。旬阳拐枣种植历史悠久，种植技术成熟，种植面积大，拐枣原料量大质优。其具有极高的医用价值，其果实、叶子、果梗、种子及根等均可入药，含有18种人体必需的氨基酸，还富含铁、磷、钙、铜等微量元素和一些生物碱。其果梗可以作为酿酒、制糖的原料，可制作香槟、汽酒、汽水等饮料，还可以加工罐头、蜜饯、果脯、果干等精美食品，具有很高的开发价值，并常作为抗癌、解酒、护肝、降脂等保健品的主要加工原材料。2016年11月，农业部批准对"旬阳拐枣"实施国家农产品地理标志登记保护。

拐枣在旬阳栽培利用的历史久远。早在《诗经·小雅》中就有："南山有枸"的诗句。据《辞源》解释："枸即枳椇，南山谓之秦岭"。《陆疏》中说："枸树山木，其状如栌，高大如白杨，枝柯不直，子着枝端，大如指，长数寸，啖之甘美如饴，八九月熟。今官园种之，谓之木蜜。"古语云："'枳枸来巢'，言其味甘，故飞鸟慕而巢之。"另据《陕西通志》记述："华州（即今华县）有万寿果，叶如楸，实稍细于箸头，两头横拐，一名拐枣，紫红色，九月成熟，盖枳椇也。"

旬阳拐枣资源丰富，而且产量高、品质优。旬阳主要有红拐枣、绿拐枣、胖娃娃和白拐枣（多为野生）等 5 种，以胖娃娃和白拐枣两个品种较佳，果大、味好、产量高、耐贮藏。旬阳拐枣适应环境能力强，抗旱、耐寒、耐瘠薄土壤、喜阳光，多生长在海拔 1000 米以下的沟边、溪边、路旁或较潮湿的山坡丘陵。定植后一般 3~5 年开花结果，10 年左右进入盛果期，一般株产果梗 20~30 千克，20 年左右每株可产 150~200 千克，盛果期较长，一般在 30~40 年。

2016 年，旬阳县旬阳拐枣生产面积 6 万亩，年产量 1.21 万吨。2017 年底，旬阳县旬阳拐枣生产面积 22.8 万亩。段家河、神河、棕溪等镇成为万亩拐枣示范镇；神河镇王义沟村、段家河镇弥陀寺村、关口镇大庙村等 20 个村建成千亩拐枣示范村。已出口到韩国、日本、印度，被研发成系列保健产品，拐枣功能饮料已正式投产。

佳县枣

佳县古枣园，位于"中国红枣名乡"佳县朱家镇泥河沟村，是世界上保存最完好、面积最大的千年枣树群，总面积 36 亩，现存活各龄古枣树 1100 余株。泥河沟村也被誉为"天下红枣第一村"。

佳县有着 3000 多年的枣树栽培历史。古枣园内生长的两株干周 3 米多的古枣树，经专家测算树龄在 1300 年以上，至今根深叶茂，硕果累累，被誉为"枣树王""活化石"。佳县有着底蕴深厚的红枣文化历史。千百年来，耐旱的枣树被视为人们的"保命树"和"铁杆庄稼"。每年正月，人们都要敬拜"枣神"，祈求红枣丰收。逢年过节，人们都要制作枣糕、枣馍、枣焖饭等传统食品，以示庆贺；长辈们给孩子吃红枣、戴枣串，希望他们早日长大成人，日子甜甜蜜蜜；久远而又浓郁的红枣文化气息渗透在佳县人的日常生活之中。枣树具有增加空气湿度，保持水土和养分等生态功能。在黄河沿岸的坡地上，其生物多样性保护、水土保持、水源涵养和防风固沙等方面的生态功能显得尤为重要。

佳县古枣园（闵庆文供图）

随着时间的流逝，佳县古枣园正遭受着岁月的侵袭和人为的破坏，传统的红枣文化、民俗也面临失传的危险。目前，佳县人民政府按照农业部中国重要农业文化遗产保护工作要求，制定了佳县古枣园系统保护与发展规划以及管理措施，通过动态保护、适应性管理和可持续利用，保护古枣园，传承枣文化。2013 年 5 月，佳县枣被认定为第一批中国重要农业文化遗产。

黄帝陵古柏

最美侧柏古树，位于陕西省延安市黄陵县轩辕庙，距今 5000 年，胸围 838 厘米。人称"黄帝手植柏"。

5000 多年春秋岁月的黄帝手植柏，举世闻名，苍劲挺拔。它沐浴了 5000 年的风风雨雨，目睹了中华民族的荣辱兴衰，彰显出中华民族生生不息、国脉传承的强大生命力。

黄帝手植柏，树高 19.5 米，胸围 8.38 米，冠幅东西 17.05 米、南北 19 米，生长在陕西省延安市黄陵县黄帝陵景区内。黄帝陵是海内外炎黄子孙拜谒轩辕黄帝的民族圣地，是中华文明的精神标识。更让人叹为观止的是，这里有中国覆盖面积最大、保存最为完整的古柏群，现有古柏 8 万余株，千年以上的古柏就有 3 万余株。黄帝手植柏相传是轩辕黄帝亲手所植，故名为黄帝手植柏。其树枝像九龙在空中盘绕，苍劲挺拔、冠盖蔽空、层层密密，像个巨大的绿伞。

黄帝陵柏树（王枫供图）

1982 年，英国林业专家罗皮尔考察了 27 个国家的柏树后，认为唯有黄帝手植柏最粗壮、最古老。世人誉之为"世界柏树之冠"。当地谚语这样描绘它的粗壮："七搂八拃半，疙里疙瘩不上算。"也就是说，七个人手拉着手合抱不拢树干，还剩八拃多。

轩辕庙，也称黄帝庙，位于陕西省延安市黄陵县，名冠天下的黄帝陵，是中华民族的始祖——轩辕黄帝的陵园，有"华夏第一陵"之美称。其坐北朝南，最早建于汉代，占地约 9.33 公顷。庙院长 140 米，宽 84 米。主要建筑有庙门、诚心亭、碑亭和人文初祖殿。院内有古柏 16 棵，最珍贵者当属"黄帝手植柏"与"汉武挂甲柏"。庙址设在桥山之麓。唐代正式将祭祀活动列为国祭，并开始重修扩建黄帝陵庙。

西岳华山

华山，古称"西岳"，雅称"太华山"，为五岳之一，位于陕西省渭南市华阴市。南接秦岭，北瞰黄渭，自古以来就有"奇险天下第一山"的说法。中华之"华"源于华山，由此，华山有了"华夏之根"之称。华山是道教主流全真派圣地，为"第四洞天"，也是中国民间广泛崇奉的神祇，即西岳华山君神。华山共有 72 个半悬空洞，道观 20 余座，其中玉泉院、都龙庙、东道院、镇岳宫被列为全国重点道教宫观。1982 年被国务院颁布为首批国家级风景名胜区；2004 年被评为中华十大名山；2011 年被国家旅游局评为国家 5A 级旅游景区。

华山奇峰耸立，绝壁巍峙，摄人魂魄。华山，东南西北中，五峰环峙，雄奇险峻，高擎天空，远而望之状若一朵盛开的莲花，故名华山。华山一向以险著称于世。自古攀登华山仅南北一条约 15 千米的山道，"自古华山一条路"，绝非夸大之辞。

华山的著名景区多达 210 余处，有凌空架设的长空栈道，三面临空的鹞子翻身，以及在峭壁绝崖上凿出的千尺幢、百尺峡、老君犁沟等，其中华岳仙掌被列为关中八景之首。几大主峰各有特色，如西峰绝壁、东峰日出、南峰奇松、北峰云雾。

华山（樊宝敏摄）

华山（拍信图片）

　　华山以其峻峭吸引了无数游览者。山上的观、院、亭、阁皆依山势而建，一山飞峙，恰似空中楼阁，而且有古松相映，更是别具一格。山峰秀丽，又形象各异，如似韩湘子赶牛、金蟾戏龟、白蛇遭难……峪道的潺潺流水，山涧的水帘瀑布，更是妙趣横生。并且华山还以其巍峨挺拔屹立于渭河平原。东、南、西三峰拔地而起，如刀一次削就，唐朝诗人张乔诗云："谁将依天剑，削出倚天峰。"华山山麓下的渭河平原海拔仅 330~400 米，而华山海拔 2154.96 米，高度差为 1700 多米，山势巍峨，更显其挺拔。

　　据了解，华山上枯死的松树越来越多，山上还存活的古树只有 50 多棵。此外，在华阴西岳庙内有不少古柏树，这些都是十分珍贵的。

西镇吴山

　　西镇吴山，被誉为中国五大镇山之一，属于陇山支脉，位于陕西省宝鸡市陈仓区新街镇。其山势巍峨，群峰排空，直逼云端。南北长约 13 千米，东西宽约 9 千米，最高海拔 2096 米。吴山是中国历史名山，曾有岳山、千山、吴岳之称，是吴帝后裔的太岳部族与吴回部族发祥之地，也是我国祭祀吴帝、黄帝最早的地方。周秦王朝

吴山茅栗（樊宝敏摄）

发祥宝鸡，周秦帝王认为这是吴山保护之功，便将其封为西岳。1993年陕西省批准建立森林公园。

吴山虽有峰十七，但以镇西峰、会仙峰、大贤峰、灵应峰、望辇峰最为壮观。吴山兼有泰山之雄、华山之险、峨眉之秀、青城之幽、黄山之奇。其林海莽莽，面积达3340公顷，森林覆盖率95.7%。奇峰并峙、犬牙交错，遍山滴翠，景色迷人。清朝统治者均遣人岁时致祭，康熙皇帝曾赐"五峰挺秀"御匾。

在公园内有一片保存完整的茅栗古树群，位于新街镇庙川村六组大场下，共328株，占地151亩。树高8~15米，平均胸径89.2厘米，其中最大一棵胸围3.8米、树高8米，冠幅18米。据测算，这片古树群树龄在200~300年，平均250

吴山白皮松（樊宝敏摄）

年，个别径级较小的植株树龄在60~90年，为母树落种自然繁殖。当地村民讲述该片茅栗林栽植源于盛唐，传说唐太宗李世民与长孙皇后曾在这里亲手栽种茅栗树。清康熙至嘉庆年间广为栽植，成为当地农民经营的一个栗园。20世纪70年代前，这片茅栗园每年都有收成。宝鸡市重视茅栗古树群保护工作，林业部门将其建成古茅栗林保护公园，发掘其历史文化和森林景观价值。

大蟒河玉兰

最美玉兰古树，位于陕西省西安市周至县厚畛子镇，黑河国家森林公园八斗河景区，距今1200年，树高27米，胸围502厘米。玉兰，别名望春玉兰，木兰，属木兰科，木兰属。落叶乔木，单叶互生，花先叶开放，白色，外面基部带紫红色。树干高大挺拔，树枝叶茂繁盛，枝叶开张，稍向东伸展，亭亭如盖，绿荫覆盖了树下约两亩的范围，堪称"中国玉兰王"。由于树冠太大，人站在树下，反倒看不到多少花朵，不过阵阵芬芳的花香袭来，令人心旷神怡。

每年阳春三月，绿叶未绽，千万朵玉兰花怒放枝头，像满树的白蝴蝶随风起舞，又如落满了一树的白鸽，真是一幅"万花图"，极为壮观美丽。其花蕾

秦岭玉兰王（王枫供图）

是我国传统珍贵中药材"辛夷"，能散风寒、降血压、镇痛、杀菌，对治疗头痛、感冒、鼻炎、肺炎、支气管炎等有特殊疗效，也是制作香皂、化妆香精很好的原料。白居易有诗云："紫粉笔含尖火焰，红胭脂染小莲花。芳情乡思知多少，恼得山僧悔出家。"此树已被定为西安市古树名木，收录入《西安市古树精粹》中。

有关玉兰王，还有两个美好的传说：相传，玉兰树和八斗河村的兴盛息息相关。最初八斗河村有 28 户村民，玉兰树长有 28 根枝干。后来，有两根枝干干枯，不久有两户人家半夜遭土匪袭击，全家丧命。因此，当地村民对此树敬若神明，盼望着玉兰树枝繁叶茂，保佑八斗河村人丁兴旺，平安吉祥。

又传，早年八斗河村大蟒河两岸流行瘟疫，村民四处寻医无果，某日村里来了一位大夫，开出了用玉兰树的花蕾做药引子的药方，一剂即见效。第二年春天八斗河村村民备办了礼物，前去感谢大夫，村民们只知道这位大夫"家住秦岭以南的小镇上，姓木，单名一个笔字"。遍寻无果，回到村里，只见到河边长出一株玉兰树，极其茂盛，枝干上的花朵极像一只竖着的毛笔。大家认为这是慈善大夫木笔所化，护佑八斗河村百姓，为纪念这位大夫，当地人奉这株千年来守望在河边的玉兰树为神。

商南茶

商南茶是陕西省商洛市商南县的特产。商南茶以其"香高、味浓、回甜、耐泡"为特点，赢得广大消费者的欢迎。形成"商南泉茗""珍眉""富硒""炒青"四大类 20 多个品种系列产品。2011 年 12 月，农业部批准对其实施国家农产品地理标志登记保护。

商南茶产地位于秦岭山脉东南，是全国西部茶区最北端，四季分明，光照充分，雨量充沛，年平均气温 14℃，多年平均降水量 803.2 毫米，无霜期 216 天。境内河流密布，河谷交织，有大小河流 2200 多条，水质为中等硬度，pH 值呈弱酸性。境内基本呈现"八山一水一分田"的浅山丘陵地貌，土壤在地理分布上具有明显的水平地带性和垂直地带性特点；土地肥沃，土壤富含有机质，富含铁、硒、锌等人体所需的微量元素。

商南茶选用清明前后一芽一二叶为原料，外形紧秀弯曲或扁平光直、白毫显露、汤色嫩绿、清澈明亮、叶底黄绿明亮、耐泡、回甘、滋味鲜爽，栗香浓郁持久。

商南茶，20 世纪 70 年代初引种栽培，80 年代开展一体化经营，90 年代取得了"公司＋农户"的产业化发展经验。2018 年，商南茶生产面积 1 万公顷，产量 500 万千克。"商南泉铭"及"特炒"1988 年获省优质产品称号；1992 年"商南泉茗"又荣获中国西部名茶促进会"陆羽杯"大奖；2007 年被中国国际茶叶文化研究会列入"中国名茶百强县"。

汉中仙毫

汉中仙毫是陕西省汉中市的特产，是"午子仙毫""定军茗眉""宁强雀舌"3 个品牌的总称。产自素有"西北小江南"之称的汉中秦巴山区，汉中北依秦岭南垣巴山，产茶历史悠久，茶区生态优越，"纬度高、海拔高、云雾多、土壤锌硒含量高"的自然地理优势，使汉中茶叶市场美誉度日渐上升。2007 年 12 月，国家质检总局批准对其实施地理标志产品保护。

汉中是中国江北茶区北缘最大的绿茶生产基地和汉茶文化发祥地之一。据史料记载，汉中茶叶始于商周，兴于秦汉，盛于唐宋，繁荣于明清。据最早地方志《华阳国志》记载，约在公元前 12 世纪，古巴国献茶周武王，其茶"形似月亮，紧压成团，名曰西乡月团"。唐代，朝廷即以汉茶赐贡。宋代，"汉中买茶，熙河易马"，茶马互市，更为繁荣。明代，每年以"汉中茶三万担易边马三万匹……"汉中茶叶成为当时国家最重要的战略物资之一。

2012 年，汉中市茶园总面积达到 79.01 万亩，茶叶产量 2.33 万吨。其聚天地之灵气，吸日月之精华，以单芽或一芽一叶初展为原料，经过特殊工艺加工而成，外形微扁、挺秀匀齐，嫩绿显毫，香气浓郁持久，汤色嫩绿、清澈鲜明，滋味鲜爽回甘，叶底匀齐鲜活、嫩绿明亮，且富含天然锌、硒等微量元素。2005 年，汉中市政府启动茶叶品牌整合工作，将茶叶品牌由最初的 20 多个整合到 3 个。2007 年 12 月，汉中市政府最终将茶叶品牌整合为"汉中仙毫"一个品牌。

紫阳富硒茶

紫阳富硒茶是陕西省安康市紫阳县的特产。紫阳县是我国的两个富硒区之一，因土壤中含硒量高，茶叶及其他植物中含硒量都十分丰富。2004 年 10 月，国家质检总局获准其为原产地域产品保护。

紫阳县所在的安康市产茶历史悠久，至少有 3000 多年历史。据东晋常璩《华阳国志·巴志》载："北接汉中，南极黔涪。土植五谷，牲具六畜。桑蚕、麻苎、鱼盐、铜、铁、丹、漆、茶、蜜，灵龟巨犀，山鸡台雉，黄润鲜粉，皆纳贡之。其果实之珍者，树有荔枝，蔓有辛蒟，园有芳蒻香茗。"其中香茗即指茶叶。说明包括今紫阳在内的巴国，茶叶栽培已很普遍。在唐代即为宫廷贡品"每岁充贡"，在清代属全国十大名茶之一。

紫阳地处陕南的安康市，汉江上游，巴山北麓，冬无严寒，夏无酷暑，独特的自然环境，造就了独特的紫阳茶。清明前后，紫阳的茶农开始采摘茶叶，而茶的采摘、制作、饮用水平也日渐提高，形成独特的陕南茶文化。著名作家贾平凹曾称："无忧何必要饮酒，清静常品紫阳茶。"紫阳茶品种多样，"紫阳银针"外形如梭似毫，汤香茶靓，清香四溢。若泡入杯中，茶的芽头在徐徐展开时呈现奇迹，叶片齐齐向上，立于杯中。紫阳人视茶如宝，形成独特的茶风俗，客人登门，待客首先取出好茶，要么是"紫阳银针"，要么是"紫阳毛尖"。"紫阳毛尖"茶，外形秀美，白毫显露，色泽翠绿，汤色清澈，醇香宜人。

2012 年，紫阳县全县茶叶栽植面积逾 17 万亩，年产茶总量达到 3800 吨。优质高产区以焕古、和平、长白、云峰、汉南、瓦房、太月、芭蕉、江河、红椿、深阳、尚坝、东木等乡和城关镇为中心。紫阳富硒茶是通过科学鉴定的特种保健优质绿茶。20 世纪 70 年代末 80 年代初期，陕西省农科院发现紫阳茶富含人体必需的微量元素——硒。经检测：紫阳茶平均含硒 0.65ppm，最高值为 3.85ppm（国际茶叶含硒标准值为 0.2~5.00ppm），属目前国内外已知最高水平。紫阳富硒茶被医学专家称为"抗癌之王""抗衰老明星"，被营养学界誉为绿色保健饮料。

甘肃省

甘肃省林业遗产名录

大类	名称	数量
林业生态遗产	01 祁连山；02 小陇山；03 左公柳；04 武都黄连木；05 岷县辽东栎	5
林业生产遗产	06 皋兰梨；07 麦积花牛苹果；08 庆阳苹果；09 临泽小枣；10 秦安蜜桃；11 武都油橄榄；12 平凉金果；13 两当狼牙蜜	8
林业生活遗产	14 永登苦水玫瑰；15 崆峒山	2
林业记忆遗产	16 迭部扎尕那农林牧；17 康县龙神茶	2
总计		17

祁连山

祁连山是中国西部的主要山脉之一，地处甘肃、青海两省交界处，按行政区划划分，甘肃省涉及酒泉、张掖、武威、金昌、兰州5市的阿克塞、肃北、肃南、民乐、甘州、山丹、永昌、凉州、古浪、天祝、永登11个县（区）及山丹马场。青海省涉及海北、海西、海东、西宁（州、地、市）的大通、民和、乐都、互助、门源、祁连、刚察、德令哈、大柴旦、天骏10个县，面积约16.4万平方千米。祁连山国家公园甘肃省片区平均海拔4000米，最高海拔5808米，最低海拔3000米。

祁连山（樊宝敏摄）

祁连山是国家重点生态功能区之一，承担着维护青藏高原生态平衡，阻止腾格里、巴丹吉林和库姆塔格三大沙漠南侵，保障黄河和河西内陆河径流补给的重任，在国家生态建设中具有十分重要的战略地位。祁连山是我国32个生物多样性保护优先区之一、世界高寒种质资源库和野生动物迁徙的重要廊道，是野牦牛、藏野驴、白唇鹿、岩羊、冬虫夏草、雪莲等珍稀濒危野生动植物物种栖息地及分布区，特别是中亚山地生物多样性旗舰物种——雪豹的良好栖息地，有野生脊椎动物28目63科294种，其中兽类69种、鸟类206种、两栖爬行类13种、鱼类6种，国家一级重点保护野生动物雪豹、白唇鹿、马麝、黑颈鹤、金雕、白肩雕、玉带海雕等15种。

国家二级重点保护野生动物有棕熊、猞猁、马鹿、岩羊、盘羊、猎隼、淡腹雪鸡、蓝马鸡等39种；高等植物95科451属1311种；属于国家二级重点保护野生植物有星叶草、野大豆、山莨菪等32种。列入《濒危野生动植物种国际贸易公约》的兰科植物16种。根据第二次冰川编目，祁连山共有冰川2683条，面积1597.81平方千米，冰储量800余亿立方米。多年平均冰川融水量为9.9亿立方米，年出山径流量约为72.64亿立方米，灌溉了河西走廊和内蒙古额济纳旗7万多公顷农田，滋润了120万公顷林地和620万公顷草地，提供了700多万头牲畜和600多万人民的生产生活用水，是河西走廊乃至西部地区生存与发展的命脉，也是"一带一路"重要的经济通道和战略走廊，承载着联通东西、维护民族团结的重大战略任务。

党中央、国务院对祁连山生态保护高度重视，习近平总书记、李克强总理多次作出重要指示批示。2017年9月，中共中央办公厅、国务院办公厅印发了《祁连山国家公园体制试点方案》，确定祁连山国家公园总面积5.02万平方千米，其中甘肃省片区面积3.44万平方千米，占总面积的68.5%，涉及肃北蒙古族自治县、阿克塞哈萨克族自治县、肃南裕固族自治县、民乐县、永昌县、天祝藏族自治县、凉州区和7县（区），包括祁连山国家级自然保护区和盐池湾国家级自然保护区、天祝三峡国家森林公园、马蹄寺省级森林公园、冰沟河省级森林公园等保护地和中农发山丹马场、甘肃农垦集团。

小陇山

小陇山森林公园位于甘肃省天水市、陇南市境内，隶属甘肃小陇山林业保护中心，地处我国南北分界线的秦岭山脉，横跨长江、黄河两大流域。公园总面积19670公顷，平均海拔1600米，最高海拔2686米。公园由碧峪、金龙山、桃花沟、黑河、百花、后峡等六大景区构成。2001—2002年先后由甘肃省批准为省级森林公园。公园处于

小陇山（樊宝敏摄）

温带向暖温带过渡地带，气候温和湿润，山体垂直高度变化大，地质构造独特，森林景观秀美。原始植被、奇峰怪石、碧潭溪水，景色独秀。园内植物种类丰富，有木本植物800多种，草本植物1986种。珍贵树种30多种。国家一、二级重点保护野生植物有15种。国家一级重点保护野生动物有14种，二级重点保护野生动物有46种。

小陇山国家级自然保护区位于秦岭山脉西段，嘉陵江上游，属于陇南市徽县和两当县的交界处，总面积31938公顷。2006年晋升为国家级自然保护区。主要保护对象有：暖温带—亚热带过渡地区森林生态系统；羚牛秦岭亚种等珍稀濒危野生动植物；生物多样性；独特的自然地理景观。属于暖温带南部落叶栎林亚地带和北亚热带常绿、落叶阔叶混交林地带的交汇带。区内环境条件多样，动植物种类繁多。有动物1928种，其中脊椎动物317种、昆虫1611种。属国家重点保护野生动物33种，一级重点保护野生动物5种，二级重点保护野生动物28种。植物1314种，其中药用植物469种。国家重点保护野生植物14种。是甘肃及保护区周边地区保护动植物较为密集的地区，也是秦岭西段甘肃境内生物多样性最丰富地区之一。海拔在2200~2500米，最高峰棺材顶海拔2531.3米，地貌和植被类型多样，植被覆盖率达到97%以上，因无人为干扰，保持着原始生态系统的基本面貌。区内分布有大量羚牛秦岭亚种，是目前羚牛秦岭亚种栖息的最西段。

左公柳

在西汉酒泉胜迹景区内，有一棵3人才能够合抱的左公柳。这棵粗大的垂杨柳虽然皮爆体裂，然而却苍劲虬韧，铁骨铮铮，每到夏秋时节，绿荫匝地，显示了固守绿洲的顽强生命力。

在守土卫国中立下赫赫战功的左宗棠，留给大西北的不仅是英雄战绩和完整的疆土，还有沿着古丝绸之路茂密的左公柳。河西地区"赤地如剥，秃山千里，黄沙飞扬"的严酷自然景象，令左宗棠忧心如焚，1871年，他要求凡大军过处必植树，军士人人随身带着树苗，一路走一路栽。左公与军士一样，亲自携镐植柳。自古河西种树最为难事，可是在左公倡导督促下，竟然形成道柳"连绵数千里，绿如帷幄"的塞外奇观。前人植树，后人乘凉。为纪念左宗棠为民造福的不朽功绩，后来人们便将左宗棠和部属所植柳树，称为"左公柳"。

清朝大将杨昌浚到新疆筹办军务时，在河西走廊和新疆沿途看到杨柳成荫，得知这一浩大的功绩是左宗棠作为后，遂写下了一首脍炙人口的诗篇："大将筹边尚未还，湖湘子弟满天山。新栽杨柳三千里，引得春风度玉关。"

这样的左公柳在今天已为数不多了，只是在嘉峪关、玉门镇和瓜州县依稀可以寻到。左公柳庞大的身架上，那些密密的细长如刀刃的叶片，年年都在传递着新春的信息，传递着左宗棠和潇湘子弟"绿满天山"的期待。档案记载，据1935年时的统计，平凉境内还有左公柳7978棵，而1998年出版的《甘肃森林》记载，全省境内的左公柳只剩202棵，其中大部分存于平凉市柳湖公园，有187棵。

武都黄连木

最美黄连木古树，位于甘肃省陇南市武都区五库乡安家坝村。距今 2800 年，胸围 920 厘米。黄连木，别名楷木、楷树、黄楝树、药树、药木，为漆树科黄连木属植物。中国黄河流域至华南、西南地区均有分布。有诗赞五库黄连古树："大椿八千岁，彭祖特久闻。黄连溶百毒，青翠育根君。"

岷县辽东栎

最美辽东栎古树，位于甘肃省定西市岷县蒲麻镇虎龙口村。距今 668 年，胸围 307 厘米。虎龙古树，位于岷县蒲麻镇虎龙口村龙山山头处，龙山气脉跌宕起伏，龙飞凤舞，延绵 30 多千米，至漳县新寺镇。龙山状似飞龙，古树为龙头之两角，龙头处建一元君娘娘庙，占地 1000 多平方米。该古树为落叶乔木辽东栎，树龄 668 年，胸围 307 厘米，五月开黄绿色花，花为单性，雌雄同株。古树叶子随天气变化而变化，所以还称为"气象树"。

辽东栎为壳斗科栎属，分布于朝鲜以及中国陕西、宁夏、黑龙江、河北、河南、吉林、青海、辽宁、山西、四川、甘肃、内蒙古、山东等地，生长于海拔 600~2500 米的地区，多见于阳坡及半阳坡。

黄连木（王枫供图）

岷县辽东栎（王枫供图）

皋兰梨

甘肃皋兰什川古梨园，位于甘肃省兰州市近郊，黄河之滨，这里现存百年以上的古梨树 9000 多株，面积达 4000 亩。2013 年正式录入吉尼斯世界纪录，被誉为"世界第一古梨园"。

什川梨树栽培历史悠久，自明嘉靖年间，当地果农仿建水车汲黄河水灌溉田园，开始

甘肃皋兰什川古梨园（闵庆文供图）

栽植梨树。这里群山环绕，黄河穿境而过，气候温和，土壤肥沃，梨树长势旺盛。现存古梨树大多在300年以上，至今仍然硕果累累。当地人将种植梨树称为种"高田"，果农不仅要为梨树松土、施肥，早春"刮树皮"、花期"堆砂"防虫，更需要"天把式"利用云梯穿梭于半空的梨树间，给果树修枝整形、疏花疏果、竖杆吊枝、采摘果实，形成了独特的栽培方式与农耕文化。

古梨园盛产软儿梨和冬果梨，梨果具有生津、润肺、止咳等功效，药用价值极高。百年梨园翠盖参天，生机益然，置身梨园如入"天然氧吧"，令人心旷神怡。

当地政府依托古梨树资源，已连续举办十一届"兰州·什川之春"旅游节，把旅游观光、文体娱乐等融为一体，形成以梨园美景观赏、黄河风光游览、农家休闲娱乐等为主的新型休闲农业旅游区。

近年来，随着生产发展，人口增多，梨园面临被蚕食、挤占的危险，气势浩大、梨韵幽深的古梨园景观面临严峻的挑战。皋兰县政府成立专门机构，制定古梨园保护发展规划和管理办法，通过摸底建档、信息采集、养护复壮，科学合理利用古梨树资源，传承弘扬古梨园农耕文化，使独特珍贵的世界第一古梨园焕发青春、再创辉煌。2013年5月，皋兰梨被认定为第一批中国重要农业文化遗产。

麦积花牛苹果

麦积花牛苹果是甘肃省天水市麦积区花牛镇的特产。产品肉质细，致密，松脆，汁液多，风味独特，香气浓郁，口感好，品质上乘，被许多中外专家和营销商认可为与美国蛇果、日本富士齐名的世界三大著名苹果品牌。是中国在国际市场上第一个获得正式商标的苹果品种。2007年11月，获准国家质量监督检验检疫总局地理标志。

天水市地处北温带半湿润内陆气候区，种植果树有着得天独厚的自然条件。苹果在天水市开始种植于1925年。1952年，与办公地址在陕西省武功县的西北果树所合作，在花牛公社花牛寨（今花牛镇花牛村）建成苹果山地栽培示范点，即"花牛"苹果的最早果园。1956年天水市麦积区二十里铺乡花牛寨从辽宁省熊岳镇引进红元帅、金冠、国光等10个苗木品种，在技术人员的指导下，十几个苗木品种都育植成功，其中红元帅以色、形、味俱佳而冠压群芳。1965年9月23日，花牛村果农精心挑选出两箱刚刚采摘的苹果给毛泽东主席寄去（并在装寄苹果的木箱上写下"花牛"二字），表达对主席的敬仰，主席品尝后，非常喜爱，并在家中会见天水籍时任甘肃省省长邓宝珊时用天水苹果招待他，称赞道："你家乡天水的苹果好吃！"此后，中共中央办公厅专门致函，代表毛主席向花牛村村民致谢。同年，"花牛"苹果首次打入香港市场，在香港国际博览会上，因其色度、果型、肉质、含糖等四项指标均优于美国"蛇果"而一举夺魁，享誉全球。此后，我国正式以"花牛"作为苹果商标，向国外大量出口。

天水成为全国最大的元帅系红苹果生产基地。新品种的引种和新技术的推广使"花牛"苹果在保持原有"老三红"风采的同时，以其色艳味醇、果形高桩、五棱突出、营养丰富的特色再次在国内外市场走红。花牛苹果经过 60 多年的发展，种植面积不断扩大，品种不断更新。目前全市共栽植花牛苹果 40 万亩，产量 3 亿多千克。全市引进和培育的"天汪 1 号""新红星""俄矮 2 号""首红""阿斯""超红"等元帅系 3~5 代优良新品种，栽培面积占 80% 以上。2003 年以来，天水市大力推广苹果无公害生产技术，各县（区）认真贯彻执行市政府下发的《天水市苹果无公害果品生产技术规程》等 9 个标准，全市新建无公害果品示范基地 17 个，落实示范基地面积 10 万多亩。

庆阳苹果

庆阳苹果，是甘肃省庆阳市西峰区、庆城县、合水县、正宁县、宁县、镇原县、环县和华池的特产。产于陇东黄土高原，这是农业部区划的我国优质苹果栽培的最佳优生带。其红富士、华冠、皇家嘎拉、红将军、新红星、秦冠等苹果品种，果面洁净、果形端庄典雅，色泽鲜艳靓丽；果肉硬度适宜，酸甜适中，营养丰富；食之脆甜爽口，香味浓郁；耐藏性好，品质优异，绿色有机，是鲜食、加工、储藏的上佳品种。2014 年 4 月，原国家质检总局批准对其实施地理标志产品保护。

陇东黄土高原沟壑区，土层深厚，气候温和，雨量适中，光照充足，昼夜温差大，适宜苹果等果树生产，群众素有在庄前屋后栽植果树的习惯。据测定，庆阳红富士苹果可溶性固形物含量为 16.5%，维生素 C 含量 4.2 毫克 / 千克，总酸量 0.21%，均高于国家鲜苹果 GB1051-89 标准。

庆阳市苹果栽植历史悠久。据 1931 年《庆阳县志》记载："苹果：落叶亚乔木，杆高丈余，叶椭圆，锯齿甚细，春开淡红花，实圆略扁，径二寸许，生青熟则半红半白或全红。夏秋之交成熟，味甘松。"这说明民国初年，庆阳就有苹果的栽植。九五（1996—2000 年）期间，庆城县苹果面积接近 10 万亩，主要集中在南部塬区的赤城、白马、驿马、高楼、熊家庙、安家寺等 11 个乡镇，挂果面积 5 万多亩，苹果产量 5500 万千克。近年来，庆阳市做大做强苹果产业，2013 年，庆阳苹果栽植面积达到 118 万亩，年产苹果50 多万吨。目前已出口 10 多个国家和地区。

临泽小枣

临泽小枣是甘肃省张掖市临泽县的特产，以及东西毗邻的甘州区沙井镇、高台县南华镇。2008 年 5 月，国家质检总局批准对"临泽小枣"实施地理标志产品保护。

据史料记载，早在 1500 多年前的魏晋时期，临泽民众就开始种植枣树，明清时期已经渐成规模。1943 年《临泽县志》："核小味甘，鸭翅渠所产优于沙河。"现在，临泽乡镇田间、房前屋后、路旁田埂、旷野荒滩，到处可见枣树，在沙河、鸭暖等乡村，枣园更是

临泽枣树（樊宝敏摄）

密集，产量可观，已经形成富民强县的支柱产业之一，其中鸭暖乡产的枣品质最好。临泽小枣虽然不大，但因临泽降水稀少，气候干燥，日照时间长，太阳辐射强，昼夜温差大的独特气候条件，使临泽小枣具有核小肉厚、肉细、含糖量高的特点，鲜枣具有肉质细嫩，酥脆多汁，香甜味美，营养丰富等特色。

临泽小枣品质超群、营养丰富，经测定：临泽小枣含有丰富的碳水化合物、蛋白质、氨基酸、矿物质、维生素、环磷酸腺苷、芦丁等，鲜红枣的维生素C含量达380~667毫克/100克果肉，是苹果的70~80倍，香蕉的60倍，柑橘的10倍，比号称"维生素C之王"的中华猕猴桃还高3~4倍。临泽小枣除鲜食外，还可晒制干枣，加工制成蜜枣、熏枣、脆枣、酒枣等，红枣还是重要的中药。

临泽县2001年被国家林业局命名为"中国名优特经济林枣之乡"。改革开放以来，临泽县大力发展林果业生产，每年定植以红枣为主的经济林均在1万亩以上，以红枣为主的果园面积由1978年的1.17万亩，发展到2007年的11.13万亩；红枣产量由1978年的1070吨，增加到2007年的13812吨。截至2017年底，临泽县红枣种植面积达13.41万亩，年产量2.68万吨。红枣产业已成为临泽农民增收致富的支柱产业之一。

秦安蜜桃

秦安蜜桃是甘肃省天水市秦安县的特产。秦安蜜桃以个大、色艳、味美、质优、环保、营养丰富而誉满全国。2008年7月，国家质检总局对其实施国家地理标志产品保护。

据《秦安县志》记载，秦安蜜桃早在汉代时就已广泛栽培，在唐宋时期，"齐桃""二格子桃"和"秋桃"就以个大、色艳、味美而远近闻名。相传，唐太宗李世民在病中想吃故乡的蜜桃，专门派遣使者快马兼程到秦安采摘，从此秦安蜜桃被作为朝廷贡品。北宋时期秦安就有"城北十里桃花川"之说。长期的蜜桃栽培，在葫芦河流域形成自兴国镇庙咀村到郭嘉镇邵咀村长30余千米的数万亩桃园。

秦安县属陇中黄土高原西部梁峁沟壑区，山多川少，梁峁起伏，沟壑纵横，葫芦河纵贯秦安中部，海拔1120~2020米。属陇中南部温带半温润气候，年均降水量507.3毫米，为蜜桃生产提供得天独厚的地理条件。秦安县桃品种资源丰富，先后引进早、中、晚熟鲜食蜜桃品种100多个，品种结构和生产布局日趋合理。其中，早熟蜜桃品种1.2万亩，主栽品种有春艳、春蕾、早花露、早春水蜜、麦香等，六月中下旬成熟；中熟蜜桃品种5.9万亩，主栽品种有仓方早生、红桃、大久保、北京七号、红清水、绿化9号、沙红桃等，七月中旬至八月中旬成熟；晚熟蜜桃品种2.4万亩，主栽品种有八月脆、处暑红、莱山蜜、红雪桃、秦王桃等，八月下旬至九月下旬成熟。2012年3月，从中科院郑州果树研究所引进中桃 6 号、春美、油蟠桃 36-3 等 10 个桃树新品种。

秦安蜜桃以优良品质而远近闻名，有"天有王母蟠桃，地有秦安蜜桃"的美誉。京红、大久保桃 1987 年被甘肃省政府命名为优质农产品；2000 年 3 月，秦安县被国家林业局命名为中国名特优经济林桃之乡。2006 年 8 月，在北京举办的"奥运推荐果品评选会"上，"北京七号"秦安蜜桃，被评为一等奖，同时荣获"中华名果"称号。

武都油橄榄

武都油橄榄，甘肃省陇南市武都区特产。武都区是油橄榄最佳适宜种植区之一、中国四大油橄榄生产基地之一，合适的气候土壤条件及种植传统，使该区油橄榄产量高，含油率高，所产橄榄油产品荣获中国林产品博览会和甘肃省林业名特优新产品博览会银奖、金奖。2004 年，被国家质检总局审定为国家地理标志产品予以保护。

武都区引种油橄榄始于 1975 年。1988 年，经中国林科院徐纬英、邓明全等专家实地考察，确认该区白龙江沿岸海拔 1300 米以下的河谷及半山地带是中国油橄榄最佳适生区，宜栽面积 10 万亩；1998 年被列为中国四大油橄榄生产基地之一。2004 年，油橄榄保存面积达 9.15 万亩，其中国有橄榄园 4 处，大户私有橄榄园 145 处，农户连片橄榄园 128 处。两水、汉王、外纳等 10 多个乡镇，已形成家家户户种植橄榄树的良好局面，发展教场梁、佛淌沟等种植面积在 50 亩以上的私营油橄榄种植园 145 处 2.8 万亩，白龙江沿岸荒山荒坡上，农户连片油橄榄栽植区 192 处 9.6 万亩，城区绿化种植 6000 多亩。

产品加工方面，武都区努力扩大油橄榄加工规模，提升油橄榄加工水平和档次。田园油橄榄科技开发有限公司开发生产"田园物语"橄榄油系列化妆品及"田园年华"橄榄油精华胶囊保健品。陇南世博林油橄榄有限公司，从意大利引进全自动离心式橄榄油加工设备，每小时可榨鲜果 400~600 千克，出油率达到 16%，经质量检验，其油酸度和过氧化值等主要指标，达到特级初榨橄榄油标准。

2017 年，武都区发展油橄榄种植面积已达 43 万亩，涉及 4.5 万农户、21 万多人。油橄榄鲜果产量达 3.6 万吨，可榨油 5000 吨，实现综合产值 16 亿元。已建成 13 座油橄榄系列产品加工厂，开发出橄榄油、保健橄榄油丸和橄榄叶有效成分提出等九大类、50 多个产品。2017 年 5 月，武都橄榄油在美国纽约举办的国际橄榄油大赛上，特级初榨橄榄油从 27 个国家选送的 910 份橄榄油中脱颖而出，荣获金奖。

平凉金果

平凉金果是甘肃省平凉市崆峒区、泾川县、灵台县、崇信县、庄浪县、静宁县的特产。平凉金果系指产于平凉市的苹果。平凉是农业部划定的全国苹果生产最佳适宜区，所产的"平凉金果"红富士系列苹果个大、色艳、硬度大、糖分高、无污染、耐贮存、货架期长，深受广大客商和消费者青睐。2002 年 2 月，平凉市被国家划入西北黄土高原苹果优势产区核心区域。2006 年 12 月，国家质检总局批准对其实施地理标志产品保护。

平凉市栽培苹果悠久历史，20 世纪 40 年代以前广泛种植国光、红玉、黄魁等苹果，60 年代以后引进栽植红香蕉、黄香蕉等元帅系苹果，80 年代初大面积栽植秦冠、新红星和红富士苹果，被农业部划定为苹果优势产区。成纪、泾龙富士被授予"中华名果"称号，并多次在各类展会中获奖，2008 年成为北京奥运会特供产品。

平凉市属黄土高原沟壑区和暖温带半湿润气候区，海拔高度在 1000~1400 米，光照充足，着色期日照率在 70% 以上，无霜期 180 天；昼夜温差大，降水量年均为 550~700 毫米；黄土层深厚，有机质含量高，且质地疏松，透气吸水能力强，具有发展优质苹果的得天独厚的优势和条件。截至 2016 年，平凉金果总面积达到 256 万亩，果品年产量 165 万吨、产值 74 亿元，农民人均果品收入 3854 元。截至 2017 年，平凉市苹果面积发展到 256 万亩，主栽品种以红富士为主，并培育具有自主知识产权的苹果新品种 2 个，挂果园 130 万亩，农民人均果园面积达到 1.5 亩，果品产量达到 180 万吨，产值 74 亿元。

两当狼牙蜜

两当狼牙蜜是甘肃省陇南市两当县的特产，狼牙蜜因蜜源植物是狼牙刺而得名。狼牙刺，又名白刺花，主产于甘肃两当、徽县。"两当狼牙蜜"香味馥郁温馨、清纯优雅、爽口醇香、味道清爽鲜美甜而不腻，具有蜜源植物狼牙刺花特有的花香味，为蜂蜜中的上品，久负盛名。成熟的两当狼牙蜜呈浅琥珀色，迎光观看稍带绿色，口感甜润。常态下呈透明、半透明的黏稠液体，14℃以下缓慢成白色结晶物。气味浓香、色泽清亮、含糖适中、结晶细腻，为补养健身、药用除疾之上品。出口亚洲、美洲、欧洲等地区。1996 年在甘肃省林果产品鉴评会上被评为银奖。

两当狼牙蜜营养成分多，果糖和还原糖含量远高于普通蜂蜜，经测定两当狼牙蜜中还原糖占 69%，而还原糖中果糖占 52.66%，营养价值极高。另外，两当狼牙蜜中蔗糖含量低，酸度低因而具有独特的甜润口感。此外还含有亮氨酸、苏氨酸、丝氨酸、丙氨酸、谷氨酸、精氨酸、β 氨基丁酸、γ 氨基丁酸等各种氨基酸，甚至包括人体不能合成的 8 种必需的氨基酸和蛋白质，约占 0.3%；与人体血清所含比例几乎相等的铁、铜、钠、钾等 20 余种矿物质，约占 0.06%；20 余种促进人体生长和代谢的 B 族维生素、无机盐、有机酸和多种活性酶。

两当县位于甘肃省东南部，地处陕甘川交界的秦岭山区，属长江上游嘉陵江水系。年平均气温 11.6℃，平均降水量 630 毫米，生态良好，植被覆盖率达 73.3%，森林覆盖率达 49.3%。有蜜源植物 144 种，有"狼牙蜜之乡"的美称。狼牙刺是一种野生小灌木，花呈白黄色。每当清明过后，两当县百合盛开，狼牙刺竞相争艳，成群的蜜蜂从省内外云集而来逐花夺蜜。狼牙蜜因植物来源不同可分为混合蜜与单花种蜜，除具有蜂蜜的共性外尚有很多作用。年产量 300 多吨。

永登苦水玫瑰

永登县位于甘肃中部，是闻名遐迩的"中国玫瑰之乡"，玫瑰栽植历史久远，距今已有 200 多年历史。

永登县所栽植的苦水玫瑰是中国四大玫瑰品系之一，为半重瓣小花玫瑰，属亚洲香型，是世界上稀有的高原富硒玫瑰品种，具有生长茂盛、花色鲜艳、香气浓郁、肉厚味纯、产量及出油率高、抗逆性强等特点。苦水玫瑰花朵中含有 100 多种有效成分，其中玫瑰精油含量 0.0004%、总黄酮（以芦丁计）每 100 克含量 0.48、硒含量 3.88 毫克 / 克、香茅醇含量 50% 以上，含有的营养成分和药物成分对人体心脑血管、消化系统、新陈代谢以及免疫功能和抗氧化、抗衰老、抗肿瘤具有明显的药理作用。经过 200 年的提纯复壮和不断选育，苦水玫瑰已发展成为既可食用、药用，又可用于轻工业加工的特色玫瑰，品种和品质优势逐渐显现，市场竞争力显著增强。目前，已注册苦水玫瑰证明商标，制定《苦水玫瑰生产技术标准》《玫瑰精油国家标准和国际标准》《玫瑰干花蕾地方标准》，完成苦水玫瑰农产品地理标志登记。

与苦水玫瑰相生相伴的民间文化，历史悠久、丰富多彩，如以猪驮山、渗金佛祖、母子宫为主的佛教文化，以苦水高高跷、太平鼓、木偶戏、下二调为主的民俗文化，以玫海观光、梨园风情、丹霞地貌为主的旅游文化等。形成一条富有特色的文化产业发展道路，展示出永登苦水玫瑰遗产的价值。2015 年 10 月，永登苦水玫瑰被认定为第三批中国重要农业文化遗产。

崆峒山

崆峒山位于甘肃省平凉市，是古丝绸之路西出关中之要塞，景区面积 84 平方千米，主峰海拔 2123 米，森林覆盖率达 95% 以上。崆峒山峰峦雄峙，危崖耸立，似鬼斧神工；林海浩瀚，烟笼雾锁，如缥缈仙境；高峡平湖，水天一色，有漓江神韵。既富北方山势之雄伟，又兼南方景色之秀丽。凝重典雅的八台九宫十二院四十二座建筑群七十二处石府洞天，气魄宏伟，底蕴丰厚，集奇险灵秀的自然景观和古朴精湛的人文景观于一身，具有极高的观赏、文化和科考价值。自古就有"中华道教第一山"之美誉。

崆峒山（樊宝敏摄）

被尊为人文始祖的轩辕黄帝曾亲临崆峒山，向智者广成子请教治国之道和养生之术。秦汉时期，崆峒山是中西要道——鸡头道的必经之地，东连关中，西接陇右，地理位置十分重要。秦皇、汉武、唐太宗亦慕名登临，司马迁、杜甫、白居易、赵时春、林则徐、谭嗣同等文人墨客笔下多有赞誉。崆峒武术更是被誉为中国五大武术流派之一。

崆峒山，道教的发源地之一。秦汉时期，崆峒山已有了人文景观。历代陆续兴建亭台楼阁，宝刹梵宫，庙宇殿堂，古塔鸣钟，遍布诸峰。明清时期，人们把山上名胜景观称为"崆峒十二景"：香峰斗连、仙桥虹跨、笄头叠翠、月石含珠、春融蜡烛、玉喷琉璃，鹤洞元云、凤山彩雾、广成丹穴、元武针崖、天门铁柱、中台宝塔。

崆峒山拥有丰富的动植物资源，目前已知的植物有 1000 余种，其中蕨类植物 21 科 18 属 30 种，裸子植物 6 科 9 属 15 种，被子植物 97 科 397 属 703 种。古树名木有紫果云杉、油松、圆柏、五角枫、辽东栎、大果榆、丝棉木等近 60 种。招鹤堂孔雀柏和凤凰岭"千年华盖"两棵树的树龄虽都在千年以上，但仍枝繁叶茂，生机盎然。名木古树多集中在寺庙周围，树龄在百年以上高大壮观的苍松翠柏比比皆是。招鹤堂院中的紫果云杉在西北高原罕见，其籽实金黄，似孔雀开屏，当地群众称为"孔雀柏"；小台塔院屹立着一座明代古塔，顶上生有塔松，成了一种罕见的天然盆景，据考察塔松是华山松和油松矮化形成。

自 1994 年以来，崆峒山获得国家级风景名胜区、国家首批 5A 级旅游景区、国家地质公园、国家级自然保护区、全国重点文物保护单位－崆峒山古建筑群、中国旅游行业十大影响力品牌、中国十大道教文化旅游胜地和中国最美的十大宗教名山等桂冠。

迭部扎尕那农林牧

甘肃迭部扎尕那农林牧复合系统，位于甘肃省甘南藏族自治州迭部县益哇乡。在该系统中，农、林、牧之间的循环复合使其生产能力和生态功能得以充分发挥，游牧、农耕、翁猎和椎采等多种生产活动的合理搭配使劳动力资源得到充分利用，汉地农耕文化与藏传游牧文化的相互交融形成了特殊的农业文化。

扎尕那农林牧复合系统位于高寒草原、温带草原和暖温带落叶林三大植被气候类型的交汇处，地处甘肃、青海和四川三省交界，独特的地理区位为农林牧复合经营提供了自然资源和经济社会基础。早在 3000 年以前，这里就已经出现了畜牧文明的萌芽；蜀汉时期，名将姜维把先进的汉族农耕文明引进到此；吐谷浑时期，汉地农耕文化和藏区游牧文化相互融合；明清"杨土司"时期，农林牧复合系统逐渐发展起来。

这里地处高寒贫瘠的生态脆弱地区，又是生物多样性保护优先区域，还是长江与黄河分水岭的上游地带，是重要的水源涵养区，对维护生态平衡和保障生态安全具有重要作用。可以说，独特的生态区位促进了游牧文化、农耕文化与藏传佛教文化的融合与发展，造就了独特的扎尕那农林牧复合系统。它既表现了自然界的多样性，又为农业生产方式的多样性奠定了基础，并赋予农业更为广阔和丰富的内涵。目前，当地政府按照农业部中国重要农业文化遗产保护工作的要求，制定了保护规划和管理办法，不断采取有效措施促进

甘肃迭部扎尕那农林牧复合系统1（闵庆文供图）

扎尕那农林牧复合系统的保护传承。2013 年 5 月，扎尕那农林牧被认定为第一批中国重要农业文化遗产。

甘肃迭部扎尕那农林牧复合系统2（闵庆文供图）

康县龙神茶

龙神茶，甘肃省康县特产。产自西北高海拔优质茶区，这里享有"陇上江南"的美誉，生长有百年以上的大茶树，有着悠久的茶叶生产历史，独特的地理环境造就了独具特色的龙神茶。以其色、香、味、形俱佳和纯天然无污染的特性，成为茶叶家族中的上等佳品。该茶外形扁平挺直或条索细紧，色泽翠绿，滋味醇爽，口感清新，带有栗香。2006年12月，国家质检总局批准对其实施地理标志产品保护。

早在200多年前，康县太平乡阳坝村麻地沟的溪边就已经生长着茶树。1958年，康县从湖南调进茶籽25千克，在阳坝上坝苗圃试种成功。1964年，甘肃省农牧厅从安徽、湖南、江西调入茶籽分配到康县后，在阳坝的上坝、龙神沟，太平、三河等地种植300亩又获成功。

龙神茶产于康县阳坝龙神沟流域。2010年，康县茶园面积达5.3万亩，其中投产茶园2.6万亩，茶叶覆盖康南阳坝、铜钱、两河、三河、白杨5个乡镇，总产量51.4万千克。建成罕沟、大沟、油坊坝等21个茶叶专业村。2012年，康县有生态茶园2.5万亩，年产优质龙神系列茶叶30万千克。2015年，龙神茶年产量23万千克。2002年，"龙神翠峰""龙神翠竹"分获第四届国际名茶金奖和银奖。2002—2004年，康县先后被评为"甘肃省首家无公害茶叶生产示范基地县"，获得"甘肃省无公害茶叶产地"认证和"中国有机茶之乡"等荣誉称号。

宁夏回族自治区

宁夏回族自治区林业遗产名录

大类	名称	数量
林业生态遗产	01 六盘山；02 贺兰山	2
林业生产遗产	03 灵武长枣；04 中宁枸杞；05 中宁圆枣	3
林业生活遗产	—	—
林业记忆遗产	06 贺兰山东麓葡萄酒	1
总计		6

六盘山

六盘山国家森林公园位于西安、银川、兰州市所形成的三角中心地带，地处宁夏南部，横跨宁夏泾源、隆德、原州区两县一区，总面积 6.78 万公顷，主峰米缸山海拔 2942 米。气候属中温带半湿润向半干旱过渡带，年平均气温 5.8℃，年降水量 676 毫米，年平均相对湿度 60%~70%，是西北重要的水源涵养林基地。这里是中原农耕文化和北方游牧文化的接合部，是古丝绸之路东段北道必经之地，也是历代兵家必争的军事要塞。

六盘山（樊宝敏摄）

秦始皇统一中国第二年（公元前 220 年），巡陇西、北地，出鸡头道、过回中宫。汉武帝 24 年内六到六盘山。元代时，一代天骄成吉思汗更是把军事大本营设在六盘山，其子孙蒙哥汗、忽必烈灭南宋、灭大理、征叶蕃多是从六盘山出发，以六盘山为大本营的。六盘山还是毛泽东率领中国工农红军翻越的最后一座大山，从此中国革命走上坦途。毛泽东写下著名的《清平乐·六盘山》。2006 年 12 月，六盘山国家森林公园被国家旅游局评为 4A 级生态旅游区。

森林公园森林覆盖率达 80% 以上，有植物资源 788 种。植被类型既有水平地带性的森林、草原，又有山地植被垂直带谱中出现的低山草甸草原、阔叶混交林、针阔混交林、阔叶矮林等组成的垂直植被景观。主要树种有山杨、桦、辽东栎、混生椴、槭、山柳、华山松等，林下多箭竹、川榛及多种灌木，发育山地灰褐土。在林带以下和 2200 米以下阳坡为草甸草原和干草原；2200 米以上阳坡和 2600 米以上阴坡为杂类草草甸，发育山地草甸土，是大牲畜的良好牧场。野生生物资源丰富，仅药用植物即有 600 余种，党参、黄芪、贝母、桃儿七等药材畅销全国。有国家一级重点保护野生动物金钱豹，二级重点保护野生动物林麝、红腹锦鸡、勺鸡和金雕等。脊椎动物约 200 种，其中兽类有金钱豹、林麝等 38 种。鸟类有金雕、红腹锦鸡等 147 种，昆虫资源 17 目 123 科 905 种，其中包括珍贵稀有的金蝠蛾、丝粉蝶、黑凤蝶、波纹水蜡蛾等。

野荷谷全长约 10 千米，峡谷两岸是绝壁，谷中有野生华山松布满石崖，缓坡及谷底是油松和落叶松林，河床上是水生野生大黄蓿吾（野荷）。峡谷的尽头是冰瀑，而沿河床蜿蜒前进的道路，正是秦始皇当年出巡的鸡头道。小南川是六盘山的王牌景区，也是泾河的主源头之一。由古树潭、相思水、桦树弯、红桦林、飞流直下、龙女出浴等诸多景点组成。流泉飞瀑，素有"小九寨"美誉。凉殿峡是一代天骄成吉思汗屯兵之地，位于六盘山腹地浓荫蔽日的大峡谷深处，峡谷全长约 20 千米。二龙河鬼门关景区，是科考探险线路。二龙河是泾河的主源头，峡谷全长 20 千米，是自然保护区的核心区，也是野生动物和植物最丰富的地区。区内有保存完好的原始森林，常有金钱豹出没。

贺兰山

贺兰山脉位于宁夏回族自治区与内蒙古自治区交界处，北起巴彦敖包，南至毛土坑敖包及青铜峡。山势雄伟，若群马奔腾。蒙古语称骏马为"贺兰"，故名贺兰山。贺兰山南北长 220 千米，东西宽 20~40 千米。南段山势缓坦，三关口以北的北段山势较高，海拔 2000~3000 米，主峰亦称贺兰山，海拔 3556 米。山地东西不对称，西侧坡度和缓，东侧以断层临银川平原。

贺兰山植被垂直带变化明显，有高山灌丛草甸、落叶阔叶林、针阔叶混交林、青海云杉林、油松林、山地草原等多种类型。其中分布于海拔 2400~3100 米的阴坡的青海云杉纯林带郁闭度大，更新良好，是贺兰山区最重要的林带。植物有青海云杉、山杨、白桦、油松、蒙古扁桃等 665 种；动物有马鹿、獐、盘羊、金钱豹、青羊、石貂、蓝马鸡等 180 余种。1988 年国务院公布贺兰山自然保护区为国家级保护区，面积 6.1 万公顷。

贺兰山（樊宝敏摄）

在贺兰山腹地，有 20 多处遗存岩画。贺兰山岩画是自远古以来活跃在这一地区的羌戎、月氏、匈奴、鲜卑、铁勒、突厥、党项等民族的杰作，时间大致从春秋战国到西夏时期。贺兰山岩画在不同的地点有着不同的内容：石嘴山一带以森林草原动物为主，如北山羊、岩羊、狼等形象；贺兰山一带多以形形色色的类人首为题材；青铜峡、中卫、中宁一带的岩画则以放牧及草原动物北山羊为主。在贺兰山白芨沟等地，还发现了成片彩绘岩画，内容以乘骑征战人物形象及北山羊、马等动物形象为主。

灵武长枣

灵武素有"塞上江南、水果之乡"之美誉，灵武长枣从唐朝开始就被历代列为皇室贡品，被誉为"果中珍品"，距今已有 1300 年的栽培历史。2003 年以来，灵武长枣这一古老的优良品种得到大规模发展，种植面积达到 14.2 万亩。现在，"灵武长枣"品牌逐步向绿色食品、有机食品行列发展，灵武长枣成为地理标志产品、中国名牌农产品，取得了宁夏著名商标、中国驰名商标的认证，灵武县也获得"中国灵武长枣之乡""全国枣产业十强县"等荣誉称号。

灵武长枣（樊宝敏摄）

灵武长枣种植系统（闵庆文供图）

灵武长枣是经过长期自然筛选出来的具有地方特色的鲜食珍品，抗逆性强，果实营养丰富，药用价值高，发展潜力大。果实长椭圆形，平均单果重 18.1 克，最大单果重达 40 克，汁液多，酸甜适口，营养丰富，品质极佳。2013 年，灵武长枣种植系统挂果面积 5 万亩，最高长枣年产量达 920 万千克，实现产值过亿元。灵武长枣产品市场广阔，形成了较好的品牌效应。

随着长枣产业的发展，灵武长枣品种选优技术创新遭遇瓶颈，龙头企业规模小，枣深加工发展缓慢，发展后劲不足等问题凸显。为了传承和保护好这一农业文化遗产，灵武市先后制定《灵武市农业文化遗产保护规划》《灵武市灵武长枣保护管理办法》《灵武市枣博园管理实施方案》《灵武市枣博园管理办法》，出台《关于进一步加快发展灵武长枣产业的意见》，建成"世界枣树博览园"，成立灵武市世界枣树博览园管理中心。通过扩大种植规模、优化品种结构，实施无公害标准化生产，培育、壮大长枣储运和深加工龙头企业，开拓市场，挂牌保护灵武长枣百年老树；举办灵武长枣文化节，加快灵武长枣良种选育；加大基地标准化技术推广力度；建立完善的营销体系等方面来推动灵武长枣产业发展。

灵武市委市政府把挖掘、整理、保护、发展作为推动灵武长枣产业发展的主线，全力保护这一林业遗产品牌，推动灵武经济社会的跨越发展。2014 年 5 月，宁夏灵武长枣种植系统，被农业部认定为第二批中国重要农业文化遗产。

中宁枸杞

中宁县位于宁夏回族自治区中部、宁夏平原南端，地处黄河两岸，为内蒙古高原和黄土高原过渡带，其大陆性季风气候适宜枸杞的生长。中宁枸杞栽培历史始于唐、兴于宋、扬于明、盛于今，走过上千年光辉历程，探索出一整套技术完备的栽培管理系统和生物共生系统。中宁枸杞传承人遍布城乡村落，分六大派别，共有传承代表 27 名。正是他们无怨无悔的传承守护，才留下了中宁枸杞乃至中国枸杞的根和魂。经历 1000 多年的栽培历史，上百个品种的演变选育，中宁人民不仅开创了传统枸杞种植与现代枸杞种植高度融合的栽培模式，而且创造性地继承了枸杞和茶、枸杞糕、枸杞宴等传统养生保健制作方法，成功研制生产上百种现代养生保健产品，建成全世界最大的枸杞交易中心。

每年五月初五，中宁枸杞传统种植核心区的茨农都要举行盛大的祭拜枸杞仪式，祈望风调雨顺，枸杞丰收。茨农们一直传承着枸杞婚礼民俗仪式，祈望日子红红火火、爱情甜甜蜜蜜、福寿吉祥、白头偕老。每逢节日，中宁人总要品着枸杞和茶、吃着枸杞宴，思绪顺着茶中涟漪轻轻散开、细细品出独属于中宁枸杞的一份古韵情怀。2015 年 10 月，中宁枸杞被认定为第三批中国重要农业文化遗产。

中宁枸杞（樊宝敏摄）

中宁圆枣

中宁圆枣是宁夏中卫市中宁县的特产，又名"小圆枣""蚂蚁枣""金丝枣"，是传统果品，以枣园乡所产量大质优最为著名。中宁圆枣适应性强、抗旱、抗寒，耐盐碱、结果早、产量高而稳定。含糖量35%，核中大、纺锤形，可食率96.9%，制干率43.2%，是鲜食、制干兼用的优良品种。皮非常薄，核却非常小，口感非常脆，肉质鲜嫩，非常甜。成熟在中秋节前后，它诱人的外表和鲜脆的口感，成为馈赠佳品。

中宁圆枣在中宁县已有960年栽培历史。根据史料，"中宁圆枣"最早文字记载见于宋代，宋仁宗庆历年间（1041—1049年）广泛栽培于明。马福祥1927年编纂的《朔方道志》中记载："枣一名木蜜，中卫（今中宁）枣园堡产者，形圆而小，核亦细，较他产地颇胜。"

中宁圆枣树（樊宝敏摄）

中宁红枣具有品种优势、空间优势和效益优势，但该产业的发展长期以来处在自然、分散、粗放的初级化状态。针对这一现状，中宁县成立红枣产业发展机构，科学编制红枣产业发展规划，制定优惠政策，推动红枣产业基地建设。同时，优化品种结构，强化示范推广、科技培训和服务工作，为红枣产业发展搭建平台。2020年，中宁县红枣种植面积15.7万亩，年产量20万吨以上。中宁圆枣为地理标志证明商标，产地范围为中宁县宁安镇、鸣沙镇、石空镇、新堡镇、恩和镇、舟塔乡、白马乡、余丁乡、大战场镇、喊叫水乡、长山头农场、渠口农场。

贺兰山东麓葡萄酒

贺兰山东麓地处世界葡萄种植的"黄金地带"。这里日照充足，砂土富含矿物质，海拔1000~1500米，年降水量虽不超过200毫米，但有便利的灌溉条件。日照、土壤、水分、海拔和纬度都有助于种植葡萄。所产葡萄酒香气浓郁、纯正，口感圆润、协调。2011年1月，获批地理标志产品保护。

贺兰山葡萄（樊宝敏摄）

葡萄种植历史悠久，隋唐之时，"贺兰山下果园成，塞北江南旧有名"。脍炙人口的唐诗名句是对当时宁夏河套平原风光的真实写照。诗人贯休"赤落蒲桃叶，香微甘草花"的诗句，则是对唐代宁夏地区已经大量栽培葡萄的佐证。改革开放以来，传统的葡萄种植业焕发了生机与活力。在继续发展鲜食葡萄的同时，将种植品种重点转向酿酒葡萄，在适生地建立标准化种植园，先后从国外引进了适宜酿制红、干白的无病毒种苗，大面积推广栽培。1984 年，宁夏葡萄产业开始起步。2002 年，宁夏贺兰山东麓被确定为国家地理标志产品保护区。2008 年，国务院《关于进一步促进宁夏经济社会发展的若干意见》将酿酒葡萄产业作为宁夏特色优势产业之一。2013 年 2 月《宁夏贺兰山东麓葡萄酒产区保护条例》施行。2018 年，宁夏葡萄种植面积达到 57 万亩，建成酒庄 86 个，年产葡萄酒近 10 万吨，综合产值超过 200 亿元。

地理标志地域保护范围包括平罗县、贺兰县、银川市西夏区、金凤区、永宁县、青铜峡市、中宁县、吴忠市红寺堡区的 30 个乡镇、农场和林场。主要品种为：红色品种赤霞珠、梅鹿辄、蛇龙珠；白色品种霞多丽、雷司令、贵人香。2011 年底，由法国举办的中法葡萄酒盲品比赛中，前 4 名被贺兰山东麓葡萄酒包揽；2018 年，贺兰山东麓葡萄酒在柏林葡萄酒大奖赛冬季赛中国区比赛获得金奖 20 枚，银奖 3 枚；2020 年 7 月，入选中欧地理标志首批保护清单。

新疆维吾尔自治区

新疆维吾尔自治区林业遗产名录

大类	名称	数量
林业生态遗产	01 墨玉悬铃木；02 轮台胡杨林；03 伊吾胡杨林；04 天山马鹿；05 库尔德宁云杉林；06 可可托海；07 阿尔泰山针叶林	7
林业生产遗产	08 莎车巴旦木；09 阿克苏苹果、红枣、核桃；10 哈密大枣；11 和田大枣；12 库尔勒香梨；13 阿瓦提葡萄酒；14 新源野苹果；15 英吉沙色买提杏	8
林业生活遗产	16 燕儿窝古榆树	1
林业记忆遗产	17 吐鲁番葡萄沟	1
总计		17

墨玉悬铃木

　　最美三球悬铃木古树，位于新疆维吾尔自治区和田地区墨玉县阿克萨拉依乡古勒巴格村，距今 882 年，胸围 315 厘米。虽然已是接近千年的古树，但目前依然枝繁叶茂，浓荫蔽日，生机益然。当地林业部门测定，这棵古悬铃木高 34.8 米。树干周长 9.4 米，平均冠幅南北 29 米，占地面积 1.5 亩。从主干派生出 7 个枝干，枝干伸向四周，个个粗壮挺拔，竞相媲美。

墨玉悬铃木（王枫供图）

文献记载，悬铃木（三球）在晋代时即从陆路传入我国，被称为祛汗树、净土树。近代悬铃木大量传入我国在 20 世纪一二十年代，主要由法国人种植于上海的法租界内，故称之为"法国梧桐"，简称"法桐"或"法梧"，其实既非法国原产亦非梧桐。我国目前普遍种植的以杂种"英桐（即二球）"最多。

轮台胡杨林

轮台县地处天山南麓，塔里木盆地北缘，这里有世界上面积最大，分布最密，存活最好的"第三纪活化石"——40 余万亩的天然胡杨林。胡杨林是塔里木河流域典型的荒漠森林草甸植被类型，从上游河谷到下游河床均有分布。虽然胡杨林结构相对简单，但具有很强的地带性生态烙印。无论是朝霞映染，还是身披夕阳，它在给人以神秘感的同时，也让人解读到生机与希望。

轮台胡杨（拍信图片）

新疆轮台胡杨林，集大面积胡杨林与河流、沙漠、戈壁、绿洲、沙湖、古道及荒漠草原为一体。大面积胡杨林是主体景观，柽柳（红柳）、梭梭林等荒漠植物及部分沙丘为辅助景观。其四季景色变幻明显：春天，积雪消融，万木吐绿，林中百鸟争鸣，野花遍地；夏季，万木峥嵘，郁郁葱葱，驼铃声在一片绿色的海洋中此起彼伏；秋季，层林尽染，五彩斑斓，如诗如画；冬季，千里冰封，白雪皑皑，胡杨挺立在原野之间，无限高洁。2005年，轮台胡杨林被《中国国家地理》评为中国最美的十大森林之一。

伊吾胡杨林

伊吾胡杨林位于新疆哈密市伊吾县淖毛湖镇，是世界仅存的三大胡杨林之一，是中国境内分布较为集中的胡杨林，也是世界极古老、树形极具特色、道路通达条件极好的原始胡杨林。景区面积 47.6 万亩，开发游览环线 38 千米。

胡杨，亦称"胡桐"，维吾尔语称"托克拉克"，意为"最美丽的树"。胡杨是 1.35 亿年前就出现的树种，是世界最古老的杨树，生物学家称它为"第三纪活化石"。胡杨耐寒、耐热、耐碱、耐涝、耐干旱，用不屈不挠的身躯阻挡了沙暴对绿洲的侵袭，形成一条雄伟壮阔的绿色长廊，创造了"丝绸之路"的文明。

沿着胡杨林景观路，可以近观1000~9000年树龄的胡杨，仿佛进入时光隧道，经历生命的轮回，可谓一朝走进胡杨林，一日感受万年史。万千胡杨树在戈壁大漠中舒展、摇曳，四季不同的容貌，昼夜变幻的色彩，形成一幅幅生动的画卷。伊吾胡杨林现已成为科研、摄影、绘画、旅游的重要场所，也是影视创作的取景地。

天山马鹿

天山马鹿，是产于新疆天山山脉的马鹿亚种，国家二级重点保护野生动物，在北天山深山丛林中自然繁殖的种群已不足1万只。经家养驯化后的天山马鹿，主产于新疆的昭苏、特克斯和察布查尔等地，数量多而高产，当地称为"青皮马鹿"。也产于哈密市的伊吾、巴里坤草原和木垒等地，俗称"黄眼鹿"，具有性情温顺，耐粗饲料，抗病力、繁殖能力及适应性强，产茸量高等特点。

野生天山马鹿栖息于海拔1500~3800米的高山草原地带。按季节、昼夜变化特点进行采食。从2月末起转到解冻的山南坡，采食那里已长出的嫩草，春秋季节频繁到咸水湖或盐碱滩活动。春夏季节由于高山至谷地之间不同高度的斜坡上长有各种繁茂的植物，马鹿常表现出明显的昼夜性迁移。

库尔德宁云杉林

库尔德宁位于巩留县东南林区，距县城88千米，是世界自然遗产地、国家级雪岭云杉自然保护区、国家级水利风景区、国家4A级旅游景区，被评为中国最美的十大森林之首。伊犁哈萨克自治州的"州树"（天山云杉）、"州花"（天山雪莲）、"州鸟"（金雕，俗称天山雄鹰）都出自这里，库尔德宁被誉为最美的天山绿谷。

库尔德宁总面积1176平方千米，平均海拔1500米，特殊的南北走向，使得库尔德宁冬暖夏凉，气候宜人。这里既有北方的博大粗犷，又有江南的妩媚清秀，更是旅游避暑的胜地。

森林、草原、雪山、溪流、峡谷、瀑布构成了库尔德宁壮美的画卷。这里是天山山脉森林最繁茂的地方，拥有单位蓄材量罕见的云杉森林资源，完整的原始森林类型及植被是整个天山森林生态系统最为典型的代表。据初步统计，库尔德宁有维管束植物1594种，野生脊椎动物223种，堪称欧亚大陆腹地野生生物物种的"天然基因库"。

可可托海

可可托海，是风景区和国家地质公园，位于新疆北部阿勒泰地区富蕴县，占地面积788平方千米，距乌鲁木齐485千米，距富蕴县城53千米。景区由额尔齐斯大峡谷、可可苏里、伊雷木特湖、卡拉先格尔地震断裂带四部分组成。它是以优美的峡谷河流、山石林地、矿产资源、寒极湖泊和奇异的地震断裂带为自然景色，融地质文化、地域特色、民族风情于一体，以观光旅游、休闲度假、特种旅游（徒步、摄影等）、科学考察等为主要特色的大型旅游景区。2012 年，可可托海风景区晋为国家 5A 级旅游景区。

2013 年，可可托海有百余种珍稀野生动物，包括棕熊、野驴、河狸、雪豹、赛加羚羊等；有数十种野生植物，如野生薰衣草、小叶忍冬、绣线菊、西伯利亚刺柏、各类地衣和苔藓、黄连、芍药、新疆党参、阿勒泰独活等。

可可苏里，位于富蕴县吐尔洪盆地东北方向，湖面面积 2 平方千米，水深 2 米，由周边高山积雪融水汇集而成，是一处天然形成的沼泽湿地，湖水碧蓝澄清，水生动植物丰富。每年夏秋季节，大量的红雁、白天鹅、灰鹤、沙鸥、野鸭等翔集于此，繁衍生息。秋季湖面芦苇花开，20 多座芦苇岛随风飘游，密密匝匝的野鸭嬉戏玩耍。

伊雷木湖，位于额尔齐斯河与卡伊尔特河交汇处，湖面面积 212.5 平方千米，海拔 1120 米，蓄水 1.13 亿立方米，水最深处约 100 米，从空中俯瞰呈巨大的"8"字形，是富蕴大地震断裂带上最大的堰塞湖。湖东西两侧雄峰屹立，南北两侧绿树环绕，良田万顷，村舍镶嵌。湖面中央被东西两座大山削去大半。

白桦林，生长在额尔齐斯河凸岸河湾上，面积 1.5 平方千米，由 3 个大小不一的白桦洲组成，以白桦树为主，西伯利亚苦杨为次，森林为寒温带山地阔叶次生林。

百花草场，位于新疆富蕴县可可托海风景区额尔齐斯大峡谷，清澈的额河水从它的西侧流过。有满天星、野油菜花、映山红、野菊花、刺蔷薇等花草。

神钟山，又名阿米尔萨拉峰，为一座如钟似锥的花岗岩奇峰，在额河南岸平地拔起，海拔 1608 米，相对高差达 365 米，为阿尔泰山山景之最。岩壁缝上生长着白桦树、青松和西伯利亚云杉。岩体受寒冻风化作用，沿平行坡面的节理不断地拆离崩解垮塌，使山峰的表面既圆润平滑，又十分陡峭，从而形成钟状地貌。

此外，可可托海附近还有许多古老的岩画，反映这一带人类活动的印迹。

阿尔泰山针叶林

阿尔泰山脉，呈西北—东南走向，斜跨中国、哈萨克斯坦、俄罗斯、蒙古国境，绵延 2000 余千米；中国境内的阿尔泰山属中段南坡，山体长达 500 余千米，海拔 1000~3000 米。主要山脊高度在 3000 米以上，北部的最高峰为友谊峰，海拔 4374 米。

阿尔泰山，有着广袤的寒温带针叶林、亚高山草甸和山地苔原。在这里能够看到极富异域风情的花卉和鸟兽，比如郁金香、欧洲百合、雷鸟、河狸。山地物种、欧亚草原带上的物种以及环北极分布的物种在阿尔泰山交会，让我们不出国门就有寻觅到这些独特生物的机会。

桦树林、落叶松、针阔混交林是阿尔泰森林的三张脸，阿尔泰的森林美丽却也整齐简单。这里有桦树林的浪漫情怀，有落叶松的密集成海，也有针阔混交林的缤纷绚烂。以西伯利亚落叶松、西伯利亚红松以及云杉、冷杉等构成的针叶林被称作泰加林。泰加林一词最早来自俄罗斯语，指代寒温带与苔原南缘接壤的针叶林，在中国能够欣赏到泰加林的地区，只有东北的大兴安岭北部和新疆的阿尔泰山。

喀纳斯（樊宝敏摄）

喀纳斯冰川是我国海拔最低的山谷冰川。画面中像路一样延伸的其实也是喀纳斯冰川的一部分，其尽头的冰川是友谊峰，阿尔泰山的最高峰。

阿尔泰山主峰友谊峰终年被冰雪覆盖，是中国海拔最低的现代冰川之一，喀纳斯湖就位于风景秀丽的友谊峰南坡的喀纳斯国家一级自然保护区内。

阿尔泰山可以看出4个相当分明的植被区，即山地亚沙漠带、山地草原带、山地森林带及高山带，更有堪比北欧挪威森林、北极冰川的美景。

阿尔泰山拥有丰富的文化遗产，很久以前就发掘出大量旧石器时代的文物。这里记录着许多部落民族在这方土地上的起起落落。成吉思汗、斯吉台、土耳其、维吾尔和蒙古等部落民族都在这里留下了历史的足迹。阿尔泰山最为引人注目的历史遗迹当属公元5世纪部落首领的墓群。这些墓群结构复杂，大小各异，林林总总可达100多个，其中埋葬的许多艺术品更称得上是稀世珍宝。

森林线大体处在海拔1800~1900米的高度，其占地面积为161.1万公顷，其中有100.2万公顷属核心保护区，森林、矿产资源丰富。年平均温度为0摄氏度，其中7月高山雪线以下的地区平均温度为15℃~17℃，冬季最低温达到-62℃，年均降水量在500~700毫米。

莎车巴旦木

在新疆西南边陲，昆仑山西北麓，塔克拉玛干沙漠西南缘，叶尔羌河穿流而过的地方，有一块新疆面积最大的神奇而古老的绿洲，中国巴旦木之乡——莎车县，在广大平原

阿尔泰山喀纳斯保护区（樊宝敏摄）

上，到处可见成片的巴旦木树。春天，粉色和白色的巴旦木花争奇斗艳；秋天，由绿变黄微带红晕的果实挂满枝头。莎车是中国巴旦木的最大产区，产区位于塔里木盆地，与美国加州、伊朗等世界巴旦木主要产区属同一纬度。特殊的地理、气象和生态条件，造就了莎车巴旦木高蛋白、高不饱和脂肪酸以及丰富的氨基酸、微量元素等特殊品质。

莎车巴旦木，种仁扁椭圆形，黄褐色，种仁中大，平均仁重 1.1 克。种仁味香甜，是一种营养密集型健康零食，被誉为"干果之王""西域珍品"。据化验，仁内含植物油 55%~61%，蛋白质 28%，淀粉、糖 10%~11%，并含有少量胡萝卜素、维生素 B1、维生素 B2 和消化酶、杏仁素酶、钙、镁、钠、钾，同时含有铁、钴等 18 种微量元素。巴旦木仁是维吾尔族人传统的健身滋补品，具有保护肌肤、有益心脏健康、帮助肠道健康、控制体重、维持血糖水平等保健作用。

莎车巴旦木，古时称偏桃、偏核桃、婆淡树，学名扁桃，是世界四大著名干果之一。据《唐书》记载，巴旦木源于波斯。唐段成式《酉阳杂俎》称："扁桃出波斯国，波斯国呼为婆淡树。长五六丈，围四五尺，叶似桃而阔大，三月开花，白色。花落结实，状如桃子而形偏，故谓之扁桃。其肉苦涩不可唆，核中仁甘甜，西域诸国并珍之。"莎车县从唐朝开始种植巴旦木，有 1300 多年的历史。李时珍《本草纲目》："巴旦杏……树如杏而叶差小，实亦尖小而肉薄。其核如梅核，壳薄而仁甘美。点茶食之，味如榛子。西人以充方物。"耶律楚材《西游录》中把巴旦杏称为芭榄。

巴旦木品种繁多，有 40 多种，分为五大家族，分别是软壳甜巴旦木品系、甜巴旦木品系、厚壳甜巴旦木品系、苦巴旦木品系、桃巴旦木品系。当地维吾尔族人民视巴旦木为珍品和圣果。

20世纪60年代，莎车县开始建立巴旦木品种汇集园，并确定五个优良品种作为主栽品种进行推广栽植，大面积种植始于80年代初。2013年，莎车县建成100万亩巴旦木生产基地。当年巴旦木产量3.18万吨，产值9.54亿元。借助巴旦木产业，莎车县还发展养蜂业，成为拓宽农民增收的渠道。莎车巴旦木被国内各大航空公司用为航空食品。为拓宽产业发展空间，莎车县政府举办"魅力"莎车采风暨巴旦木花节活动，大力实施"文化塑县、旅游活县、生态立县"战略。莎车巴旦木，1994年在北京全国名特优林产品博览会上获得金奖；1999年，在昆明世博会上被评为金奖；2000年被国家林业局命名为"全国名特优经济林——巴旦木之乡"。

阿克苏苹果、红枣、核桃

阿克苏地处塔克拉玛干大沙漠西北边缘、塔里木河上游，古为秦汉之际西域三十六国的姑墨、温宿两国属地，自古便是古丝绸之路的重镇要道之一，汉称北道，后称中道，也是龟兹文化和多浪文化的发源地。阿克苏地区属温带大陆性气候，光照时间长、昼夜温差大，适宜核桃、苹果、葡萄、香梨、大枣等优质特色林果品生产。享有"中国白杏之乡""中国红富士之乡""中国沙棘之乡"等荣誉。2008年荣获"国家森林城市"称号。

阿克苏苹果。苹果的故乡在我国新疆、欧洲、中亚西亚一带。新疆苹果品种丰富，据调查200余个，从外地引入栽培的品种前后300多种。有专家认为，在新疆苹果的种植史大约2000年。大约在汉唐时代，苹果在新疆的栽培就有记载了。《大唐西域记》所记载阿耆尼国和屈支国出产的"柰"，就是苹果。新疆的苹果栽培面积主要集中在阿克苏、伊犁、喀什、奎屯，主栽苹果品种有红富士系、元帅系、金冠系等一些新品种以及红玉、青香蕉等老品种。老牌的伊犁苹果和新兴的阿克苏冰糖心红富士苹果，是当今市场占有率最大的两种苹果。2011年5月，国家质检总局批准对"阿克苏苹果"实施地理标志产品保护。

根据历史文献记载，阿克苏苹果的栽培历史至少有千年以上。生长环境优于日本原产地和我国东部和西北东部苹果产区。主产区位于最适宜苹果种植的塔里木盆地北缘、天山南麓的渭干河流域、阿克苏河流域，形成以红旗坡农场、阿克苏市及周边、温宿县为阿克苏苹果的最佳核心种植区。从日本引进的红富士经过农艺驯化形成了阿克苏苹果独特的品质。特别是冰糖心红富士苹果，更是融入现代科技含量的新品种。其具有皮薄、果面光滑、色泽光亮、着色度高、蜡质层厚；果肉细腻、甘甜味厚、汁多无渣、口感脆甜；果核透明、果香浓郁、多有糖心；富含维生素C、果胶、营养丰富、耐储藏等特点。2017年，阿克苏地区苹果总面积已达38.82万亩，产量达到54万吨，产值16.5亿元。

据说，堪称世界苹果王国的王子"阿克苏冰糖心苹果"，仅产于新疆南部天山南麓塔里木盆地北缘的阿克苏地区红旗坡农场周边方圆30千米的地域。曾经有10万名上海知青插队阿克苏兵团农一师，开垦的荒地如今已成为生长有机农产品的理想家园。苹果采摘时间严格控制在每年的10月25日之后。较长的生长期、高海拔的生长环境、沙性土壤栽培、无污染冰川雪融河流水的浇灌，让阿克苏苹果的果核部分糖分堆积成透明状，成为世界上独一无二的"冰糖心"和新疆的"水果皇后"。2017 年，阿克苏冰糖心苹果获中国"金苹果奖"。

阿克苏红枣，生产基地处于阿克苏河、和田河、叶尔羌河三河交汇的塔里木河源头。红枣的生长汲取天山雪水的浇灌，配以充足的日照和日夜温差的调和，使得培植出来的红枣个大、皮薄、肉厚、质地较密、味甜汁多、色泽鲜亮、含糖量高，造就了阿克苏红枣绿色、有机、健康、营养的品质，成分高于内地同类红枣的 1.5 倍。阿克苏红枣又称为"白金玉枣"。

阿克苏红枣生产历史悠久，相传公元前 138 年张骞出使西域，就从古河东（今山西运城）带来枣种，引入新疆种于天山托木尔峰脚下，长出的枣果味甜、个大、色红、食后解饥、强体、美容、治病。张骞返回长安后，将生长于此的红枣作为贡品献于汉武帝，帝食后曰："天赐圣果也。"至清末，皆为我国历代皇帝"贡品"。在各类果品中，首推阿克苏红枣。

阿克苏地区有 200 多万亩红枣，总产达到近 40 万吨，主栽品种以新郑灰枣、骏枣及赞新、冬枣等为主。其中灰枣、骏枣是从引种栽植的 38 个红枣品种中筛选出来的。在果实品质上，阿克苏红枣具有采前不裂果，枣果核小，生食质脆味甜、果肉致密、风味特异，制干出干率 50% 以上、干枣含糖量 77.3% 以上。全面推广 4 米 × 1.5 米枣棉间作模式、每亩 440 株高密度建园模式和红枣丰产栽培技术。

阿克苏核桃，新疆阿克苏地区特产。2008 年 12 月，国家质检总局批准对"阿克苏核桃"实施地理标志产品保护。据史书所记，相传 2000 多年前西汉的张骞出使西域，从波斯（今伊朗）将核桃引入中国。从此，核桃成为中国北方各地的重要干果之一。在阿克苏温宿县神木园有一棵 300 多年的核桃树，还有近 200 株古核桃树，都见证着这里核桃种植的历史变迁和发展。

2017 年，阿克苏核桃种植面积突破 200 万亩，挂果面积 160 万亩，产量 29 万吨。其中，温宿县核桃种植面积 70.2 万亩。温宿县是全疆核桃种植第一大县，是"中国核桃之乡"，盛产的薄皮核桃以皮薄、肉美、味香而著称中外。温宿汇集了中国 183 个核桃品种，科研人员培育的新早丰、新萃丰、新巨丰等 8 个优质薄皮核桃新品种，分别获国家科技三等奖，被国家林业部列为"科技兴村富民"推广品种。

哈密大枣

哈密大枣，产于新疆哈密山南平原戈壁。以个大饱满、皮薄肉厚、色泽红润、甘甜爽口、核小绿色为品质特征。哈密市属典型温带大陆性干旱气候，干燥少雨，光能资源丰富。无霜期平均 182 天，全年日照时数为 3300~3500 小时，为全国日照时数最多的地区之一。2010 年 2 月，国家质检总局批准对其实施地理标志产品保护。

哈密大枣已有 2000 多年的历史，古代谓之"香枣"。据《新唐书·地理志》记载："伊州伊吾郡（伊吾即今新疆哈密）下。土贡：香枣、阴牙角、胡桐律。"经哈密历史和地理学家顾正清考证，哈密贡枣始于唐代。《新唐书·地理志》记有：唐贞观四年（630 年）唐太宗李世民品尝西域进贡的哈密大枣后，御封为"贡枣"，从此哈密大枣成为历代皇室贡品。《大明统一志》哈密卫、土产一节中记有香枣。清光绪年间，宗师矿务铁路局主事张恒荫谪戍新疆，他的诗中有"枣大疑仙种"的记述。

新中国成立以来，哈密市大枣种植从初期的庭院种植，发展到标准化建园，呈现出规模化、标准化的特色，大枣产业已成为哈密农民增收的红色产业。自1980年起，哈密大枣相继被国家林业部、新疆维吾尔自治区列为重点发展项目。2012年，哈密大枣种植面积33万亩，结果面积达到16万亩，产量3.6万吨。2016年，哈密大枣结果面积达到23万亩，优质哈密大枣面积达到15万亩。30年以上枣树19158株，其中，五堡镇有枣树13426株，占全地区枣树总量的70.1%，居哈密各乡镇之首。现存50~100年枣树12088株；100~150年枣树1795株；150~200年枣树113株；200~300年以上枣树42株。

哈密大枣中医称"白益红"。为红枣品系中最好的滋补红枣，营养价值高，食之有淡淡的药香味，属滋补良品。

哈密大枣（樊宝敏摄）

和田大枣

和田大枣产地范围为新疆和田地区和田市、和田县、皮山县、墨玉县、洛浦县、策勒县、于田县、民丰县，以及新疆生产建设兵团第十四师二二四团、四十七团、皮山农场现辖行政区域。

和田大枣个大、皮薄、核小、肉厚、颜色好、干而不皱。维生素C含量丰富，高于苹果含量的七八十倍，可以煲汤、熬粥、泡茶或直接吃，是很好的食补品。和田红枣含有药用价值的月桂酸、豆冠稀酸和油酸、花生酸、亚麻酸等，具有补脾益气、润肺生津、养颜驻容、延年益寿功效。

和田大枣原产地山西太谷。后因其质优，产量高，寿命长，被先后移植到山西交城及新疆阿克苏、和田等地。和田地区栽培大枣已经有 2000 多年的历史。清代，和田大枣被列为贡品。品种为骏枣、壶瓶枣。

2017 年，和田地区拥有红枣面积 81.36 万亩，年总产值达 12.14 亿元，从业人员 12 万人[①]。2016 年 11 月，国家质检总局批准对"和田大枣"实施地理标志。

库尔勒香梨

库尔勒，地处新疆塔里木盆地东北缘，北倚天山支脉库鲁克山和霍拉山，南距塔克拉玛干沙漠直线距离仅 70 千米，古丝绸之路中道的咽喉之地，因盛产"皮薄肉丰，心细甜而多液，入口消融"的梨，而得名"梨城"。库尔勒香梨，蜚声中外。孔雀河三角洲气候温和，海拔 850~1125 米，土质肥沃，水源出自天山雪水，昼夜温差大，适宜香梨生长。新疆流传说"吐鲁番的葡萄、哈密的瓜，库尔勒的香梨甲天下"。2004 年 12 月，国家质检总局批准对其实施原产地域产品保护。

库尔勒的香梨不但品质极优，而且梨树寿命长，百年老树并不罕见，这与库尔勒绿洲的地饶水秀、气候温和等自然条件有关。现在，库尔勒绿洲许多梨园已种上了内地的鸭梨、莱阳梨、砀山梨等 10 多个新品种。它们落地生根，开花结实，样样是上品。每年的 9 月 20 日前后，是库尔勒香梨成熟季节。库尔勒香梨抗逆性强，能耐受住 –22℃ 的低温，有耐干旱、耐盐碱、耐瘠薄能力强的品质。

天山那拉提（拍信图片）

① 刘月姣 . 和田大枣 不止于大 [J]. 农产品市场周刊，2018（39）：20–21.

库尔勒地区栽培香梨，距今已有 2000 多年的历史。据历史学家考证，是当年西汉张骞通西域时，由内地带到新疆种植的。晋代吴钧《西京杂记》载："有瀚海梨，出瀚海北，耐寒不枯"（瀚海，即新疆塔里木）。公元 646 年唐代玄奘撰《大唐西域记》，书中记有："阿耆尼国（今巴州大部分）……引水为田，土宜糜、麦、香枣、葡萄、梨、奈、诸果。"又说："屈支国（今库车县）东西千余里，南北六百余里……都城周十七八里，宜糜、麦，有葡萄、石榴，多梨、李、桃、杏"。说明 1400 多年前这些地方都有梨的栽培，分布也相当广。清代对梨有较多的记载，而且描述详细，如乾隆年间《回疆志》记有"梨亦回疆之佳果也，其树之枝、干、花和叶悉与内地同，结实各异。一种大者，皮苍老，形似木瓜，味酸涩、多渣。留至春月，虽多水，仍酸。削去皮着糖煮尚可。一种园而大者，皮厚，肉薄，虽不甚酸，无味。唯一种着实小而头长者，皮薄肉厚，味极甜而多水。留至春间食之，诚不逊奉天之香水，永平之波梨也。但回人多不待熟，而早摘，殊为可惜。"同治年间，萧雄《西疆杂述诗》有"果树成林万颗垂，瑶池分种最适宜，焉耆城外梨千树，不让哀家独擅奇"的诗句。

1959 年，新疆组织果树资源调查，在库尔勒铁门关发现 200 年生香梨古树，树周径 2 人合抱不拢；阿克苏地区阿瓦提县拜什力克乡发现 180 年香梨古树。由此认为，远在 1400 多年前上述区域就有了香梨的种植，而在 200 多年前库尔勒香梨这个优良品种就已形成并延续至今。目前，在上述区域内还保存着百年生的老梨树，如库尔勒市英下乡、铁克其乡、铁门关、库车县伊西哈拉乡都有上百年树龄的梨树；轮台县哈尔巴克乡阔什吐克曼村有 60 多亩百年生老梨园；梨农吾守阿吉家还保存着 130 年生的香梨树。这些香梨树仍然生长健壮、枝叶茂盛、硕果累累，成为库尔勒香梨的历史见证。库尔勒香梨在长期发展中形成各民族丰富多彩的文化。

2015 年，库尔勒市的香梨种植面积达到 40.88 万亩，年产量 28.8 万吨，年产值达 4.81 亿元。库尔勒香梨每到成熟采收季节，满园飘香，香气四溢，引得蜂飞蝶舞，乐得果农陶醉，游人忘归。库尔勒香梨耐贮藏，在贮藏条件较落后的情况下，其货架期可延长至翌年四五月份，在具备冷库和冷藏运输条件下，可实现季产年销，周年供应。库尔勒香梨不仅畅销国内，还出口欧美和南非，带来了丰厚的经济效益，成为库尔勒仅次于石油的支柱产业。香梨不仅带动了农业，而且拉动了多种行业繁荣。库尔勒香梨产业将真正成为库尔勒市第一大富民强市的优势特色支柱产业。

阿瓦提葡萄酒

慕萨莱思葡萄酒是新疆维吾尔自治区阿克苏地区阿瓦提县的特产，是一种酿造的味美醇香的葡萄酒，药用价值高，富含人体所需的氨基酸、多种维生素、葡萄糖、铁等营养成分和微量元素，被视作古代西域葡萄酒的"活化石"。它是当地维吾尔族人酿造的一种葡萄酒类的天然果汁，与现代工艺酿造的葡萄酒不同，慕萨莱思的颜色有些暗淡、混浊，口感质朴、醇厚。

阿瓦提县辖区古时候归龟兹国所属，也是神秘刀郎部落的居住地，刀郎人酿造慕萨莱思的历史十分久远。以阿瓦提红葡萄为原料，配以鹿茸、枸杞、藏红花、肉苁蓉、玫瑰花、锁阳、丁香等，经压榨、煮沸、发酵等工序酿制而成的慕萨莱思，富含人体所需的十八种氨基酸，十多种微量元素及多种维生素。所含槲皮素、芦丁、儿茶素等有机成分均高于其他同类产品。

慕萨莱思葡萄酒能安神补脑、改善睡眠、护肾保肝、活血化瘀、温经祛寒、降血脂、降血压、养胃、抗氧化、抗衰老、滋阴壮阳，对腰酸腿疼、肾虚、关节炎、体力虚弱、胃寒、手足凉、出虚汗等病症有一定的功效。当地维吾尔族群众将其称作"多拉"，汉语意为"药酒、保健酒"。据了解，阿瓦提县制作加工慕萨莱思已有近千年的历史。当地慕萨莱思年产量在 1000 吨以上，生产加工企业（户）达到 120 余家（户），远销到香港、澳门、北京、上海、广州等大中城市。2007 年 2 月，阿瓦提慕萨莱思酿造工艺被列入新疆第一批自治区级非物质文化遗产名录。阿瓦提慕萨莱思为地理标志证明商标。

千年的文化阿瓦提慕萨莱思——西域葡萄酒的始祖。古时候的西域盛产葡萄，人们饮用的酒主要是葡萄酒，那句有名的"葡萄美酒夜光杯"，就是指用西域葡萄酿造的美酒。而阿瓦提县的"慕萨莱思"则是西域葡萄酒中最原始的一种，曾通过古老的"玉石之路"和"丝绸之路"走向世界。在《史记·大宛列传》中记载有"以蒲桃多酒，富人藏万石，久者数年不败"；《博物志》中也有"西域有葡萄，积年不败，可十年饮之"的记载，并有"葡萄酒熟红珠滴"的赞美诗句，以及"自酿葡萄不纳官"（即自酿自饮，不交赋税）的说法。

阿瓦提县属典型的温带大陆性气候，光照充足，无霜期长，昼夜温差大，土地由纯洁无污染的天山冰川雪水浇灌，在中国是最适合葡萄生长的区域，这里的居民家家种葡萄，大多数人家会酿制慕萨莱思。每到金秋，阿瓦提红葡萄熟了的季节，这里就形成了"村村舍舍煮酒忙，香气氤氲漫农家"的景象。当地的刀郎人将这古老的葡萄酒酿制方法代代相传，一直至今。于是，慕萨莱思被人称作西域葡萄酒的始祖，成为中国酒文化研究的"活标本""活化石"。

新源野苹果

最美新疆野苹果古树，位于新疆新源县喀拉布拉镇开买阿吾孜村牧业队（又名齐巴尔），海拔 1931 米。该古树属赛威氏野苹果，属蔷薇科苹果属。据当地牧民传说有 570 年历史，2013 年对该树树龄进行估测逾 600 年，获得上海大世界基尼斯总部颁发的"大世界基尼斯之最——树龄最长的野生苹果树"证书。该树高 11.8 米，树基离地 20 厘米处周长 7.38 米，冠幅 14.5 米。该树从地围往上分为 5 个主干枝，主干枝平均胸径为 73 厘米。目前该树顶部能结果并能发新枝，生长状况良好。

英吉沙色买提杏

英吉沙县，位于新疆维吾尔自治区西南部，地处昆仑山东北麓，塔里木盆地西缘，是古代陆地丝绸之路的驿站，南疆八大重镇之一。英吉沙县是著名的"中国色买提杏之乡"，植杏历史悠久，属全国七大优质商品杏基地之一。这里气候干旱少雨、温差大、日照强，

新源野苹果（王枫供图）

蒸发量高，年均降水量 70 毫米，年均温 11.5℃，年总日照时数为 2935 小时，无霜期 223 天，10℃以上天数 204 天，10℃以上积温 4240℃，属典型的暖温带荒漠干旱气候，非常适宜色买提杏树的种植，为色买提杏品质提供有利条件。

杏是人们喜爱的果品之一，杏为中国原产，是我国古老的栽培果树之一，远在周朝时代，已有杏的记载。《夏小正》载："正月，梅杏杝则花，四月，囿有见杏。"《山海经》载"山有灵木，多桃、李、梅、杏"；《汉书》中有"教民煮杏酪"；《五烛宝典》中有"研杏仁为酪"的记载。

据《汉书》记载，汉朝时期西域就有杏树栽培，经过长期的自然和人为选择，形成适合新疆本地条件的多个栽培品种。从公元 3 世纪的民丰县尼雅遗址中，科考人员发现成堆的杏核和枯死的杏树，证明 1700 年前在塔里木盆地南缘已有杏树栽培。各地因为自然条件的差异，杏子的品种也各有不同，如阿克陶县巴仁乡盛产巴仁杏，英吉沙县盛产色买提杏，杏子不仅一域一名，而且一域一味。色买提杏以育杏人色买提而取名，传说从西亚引进，在英吉沙县种植有 400 多年的历史。艾古斯乡是色买提杏的原产地。

色买提杏是英吉沙特有的品种，维吾尔名称是"阿克西米西（白色蜂蜜）"。维吾尔族人认为，用杏树木头烤出来的肉和馕最香。英吉沙维吾尔族人最喜欢种的果树是杏树和桑树。一棵果树就是一座生长着的矿藏，人取自一株杏树的东西是源源不绝的。

色买提杏有"冰山玉珠"之美称，果面光滑无毛、成熟后呈金黄色，向阳面稍带红润、色泽亮丽、果肉橘黄色、离核、肉质细软多汁、纤维少，含可溶性固形物 26%，总糖含量 18%，总酸 1.3%，含人体所需的多种维生素、蛋白质及微量元素，果肉香甜，品质上乘。既是鲜食佳品，又可制干和加工成杏脯、杏原汁、杏仁奶等。

2005 年开始实施色买提杏国家级农业标准化示范区项目，经过 3 年的努力，建立了完整的标准体系，2007 年 8 月初顺利通过验收。一条围绕杏子产品的精选、保鲜加工、贮藏、运销的"特色＋规模＋品牌"的特色之路，成为英吉沙人民的康庄大道。新疆屯河果业英吉沙分公司、新疆冠农天府果蔬加工有限公司等企业生产的色买提杏加工产品远销国内外，具有极高的品牌声誉。龙头企业的入驻，带动了杏产业的发展，成为英吉沙县少数民族农民脱贫致富的支柱产业。

1987 年，英吉沙县被列入全国十大优质杏商品基地县之一；1999 年，英吉沙县被中国特产推荐委员会命名为"中国色买提杏之乡"称号；2002 年，全国李杏会议在英吉沙县召开，英吉沙县的"色买提杏"被来自全国 200 多位专家认定为当之无愧的"中国第一杏"；2004 年，"色买提杏"参加在郑州举行的全国李杏评比，获得"全国优质杏"称号；2007 年，英吉沙色买提杏被评为 2008 年北京奥运会推荐果品，并获得地理标志产品保护认证；2013 年，色买提杏入选"新疆名牌"，成为入选新疆名牌十种林果产品之一；2016 年，英吉沙县林果业种植面积已达到 37 万亩，其中杏树达 30 余万亩，年产鲜杏 22 万吨。

燕儿窝古榆树

燕尔窝风景区位于新疆首府乌鲁木齐市天山区燕儿窝路 811 号，占地面积约 350 公顷。燕尔窝风景区是乌鲁木齐市唯一的一片天然风景林，南北长 5 千米，东西宽 2 千米。

林木以白榆为主，其次是杨、柳及野蔷薇等。有百年古树约 4384 株，树龄多在 170~230 年。燕尔窝林地是乌鲁木齐首府的"天然绿色空调"，更是防风护沙的天然屏障。这里古树葱郁、鲜花竞艳，环境优雅，已建成兼具古树保护、生态观光功能的风景区。

燕尔窝古榆（樊宝敏摄）

吐鲁番葡萄沟

吐鲁番，维吾尔语意为富庶丰富的地方，古称大宛、姑师，汉代为东车师国前国，唐时称高昌、西州、火洲，是古丝绸之路上的重镇。与万里长城、京杭大运河并列为三大中国古代工程之一的生命之泉"坎儿井"深埋其下。吐鲁番是全国最热、最干燥的地区。盆地内干燥少雨，全年日照时数 3200 小时；昼夜温差大，易于植物果实糖分的积累。土壤又是极利于葡萄生长的灌耕土、灌淤土、风沙土、潮土和经过改良的棕色荒漠土，土壤通透性良好。

葡萄沟。从吐鲁番市遥望火焰山，赤砂灼灼，草木不生。但火焰山峡谷里的葡萄沟，却别有洞天，景色秀丽。葡萄沟是一条南北长约 7000 米、东西宽约 2000 米的峡谷。一进沟口，铺绿叠翠，茂密的葡萄田漫山遍谷。溪流、渠水、泉滴，给沟谷增添了无限诗情画意，桑、桃、杏、苹果、石榴、梨、无花果、核桃和各种西瓜、甜瓜及榆、杨、柳、槐等多种树木，遍布沟中，使葡萄沟又成了"百花园""百果园"。居住着维吾尔、回、汉三个民族共约 6000 多人。现有耕地 400 余公顷，葡萄种植面积 220 余公顷。沟中产无核白、马奶子、玫瑰红、比夹干、喀什哈尔、黑葡萄和梭梭葡萄等品种。两面山坡上，梯田层层叠叠，葡萄园连成一片，到处郁郁葱葱，中外宾客络绎不绝。

吐鲁番葡萄，栽培历史悠久。吐鲁番鄯善县洋海墓地出土约 2500 年前的一株葡萄标本，据考古专家研究，它属于圆果紫葡萄的植株。近年新疆苏贝希墓葬考古也发现了战国时期的葡萄籽。可见，公元前 5 世纪以前，新疆吐鲁番已种植葡萄。西汉张骞出使西域，将这里葡萄引入内地。《史记·大宛列传》称："离宫别馆旁尽种蒲陶（葡萄）"。在阿

吐鲁番葡萄（樊宝敏摄）

斯塔那东晋时期的古墓殉葬品中发现了众多的葡萄果穗、枝条、种子、葡萄干，以及出土了这一时期任命管理葡萄地管理的文书等，同时古墓室内绘有庭院葡萄的壁画。十六国后凉（386—403年）时，吐鲁番就有栽培葡萄的记载。《北史·高昌传》和《梁书·高昌传》都有吐鲁番"多五果""多葡萄"的记载。唐贞观十四年（640年），唐破高昌后将马乳葡萄引种到长安，唐太宗将其种在御园内，并酿成葡萄酒赏赐群臣。至明代，甘甜无比的无核白葡萄在吐鲁番地区广泛种植。民国初年，吐鲁番有4个品种的葡萄参加了巴拿马赛会。

新中国成立后，葡萄栽培面积不断扩大，产量和质量得到较大提高。1979年国家经委把吐鲁番列为全国最大的葡萄生产基地。改革开放以来，吐鲁番政府加强葡萄干品牌建设。葡萄节为吐鲁番这座城市增添新的活力，让葡萄符号的文化内涵更加丰富，符号的价值越来越大。

吐鲁番是中国葡萄主要生产基地，种植面积逾60万亩，产量114万吨，总产量占全疆的52.84%，是全中国的1/5，葡萄干产量占全国的75%。葡萄树在吐鲁番的寿命长达数十年，亦有达百年以上的，成片而古老的葡萄园随处可见，已经变成名副其实的葡萄旅游城。由于环境适宜，这里所产葡萄的品质远远超过它的原产地地中海沿岸地区，葡萄品种资源丰富有600多个。

吐鲁番葡萄"无核白"被国际上誉为"中国珍珠绿"，以甜嫩汁多的特殊风韵和晶莹剔透的形态博得人们的青睐。吐鲁番有以制干为主的无核白，以鲜食为主的马奶子、红葡萄，以及药用的索索葡萄。据《大明会典》记载，索索葡萄的价值比驼皮和獭皮还高。吐鲁番的葡萄皮薄、肉脆、糖高、酸低，葡萄品种繁多，现有葡萄品种有无核白、红葡萄、黑葡萄、玫瑰香、白布瑞克等500多种，品质上乘的有无核白葡萄、马奶子、红葡萄、喀什哈尔、索索葡萄等18个品种。仅无核白葡萄就有20个品种，它的含糖量可高达22%~24%，堪称"世界葡萄植物园"。

目前，吐鲁番市已形成一批具有一定规模和知名度的农产品品牌，"丝路语果""宋峰""丝路之珠""绿人""葡萄凰""迈德"等葡萄、葡萄干注册商标，提高了吐鲁番葡萄干在市场上的竞争力和占有份额。

香港特别行政区林业遗产名录

大类	名称	数量
林业生态遗产	—	—
林业生产遗产	—	—
林业生活遗产	01 香港植物标本室及郊野公园	1
林业记忆遗产	—	—
总计		1

香港植物标本室及郊野公园

香港植物标本室成立于 1878 年，是香港最完善的植物标本室。这里共有约 43000 个植物标本可供参考。馆藏标本主要是本土的维管束植物（蕨类、裸子植物及显花植物），亦有华南地区及东南亚国家的标本。

馆藏标本中有不少是在 100 年前采集的，更有约 300 个模式标本（模式标本是用作描述及发表新种的依据），使标本室在区域上显出其重要性。标本是以科归类，蕨类植物采用了秦仁昌（1978 年）系统，裸子植物采用库比茨基（Kubitzki，1990 年）系统，显花植物则采用克朗奎斯特（Cronquist，1988 年）系统。

在 17 世纪及 18 世纪有关香港的记载，均没有提及香港有树林存在。大部分西方人士都描述当时香港岛是个贫瘠而荒芜的地方。英国外科医生海因兹（Hinds）于 1841 年随船到香港，其间采集了 140 个品种的植物标本。这是香港植物采集史上的第一个正式的科学记录。

香港开埠最初的 30 年间，很多著名的植物学家在香港进行大规模的采集活动，同时亦发现了很多新的植物

大埔滘（拍信图片）

品种，可惜这些标本都被带离香港。直至 1878 年香港植物标本室成立后才有一个正式储存植物标本的地方。香港植物标本室是中国首个对公众开放的植物标本室。该室已列入《国际标本室名录》，其专用代号 HK 是国际通用的。

大埔滘自然护理区，在大埔滘村附近，面积达 460 公顷，自海拔 50 米伸展至海拔 647 米的草山山顶。内有数十年前种植的人工林，由草山东面山坡向下伸展至大埔公路。区内林木茂密，树木 100 多种，种植多年的树木与较近期种植的品种，交错生长。1926 年政府首次在整个新界植林，而该区的植林工作亦告开始，当时最常见的树是马尾松，因此当地居民称该区为松仔园。当局后来又加种了些樟、杉、台湾相思和白千层等树。那里还有很多本地植物，如山苍树、楣藤子及枫香等。树林里有多种动物，常见的雀鸟包括珠颈斑鸠、白头鹎及红耳鹎等。冬天有猫头鹰和鹧鸪，夏天则有杜鹃和黑卷尾。游人可能会听到赤麂的叫声和看见灵猫、穿山甲及豪猪。冬末及初春期间，更有很多美丽的蝴蝶。市民随时可到该区游览而无须申请许可证。区内共有 5 条有指引标记的小径供游人选择，其中 4 条是用颜色指引，1 条是自然教育径。最短的 3 千米，最长的 10 千米。

台湾省

台湾省林业遗产名录

大类	名称	数量
林业生态遗产	01 阿里山（神木）	1
林业生产遗产	02 林田山林场；03 罗东林场	2
林业生活遗产	—	—
林业记忆遗产	—	—
总计		3

阿里山（神木）

阿里山，位于台湾嘉义市东 75 千米，地处海拔高度为 2216 米，东面靠近台湾最高峰玉山。由于山区气候温和，盛夏时依然清爽宜人，加上林木葱翠，是全台湾最理想的避暑胜地。阿里山平均气温为 10.6℃，阿里山森林游乐区西靠嘉南平原，北靠云林、南投县，南接高雄、台南县，总面积达 1400 公顷。

阿里山（拍信图片）

阿里山共由 18 座高山组成，属于玉山山脉的支脉。群峰环绕、山峦叠翠、巨木参天。阿里山的日出、云海、晚霞、森林与高山铁路，合称阿里山五奇。阿里山铁路有 70 多年历史，是世界上仅存的 3 条高山铁路之一，途经热、暖、温、寒四带，景致迥异，搭乘火车如置身自然博物馆。

阿里山神木，原本指的是台湾阿里山上一棵树龄达到 3000 余年的红桧。该树木为日本人小笠原富二郎于 1906 年 11 月发现，被日本人尊称为"神木"。据统计，该树高 53 米，树干在距地面一米半高处的直径是 4.66 米，树干接地面处的周围达 23 米，材积达 500 立方米，阿里山森林铁路通车后，成为闻名中外的台湾地标之一。

阿里山的神木景点，本来只有阿里山森林铁路神木站旁的阿里山神木，在 1998 年阿里山神木倒了以后，林务局整理出阿里山森林游乐区内的 38 株巨木，搭建栈道成为新景点。连同原来的阿里山神木，并称阿里山神木群，树种全部都是红桧。阿里山森林在日据时期经日本人测量结果，红桧原始林有 30 万棵之多，如今游客来到阿里山，所见的森林早已不复当年阿里山雄伟壮阔的原始桧木林。目前所能欣赏到的神木群，则以林管处所辟建游乐区第一、二巨木群栈道附近，以及慈云寺到阿里山神木沿途步道一带的红桧为主，约有 41 棵，其树龄为 600~2300 年。其中比较有名的是阿里山神木、光武神木、香林神木（28 号神木）、千岁桧神木与 12 号神木。

林田山林场

林田山位于花莲县凤林镇，万里溪以南、马太鞍溪以北、南投县以东的河谷地形。原名"摩里沙卡"的林田山，其历史可追溯至 1918 年日据时代，是当地盛极一时的伐木场。曾是台湾第四大林场，规模仅次于八仙山、阿里山和太平山三大林场。有学者曾对作为林业遗产的林田山聚落保存与再利用案例开展深入研究。[①]

早在 1918 年，日本人就已经在当时称为"森坂"的林田山地区进行伐木。到 1938 年之后，更在这里展开大规模的伐木作业。除了兴建运材铁道、索道及集材等相关设施外，也为林场工作人员设立中山堂、员工宿舍、医务室、福利社、米店、杂货店、洗衣部、理发部、消防队以及幼稚园和小学等学校，使当年的林田山林场成为生活技能完备的伐木社区，全盛时期曾聚集了四五百户住家，人数更高达 2000 多人。

1987 年林田山林场在政府的禁令下停止伐木，终于洗尽铅华、回归自然，时过境迁，但林田山的美仍旧保留，除了原始山川景观与生态外，林场遗留的桧木房舍、运载铁道，处处可见前人留下的痕迹，而现今的林田山风貌与花莲有九份相似，因此有"花莲的九份"之美名，让林田山林场成为花莲的旅游胜地。

今天民众来到林田山林业文化园区中，不仅能享受森林的芬多精，还能看到台湾榉、扁柏、红桧等珍贵的山林植物绿化整个林田山，再次感受到台湾的绿意盎然。林天山社区里还成立了林业陈列馆、林业生活馆、消防陈列馆与铁道车库等，提供照片和文字解说。游客可咨询由当地人组成的"林田山文史工作室"，进一步了解林田山的历史和未来展望。

① 钟永男. 作为林业遗产的林田山聚落保存与再利用案例研究 [J]. 清华大学，2014 年.

罗东林场

罗东林场位于宜兰罗东镇，园区占地面积约16公顷，前身为太平山林场制材、贮木以及办公厅舍的所在地。此林场曾是台湾三大林场（太平山、阿里山、八仙山）中最大的一处，1982年6月太平山林场生产终结，兰阳林区管理处不久后改组成为罗东林区管理处，此后即把所有资金投入森林游乐区的规划上。在林业活动逐渐式微后，罗东林区管理处为保留百年林业文化，积极整建内部，转型为森林游乐区。园内保留许多日式房舍、贮木池等特殊景致，利用原有建筑作为文物展示、生态教育用途的展馆，并沿着湖畔铺设环池木屑步道，整体园区苍郁悠闲，非常适合全家一同漫步参观。

1989年太平山国家森林游乐区正式成立，由于其经营方式多元，加上原生产作业所遗留的山地轨道、流笼、台车、机关车、客车、集材机、桧木房屋等遗迹，为区内增添不少的观光资源而别具一格。民众多认为这里可让他们休闲兼观察、省思或学术研究，因此成立以后，到访的旅客络绎不绝。

罗东林场内的贮木池旧址。在1982年太平山伐木终止后，贮木池至今几乎维持原貌。贮木池内漂浮着一些当时遗留下来的浮木，眼前的气氛虽然颇寂静但却充满着视觉的冲击感。林管处在2004年规划了罗东林业文化园区，保留了当时林业时代所遗留的旧址及设备，并辟建大片的绿地及步道造景。

有自然生态池、水生植物池、水生植物展示区、运材蒸汽火车头展示区、森林铁路、临水木栈道等设施。园区内的许多木造平房目前被设计成文创园区，展示着各个创作者的作品，有手工艺、画作、木雕等作品展示，可以购买回家作纪念。

罗东，地名来自平埔族语"Roton"的汉译，据传此地早期原为森林，栖息大群猕猴，而平埔族语称猴子为Roton，入垦的汉人沿用这一称呼，而称此地为"罗东"。日据时期，太平山开采森林，罗东成为木材的集散地。当时宜兰属于台北州，分设宜兰郡、罗东郡及苏澳郡，罗东为仅次于宜兰的兰阳大镇。

太平山伐木始于大正4年（1915年），由于森林资源丰富，而与阿里山、八仙山并称为台湾三大林场。由于木材搬运不易，早期生产的木材以放流方式，借由兰阳溪漂流至平地，再捞集贮存。大正13年（1924年），太平山及罗东森林铁路开通后，改由铁路运输木材。当时铁路的终点"竹林站"即位于今日罗东林区管理处的所在地，前身为日据时代的罗东出张所及贮木池旧址，占地约20公顷。1982年，林务局结束太平山的伐木作业，森林铁路随之于1989年停驶，占地广大的林场贮木池及相关的设施也因伐林结束而闲置。

2004年，林务局将原罗东林场规划为林业文化园区，原有的贮木池变成了自然生态池，并添设环湖木栈道，同时整修昔日的竹林车站，并于园内展示昔日的蒸汽火车、森林铁路，以见证台湾林业发展的历史。同时，部分罗东林场原有闲置的房舍，也改设为宜兰县文化创意产品展览馆，供文艺人士使用及发表作品，使园区成为一处集合了休闲、教育、文化功能的旅游景点。

中国的世界遗产名录

自 1987 年至 2021 年底，中国世界遗产总数达到 56 处。

世界文化遗产（38 项）。甘肃敦煌莫高窟 1987；周口店北京人遗址 1987；长城 1987；陕西秦始皇陵及兵马俑 1987；明清皇宫：北京故宫 1987、沈阳故宫 2004；湖北武当山古建筑群 1994；山东曲阜三孔（孔庙、孔府及孔林）1994；河北承德避暑山庄及周围寺庙 1994；西藏布达拉宫（大昭寺、罗布林卡）1994；江西庐山风景名胜区 1996；苏州古典园林 1997；山西平遥古城 1997；云南丽江古城 1997；北京天坛 1998；北京颐和园 1998；重庆大足石刻 1999；安徽古村落：西递、宏村 2000；明清皇家陵寝：明显陵（湖北钟祥）、清东陵（河北遵化）、清西陵（河北易县）2000、明孝陵（江苏南京）、明十三陵（北京昌平）2003、盛京三陵（辽宁沈阳）2004；河南洛阳龙门石窟 2000；四川青城山和都江堰 2000；云冈石窟 2001；吉林高句丽王城、王陵及贵族墓葬 2004；澳门历史城区 2005；中国安阳殷墟 2006；开平碉楼与古村落 2007；福建土楼 2008；山西五台山 2009；嵩山"天地之中"古建筑群 2010；杭州西湖文化景观 2011；元上都遗址 2012；红河哈尼梯田文化景观 2013；中国大运河 2014；丝绸之路：长安—天山廊道的路网 2014；土司遗址 2015；左江花山岩画 2016；厦门鼓浪屿 2017；良渚古城遗址 2019；泉州：宋元中国的世界海洋商贸中心 2021。

世界文化与自然双重遗产（4 项）。山东泰山：泰山、岱庙、灵岩寺 1987；安徽黄山 1990；四川峨眉山 - 乐山风景名胜区 1996；福建省武夷山 1999。

世界自然遗产（14 项）。四川黄龙国家级名胜区 1992；湖南武陵源国家级名胜区 1992；四川九寨沟国家级名胜区 1992；云南"三江并流"自然景观 2003；四川大熊猫栖息地 2006；中国南方喀斯特 2007（2014 二期）；江西三清山 2008；"中国丹霞"2010；澄江化石地 2012；新疆天山 2013；湖北神农架 2016；可可西里 2017；贵州梵净山 2018；黄（渤）海候鸟栖息地（第一期）2019。

中国重要农业文化遗产名录

自 2012 年至 2021 年底，分 6 批共认定中国重要农业文化遗产 138 项。

第一批（2013 年，19 项）。河北宣化传统葡萄园；内蒙古敖汉旱作农业系统；辽宁鞍山南果梨栽培系统；辽宁宽甸柱参传统栽培体系；江苏兴化垛田传统农业系统；浙江青田稻鱼共生系统；浙江绍兴会稽山古香榧群；福建福州茉莉花种植与茶文化系统；福建尤溪联合梯田；江西万年稻作文化系统；湖南新化紫鹊界梯田；云南红河哈尼稻作梯田系统；云南普洱古茶园与茶文化系统；云南漾濞核桃 - 作物复合系统；贵州从江侗乡稻鱼鸭系统；陕西佳县古枣园；甘肃皋兰什川古梨园；甘肃迭部扎尕那农林牧复合系统；新疆吐鲁番坎儿井农业系统。

第二批（2014 年，20 项）。天津滨海崔庄古冬枣园；河北宽城传统板栗栽培系统；河北涉县旱作梯田系统；内蒙古阿鲁科尔沁草原游牧系统；浙江杭州西湖龙井茶文化系统；浙江湖州桑基鱼塘系统；浙江庆元香菇文化系统；福建安溪铁观音茶文化系统；江西崇义客家梯田系统；山东夏津黄河故道古桑树群；湖北赤壁羊楼洞砖茶文化系统；湖南新晃侗藏红米种植系统；广东潮安凤凰单丛茶文化系统；广西龙胜龙脊梯田系统；四川江油辛夷花传统栽培体系；云南广南八宝稻作生态系统；云南剑川稻麦复种系统；甘肃岷县当归种植系统；宁夏灵武长枣种植系统；新疆哈密市哈密瓜栽培与贡瓜文化系统。

第三批（2015 年，23 项）。北京平谷四座楼麻核桃生产系统；北京京西稻作文化系统；辽宁桓仁京租稻栽培系统；吉林延边苹果梨栽培系统；黑龙江抚远赫哲族鱼文化系统；黑龙江宁安响水稻作文化系统；江苏泰兴银杏栽培系统；浙江仙居杨梅栽培系统；浙江云和梯田农业系统；安徽寿县芍陂（安丰塘）及灌区农业系统；安徽休宁山泉流水养鱼系统；山东枣庄古枣林；山东乐陵枣林复合系统；河南灵宝川塬古枣林；湖北恩施玉露茶文化系统；广西隆安壮族"那文化"稻作文化系统；四川苍溪雪梨栽培系统；四川美姑苦荞栽培系统；贵州花溪古茶树与茶文化系统；云南双江勐库古茶园与茶文化系统；甘肃永登苦水玫瑰农作系统；宁夏中宁枸杞种植系统；新疆奇台旱作农业系统。

第四批（2017 年，29 项）。河北迁西板栗复合栽培系统；河北兴隆传统山楂栽培系统；山西稷山板枣生产系统；内蒙古伊金霍洛农牧生产系统；吉林柳河山葡萄栽培系统；吉林九台五官屯贡米栽培系统；江苏高邮湖泊湿地农业系统；江苏无锡阳山水蜜桃栽培系统；浙江德清淡水珍珠传统养殖与利用系统；安徽铜陵白姜种植系统；安徽黄山太平猴魁茶文化系统；福建福鼎白茶文化系统；江西南丰蜜橘栽培系统；江西广昌莲作文化系统；山东章丘大葱栽培系统；河南新安传统樱桃种植系统；湖南新田三味辣椒种植系统；湖南花垣子腊贡米复合种养系统；广西恭城月柿栽培系统；海南海口羊山荔枝种植系统；海南琼中山兰稻作文化系统；重庆石柱黄连生产系统；四川盐亭嫘祖蚕桑生产系统；四川名山蒙顶山茶文化系统；云南腾冲槟榔江水牛养殖系统；陕西凤县大红袍花椒栽培系统；陕西蓝田大杏种植系统；宁夏盐池滩羊养殖系统；新疆伊犁察布查尔布哈农业系统。

第五批（2020 年，27 项）。天津津南小站稻种植系统；内蒙古乌拉特后旗戈壁红驼牧养系统；辽宁阜蒙旱作农业系统；江苏吴中碧螺春茶果复合系统；江苏宿豫丁嘴金针菜生产系统；浙江宁波黄古林蔺草－水稻轮作系统；浙江安吉竹文化系统；浙江黄岩蜜橘筑墩栽培系统；浙江开化山泉流水养鱼系统；江西泰和乌鸡林下养殖系统；江西横峰葛栽培系统；山东岱岳汶阳田农作系统；河南嵩县银杏文化系统；湖南安化黑茶文化系统；湖南保靖黄金寨古茶园与茶文化系统；湖南永顺油茶林农复合系统；广东佛山基塘农业系统；广东岭南荔枝种植系统（增城、东莞）；广西横县茉莉花复合栽培系统；重庆大足黑山羊传统养殖系统；重庆万州红橘栽培系统；四川郫都林盘农耕文化系统；四川宜宾竹文化系统；四川石渠扎溪卡游牧系统；贵州锦屏杉木传统种植与管理系统；贵州安顺屯堡农业系统；陕西临潼石榴种植系统。

第六批（2021 年，21 项）。山西阳城蚕桑文化系统；内蒙古武川燕麦传统旱作系统；内蒙古东乌珠穆沁旗游牧生产系统；吉林和龙林下参 – 芝抚育系统；江苏启东沙地圩田农业系统；江苏吴江蚕桑文化系统；浙江缙云茭白 – 麻鸭共生系统；浙江桐乡蚕桑文化系统；安徽太湖山地复合农业系统；福建松溪竹蔗栽培系统；江西浮梁茶文化系统；山东莱阳古梨树群系统；山东峄城石榴种植系统；湖南龙山油桐种植系统；广东海珠高畦深沟传统农业系统；广西桂西北山地稻鱼复合系统（三江、融水，全州，靖西、那坡）；云南文山三七种植系统；西藏当雄高寒游牧系统；西藏乃东青稞种植系统；陕西汉阴凤堰稻作梯田系统；广东岭南荔枝种植系统（茂名）。

主要参考文献

樊宝敏.中国森林思想史 [M].北京：中国林业出版社，2019

冯骥才，罗吉华.中国非物质文化遗产百科全书·代表性项目卷 [M].北京：中国文联
　　出版社，2015

国家林业局.中国树木奇观 [M].北京：中国林业出版社，2003

李文华.中国重要农业文化遗产保护与发展战略研究 [M].北京：科学出版社，2016

闵庆文，阎晓军.北京市农业文化遗产普查报告 [M].北京：中国农业科学技术出版社，
　　2017

全国绿化委员会办公室，中国林学会.中国最美古树 [J].国土绿化，2018，专刊

王思明，李明.中国农业文化遗产名录 [M].北京：中国农业科学技术出版社，2017

王思明，李明.中国农业文化遗产研究 [M].北京：中国农业科学技术出版社，2015

邢世岩.中国银杏种质资源 [M].北京：中国林业出版社，2013

赵佩霞，唐志强.中国农业文化精粹 [M].北京：中国农业科学技术出版社，2015

中国国家地理杂志社.中国最美的十大森林 [J].中国国家地理，2005，增刊：314-341

中国森林编辑委员会.中国森林，第1-4卷 [M].北京：中国林业出版社，1997、1999、
　　2000

中华人民共和国农业部.中国重要农业文化遗产 [M].北京：中国农业出版社，2014

中华人民共和国农业部.中国重要农业文化遗产，第二册 [M].北京：中国农业出版社，
　　2018

UNESCO.Properties inscribed on the World Heritage List 56[EB/OL].（2021-12-20）.https：//
　　whc.unesco.org/en/statesparties/cn.